计量检测人员培训教材

温度计量

（第 2 版）

上海市计量测试技术研究院　编著

中国质量标准出版传媒有限公司
中国标准出版社
北京

图书在版编目(CIP)数据

温度计量/上海市计量测试技术研究院编著. —2 版
—北京:中国质量标准出版传媒有限公司,2021.9
计量检测人员培训教材
ISBN 978 - 7 - 5026 - 4785 - 8

Ⅰ.①温… Ⅱ.①上… Ⅲ.①温度测量—技术培训—
教材 Ⅳ.①TB942

中国版本图书馆 CIP 数据核字(2020)第 122231 号

内 容 提 要

本书内容通俗易懂,对温度计量基础知识、辐射测温、热电偶、膨胀式温度计、电阻温度计、数字温度计、温度二次仪表、温度试验装置等内容进行了系统、完整的介绍,归纳了相关温度计量器具的检定、校准内容。

本书可供温度计量检定、校准人员在日常工作和培训时使用,亦可作为温度计量人员的自学用书。

中国质量标准出版传媒有限公司
中 国 标 准 出 版 社 出版发行
北京市朝阳区和平里西街甲 2 号 (100029)
北京市西城区三里河北街 16 号 (100045)
网址:www.spc.net.cn
总编室:(010) 68533533 发行中心:(010) 51780238
读者服务部:(010) 68523946
中国标准出版社秦皇岛印刷厂印刷
各地新华书店经销

*

开本 787×1092 1/16 印张 30.5 字数 701 千字
2021 年 9 月第二版 2021 年 9 月第二次印刷

*

定价 149.00 元

修订审定委员会

主　　任：吴建英

委　　员：余培英　张进明　陈　宇　胡央丽

修订人员（排名不分先后）：

　　　　　张进明　任学弟　陈　宇　姚丽芳　郑　伟

　　　　　龚宝妹　张雪峰　朱欣赟　钟一峰

审定人员（排名不分先后）：

　　　　　朱家良　宋年兰　范　铠

温度计量在工农业生产、科学研究、环境保护、节约能源、医疗卫生，以及人们的日常生活中起着重要的作用。本书第 1 版于 2007 年出版以来，随着计量科学技术的发展，温度计量也在发生着很大的变化：测量手段在不断改进，计量器具的技术性能在不断提高，相应的计量技术规范、标准也在与时俱进地修订完善，对于广大计量检定人员的要求也不断提高。因此，有必要对第 1 版进行修订重新出版。

本书对温度计量基础知识及辐射测温、热电偶、膨胀式温度计、电阻温度计、数字温度计、温度二次仪表、温度试验装置等的基本原理、分类、使用方法、检定、校准、数据处理、合格评判和典型计量器具的不确定度评定进行了系统、完整的介绍，归纳了相关温度计量器具的检定、校准内容，适合从事温度计量检定、校准人员在日常工作和培训时使用，同时也可以作为温度计量人员的自学用书。

本书第一章温度计量基础知识，由张进明、陈宇修订，主要介绍了温度计量基础知识如温标、温度量值传递系统等；第二章辐射测温，由郑伟、龚宝妹修订，主要介绍了辐射测温的原理、定律、相关概念，对典型计量器具——温度灯、光学高温计、辐射感温器等的结构原理、使用、检定和校准的内容进行了详细的阐述；第三章热电偶，由郑伟、朱欣赟修订，从介绍热电偶的测温原理、基本定律、主要分类、结构型式及常用分度方法出发，对常用的标准热电偶、工作用热电偶以及特殊场合下使用的热电偶的检定和校准方式进行了介绍和归纳；第四章膨胀式温度计，由姚丽芳修订，主要介绍了标准液体膨胀式温度计、贝克曼温度计、工作用膨胀式温度计的原理、结构以及检定中的注意事项；第五章电阻温度计，由陈宇修订，主要介绍了标准铂电阻温度计以及工作用铂、铜热电阻的类型、工艺结构，对规程中规定的各类固定点装置的类型及固定点复现方法做了详细的介绍；第六章数字温度计，由陈宇修订，对市面上常见的数字式量热温度计、数字式石英晶体测温仪、温度数据采集仪、热敏电阻测温仪、温度巡回检测仪等做了介绍；第七章温度二次仪表，由钟一峰修订，主要介绍了动圈式温度指示调节仪、工业过程测量记录仪、数字式温度指示调节仪、模拟式温度指示调节仪等的原理及特点；第八章温度试验装置，由任学弟修订，主要介绍了温度计量领域涉及的一些主要的配套设备，如恒温槽、固定点复现保存装置、检定炉、自动测量系统、环境试验设备等。

本书由范铠、朱家良、宋年兰三位温度计量领域的资深专家审核。

谨在此向所有关心、支持本书编辑、出版的领导、专家和朋友们表示衷心的感谢！编者水平有限，希望温度计量的行业专家、广大同行不吝赐教、批评指正。

编著者

2020 年 10 月

温度计量在工农业生产、科学研究、环境保护、节约能源以及人们的日常生活中均起着举足轻重的作用。随着计量科学技术的发展，其内容也在发生着很大的变化，测量手段在不断改进，计量器具的技术性能在不断提高，相应的检定规程、标准也在与时俱进地修订完善。因此，对于广大计量检定人员的要求也在不断提高。

本书对温度计量基础知识以及辐射测温仪、热电偶、膨胀式温度计、电阻温度计、温度二次仪表等的基本原理、分类、使用方法、检定、数据处理、合格评判和典型计量器具的不确定度分析等进行了系统、完整的介绍，归纳了50多种温度计量器具的检定内容。适合从事温度计量检定人员在日常工作和培训时使用，同时也可以作为温度计量人员的自学用书。

第一章温度计量基础知识，主要介绍了温度计量基础知识如温标、温度传递系统的有关内容；第二章辐射测温，主要介绍了辐射测温的原理、定律、相关概念，对典型计量器具——温度灯、光学高温计、辐射温度计等的结构原理、使用和检定的内容进行了详细阐述；第三章热电偶，从介绍热电偶的测温原理、基本定律、主要分类、结构型式及常用分度方法出发，对常用的标准热电偶、工作用热电偶以及特殊场合下使用的热电偶的检定方式进行了介绍和归纳；第四章膨胀式温度计，对各种膨胀式温度计的结构原理、检定方式进行了详细介绍；第五章电阻温度计，从基本原理入手，对各种电阻温度计的结构、材料、测量装备、检定方法等进行了全面描述；第六章温度二次仪表，总体介绍了温度二次仪表的特点、分类、构成、模式、电路等基本情况，并对动圈式仪表、工业过程测量记录仪、数字式以及模拟式指示调节仪、温度变送器的原理、检定作了系统介绍。每节中都加入了典型计量器具测量不确定度分析的内容。

各章独立编写，叙述以现行规程、标准和科学文献为主要依据，同时融入编写者多年实际工作的经验和对计量检测人员进行培训的经验，内容简明、实用，对从事温度计量工作有较强的指导作用。

本分册由五位多年从事计量工作、有丰富实践经验的技术人员、专家编写，经三位专家认真审核。第一章和第五章由宋年兰编写，朱家良审核；第二章由陈福成编写，季晓烨审核；第三章由吴建英编写，季晓烨、范铠审核；第四章由侯小毛编写，范铠审核；第六章由朱家良编写，范铠审核。在编写过程中得到上海市计量测试技术研究院等有关单位和中国计量出版社的大力支持，在此谨表谢意。

由于作者水平和编写时间所限，本书的不足和差错在所难免，请广大读者、专家提出宝贵意见。

编　者

2007 年 5 月

目 录

CONTENTS

第一章 温度计量基础知识 // 001

第一节 温度 // 001

一、温度的概念 // 001

二、温度的单位 // 001

三、温度单位——开尔文的重新定义 // 002

第二节 温标 // 003

一、经验温标 // 003

二、热力学温标 // 003

三、国际温标 // 005

第三节 热交换方式 // 011

一、导热（热传导）// 012

二、对流 // 012

三、辐射 // 012

第四节 温度量值传递系统 // 012

一、0.65 K～273.16 K 温度计量器具检定系统 // 012

二、0 ℃～961.78 ℃（273.15 K～1 234.93 K）温度计量器具检定系统 // 014

三、961.78 ℃～2 200 ℃（1 234.93 K～2 473 K）温度计量器具检定系统 // 015

四、温度计量器具热电偶部分检定系统 // 016

第二章 辐射测温 // 020

第一节 概述 // 020

一、热辐射 // 020

二、辐射度量 // 021

第二节 辐射基本定律及特性 // 023

一、基尔霍夫定律 // 023

二、朗伯特余弦定律 // 025

三、普朗克定律 // 026

四、斯忒藩-玻耳兹曼定律 // 027

五、维恩位移定律 // 028

第三节 辐射测温与表观温度 // 028

一、辐射测温方法 // 028

二、辐射测温的主要特点 // 029

三、辐射测温的主要缺点 // 029

四、表观（视在）温度 // 029

第四节 有效波长 // 032

一、有效波长的意义 // 032

二、有效波长（平均有效波长）// 032

三、极限有效波长 // 033

四、有效波长的应用 // 034

第五节 热辐射源 // 034

一、黑体辐射源 // 034

二、温度灯 // 038

第六节 辐射温度计的分类、构成和技术性能 // 044

一、分类 // 044

二、构成 // 044

三、主要技术参数和性能 // 047

第七节 光学高温计 // 048

一、标准光学高温计 // 048

二、工作用隐丝式光学高温计 // 049

第八节 光电温度计 // 050

一、在线式光电温度计 // 050

二、便携式温度计 // 051

三、精密直流光电高温计 // 051

第九节 辐射感温器 // 052

第十节 比色温度计 // 053

第十一节 标准光电高温计的检定 // 055

一、计量性能要求 // 055

二、通用技术要求 // 055

三、计量器具控制 // 056

第十二节 标准钨带灯的检定 // 059

一、计量性能要求 // 059

二、通用技术要求 // 060

三、计量器具控制 // 061

第十三节 工作用光学高温计的检定 // 063

一、技术要求 // 063

二、检定条件和设备 // 064

三、检定方法 // 065

四、测温上限超过温度灯上限的检定核查方法 // 067

五、检定结果处理 // 067

第十四节　辐射测温量值传递误差分析和不确定度评定 // 069

一、误差来源 // 069

二、各级传递中不确定度评定 // 074

第十五节　工作用辐射温度计的检定 // 078

一、计量性能要求 // 078

二、通用技术要求 // 078

三、计量器具控制 // 078

四、固有误差不确定度分析 // 083

第十六节　测量人体温度的红外温度计的检定/校准 // 084

一、计量性能要求 // 084

二、检定/校准条件 // 085

三、检定/校准项目和检定/校准方法 // 086

第十七节　热像仪的校准 // 088

一、计量性能要求 // 088

二、校准条件 // 088

三、校准项目和校准方法 // 089

四、校准不确定度评定 // 091

第十八节　辐射测温用黑体辐射源的校准 // 092

一、计量性能要求 // 092

二、校准条件 // 092

三、校准项目和校准方法 // 093

四、校准不确定度评定 // 097

第三章　热电偶 // 098

第一节　热电偶的工作原理 // 098

一、热电效应 // 098

二、基本定律及应用 // 101

第二节　热电偶的材料、类型、特性和使用 // 105

一、热电偶的材料 // 105

二、热电偶的分类 // 105

三、最常见的两种热电偶型式 // 105

四、常用热电偶材料的特性 // 108

五、热电偶的使用 // 112

六、国内外热电偶的规范性文件 // 116

第三节　热电偶的检定 // 117

一、热电偶的清洗、退火 // 118

二、热电偶测量端的焊接 // 120

三、热电偶的校准 // 120

四、热电偶的检定系统 // 126

第四节 300 ℃～1 500 ℃温区标准热电偶的检定方法 // 127

一、检定项目和要求 // 127

二、检定仪器、设备和条件 // 128

三、检定 // 129

第五节 工作用热电偶的检定与校准 // 131

一、工作用贵金属热电偶的检定 // 131

二、工作用廉金属热电偶的校准 // 133

三、金-铂热电偶 // 135

四、铠装热电偶的校准 // 140

第六节 高温热电偶 // 142

一、校准项目、仪器、设备和条件 // 142

二、校准方法 // 142

三、校准数据计算及复校时间间隔 // 144

第七节 低温热电偶的检定 // 144

一、铜-铜镍热电偶 // 144

二、镍铬-金铁热电偶 // 148

第四章 膨胀式温度计 // 154

第一节 标准液体膨胀式温度计 // 154

一、术语 // 154

二、标准液体膨胀式温度计的工作原理及分类 // 155

三、标准水银温度计的结构 // 156

四、检定 // 156

第二节 工作用膨胀式温度计 // 165

一、工作用液体膨胀式温度计 // 165

二、双金属温度计 // 189

三、压力式温度计 // 195

四、工作用膨胀式温度计的溯源 // 201

第三节 贝克曼温度计 // 201

一、常用术语 // 201

二、贝克曼温度计的测温原理 // 201

三、贝克曼温度计分类 // 201

四、贝克曼温度计的结构 // 201

五、贝克曼温度计检定 // 202

六、贝克曼温度计检定注意事项 // 209

第五章 电阻温度计 // 210

第一节 概述 // 210

一、电阻测温的物理基础 // 210

二、测温原理 // 212

三、种类及适用的温度范围 // 212

第二节 热电阻的材料及类型 // 219

一、制造热电阻的材料要求 // 219

二、常用的热电阻丝材料 // 220

三、常用的热电阻骨架材料 // 222

第三节 标准铂电阻温度计 // 222

一、电阻-温度关系 // 222

二、使用中应注意的问题 // 225

第四节 标准电阻温度计的检定设备 // 228

一、定义固定点装置 // 228

二、用比较法进行检定的设备 // 234

三、电测量仪器 // 236

第五节 标准电阻温度计的检定 // 240

一、标准铂电阻温度计的检定 // 240

二、标准铑铁电阻温度计的检定 // 255

第六节 工作用电阻温度计的检定 // 257

一、工业铂、铜热电阻的检定 // 257

二、负温度系数低温电阻温度计的校准 // 265

三、表面铂热电阻的检定 // 267

第六章 数字温度计 // 272

第一节 概述 // 272

第二节 数字式量热温度计的检定 // 272

一、主要术语及定义 // 272

二、通用技术要求 // 273

三、计量性能 // 274

四、检定条件 // 274

五、检定项目和检定方法 // 275

六、检定结果的处理和检定周期 // 277

第三节 表面温度计的校准 // 278

一、计量特性 // 278

二、校准条件 // 279

三、校准项目和校准方法 // 279

第四节 数字式石英晶体测温仪的检定 // 280

一、通用技术要求 // 281

二、计量性能 // 281

三、检定条件 // 282

四、检定项目和检定方法 // 282

五、检定结果的处理和检定周期 // 284

第五节　温度巡回检测仪的校准 // 284

一、计量特性 // 285

二、校准条件 // 286

三、校准方法 // 286

四、复校时间间隔 // 288

第六节　热敏电阻测温仪的校准 // 288

一、计量特性 // 288

二、校准条件 // 289

三、校准、检查项目及方法 // 290

四、复校时间间隔 // 292

第七节　温度指示控制仪的检定 // 292

一、通用技术要求 // 292

二、计量性能要求 // 293

三、检定条件 // 294

四、检定项目和检定方法 // 295

第八节　温度数据采集仪的校准 // 297

一、计量特性 // 297

二、测量标准及其他设备 // 297

三、校准项目和校准方法 // 298

第七章　温度二次仪表 // 301

第一节　综述 // 301

一、温度二次仪表的作用和特点 // 301

二、温度二次仪表的分类 // 301

三、温度二次仪表的构成 // 301

四、温度二次仪表中的控制模式 // 302

五、温度二次仪表的电路知识 // 304

六、与温度二次仪表配用的传感器 // 313

七、温度二次仪表的量值溯源 // 313

第二节　动圈式温度指示调节仪 // 316

一、概述 // 316

二、动圈式仪表的测量机构 // 317

三、动圈式仪表的测量线路 // 319

四、动圈式仪表的电子调节电路 // 322

五、动圈式仪表的检定 // 326

第三节　工业过程测量记录仪（自动平衡式显示仪表） // 333

一、概述 // 333

　　二、记录仪的用途 // 333

　　三、记录仪的分类 // 333

　　四、记录仪的工作原理 // 334

　　五、自动平衡式记录仪的分类和型号 // 335

　　六、自动电位差计 // 336

　　七、自动平衡电桥 // 340

　　八、过程测量记录仪（自动平衡式显示仪表）的检定 // 341

　第四节　数字式温度指示调节仪 // 346

　　一、概述 // 346

　　二、数字温度指示调节仪的工作原理 // 346

　　三、数字温度指示调节仪的检定 // 349

　第五节　模拟式温度指示调节仪 // 363

　　一、概述 // 363

　　二、模拟式温度指示调节仪的工作原理 // 364

　　三、模拟式温度指示调节仪的检定 // 364

　第六节　温度变送器 // 369

　　一、概述 // 369

　　二、温度变送器的工作原理 // 370

　　三、温度变送器的校准 // 372

第八章　温度试验装置 // 379

　第一节　概述 // 379

　　一、作用与特点 // 380

　　二、种类 // 380

　第二节　恒温槽 // 380

　　一、工作原理 // 384

　　二、测试方法 // 384

　　三、测量不确定度评定 // 387

　第三节　干体式温度校准器 // 390

　　一、工作原理 // 390

　　二、干体炉推荐的使用方法 // 391

　　三、校准方法 // 392

　　四、测量不确定度评定 // 395

　　五、测量不确定度计算的实例 // 395

　　六、轴向温场分布影响因素的测量方法 // 397

　第四节　温度校准仪 // 398

　　一、工作原理 // 399

　　二、校准方法 // 399

　　三、测量不确定度评定 // 405

四、补偿导线的校准方法 // 410

五、热电阻的微分电阻和热电偶的塞贝克系数 // 413

第五节　固体点装置 // 415

一、工作原理 // 415

二、计量特性 // 416

三、校准方法 // 418

四、基准铝凝固点不确定度评定 // 422

第六节　热电偶、热电阻自动测量系统 // 423

一、系统的组成 // 424

二、计量特性 // 424

三、校准项目与校准方法 // 425

四、测量不确定度评定 // 428

第七节　检定炉 // 436

一、测试项目与测试方法 // 437

二、测量不确定度评定示例 // 442

第八节　箱式电阻炉 // 446

一、工作原理 // 446

二、校准方法 // 446

三、箱式电阻炉炉温均匀度的测量不确定度评定示例 // 451

第九节　环境试验设备 // 454

一、计量特性 // 454

二、校准方法 // 455

三、测量不确定度评定 // 459

四、有关湿度的基本知识 // 463

五、相对湿度的测量 // 463

六、干、湿球法测量相对湿度举例 // 466

附录　本书中涉及的主要标准和规范目录 // 468

参考文献 // 470

第一章 >>>>

温度计量基础知识

第一节　温　　度

一、温度的概念

提到温度,就会给人以冷热的感觉。人们往往凭感觉来判断物体的冷与热,比如,觉得冰很冷,而开水很热。因此,自然会得到这样的结论:温度是物体冷热程度的表示。

这种通过人的感觉来确定温度高低的做法只能起到"定性"了解的作用,因此,这样引入的温度概念是不严格的。光凭感觉是靠不住的,有时甚至会得出错误的结论。例如,冬天我们乘车用手接触铝扶手时会觉得很冷,如果用手接触木扶手时就不觉得很冷。

两个冷热程度不同的物体,如果将它们互相接触,那么两者之间就会有热交换,较热的物体会逐渐变冷而较冷的物体就会变热,直到两物体处于同一冷热状态,这叫做热平衡状态。如果两个物体分别与第三个物体处于相同的热平衡状态,则将这两个物体互相接触时它们必然处于同样的热平衡状态,这就是热力学第零定理即热平衡定律。由热平衡定律可知,处于同一热平衡状态的物体一定具有某个共同的物理性质,温度就是表征这种物理性质的一个量。所以,处于同一热平衡状态的物体一定具有相同的温度。根据热平衡定律可以制作温度计用来测量温度。

从统计物理的观点出发,物体的温度直接与组成该物体的分子的能量有关,随着温度的升高,分子运动就会加剧。也就是说,温度与物体内分子的平均动能成正比。由此可见,温度是物体内分子运动程度的反映,是一个描述物质状态——热力学性能的量,是一个宏观的物理量。

二、温度的单位

温度是一个重要的物理量,它是国际单位制 7 个基本量之一。这个物理量与其他 6 个基本量不同之处在于它是一个不能相加的量,也就是说它是一个强度量,不是一个广延量。比如甲温度为 30 ℃,乙温度为 20 ℃,两者混合在一起的温度并不等于 50 ℃。两个温度之间只有相等或不相等的关系。对温度而言,长期以来我们所做的却不是测量,只是做标志,即确定温标上的位置。这种状况在 1967 年使用热力学温度单位——开尔文以后才有了变化。从此,温度单位的定义的现代化完成了。

1967 年第十三届国际计量大会（CGPM）确定,把热力学温度单位确定为开尔文（符号为 K）,并定义为:水三相点热力学温度的 1/273.16。这样就完全适合 1960 年制定的国际单位制（SI）的表达式。从此,热力学温度的大小同国际单位制中其他物理量一样,可以用"数值×单位"的形式表示。用单位"开"来定义温标,不需要用"热力学温标"这一术语。测定热力学温度,已不再是确定温标上的位置,而是单位"开"的多少倍。

按热力学原理所确定的温度称为热力学温度,符号为 T。热力学温度是唯一既能统一,又能描述热力学性质和现象的温度。

由于在以前的温标中,使用与 273.15 K（冰点）的差值来表示温度,因此现在仍保留这一方法。用这种方法来表示的热力学温度称为摄氏温度,符号为 t,定义为:

$$t/\text{℃} = T/\text{K} - 273.15 \tag{1-1}$$

摄氏温度的单位为摄氏度,符号为 ℃。根据定义,它的大小等于开尔文,温差可以用开尔文或摄氏度来表示。

1990 年国际温标（ITS-90）同时定义国际开尔文温度（符号为 T_{90}）和国际摄氏度（符号为 t_{90}）。T_{90} 和 t_{90} 之间的关系与 T 和 t 的一样,即

$$t_{90}/\text{℃} = T_{90}/\text{K} - 273.15 \tag{1-2}$$

物理量 T_{90} 的单位为开尔文,符号为 K,而 t_{90} 的单位为摄氏度,符号为 ℃,与热力学温度 T 和摄氏温度 t 一样。

三、温度单位——开尔文的重新定义

开尔文的定义可追溯到 1848 年,由科学家开尔文提出了热力学温标的概念。从原理上讲,水的液态、气态、固态三相共存是一种物理状态,因此水的三相点温度是自然常数,具有唯一性。然而开尔文的定义实际上是依赖于纯水的物质状态的。国际间的多次技术交流以及水三相点的关键比对都显示:水中氢氧同位素丰度随水源、蒸馏工艺过程不同会有明显差异,水三相点容器长期存放玻璃器壁钠元素会污染纯水,这些因素都导致实际复现的水三相点有可能偏离开尔文定义值。

2011 年第 24 届国际计量大会正式批准 7 个国际单位制基本单位用基本常数来定义的建议。温度单位开尔文用玻耳兹曼常数来定义。新定义从 2019 年 5 月 20 日正式生效。从此国际单位制基本量的定义脱离了实际物质,使得国际单位制能保持长期的稳定性,并使复现单位的方法向更好、更先进的技术方向发展。

新定义生效以后,势必对原有的国际温标体系产生一定的影响,造成测量温度值的变化。为了避免对社会造成冲击,国际温度计量最高权力机构决议,在一段时期内保留国际温标,所以新定义实施后,短期不会对社会造成可感觉到的影响。但用玻耳兹曼常数定义温度单位,使得人类历史上首次摆脱温度单位定义对实物性质的依赖,将从根本上解决现有国际温标自身缺陷及实际温度测量问题,必然带来测温方式的重大改变。从长期来看,国际温标以及由此产生的繁琐量值传递链将逐渐退出历史舞台。与国际温标不同,采用热力学温度计测量得到任意温度下系统的平均能量,即可根据玻耳兹曼常数值确定其

对应的热力学温度值,不需要考虑固定点的不确定度,从而在理论上可以实现从极低温到极高温范围内温度的准确测量。此外,新的测温方式建立在玻耳兹曼常数的定义以及量子物理现象之上,因而可以实现自校准,测温不再依赖于感温元件自身的电学或机械性质。

我国在玻耳兹曼常数测定研究中,采用了两种独立的方法:圆柱声学法和噪声法,经过多年的努力,将测量的相对不确定度分别降低至 2.0 玻耳兹$^{-6}$和 2.7 玻耳兹$^{-6}$,使得我国为最终的玻耳兹曼常数定值贡献权重。尤其是噪声法测量结果,满足了温度咨询委员会提出的开尔文重新定义的第二个要求,为开尔文的重新定义做出了重要贡献,提升了我国在基本单位重新定义中的影响力和话语权。

<h1 style="text-align:center">第二节 温 标</h1>

什么叫温标? 用数值表示温度的方法简称为温标。

建立一种温标必须具备以下 3 个条件:(1)固定点;(2)内插仪器;(3)参考函数。

一、经验温标

经验温标是任意选定一种计量温度的物质,然后规定温度值与温度计量参数的函数关系。历史上曾经出现过许多这样的温标,例如华氏温标、列氏温标、兰金温标和摄氏温标等。应用较为广泛的是华氏温标和摄氏温标。

(一) 华氏温标

1714 年丹尼尔·华伦海特(Daniel Fahrenheit)第一个制造了性能可靠的水银温度计,1724 年他公布了他的温标。该温标规定在一个标准大气压下,冰的融点为 32 ℉,水的沸点为 212 ℉,中间划分为 180 等份,每一等份为 1 ℉。

(二) 摄氏温标

1742 年安德斯·摄尔修斯(Anders Celsius)建立了百度温标。他以冰点为 100 度,沸点为 0 度。他的同学斯托墨(Stromer)把两个固定点的温度值对换以符合人们的习惯。这种温标在 0 ℃到 100 ℃之间划分为 100 等份,每一等份为 1 ℃。

摄氏度 t 与华氏度 t_F 之间的关系为

$$\frac{t_F}{℉}=\frac{9}{5}\frac{t}{℃}+32$$

式中,$t=0$ ℃时,t_F 为 32 ℉;$t=100$ ℃时,t_F 为 212 ℉。

以上的这两种温标均为已废除的历史上的经验温标。

二、热力学温标

热力学温标是建立在热力学第二定律基础上的与任何特定物质的性质无关的基本温

标。热力学第二定律的开尔文表述是:"不可能设计出这样一种热机,在循环工作时,从单一热源吸取热量,使之完全变为相等的机械功而不产生其他影响"。

可以证明:一个可逆热机于两个温度 θ_1 与 θ_2 之间做卡诺循环,在高温 θ_1 处吸收热量 Q_1,向低温 θ_2 处放出热量 Q_2,Q_1 与 Q_2 之比正比于每个温度的同样的函数之比:

$$\frac{Q_1}{Q_2}=\frac{\varphi(\theta_1)}{\varphi(\theta_2)} \tag{1-3}$$

式中:$\varphi(\theta_1)$——θ_1 的函数;

$\varphi(\theta_2)$——θ_2 的函数。

开尔文于 1848 年提出,此关系式可以用来定义任何两个温度 T_1,T_2 之比。即上式变为:

$$\frac{Q_1}{Q_2}=\frac{T_1}{T_2} \tag{1-4}$$

按理想热机卡诺循环热效率,仅由某一温度定点导出热力学温标。

即热机效率 $\eta=\dfrac{\theta_1-\theta_2}{\theta_1}=1-\dfrac{\theta_2}{\theta_1}=1-\dfrac{T_2}{T_1}$,则

$$T_2=\frac{\theta_2}{\theta_1}\cdot T_1 \tag{1-5}$$

让卡诺机在温度为 T_2 的冷源和温度为 T_1 的热源之间工作,如图 1-1。T_1 为已知温度定点,则 T_2 便可由 θ_2 和 θ_1 的量度确定,它们与工作物质的特定性质无关。这样建立的温标与工作物质无关。

开尔文的倡议具有划时代意义,为建立温标奠定了科学基础,故热力学温度单位取名为开尔文。

如何实现开尔文的倡议,也经历了近百年的努力。在波义耳-马略特及给-吕萨克研究和实验总结出的定律的基础上,找到了用理想气体温度计建立的温标和卡诺机建立的一样,定义为:

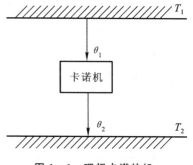

图 1-1 理想卡诺热机

定容: $\quad\quad T=\lim T(p)=273.16\ \mathrm{K}\ \lim(p/p_{\mathrm{tp}}) \tag{1-6}$

定压: $\quad\quad T=\lim T(V)=273.16\ \mathrm{K}\ \lim(V/V_{\mathrm{tp}}) \tag{1-7}$

式中:T——温度;

p——压强;

p_{tp}——气体在水三相点时的压强;

$T(p)$——定容气体温度计的温度值;

$T(V)$——定压气体温度计的温度值;

V——容积;

V_{tp}——气体在水三相点时的容积。

根据热力学理论,对一些实际气体同理想气体热力学性质的偏差进行了研究,从而为实际气体温度计最可靠地近似理想气体,实现开尔文热力学温标创造了理论基础。考虑非理

想性修正及其他修正之后的温标方程式为：

$$pV = nRT\left[1 + B(T)p + C(T)p^2 + \cdots\right] \qquad (1-8)$$

式中：$B(T)$、$C(T)$等——实际气体维里系数，是温度的函数；

    n——物质的量；

    R——普适气体常数；

    T——温度；

    V——容积；

    p——压强。

气体温度计技术的不断改进，使测得的热力学温度的准确度不断提高，因此温标得以不断修改其数值。气体温度计是复现热力学温标的一种重要手段，但是，它的结构太复杂，使用又不便，操作要求很高，实际应用很麻烦。

三、国际温标

为了克服气体温度计的缺点，便于温度测量，统一当时各国存在的各种经验温标，在半个多世纪以前，经国际协商，决定采用一种国际上能够通用的温标——国际温标(代号ITS)，它是最大限度地接近热力学温标的一种国际协定性温标，具有 3 个基本特点：(1)由它确定的温度尽可能地和热力学温度一致；(2)复现精度高，能使各国都能准确地复现同样的温标；(3)规定的温度计用起来方便，能满足生产中的需要。

(一) 温标简史

1827 年，国际计量委员会决定采用摄氏温标，当时只用于精确测量米原器的线膨胀系数。在 1888 年，国际计量局用定容氢气体温度计分度 4 支玻璃水银温度计，在 0 ℃到100 ℃范围内，精度达到±0.005 ℃。因此，在 1889 年第一届国际计量大会上决定用定容氢气体温度计分度 0 ℃～100 ℃范围内的热力学温标。与此同时，各国科学家认为氦气(0 ℃以下)、氮气(0 ℃～1 200 ℃)均与理想气体偏差不大，都可以用来研究热力学温标。此后，由于科学技术的蓬勃发展，迫切要求统一各国之间的温度量值，故在 1927 年的第七届国际计量大会上规定了几个固定点和用不同的内插仪器及内插公式来复现 4 个不同温区的温标。这就是 1927 年国际温标(它是一种容易实现和准确复现，而又尽可能接近于当时所知的热力学温标)。1948 年对 1927 年国际温标进行了修订。复现国际温标的实验性程序基本上没有变，但是，在 1948 年国际温标(ITS-48)定义中有两处修改，使温度值有较大的变化。这两处修改是：银的凝固点温度值由 960.5 ℃改为 960.8 ℃，使标准热电偶(630 ℃～1 063 ℃)的测温值发生变化，在接近 800 ℃处的最大差值约为 0.4 K；辐射常数 c_2 采用 0.014 38 m·K 替代以前的 0.014 32 m·K，使金凝固点以上的温度值全变了。

1960 年修订的 1948 年国际温标由第十一届国际计量大会通过，对 ITS-48 做了 6 点修改(IPTS-48)。第十届国际计量大会上已采纳水三相点作为单一固定点来定义开尔文——热力学温度的单位。除在国际温标的标题上加上"实用"两字外，修改之处还有：将水三相点(定义 0.01 ℃)代替冰融点作为该温区的分度点；将锌凝固点定义为 419.505 ℃，较之硫沸点(441.6 ℃)性能更好；标准铂电阻温度计和热电偶内插公式各常数的允许范围再次修改；取消光学高温计"可见"辐射的限制。

1967 年—1968 年第十三届国际计量大会授权国际计量委员会于 1968 年颁布了 1968 年国际实用温标(IPTS-68)。IPTS-68 与 IPTS-48 相比,有较大的变化,做了重要的修改,温度值的修改使之更接近热力学温度。温标的下限延伸到 13.81 K;建议使用两种蒸汽压温度计,使温标延伸到更低的温度(0.5 K 到 5.2 K);引入 6 个新的定义固定点:平衡氢三相点(13.81 K),平衡氢中间点(17.042 K),平衡氢正常沸点(20.28 K),氖沸点(27.102 K),氧三相点(54.361 K),以及锡凝固点(231.968 1 K);锡点可作水沸点的替代点;取消硫沸点;以下 4 个固定点的给定值也做了改变:氧沸点改为 90.188 K,锌凝固点改为 419.58 ℃,银凝固点改为 961.93 ℃,金凝固点改为 1 064.43 ℃;电阻温度计范围的内插公式变得更为复杂;辐射常数 c_2 的给定值改为 $1.438\ 8 \times 10^{-2}$ m·K;电阻温度计和热电偶内插公式的常数的允许范围再次得到修改。

1968 年国际实用温标(1975 年修订版)于 1975 年由第十五届国际计量大会通过。就像 IPTS-48 对 ITS-48 一样,IPTS-68(75)无数值上的变化,文本中大部分的修改仅是为了叙述明了,使用简便。较重要的变化是氧沸点定义为氧冷凝点;氩三相点(83.798 K)可作氧冷凝点的另一选择点;氖自然同位素成分的新值已被采用。1958 年 ^{4}He 蒸气压温标和 1962 年 ^{3}He 蒸气压温标推荐使用的 T 值宣布取消。

1976 年 0.5 K 到 30 K 暂行温标解决了两个重要的问题:明显地减小了 IPTS-68 在 30 K 以下,以及 1958 年 ^{4}He 和 1962 年 ^{3}He 蒸气压温标的误差(相对于热力学温度);填补了 5.2 K 到 13.8 K 之间的空隙。

1989 年国际计量委员会通过了 1990 年国际温标(ITS-90),该温标替代了 1968 年国际实用温标(1975 年修订版)和 1976 年 0.5 K 到 30 K 暂行温标。ITS-90 和 IPTS-68(75) 相比主要有以下几点变化:铂铑-铂热电偶不再作为温标的内插仪器;温标的函数关系做了进一步的简化。在全量程中,温度值为 T_{90} 时的温度非常接近于温标采纳时的 T 的最佳估计值。与直接测量热力学温度相比,T_{90} 的测量要方便得多,且精密度更高,复现性更好。

(二) ITS-90

1. ITS-90 简介

ITS-90 由 0.65 K 起直到根据普朗克辐射定律使用单色辐射实际可测得的最高温度。

0.65 K 到 5.0 K 之间,T_{90} 由 ^{3}He 和 ^{4}He 的蒸气压与温度关系式来定义。

3.0 K 到氖三相点(24.556 1 K)之间,T_{90} 用氦气体温度计来定义,它使用 3 个定义固定点及利用规定的内插方法来分度。这 3 个定义固定点是可复现的温度点,并具有给定值。

平衡氢三相点(13.803 3 K)到银凝固点(961.78 ℃)之间,T_{90} 用铂电阻温度计来定义。它使用规定的内插方法及相应的定义固定点来分度。

银凝固点(961.78 ℃)以上,T_{90} 借助于一个定义固定点和普朗克辐射定律来定义。

ITS-90 通过各温区和分温区来定义 T_{90}。某些温区或分温区是重叠的,重叠的 T_{90} 定义有差异,但这些定义是等效的。温标中有些温区不止一种测温方案,或有多种内插仪器,或同一类型的内插仪器具有不同的性能。这些都会使温标中的这些温区产生非唯一性。因此,原则上只有 0.65 K 到 1.25 K 这个温区没有非唯一性。在其他温区和分温区,在同一温度下,根据不同定义,测量的值是有差异的,此差异值只在最高精度测量时才能测出。这一差值在实际使用中是不足虑的。

2. ITS-90 定义固定点

ITS-90 所定义的固定点温度,是利用一系列纯物质各相间可复现的平衡状态或蒸气压建立起来的温度点,这些温度点的温度值是由国际上公认的最好测量方法测定的。它的值从目前来说是最接近热力学温度的值。ITS-90 定义固定点列于表 1-1 中。

表 1-1　ITS-90 定义固定点

序号	固定点	温度		序号	固定点	温度	
		T_{90}/K	$t_{90}/℃$			T_{90}/K	$t_{90}/℃$
1	蒸气压	3～5	$-270.15～$ -268.15	10	镓熔点	302.914 6	29.764 6
2	氢三相点	13.803 3	$-259.346 7$	11	铟凝固点	429.748 5	156.598 5
3	氢蒸气压点	≈17	≈-256.15	12	锡凝固点	505.078	231.928
4	氢蒸气压点	≈20.3	≈-252.85	13	锌凝固点	692.677	419.527
5	氖三相点	24.556 1	$-248.593 8$	14	铝凝固点	933.473	660.323
6	氧三相点	54.358 4	$-218.796 1$	15	银凝固点	1 234.93	961.78
7	氩三相点	83.805 8	$-189.344 2$	16	金凝固点	1 337.33	1 064.18
8	汞三相点	234.315 6	$-38.834 4$	17	铜凝固点	1 357.77	1 084.62
9	水三相点	273.16	0.01				

3. ITS-90 规定的测温仪器

(1) 氦蒸气压温度计:用于 0.65 K 到 5.0 K 温区温标的复现。

对氦蒸气压温度计有以下几个基本要求:a)一个容器,使纯液体与蒸气呈热平衡;b)界面处压力的绝对测量;c)蒸气压与温度的关系式。

(2) 气体温度计:由 3.0 K 到氖三相点(24.556 1 K)温区温标的复现。

设计该温度计时需要注意以下几个问题:a)工作流体;b)感温泡;c)感温泡中气体压力的测定;d)传压管容积及室温测压系统的影响。

(3) 铂电阻温度计:用于平衡氢三相点(13.803 3 K)到银凝固点(961.78 ℃)温区温标的复现。

温度值 T_{90} 是由该温度时的电阻 $R(T_{90})$ 与水三相点时的电阻 $R(273.16\ K)$ 之比来求得的。比值 $W(T_{90})$ 定义为:

$$W(T_{90})=R(T_{90})/R(273.16\ K) \tag{1-9}$$

一支合适的铂温度计必须由无应力的纯铂丝做成,并且至少应满足下列两个关系式之一:

$$W(29.764\ 6\ ℃)\geqslant 1.118\ 07 \tag{1-10}$$

$$W(-38.834\ 4\ ℃)\leqslant 0.844\ 235 \tag{1-11}$$

一支能用于银凝固点的铂电阻温度计，还必须满足下列要求：

$$W(961.78\ ℃)\geqslant 4.284\ 4 \tag{1—12}$$

（4）辐射温度计：用于银凝固点（961.78 ℃）以上温区温标的复现。

辐射温度计要具备有效的单色性能。

4. ITS-90 规定的参考函数及偏差函数

（1）在 0.65 K 到 5.0 K 温区

T_{90} 按下式来定义：

$$T_{90}/K=A_0+\sum_{i=1}^{9}A_i\{[\ln(p/Pa)-B]/C\}^i \tag{1—13}$$

式中：A_0,A_i,B,C——常数；

$\qquad p$——蒸气压。

（2）在 3.0 K 到氖三相点（24.556 1 K）温区

用 ^{3}He 作为测温气体，在 3.0 K 到氖三相点温区 T_{90} 用下列公式定义：

$$T_{90}=a+bp+cp^2 \tag{1—14}$$

式中：p——气体温度计的压力；

a,b,c——常数。

$$T_{90}=\frac{a+bp+cp^2}{1+B_x(T_{90})N/V} \tag{1—15}$$

式中：p——气体温度计的压力；

a,b,c——常数；

$\quad B_x$——第二维里系数；

$\quad N$——气体量；

$\quad V$——温泡的容积。

（3）在平衡氢三相点（13.803 3 K）到银凝固点（961.78 ℃）温区

a）13.803 3 K 到 273.16 K 温区参考函数 $W_r(T_{90})$ 定义为：

$$\ln[W_r(T_{90})]=A_0+\sum_{i=1}^{12}A_i\{[\ln(T_{90}/273.16K)+1.5]/1.5\}^i \tag{1—16}$$

或

$$T_{90}/273.16\ K=B_0+\sum_{i=1}^{15}B_i\left\{\frac{W_r(T_{90})^{\frac{1}{6}}-0.65}{0.35}\right\}^i \tag{1—17}$$

系数 A_0,A_i 和 B_0,B_i 列于表 5—2 中；式（1—16）式（1—17）代表同一个关系式，它们在 ± 0.1 mK 之内相互一致。

b）13.803 3 K 到 273.16 K 温区，使用下列偏差函数：

$$W(T_{90})-W_r(T_{90})=a[W(T_{90})-1]+b[W(T_{90})-1]^2+\sum_{i=1}^{m}c_i[\ln W(T_{90})]^{i+n} \tag{1—18}$$

或

$$W(T_{90})-W_r(T_{90})=a[W(T_{90})-1]+b[W(T_{90})-1]\ln W(T_{90}) \tag{1—19}$$

式中：a,b,c_i——系数。

式(1—18)用于下列分温区：

13.803 3 K～273.16 K：$m=5,n=2$；

24.556 1 K～273.16 K：$m=3,n=0$；

54.358 4 K～273.16 K：$m=1,n=1$。

式(1—19)用于 83.805 8 K～273.16 K。

注：在式(1—18)和(1—19)的右边各项中的 $W(T_{90})$ 可以用 $W_r(T_{90})$ 来代替，当然，所得的系数值是不同的。

c) 0 ℃到 961.78 ℃温区参考函数定义为

$$W_r(T_{90})=C_0+\sum_{i=1}^{9}C_i\left[(T_{90}/K-754.15)/481\right]^i \tag{1—20}$$

$$T_{90}/K-273.15=D_0+\sum_{i=1}^{9}D_i\{[W_r(T_{90})-2.64]/1.64\}^i \tag{1—21}$$

上式中，C_0,D_0,C_i,D_i 均为常数，列于表5—2中。式(1—20)与式(1—21)表示同一个关系，在 0 ℃到 660.3 ℃范围内，它们的一致性在 ±0.08 mK 之内；在 660.3 ℃到 961.8 ℃范围内，一致性在 ±0.13 mK 之内。

在 -10 ℃到 10 ℃的温区内，式(1—16)和式(1—17)与式(1—20)和式(1—21)的一致性在 ±0.1 mK 之内；在 0 ℃～0.01 ℃范围内，它们只有无实际意义的差异。

d) 0 ℃到 961.78 ℃温区使用下列偏差函数：

$$W(T_{90})-W_r(T_{90})=a[W(T_{90})-1]+b[W(T_{90})-1]^2+c[W(T_{90})-1]^3+$$
$$d[W(T_{90})-W(660.323\ ℃)]^2$$
$$\tag{1—22}$$

式中：a,b,c,d——系数。

如果 $t_{90}\leqslant660.323$ ℃，则 $d=0$。式(1—22)右侧的项数因各分区而异(参阅表1—1)：

0 ℃～961.78 ℃：各项全用；

0 ℃～660.323 ℃：$d=0$；

0 ℃～419.527 ℃：$d=c=0$；

0 ℃～231.928 ℃：$d=c=0$；

0 ℃～156.598 5 ℃：$d=c=b=0$；

0 ℃～29.764 6 ℃：$d=c=b=0$。

注：在式(1—22)的右边各项中的 $W(T_{90})$ 可以用 $W_r(T_{90})$ 来代替，当然，所得的系数值是不同的。

e) $-38.834\ 4$ ℃到 29.764 6 ℃温区使用下列偏差函数：

$$W(T_{90})-W_r(T_{90})=a[W(T_{90})-1]+b[W(T_{90})-1]^2 \tag{1—23}$$

$W_r(T_{90})$ 取自式(1—16)或(1—20)，具体由 T_{90} 值决定。在此温区内，0 ℃以下的式(1—16)和式(1—17)与 0 ℃以上的式(1—20)和(1—21)之差小于 0.06 mK。

注：在式(1—23)的右边各项中的 $W(T_{90})$ 可以用 $W_r(T_{90})$ 来代替，当然，所得的系数值是不同的。

从图1—2可更直观地看出各分温区指定的分度点。ITS-90 规定用铂电阻温度计定义 T_{90} 时的分度点见表1—2。

表 1－2　ITS-90 规定用铂电阻温度计定义 T_{90} 时的分度点

(a) 上限为 273.16 K 的各温区

下限温度	偏差函数	分度点（见表 1－1 的固定点）
13.803 3 K	$a[W(T_{90})-1]+b[W(T_{90})-1]^2$ $+\sum\limits_{i=1}^{5}c_i[\ln W(T_{90})]^{i+n},n=2$	2～9
24.556 1 K	同上，但 $c_4=c_5=n=0$	2,5～9
54.358 4 K	同上，但 $c_2=c_3=c_4=c_5=0,n=1$	6～9
83.805 8 K	$a[W(T_{90})-1]+b[W(T_{90})-1]\ln W(T_{90})$	7～9

(b) 下限为 0 ℃ 的各温区

上限温度	偏差函数	分度点（见表 1－1 的固定点）
961.78 ℃	$a[W(T_{90})-1]+b[W(T_{90})-1]^2$ $+c[W(T_{90})-1]^3+d[W(T_{90})-W(660.323\ ℃)]^2$	9,12～15
660.323 ℃	同上，但 $d=0$	9,12～14
419.527 ℃	同上，但 $c=d=0$	9,12,13
231.928 ℃	$a[W(T_{90})-1]+b[W(T_{90})-1]^2$ $+c[W(T_{90})-1]^3+d[W(T_{90})-W(660.323\ ℃)]^2$ 但 $c=d=0$	9,11,12
156.598 5 ℃	同上，但 $b=c=d=0$	9,11
29.764 6 ℃	同上，但 $b=c=d=0$	9,10

(c) 234.315 6 K（－38.834 4 ℃）到 29.764 6 ℃ 的温区

	同上，但 $c=d=0$	8～10

注：分度点中的数字表示表 1－1 中的序号，其意为所要分度的固定点。例如 9,12～15 表示分度的固定点为 5 个点，
即水三相点、锡凝固点、锌凝固点、铝凝固点及银凝固点。

（4）银凝固点（961.78 ℃）以上温区

T_{90} 由下式定义：

$$\frac{L_\lambda(T_{90})}{L_\lambda[T_{90}(x)]}=\frac{\exp\{c_2[\lambda T_{90}(x)]^{-1}\}-1}{\exp[c_2(\lambda T_{90})^{-1}]-1} \tag{1-24}$$

式中：L——黑体辐射的光谱辐射亮度；

x——可以是银凝固点、金凝固点或铜凝固点三者之中的一个；

λ——波长；

$c_2=0.014\ 388$ mK。

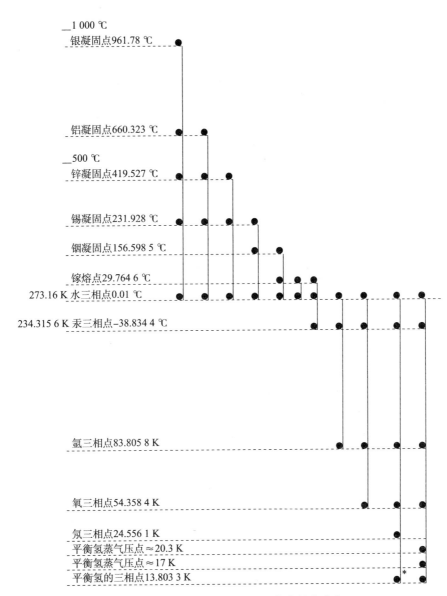

图 1—2 ITS-90 规定的分温区指定的分度点

注:●* 是氖三相点(24.556 1 K)到水三相点(273.16 K)温区的一个分度点。

第三节 热交换方式

在两个物体或一个物体的两部分之间的热能传递可以通过下面三种热交换方式来进行。这三种方式或是单独一种,或是两种及三种同时起作用,这要根据具体条件才能确定。

一、导热（热传导）

通过物质单元质点（电子、质子、分子）的能量传递来进行传热，而物体各部分无相对位移的热量传递方式称为导热。它只有在物体间相互直接接触的情况下才能发生。导热是彼此接触的单元质点间由无数极其细微的能量交换所造成的结果。导热存在于物体的三种状态中，最单纯形式的导热通常发生在固体中，很少发生在液体和气体中。如果在气态或液态中发生，大多数情况下，它还伴有对流，仅在薄层流体中才可能进行单纯导热。

二、对流

对流传热是通过空气中移动的介质质点的热能迁延来实现的。对流传热所导致的热交换，就是这许多移动着的介质质点的热能迁延的结果。这种质点的移动，只有在液体和气体中才能出现，它是热量由固体物质向液体或气体传递的一种主要方式。实际上，对流现象总是和热传导现象同时发生的，它们是不可分割的。但是，这里所发生的热传导和固体中所进行的完全不同，它与带能质点的迁延情况有关。

三、辐射

辐射热交换的特征是在互不接触的物体之间，在没有中间介质参与下，实现热能的传递。如果说在对流热交换情况下，气体或液体介质有助于热能由一个物体向另一个物体的传递，那么在辐射热交换的情况下，中间介质则相反，是阻止热能的传递。假设在自然界中存在理想透明的物质，那么，可能在物体之间出现一种单纯的辐射热交换，可是任何的实际介质都具有反射和吸收辐射能，也即是把它转变为热能的特性，因此，在中间介质中就积聚了某些辐射能，并且它在某种程度上也参与了热交换。

第四节　温度量值传递系统

国家计量检定系统表也称为国家溯源等级图，是国家对从计量基准到各等级的计量标准直至工作计量器具的检定程序所做的技术规定。国家计量检定系统表由文字和框图构成，内容包括：基准、各等级计量标准、工作计量器具的名称、测量范围、准确度（或不确定度或最大允许误差）和检定的方法等。从 1990 年 1 月 1 日起，国际上正式采用 ITS-90。我国为适应国际温标相应变化而编制的温度计量器具检定系统表 JJG 2020—1989《（273.15 K～903.89 K）温度计量器具》和 JJG 2062—1990《（13.81 K～273.15 K）温度计量器具》等也实施至今。本节中二、三、四中的内容（包括图 1－3，图 1－4，图 1－5）依据的是过程中的文件，国家尚未发布实施，仅供读者参考。

一、0.65 K～273.16 K 温度计量器具检定系统

该检定系统适用于 0.65 K～273.16 K 温度计量器具的检定，规定了该范围温度（以开尔文或摄氏度为单位）国家基准包括的全套基本计量器具及其用途，国家基准的基本计量学参数以及将温度量值由国家基准通过计量标准器具的传递过程，并指明其不确定度、基本检定

方法。

（一）计量基准器具

1. 0.65 K～5.0 K 温度国家基准

我国暂缺。

2. 3.0 K～24.556 1 K 温度国家基准

我国暂缺。

3. 13.803 3 K～273.16 K 温度国家基准

（1）基准装置

用于在此温度范围实现定义固定点和定义温度点量值的器具，有如下装置：

a）低温固定点基准装置；

b）氩三相点基准装置；

c）汞三相点基准装置；

d）水三相点基准装置。

（2）铂电阻温度计国家基准组装置

用于在固定基准装置上实现固定点的温度量值和此温度范围内定义固定点间的温度量值，并保存和传递温度量值。有如下两个基准组：

a）套管铂电阻温度计国家基准组；

b）铂电阻温度计国家基准组。

（3）主要配套设备

a）测量电阻的仪器：电桥、电位差计或其他测量仪器，它们的正确度换算成温度应不超过 0.1 mK；

b）一等标准电阻器组。

（二）计量标准器具

1. 国家工作基准器具

（1）0.65 K～24 K 国家工作基准

0.65 K～24 K 国家工作基准和标准是两个铑铁电阻温度计组：

a）1.2 K～24 K 铑铁电阻温度计国家工作基准组，溯源于 ITS-90(NPL)[1]，并在 13.803 3 K 与我国的 13.803 3 K～273.16 K 的温度国家基准光滑连接。

b）0.65 K～24 K 铑铁电阻温度计标准组，溯源于 ITS-90(NPL)。

（2）13.803 3 K～273.16 K 国家工作基准

该国家工作基准包括两个铂电阻温度计国家工作基准组：

a）套管式铂电阻温度计国家工作基准组，在 13.803 3 K～273.16 K 间传递温度量值。

b）铂电阻温度计国家工作基准组，在 83.805 8 K～273.16 K 间传递温度量值。

---

[1]　NPL 为 National Physical Laboratory(英国"国家物理实验室")的英文缩写。

2. 0.65 K～273.16 K 温度计量标准器具

该温度范围内的温度计量标准器具：

（1）0.65 K～24 K，铑铁电阻温度计；

（2）13.803 3 K～273.16 K，标准套管式铂电阻温度计；

（3）83.805 8 K～273.16 K，一等和二等标准铂电阻温度计；

（4）4.2 K～273.15 K，标准镍铬-金铁热电偶；

（5）73.15 K～273.15 K，标准铜-铜镍（康铜）热电偶；

（6）−60 ℃～0 ℃（213.15 K～273.15 K），标准水银温度计；

（7）−20 ℃～0 ℃（253.15 K～273.15 K），标准贝克曼温度计；

（8）−60 ℃～0 ℃（213.15 K～273.15 K），数字温度计。

（三）工作计量器具

13.803 3 K～273.16 K 温度范围的工作计量器具的类型繁多，详见 JJG 2062—1990 中的工作计量器具部分框图。

二、0 ℃～961.78 ℃（273.15 K～1 234.93 K）温度计量器具检定系统

该检定系统适用于 0 ℃～961.78 ℃（273.15 K～1 234.93 K）温度计量器具的使用及传递，规定了该温度范围内基准器具的用途，列出了组成基准的主要计量器具、基准复现的量值以及温度量值由基准器具通过计量标准器具传递到工作计量器具的传递过程；并给出其扩展不确定度及包含因子、允许误差等（参阅图1－3）。

（一）计量基准器具

基准器具按照 ITS-90 的要求进行复现、保存和传递 0 ℃～961.78 ℃（273.15 K～1 234.93 K）范围温度的量值。

1. 基准定义固定点装置

（1）水三相点容器：用于实现水三相点 0.01 ℃（273.16 K）；

（2）镓熔点装置：用于实现镓熔点 29.764 6 ℃（302.914 6 K）；

（3）铟凝固点装置：用于实现铟凝固点 156.598 5℃（429.748 5 K）；

（4）锡凝固点装置：用于实现锡凝固点 231.928 ℃（505.078 K）；

（5）锌凝固点装置：用于实现锌凝固点 419.527 ℃（692.677 K）；

（6）铝凝固点装置：用于实现铝凝固点 660.323 ℃（933.473 K）；

（7）银凝固点装置：用于实现银凝固点 961.78 ℃（1 234.93 K）。

2. 基准铂电阻温度计

用于保存和传递 0 ℃～961.78 ℃（273.15 K～1 234.93 K）温度量值。

3. 主要配套设备

直流或交流电桥；一等标准电阻组。

（二）计量标准器具

0 ℃～961.78 ℃范围的标准计量器具可分为铂电阻温度计、玻璃液体温度计、标准贝克

曼温度计、标准体温计、标准铜-铜镍热电偶、固定点装置等。它们通过定点法或比较法来检定各种工作用温度计,此外它们也可直接用于高精度的温度测量。

工作基准计量器具是最高的标准计量器具。它的整套装置与基准器具类同,包括一组定义固定点、一组工作基准铂电阻计及配套设备。它用定点法来测量,并经过与国家基准器具比对,用于检定精度等级低的标准计量器具。它的测量范围为 0 ℃～961.78 ℃。

(三)工作计量器具

它是测量温度的专用计量器具,测量对象广泛、种类繁多。其测量范围为 0 ℃～961.78 ℃,其测量误差一般用各种计量器具的允许误差 Δ 或扩展不确定度 U 由有关检定规程给出。详见表 1—3 中的工作计量器具部分框图。

三、961.78 ℃～2 200 ℃(1 234.93 K～2 473 K)温度计量器具检定系统

该检定系统根据 ITS-90,规定了 961.78 ℃～2 200 ℃(1 234.93 K～2 473 K)温度范围国家基准的基本计量参数以及将温度量值由该温度范围的国家基准或其他温度范围的标准,通过计量器具传递到工作用辐射测温计量器具及钨铼热电偶的过程,并指明其不确定度和基本检定方法(参阅图 1—4)。

(一)计量基准器具

(1)961.78 ℃以上国家温度基准用以复现、保存和传递 961.78 ℃以上的温度量值。我国采用银凝固点作为复现温标的参考点,银凝固点的扩展不确定度为0.056 ℃($k=2.78,p=0.99$)。基准温度灯组保存温度国家基准量值,温度范围为 961.78 ℃～2 200 ℃(1 234.93 K～2 473 K),扩展不确定度 U 为 0.12 ℃～0.65 ℃($k=2.68～2.98,p=0.99$)。

(2)副基准温度灯组,温度范围为 800 ℃～2 200 ℃,扩展不确定度 U 为 0.41 ℃～1.1℃($k=2.73～2.92,p=0.99$)。

(二)计量标准器具

(1)工作基准温度灯组,温度范围为 800 ℃～2 200 ℃,扩展不确定度 U 为 0.7 ℃～1.6 ℃($k=2.70～2.79,p=0.99$)。

(2)标准光学高温计,温度范围为 800 ℃～2 200 ℃,扩展不确定度 U 为 1.1 ℃～2.4 ℃($k=2.68～2.90,p=0.99$)。2 200 ℃以上的分度采用计算方法,扩展不确定度 U 为 2.9 ℃～5.9 ℃($k=2.68～2.70,p=0.99$)。

(3)标准温度灯组,目前有两种:温度范围分别为 800 ℃～2 000 ℃和 800 ℃～2 200 ℃,扩展不确定度 U 为 4 ℃～6 ℃($k=2.90～3.11,p=0.99$)。

(4)铜凝固点(1 084.62 ℃),用于标准组铂铑 10-铂热电偶检定。

(三)工作计量器具

工作计量器具主要为工作用辐射温度计、钨铼热电偶、温度显示仪表及温度变送器,它的型号繁多,可以分为以下几种。

(1)光学高温计,温度范围为 800 ℃～3 200 ℃,允许误差 Δ 为 $\pm(0.6\%～2.5\%)t$。2 000 ℃以上的分度,采用计算方法。

(2)光电温度计,温度范围为 −30 ℃～3 200 ℃,允许误差 Δ 为 $\pm(0.5\%～2.0\%)t$。

（3）辐射温度计，温度范围为 $-50\ ℃\sim3\ 200\ ℃$，允许误差 Δ 为 $\pm(0.5\%\sim2.0\%)t$。

（4）比色温度计，温度范围为 $100\ ℃\sim3\ 200\ ℃$，允许误差 Δ 为 $\pm(1.0\%\sim2.5\%)t$。

（5）热像仪，温度范围为 $-50\ ℃\sim3\ 000\ ℃$，允许误差 Δ 为 $\pm(0.75\%\sim3.0\%)t$。

（6）辐射感温器，温度范围为 $400\ ℃\sim2\ 000\ ℃$，允许误差 Δ 为 $\pm(16\ ℃\sim20\ ℃)$。

四、温度计量器具热电偶部分检定系统

热电偶是基于物质的热电效应原理实现测温的一种接触式测量仪器。热电偶种类繁多，结构多样，测量温度范围宽，故其使用极为广泛。在 ITS-90 实施后，用标准铂电阻温度计复现 $13.803\ 3\ K\sim961.78\ ℃$ 的温标，在 $961.78\ ℃$ 以上用辐射温度计来复现。（参阅图 1-5）。

（一）标准计量器具

对于 $419.527\ ℃\sim1\ 084.62\ ℃$ 温度范围，标准组铂铑 10-铂热电偶是采用定点法在铜、铝、锌 3 个固定点上进行分度。标准组铂铑 30-铂铑 6 热电偶在 $1\ 100\ ℃\sim1\ 500\ ℃$ 温度范围是使用光电高温计在黑体比较炉内进行分度的。

（1）标准组铂铑 10-铂热电偶主要用于检定一等标准铂铑 10-铂热电偶。在测温范围 $419.527\ ℃\sim1\ 084.62\ ℃$，其在锌、铝、铜 3 个固定点上的扩展不确定度为 $0.3\ ℃\sim0.4\ ℃$。

（2）一等标准铂铑 10-铂热电偶主要用于检定二等标准铂铑 10-铂热电偶，一级、二级铂铑 10-铂热电偶，一级、二级铂铑 13-铂热电偶，一级镍铬-镍硅热电偶，一级镍铬硅-镍硅热电偶，一级镍铬-铜镍热电偶，一级铁-铜镍热电偶等工作计量器具。其测温范围为 $419.527\ ℃\sim1\ 084.62\ ℃$，在锌、铝、铜 3 个固定点上的扩展不确定度为 $0.4\ ℃\sim0.6\ ℃$。

（3）二等标准铂铑 10-铂热电偶主要用于检定二级镍铬-镍硅热电偶、二级镍铬硅-镍硅热电偶、二级镍铬-铜镍热电偶、二级铁-铜镍热电偶及钨铼热电偶等工作计量器具。其测温范围为 $419.527\ ℃\sim1\ 084.62\ ℃$，扩展不确定度为 $0.6\ ℃\sim1.0\ ℃$。

（4）标准组铂铑 30-铂铑 6 热电偶主要用于检定一等标准铂铑 30-铂铑 6 热电偶。在测温范围为 $1\ 100\ ℃\sim1\ 500\ ℃$ 时，它的扩展不确定度为 $2.1\ ℃$。

（5）一等标准铂铑 30-铂铑 6 热电偶主要用于检定二等标准铂铑 30-铂铑 6 热电偶及二级铂铑 30-铂铑 6 热电偶。测温范围为 $1\ 100\ ℃\sim1\ 500\ ℃$ 时，它的扩展不确定度为 $2.5\ ℃$。

（6）二等标准铂铑 30-铂铑 6 热电偶主要用于检定三级铂铑 30-铂铑 6 热电偶。测温范围为 $1\ 100\ ℃\sim1\ 500\ ℃$ 时，它的扩展不确定度为 $3.2\ ℃$。

（二）工作计量器具

工作用热电偶种类繁多，根据我国热电偶使用的情况和国际电工委员会（IEC）的推荐，我国现采用 IEC 公布的热电偶的分度表，其中有 6 种属于该检定系统范围。

由于工作用热电偶覆盖的温区较广，因此对它的分度应遵循不同的温区采用不同的计量器具来实现。如实际使用在 $419.527\ ℃$ 以下温度范围，可使用标准水银温度计进行分度。

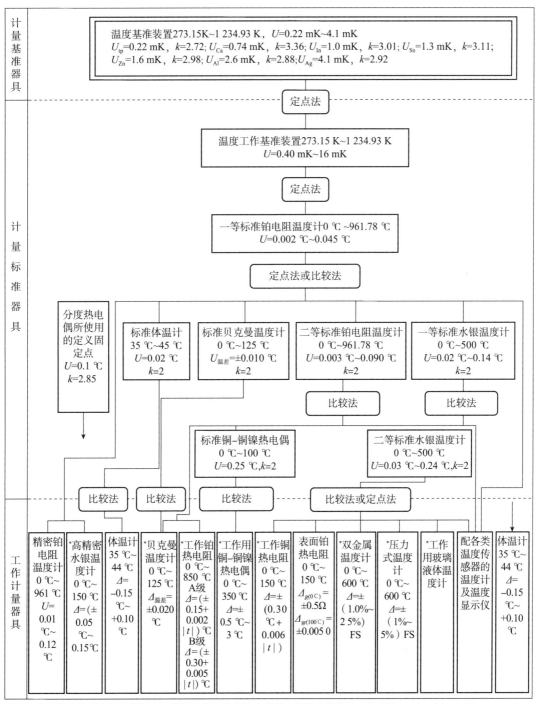

计量基准器具

温度基准装置273.15K~1 234.93 K，U=0.22 mK~4.1 mK
U_{tp}=0.22 mK，k=2.72; U_{Ca}=0.74 mK，k=3.36; U_{In}=1.0 mK，k=3.01; U_{Sn}=1.3 mK，k=3.11;
U_{Zn}=1.6 mK，k=2.98; U_{Al}=2.6 mK，k=2.88; U_{Ag}=4.1 mK，k=2.92

定点法

温度工作基准装置273.15 K~1 234.93 K
U=0.40 mK~16 mK

定点法

一等标准铂电阻温度计0 ℃ ~961.78 ℃
U=0.002 ℃~0.045 ℃

定点法或比较法

计量标准器具

分度热电偶所使用的定义固定点
U=0.1 ℃
k=2.85

标准体温计
35 ℃~45 ℃
U=0.02 ℃
k=2

标准贝克曼温度计
0 ℃~125 ℃
$U_{温差}$=±0.010 ℃
k=2

二等标准铂电阻温度计
0 ℃~961.78 ℃
U=0.003 ℃~0.090 ℃
k=2

一等标准水银温度计
0 ℃~500 ℃
U=0.02 ℃~0.14 ℃
k=2

比较法

比较法

标准铜–铜镍热电偶
0 ℃~100 ℃
U=0.25 ℃,k=2

二等标准水银温度计
0 ℃~500 ℃
U=0.03 ℃~0.24 ℃,k=2

比较法 比较法 比较法 比较法或定点法

工作计量器具

精密铂电阻温度计
0 ℃~961 ℃
U=0.01 ℃~0.12 ℃

*高精密水银温度计
0 ℃~150 ℃
Δ=(±0.05 ℃~0.15 ℃)

体温计
35 ℃~44 ℃
Δ=−0.15 ℃~+0.10 ℃

*贝克曼温度计
0 ℃~125 ℃
$\Delta_{温差}$=±0.020 ℃

*工作铂热电阻
0 ℃~850 ℃
A级
Δ=(±0.15+0.002$|t|$)℃
B级
Δ=(±0.30+0.005$|t|$)℃

*工作用铜–铜镍热电偶
0 ℃~350 ℃
Δ=±0.5 ℃~3 ℃

*工作铜镍热电偶
0 ℃~150 ℃
Δ=±(0.30 ℃+0.006$|t|$)

表面铂热电阻
0 ℃~150 ℃
$\Delta_{R(0℃)}$=±0.5Ω
$\Delta_{W(100℃)}$=±0.005 0

*双金属温度计
0 ℃~600 ℃
Δ=±(1.0%~2 5%) FS

*压力式温度计
0 ℃~600 ℃
Δ=±(1%~5%) FS

*工作用玻璃液体温度计

配各类温度传感器的温度计及温度显示仪

体温计
35 ℃~44 ℃
Δ=−0.15 ℃~+0.10 ℃

注:1. 该框图内的温度计量器具允许误差参见相应的检定规程，溯源至相关的电量标准;
　　2. 各类热电偶的溯源参见温度计量器具检定系统热电偶部分;
　　3. 带*号的计量器具在0 ℃以下的允许误差在0.65 K~273.16 K温度计量器具检定系统中给出;
　　4. U——扩展不确定度; k——包含因子; Δ——允许误差; FS——满量程温度值。

图1－3　0 ℃～961.78 ℃ (273.15 K～1 234.93 K)温度计量器具检定系统框图

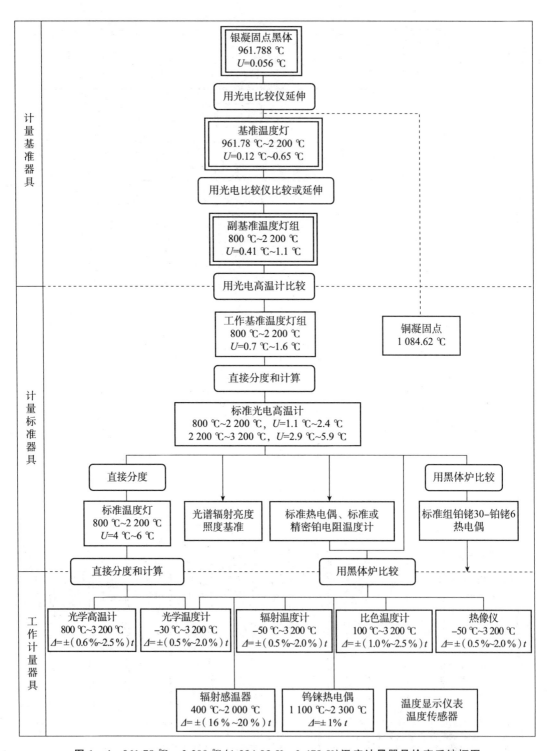

图1—4 961.78 ℃～2 200 ℃（1 234.93 K～2 473 K）温度计量器具检定系统框图

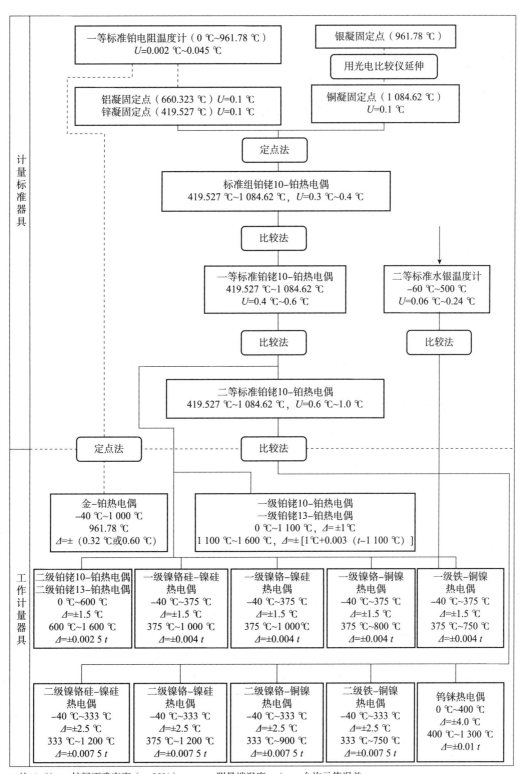

计量标准器具

一等标准铂电阻温度计（0 ℃~961.78 ℃）
U=0.002 ℃~0.045 ℃

银凝固定点（961.78 ℃）

用光电比较仪延伸

铝凝固定点（660.323 ℃）U=0.1 ℃
锌凝固定点（419.527 ℃）U=0.1 ℃

铜凝固定点（1 084.62 ℃）
U=0.1 ℃

定点法

标准组铂铑10-铂热电偶
419.527 ℃~1 084.62 ℃，U=0.3 ℃~0.4 ℃

比较法

一等标准铂铑10-铂热电偶
419.527 ℃~1 084.62 ℃
U=0.4 ℃~0.6 ℃

二等标准水银温度计
-60 ℃~500 ℃
U=0.06 ℃~0.24 ℃

比较法

比较法

二等标准铂铑10-铂热电偶
419.527 ℃~1 084.62 ℃，U=0.6 ℃~1.0 ℃

定点法

比较法

金-铂热电偶
-40 ℃~1 000 ℃
961.78 ℃
$\varDelta$=±（0.32 ℃或0.60 ℃）

一级铂铑10-铂热电偶
一级铂铑13-铂热电偶
0 ℃~1 100 ℃，$\varDelta$=±1℃
1 100 ℃~1 600 ℃，$\varDelta$=±[1℃+0.003（t-1 100 ℃）]

工作计量器具

二级铂铑10-铂热电偶
二级铂铑13-铂热电偶
0 ℃~600 ℃
$\varDelta$=±1.5 ℃
600 ℃~1 600 ℃
$\varDelta$=±0.002 5 t

一级镍铬硅-镍硅
热电偶
-40 ℃~375 ℃
$\varDelta$=±1.5 ℃
375 ℃~1 000 ℃
$\varDelta$=±0.004 t

一级镍铬-镍硅
热电偶
-40 ℃~375 ℃
$\varDelta$=±1.5 ℃
375 ℃~1 000 ℃
$\varDelta$=±0.004 t

一级镍铬-铜镍
热电偶
-40 ℃~375 ℃
$\varDelta$=±1.5 ℃
375 ℃~800 ℃
$\varDelta$=±0.004 t

一级铁-铜镍
热电偶
-40 ℃~375 ℃
$\varDelta$=±1.5 ℃
375 ℃~750 ℃
$\varDelta$=±0.004 t

二级镍铬硅-镍硅
热电偶
-40 ℃~333 ℃
$\varDelta$=±2.5 ℃
333 ℃~1 200 ℃
$\varDelta$=±0.007 5 t

二级镍铬-镍硅
热电偶
-40 ℃~333 ℃
$\varDelta$=±2.5 ℃
375 ℃~1 200 ℃
$\varDelta$=±0.007 5 t

二级镍铬-铜镍
热电偶
-40 ℃~333 ℃
$\varDelta$=±2.5 ℃
333 ℃~900 ℃
$\varDelta$=±0.007 5 t

二级铁-铜镍
热电偶
-40 ℃~333 ℃
$\varDelta$=±2.5 ℃
333 ℃~750 ℃
$\varDelta$=±0.007 5 t

钨铼热电偶
0 ℃~400 ℃
$\varDelta$=±4.0 ℃
400 ℃~1 300 ℃
$\varDelta$=±0.01 t

注：1. U——扩展不确定度（p=99%）；t——测量端温度；$\varDelta$——允许示值误差。
2. 在计量标准器具中标准组和一等标准铂铑10-铂热电偶标注的不确定度是在3个固定点上的扩展不确定度。

图1－5 铂铑10-铂热电偶检定系统框图

第二章

辐 射 测 温

第一节　概　　述

一、热辐射

热量从一个物体不经过任何媒介物也不实际接触传递给另外一个物体,这种传热现象就称为热辐射。

在日常生活中所接触和感觉到的热辐射现象是很多的。冬天,坐到火炉边身体会感到温暖;而夏天,在阳光下会感到炎热。这些现象都是由于火炉或太阳的热量经过辐射过程传到身上的缘故。

辐射是指能量从物体表面连续发射,并以电磁波的形式表现出来,这种电磁波的产生是由于物体内部带电粒子在原子和分子内部振动的结果。热辐射是指在波长范围为 10^{-6} m～ 10^{-3} m 的电磁辐射,它只是整个电磁辐射的一个组成部分。热辐射中波长比 0.38 μm 短的辐射属紫外辐射,波长约在 0.38 μm 与 0.78 μm 之间的是可见光部分,而热辐射的大部分在红外波段,即在 0.78 μm～$1\,000$ μm 波段范围内。红外辐射(线)是指在红外波段的辐射,它是一种看不见的光线,其本质与可见光或无线电波没有多大区别。它在真空中也以光速传播,并且具有明显的波粒二象性。通常,将红外光谱分成 4 个波段来研究,即近红外、中红外、远红外和极远红外,如图 2-1 所示。在整个红外波段中存在 3 个大气窗口,即 2 μm～ 2.6 μm、3 μm～5 μm 和 8 μm～14 μm。在这 3 个波段内,大气对红外线的吸收甚少;在大气窗口外,大气对红外线几乎是不透明的。

应该指出,并不是只有灼热物体才存在热辐射,严格地讲,有温度的物体就有热辐射,只是它们的辐射光谱分布不同罢了。低温时,辐射能量非常小,且辐射主要集中在红外波段。随着温度的升高,辐射能量急剧增加,同时辐射光谱逐渐地往短波方向移动。例如,当物体的温度升至 500 ℃时,其辐射光谱才开始包括可见光部分,而绝大部分仍为红外辐射;到了 800 ℃时,可见光成分大大增加,即呈现出"红热";加热至 3 000 ℃时,辐射光谱就包含更多的短波成分,使得物体呈现"白热"效果。因此,有经验的工作人员能从观察灼热物体的"颜色"来大致判断物体的温度,就是这个道理。当然,这样的判断是相当粗糙的,精确地测定物体的热辐射及其温度之间的定量关系是辐射测温的重要内容。

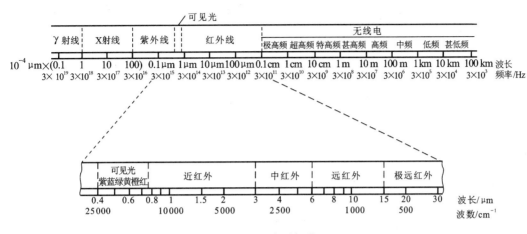

图 2-1　电磁频谱

二、辐射度量

1. 辐射能量 Q

由辐射源发出的全光谱(包括红外线、可见光和紫外线)辐射总能量称为该辐射源的辐射能量。该物理量不受时间、空间(或方向)、辐射源的表面积以及波长间隔的限制,单位为焦耳(J)。

2. 辐射通量 Φ

在单位时间内通过某一面积的辐射能量,称为经过该面积的辐射通量,而辐射源在单位时间内发出的辐射能量,称为该辐射源辐射通量。因此,辐射通量是辐射能量随时间的变化率,即

$$\Phi = \frac{\mathrm{d}Q}{\mathrm{d}t} \qquad (2-1)$$

式中:Φ——辐射通量(又称辐射功率),W 或 J/s;

　Q——辐射能量,J;

　t——时间,s。

3. 辐射强度 I

辐射强度是指辐射源在给定方向上的单位立体角内所发出的辐射通量。若一个点辐射源在微小立体角 $\mathrm{d}\omega$ 内的辐射通量是 $\mathrm{d}\Phi$,则该点光源在此方向上的辐射强度为

$$I = \frac{\mathrm{d}\Phi}{\mathrm{d}\omega} \qquad (2-2)$$

式中:I——辐射强度,W/sr;

　ω——立体角,sr。

式(2-2)说明,辐射强度在数值上等于单位立体角内的辐射通量。

当辐射点源向空间各个方向发出的辐射通量为均匀分布时,即沿任何方向的辐射强度都相同,则对式(2-2)进行积分可得到该点光源的全空间辐射强度:

$$I = \Phi/4\pi \qquad (2-3)$$

在辐射源各向异性情况下，其辐射强度随方向而变化。此时，$\Phi/4\pi$ 表示辐射源的平均球面辐射强度。辐射强度的单位是瓦特每球面度（W/sr）。

4. 辐射出射度 M 和辐照度 E

一个有一定表面积的辐射源，如其表面上的某一面积 S 在各个方向上（半个空间）的总辐射通量为 Φ，则该辐射面 S 的辐射出射度为

$$M = \frac{\Phi}{S} \tag{2-4}$$

式中：M——辐射出射度，W/m^2；

    Φ——离开辐射源表面的辐射通量，W；

    S——辐射源表面的面积，m^2。

通常，辐射源表面各处的辐射出射度是不一致的，所以常取某一面元来研究它的辐射出射度。某一面元 dS 的辐射出射度是指该面元在半空间所有方向上所发出的辐射能通量 $d\Phi$ 与面元面积的比值，即

$$M = d\Phi/dS \tag{2-5}$$

式中：M——辐射出射度，W/m^2；

    $d\Phi$——离开辐射源表面微面元的辐射通量，W；

    dS——辐射源表面微面元的面积，m^2。

与辐射出射度相对应的物理量是辐照度，它是指周围其他辐射源入射到单位表面积上的辐射通量。当物体散射或反射其他辐射源发射的辐射时，这部分辐射的辐射出射度取决于辐照度，物体的辐照度 E 越大，其辐射出射度 M 也越大，它们之间存在下列关系：

$$M = kE \tag{2-6}$$

式中：M——辐射出射度，W/m^2；

    k——散射（或反射）系数，对一切物体，k 均小于 1；

    E——辐照度，W/m^2。

由式（2-6）可知，被该物体吸收的辐射度为 E，则 M 即为 $E(1-k)$，而物体吸收的辐射度与接收到的辐射度（辐照度）的比值称为吸收率 α，因此，$\alpha = 1-k$。

5. 辐射亮度 L

辐射源表面微面元 dS 在给定方向上的辐射亮度 $L(\varphi,\theta)$，是指该面元在此方向上的单位投影面积和单位立体角内的辐射通量。其数学表达式为

$$L(\varphi,\theta) = \frac{d\Phi(\varphi,\theta)}{dS\cos\theta d\omega} \tag{2-7}$$

或

$$L(\varphi,\theta) = \frac{dI(\varphi,\theta)}{dS\cos\theta} \tag{2-8}$$

式中：θ——辐射源表面的法线方向与给定方向的夹角。

式（2-8）表明，微面元 dS 在给定方向上的辐射亮度就是该面元在此方向上的单位投影面积内的辐射强度。辐射亮度单位是瓦特每球面度平方米 $[W/(sr \cdot m^2)]$。

第二节 辐射基本定律及特性

一、基尔霍夫定律

1. 黑体辐射

绝对黑体是能够完全吸收入射辐射,并且具有最大辐射率的物体。绝对黑体是一个理想概念,在自然界并不存在。如图 2−2 所示,取一个等温容器 A,在 A 上开一个小孔 B,所有经过小孔 B 射入容器的光线经多次反射后才能由 B 射出。

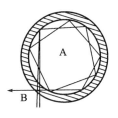

图 2−2 黑体模型

设每次由容器 A 的内表面上反射的光能是入射光的 k 倍,当第 n 次反射时,反射部分为入射部分的 k^n 倍。因为 k 恒小于 1,所以当 n 足够大时,k^n 就非常小,说明只有极小部分的光能经过孔 B 反射出去。因此,孔 B 的吸收率几乎等于 1。孔 B 的辐射可以近似地看成一个绝对黑体辐射。例如,把 A 的内表面涂黑,设吸收率为 90%,反射率为 10%,若经过 3 次反射后,它就吸收了入射光的 99.9%,而只有 0.1% 的入射辐射可以被反射出去,此种情况非常接近绝对黑体(绝对黑体对任何波长的入射光的吸收率都等于 1)。

根据上述的绝对黑体模型,可以解释为什么白天从街上看远处房子所开的窗户是黑的。因为窗的大小与房间大小相比要小得多,因此即使房间内墙壁刷成白色,对可见光的反射很强,但是由窗口入射的可见光经过室内多次反射后,只有极小部分能由窗口返回。而处于常温下的房间所辐射的光大部分是红外光,因此窗户看起来总是黑的。

2. 基尔霍夫定律

1859 年基尔霍夫指出:物体的辐射出射度 M 和吸收率 α 的比值与物体的性质无关,都等于同一温度下绝对黑体的辐射出射度。令 M_B 为温度 T 时的黑体的辐射出射度,则基尔霍夫定律可写成如下的数学形式:

$$\frac{M_{A_1}}{\alpha_{A_1}} = \frac{M_{A_2}}{\alpha_{A_2}} = \frac{M_{A_3}}{\alpha_{A_3}} = \cdots = M_B = f(T) \tag{2−9}$$

式中,M_{A_1},M_{A_2},$\cdots$ 分别为物体 A_1,A_2(见图 2−3),$\cdots$ 的辐射出射度;α_{A_1},α_{A_2},$\cdots$ 分别为物体 A_1,A_2,$\cdots$ 的吸收率。

基尔霍夫定律不仅对全波长辐射成立,而且对波长为 λ 的任何单色辐射也成立,这时基尔霍夫定律可写成

$$\frac{M_{A_{1\lambda}}}{\alpha_{A_{1\lambda}}} = \frac{M_{A_{2\lambda}}}{\alpha_{A_{2\lambda}}} = \frac{M_{A_{3\lambda}}}{\alpha_{A_{3\lambda}}} = \cdots = M_B = f(\lambda, T) \tag{2−10}$$

如图 2−3 所示,把几个物体 A_1,A_2,A_3 放置在一个恒定温度为 T 的容器内,令容器为真空状态,则物体与容器之间以及物体与物体之间只有通过光辐射和吸收来交换能量。实验证明,这种系统经过一定时间后便达到热平衡,所有物体与容器

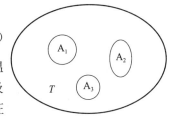

图 2−3 温度为 T 的恒温容器

的温度相等,均为同一温度 T。但是 A_1、A_2 和 A_3 的表面情况不一样,它们之间仍然是一面发射辐射能,一面吸收容器壁来的辐射能,但吸收与发射必须相等,才能维持本身温度不变。当吸收得多时,辐射出去的也多。如果吸收得少,辐射出去的也少,这样才能和其他物体保持有相同的温度。这就说明,物体的辐射出射度和吸收率之间有一定的比例关系。

3. 吸收率和发射率

同一温度下物体的辐射量与黑体的辐射量之比称为发射率 ε。其表示形式为

$$\varepsilon = \frac{M}{M_B} = \frac{\int_0^\infty \varepsilon_\lambda M_{B\lambda} \, d\lambda}{\int_0^\infty M_{B\lambda} \, d\lambda} \tag{2-11}$$

式中,ε_λ 为物体在波长 λ 的发射率;$M_{B\lambda}$ 为黑体在波长 λ 的辐射出射度。

而根据基尔霍夫定律,由式(2-11)可知:

$$\alpha = \frac{M}{M_B}$$

因此

$$\varepsilon = \alpha \tag{2-12}$$

同样,对辐射的每一单色分量也成立:

$$\varepsilon_\lambda = \alpha_\lambda \tag{2-13}$$

式(2-12)表明:任何材料的发射率,在一定温度下,数值上等于同一温度下的吸收率。吸收率越大,发射率也越大。

任何物体都在不断地发射能量,发射的能量落到其他物体表面上时,将发生3种过程,入射能 Q 中部分 Q_α 被吸收,部分 Q_ρ 被反射,部分 Q_τ 被透射,如图2-4(图中 N 为表面法线方向)所示。则物体的吸收率 α、反射率 ρ、透过率 τ 分别定义为

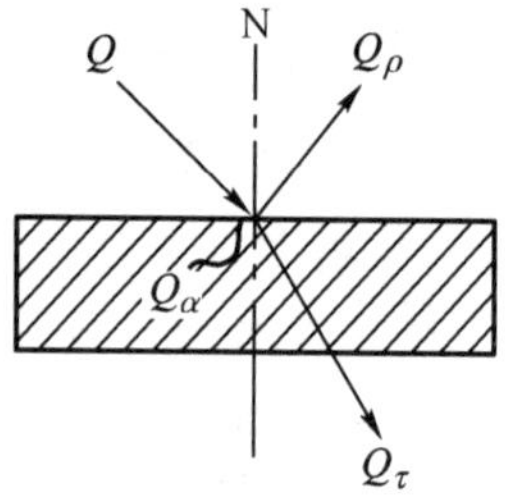

$$\alpha = \frac{Q_\alpha}{Q} \qquad \rho = \frac{Q_\rho}{Q} \qquad \tau = \frac{Q_\tau}{Q}$$

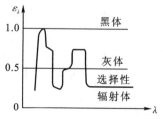

图2-4 入射能量分布

显然,根据能量守恒定律必然有

$$\alpha + \rho + \tau = 1 \tag{2-14}$$

对于某些不透明的材料,$\tau = 0$,则 $\alpha + \rho = 1$。而按照式(2-12),$\varepsilon = \alpha$,所以有

$$\varepsilon = 1 - \rho \tag{2-15}$$

这样,就可以用测定反射率 ρ 的方法来测量发射率 ε,因为直接测量 ε 值是比较困难的。

由式(2-11)所定义的 ε 是对各种波长的 ε_λ 做了平均后的值,或者讲是与波长无关的发射率。实际上不少材料的 ε 不仅与材料的性质、表面状态和温度有关,而且与波长有关。因此,可以按 ε 与波长 λ 的不同关系把辐射体分成3类:

①绝对黑体:$\varepsilon_\lambda = \varepsilon = 1$(因而 $\alpha = 1$),ε 不随波长变化。

②灰体:$\varepsilon_\lambda = \varepsilon = $ 常数 < 1(因而 $\alpha < 1$),ε 不随波长变化。

③选择性发射体:ε_λ 随波长变化且小于1(因而 α 也随波长变化且小于1)。

图2-5所示为上述3类辐射体在同一温度下发射率随

图2-5 光谱发射率特性分布

波长变化情况的示意图。绝对黑体的 ε 最大,等于 1;灰体的 ε 是一个恒小于 1 的常数。灰体的 ε 越接近 1,特性越接近于绝对黑体,因而,有时把 ε 称作黑度。

金属和非金属的发射率与温度的关系是不一样的。金属的发射率较低,并随温度的上升而增加,近似地与热力学温度成正比。非金属的发射率比较高,在温度低于 350 K 时一般超过 0.8,并且随温度的上升而降低。所以,在金属表面出现氧化层,发射率就会比没有氧化层的金属表面增加很多。在有关资料中可以查到某些常用材料的发射率 ε 和 ε_λ。

物体的辐射既然起源于体内,而发射率 ε 为什么只与物体表面状态有关而与体内无关呢(发射率又称表面发射率)? 这主要是因为对红外辐射来讲,金属及其他大多数材料都是不透明的,因此,离表面几微米以下的体内发射到体外的辐射功率可以小到忽略不计,所以,ε 主要就是物体表面状态的函数而不是整体特性的函数。于是,有包皮或有涂层的表面的发射率取决于包皮或涂层,而不取决于物体的被包或涂的表面。

此外,式(2-11)的发射率 ε 是针对整个半球空间和整个波长范围定义的,它描述了物体在半球空间的发射能力,所以称为半球全波长发射率。实际上,真实材料表面各方向上的 ε 值并不一定等于半球全波长发射率,它往往随辐射方向的不同而变化,特别是对光亮表面金属尤其如此。

二、朗伯特余弦定律

1. 朗伯特余弦定律

朗伯特(Lambert)余弦定律是指对于黑表面或完全漫反射表面,从表面的给定面积发出的任意方向的辐射强度,随着该方向与表面法线夹角的余弦变化而发生变化。在这种条件下,单投影面积的辐射强度是一个常量,因而无论从哪个方向观察这个表面,其辐射亮度都相等。

如辐射亮度不随方向变化而保持恒定(等于 L),式(2-8)就变为

$$L = \frac{\mathrm{d}I(\theta)}{\mathrm{d}S\cos\theta} \qquad (2-16)$$

则

$$\mathrm{d}I(\theta) = L\,\mathrm{d}S\cos\theta \qquad (2-17)$$

在这种情况下,有限表面积 S 的辐射强度应为

$$I(\theta) = LS\cos\theta = I_0\cos\theta \qquad (2-18)$$

式中:I_0——辐射源表面在法线方向上的辐射强度。

由式(2-18)可知,在辐射亮度均匀的情况下,给定方向上的辐射强度与该方向同法线方向之间的夹角的余弦成正比,这就是朗伯特余弦定律的表达式。朗伯特余弦定律仅适用于所有的"黑"表面或完全漫反射的表面,而对其他表面的辐射,只是近似地成立。

满足朗伯特余弦定律的辐射体称为余弦辐射体。余弦辐射体在各个方向上的辐射亮度相等,而辐射强度则存在余弦关系,这就解释了为什么白炽的球体和圆柱体看上去好像是平面的圆盘和长条形状。

2. 辐射亮度与辐射强度之间的关系

下面讨论辐射亮度与辐射强度之间的关系。为此研究面积元 $\mathrm{d}S$ 在各个方向发出的辐射通量 $\mathrm{d}\Phi(\varphi,\theta)$。根据辐射通量与辐射强度的关系可用式(2-19)表示:

$$d\Phi(\varphi,\theta) = \int_\theta \int_\varphi dI(\varphi,\theta)\sin\theta d\theta d\varphi \qquad (2-19)$$

把 $dI(\varphi,\theta)=L(\varphi,\theta)dS\cos\theta$ 代入上式得到

$$d\Phi(\varphi,\theta) = \int_\theta \int_\varphi L(\varphi,\theta)dS\sin\theta\cos\theta d\theta d\varphi \qquad (2-20)$$

对余弦辐射体来讲，$L(\varphi,\theta)=L$，因而面元 dS 在半个空间内的辐射通量为

$$d\Phi = LdS\int_0^{2\pi}d\varphi\int_0^{\pi/2}\cos\theta\sin\theta d\theta = \pi L dS \qquad (2-21)$$

由式（2-21）可得出如下结论：余弦辐射体辐射出射度在数值上等于辐射亮度的 π 倍。

为了研究单一波长下的辐射亮度，必须引入光谱辐射亮度的概念。在辐射光谱中的某一波长 λ 附近的单位波长间隔内的辐射亮度，称为在此波长下的光谱（单色）辐射亮度 L_λ。其表达式为

$$L_\lambda = \frac{dL}{d\lambda} \qquad (2-22)$$

光谱辐射亮度 L_λ 是波长的函数，其函数形式取决于辐射物体的性质以及发生辐射的条件。如光谱辐射亮度 L_λ 随波长 λ 变化，则在 λ 到 $\lambda+d\lambda$ 这一微小波长间隔内的辐射亮度为 $dL_{\lambda,\lambda+d\lambda} = L_\lambda d\lambda$。

在 λ_1 到 λ_2 波长范围内的辐射亮度为

$$L_{\lambda_1,\lambda_2} = \int_{\lambda_1}^{\lambda_2} L_\lambda d\lambda \qquad (2-23)$$

在整个波长范围内的辐射亮度为

$$L = \int_0^\infty L_\lambda d\lambda \qquad (2-24)$$

由此可见，光谱辐射亮度是表示辐射体在某一特定方向上、单位时间、单位波长间隔、单位投影面积及单位立体角内所发出的辐射能。光谱辐射亮度的单位是瓦每球面度立方米 $[W/(sr \cdot m^3)]$。

三、普朗克定律

1900 年普朗克提出著名的与经典理论完全不同的学说——量子学说，建立起绝对黑体的光谱辐射出射度 $M_{B\lambda}$ 的正确公式，得到与实验完全相符合的结果。绝对黑体的光谱辐射出射度为

$$M_{B\lambda} = \frac{2\pi hc^2}{\lambda^5} \cdot \frac{1}{e^{\frac{hc}{\lambda kT}}-1} = c_1\lambda^{-5}(e^{\frac{c_2}{\lambda T}}-1)^{-1} \qquad (2-25)$$

式中：$M_{B\lambda}$——绝对黑体的光谱辐射出射度，$W \cdot cm^{-2} \cdot \mu m^{-1}$；

    λ——波长，μm；

    h——普朗克常数，$h=6.626\ 075\ 5\times10^{-34}\ W \cdot s^2$；

    k——玻耳兹曼常数，$k=1.380\ 658\times10^{-23}\ W \cdot s \cdot K^{-1}$；

    c——真空中光速，$c=2.997\ 924\ 58\times10^{10}\ cm \cdot s^{-1}$；

    c_1——第一辐射常数，$c_1=2\pi hc^2=3.741\ 774\ 9\times10^{-16}\ W \cdot m^2$；

    c_2——第二辐射常数，$c_2=hc/k=1.438\ 769\times10^{-2}\ m \cdot K$；

    T——绝对黑体的热力学温度，K。

式（2-25）即为著名的普朗克公式，它给出了绝对黑体辐射的光谱分布函数。图2-6所示为不同温度时 $M_{B\lambda}$ 与波长 λ 的关系曲线，其中虚线代表辐射极大值所在位置。这组曲线

主要有以下几个特点：

①光谱出射度 $M_{B\lambda}$ 随波长连续变化曲线只有一个极大值；

②温度越高，$M_{B\lambda}$ 也越大，不同温度的曲线永不相交；

③随着温度 T 的升高，辐射极大值所在位置峰值波长 λ_m 移向短波方向；

④波长小于 λ_m 部分只占 M_B 的 25%，波长大于 λ_m 部分占 M_B 的 75%。

普朗克公式在短波和长波区域有两个近似公式：

①当 $\lambda T \ll c_2$ 时，分母中 1 可以省略，即 $M_{B\lambda} \approx c_1 \lambda^{-5} e^{-c_2/\lambda T}$，此公式称为维恩近似，它对于比一定温度的黑体辐射度曲线极大值小的短波区域适用。

②当 $\lambda T \gg c_2$ 时，分母中指数展开取前两项得 $M_{B\lambda} \approx (c_1/c_2)\lambda^{-4} T$，此公式称为瑞利近似，适用于波长很长区域。

根据前面提过的黑体、灰体和选择性辐射体的特性，可知灰体的 $M_{B\lambda}$ 随 λ 分布的关系曲线与黑体相似，但灰体的发射率 ε 比黑体小，因此 M_λ 的值也比 $M_{B\lambda}$ 小。选择性辐射体由于 ε 随波长 λ 变化，因此，M_λ 与 λ 的关系就不像黑体或灰体那样单调变化。3 种辐射体的光谱辐射曲线如图 2—7 所示。

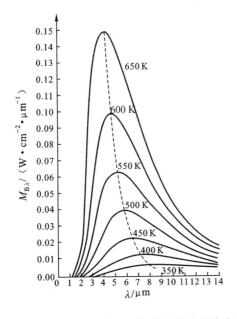

图 2—6 普朗克函数在不同温度下按波长的分布

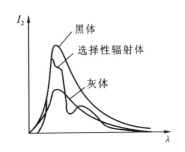

图 2—7 3 种辐射体的光谱辐射曲线

四、斯忒藩-玻耳兹曼定律

1879 年，斯忒藩（Stefan）根据实验结果得出一条定律，绝对黑体的全波长积分辐射出射度 M_B 与它的热力学温度的四次方成正比。1884 年，玻耳兹曼（Boltzmann）用经典热力学理论证明了这个结论。因此，这个定律称为斯忒藩-玻耳兹曼定律。其数学表达式为

$$M_B = \sigma T^4 \tag{2-26}$$

式中：M_B——绝对黑体的全波长积分辐射出射度，$W \cdot cm^{-2}$；

σ——斯忒藩-玻耳兹曼常数，$\sigma = 5.670\,51 \times 10^{-8} W \cdot m^{-2} \cdot K^{-4}$；

T——热力学温度，K。

从斯忒藩-玻耳兹曼定律可以看到,任何物体表面都连续地向外辐射能量,除非物体的温度处在热力学温度零度。在外界不供给物体任何形式能量的条件下,辐射能量靠消耗物体本身的内能来实现,与此同时,物体的温度也逐步降低,一直会降到热力学温度零度。但事实上并不会出现这种情况,这是因为物体周围的其他物体也在辐射,这些辐射能量的一部分会被该物体所吸收,变成热能。每个物体对于能量的发射与吸收总是同时进行的。当一个物体的温度比周围物体的温度高时,则此物体的辐射能量超过它所吸收的能量,因此,该物体将减少内能而使物体温度降低。反之,该物体吸收的能量就会超过它所辐射的能量,而使物体温度升高。当物体的温度与所处周围温度一致时,该物体发射与吸收的能量达到动态平衡,也就是处在辐射热平衡状态下,此时物体的温度保持不变。

五、维恩位移定律

当金属加热时,首先产生肉眼看不见的波长很长的红外线。当金属温度越来越高时,就产生波长越来越短的光,开始是可见光中的红光,后来一步步移向蓝光。加热金属逐步变为深红、红、橙、黄,最后变为白色。这种现象说明物体的辐射峰值波长 λ_m 与温度 T 有一定关系,并且随温度的变化而移动。

1894 年维恩指出,绝对黑体的对应于最大光谱辐射出射度 M_{Bm} 的波长 λ_m 与热力学温度 T 成反比,即

$$\lambda_m = \frac{\alpha}{T} \tag{2-27}$$

式中：λ_m——绝对黑体的对应于最大光谱辐射出射度 M_{Bm} 的波长,μm；

$\quad T$——热力学温度,K；

$\quad \alpha$——常数,$\alpha = 2\,897.76\ \mu m \cdot K$。

从式(2-27)中可以看出,在通常实际可达到的温度下,与绝对黑体的光谱辐射出射度的极大值相对应的波长位于红外区域。如 $T = 3\,000$ K 时,$\lambda_m = 0.966\ \mu m$,辐射峰值仍然落在可见之外。只有在 $T = 5\,000$ K 时,$\lambda_m = 0.579\ \mu m$,辐射峰值才落在可见光区。正因为如此,常把物体的热辐射称作红外辐射。

维恩又指出,绝对黑体的最大光谱辐射出射度 M_{Bm} 与热力学温度 T 的 5 次方成正比,即

$$M_{Bm} = bT^5 \tag{2-28}$$

式中：M_{Bm}——绝对黑体的最大光谱辐射出射度,$W \cdot cm^{-2} \cdot \mu m^{-1}$；

$\quad T$——热力学温度,K；

$\quad b$——常数,$b = 1.286\,2 \times 10^{-15} W \cdot cm^{-2} \cdot \mu m^{-1} \cdot K^{-5}$。

第三节　辐射测温与表观温度

一、辐射测温方法

1. 亮度测温法

亮度测温法的理论基础是普朗克定律,它是一种根据热辐射体在某一波长的光谱辐射

亮度与温度之间的函数关系来测量温度的方法。然而,光谱辐射的绝对测量是非常困难的,而且往往是不准确的,因而通常采用比较方法,即通过确定两个辐射光谱的比值来得出温度。在具体的测量中,则是对两个辐射源的亮度进行平衡,而其中的一个辐射源通常已用黑体标定过,以此得出另一个被测辐射源的亮度温度。

2. 全辐射测温法

全辐射测温法的理论基础是斯忒藩-玻耳兹曼定律。它是一种根据热辐射体在全波长范围内的积分辐射出射度与温度之间的函数关系来测量温度的方法。

3. 颜色测温法(比色测温法)

颜色测温法也是利用被测对象的光谱辐射现象来测温的。它是一种根据热辐射体在两个波长或两个以上波长的光谱辐射亮度之比与温度之间的函数关系来测量温度的方法。

二、辐射测温的主要特点

辐射测温的主要特点如下:

①辐射测温与热电阻或热电偶测温不同,它可用具有明确物理意义的解析公式将被测温度与热力学温度联系起来。

②辐射测温是一种非接触式测温,它不影响被测对象的热环境,不破坏被测对象的温度场分布。通常测量目标比较小,可测量对象的温度分布。

③高稳定、准确度高的辐射温度计可作为温度计量标准器复现温标。

④测温范围大。理论上辐射测温的测温上限是没有限制的。

⑤辐射温度计通常响应时间短、响应速度快。

三、辐射测温的主要缺点

辐射测温有如下的主要缺点:

①不能直接测量被测对象的内部温度。

②由于受被测对象发射率影响,几乎不能测到被测对象的真实温度,测量的是表观温度。

③测量时受环境因素影响,如受烟雾、灰尘、水蒸气、二氧化碳等中间介质的影响较大。

四、表观(视在)温度

普朗克定律、维恩位移定律、斯忒藩-玻耳兹曼定律反映了绝对黑体辐射的特性,但在现实中遇到的被测量对象大都是非黑体,而基尔霍夫定律指出,在同一温度下实际物体热辐射总量总比绝对黑体热辐射总量要小。因此,直接将绝对黑体辐射定律用于实际测温会产生一系列问题。

通常,用物体的光谱发射率或总发射率来表示它的辐射能力。在一般情况下,光谱发射率等于实际物体与绝对黑体在相同温度与波长下的光谱辐射亮度之比,即

$$\varepsilon(\lambda, T) = \frac{L(\lambda, T)}{L_0(\lambda, T)}$$

或

$$L(\lambda, T) = \varepsilon(\lambda, T) L_0(\lambda, T) \tag{2-29}$$

式中：$\varepsilon(\lambda, T)$——物体在某一温度与波长下的光谱发射率；

$\quad\ L(\lambda, T)$——物体在某一温度与波长下的光谱辐射亮度；

$\quad\ L_0(\lambda, T)$——在与物体相同温度与波长下的绝对黑体光谱辐射亮度。

实际上，不同条件下的物体可以具有相同热辐射，如在同一波长下具有不同光谱发射率的物体就可以发出相同的热辐射，因而会出现以下表达式：

$$L(\lambda, T) = \varepsilon_1 L_\lambda(T_1) = \varepsilon_2 L_\lambda(T_2) = \cdots \tag{2-30}$$

由式（2-30）可知，同一热辐射可以对应许多不同的温度 $T_1, T_2, \cdots$，即一定量的热辐射具有许许多多温度的解，确定物体的热辐射并不一定能确定该物体的真实温度。

为了解决这个难题，在辐射测温中往往引入亮度温度、辐射温度和颜色温度 3 种表观（视在）温度的概念。

1. 亮度温度 T_s

当被测对象（非黑体）在某一波长下的光谱辐射亮度同绝对黑体在同一波长下光谱辐射亮度相等时，则黑体的温度被定义为该被测对象的亮度温度，即

$$\varepsilon(\lambda, T) L(\lambda, T) = L(\lambda, T_s) \tag{2-31}$$

式中：$\varepsilon(\lambda, T)$——被测对象在温度为 T，波长为 λ 时的光谱发射率；

$\quad\ T$——被测对象的真实温度，K；

$\quad\ T_s$——黑体温度，即实际对象的亮度温度，K。

光谱辐射亮度可以用维恩近似公式（对于短波 $\lambda T \ll c_2$ 时适用）来表示，则

$$\varepsilon(\lambda, T) \frac{c_1}{\pi} \lambda^{-5} \mathrm{e}^{-\frac{c_2}{\lambda T}} = \frac{c_1}{\pi} \lambda^{-5} \mathrm{e}^{-\frac{c_2}{\lambda T_s}} \tag{2-32}$$

$$\varepsilon(\lambda, T) = \mathrm{e}^{\frac{c_2}{\lambda}\left(\frac{1}{T} - \frac{1}{T_s}\right)} \tag{2-33}$$

将式（2-33）两边取对数，并解出 T：

$$\frac{1}{T_s} - \frac{1}{T} = \frac{\lambda}{c_2} \ln \frac{1}{\varepsilon(\lambda, T)} \tag{2-34}$$

$$T = \frac{c_2 T_s}{\lambda T_s \ln \varepsilon(\lambda, T) + c_2} \tag{2-35}$$

由于 $\varepsilon(\lambda, T)$ 的值是小于 1 的正数，因此可以得出结论：被测对象的亮度温度总是低于该对象的真实温度，即 $T_s < T$。光谱发射率越小，亮度温度偏离真实温度越大；反之，光谱发射率越接近 1 时，亮度温度越接近真实温度。例如，波长为 $0.66~\mu m$，$T = 2\,000~K$ 的情况下，若 $\varepsilon(\lambda, T) = 0.4$，经计算得 $\Delta T = T - T_s = 155~K$；若 $\varepsilon(\lambda, T) = 0.8$，经计算得 $\Delta T = T - T_s = 40~K$。从计算结果可见，在具有相同光谱辐射能量的条件下，非黑体的温度必然比黑体温度高。

由式（2-35）可知，若 $\varepsilon(\lambda, T)$ 保持不变，则物体的亮度温度对真实温度的偏离随着波长 λ 的增大而增大；另外，在被测对象的真实温度保持不变的情况下，物体的亮度温度随着波长 λ 的增加而减小；只有在 $\lambda \ln \varepsilon(\lambda, T)$ 不变的情况下，物体的亮度温度才能恒定。不同发射率下物体的亮度温度与真实温度换算可根据式（2-35）进行。

2. 辐射温度 T_r

设有一个物体，其温度为 T，它的总发射率为 $\varepsilon(T)$，辐射出射度为 $M(T)$。当该物体的

辐射出射度与某一温度 T_r 的黑体的总辐射出射度 $M_B(T_r)$ 相等时,这个黑体的温度 T_r 就被定义为该物体的辐射温度。其数学表达式为

$$M(T) = M_B(T_r) \tag{2-36}$$

或

$$\varepsilon(T)\frac{\sigma}{\pi}T^4 = \frac{\sigma}{\pi}T_r^4 \tag{2-37}$$

得

$$T = \frac{T_r}{[\varepsilon(T)]^{1/4}} \tag{2-38}$$

从式(2-38)可以看出,对于任何物体,$\varepsilon(T) \leqslant 1$,所以 $T \geqslant T_r$,因此辐射温度总是小于真实温度。但是,有一点需要指出,式(2-38)的结论并没有考虑辐射物体(目标)反射其他辐射的影响。如果目标不是黑体又不是透明体,则有 $\rho(T) = 1 - \varepsilon(T)$。此时,从目标出来的热辐射既包含了目标自身发出的热辐射,又包含了周边辐射被目标反射的部分,特别在周围辐射体温度高于或接近目标温度时,考虑这种影响是极其必要的,否则用式(2-38)得出的真实温度 T 是不可靠的,也是不正确的。只有在目标温度远高于周围辐射体温度的场合,反射影响才可以忽略。

3. 颜色温度 T_c

设温度为 T 的一个物体,在波长 λ_1 和 λ_2 处的光谱发射率分别为 $\varepsilon_{\lambda_1}(T)$ 和 $\varepsilon_{\lambda_2}(T)$,其光谱辐射亮度分别为 $L_{\lambda_1}(T)$ 和 $L_{\lambda_2}(T)$。当该物体在这两个波长处的光谱辐射亮度与某一温度 T_c 的黑体的光谱辐射亮度 $L_{B\lambda_1}(T_c)$ 和 $L_{B\lambda_2}(T_c)$ 分别相等时,这个黑体的温度 T_c 被定义为该物体的颜色温度。上述定义的颜色温度仅适用于可见光区域。

颜色温度(比色温度)常用的一种定义是:黑体与非黑体在某一光谱区域内的两个波长下的光谱辐射亮度之比相等时,则黑体的温度称为该非黑体的颜色温度。其表达式为

$$\frac{L(\lambda_1, T)}{L(\lambda_2, T)} = \frac{L(\lambda_1, T_c)}{L(\lambda_2, T_c)} \tag{2-39}$$

式(2-39)用维恩公式代入,即可得

$$\frac{\varepsilon_{\lambda_1} c_1 \lambda_1^{-5} \, \mathrm{e}^{-\frac{c_2}{\lambda_1 T}}}{\varepsilon_{\lambda_2} c_1 \lambda_2^{-5} \, \mathrm{e}^{-\frac{c_2}{\lambda_2 T}}} = \frac{c_1 \lambda_1^{-5} \, \mathrm{e}^{-\frac{c_2}{\lambda_1 T_c}}}{c_1 \lambda_2^{-5} \, \mathrm{e}^{-\frac{c_2}{\lambda_2 T_c}}} \tag{2-40}$$

将式(2-40)两边取对数并简化后得

$$\frac{1}{T} - \frac{1}{T_c} = \frac{\ln \dfrac{\varepsilon_{\lambda_1}}{\varepsilon_{\lambda_2}}}{c_2\left(\dfrac{1}{\lambda_1} - \dfrac{1}{\lambda_2}\right)} \tag{2-41}$$

式(2-41)表示了颜色温度与被测对象的真实温度之间的关系,它与被测对象的光谱发射率有关,与所取波长有关。下面分三种情况来讨论:

① $\varepsilon_{\lambda_1} = \varepsilon_{\lambda_2}$,说明被测对象光谱发射率与波长无关,符合这种条件的物体称作"灰体"。此时,式(2-41)的右边项等于零。因而 $T = T_c$,即灰体的颜色温度等于它的真实温度。实际中,绝对灰体是不存在的,通常只是在有限的光谱范围内具有近似灰体的特性。

②$\lambda_1 > \lambda_2$，$\varepsilon_{\lambda_1} < \varepsilon_{\lambda_2}$，这种情况下被测对象的光谱发射率随波长增大而减小，大多数金属材料属这种情况。此时，等式(2—41)右边的值总为正，因此 $T < T_c$，即被测对象的颜色温度大于它的真实温度。

③$\lambda_1 > \lambda_2$，$\varepsilon_{\lambda_1} > \varepsilon_{\lambda_2}$，这种情况下被测对象的光谱发射率随波长增大而增大，大多数非金属材料属此种情况。此时，式(2—41)右边的值总为负，因此 $T > T_c$，即被测对象的颜色温度小于它的真实温度。

从上述情况讨论中得出如下结论：颜色温度可以大于、等于和小于真实温度，而亮度温度、辐射温度总是小于真实温度。

第四节　有效波长

一、有效波长的意义

ITS-90 中规定，银凝固点(961.78 ℃)以上的温度 T_{90}，以普朗克辐射定律为理论基础，采用光谱辐射亮度比方法来决定温度。其表达式为

$$\frac{L(\lambda, T)}{L(\lambda, T_x)} = \frac{\exp(c_2/\lambda T_x) - 1}{\exp(c_2/\lambda T) - 1} \tag{2-42}$$

式中：T_x——ITS-90 给出的 3 个定义固定点，即银凝固点、金凝固点、铜凝固点的温度，K。

式(2—42)中所指定的亮度比值是在一定的波长下进行的，而国际温标并未规定这一波长的数值。但是，任何辐射探测器都不可能探测到来自于没有光谱带宽的辐射强度。一般来讲，光谱带越宽，探测器得到的辐射功率就越大。

在实际的测温中，式(2—42)的光谱要求几乎是不能满足的，所以往往采用一定带宽下的辐射亮度之比，即

$$\frac{L(\lambda, T_2)}{L(\lambda, T_1)} = \frac{\displaystyle\int_{\lambda_1}^{\lambda_1 + d\lambda} L(\lambda, T_2) \tau_\lambda v_\lambda \, d\lambda}{\displaystyle\int_{\lambda_1}^{\lambda_1 + d\lambda} L(\lambda, T_1) \tau_\lambda v_\lambda \, d\lambda} \tag{2-43}$$

式中：τ_λ——滤色片的相对光谱透过率；

v_λ——探测元件的相对光谱灵敏度；

$d\lambda$——滤色片的光谱范围。

对于光学高温计，τ_λ 是红色滤色片的相对光谱透过率 τ_λ' 和吸收玻璃相对光谱透过率 τ_λ'' 的乘积，v_λ 是人眼的相对视觉函数。

为了把式(2—42)与式(2—43)所反映的物理过程联系起来，进而解决实际测量中光谱要求的问题，就需要引入有效波长的概念。

二、有效波长（平均有效波长）

如在某一可以确定的波长下，对应于温度 T_1 与 T_2 的黑体的光谱辐射亮度之比等于在相同温度下仪器探测元件所接收到的黑体的辐射亮度之比，则此波长称为该温度计在温度间隔(T_1, T_2)内的有效波长。其数学表达式为

$$\left.\frac{L(\lambda,T_2)}{L(\lambda,T_1)}\right|_{\lambda=\lambda_e}=\frac{\int_{\lambda_1}^{\lambda_1+d\lambda}L(\lambda,T_2)\tau_\lambda v_\lambda d\lambda}{\int_{\lambda_1}^{\lambda_1+d\lambda}L(\lambda,T_1)\tau_\lambda v_\lambda d\lambda} \qquad (2-44)$$

式中，λ_e 即为有效波长。式(2—44)在理论上是严格的，不带任何近似，而且具有惟一性。

将维恩公式代入式(2—44)后则可写成下列形式(令 $\lambda_2=\lambda_1+d\lambda$)：

$$\frac{\int_{\lambda_1}^{\lambda_2}L(\lambda,T_2)\tau_\lambda v_\lambda d\lambda}{\int_{\lambda_1}^{\lambda_2}L(\lambda,T_1)\tau_\lambda v_\lambda d\lambda}=\frac{\exp\left[\dfrac{c_2}{\lambda_e T_2}\right]}{\exp\left[\dfrac{c_2}{\lambda_e T_1}\right]} \qquad (2-45)$$

将式(2—45)取对数并整理后得

$$\frac{1}{T_1}-\frac{1}{T_2}=\frac{\lambda_e}{c_2}\ln\frac{\int_{\lambda_1}^{\lambda_2}L(\lambda,T_2)\tau_\lambda v_\lambda d\lambda}{\int_{\lambda_1}^{\lambda_2}L(\lambda,T_1)\tau_\lambda v_\lambda d\lambda} \qquad (2-46)$$

$$\lambda_e=\frac{c_2\left(\dfrac{1}{T_1}-\dfrac{1}{T_2}\right)}{\ln\dfrac{\int_{\lambda_1}^{\lambda_2}L(\lambda,T_2)\tau_\lambda v_\lambda d\lambda}{\int_{\lambda_1}^{\lambda_2}L(\lambda,T_1)\tau_\lambda v_\lambda d\lambda}} \qquad (2-47)$$

式(2—47)表明，有效波长不仅与有选择性透光元件和探测元件光谱响应率有关，而且还与所取的两个温度点以及它们的间隔有关。在温度 T_1 为一定的条件下，有效波长将随着温度 T_2 的变化而变化。当温度 T_2 升高时，最大辐射能量向短波方向移动，因而有效波长随着被测对象温度的增加而减小，而且减小的幅度越来越小。到 2 000 ℃以上，有效波长对温度的线性度越来越好，这对估计高温范围的有效波长的变化是很有帮助的。

三、极限有效波长

不同温度计，即使它们的测温范围相同，其有效波长也是不同的，因为有效波长不仅与温度计所选用的滤色片的光谱透过率和探测元件光谱响应率有关，还与测温范围有关。同样，对同一台温度计，不同的温度间隔(特别是测温范围较宽时)，其有效波长也不相同。但在实际使用中，若对同一台温度计，因为测量温度的不同而要使用不同的有效波长，这会给测量和计算带来很大的困难。所以，希望对同一台温度计在给定的温度范围内只给出一个有效波长，而不会带来值得关注的测量误差，这个波长就是该台温度计的有效波长。

当温度 T_2 无限趋近于 T_1 时，即温度区间 $[T_1,T_2]$ 为无限小时，此温度区间的有效波长 λ_e 就变成在一个温度点上的有效波长，该有效波长称为极限有效波长。该定义的表达式为

$$\lambda_T=\lim_{T_2\to T_1}\lambda_e \qquad (2-48)$$

式(2—48)计算化简后可得

$$\lambda_T=\frac{\int_{\lambda_1}^{\lambda_2}L(\lambda,T)\tau_\lambda v_\lambda d\lambda}{\int_{\lambda_1}^{\lambda_2}L(\lambda,T)\dfrac{1}{\lambda}\tau_\lambda v_\lambda d\lambda} \qquad (2-49)$$

显然，极限有效波长就其几何意义而言，是 $L(\lambda,T)$ 和 τ_λ、υ_λ 相乘，即温度计接收到的辐射亮度的几何曲线以下面积的重心所对应的坐标的数值。

有效波长 λ_e 与极限有效波长之间的关系可用较为简单的经验公式来表示，即

$$\frac{1}{\lambda_e} \approx \frac{1}{2}\left(\frac{1}{\lambda_{T_1}} + \frac{1}{\lambda_{T_2}}\right) \tag{2-50}$$

计算表明，利用式(2-50)可以准确计算到四位有效数字，这对温度测量来讲已经足够了。故只要预先计算出在各温度点下的极限有效波长后，便可利用式(2-50)计算出任何温度区间的有效波长。

四、有效波长的应用

在光测高温学中，有效波长主要有两种应用：一是用于基准复现，二是用于量值传递。

第五节　热辐射源

一、黑体辐射源

如前所述，人为制造出严格的绝对黑体几乎是不可能的。因为，若将如图 2-3 所示的一个等温密封腔内的辐射引出，就必须开一个小孔。一旦开孔，就有一部分入射的辐射从小孔射出，入射辐射就不可能全部被吸收，也就成不了一个绝对黑体。当然，另一方面人为地使容器严格保持等温状态也几乎是不可能的。但是，如果一个腔体的腔壁近似等温，开孔又比腔体小很多，就有可能制作出近似绝对黑体的辐射体，通常将其称为"人造黑体"或"黑体"。

有效发射率 ε_0 是评价黑体辐射源的辐射能力和特性的一个重要指标。黑体的有效发射率 ε_0 取决于腔壁材料的发射率 ε、腔体形状、开孔大小以及腔体的温度分布情况等多方面因素。有不少学者提出了黑体发射率 ε_0 数学计算模型，其中比较具有代表性的是 Gouffé 公式和 Sparrow 等的工作。

Gouffé 假定腔壁是理想的漫反射体，于是得到的黑体有效发射率的表达式为

$$\varepsilon_0 = \varepsilon_0'(1+G) \tag{2-51}$$

$$\varepsilon_0' = \frac{\varepsilon}{\varepsilon[1-(S_1/S)]+(S_1/S)} \tag{2-52}$$

$$G = (1-\varepsilon)(S_1/S - S_1/S_0) \tag{2-53}$$

式中：ε_0——黑体的有效发射率；

ε——腔壁的发射率；

S_1——开孔的面积；

S——包括开孔面积在内的实际腔体的内表面积；

S_0——在垂直于开孔平面方向、直径等于从开孔平面算起到腔体最深点的等效球体表面积。

显然，对球形腔体，$S=S_0$，$G=0$；对其他形状的腔体，G 可正可负，但接近于零。腔体的形状一般有球形、圆柱形、圆锥形等，图 2-8 所示为利用 Gouffé 公式计算的球形、圆柱形、

圆锥形腔体的有效发射率的图解曲线。在图的下半部分，给出了 S_1/S 作为 L/R 的函数的曲线（L 和 R 的说明见图 2—8）。对于某种形状的腔体，由给定的 L/R 值向右作水平线，查出 S_1/S 的值向上作垂直线，此垂直线与某一给定的腔壁的 ε 值曲线相交，然后由此交点向左作水平线，便可查出 ε_0' 的值；把 ε_0' 乘以 $(1+G)$ 便可得到 ε_0 的值。

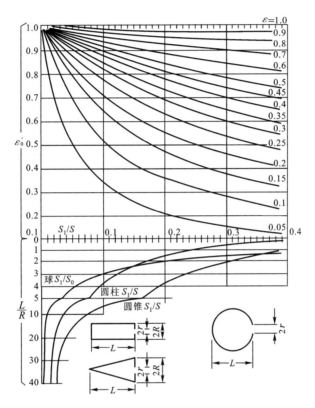

图 2—8　3 种腔体的有效发射率图解曲线

假设开孔直径 $2r$ 比基体直径 $2R$ 小，如图 2—8 所示，则由 L/R 确定的 S_1/S 值要乘以 $(r/R)^2$。不过，利用图解法虽然方便，但是只能得到近似的结果。

从 Gouffé 公式得到的一个重要结论是：L/R 越大，ε_0 越大；对相同的 L/R 值，球形腔体的 ε_0 最大，圆柱次之，圆锥最小。但是球形腔体难于加工，也难以达到均匀加热，因此，人造黑体的腔体往往采用圆柱加圆锥的形式。

下面介绍我国目前常用的用来分度辐射温度计的人造黑体辐射源。

1. 高温黑体炉

常用的高温黑体炉是一种真空管式电阻炉，如图 2—9 所示。其工作温度范围一般为 800 ℃～3 000 ℃。高温黑体炉的发热体采用石墨管，管的中央安装一石墨靶，将发热体分隔成两个辐射腔。在石墨发热管两端通以电流，由温度控制系统调节加热的电压和电流，达到对石墨发热体温度控制的目的。高温黑体炉的炉体有良好的密封结构，内部能承受较高的气压，两个辐射腔可以通过安装在出口处的石英玻璃向外发出辐射。温度在 2 500 ℃ 以下时，炉体内呈真空状态；温度高于 2 500 ℃ 时，为有效地保护石墨发热体，需要向炉体内通入惰性气体。

严格地讲,高温黑体炉更像一个具有较高发射率(一般为 0.99 左右)的辐射比较器,由于辐射出口处有石英玻璃窗口的限制,在波长超过 3.7 μm 时,透过的辐射通量已非常小,因此,高温黑体炉不适用于标定工作波段较长的辐射温度计。

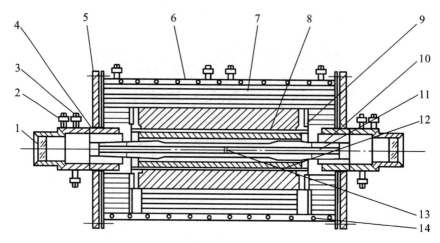

图 2－9　高温黑体炉炉体内部结构图

1—石英玻璃窗口;2—抽气出口;3—进出水管;4—水冷电极;5—端盖法兰;
6—导流腔;7—高硅氧玻璃棉;8—碳纤维;9—外石墨套筒;10—活动接头;
11—发热体;12—内石墨套筒;13—辐射靶;14—导流环

2. 中温黑体炉

中温黑体炉主要用来分度光电、红外、比色温度计及辐射感温器,使用温度范围一般为 50 ℃～1 200 ℃。常见的管状中温黑体炉结构如图 2－10 所示。

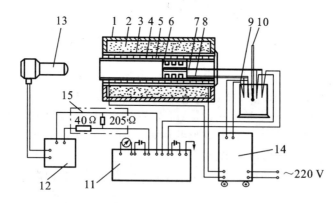

图 2－10　中温黑体炉结构及控温电测连接图

1—金属外壳;2—保温层;3—外瓷管;4—炉丝;5—内瓷管;6—辐射靶;7—标准热电偶;
8—控温热电偶;9—零点槽;10—水银温度计;11—电测仪器;12—无热电动势开关;
13—辐射感温器;14—控温设备;15—0.01级电阻箱(205 Ω 和 40 Ω)

在金属外壳1、保温层2的里面有两层瓷管(3 和 5),加热是通过在盘绕在内瓷管5上的金属电热丝中通入电流的电加热方式实现的,辐射腔和辐射靶 6 一般用镍铬合金材料制成,辐射腔的内径设计成能满足一般辐射温度计测量目标要求的数值。辐射靶温度的测量通过敷设在靶背面的热电偶来实现,温度控制用的热电偶通常安装在辐射腔的下部。

中温黑体炉中加热丝在瓷管上的缠绕形式主要有均匀分布、疏密分布和分段分布,不同方式的加热和温度控制的效果差异较大。通常,分段加热的均温效果最好。为了增加漫反射效果,有效改善辐射腔的辐射特性,通常在中温黑体炉辐射腔内采取一系列措施,包括在辐射腔口加光阑或在腔体内加多层挡圈。同时,尽量避免使用平面的辐射靶,通常会在靶面上加工一些小锥体或锥形环槽等。常用的中温黑体辐射腔的有效发射率一般在0.995～1.005之间。

3. 低温黑体辐射源

目前,用于辐射温度计标定的低温黑体辐射源的温度范围为−50 ℃～150 ℃,通常用热管来实现。比较常用的是氨/不锈钢和水/铜热管,这两种热管所对应的工作温度分别是−50 ℃～50 ℃和40 ℃～150 ℃。在热管中,加热是通过在热管外筒壁面上胶粘的一层以聚酰亚胺为基膜的康铜箔加热器来实现的,降温是通过在水/铜热管筒上并排四根 $\phi 6 \times 0.5$ mm 的紫铜管组成的快速水冷却器实现的,而氨/不锈钢热管采用两级半导体制冷器作恒定冷源。低温黑体源的控温稳定度可以达到±0.01 ℃/20 min。在自然对流条件下,从腔体锥顶算起 200 mm 区间内,水/铜热管的温度均匀性为±0.1 ℃,氨/不锈钢热管的温度均匀性为±0.06 ℃。低温黑体辐射源的辐射腔体形状通常是圆筒加圆锥结构,其有效发射率可达0.999。辐射源的温度由插入热管中的铂电阻温度计给出。

氨/不锈钢热管低温黑体炉结构如图 2−11 所示,水/铜热管低温黑体炉结构如图2−12所示。

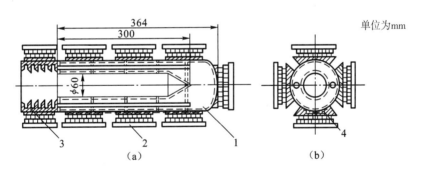

图 2−11　氨/不锈钢热管低温黑体炉结构

1—热补偿器;2—两级半导体制冷器;

3—氨/不锈钢热管黑体;4—箔膜型康铜箔加热器

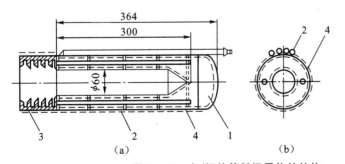

图 2−12　水/铜热管低温黑体炉结构

1—热补偿器;2—箔膜型康铜箔加热器;3—水/铜热管黑体;4—水冷却器

二、温度灯

温度灯是一种稳定度较高的高温辐射源，在一定的环境条件下，温度灯钨带表面某规定区域内所辐射出的辐射通量与通过钨带电流之间具有特定关系。它具有与黑体不同的光谱能量分布。在引用普朗克函数的情况下，温度灯是一种非黑体辐射源，它所复现的温度量值是在某一特定波长下的亮度温度。其复现亮度温度的范围为 800 ℃～2 500 ℃。

（一）种类和温度范围

温度灯可分为基准温度灯、副基准温度灯、工作基准温度灯或标准温度灯。基准温度灯组用于复现和保存银凝固点以及 800 ℃～2 000 ℃的国际温标，而量值传递通过副基准温度灯组予以实施。副基准温度灯组的温度复现方式与基准温度灯相同，它们的温度范围和有效波长也都相同。日常量值传递是由几组工作基准温度灯组来进行的。工作基准灯是用光电比较仪通过与副基准温度灯组进行亮度比较而得到的，它们的温度范围与副基准相同。工作基准灯组是用于检定标准光学（光电）高温计的标准器，标准光学（光电）高温计又是检定标准温度灯的标准器。标准温度灯主要用来检定工作用光学高温计。

温度灯可分为真空灯与充气灯两种。真空灯用于低温范围，充气灯用于高温范围。目前，国内常用的温度灯系列见表 2−1。

表 2−1　温度灯的种类和温度范围

温度灯	种类	温度范围/℃
BW1400	真空	800～1 400
BW2000	充气	1 400～2 000
BW2500	充气	2 000～2 500
英国福斯特公司	真空	700～1 500
	充气	1 400～2 200
英国通用电气公司 （G.E.C.）	真空	700～1 700
	充气	1 600～2 200
苏联 CN−10−300	真空	800～1 700
	充气	1 400～2 500

（二）结构原理

温度灯通常用于复现温度范围为 800 ℃～2 500 ℃的亮度温度。当流经温度灯带电流发生变化时，其灯带的亮度温度随之产生变化。因此，若已知灯带的特性，便可以通过对流过灯带电流强度的测量来确定灯带在一定波长下的亮度温度。温度灯由钨带、支架、指针、引线、泡壳及灯座组成。

钨带是温度灯的辐射体，它由高纯钨制成，钨带尺寸根据高温计瞄准目标尺寸、工作区域的温场均匀性以及供电系统等进行综合性选择。目前，国内使用的 BW 系列和 G.E.C.温度灯的钨带尺寸与电气特性见表 2−2，外形和结构如图 2−13～图 2−15 所示。

表 2－2   温度灯钨带的尺寸与电气特性

温度灯	带长/mm	带宽/mm	带厚/mm	最大电流/A
BW1400	47	1.60～1.65	0.05～0.06	10
BW2000	32	1.60～1.65	0.055～0.065	20
BW2500	20	1.60～1.62	0.055～0.065	28
G.E.C.真空	62	1.5	0.07	14
G.E.C.充气	34	1.5	0.07	21

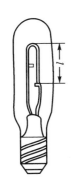

图 2－13   BW2000 型温度灯外形图

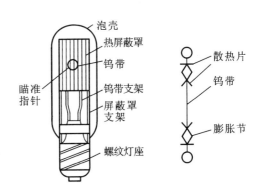

图 2－14   BW2000 型温度灯结构图

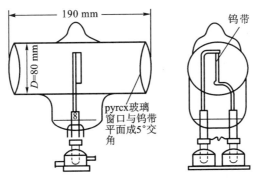

图 2－15   G.E.C.高稳定真空灯

钨带的瞄准部位由一根指针指示。为了确定正确的瞄准位置,国产 BW 系列温度灯除了有指示瞄准部位指针(或前指针)外,在灯带背后还有一根指针(或后指针)。英国福斯特公司的温度灯除了前指针外,在灯带后面玻璃上还有一个白点箭头标记,该标记起到像国产温度灯的后指针作用。G.E.C.高稳定钨带灯采用钨带缺口式标记,同时规定钨带使用时必须与瞄准方向垂直。因此,温度灯的瞄准标记一般有两个,其目的在于提高对温度灯的瞄准准确性和重复性,以提高用温度灯对高温计进行亮度分度的复现性。

温度灯的灯座有 3 种,分别为螺纹座、焊接座(图 2－16)和水冷座(图 2－17)。螺纹座使用方便,但在通电后可能引起接触不良与局部发热,造成灯泡电流的不稳定。焊接座接触良好,但环境温度影响可能较严重。最理想的灯座形式是水冷座,它通过冷却水来保证灯座温度在使用过程中的恒定,但这种灯座使用起来比较麻烦。一般来讲,基准、副基准和工作基准温度灯多采用水冷座,标准温度灯多采用螺纹座。

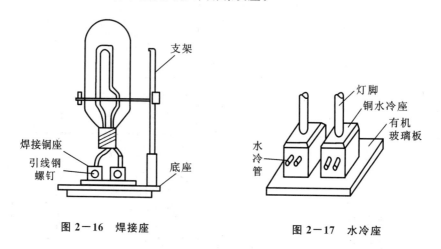

图 2—16　焊接座　　　　　　　　　　图 2—17　水冷座

真空灯玻壳内真空度一般在 1.33×10^{-3} Pa 以上。但真空灯无法阻止钨在高温下(如1 400 ℃以上)的气化,所以,真空灯温度上限一般不超过 1 400 ℃。更高温度范围的灯必须充气。在充气灯内,一般充以 0.090 MPa～0.096 MPa 的惰性气体氮或氩,以抑制钨在高温下的挥发,从而延长温度灯的寿命。国产 BW2500 型充气灯采用屏蔽式结构,即灯带周围加一个钽制的屏蔽罩。在高温下,钽屏蔽罩内部激烈地增加气体的黏滞性,并在罩内发生自然对流的搅拌,而不带走它内部的气体。当罩内钨带在高温下挥发时,钨蒸气迅速地趋向饱和,进而阻止钨的进一步挥发。

(三)影响温度灯复现性的因素

钨带温度灯的工作条件和使用要求比其他光源严格得多,这是由于有许多因素影响亮度温度的复现,其主要因素有稳定性和复现性。其中,复现性包括温场的变化(包括环境温度的波动和灯头温度变化),电流极性的变动,灯带工作区内温度分布的不均匀性,升、降温速率,灯带位置的变化以及温度灯对黑体的偏离等。

1. 稳定性

温度灯的作用原理是基于它的电流为其一定波长下的亮度温度的单值函数。要保持温度灯的这一函数恒定,会涉及许多因素,如钨带的电阻、钨带表面的光谱发射率及灯泡壳的透过率等。要保持钨带的电阻值在一定状态下恒定,应保持钨的晶体结构的稳定和避免钨在高温下的损耗。

通过采取对温度灯充分老化的措施来实现钨的晶体结构的稳定。钨在高温下从加热电流中获得能量,这种能量可以克服在低温下对晶粒增长的限制,从而出现钨的再结晶过程,这一过程使晶粒增大,直至老化减慢下来达到稳定。

钨的主要损耗出现在"水的周期效应"的过程中。水汽对钨的侵蚀是十分强烈的,即使在 350 ℃ 这样低的温度下,钨也会被氧化。如果灯泡中残存少量水汽,在高温下会产生氧化钨和氢气。氧化钨立即蒸发并凝聚在玻壳的内表面上,玻壳上的氧化钨又会被氢还原,生成钨和水汽,这样的反复过程使玻壳蒸镀钨层,不断地降低玻壳的透过率和引起钨的损耗,也导致钨带电阻产生重大变化,引起温度灯的不稳定。

温度灯钨带表面的光谱发射率在很大程度上取决于表面的情况。钨被加热过程中,在晶粒与晶粒的相连处由于晶粒边界与晶粒表面应力平衡调节作用下的结晶应变而产生表面状况的变化,在原来平滑的钨表面上会出现很细的平行的沟槽。随着在高温下钨完成再结晶,晶粒边界沟槽经多次热侵蚀作用后达到稳定状态,从而表面状态也趋于稳定。只要钨再结晶过程完成,钨带表面的光谱发射率不会出现值得注意的变化。

温度灯的钨带是通过玻壳对外发出热辐射的,灯泡瞄准部位的玻壳透过率的变化将直接影响温度灯亮度的稳定度,因此,应着重防止泡壳尤其瞄准部位灯泡内外壁的污染物腐蚀。

总之,只要钨带的电阻、钨带表面光谱发射率以及泡壳透过率能保持恒定,那么在一定的灯带电流下,其辐射出射度就能保持不变,从而保持电流为其一定波长下的亮度温度的单值函数不变。

2. 复现性

温度灯复现性是指在不同测量时间、不同地点、不同计量器具等条件下进行测量时,其测量结果的一致程度。影响温度灯复现性的除了上述所讨论的稳定性外,还有温场均匀性、温场的变化等。

（1）温场均匀性

温度灯钨带上的温场往往是不均匀的,引起灯带温场不均匀的主要原因是除去灯带热辐射以外的热损失。对真空灯而言,热损失主要来自温度灯的支架的热传导;对充气灯而言,除热传导外主要有气体对流的热损失。所以,充气灯的温场均匀性比真空灯差一些。

（2）温场的变化

温度灯指针所指示的瞄准区域温度分布并不是恒定的,它受到外界条件变化的影响。在同一灯带电流下,由于环境温度的变化,灯头温度的变化和供电极性的变更等,都会对亮度温度带来不同程度的影响。

①环境温度波动

环境温度每变化 1 ℃ 而引起的灯带均匀温区亮度温度的变化,称为温度灯的温度系数 β,其定义为

$$\beta = \frac{\Delta T_s}{\Delta \theta} \tag{2-54}$$

式中:$\Delta \theta$——环境温度变化;

ΔT_s——灯带亮度温度的变化。

经实验得知国产 BW 系列温度灯的温度系数随亮度温度变化而变化,温度系数随亮度温度的升高而降低。真空灯在 800 ℃ 时,温度系数大约等于 0.5;在 900 ℃ 时,降到 0.3;当高于 1 300 ℃ 时,其影响可以忽略。对于充气灯,在 1 400 ℃ 时环境温度变化 10 ℃ 会带来 2 ℃ 的变化,而高于 1 800 ℃ 时,其影响可以忽略不计。特别应指出的是,各种温度灯受环境温度影响不相同,而且,同一批温度灯也可能不相同,但往往具有一定的规律。

②灯头温度变化

温度灯的螺纹扣拧到灯座内时,会产生接触电阻。接触电阻与拧入灯座松紧有关,由于每次安装的松紧程度不可能都一样,因此在同一电流下,灯泡回路的电阻会产生变化,进而

产生亮度温度变化。另外，由于接触电阻会引起灯头与引线的温度发生变化，这也会引起亮度温度的变化。灯头温度每变化 1 ℃ 而引起的亮度温度变化称为灯头温度系数 α，令 ΔT_S 为亮度温度变化，Δt 为灯头温度变化，则温度系数 α 为

$$\alpha = \frac{\Delta T_S}{\Delta t} \qquad (2-55)$$

实验证明，灯头温度变化引起亮度温度变化一般可以不予考虑。

③供电极性变更

温度灯的温场是一个非均匀温场。根据汤姆逊效应，电流方向可以改变非均匀温场的温度分布，从而影响温度灯的复现性。令 Q 为汤姆逊效应所引起的附加热流，I 为通过钨带的电流强度，σ 为汤姆逊系数。则有

$$Q = I\sigma \frac{\mathrm{d}t}{\mathrm{d}i} \qquad (2-56)$$

式中：$\dfrac{\mathrm{d}t}{\mathrm{d}i}$——钨带 L 方向的温度梯度。

式（2-56）表明，当电流通过一个存在温差的导体时，会产生附加热量，从而改变原有的温度分布。钨的汤姆逊系数为负值，所以当电流方向与热流（热端流向冷端）方向一致时，则钨带吸收热量，而当电流方向与热流（冷端流向热端）方向相反时钨带会放出热量。

从而可看出，附加热量随着灯带电流的增加而增大，温度梯度越大，则附加热量越大。所以，充气灯的灯带温度越高，温度梯度就越大。因此，汤姆逊效应对充气灯影响比真空灯大。若灯带的温度梯度为零时，就不会出现附加热量。

对国产 BW 系列温度灯进行电流换向试验表明，BW1400 型温度灯会产生 3 ℃ 的偏差，BW2000 和 BW2500 型灯会分别产生 4 ℃ 和 5 ℃ 偏差。因此，规定温度灯供电电源的极性是完全必要的。

④瞄准误差

由于种种原因，温度灯灯带温度场存在不均匀性，因此必须置一指针，以指示灯带的瞄准区段。为了减小瞄准影响，灯应有良好的均匀温场；温度灯支架应有调节机构且指针尽量接近灯带。

⑤升降温的响应时间

众所周知，温度灯具有很大的热惯性，当给温度灯供电时，需要有足够时间才会达到热与电的平衡。然而，每一温度灯的稳定时间是不相同的，如果不充分估计温度灯的预热时间，就会带来误差。所以，需要规定温度灯从一个温度升至另一个温度的时间。

⑥温度灯安装位置

a）温度灯左右与前后倾斜

温度灯左右与前后倾斜影响主要由两个原因引起：第一是灯带倾斜，引起充气灯内气体的自由对流改变；第二是温度灯带并非安装在泡壳的中心，而是偏离中心向前若干距离，因此，不同角度的倾斜带来的反射不同。

国产 BW 系列充气温度灯前倾 1° 带来的影响约为 0.4 ℃，后倾比前倾影响大。真空温度灯由于不存在被充气体，倾斜影响很小。

b）温度灯围绕垂直轴扭转

温度灯围绕垂直轴扭转的影响主要是因为温度灯不符合朗伯特余弦定律,灯带和泡壳内壁存在多次反射。

众所周知,几乎所有金属材料在不同方向的发射率,在一定程度上不符合朗伯特余弦定律。朗伯特余弦定律说明白炽发光体的特性,即发射体表面的亮度无论从哪个方向观测都保持不变。但在钨带情况下,其表面亮度随着瞄准角的增加而增高,这是因为钨带发射率是发射角的函数。另一方面,钨带发射的热辐射在泡壳上反射后,部分落在钨带上,然后又进入到测温仪表的探测视场,这样测温仪表接收到的是增加了反射分量的辐射亮度。

现在假设第一种情况,灯带固定在泡壳中心,从泡壳中心线辐射出的光均与泡壳内表面相垂直,所以经泡壳反射回来的光均反射到灯带上,光学高温计不论在哪个方向观测均有反射光的影响。第二种情况,灯带位于中心线的前面约 7 mm 的距离处,如果测温仪表瞄准在灯带法线方向上,泡壳反射影响也是不可避免的。第三种情况,若观测方向不在法线上,而与法线成 α 角,此时反射光就不会从灯带反射到测温仪表的瞄准方向上。即使高温计的瞄准位置仍是灯带法线方向,也不受反射光影响。测温仪表瞄准温度灯的最佳位置是与灯法线成 15° 的角度。在此角度上,每偏差 2° 对 1 000 ℃ 亮度温度影响约 ±0.06 ℃,对 1 400 ℃ 亮度温度影响约 ±0.16 ℃。为此,要求测温仪表对温度灯的瞄准采用三点瞄准法是极其必要的,它考虑到温度灯前后、左右倾斜等影响。因此,严格确定灯带位置可提高温度灯的亮度复现性。

⑦温度灯偏离黑体

温度灯是非黑体辐射源,它的光谱辐射亮度是波长的函数。如果温度灯分度是在有效波长为 λ_{e1} 的高温计上进行的,则有

$$\frac{1}{T} - \frac{1}{T_{S1}} = \frac{\lambda_{e1}}{c_2}\ln\varepsilon_{\lambda_1,T} \tag{2-57}$$

当用另一台高温计(有效波长为 λ_{e2})分度该灯时,则有

$$\frac{1}{T} - \frac{1}{T_{S2}} = \frac{\lambda_{e2}}{c_2}\ln\varepsilon_{\lambda_2,T} \tag{2-58}$$

将式（2-57）减式（2-58）可得

$$\frac{1}{T_{S2}} - \frac{1}{T_{S1}} = \frac{1}{c_2}(\lambda_{e1}\ln\varepsilon_{\lambda_1,T} - \lambda_{e2}\ln\varepsilon_{\lambda_2,T}) \tag{2-59}$$

从式（2-59）可以看出,当用具有不同有效波长或光学系统的高温计分度同一只温度灯时,就会得到不同的亮度温度值。这种差异是由于使用非黑体辐射源引起的,当有效波长偏离 0.005 μm 时,对 2 000 ℃ 带来亮度温度的差异值可达 −1.7 ℃。高温计有效波长差异对温度灯的亮度温度影响 ΔT 可用下式计算:

$$\Delta T = T_S^2 \frac{\Delta\lambda_e}{c_2}\ln\varepsilon_c \tag{2-60}$$

式中：T_S——温度灯的亮度温度,K;

$\quad\varepsilon_c$——钨带的颜色发射率;

$\quad\Delta\lambda_e$——有效波长的变化量,μm。

第六节　辐射温度计的分类、构成和技术性能

辐射温度计是一种以热辐射测量为基础的非接触式测温仪器。这种仪器主要用于冶金、机械、硅酸盐以及化工等行业中不能用热电偶、热电阻等接触式测量的场合。它一般用于各种熔炉、高温窑、盐浴炉、运动物体等的温度测量和生产过程的温度控制。制造技术的不断发展和制造工艺的不断提高，以及人类对温度探测用途的不断拓展，对温度测量提出了越来越高的要求，特别是一些用接触式温度计无法实现温度测量和控制的场合，其温度测量和控制已经成为急需解决的问题，引起了各方面的普遍重视。如感应加热工艺中的运动工件温度测量和控制、海面温度测量、航空探矿、空中监测军事目标、森林火警等。

一、分类

辐射温度计种类很多，从不同的角度可以有不同的分类方法。

1. 按测温原理分类

（1）窄波段辐射温度计（光谱辐射温度计）

窄波段辐射温度计是一种利用亮度测温法进行测温的非接触温度计。它的典型产品主要有光学高温计（标准光学高温计、工业用光学高温计）、光电高温计（基准光电比较仪、标准光电高温计）、工业用辐射温度计等。

（2）全辐射温度计（宽波段辐射温度计）

全辐射温度计是一种利用全辐射测温法进行测温的非接触温度计。它的典型产品主要有辐射感温器、辐射温度计。

（3）比色温度计（双色温度计或多波长温度计）

比色温度计是一种利用颜色测温法进行测温的非接触温度计。

2. 按探测元件的物理特征分类

辐射温度计按探测敏感元件的物理特征可以分为目视类、光电类和热电类。

3. 根据内部结构分类

辐射温度计根据内部结构又可分为带内部参考光源的比较式辐射温度计和不带内光源的绝对式辐射温度计。

4. 根据使用特性分类

辐射温度计根据使用特性可以分为安装式（固定式或在线式）和手持式（便携式）辐射温度计。

二、构成

辐射温度计一般由光学系统（会聚系统、分光系统、滤光单元、瞄准系统）、探测单元、信号转换和处理系统等部分构成。

1. 光学系统

（1）光学系统作用

①会聚系统

会聚系统有两个作用：一是将被测对象的辐射能会聚于探测元件上；二是限制被测对象尺寸。

②分光系统

分光系统的作用是将被测对象经会聚系统后的辐射能分成若干所需的不同光谱段，如比色温度计中的分光镜，它分成两个不同光谱段。

③滤光单元

滤光单元的作用是形成辐射温度计所需的工作波段。

④瞄准系统

瞄准系统的作用是帮助使用辐射温度计人员正确瞄准被测对象。

（2）会聚系统

会聚系统可分为透射系统和反射系统两种。透射系统一般由单透镜或复合透镜组成，如辐射感温器会聚系统由 K9 光学玻璃和石英玻璃制成单透镜。反射系统一般由单反系统或双反系统组成，如 WFT-081 辐射感温器由单反系统组成，WFHX-60 便携式红外温度计由双反系统组成。

①透射系统物与像的关系

透射系统物与像关系可用图 2—18 来说明。从图中可知，$F'O=f$ 是焦距，$AO=-l$ 是物距，$OA'=l'$ 是像距。通过相似三角形关系可求得如下公式：

$$\frac{1}{l'}-\frac{1}{l}=\frac{1}{f} \tag{2-61}$$

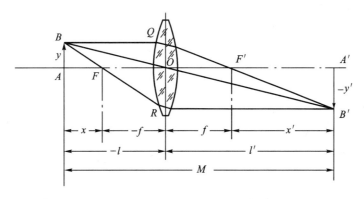

图 2—18 透射（透镜）系统成像原理

式（2—61）就是透射系统物与像的关系式，即通常所称的高斯公式。

从图 2—18 中可知，$AB=y$，是物高；$A'B'=-y'$，是像高，则

$$m=\frac{l'}{-l}=\frac{-y'}{y} \tag{2-62}$$

式中：m——透镜的垂轴主放大率。

根据式（2—61）和式（2—62）及被测对象尺寸和透镜焦距可求出辐射温度计视场光阑

（探测器）的尺寸及探测器位置,反之根据透镜焦距和视场光阑（探测器）尺寸可求出被测对象的尺寸和位置,从而可确定辐射温度计的距离系数。

②反射系统物与像的关系

反射系统可分为单反射系统和双反射系统。

a）单反射系统

单反射系统的焦距可用图 2—19 和式（2—63）求得。

平行光 a 经球面反射镜反射后会聚于 F 点,则 F 点就

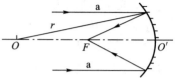

图 2—19　单反射系统光路

是焦点。其焦距 f' 可按下式求得：

$$f' = \frac{r}{2} \tag{2-63}$$

式中：r——单球面反射镜半径。

反射系统物距、像距及物与像关系与透射系统计算方法相同。

b）双反射系统

双反射系统在辐射温度计中用得也比较多,如气象卫星中的热辐射计。系统中物距、像距及物与像关系计算比较复杂,这里不做介绍。

2. 探测单元

（1）探测元件分类和作用原理

如前所述,一切物体,只要它不处于热力学温度零度,总会不断地向外发射出红外辐射。这些红外辐射是无法用肉眼看见的,用什么办法来探测它们呢? 这就要用一种红外探测的器件,它接收到红外辐射后能把红外辐射转变成人们便于观察和测量的电能、热能等其他形式的能。

探测器大致可分为两大类：一类是光电探测器,它的工作机理是基于辐射与探测器相互作用时产生的光电效应,如硅光电池（硅光电二极管）、锗光电池（管）、硫化铅光敏电阻,还有锗掺汞、碲镉汞、碲锡铅等;另一类是热电探测器,它的工作机理是基于辐射与探测器相互作用时引起的温度变化,并由此温度变化进而引起探测器某些电学性质的变化,如热敏电阻、热电堆、硫酸三甘肽（TGS）、铌酸锶钡（SBN）、钛酸锂等。

（2）探测元件主要特性

①噪声等效功率 NEP（或探测率 D,$D=1/NEP$）,是使探测器的输出信号电压等于探测器噪声电压时所需要投射到探测器上的最低辐射功率。

②响应率 R,等于单位辐射功率投入到探测器上所产生的信号电压（不管噪声大小）。

③光谱响应,是 D 和 R 与入射辐射波长 λ 的关系。

④响应速度,是 D 和 R 与调制频率 f 的关系。

3. 滤光单元

滤光单元是指为了满足辐射温度计所需要的工作波长间隔的一种器件。如干涉滤光片、红外滤光片等。

4. 信号转换与处理系统

信号转换与处理系统就是指对由探测元件输出的电信号进行放大、转换、处理并输出温度信号的系统。

三、主要技术参数和性能

1. 主要技术标准和规范

目前，我国与辐射温度计有关的技术标准有：GB/T 36014.1—2018《工业过程控制装置　辐射温度计　第 1 部分：辐射温度计技术参数》、GB/T 36014.2—2020《工业过程控制装置　辐射温度计　第 2 部分：辐射温度计技术参数的确定》、JB/T 9240—1999《比色温度计》、JB/T 9241—1999《辐射感温器　技术条件》等。与辐射温度计有关的国家计量检定规程、国家计量校准规范主要有：JJG 227—1980《标准光学高温计》、JJG 1032—2007《标准光电高温计》、JJG 68—1991《工作用隐丝式光学高温计》、JJG 110—2008《标准钨带灯》、JJG 856—2015《工作用辐射温度计》、JJF 1107—2003《测量人体温度的红外温度计校准规范》、JJF 1187—2008《热像仪校准规范》。

2. 主要技术参数

辐射温度计的主要技术参数包括测量范围和准确度等级、测量距离范围、工作波段、距离系数、安装方式、输出信号形式等。

3. 主要技术性能

（1）与准确度有关的主要技术性能包括基本误差限、重复性误差或稳定度。

（2）与影响量有关的主要技术性能包括被测对象有效直径变化、测量距离变化、环境温度变化、电源畸变、外界磁场变化、电磁干扰、绝缘电阻、绝缘强度、抗振动、抗运输颠震等。

（3）距离系数是热辐射体表面到辐射温度计物镜的给定距离与在该距离上所需热辐射体最小有效直径之比。

下面分别对可移动物镜和固定物镜两种情况，用距离系数计算热辐射体最小有效直径。

①物镜前后可移动

物镜前后可移动的辐射温度计，距离系数是不变的，而且与测量距离无关。所以，计算辐射体最小有效直径可根据辐射温度计制造商提供的距离系数 C 用下式进行计算：

$$D_L = \frac{L}{C} \tag{2-64}$$

式中：D_L——距离系数所对应的最小有效直径，mm；

　　L——测量距离，mm；

　　C——距离系数。

②固定物镜

物镜固定的辐射温度计距离系数是不固定的，随测量距离变化而变化。在这种情况下，求热辐射体最小有效直径有两种方法：一种是根据辐射温度计提供的测量距离和热辐射体（被测对象）最小有效直径关系图来求得；另一种是公式计算法。

对于固定物镜的辐射温度计，只有在某一特定距离上是满足辐射温度计给出的距离系数要求的，而在其他测量距离上都不能按式（2-64）进行热辐射体最小有效直径计算。若辐射温度计生产厂只提供某一测量距离（设计距离）的距离系数时，应按以下两种情况进行计算。

测量距离大于设计距离时，热辐射体最小有效直径用式（2-65）计算：

$$D_L = \frac{L}{L_S}(D_S + d_L) - d_L \tag{2-65}$$

测量距离小于设计距离时，热辐射体最小有效直径用式（2－66）计算：

$$D_L = \frac{L}{L_s}(D_s - d_L) + d_L \qquad (2-66)$$

式中：L_s——温度计设计距离，mm；

  L——测量距离大于设计距离的任一距离，mm；

  D_s——温度计距离系数所对应的被测对象的有效直径，mm；

  d_L——温度计物镜的有效直径，mm；

  D_L——温度计物镜与辐射源距离为 L 时被测对象的有效直径，mm。

第七节　光学高温计

光学高温计是一种带内部光源的并以人眼作为亮度平衡的探测元件的辐射类温度计，所以，通常又称为目视或隐丝式光学高温计。此类仪器结构比较简单，使用也比较方便。特别是工业用光学高温计，结构小巧，易于携带，尤其适用于工业生产现场测温。

一、标准光学高温计

标准光学高温计通常是用来分度标准温度灯，并传递亮度温度的计量标准仪器，在国内，将逐步被标准光电高温计替代。标准光学高温计通常有三个量程，即 800 ℃～1 400 ℃、1 400 ℃～2 000 ℃和 2 000 ℃～3 200 ℃。

标准光学高温计由光学系统、灯泡、基座和机械调节部分组成，外形如图 2－20 所示。

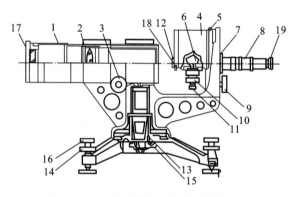

图 2－20　标准光学高温计外形结构示意

1—物镜筒；2—物镜；3—物镜调焦旋钮；4—灯箱；5—滤光片组盘；
6—灯泡；7—目镜系统固定座；8—目镜筒；9—灯泡转换手轮；
10—灯泡止动螺帽；11—灯泡位置调节螺丝；12—防尘罩；
13—主体定位螺丝；14—底脚固定螺帽；15—主体旋转手轮；
16—水平调节螺钉；17—防尘罩；18—吸收玻璃转盘；19—目镜

1. 光学系统

由物镜和目镜组成一个望远镜系统。在目镜筒内装有一块分划板，便于将影像瞄准在视场中心。在物镜和灯泡之间装有一个带有一系列吸收玻璃的调节盘，用来减弱入射的辐射亮度,根据测温范围的需要,将吸收玻璃调节盘转换到相应量程所需要的位置。

吸收玻璃调节盘位置与相应量程见表 2—3。在目镜和灯泡之间通常安装了不同用途的红色滤光玻璃。

表 2—3 吸收玻璃调节盘位置与对应量程

吸收玻璃调节盘位置	量程/℃
●	800～1 400
●●	1 400～2 000
●●●	2 000～3 200

2. 灯泡组件

标准光学高温计通常备有 3 只标准灯泡,组装在一个可以调节的灯箱内。每只灯泡都经过分度,亮度温度的量值被保存在这些灯泡上。必要时,可以用不同的灯泡来核对保存的亮度温度的量值。

3. 基座和机械调节部分

支架和基座通过中心回转轴连接。基座可以在水平方向做 360°旋转,也可以对水平方向和光轴角度做微量调节,以便对被测对象目标瞄准,调好并锁紧以后能可靠地定位。基座脚上的调节螺栓可以用来微调前后和左右的倾角。

二、工作用隐丝式光学高温计

工作用隐丝式光学高温计是一种在工业生产现场使用的辐射类温度仪表,它主要由光学系统(物镜系统和目镜系统)、灯泡、红色滤光片、吸收玻璃及电测系统组成,其原理如图 2—21 所示。常用的工作用隐丝式光学高温计外形如图 2—22 所示。

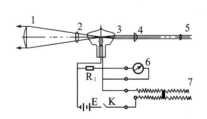

图 2—21 WGG2-201 型光学高温计原理

1—物镜;2—吸收玻璃;3—灯泡;4—目镜;5—红色滤光片;

6—指示仪表;7—滑线电阻;E—电源;K—开关;R_1—刻度调整电阻

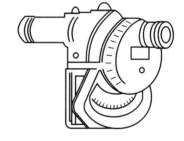

图 2—22 光学高温计外形

工作用隐丝式光学高温计中的物镜可以根据需要前后移动,将被测物成像于灯泡的灯丝平面上,观察者通过调节目镜,并透过目镜和红色滤色片可以清晰地观察灯丝和该平面上被测物的像。调节电阻器改变灯丝电流,使人眼观察到的高温计灯丝在瞄准区域内均匀地消失在被测对象的背景中,即达到"隐丝"或"隐灭"的效果。此时,灯泡灯丝与被测物的像达到亮度平衡,也就是被测物与高温计具有相同的亮度温度。灯丝电流在灯丝上产生的电压降由指示仪指示出来,灯丝电压与温度之间的关系用标准温度灯进行标定和计算。

第八节　光电温度计

光电温度计用光电元件或光敏电阻进行亮度平衡。它具有比人眼高得多的平衡精度，从而提高了测温精确度。光电温度计本身带有显示装置和定值控制装置系统，它除了能自动地指示记录被测对象的表面温度外，在必要的情况下，还可输出一定的控制信号，以自动地控制被测对象的表面温度。此外，光电温度计使用了红外元件后，大大地扩大了非接触式测温仪表的温度范围。随着科学技术发展和工艺水平的提高，探测元件的稳定性提高，光电温度计的结构会变得更简单。

一、在线式光电温度计

下面以 WDL-31 型在线式光电温度计为例，简述光电温度计的工作原理。

WDL-31 型光电温度计的工作原理如图 2−23 所示。被测对象表面的辐射能由物镜 1 会聚，经带反射作用的调制盘 3 反射到探测元件 8 上而被接收。用作比较的参考辐射源——参比灯 7 的辐射能量通过另一路聚光镜 6 会聚，经反射镜反射并穿过调制盘的叶片空间也可到达探测元件上被接收。由微电机驱动旋转的调制盘使被测辐射能量与参比辐射能量交替被探测元件接收，从而分别产生相位差 180° 的信号，从探测元件上输出的测量信号是这两个信号的差值。这个差值信号由电子线路放大，并经相敏检波成为直流信号，再送至后面的电子线路放大处理，以调节参比灯的工作电流，使其辐射能量相平衡，探测器输出为零。参比灯的工作电流靠一定的信号来维持，这信号来源于探测元件输出的差值信号。虽然这系统存在余差，但是只要探测元件具有足够的响应，并且电子线路有足够的增益，则这个余差可以相当微小，对测量精度的影响也就很小。参比灯的辐射能量始终精确跟踪被测辐射能量，保持平衡状态。再将参比灯的电参数经过电子线路进一步处理，输出 0 mA～10 mA 的统一信号送入显示仪表。为了适应辐射能量的变化特点，电路设有自动增益控制环节，在测量范围内，保证仪器电路有合适的灵敏度。

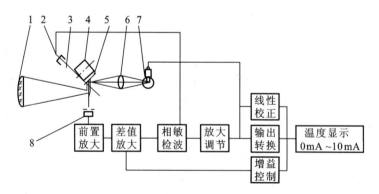

图 2−23　WDL-31 型光电温度计工作原理示意

1—物镜；2—同步信号发生器；3—调制盘；4—微电机；
5—反光镜；6—聚光镜；7—参比灯；8—探测元件

二、便携式温度计

WFHX-60 型便携式红外温度计是一种高性能、宽量程、多功能的温度计,温度计操作简便、轻巧,电池供电,内配备以微处理机为基础的电子器件,能提供稳定、精确的温度测量。它用硅光电池为探测元件,工作波段为 $0.8~\mu m \sim 1.2~\mu m$。

温度计由光学系统、探测元件、环境温度补偿元件、以微机为基础的电子线路组成,如图 2—24 所示。

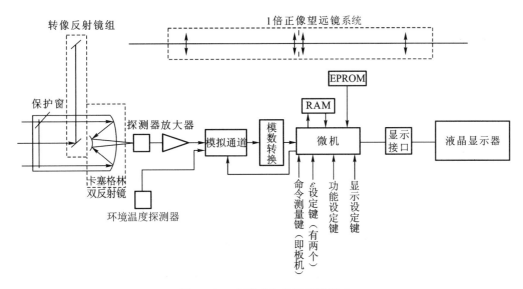

图 2—24 便携式红外温度计组成

光学系统包括测量和瞄准两部分。测量部分为卡塞格林双反射镜,此反射镜将被测对象的辐射能会聚于探测元件上,探测元件输出的电信号经放大后,通过模拟通道、模数转换进入微机。微机根据此信号计算出相应的温度值,通过显示接口,将温度值显示在液晶显示器上。同时,环境温度补偿元件测得周围环境温度信号,通过模拟通道、模数转换也进入微机,微机对此信号进行计算,一方面作为对探测元件的环境温度补偿,另一方面通过显示接口由液晶显示器显示。瞄准部分是 1 倍正像望远镜系统。

三、精密直流光电高温计

RT9031 精密光电高温计采用硅光电二极管作探测器,直接测量被测对象的光谱辐射亮度,由微控制器根据普朗克辐射定律计算并显示温度。由于光电二极管的灵敏度高、响应快,故大大提高了测温灵敏度,800 ℃以上灵敏度优于 0.1 ℃。它能测量物体温度的动态特性,用微机数据采集系统直接计算出显示温度,消除了人的主观因素对测量的影响,提高了测量精度和速度,量程可自动切换,操作简便,配有两种不同波长的干涉滤光片。它适用于计量部门作为传递 ITS-90 的标准器。

精密直流光电高温计由光学成像系统、单色器、光电转换及微电流放大及微处理器和测量显示器组成。

精密直流光电高温计光学系统布置如图 2—25 所示。被测对象经保护玻璃 1 和物镜

2 成像于视场光阑 3 上,视场光阑中心为一个小圆孔,圆孔周围是反射镜,反射光用于瞄准。被测对象成像于圆孔上,其辐射经准直镜 8、限制光阑 9、干涉滤光片 10、减弱滤光片 11、准直镜 12 会聚到光电探测器 13 上,限制光阑决定高温计的孔径比。可转动的干涉滤光片轮上有 4 个安装位,可安装 3 片不同波长的干涉滤光片,使光束单色化,减弱滤光片用于扩展测温上限。4 为瞄准系统反射镜,5 为瞄准物镜,6 为减光片轮,7 为分划板及目镜。

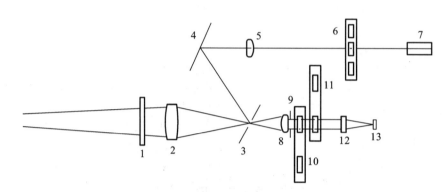

图 2—25 精密直流光电高温计光学系统

测量显示仪表在微处理器的控制下完成对微电流放大器的控制及对放大器输出电压的 A/D 转换,按放大器增益计算光电流,根据普朗克公式计算并显示温度值,可通过面板键盘接收操作者的命令:零点清除、显示方式、波长、减弱片、放大器量程、数字滤波器的选择、发射率修正及标定数据写入。也可通过 GPIB(General—Purpose Interface Bus)通用接口总线接收相应的控制命令或发送测量数据、仪器状态、参数等。测量显示仪表直接根据普朗克公式计算被测温度,标定数据可以从面板方便地以十进制数输入,便于仪器的定期检定。

第九节　辐射感温器

辐射感温器是一种利用斯忒藩-玻耳兹曼全辐射定律为理论基础的温度计。WFT-202 型透镜式辐射感温器是最典型的辐射感温器,其结构如图 2—26 所示。

现以 WFT-202 型透镜式辐射感温器为例介绍辐射感温器的工作原理(见图 2—27)。被测对象的辐射能透过物镜和光阑聚焦在热电堆的受热片上。热电堆是一种由许多串联着的热电偶的热接点组成的受热片构成的热电探测器。热电堆所产生的热电势与其热接点和冷接点(即参考端)的温度差成比例。辐射感温器的输出电势 E 与被测量对象温度 T 的四次方成正比,即

$$E = \sigma T^4 \tag{2—67}$$

当辐射感温器接收到的辐射能量与热电堆放出的辐射能量及热传导损失后达到热平衡状态时,则有

$$a\sigma T^4 + (1-a)\sigma T_0^4 = \sigma T_1^4 + \alpha(T_1 - T_0) \tag{2—68}$$

式中:T——被测对象的温度,K;

T_0——环境温度,K;

T_1——受热片的温度,K;

a——从受热片观察到透镜处的立体角与半球面立体角之比值;

σ——斯武藩-玻耳兹曼常数;

α——热传导系数。

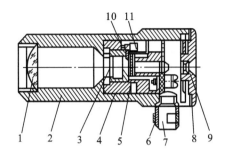 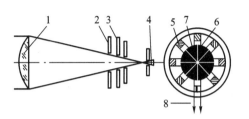

图 2-26 WFT-202 型辐射感温器结构

1—物镜;2—外壳;3—补偿光阑;4—座架;

5—热电堆;6—接线柱;7—穿线孔;8—盖;

9—目镜;10—校正片;11—小齿片

图 2-27 辐射感温器一般结构

1—物镜;2—可变光阑;3—固定光阑;4—接收元件;

5—冷接点;6—热接点;7—热电堆;8—输出端

在高温情况下,$T^4 \gg T_0^4$,$T^4 \gg T_1^4$,则上式可简化为

$$a\sigma T^4 = \alpha(T_1 - T_0) \qquad\qquad (2-69)$$

由于大气和透镜的吸收以及受热片的反射,被测物体的辐射能并不能完全入射到热电堆上,即热电堆的受热片的温升是由被衰减了的辐射引起的,因此严格地讲,在辐射感温器内式(2-69)并不成立,辐射感温器的输出也就不可能与热源温度的四次方成正比。通常,在低于 540 ℃时,指数约为 5~6,指数随热源温度的升高而减少。在 930 ℃时,一个设计良好的辐射感温计的指数可低到 4.3。指数规律的变化,是由于高温时大部分能量是短波辐射而引起的。波长大于 2 μm 时,吸收占主要地位,因此,在高温时与四次方规律相差很少。

辐射感温器的热电堆由于其制作工艺的原因,性能很难保持一致。因此,为使感温器具有统一的分度值,感温器内部都配有"校正片",用来调节照射到受热片上的辐射能量,使分度值调节在允许误差范围之内。

第十节 比色温度计

比色温度计是一种测量颜色温度的辐射温度计,它主要有单通道、双通道和多通道结构形式。

单通道式比色温度计是指调制器将来自被测对象的辐射变成两个不同波长的辐射信号,交替地投射到探测元件上,再将这种交替的辐射信号转换成电信号,并通过处理实现信号分离和比值计算。

在单通道比色温度计中,辐射信号的分离是通过如下过程来实现的:用电机带动对称镶嵌了对应两种不同波长的滤光玻璃的调制盘,并使两种玻璃交替出现在探测光路上,形成了交替滤波，即"调制"。因此，单光路的信号调制方式也被认为是机械调制方式。

单通道结构形式的比色温度计可以降低对探测元件、放大器及供电电源稳定性的要求，因为这些因素的影响对两波长下的信号是等量的。但是，在结构中采用了电动机带动的调制盘的机械式调制方式，仪表动态品质有所降低。

在双通道比色温度计中，入射辐射被一块中间开孔的反射镜分成了两路，一路从开孔处顺着入射路径"透射"过去，另一路被反射镜反射后改变了方向，这两路辐射分别穿过设在各自光路上的滤光片，并到达各自的探测元件上，然后再由电路处理两探测器上的信号。

双通道比色温度计不需要将不同波长辐射光束交替变换的过程，而是让两个波长的辐射同时沿着独立的通道传递，并利用两探测元件同时进行转换，然后由计算机电路实现比值，因此，它的动态品质比单通道高。所以，双通道比色温度计比较适用于快速测量，但是元件的不对称性及不稳定性将影响仪表示值。

多通道比色温度计也称为多光谱辐射温度计，它通常采用色散棱镜或光栅来使入射辐射"单色化"，达到"分光"的目的。这种温度计对光路设计的要求非常高，对探测元件一致性要求也很高，但是，它往往具有受被测物物性影响小的优点。

下面具体介绍一种型号为 WDS-2 的双通道式比色温度计。

WDS-2 型双通道式比色温度计结构原理如图 2—28 所示。被测对象的辐射通量经物镜成像于光阑（视场光阑）上，光阑把光分成两部分：一部分光通过光阑边缘的反射面反射后经倒像镜进入目镜；另一部分通过光阑投射在分光镜上。长波部分透过分光镜，经红外滤光片，由硅光电池所接收。短波部分经分光镜反射到可见光滤光片上，被另一个硅光电池所接收。分光镜透过和反射部分的波长可根据需要测量的温度范围来选定，而视场光阑孔的尺寸一般根据距离系数要求来设计。

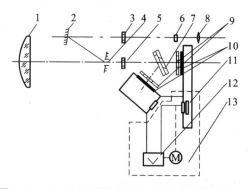

图 2—28　WDS-2 型双通道式比色温度计结构原理

1—物镜；2—反射镜；3—倒像镜；4—视场光阑；5—场镜；6—回零信号接收器；7—分光镜；
8—目镜；9—干涉滤光片；10—硅光电池；11—指示仪表；12—放大器；13—电子电位差计

被测对象进入目标视场后，两个硅光电池开始工作，将接收到的光信号经负载电阻输出，这些信号输入经改装后的电子电位差计，桥路上两路差动的信号经放大后驱动可逆电机，并带动指针移动，直至电路平衡，指针就停止在某一位置上。此时，指针所指位置就是被测对象的颜色温度示值。

第十一节 标准光电高温计的检定

用工作基准钨带灯对测量范围在 800 ℃～3 200 ℃,工作波长约 660 nm 的标准光电高温计的检定应按 JJG 1032—2007《标准光电高温计》进行。

标准光电高温计属非接触测温仪表,此类高温计测量物体在确定波长下的光谱辐射亮度,并依据普朗克辐射定律确定物体的亮度温度。标准光电高温计采用线性光电探测器实现光电转换,其入射辐射通量与输出电量之间具有良好的线性关系。

标准光电高温计通常由光学成像系统、单色器、光电探测器及电子线路等基本组成部分构成。其输出量可以是温度、电压或电流的数字显示值,也可以是模拟输出(通常为电压输出)。没有温度输出量的高温计,通常用已知的输出量(电压或电流)与温度的函数关系计算与输出量相对应的温度值。温度分辨力可达到 0.01 ℃。最小测量目标直径应能达到 0.8 mm。高温计的光谱范围用其光谱响应度或干涉滤光片光谱透过率的中心波长和半宽度表示。名义中心波长为 660 nm。半宽度一般为 10 nm～20 nm。

标准光电高温计在测温范围内的测量不确定度一般应达到表 2－4 中相应要求。其中相邻温度点间的不确定度介于两温度点不确定度之间。

表 2－4 高温计的不确定度

温度/℃	800	1 000	1 200	1 400	1 700	2 000	2 200	2 500	2 800	3 200
U_{95}/℃	1.0	0.7	0.8	0.9	1.1	1.7	1.9	2.4	3.3	4.8

标准光电高温计可作为标准钨带灯检定、高温热电偶检定和光谱辐射亮度、照度基准的温度标准器,也可作为黑体辐射源的温度标准器,还可用于温度精密测量。

一、计量性能要求

1. 重复性

JJG 1032—2007 规定,标准光电高温计的测量重复性在 800 ℃ 时不大于 0.2 ℃,在 1 000 ℃ 时不大于 0.1 ℃。

2. 稳定性

JJG 1032—2007 规定,标准光电高温计在 1 年内,1 200 ℃ 的分度值的变化的绝对值不大于 1.0 ℃。

二、通用技术要求

1. 外观

标准光电高温计的机械调节部件应没有明显缺陷、功能正常,外露电气部件不应有明显缺损,标识清晰,功能正常。

标准光电高温计显示面板不应有影响读数的缺陷,输出端应标明输出量,并能区分不同极性。

标准光电高温计应标有制造商、型号、编号和出厂日期。

2. 光学系统

标准光电高温计的光学系统应无明显影响测量或瞄准的气泡、条纹、霉斑、划损或松动。应能保证物镜与目镜沿着其光轴平滑地移动，并能清晰成像。瞄准系统应具备测量高温目标时的光衰减装置。其调节机构应能使光学系统的主轴处于水平。

3. 绝缘电阻

标准光电高温计的电源输入端与接地端子之间的绝缘电阻在规定环境条件下应不低于 20 MΩ；使用中的高温计，其绝缘电阻应不低于 5 MΩ。

三、计量器具控制

（一）检定条件

1. 标准器

检定标准光电高温计需配备工作基准钨带灯组一套（包含 800 ℃～1 700 ℃真空钨带灯和 1 700 ℃～2 200 ℃充气钨带灯各一只）。

2. 直流稳流电源

输出电流一般为 0～25 A；输出电压一般为 0～12 V；电流漂移不超过 0.01%／min；纹波系数小于 0.5%。

3. 电测设备

串联于钨带灯电流回路，用于真空钨带灯的 0.01 级、0.01 Ω 标准电阻和用于充气钨带灯的 0.01 级、0.001 Ω 标准电阻各一只；用于测量钨带灯电流的 0.01 级、分辨力不大于 1 μV 的直流电压测量仪器和接触电势不大于 11 μV 的多路转换开关。

（二）检定项目

检定项目见表 2—5。

表 2—5　检定项目

检定项目		首次检定（含修理后检定）	后续检定	使用中检验
计量性能要求	重复性	+	—	—
	稳定性	—	+	+
通用技术要求	外观和光学系统	+	+	—
	绝缘电阻	+	+	—

注："+"表示需检项目，"—"表示不需检项目。

（三）检定方法

1. 计量性能要求检定的准备工作

一般情况下，标准光电高温计的有效波长与工作基准钨带灯检定证书的亮度温度所对应的波长不同。此时，需要将钨带灯检定证书中的灯电流值修正到标准光电高温计有效波长下亮度温度对应的电流值。根据标准光电高温计的有效波长 $\lambda_2(t)$ 和钨带灯的检定证书给出的钨带灯亮度温度 t 对应的有效波长 $\lambda_1(t)$、灯电流 $I(\lambda_1)$，利用灯电流修正公式计算钨带灯电流 I 与标准光电高温计有效波长下各分度温度点亮度温度 t 的关系，并计算电流变化率 $\mathrm{d}I/\mathrm{d}t$，用于标准光电高温计分度实验。对于选择不同减弱滤光片可覆盖或相交的温度测量范围，若标准光电高温计极限有效波长不同，应分别计算各分度温度点的标准光电高温计相应有效波长下钨带灯亮度温度对应的灯电流 I_{set}：

$$I_{\mathrm{set}} = I[\lambda_1(t)] + [\lambda_1(t) - \lambda_2(t)] \times (\mathrm{d}t/\mathrm{d}\lambda) \times (\mathrm{d}I/\mathrm{d}t) \tag{2-70}$$

在 660 nm 附近，钨带灯在电流一定的条件下，亮度温度随波长的变化率见表 2—6。

表 2—6　660 nm 附近钨带灯亮度温度 t 随波长的变化率 $\mathrm{d}t/\mathrm{d}\lambda$

$t/℃$	800	900	1 000	1 100	1 200	1 300	1 400	1 500
$\mathrm{d}t/\mathrm{d}\lambda$	−0.09	−0.10	−0.12	−0.14	−0.17	−0.19	−0.22	−0.25
$t/℃$	1 600	1 700	1 800	1 900	2 000	2 100	2 200	
$\mathrm{d}t/\mathrm{d}\lambda$	−0.28	−0.32	−0.35	−0.39	−0.43	−0.48	−0.52	

在对标准光电高温计分度之前，应将其从包装箱中取出，在恒温室内放置不少于 12 h。

将真空钨带灯安装在调节支架上。正确连接钨带灯电源以及用于灯电流测量的适用的标准电阻和直流电压测量仪表。钨带灯通电时，灯座应接通冷却水，并保持适当流量。用沾有酒精的脱脂棉或镜头纸擦拭钨带灯玻璃泡壳，再用干净的绸布擦净。

将标准光电高温计镜头外表面及目镜表面用镜头纸或干净的绸布轻轻擦净，标准光电高温计和其他实验用仪器按要求进行预热。调节标准光电高温计目镜，使观测者同时看清十字分划线等辅助瞄准标记和视场光阑。

将标准光电高温计和钨带灯调至适当高度，并使标准光电高温计水平放置。调整钨带灯与标准光电高温计之间的距离，使标准光电高温计测量目标的大小与分度钨带灯所使用的面积尽量接近。调节钨带灯调节支架和标准光电高温计物镜，使得从标准光电高温计目镜中观察到的钨带灯灯带清晰并接近规定的钨带灯瞄准方位。

2. 分度

用钨带灯对标准光电高温计进行两次分度。分度温度点为：800 ℃，1 000 ℃，1 200 ℃，1 400 ℃，1 700 ℃，2 000 ℃ 和 2 200 ℃。分度时优先使用真空钨带灯。

以 1 A/min 的速率平滑调节电流，将钨带灯亮度温度升至表 2—7 中相应钨带灯最低分度温度点附近。钨带灯达到规定的稳定时间后，微调灯电流，使亮度温度接近分度温度点，亮度温度偏离不得超过 ±2 ℃。测量并记录灯电流和标准光电高温计输出值。再以 1 A/min 的速率平滑调节电流，将钨带灯亮度温度升至下一个分度温度点附近。直至完成在钨带灯或标准光电高温计上限分度温度点的分度。以 1 A/min 的速率将钨带灯电流降至 0 A。更换充气钨带灯和灯电流测量用标准电阻。选择 1 800 ℃～2 200 ℃ 范围内的各分度温度点。

表 2—7　标准光电高温计分度温度点及钨带灯稳定时间　　　　　　　　min

温度/℃	800	900	1 000	1 100	1 200	1 300	1 400	1 500	1 600	1 700
800～1 700	30	20	10	5	5	2	2	2	2	2
800～1 400	60	30	15	10	5	2	2	—	—	—

表 2－7（续）

温度/℃	1 500	1 600	1 700	1 800	1 900	2 000	2 100	2 200		
1 700～2 200	—	—	—	5	3	2	2	2		
1 400～2 000	20	10	10	5	3	2	—	—		

标准光电高温计的重复性以其分别在 800 ℃ 和 1 000 ℃ 下对真空钨带灯的 10 次测量的标准偏差表示。每次测量的时间间隔为 20 min。

稳定性检验可直接利用 1 200 ℃ 的分度数据。

3. 检定数据处理

（1）分度结果计算

将两次亮度温度测量值 t_i 修正到相应分度温度点灯电流 I_{set} 对应的亮度温度值 t_{Ii}：

$$t_{Ii} = t_i + (I_{set} - I_i)/(dI/dt), i = 1,2 \tag{2-71}$$

$$t_I = 1/2(t_{I1} + t_{I2}) \tag{2-72}$$

（2）分度一致性计算检验

计算所有分度温度点先后两次分度结果的差值的绝对值 Δt_I，均不应超过表 2－8 中相应温度下的规定值：

$$\Delta t_I = |t_{I1} - t_{I2}| \tag{2-73}$$

表 2－8　分度一致性要求 ℃

温度	800	900	1 000	1 100	1 200	1 300	1 400	1 500	1 600	1 700
一致性	0.6	0.4	0.4	0.4	0.4	0.4	0.4	0.4	0.4	0.4
温度	1 500	1 600	1 700	1 800	1 900	2 000	2 100	2 200		
一致性	0.8*	0.8*	0.8*	0.8	0.8	0.8	0.8	0.8		

＊ 对 1 400 ℃～2 000 ℃ 的充气钨带灯的要求。

经检验不符合表 2－8 规定的分度温度点应重新进行两次分度。

（3）稳定性

将分度温度点为 1 200 ℃ 的本次分度结果 t_I 与上周期检定的分度结果 t_I' 进行比较，其差值的绝对值应符合规定，否则稳定性不合格。在使用中检验稳定性不合格的标准光电高温计应随即送检。

（4）重复性

将各次亮度温度测量值 t_i 修正到相同灯电流对应的亮度温度值 t_{Ii}：

$$t_{Ii} = t_i + (I_I - I_i)/(dI/dt) \tag{2-74}$$

则重复性为

$$s = \sqrt{\dfrac{\sum_{i=1}^{m}(t_{Ii} - \dfrac{1}{m}\sum_{i=1}^{m}t_{Ii})^2}{m-1}} \tag{2-75}$$

式中：dI/dt——钨带灯电流随钨带灯亮度温度的变化率；

　　　m——重复性测量次数，一般取 $m = 10$。

标准光电高温计在 800 ℃ 和 1 000 ℃ 的重复性均应不超过规定，否则重复性不合格。

(5)钨带灯上限温度以上的延伸计算

若被检标准光电高温计需进行钨带灯组亮度温度上限 t_u 以上亮度温度的分度,则根据钨带灯组上限亮度温度的示值误差 $\Delta t(t_u)$ 为:

$$\Delta t(t_u) = t_l(t_u) - t_u \tag{2-76}$$

采用延伸计算方法确定各分度温度点 t_n 的亮度温度示值 $t(t_n)$。分度温度点 t_n 分别为 2 400 ℃,2 600 ℃,…,3 200 ℃。

$$t(t_n) = t_n + \Delta t(t_u) \times [(t_n + 273.15 \ ℃)/(t_u + 273.15 \ ℃)]^2 \tag{2-77}$$

第十二节　标准钨带灯的检定

标准钨带灯的检定是为了确定标准钨带灯的计量特性是否符合规定要求的工作。确定在规定的有效波长下,标准钨带灯亮度温度与通过灯的电流之间的关系特性是检定过程中的一项重要工作。

一、计量性能要求

在高温量值传递或溯源中,标准钨带灯是一种过渡性光源,可作为温度计量标准器。其计量性能的具体要求在 JJG 110—2008《标准钨带灯》中做明确规定,下面就这些规定做一些说明。

1. 灯泡的稳定性

作为温度计量标准的标准钨带灯,其计量性能的稳定性是一项重要和主要的技术要求。

钨在高温下会发生再结晶,其电阻率和发射率也将发生变化,从而改变钨带灯灯泡的分度特性。新制标准钨带灯灯泡在使用前的充分老化或退火,实现灯泡钨带的完全结晶,是提高钨带灯稳定性的主要措施。

按照规定,新制的钨带灯 BW-1400 型真空灯在 1 600 ℃老化 20 h,BW-2000 型充气灯在 2 200 ℃老化 20 h,BW-2500 型充气灯在 2 500 ℃老化 4 h。

钨带灯的稳定性试验,是验证新制钨带灯老化是否充分的规定方法。即对 3 种钨带灯分别在 1 400 ℃,2 000 ℃和 2 500 ℃亮度温度处,通电 12 h,12 h 和 2 h,检查通电前后的钨带灯的亮度温度与电流特性的差异,通电前后钨带灯的温度变化分别应不超过 2 ℃,3 ℃和 5 ℃,则钨带灯的稳定性符合规定要求,说明灯的老化已充分。

非首次使用的钨带灯,相继两次检定中分度结果的差值应满足下述要求:BW-1400 型真空灯不超过±3 ℃(800 ℃点不超过±4 ℃);BW-2000 型充气灯不超过±5 ℃;BW-2500型充气灯不超过±7 ℃。若个别或少数检定核查温度点的结果不符合要求,则需在这些检定核查温度点对钨带灯进行重新分度。若大多数或全部检定核查温度点上的分度结果超差,就必须按照新制钨带灯稳定性试验要求进行稳定性试验,仍不符合要求,则该组钨带灯不能作为计量标准使用。

2. 分度值

钨带灯应具有相应温度范围的分度值,一般是在其温度范围内每间隔 100 ℃时整百度点的分度值。

二、通用技术要求

1. 钨带灯泡

检定规程规定,钨带灯的发光体必须是钨带。国内曾生产过钼带灯,由于其技术指标达不到要求,因此不能作为标准温度灯使用。

2. 定位措施

如前所述,钨带灯的定位是影响高温计分度准确性的重要因素之一。因此,在钨带灯灯带旁(或钨带上)和钨带后面分别设置了明显的瞄准标记(指针或圆点),前指针(或切口)既用于定位,又起到了指示灯带工作区域的作用,后指针则单纯用于定位。

检定规程规定的正确定位方法是调整钨带灯支架,使灯的前后指针处在同一水平面上,并且从高温计目镜观察到的后指针尖(像)应刚好与钨带边缘(像)接触。

对无后指针的钨带灯,应在钨带灯灯带后面的泡壳上进行标记(圆点)。瞄准时,应使指针(像)与后圆点(像)处于同一水平面上,并标记端部(像)刚好与灯带(像)的边缘相切。有些钨带灯,在泡壳上印有圆点箭头标记,它与后指针作用相同。

3. 灯带均匀性

钨带灯前指针所指示的灯带上对应位置的上、下 1 mm 范围是钨带灯灯带的工作范围。该范围内灯带应有均匀的亮度,不然会对钨带灯的亮度复现以及测量时的亮度平衡产生一定的影响。

常用的灯带亮度均匀性的测量方法如下:

①在钨带灯前泡壳表面紧贴放一个与灯带相平行的以毫米刻度的直尺。经调整后,从高温计目镜观察,高温计灯丝(像)同钨带灯的前后指针(像)以及直尺(像)的零刻度的连线相切。

②将高温计、钨带灯分别通电并稳定后,测量上述位置处灯带的亮度温度。

③调整高温计,使灯丝与直尺的+1 mm 位置相切。然后,再测量该位置处灯带的亮度温度。

④同样的方法,得出-1 mm 位置灯带的亮度温度。

⑤比较以上 3 个位置的灯带温度,其间最大差值为钨带灯的均匀性指标。

检定规程规定对 BW-1400、BW-2000 和 BW-2500 型钨带灯,在 1 100 ℃,1 700 ℃和 2 300 ℃分别作为均匀性核查温度点,这些点上 3 个位置之间最大差值分别不应超过 ±1 ℃,±1.5 ℃和±2 ℃。

4. 成套分度

作为检定工作用光学高温计的标准器的钨带灯通常与凸透镜或凸透镜箱配套使用,而配套使用的灯泡必须成套分度。成套分度的钨带灯不宜单独或更换其他透镜使用。

5. 灯泡泡壳

由钨带灯的结构可知,不可能直接接受或探测到钨带灯灯带的热辐射,所能接受或探测到的都是透过了钨带灯玻璃泡壳的灯带热辐射,因此,泡壳本身的透过特性将直接影响钨带灯的光谱特性。所以,规定钨带灯泡壳的视场区域不得有气泡、节点、条纹和明显的划伤等瑕疵以及厚薄不均匀的现象,以避免灯带在高温上的成像出现失真和灯泡发生慢性漏气现象。

三、计量器具控制

(一) 检定条件

1. 计量标准

标准光电高温计是检定标准钨带灯时核查计量特性用的计量标准器。

2. 直流稳流电源

为钨带灯供电的稳流电源,能输出电流范围为 0 A～25 A,连续可调,其输出电压为 0 V～12 V,纹波系数小于 0.5%,1 min 电流稳定度不超过 0.01% 直流电流。

3. 电测装置

电测装置主要用于测量钨带灯的电流,通常由直流电压测量仪表和标准电阻以及转换开关等设备组成。

直流电压测量仪表准确度等级应不低于 0.01 级,配备最小分辨力为 1 μV 且接触电势不大于 1 μV 的转换开关。真空和充气钨带灯回路的标准电阻应选择 0.01 级,0.01 Ω 和 0.001 Ω 各一个。

(二) 检定方法

标准钨带灯检定的具体核查方法已在检定规程中做了明确规定,下面概述主要步骤和重点需要注意的内容。

1. 分度前的工作

分度前的工作包括:

①被检钨带灯在室温为(20±2)℃的环境内至少放置 4 h;

②对钨带灯按检定规程要求进行外观检查;

③对钨带灯的玻壳、透镜做清洁处理;

④检查实验室是否处于恒定的规定室温条件下。

2. 标准光电高温计与钨带灯的安装和调整

①标准光电高温计以及钨带灯与测量设备按规定的要求连接。特别应注意接线端的极性。

②连接完毕后,调整标准光电高温计的光轴于水平位置,使分划线与钨带成像清晰。并从标准光电高温计目镜观察钨带灯,使钨带灯前指针(或切口)、钨带分别对称于标准光电高温计水平、垂直分划线。再使前指针和后指针(或圆点箭头)处在同一水平平面上,同时,使指针(像)刚好接触钨带(像)一侧的边缘。正确瞄准位置如图 2—29 所示。

③在钨带灯前装上配套凸透镜。调节凸透镜支

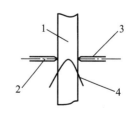

图 2—29 正确瞄准位置

1—钨带灯灯带;2—钨带灯前指针;

3—钨带灯后指针;4—高温计灯丝

架,使高温计目镜观察钨带的成像清晰。在此过程中不得改变高温计与钨带灯的位置。

④接通电源,使钨带灯以 1 A/min～2 A/min 速率缓慢匀速地升到亮度温度下限分度点附近。

3. 亮度平衡和电流测量

①调节钨带灯的电流,使它们大致处于量程起始点温度,稳定 50 min。

②重新瞄准钨带灯工作区域,微调钨带灯电流,使亮度温度与分度点温度偏离不超过±2 ℃。

③测量并顺序记录此时高温计温度示值及钨带灯的电流。

4. 分度数据的处理

（1）计算平均值

在规定的核查点的测量完毕后,分别计算出各温度点上高温计实测值和钨带灯相应电流的平均值。

（2）求电流变化率 di/dt 值

实际分度测量得到的电流平均值所对应的亮度温度并不一定是整百度温度,即规定核查点温度。为了计算出实际分度测量对应温度,需要知道标准钨带灯在各整百度点下的电流 i 随温度 t 的变化率,即 di/dt 值。

求 di/dt 值通常有以下两种方法。

①经验公式法

标准钨带灯各量程中灯泡的电流与对应名义亮度温度的关系可以用经验公式表示:

$$i = a + bt + ct^2 \qquad (2-78)$$

式中,a,b,c 为常数。而由这个经验公式可以得到 di/dt 计算公式:

$$\frac{di}{dt} = b + 2ct \qquad (2-79)$$

式（2-79）中常数 b、c 可以由标准钨带灯的分度结果以及最小二乘法计算得到。代入需要的温度值,即可得到该温度点下的 di/dt 值。式（2-79）表明,标准钨带灯各量程中灯泡的电流随对应的名义亮度温度的变化率 di/dt 与亮度温度成线性关系,它随着温度 t 的增加而增大,而且相邻两个整百度点的 di/dt 之间的差值是一个常数,即为 200 ℃。

②简易法

各温度点 di/dt 值是分别用其相邻 100 ℃ 处的温度所对应的电流值来计算的,即两点的电流的差值除以温度间隔 200 ℃。而量程的上、下限点的 di/dt 值,可由已求出的 di/dt 值线性外推确定。下限处为

$$(di/dt)_{t_1} = 2\left(\frac{di}{dt}\right)_{t_2} - \left(\frac{di}{dt}\right)_{t_3} \qquad (2-80)$$

而上限处为

$$(di/dt)_n = 2\left(\frac{di}{dt}\right)_{n-1} - \left(\frac{di}{dt}\right)_{n-2} \qquad (2-81)$$

例如,表 2-9 列出了三个实测点数据。

表 2－9　标准钨带灯的检定结果

温度标称值/℃	温度实际值/℃	电流平均值/A
800	802.1	4.255
900	898.7	4.850
1 000	1 001.2	5.567

计算步骤如下:

a) 计算 900 ℃ 相邻两点(即 800 ℃点和 1 000 ℃点)的实际温度与电流之间的差值 Δt 与 ΔI,由表 2－9 可知:

$$\Delta t = 1\ 001.2 - 802.1 = 199.1\ ℃$$
$$\Delta I = 5.567 - 4.255 = 1.312\ A$$

b) 计算 900 ℃ 时的 dI/dt 值:

$$dI/dt \approx \Delta I/\Delta t = 0.006\ 6\ ℃/A$$

用相同的方法可求出除 800 ℃的和 1 400 ℃以外各整百度的 dI/dt 值,该量程中 800 ℃ 中和 1 400 ℃ 的 dI/dt 值可以根据已计算出来的 dI/dt 值线性外推得出。

(3) 求钨带灯核查点(整百度)温度电流值

在求得各温度点的 dI/dt 值后,按照式(2－82)计算钨带灯整百度的电流值:

$$I_i = I + \Delta t_i \frac{dI}{dt} \tag{2－82}$$

式中: I_i——钨带灯整百度电流值,A;

I——电流平均值,A;

Δt_i——标称温度与实际温度的差值,℃。

第十三节　工作用光学高温计的检定

新制造、使用中和修理后的用于测量亮度温度 800 ℃～3 200 ℃范围内的工作用隐丝式光学高温计应按 JJG 68—1991《工作用隐丝式光学高温计》进行检定。

一、技术要求

1. 允许基本误差及变差

在环境温度(20±5)℃、相对湿度不大于 85% 条件下,工作用隐丝式光学高温计的允许基本误差及变差在规程中已明确规定。应注意的是这里的变差是指回程误差。

2. 光学系统

①红色滤光片及吸收玻璃,应能自由地引入或引出视场,并能固定在相应的工作位置上,吸收玻璃引入或引出的机构,应有不同的量程标记。

②物镜与目镜应能均匀地沿着光学高温计的光轴移动。

③光学高温计的灯丝隐灭部位,应在视场的中心区域。该区域的直径应小于视场直径的 1/3。

④目镜、物镜、红色滤光片和吸收玻璃，不应有擦伤、划痕等缺陷。对使用中的光学高温计的物镜，允许有不影响测量的缺陷。

3. 电测系统

①光学高温计的电测系统，应有良好的电接触和断路装置，电源接线端应有正（＋）、负（－）极性的标记。

②指示仪表的零位调整器，应能使指针从标尺零位向两侧均匀移动 3 mm。

③光学高温计的可变电阻，应能均匀连续地调节灯丝电流，并有电流增加或减小的标记。

4. 外观

光学高温计应有型号、准确度等级、制造厂名、产品编号等标志。

5. 倾斜影响

①光学系统与电测系统装在一起的光学高温计，由正常工作位置向任何方向倾斜 45°时，指针在刻度的 50% 和 90% 处附近的主刻度线上，其示值变化应符合规程中的规定。

②电测系统与光学系统分开组装的光学高温计，其电测系统由正常工作位置向任何方向倾斜 20° 时，指针在刻度标尺长度的 50% 和 90% 处附近的主刻度线上，其示值变化应符合规程中的规定。

检定时应根据以上各条仔细进行检查，光学系统中的物镜是最易损伤的，因为它的面积大且又暴露在外面，被测对象如果是溶液（钢水、铁水、盐液等）极易溅到物镜片上，如果溅到物镜中心，影响视野观察就应更换其他光学元件，可用白绸布或麂皮擦净。

如发现电测系统接触不良（即旋转滑线电阻时指针有跳动现象），应拆下滑线电阻罩盖用软毛刷或脱脂棉蘸溶剂汽油清洗滑线电阻和接点（注意不应使用普通汽油），清洗后用绸布擦干净并在滑线部分涂以少许凡士林油。

二、检定条件和设备

1. 检定核查条件

检定的核查工作应在环境温度为 (20±5)℃、相对湿度不大于 85% 的暗室中进行。

2. 检定核查使用设备

①连同透镜一起分度的标准钨带灯一套，见表 2-10。

表 2-10　检定设备

型号规格	温度范围/℃	数量
真空灯	800～1 400	1
充气灯	1 400～2 000	1

标准钨带灯要连同透镜一起分度，是因为其钨带宽度仅 1.60 mm～1.65 mm。由于灯带很窄，覆盖不了光学高温计灯丝顶部半圆面积，为了便于平衡隐灭，所以在标准钨带灯前加一块透镜，将灯带放大。由于透镜本身对光能除有透过作用外，还有吸收和反射的作用。从分度数据可以证明，在同一温度下，带透镜的分度比不带透镜分度的标准钨带灯电流值要大，而且带

不同型号的透镜,灯电流数值不一样。所以,在检定和使用钨带灯时必须带相应透镜,对带有透镜箱的标准钨带灯,也同样应成套使用和送检。如果原透镜已经损坏,可以重配一块,但必须重新检定,因为即使是同一批号的产品,每一块透镜的吸收率也是不一样的。

②电测仪器一套,技术要求见表2—11。

表 2—11　电测仪器配置

仪器名称	准确度等级	分辨力
数字电压表或同等准确度直流电位差计	≤0.05	1 μV

③标准电阻一只,技术要求见表2—12。

表 2—12　标准电阻配置

准确度等级	电阻值/Ω	额定功率/W	备注
0.05	0.01	4	根据电测仪器测量范围可任选一只
0.05	0.001	0.4	

标准电阻串联在标准钨带灯的测量回路里,使得回路电流测量变成了对标准电阻的电压降的测量,因为,通过标准电阻的电流就是标准温度灯的工作电流,这对标准电阻的功率提出一定的要求。对于标准电阻,不仅要注意阻值和功率的大小,而且要注意标准电阻的正确使用方法。通常,使用中的标准电阻应浸在装有变压器油的玻璃容器内,以利于散热和保持稳定的使用温度。

④直流稳压电源一台,技术指标见表2—13。

表 2—13　电源要求

性能	指标	性能	指标
输入电压	(220±22)V,50 Hz	电流稳定度	0.02%/20 min
输出电流	0.00 A～30 A 连续可调	纹波系数	<0.1%
最大输出电压	直流 8 V～12 V	电流最小调节量	<1 mA

三、检定方法

1. 外观检查

规程规定要对隐丝式光学高温计的光学系统、电测系统及各种标记等内容进行检查。

2. 倾斜影响的检查

倾斜影响用目测法进行检查。其方法是:手握光学高温计于正常工作位置,接通电源,调节滑线电阻,使指针指示在刻度标尺的50%和90%处附近的主刻度线上,然后改变光学高温计位置,观察其前、后、左、右倾斜45°时(分开组装的仪表为20°)的指示变化值是否符合规定的要求。

3. 示值检查

（1）检定核查前的准备

示值检查应先用成套的标准温度灯对光学高温计进行分度,即得到高温计各量程在规定的核查温度点上的示值误差值以及变差值。

（2）检定核查点温度

800 ℃～1 400 ℃范围，每隔100 ℃温度点；

1 200 ℃～2 000 ℃范围，每隔200 ℃温度点；

1 800 ℃～3 200 ℃范围，每隔200 ℃温度点。

也可按使用单位要求选择检定核查点，但每一量程中的核查点不得少于3个。

（3）检定核查步骤

①将标准钨带灯和被检的光学高温计安装在支架上，并接通钨带灯稳流电源（注意极性），按规定进行预热。

②调节标准钨带灯电流，使其亮度温度缓慢地升到1 100 ℃左右。

③调节钨带灯，使灯带平面与高温计的光轴垂直（或保持钨带灯分度时的方向位置）。然后，调整高温计的指示器机械零位，使其"归零"，接通高温计电源，调节目镜和物镜，使灯丝的工作部分与标准钨带灯带标记处的影像重合，如图2－29和图2－30所示。同时，要求从目镜中观察到的钨带灯的前后指针处于水平位置，后指针与灯带的影像应相切。然后，加入配套透镜并调节透镜的位置，使高温计灯丝的工作部分与灯带标记处的影像重新重合，再微调光学高温计物镜，重新聚焦，使其成像清晰。

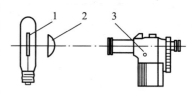

图2－30　透镜安装朝向示意

1—标准钨带灯；2—透镜；
3—被检光学高温计

④调节钨带灯的电流到相应的第一个检定核查点温度，稳定10 min，并记录钨带灯电流值。

⑤调节高温计可变电阻，使灯丝亮度与灯带亮度平衡，然后读出光学高温计示值。

⑥分度其他各点，重复④、⑤两步骤。

⑦分别对读取的高温计示值和测量的钨带灯电流取算术平均值。

⑧由标准钨带灯电流和亮温关系确定测得的钨带灯电流所对应的亮度温度。

⑨比较分度时的钨带灯亮温与高温计示值可以得出光学高温计在检定核查点温度示值的修正值。

下面有两点补充说明。

①亮度平衡：具有一定亮度的钨带灯灯带被高温计物镜聚焦在灯泡的灯丝平面处，在目镜视场中形成了有一定亮度的"亮背景"，而通过调节滑线电阻可以改变高温计灯泡的灯丝电流，使灯丝呈现不同的亮度，这样，在高温计目镜的视场中，能清晰看到灯带"亮背景"中的灯丝影像，如图2－31所示。

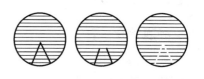

（a）电流过低　（b）正确　（c）电流过高

图2－31　亮度比较情况示意

如果灯丝的亮度低于灯带亮度，在灯带亮背景上就会出现暗的灯丝影像，如图2－31（a）所示。此时，逐渐增大流过灯丝的电流，灯丝温度升高，而且逐渐变亮，灯丝与灯带的亮度差越来越小，渐渐地，灯丝影像消失在灯带背景中。继续增加灯丝电流，灯丝变亮，直到其影像比灯带背景更亮，如图2－31（c）所示。这时，减小流过灯丝的电流，灯丝降温，亮度减小，当在视场中灯带背景下无法辨别灯丝的影像时，即灯丝影像完全隐灭在灯带背景中，如图2－31（b）所示，此过程俗称灯带和灯丝亮度平衡。

②示值读取：先测量钨带灯电流，然后逐渐增加灯丝亮度，使其与灯带亮度平衡，读取高温计示值；再逐渐降低灯丝亮度，使其与灯带亮度平衡，读取高温计示值。反复进行两遍，读取四个示值，再测量一次标准钨带灯的电流。前后两次测量电流的变化量不得超过 0.01 A，否则，重复上述过程。检定核查点由测量范围的下限至上限，每隔 100 ℃一点，也可按使用单位的要求选择，但一个量程中不得少于 3 个点。

（4）检定核查中应注意的问题

①标准钨带灯的正、负极性不能弄错，应根据检定证书上标明的极性进行连线。

②电线连接应可靠、牢固，不得松动，否则接触电阻的变化会引起灯电流的不稳定。

③标准钨带灯在安装前，应先用蘸有无水乙醇的脱脂棉擦洗，然后再用绸布擦净。操作时应带上工作手套，严禁用手直接接触泡壳，以免留下指纹印，影响亮度平衡。

④通过高温计的瞄准系统对钨带灯定位时要将灯带温度调整在 1 100 ℃左右，这是由于 800 ℃时灯带太暗，人眼不易辨别，而 1 400 ℃的光线又太强，对人眼太刺激，不宜实现亮度平衡。

⑤钨带灯和高温计位置调好后，加上配套透镜，若灯带的工作区影像位置发生变化，这说明透镜光轴与高温计光轴未重合。此时，应调整透镜的位置，使灯带工作区的影像重新回复到原来的灯丝平面上，而不能随便改动标准钨带灯或光学高温计的位置。

⑥标准钨带灯内的指针用来指出钨带的工作位置，并且可以检查钨带灯安装的垂直和水平位置，应按要求进行调整。

⑦钨带灯在第一个核查点温度上应稳定 10 min，其他各点需稳定 2 min～3 min。

⑧每一个检定核查点上的测量开始前和结束后，标准钨带灯电流值的变化不得超过 0.01 A，相当于钨带灯不超过 1 ℃的温度变化。

四、测温上限超过温度灯上限的检定核查方法

光学高温计的刻度上限高于标准钨带灯的上限温度，则高出部分可采用间接测量方法（也称计算法）来分度。先测量吸收玻璃的减弱值 A，具体方法如下：

①从标准钨带灯量程上限以下 200 ℃温度处开始，引入高量程吸收玻璃，在高量程读取示值的同时，读出相应于低量程的示值。

②分别在整百度温度读取高低两量程的温度示值。

例如，标准钨带灯量程上限为 2 000 ℃，被检光学高温计上限为 3 200 ℃，则用 1 800 ℃、1 900 ℃、2 000 ℃三个温度点上的测量结果来确定 A 值。

五、检定结果处理

1.800 ℃～2 000 ℃范围内的分度数据处理

①计算钨带灯电流测量平均值所对应的温度值 t_n：

$$t_n = t_N + \left(\frac{i_1 + i_2}{2} - I_N \right) \Big/ \frac{\mathrm{d}i}{\mathrm{d}t} \Big|_N \tag{2-83}$$

式中：t_n——钨带灯电流平均值的相应亮度温度，℃；

t_N——检定核查温度点标称值，℃；

I_N——钨带灯证书给出的电流值，A；

i_1——钨带灯电流第一次测量结果，A；

i_2——钨带灯电流第二次测量结果，A；

$\dfrac{\mathrm{d}i}{\mathrm{d}t}\bigg|_N$——钨带灯在检定核查温度点附近电流变化率，A/℃。

②对被检光学高温计读取的示值取算术平均值$\overline{t}_x$。

③计算被检光学高温计温度示值的修正量Δt，即

$$\Delta t = t_n - \overline{t}_x \tag{2-84}$$

【例】 已知$t_N = 900$ ℃，$I_N = 3.288$ A，$i_1 = 3.288$ A，$i_2 = 3.289$ A，$\dfrac{\mathrm{d}i}{\mathrm{d}t}\bigg|_N = 0.005\,6$ A/℃。
又知被检光学高温计温度示值平均值$\overline{t}_x = 906$ ℃。由式（2-83）得

$$t_n = 900\ ℃ + \left(\frac{3.288\ \text{A} + 3.289\ \text{A}}{2} - 3.288\ \text{A}\right) / (0.005\,6\ \text{A}/℃) = 900\ ℃ + 0.1\ ℃ = 900.1\ ℃$$

由式（2-84）得

$$\Delta t = 900.1\ ℃ - 906\ ℃ = -5.9\ ℃ \approx -6\ ℃$$

④根据光学高温计正、反向读取的示值，计算变差$\Delta t'$。即

$$\Delta t' = |t_{正} - t_{反}|_{\max} \tag{2-85}$$

式中：$\Delta t'$——光学高温计的变差，℃；

$t_{正}$——光学高温计的正向读取的示值，℃；

$t_{反}$——光学高温计的反向读取的示值，℃。

变差取相邻两次读取的示值较大的一组差值。

【例】 读取的示值1（正）为905 ℃，读取的示值2（反）为908 ℃，则$\Delta t_1' = 3$ ℃。读取的示值3（正）为904 ℃，读取的示值4（反）为909 ℃，则$\Delta t_2' = 5$ ℃。取$\Delta t_2' = 5$ ℃。

⑤标准钨带灯各温度点$\mathrm{d}I/\mathrm{d}t$值通常可采用简易法获得。

2. 用计算法分度2 000 ℃～3 200 ℃的数据处理方法

①计算加入吸收玻璃后，低量程读取的温度示值t_1的平均值。

②描绘出低量程的修正曲线，如图2-32所示。

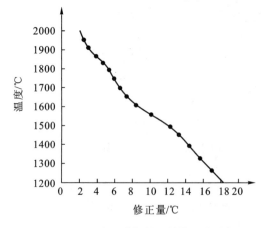

图2-32 高温计低量程的修正曲线

根据测出的加入吸收玻璃后的低量程读取的温度示值平均值,找出相应的修正量,并算出修正后的温度 t'_1。

③根据计算出的 t 和 t'_1,求出加入吸收玻璃的高温减弱值 A,即

$$A = \frac{1}{t'_1 + 273.15} - \frac{1}{t + 273.15} \qquad (2-86)$$

式中: t——标准钨带灯电流平均值的相应温度,℃;

　　　t'_1——引入吸收玻璃后,低量程读取的温度示值平均值经修正后的温度,℃。

④计算出 A 值,三个 A 值之间相互之差不得大于 3×10^{-6} K^{-1},否则应重新测量,重新测量后的 A 值差值如仍大于 3×10^{-6} K^{-1},则认为不合格。

⑤求出三个 A 值的平均值,即

$$\overline{A} = \frac{A_1 + A_2 + A_3}{3} \qquad (2-87)$$

式中: A_1, A_2, A_3——分别在 1 800 ℃,1 900 ℃,2 000 ℃求出的 A 值,K^{-1}。

⑥根据式(2-87)算出的 $\overline{A}$ 值,依下式计算出高量程温度 θ 对应的低量程温度 θ_1,即

$$\theta_1 = \frac{1}{\dfrac{1}{\theta + 273.15} + \overline{A}} - 273.15$$

式中: θ——所要计算的高量程的整百度值,℃。

例如计算 2 000 ℃的点,设 $\overline{A} = 161.02 \times 10^{-6}$ K^{-1},则对应于低量程的温度为

$$\theta_1 = \frac{1}{\dfrac{1}{2\ 000 + 273.15} + 161.02 \times 10^{-6}\ K^{-1}} - 273.15 = 1\ 390.9\ ℃ \approx 1\ 391\ ℃$$

算出 θ_1 值后,按低量程的修正曲线加以修正,求出 θ_2,即

$$\theta_2 = \theta_1 - \Delta t$$

式中: θ_2——修正后的低量程温度,℃;

　　　Δt——从低量程的修正曲线上查出的修正量,℃。

⑦根据求出的 θ_2 数值,使仪表指针停在低量程的刻度线上,读出高量程的相应温度值 t_2。

⑧求出高量程检定核查点的修正量 $\Delta \theta$,即

$$\Delta \theta = \theta - t_2$$

式中: t_2——高量程的相应温度值,℃。

第十四节　辐射测温量值传递误差分析和不确定度评定

凡测量就会有误差,任何一个测量结果都含有测量误差。高温的量值传递同样也存在误差,所以有必要对上述高温量值传递的误差和不确定度进行讨论。

一、误差来源

在高温温标量值传递中的误差主要来自亮度平衡、高温计的不稳定性、钨带灯亮度的复

现性、环境条件变化、有效波长的变化以及电测系统等，下面逐项进行讨论。

1. 亮度不平衡引起误差

光学高温计是用人眼进行亮度平衡的，因此，人眼的光谱分辨力是亮度平衡误差的主要来源。人眼的分辨力随波长而变化。

经实验证明，视力调节的不确定度在 1 000 ℃～1 100 ℃的亮度温度时最小，而在900 ℃以下急剧增大。人眼的光谱分辨力与平衡视场的形式有关，理想的视场是视场足够大而灯丝足够细。研究证明，视力调节的不确定度随着视场直径的增加而减小，并随着灯丝宽度的增加而增大。另外，人眼视力调节的不确定度还与仪器入射角和出射角的合理选配以及平衡视场的非等色性有关，但这种影响是无法估计的。除了上述因素外，还与观测者的主观因素有关。影响亮度平衡的因素多种多样，而且有些影响量是无法估计的。

工作用光学高温计在第一量程 800 ℃～1 400 ℃的亮度平衡误差见表2－14。

表 2－14　工作用光学高温计第一量程的亮度平衡误差　　　　　　　　　℃

温度	800	900	1 000	1 100	1 200	1 300	1 400
工作用光学高温计	±7	±5	±3	±3	±4	±5	±5

为了保证光学高温计的稳定度，通过高温计灯泡的电流不允许超过 1 400 ℃表观温度所对应的电流。在前面光学高温计一节里已谈到，对超过 1 400 ℃的测量对象进行温度测量时必须引入吸收玻璃。所以，不论测量多高的温度，高温计的表观温度总是在 1 400 ℃以下。高范围温度与低范围温度应满足下式的要求：

$$A = \frac{1}{T_1} - \frac{1}{T_2} \qquad (2-88)$$

式中：T_1——低范围温度(1 400 ℃以下)，K；

　　T_2——高范围温度(1 400 ℃以上)，K；

　　A——吸收玻璃的高温减弱值，K^{-1}。

由此，高范围温度 T_2 的亮度平衡误差 ΔT_2 可由低范围温度 T_1 的亮度平衡误差 ΔT_1 计算出来，其计算公式为

$$\Delta T_2 = \left(\frac{T_2}{T_1}\right)^2 \Delta T_1 \qquad (2-89)$$

这样，光学高温计第二量程、第三量程的亮度平衡误差即为第一量程平衡误差与系数 $\left(\frac{T_2}{T_1}\right)^2$ 的乘积。

目前，国产工作用光学高温计的吸收玻璃高温减弱值 A 大约在$(158×10^{-6}～310×10^{-6})K^{-1}$左右。将 A 值代入式(2－88)即可求出工作用光学高温计第二、第三量程的亮度平衡误差，见表2－15 和表2－16。

表 2－15　工作用光学高温计第二量程的亮度平衡误差　　　　　　　　　℃

温度	1 400	1 500	1 600	1 700	1 800	1 900	2 000
工作用光学高温计	±5	±6	±7	±8	±9	±9	±10

表 2-16　工作用光学高温计第三量程的亮度平衡误差　　　　　　　　℃

温度	2 000	2 200	2 400	2 600	2 800	3 000	3 200
工作用光学高温计	±9	±11	±14	±16	±19	±20	±22

表 2-15 和表 2-16 给出了不同量程的各温度点亮度平衡误差，这些值是影响亮度平衡因素的综合结果，是以不同实验室的大量数据为基础统计的平均结果。各实验室的数据与上述数据会有偏离，这是完全正常的。

标准光电高温计的亮度平衡误差可忽略不计。

2. 高温计的稳定度

高温计灯泡分度特性的不稳定性是产生误差的主要原因之一。这种不稳定性是通过灯泡电流与亮温之间的关系特性随时间而变化来考核的。

有人曾对工作用光学高温计灯泡做过试验，试验结果最大差值约在 ±5 ℃。因此，±5 ℃ 作为工作用光学高温计灯泡第一量程的稳定度指标。

对于第二、第三量程，灯泡的稳定度仍可用式（2-89）计算。不过式中 ΔT_1 是指第一量程的稳定度误差，ΔT_2 是指第二或第三量程的稳定度误差。计算结果见表 2-17 和表 2-18。标准光电高温计的稳定度第一量程取为 0.5 ℃。

表 2-17　高温计第二量程的稳定度　　　　　　　　℃

温度	1 400	1 500	1 600	1 700	1 800	1 900	2 000
标准光电高温计	±0.8	±0.8	±0.8	±0.9	±0.9	±0.9	±0.9
工作用光学高温计	±8	±8	±9	±9	±9	±9	±9

表 2-18　高温计第三量程的稳定度　　　　　　　　℃

温度	2 000	2 200	2 400	2 600	2 800	3 000	3 200
标准光电高温计	±1.5	±1.6	±1.7	±1.8	±1.9	±2.0	±2.2
工作用光学高温计	±15	±16	±17	±18	±19	±20	±22

3. 钨带灯的复现性

（1）钨带灯的稳定度

与高温计一样，钨带灯钨带的光谱辐射与灯泡电流及其表面状态特性有关，良好的稳定度应是灯泡在规定的有效波长下，经过一定时间的工作之后钨带表面的状态保持不变，而且其电流与亮度之间具有恒定的函数关系。为此，除了有制作工艺保证外，还必须对新制的钨带灯进行充分老化。标准钨带灯在检定规程中规定了老化程序及其稳定度指标，见表 2-19。

表 2-19　钨带灯的稳定度　　　　　　　　℃

温度范围	800～1 400	1 400～2 000	2 000～2 500
标准钨带灯	±2	±3	±5
工作基准钨带灯	±0.5	±1.0	±1.5

（2）钨带灯的均匀性

标准光电高温计检定时必须准确地瞄准工作基准钨带灯灯带的规定区域。由于钨带灯钨带两端热传导损失的影响，产生灯带两端温度低、中间温度高的温度梯度场。该温场将直接影响灯带工作区域内的温度均匀性。灯带工作区域温度不均匀性所带来亮度温度的复现性误差，不会超过均匀性指标的一半。工作基准灯的均匀性：BW-1400 为±0.5 ℃；BW-2000 为±0.8 ℃；BW-2500 为±1.0 ℃。标准钨带灯的均匀性：BW-1400 为±1.0 ℃；BW-2000 为±1.5 ℃；BW-2500 为±2.0 ℃。钨带灯均匀性见表 2—20。

表 2—20　钨带灯均匀性　　　　　　　　　　　　　　　　　　　℃

灯泡型号	BW-1400	BW-2000	BW-2500
标准钨带灯	±1.0	±1.5	±2.0
工作基准灯	±0.5	±0.8	±1.0

（3）钨带灯定位

钨带灯的定位包括灯带平面与高温计光轴之间的角度和灯带的垂直度两个内容。

由于钨带灯并非余弦发射体，其发射率是发射角的函数，所以钨带灯的辐射亮度与观测方向有关。另外，灯带方位的变化也会引起玻璃泡壳反射强度的变化，它所引起的亮度改变有时比发射率变化的影响更大。

钨带灯定位影响的试验表明，在灯带扭转的情况下，当高温计光轴与灯带的法线方向之间夹角为 3°时，其亮度复现性最差；夹角为 10°左右时，角度变化而引起亮度变化可忽略不计；而在 15°时，灯带的亮度复现性最好。

试验表明，在钨带灯带的倾斜安装方面，充气灯要比真空灯影响大。当充气灯由正常位置向前倾斜 5°时，亮度变化可达 2.2 ℃。安装时，灯带倾斜的角度应控制在±2°以内。对工作基准灯控制应更严。工作基准灯的定位误差：BW-1400 为±0.0 ℃；BW-2000 为±0.4 ℃；BW-2500 为±0.6 ℃。钨带灯的定位误差见表 2—21。

表 2—21　钨带灯的定位误差　　　　　　　　　　　　　　　　　　℃

灯泡型号	BW-1400	BW-2000	BW-2500
标准钨带灯	0	±0.8	±1.2
工作基准灯	0	±0.4	±0.6

4. 环境温度影响

在高温计量中，环境温度影响一直是计量工作人员所关心的问题，因为它对高温计和钨带灯示值影响十分明显。表 2—22 列出标准光电高温计和标准钨带灯在环境温度（20±2）℃时的典型试验数据。由于高温计和钨带灯的受环境温度影响量是同向的，因此，当用工作基准钨带灯检定标准光电高温计，或用标准光电高温计检定标准钨带灯时，环境温度的影响可抵消一部分。表 2—23、表 2—24 分别列出了标准光电高温计和钨带灯的温度系数，表 2—22 也列出了它们相互检定时环境温度影响的复合误差。

表 2－22　环境温度(20±2)℃组合影响　　　　　　　　　　　　　　℃

项目名称		温度/℃						
		800	900	1 000	1 100	1 200	1 300	1 400
标准光电高温计 Δt_2		±1.21	±0.81	±0.61	±0.43	±0.41	±0.31	±0.31
标准钨带灯 Δt_3		±1.0	±0.6	±0.4	±0.22	±0.2	±0.1	±0.1
复合误差	$\Delta t_2 - \Delta t_3$	±0.21	±0.21	±0.21	±0.21	±0.21	±0.21	±0.21

项目名称		温度/℃						
		1 400	1 500	1 600	1 700	1 800	1 900	2 000
标准光电高温计 Δt_2/℃		±0.71	±71	±0.57	±0.51	±0.51	±0.51	±0.51
标准钨带灯 Δt_3/℃		±0.6	±0.5	±0.36	±0.3	±0.3	±0.3	±0.3
复合误差	$\Delta t_2 - \Delta t_3$/℃	±0.21	±0.21	±0.21	±0.21	±0.30	±0.30	±0.30

表 2－23　标准光电高温计的温度系数　　　　　　　　　　　　　　℃

温度/℃	800	900	1 000	1 100	1 200	1 300	1 400
温度系数/(℃/℃)	0.6	0.4	0.3	0.21	0.2	0.15	0.15
温度/℃	1 400	1 500	1 600	1 700	1 800	1 900	2 000
温度系数/(℃/℃)	0.35	0.35	0.28	0.25	0.25	0.25	0.25

表 2－24　钨带灯的温度系数　　　　　　　　　　　　　　℃

型　号	BW-1400						
温度/℃	800	900	1 000	1 100	1 200	1 300	1 400
温度系数/(℃/℃)	0.5	0.3	0.2	0.11	0.1	0.05	0.05
型　号	BW-2000						
温度/℃	1 400	1 500	1 600	1 700	1 800	1 900	2 000
温度系数/(℃/℃)	0.3	0.25	0.18	0.15	0.15	0.15	0.15
型　号	BW-2500						
温度/℃	2 000	2 100	2 200	2 300	2 400	2 500	—
温度系数/(℃/℃)	0.4	0.3	0.2	0.1	0.1	0.1	—

5. 有效波长误差影响

高温计和钨带灯示值所对应的温度都是亮度温度,它只有在注明其相应的有效波长时才有意义。光电高温计和钨带灯的检定规程都规定了给出有效波长的方法。就检定结果而言,它们所对应的是基准光电比较仪的极限有效波长,而且每一个温度范围只给出一个有效波长。

严格地讲,亮度温度所对应的有效波长应是平均有效波长,而不是极限有效波长。考虑到两者偏离很小,加上后者的计算比较方便,因而用极限有效波长来代替平均有效波长,但会引入一定的误差。这个误差由极限有效波长本身的测量误差、极限波长对平均有效波长的偏离、极限有效波长随温度变化而变化引起的误差这三部分组成。

有效波长总的误差 $\Delta\lambda_e$ 应是上述三项误差的均方根。标准光电高温计由于采用干涉滤光片,有效波长误差约为 $\Delta\lambda_e = ±0.5$ nm。它们所引起的亮温误差可按式 $\Delta T_s = \dfrac{T_s^2}{C_2}\Delta\lambda_T \ln\varepsilon_0$ 计

算,计算结果见表 2—25。

表 2—25　由有效波长误差引起的亮温误差　　　　　　　℃

温度	800	900	1 000	1 100	1 200	1 300	1 400
标准光电高温计	±0.04	±0.05	±0.05	±0.06	±0.07	±0.08	±0.09
温度	1 400	1 500	1 600	1 700	1 800	1 900	2 000
标准光电高温计	±0.10	±0.10	±0.12	±0.13	±0.14	±0.16	±0.17

6. 电测系统误差的影响

标准仪器电测系统误差所对应的温度误差见表 2—26。

表 2—26　标准仪器电测系统误差所对应的温度误差　　　　　　℃

温度	800	900	1 000	1 100	1 200	1 300	1 400
标准光电高温计	±0.18	±0.12	±0.12	±0.06	±0.06	±0.06	±0.06
标准钨带灯	±0.12	±0.12	±0.12	±0.12	±0.12	±0.12	±0.12
温度	1 400	1 500	1 600	1 700	1 800	1 900	2 000
标准光电高温计	±0.18	±0.18	±0.18	±0.18	±0.18	±0.12	±0.12
标准钨带灯	±0.12	±0.12	±0.12	±0.12	±0.12	±0.12	±0.12

在进行工作用光学高温计的检定时,标准钨带灯所用的电测装置均为 0.05 级电位差计（或数字电压表）和标准电阻。在这种情况下:

$$\Delta V/V = \pm 0.05\% \quad \Delta R/R = \pm 0.05\%$$

代入式 $\dfrac{\Delta I}{I} = \pm\sqrt{\left(\dfrac{\Delta V}{V}\right)^2 + \left(\dfrac{\Delta R}{R}\right)^2}$ 得 $\Delta I/I = \pm 0.07\%$,由它所引起的钨带灯的温度误差不会超过 $\pm 0.6\ ℃$。此误差对工作用光学高温计的检定来讲是完全可以忽略的。除了上述因素外,在检定过程中只要严格按检定规程要求进行,影响是完全可以忽略的。

二、各级传递中不确定度评定

1. 标准光电高温计不确定度评定

（1）分度重复性引起的标准不确定度 $u_{高1}$

该项不确定度属 A 类评定,它可通过多次测量得到测量列,采用统计分析方法计算出其标准不确定度（这项包含了亮度平衡误差）,见表 2—27。

表 2—27　各温度点分度重复性引起的标准不确定度 $u_{高1}$

温度/℃	800	900	1 000	1 100	1 200	1 300	1 400	—
标准光电高温计标准不确定度/℃	0.150	0.100	0.100	0.100	0.100	0.100	0.100	—
温度/℃	1 400	1 500	1 600	1 700	1 700	1 800	1 900	2 000
标准光电高温计标准不确定度/℃	—	0.10	0.100	0.100	0.200	0.200	0.200	0.200

标准不确定度 $u_{高1}$ 的自由度 $\nu_{高1}$ 为 8。

（2）标准光电高温计年稳定性引起的标准不确定度 $u_{高2}$

标准不确定度 $u_{高2}$ 是标准光电高温计年稳定性引起的，采用 B 类方法进行评定。在年稳定性指标区间内可认为服从均匀分布，包含因子 $k_{高2}=\sqrt{3}$。其标准不确定度 $u_{高2}$ 见表 2—28。

表 2—28　标准光电高温计年稳定性引起的标准不确定度 $u_{高2}$　　　　℃

温度/℃	800	900	1 000	1 100	1 200	1 300	1 400	—
标准光电高温计年稳定性/℃	±0.4	±0.4	±0.4	±0.4	±0.4	±0.6	±0.6	—
标准不确定度 $u_{高2}$/℃	0.231	0.231	0.231	0.231	0.231	0.346	0.346	—
温度/℃	1 400	1 500	1 600	1 700	1 700	1 800	1 900	2 000
标准光电高温计年稳定性/℃	—	±0.6	±0.8	±0.8	—	±0.8	±0.8	±1.0
标准不确定度 $u_{高2}$/℃	—	0.346	0.462	0.462	—	0.462	0.462	0.577

估计 $\dfrac{\Delta u_{高2}}{u_{高2}}$ 为 25，则自由度 $\nu_{高2}$ 为 8。

（3）工作基准灯引起的标准不确定度 $u_{工3}$

工作基准灯引起的标准不确定度 $u_{工3}$ 及自由度见表 2—29，属 B 类评定方法。

表 2—29　工作基准灯引起的标准不确定度 $u_{工3}$ 和自由度　　　　℃

温度/℃	800	900	1 000	1 100	1 200	1 300	1 400	—
引起的标准不确定度/℃	0.365	0.265	0.250	0.251	0.251	0.253	0.254	—
自由度 $\nu_{工2}$	33	31	26	26	27	27	28	—
温度/℃	1 400	1 500	1 600	1 700	1 700	1 800	1 900	2 000
引起的标准不确定度/℃	0.254	0.257	0.265	0.279	0.569	0.571	0573	0.576
自由度 $\nu_{工2}$	28	29	37	37	38	38	39	40

（4）电测仪器引起的标准不确定度 $u_{电4}$

电测仪器引起的标准不确定度 $u_{电4}$ 采用 B 类评定方法，区间内可认为服从均匀分布，包含因子 $k_{电4}=\sqrt{3}$，其标准不确定度 $u_{电4}$ 见表 2—30。

表 2—30　标准仪器电测系统误差引起的标准不确定度 $u_{电4}$　　　　℃

温度	800	900	1 000	1 100	1 200	1 300	1 400	—
标准光电高温计	±0.18	±0.12	±0.12	±0.06	±0.06	±0.06	±0.06	—
标准不确定度 $u_{电4}$	0.11	0.07	0.07	0.04	0.04	0.04	0.04	—
温度	1 400	1 500	1 600	1 700	1 700	1 800	1 900	2 000
标准光电高温计	—	±0.18	±0.18	±0.18	±0.18	±0.18	±0.12	±0.12
标准不确定度 $u_{电4}$/℃	—	0.11	0.11	0.11	0.11	0.11	0.07	0.07

估计 $\dfrac{\Delta u_{电4}}{u_{电4}}$ 为 25，则自由度 $\nu_{电4}$ 为 8。

（5）环境温度引起的标准不确定度 $u_{环5}$

环境温度引起的标准不确定度 $u_{环5}$ 采用 B 类方法评定，在区间内服从均匀分布，包含因子 $k_{环5}=\sqrt{3}$，其标准不确定度 $u_{环5}$ 见表 2—31。

表 2-31　环境温度(20±2)℃引起的标准不确定度 $u_{环5}$　　　　　℃

温度	800	900	1 000	1 100	1 200	1 300	1 400	—
标准光电高温计＋标准灯	±0.21	±0.21	±0.21	±0.21	±0.21	±0.21	±0.21	—
标准不确定度 $u_{环5}$	0.12	0.12	0.12	0.12	0.12	0.12	0.12	—
温度	1 400	1 500	1 600	1 700	1 700	1 800	1 900	2 000
标准光电高温计＋标准灯	—	±0.21	±0.21	±0.21	±0.21	±0.30	±0.30	±0.30
标准不确定度 $u_{环5}$	—	0.12	0.12	0.12	0.12	0.17	0.17	0.17

估计 $\dfrac{\Delta u_{环5}}{u_{环5}}$ 为 25，则自由度 $\nu_{环5}$ 为 8。

(6)标准光电高温计有效波长误差引起的标准不确定度 $u_{波6}$

标准光电高温计由有效波长误差引起的标准不确定度 $u_{波6}$ 采用 B 类方法评定，在区间内服从均匀分布，包含因子 $k_{波6}=\sqrt{3}$，其标准不确定度 $u_{波6}$ 见表 2-32。

表 2-32　由有效波长误差引起的标准不确定度 $u_{波6}$　　　　　℃

温度	800	900	1 000	1 100	1 200	1 300	1 400
标准光电高温计	±0.04	±0.05	±0.05	±0.06	±0.07	±0.08	±0.09
标准不确定度 $u_{波6}$	0.03	0.03	0.03	0.04	0.04	0.5	0.5
温度	1 400	1 500	1 600	1 700	1 800	1 900	2 000
标准光电高温计	±0.10	±0.10	±0.12	±0.13	±0.14	±0.16	±0.17
标准不确定度 $u_{波6}$	0.06	0.06	0.07	0.08	0.08	0.09	0.10

估计 $\dfrac{\Delta u_{波6}}{u_{波6}}$ 为 25，则自由度 $\nu_{波6}$ 为 8。

2. 扩展标准不确定度评定

合成标准不确定度和扩展不确定度的计算结果见表 2-33。

表 2-33　标准光电高温计各分量不确定度和扩展不确定度　　　　　℃

温度℃	重复性		年稳定性		工作基准		电测仪器		环境温度		u_c/℃	ν_{eff}	$p=0.99$	U_{99}/℃
	$u_{高1}$/℃	$\nu_{高1}$	$u_{高2}$/℃	$\nu_{高2}$	$u_{工3}$/℃	$\nu_{工3}$	$u_{电4}$/℃	$\nu_{电4}$	$u_{环5}$/℃	$\nu_{环5}$				
800	0.150	8	0.231	8	0.365	33	0.11	8	0.12	8	0.485	55	2.68	1.30
900	0.100	8	0.231	8	0.265	31	0.07	8	0.12	8	0.391	42	2.70	1.06
1 000	0.100	8	0.231	8	0.250	26	0.07	8	0.12	8	0.381	38	2.70	1.03
1 100	0.100	8	0.231	8	0251	26	0.04	8	0.12	8	0.377	37	2.71	1.02
1 200	0.100	8	0.231	8	0.251	27	0.04	8	0.12	8	0.377	37	2.71	1.02
1 300	0.100	8	0.346	8	0.253	27	0.04	8	0.12	8	0.458	22	2.83	1.30
1 400	0.100	8	0.346	8	0.254	28	0.04	8	0.12	8	0.458	22	2.83	1.30
1 500	0.100	8	0.346	8	0.257	29	0.11	8	0.12	8	0.471	23	2.82	1.33
1 600	0.100	8	0.462	8	0.265	32	0.11	8	0.12	8	0.565	17	2.90	1.64
1 700	0.100	8	0.462	8	0.279	37	0.11	8	0.12	8	0.573	19	2.86	1.64

表 2-33（续）

温度℃	重复性		年稳定性		工作基准		电测仪器		环境温度		u_c/℃	ν_{eff}	$p=0.99$	U_{99}/℃
	$u_{高1}$/℃	$\nu_{高1}$	$u_{高2}$/℃	$\nu_{高2}$	$u_{工.3}$/℃	$\nu_{工.3}$	$u_{电4}$/℃	$\nu_{电4}$	$u_{环5}$/℃	$\nu_{环5}$				
1 700	0.200	8	0.462	8	0.569	38	0.11		0.12	8	0.776	42	2.70	2.09
1 800	0.200	8	0.462	8	0.571	38	0.11	8	0.17	8	0.788	44	2.69	2.12
1 900	0.200	8	0.577	8	0.573	39	0.07	8	0.17	8	0.857	32	2.73	2.34
2 000	0.200	8	0.577	8	0.576	40	0.07	8	0.17	8	0.860	32	2.73	2.35

3. 标准钨带灯

标准钨带灯的各不确定分量和扩展不确定度见表 2-34。

表 2-34　标准钨带灯各不确定度分量和扩展不确定度　　　　　　　℃

温度℃	重复性		年稳定性		高温计		电测仪器		环境温度		u_c/℃	ν_{eff}	$p=0.99$	U_{99}/℃
	$u_{高1}$/℃	$\nu_{高1}$	$u_{高2}$/℃	$\nu_{高2}$	$u_{工.3}$/℃	$\nu_{工.3}$	$u_{电4}$/℃	$\nu_{电4}$	$u_{环5}$/℃	$\nu_{环5}$				
800	0.35	8	1.155	8	0.485	55	0.1	8	0.577	8	1.43	17	2.90	4.1
900	0.25	8	1.155	8	0.391	42	0.1	8	0.346	8	1.30	13	3.01	3.9
1 000	0.25	8	1.155	8	0.381	38	0.1	8	0.231	8	1.27	11	3.05	3.9
1 100	0.25	8	1.155	8	0.377	37	0.1	8	0.133	8	1.25	11	3.11	3.9
1 200	0.18	8	1.155	8	0.377	37	0.1	8	0.115	8	1.24	11	3.11	3.9
1 300	0.18	8	1.155	8	0.458	22	0.1	8	0.058	8	1.26	11	3.11	3.9
1 400	0.18	8	1.155	8	0.458	22	0.1	8	0.058	8	1.26	11	3.11	3.9
1 500	0.35	8	1.732	8	0.471	23	0.3	8	0.289	8	1.87	11	3.11	5.8
1 600	0.35	8	1.732	8	0.565	17	0.3	8	0.173	8	1.89	11	3.11	5.9
1 700	0.35	8	1.732	8	0.776	42	0.3	8	0.173	8	1.89	13	3.11	5.9
1 800	0.35	8	1.732	8	0.788	44	0.3	8	0.173	8	1.97	14	3.01	5.9
1 900	0.35	8	1.732	8	0.857	32	0.3	8	0.173	8	2.00	14	2.98	6.0
2 000	0.35	8	1.732	8	0.860	32	0.3	8	0.173	8	2.00	14	2.98	6.0

年稳定度：真空灯为 2 ℃；充气灯为 3 ℃。电测设备引起误差：真空灯为 0.173 ℃；充气灯为 0.52 ℃。上述数值均服从均匀分布。

4. 工作用光学高温计

工作用光学高温计不确定度主要由高温计测量重复性、标准温度灯不确定度、亮度平衡不确定度、高温计电测系统不确定度、高温计灯泡的稳定度、高温计倾斜以及 A 值测量不确定度等因素引起。这里不做详细分析。

第十五节　工作用辐射温度计的检定

工作用辐射温度计检定依据的检定规程是 JJG 856—2015《工作用辐射温度计》。工作用辐射温度计包括发射率设定值可设置为1的单波段辐射温度计和发射率比可设置为1的比色温度计。

辐射温度计是利用普朗克黑体辐射定律，根据热辐射体辐射特性与其温度之间的函数关系测量表观温度的仪表。通常由光学系统、探测器和信号处理单元及输出指示装置四部分组成。输出类型为模拟量或数字量，使用方式有手持式和固定安装式两种。按工作波段主要分为单波段辐射温度计和比色温度计。单波段辐射温度计分为宽波段辐射温度计和窄波段辐射温度计。

一、计量性能要求

1. 固有误差

在工作用辐射温度计的全部测温范围内，固有误差均应不超过最大允许误差。最大允许误差应根据该型号说明书确定。最大允许误差技术指标应注明与之相对应的测量距离与辐射源直径。温度计在不同的测温段可能存在不同的最大允许误差。

2. 重复性

温度计测量同一温度的重复性应不超过被检温度计技术指标中对重复性的要求，同时应不超过最大允许误差绝对值的1/2。

二、通用技术要求

1. 外观

①被检温度计应标有型号规格、制造厂（或商标）和出厂编号。

②被检温度计上或说明书中应有测温范围、视场或距离系数的数值（或图表、公式）以及光谱范围信息。

③键功能完好，指示屏显示正常，无可见缺损。

2. 光学系统

温度计的光学系统应清洁、无损伤和松动现象。目视瞄准系统或辅助瞄准装置能正常引导测温视场。

3. 绝缘电阻

当环境温度为 18 ℃～25 ℃，相对湿度为 20%～85% 时，采用交流电源供电的被检温度计，其电源端子、外壳与信号输出端子相互间的绝缘电阻均应大于 20 MΩ。

三、计量器具控制

计量器具控制包括首次检定和后续检定。

1. 检定条件

（1）检定设备

①计量标准

检定所用的计量标准,可采用下列两类形式之一:a)参考温度计与辐射源的组合;b)参考辐射源。

根据辐射源的空腔和面源的不同类型、发射率指标的差异以及是否为亮度温度溯源,辐射源限在表2－35规定的适用范围内使用。

表2－35　对不同发射率的辐射源的适用范围

辐射源类型	发射率	适用检定范围		
黑体辐射源	1±0.005,推荐指标1±0.002	与参考温度计组合		检定各种工作用辐射温度计
		参考黑体辐射源		
	1±0.01	与参考温度计组合	配参考接触式温度计	1.检定中心波长不超过2 μm的单波段辐射温度计; 2.检定比色温度计;
			配参考辐射温度计	3.检定单波段辐射温度计,并以相近波长(或光谱范围)的亮度温度作为参考值;亮度温度参考值可用不同波长的亮度温度参考值内插; 4.检定比色温度计,并以不超过2 μm的亮度温度作为参考值
		参考黑体辐射源		
面辐射源	≥0.95	与参考辐射温度计组合		检定单波段辐射温度计,并以相近波长(或光谱范围)的亮度温度作为参考值
		参考面辐射源		

不具有亮度温度校准结果的辐射源,必须配备参考温度计。可选择铂电阻温度计、热电偶、辐射温度计等。优先选择适用的标准温度计。

参考辐射温度计的扩展不确定度($k=2$)不大于被检温度计最大允许误差绝对值的$1/3$。参考接触式温度计的扩展不确定度($k=2$)不大于被检温度计最大允许误差绝对值的$1/5$。

黑体辐射源和面辐射源测温范围应满足检定所需的温度范围。稳定性、均匀性与发射率应满足表2－36的相应要求,并在限定的适用范围内使用。符合均匀性要求的辐射区域直径应不小于被检温度计目标直径的1.4倍或20 mm,取大值。

表2－36　辐射源技术要求

类别	温度范围/℃	稳定性(1/10 min)	均匀性	发射率
黑体辐射源	－50～3 000	不大于0.1 ℃与0.1%t的大者	不大于0.15 ℃与0.15%t的大者	1±0.002,或1±0.005,或1±0.01
面辐射源	－50～500	不大于0.15 ℃与0.15%t的大者	不大于0.2 ℃与0.2%t的大者	≥0.95

参考辐射源亮度温度的校准不确定度及校准周期内稳定性引起的不确定度的综合影响($k=2$)不大于被检温度计最大允许误差绝对值的$1/3$。

②电测仪器

供标准器使用的电测仪表,其测量引入的不确定度应不超过标准器不确定度的$1/3$,或不超过被检温度计最大允许误差绝对值的 1/20。

用于测量被检温度计的模拟输出量的电测仪表,其测量引入的不确定度应不超过被检温度计最大允许误差绝对值的 1/20。

绝缘电阻表:直流 500 V,不低于 10 级。

③辅助设备

用于确定检定距离的测长工具。

满足辐射温度计的瞄准操作需要的、具有平移和旋转等调节功能的检定工作台或支架。

（2）环境条件

检定时环境温度为 18 ℃～25 ℃,相对湿度 20%～85%。实验环境无明显机械振动、强机械冲击和强电磁干扰;实验过程中应避免阳光和强辐射源对实验用辐射源和辐射温度计的干扰;应避免空调气流、开门窗引起的对流对面辐射源的影响;环境温度波动不应对辐射温度计测温产生不可忽略的影响。

交流供电电源:220 V±22 V,50 Hz。

2. 检定项目

检定项目见表 2—37。

表 2—37　检定项目

检定项目		首次检定	后续检定
通用技术要求	外观	＋	＋
	光学系统	＋	＋
	绝缘电阻	＋	＋
计量性能要求	固有误差	＋	＋
	重复性	＋	－

注:"＋"表示需要检定的项目;"－"表示可不检定的项目。

3. 检定方法

（1）通用技术要求的检查

①检查被检温度计的外观和说明书。

②以目视法检查被检温度计光学系统。

③对于交流供电的被检温度计,测量绝缘电阻。

（2）检定温度点的选取

首次检定固有误差选取不少于 5 个检定点,后续检定选取不少于 3 个检定点。

①固有误差通常在被检温度计的测温范围内均匀选取检定点。包括接近下限和上限的检定点;接近均匀分布,一般为整百度或整十摄氏度点;在最大允许误差突变点附近,应在最大允许误差较小的一侧选择接近突变点的检定点;多量程被检温度计的各量程视为不同温度计,在相邻量程的重叠区,在较低量程和较高量程应选择相同检定点。

②重复性通常在测温范围中点附近选取检定点。

（3）计量性能检定前的准备

①根据说明书信息确定被检温度计的检定距离。

可调焦被检温度计的检定距离应在其允许的测量距离范围内选取,一般可选 1 m。说明书给出检定距离的,直接采用说明书的规定值。

不可调焦被检温度计,如说明书给出检定距离或设计最佳距离时,直接采用该规定值为检定距离。说明书未给出上述信息时,可根据 D-S 图表确定检定距离:即最小目标直径对应的测量距离,或 D-S 图表中 D 与 S 的比值最大时对应的测量距离。

②根据说明书信息确认对辐射源直径的要求。说明书未直接给出此信息时,查出与检定距离相对应的视场直径,选用的黑体辐射源或面辐射源的直径一般应分别不小于被检温度计视场直径的 1.4 倍或 1.7 倍。

③根据检定点和被检温度计技术指标,选择计量标准。

④将被检温度计放置于检定环境,通常不少于 4 h。初始温度与检定环境有较大差异的,应适当延长放置时间。

⑤被检温度计及其他所需仪器按照规定的预热时间要求通电预热。

⑥将参考辐射温度计和被检单波段辐射温度计的发射率设定值设为 1,将被检比色温度计的发射率比设定值设为 1。

(4)瞄准要求

①按照检定距离的要求将被检温度计安装在辐射源空腔前方轴线延长线上,并瞄准辐射源中心;可调焦被检温度计还应使空腔底成像清晰或聚焦于检定距离处。可利用辐射温度计的辅助瞄准光束确定瞄准位置。可利用被检温度计观测辐射源温度场,分别根据水平与垂直温场的对称性确定对辐射源中心点的瞄准方向。

②采用参考辐射温度计时,参考和被检温度计应交替瞄准,或以机械方式可重复地切换位置。同时应考虑修正参考辐射温度计的校准条件与使用条件的差异对检定结果的影响。

(5)固有误差

调整辐射源设定值,使稳定后的辐射源量值与检定点的偏差不超过被检温度计最大允许误差的 2 倍。

参考温度计或参考辐射源应与被检温度计尽量同步地记录两次数据。不能同步测量时,可按照以下记录顺序:标准(S)→被检(T)→被检(T)→标准(S)。如果被检温度计在辐射源照射初期示值有漂移现象,对于手持式被检温度计,每次读数前,应先用挡光板遮挡辐射源不少于 30 s,并在移开挡光板并启动测量后的若干秒(一般为响应时间的 3 倍)后读数;对于固定安装式被检温度计,应在示值相对稳定后读数。如果说明书有明确要求的,按使用说明进行操作。若辐射源稳定性足够好,则可依次检定多个被检温度计。

采用有玻璃窗口的黑体辐射源时,进行参考辐射温度计的窗口误差和被检温度计的窗口误差的测量。

改变检定点,完成其他检定点测量。

(6)重复性

辐射源在重复性检定点稳定后,使被检温度计瞄准辐射源。用挡光板在被检温度计前遮挡不少于 30 s 后移开挡光板,记录数据,共进行 10 次。

重复性检定可在固有误差实验过程中进行。对于手持式被检温度计,应在移开挡光板并启动测量后的几秒后读数;对于固定安装式被检温度计,应在移开挡光板示值相对稳定后读数。如果说明书有明确要求的，按使用说明进行操作。必要时，同时测量标准器读数，以修正辐射源的温度漂移。

4. 检定数据处理

（1）固有误差

固有误差为被检温度计测量理想黑体示值与理想黑体温度的差。在实际检定计算中，表示为：固有误差＝被检温度计实际示值与检定点的温度差（Δt_T）－计量标准实际标准值对检定点的温度差（Δt_S）＋必要的修正项。

①计量标准实测标准值对检定点的温度差的确定

a）计量标准采用参考温度计时

对于温度显示的参考温度计，计算辐射源亮度温度实测示值与在检定点 t_N 的示值的差 Δt_S：

$$\Delta t_S = t_S - t_{SN} \qquad (2-90)$$

式中：t_S——参考温度计测量辐射源的两次实测示值的平均值，℃；

t_{SN}——由参考温度计证书确定的对应于检定点 t_N 的示值，℃。

对于电参数输出的参考温度计（以铂电阻温度计为例），计算辐射源实测温度与在检定点 t_N 的差 Δt_S：

$$\Delta t_S = (R_S - R_{SN})/(\mathrm{d}R_S/\mathrm{d}t) \qquad (2-91)$$

式中：R_S——参考温度计测量辐射源温度时的两次输出值的平均值，Ω；

R_{SN}——参考温度计证书中对应于检定点 t_N 的输出值，Ω；

$\mathrm{d}R_S/\mathrm{d}t$——参考温度计输出量在检定点 t_N 的温度变化率，Ω/℃。

b）计量标准为参考辐射源时

根据参考辐射源亮度温度的证书值，修正参考辐射源指示温度的实测值与证书值之差，计算辐射源实际亮度温度与检定点 t_N 的差 Δt_S。

$$\Delta t_S = t_{SC} - t_N + (t_{SI} - t_{SIC}) \qquad (2-92)$$

式中：t_{SC}——由参考辐射源证书确定的对应于检定点 t_N 的亮度温度值，℃；

t_{SI}——参考辐射源指示温度两次实测值的平均值，℃；

t_{SIC}——由参考辐射源证书确定的对应于检定点 t_N 的指示温度，℃。

②被检温度计实际示值与检定点的温度差 Δt_T 的确定

对于温度显示的被检温度计：

$$\Delta t_T = t_T - t_N \qquad (2-93)$$

式中：t_T——被检温度计两次示值的平均值，℃。

对于电参数输出的被检温度计（以电流输出为例），计算被检温度计两次实测值的平均值对于检定点 t_N 的温度差 Δt_T：

$$\Delta t_T = (I_T - I_{TN})/(\mathrm{d}I_T/\mathrm{d}t) \qquad (2-94)$$

式中：I_T——被检温度计两次实测值的平均值，mA；

I_{TN}——被检温度计在 t_N 的名义输出值，mA。

③固有误差的计算

根据 $\Delta t_T - \Delta t_S$，修正辐射源发射率偏离 1、被检与参考温度计测量点温差以及窗口吸收等因素引入的不可忽略影响。

$$\Delta t = (\Delta t_{\mathrm{T}} - \Delta t_{\mathrm{S}}) - \Delta t_{V_\epsilon} - \Delta t_{\mathrm{TS}} - \Delta t_{\mathrm{W}} \qquad (2-95)$$

式中：Δt——被检温度计在检定点 t_{N} 处的固有误差，℃；

Δt_{V_ϵ}——辐射源发射率偏离 1 对固有误差的影响，℃；

Δt_{TS}——被检温度计瞄准区域与参考温度计测温区域之间的温度差，℃；

Δt_{W}——高温黑体辐射源窗口引入的固有误差的窗口误差，℃。

④被检温度计在检定点 t_{N} 的示值

电量输出的被检温度计：

$$I_{\mathrm{TC}} = I_{\mathrm{TN}} + \Delta t\, \mathrm{d}I_{\mathrm{T}}/\mathrm{d}t \qquad (2-96)$$

式中：I_{TC}——检定点 t_{N} 处被检温度计实际电量输出，mA；

I_{TN}——检定点 t_{N} 处被检温度计电量输出标称值，mA。

温度显示的被检温度计：

$$t_{\mathrm{TC}} = t_{\mathrm{N}} + \Delta t \qquad (2-97)$$

式中：t_{TC}——检定点 t_{N} 处被检温度计实际温度示值，℃；

（2）重复性

重复性通常表示为单次测量的实验标准偏差 s 的 2 倍。

$$s = \sqrt{\frac{1}{n-1}\sum_{i=1}^{n}(\delta_i - \overline{\delta})^2}$$

式中：n——测量次数；

δ_i——被检温度计单次测量结果与参考温度读数的差值，℃；

$\overline{\delta}$——δ_i 的平均值，℃。

四、固有误差不确定度分析

固有误差为被检温度计测量理想黑体示值与理想黑体温度的差，按规程检定计算方法，测量模型为：

$$\Delta t = (\Delta t_{\mathrm{T}} - \Delta t_{\mathrm{S}}) - \Delta t_{\mathrm{TS}} - (\Delta t_{\mathrm{T}\epsilon} - \Delta t_{\mathrm{S}\epsilon}) - (\Delta t_{\mathrm{TW}} - \Delta t_{\mathrm{SW}}) \qquad (2-98)$$

式中：Δt——被检温度计在检定点 t_{N} 处的固有误差，℃；

Δt_{T}——被检温度计读数 t_{T} 相对于检定点 t_{N} 的温度偏差，℃；

Δt_{S}——辐射源校准量（通常为亮度温度）t_{S} 相对于检定点 t_{N} 的偏差，℃；

$\Delta t_{\mathrm{T}\epsilon}$——辐射源发射率偏离 1 引入的被检温度计示值误差，℃；

$\Delta t_{\mathrm{S}\epsilon}$——以参考辐射源校准量或参考温度计示值表示的辐射源实际温度因辐射源发射率偏离 1 引入的误差，℃。

Δt_{TS}——被检温度计瞄准区域与参考温度计测温区域之间的温度差，℃；

Δt_{TW}——高温黑体辐射源窗口引入的被检温度计窗口误差，℃；

Δt_{SW}——高温黑体辐射源窗口引入的参考辐射温度计窗口误差，℃。

固有误差的测量不确定度来自计量标准装置、被检温度计和检定操作三个方面：

（1）计量标准装置

包括标准器自身示值和辐射源特性的影响两方面。

①量值溯源（校准不确定度与长期稳定性）；

②测量（重复性、分辨力、辅助仪表）；

③辐射源控温复现性或短期稳定性；

④辐射源温度均匀性，包括标准器测量点（或目标）与被检温度计目标之间的温差；

⑤辐射源发射率和环境温度影响修正；

⑥辐射源窗口影响修正。

（2）被检温度计特性

①测量（重复性、分辨力、辅助仪表）；

②光谱范围的不确定性对有关修正的影响，忽略。

（3）检定操作过程

①参考辐射温度计（若使用）与被检温度计的瞄准；

②数据处理中的简化与舍入。

灵敏系数及合成标准不确定度：式（2-98）为温差的代数和公式，且等号右侧各项的系数绝对值均为1，因此与之对应的温度不确定度分量的灵敏系数的绝对值也为1。影响固有误差的不确定度因素中，同一辐射源发射率对参考辐射温度计与被检温度计示值的影响，同一窗口的吸收对参考辐射温度计和被检温度计的影响，应按照完全相同的分量处理，分别采用算术相减合成方法；此后，各不相关分量依据不确定度传播律计算合成标准不确定度：

$$u^2(\Delta t) = u^2(\Delta t_S) + u^2(\Delta t_{TS}) + [u(\Delta t_{T\varepsilon}) - u(\Delta t_{S\varepsilon})]^2 +$$
$$[u(\Delta t_{TW}) - u(\Delta t_{SW})]^2 + u^2(\Delta t_T) + u^2(\Delta t_{OP})$$

式中：$u(\Delta t_{OP})$——检定操作和测量条件影响等引入的标准不确定度，℃。

第十六节　测量人体温度的红外温度计的检定与校准

测量人体温度的红外温度计是利用探头和被测对象之间辐射交换测量人体温度的仪器。包括为测量人体温度设计的红外温度计以及红外人体表面温度快速筛检仪。红外温度计和红外筛检仪由光学系统、探测器、电子测量部分及机械装置组成。其中红外温度计又可分为：红外耳温计和红外体表温度计。红外耳温计的检定应执行 JJG 1164—2019《红外耳温计》，对红外体表温度计和红外筛检仪的校准应执行 JJF 1107—2003《测量人体温度的红外温度计校准规范》。红外温度计的估算模式是将直接测量的辐射温度经适当修正，转换为体表温度或将被测部位温度转换为身体其他部位的估算温度。

一、计量性能要求

（一）显示温度范围

在任何一个显示模式下，红外温度计的显示温度范围应涵盖表2-38中规定的范围。

（二）最大允许误差

在产品标称的使用环境条件下和规定的显示温度范围内，红外温度计的实验室误差和红外筛检仪的警示温度测量误差应不大于表2-38中最大允许误差规定值的绝对值。

（三）环境条件

使红外温度计满足规定的实验室误差要求的允许使用环境范围应涵盖表 2-38 中的

规定。

表 2－38　红外温度计和红外筛检仪的计量性能要求

温度计类型	显示温度范围/℃	分辨力/℃	最大允许误差/℃	使用环境条件	
				环境温度/℃	环境湿度/%RH
红外耳温计	35.0～42.0	≤0.1	±0.2	16～35	≤85
红外体表温度计	22.0～40.0	≤0.1	±0.3		
红外筛检仪		≤0.2	±0.4(在警示点温度)	16～32	20～80

(四)显示和界面

红外温度计显示分辨力应符合表 2－38 的规定。温度计应指明当前设定模式,使用者可以通过仪器设定直接进入或通过修正方式推算校准模式下的示值。对于有估算模式的温度计,应显著标明与示值对应的身体部位。

(五)探头保护罩

如果制造商要求使用保护罩来卫生隔离被测对象和探头,探头保护罩的使用不得使实验室误差超出规定范围。

(六)温度计标识和用户手册

红外温度计应清楚标明其温度单位。温度计外壳或/和外包装应明确标识商标名称或仪器类型、型号、生产商或分销商名称、批次号或生产序列号。温度计应指明测量示值对应的身体部位。温度计手册应包括但不限于以下内容:显示温度范围、最大允许误差、显示温度对应的身体部位、使用和保存的温湿度范围、型式批准号。具有估算模式的红外温度计,应指明估算温度示值对应的身体部位,并列出从校准模式示值到各估算模式示值的计算方法或对照表。同时具有校准模式和估算模式的温度计,应说明切换到校准模式的方法。

二、检定/校准条件

(一)环境条件

实验室环境温湿度应满足 18 ℃～28 ℃,30%RH～70%RH 和实验设备的使用环境条件要求。现场校准应注明环境条件,校准环境应无强环境辐射、无强空气对流。

(二)标准及其他设备

①黑体辐射源

黑体辐射源的温度范围应满足被检温度计的校准要求。黑体空腔的口径应能满足被检温度计要求。黑体空腔有效发射率应为被检温度计视场区域的有效发射率平均值。黑体空腔的有效发射率、控温稳定度的推荐要求见表 2－39。黑体空腔壁面温度通常采用接触温度计测量,如铂电阻温度计或玻璃液体温度计(配相应电测或观测设备)。黑体温度应使用控温温度下的辐射温度。黑体辐射源辐射温度的不确定度不大于被检温度计最大允许误差绝对值的 1/3。

②测量被检温度计模拟量输出的电测仪器。

表 2-39　黑体辐射源的技术要求

温度计类型	空腔有效发射率	控温稳定度 ℃/10min	辐射温度不确定度(k=2)
红外耳温计	≥0.999	≤0.01	不大于被校温度计最大允许误差绝对值的 1/3
红外体表温度计	≥0.997	≤0.02	
红外人体表面温度快速筛检仪	≥0.997	≤0.1	

③被检温度计所需支架。

三、检定/校准项目和检定/校准方法

(一) 检定/校准项目

①外观检查

红外温度计和红外筛检仪应外观完好,各使用功能正常,屏幕显示正常、无缺损,探头应清洁,无损伤和松动,使用电池供电的,电池供电不足时,应有电压过低提示功能。温度计上标有型号规格、制造厂、出厂编号,红外耳温计还应标有型式批准标志和编号。

②实验室误差

红外温度计应在指定的黑体温度和实验室环境温湿度条件下进行检定或示值校准。可根据用户要求选择黑体温度。新制造的温度计可在实验室环境条件下测定实验室误差是否符合最大允许误差的要求。

用户无特别要求的,只对校准模式进行检定或示值校准或实验室误差测定。无校准模式的应按照制造商用户手册提供的信息通过修正方法推算校准模式下的示值。

③警示温度测量误差

红外筛检仪在预设警示温度点附近寻找警示温度值,确定警示温度测量误差。

(二) 检定/校准方法

①红外温度计

分别在表 2-40 规定的黑体设定温度下重复测量黑体温度。可只选择表中的部分黑体设定温度或根据用户要求选择黑体设定温度。

表 2-40　黑体设定温度

温度计类型	黑体设定温度/℃
红外耳温计	35.0±0.1,37±0.1,41.5±0.1
红外体表温度计	(23±0.5,30±0.5,38±0.5)或(30±0.5,34±0.5,38±0.5)
红外人体表面温度快速筛检仪	预设警示温度点附近

测试前,红外温度计应该在测试温湿度条件下稳定至少 30 min 或者更长(如果制造商规定)。

红外耳温计检定时须在每个设定温度测量黑体温度 3 次,两次测量之间的时间间隔严格遵守制造商要求。对于要求使用探头保护罩的耳温计,检定时应使用探头保护罩,且每次测量更换新的探头保护罩。耳温计在每个检定点的实验室误差均不应超过±0.2 ℃。

红外温度计校准时在每个黑体设定温度对黑体进行不少于 4 次的测量读数。应配探头保护罩的红外温度计,应按照用户手册的要求使用,并使之保持清洁,完整。根据用户手册推荐的方法确定温度测量数据的获取方式和速率。

应遵照制造商推荐的方法将估算模式下的温度读数转换为校准模式下的温度读数 t。制造商应该提供转换方法,并在使用及维修手册里给出。

对示值校准,在各黑体名义设定温度 t_{si} 下测量并记录被校红外温度计示值 $t_{i,j}$ 和黑体温度 t_{BBi},计算与第 i 个黑体名义设定温度 t_{si} 对应的被校红外温度计示值修正值 Δt_i 和多次测量的重复性 R_i。

$$\Delta t_i = t_{BBi} - \frac{1}{4}\sum_{j=1}^{4} t_{i,j} \qquad j = 1,2,3,4 \qquad (2-99)$$

式中:$t_{i,j}$——被校温度计在校准模式下测量黑体温度 t_{BBi} 时的第 j 个温度读数,℃。

多次测量的重复性以极差 R_i 表示:

$$R_i = \text{Max}(t_{ij}) - \text{Min}(t_{ij}) \qquad j = 1,2,3,4 \qquad (2-100)$$

式中:$\text{Max}(t_{ij})$,$\text{Min}(t_{ij})$——分别为 $j = 1,2,3,4$ 时 $t_{i,j}$ 的最大值和最小值,℃。

对实验室误差测定,在每个黑体名义设定温度 t_{si} 下测量并记录被校红外温度计 $t_{i,j}$ 和黑体温度(黑体溯源到辐射温度的应转为辐射温度)t_{BBi},确定各次测量的实验室误差。实验室误差 $e_{i,j}$ 定义为

$$e_{i,j} = |t_{i,j} - t_{BBi}| \qquad j = 1,2,3,4 \qquad (2-101)$$

式中:t_{BBi}——黑体温度,℃;

$t_{i,j}$——被校温度计在校准模式下测量黑体温度 t_{BBi} 时的第 j 个温度读数,℃。

在各黑体温度 t_{BBi},所有实验室误差的最大值应符合要求。

②红外筛检仪

按用户手册规定的时间对红外筛检仪预热。

按用户手册规定测量距离或实际应用的测量距离瞄准黑体靶面。黑体靶面直径应满足红外筛检仪测量目标的要求。

将黑体设定温度设为比预设警示温度点略低(约 1 ℃)。黑体温度稳定后,若红外筛检仪报警,则黑体设定温度应适当降低(例如 0.5 ℃),直至无报警发生。

以 0.1 ℃ 为步进值升高黑体设定温度。黑体温度稳定后,若红外筛检仪未报警,则黑体设定温度应再升高 0.1 ℃,直至报警发生。

将挡光板置于黑体与红外筛检仪之间,待报警消除 10 s 后快速移开挡光板,共 4 次。以 4 次都报警的最低黑体温度为红外筛检仪的警示温度,警示温度测量误差 Δ 按下式计算:

$$\Delta = X + \Delta T - X_S \qquad (2-102)$$

式中:X——预设警示温度点,℃;

ΔT——红外筛检仪用户手册要求的警示温度修正值,℃;

X_S——黑体温度,℃。

校准结果中应注明红外筛检仪使用的警示温度修正值和红外筛检仪发射率修正设定值。

第十七节　热像仪的校准

热像仪可以将物体表面热辐射转换成可见图像,并通过对发射率、反射率和透过率等因素进行修正,准确测量物体表面温度和表面温度分布。

根据应用方式,热像仪可分为离线型和在线型;根据成像方式,热像仪可分为光机扫描成像型和凝视型,根据探测器的工作温度可分为制冷型和非制冷型。

为准确测量物体表面温度分布,通常热像仪具有修正功能。修正因素一般包括被测物体发射率、目标距离、环境温度、大气环境对被测目标热辐射衰减、环境热辐射、光学及电测系统的性能等。

热像仪一般具有多种热图像显示模式,并具有被测物体热图像冻结、存储、分析和视频信号输出等功能。

对热像仪校准应执行 JJF 1187—2008《热像仪校准规范》

一、计量性能要求

1. 外观

热像仪的外壳、机械调节部件、外露光学元件、按键、电器连接件等不应有影响热像仪校准的缺陷。热像仪应标有制造商(或商标)、型号、编号等标识。

2. 显示

热像仪的显示效果不应有影响校准的缺陷。

3. 示值误差

热像仪的温度示值误差在校准实验室条件下确定。

4. 测温一致性

在热像仪视场内不同区域温度测量结果的一致性,是热像仪准确反映被测物体表面温度分布的能力。

二、校准条件

1. 环境条件

校准实验室环境温度应为(23±5)℃,湿度应不大于85%RH(无结露)。环境条件应满足校准设备和被校热像仪的使用环境条件要求。校准环境应无强环境热辐射。

2. 标准及其他设备

（1）标准器

通常采用铂电阻温度计、热电偶(配相应的电测设备)或辐射温度计作为标准器测量黑体辐射源温度。

（2）辐射源

黑体辐射源的温度范围应满足被校热像仪的校准要求。黑体辐射源技术要求见表2—41。

表 2-41　辐射源技术要求

辐射源种类	用途	温度范围/℃	空腔有效发射率 （靶面有效发射率）	温度稳定性
腔式黑体辐射源	示值误差校准 测温一致性校准	100 以下	(0.99～1.00)±0.01	±0.05 ℃
		100～1 000	(0.99～1.00)±0.01	±0.1 ℃
		1 000～2 000	(0.99～1.00)±0.01	±0.1%
面辐射源	测温一致性校准	100 以下	0.97±0.02	±0.05 ℃

黑体辐射源温度通常采用接触温度计或辐射温度计,如铂电阻温度计或热电偶等(配相应电测设备)测量。

(3) 显示热像仪测量结果的外接显示器应满足被校热像仪测量信号输出指标要求(如被校热像仪要求外接显示器)。

(4) 热像仪校准所需仪器支架。

三、校准项目和校准方法

1. 校准项目

(1) 外观

热像仪的外壳、机械调节部件、外露光学元件、按键、电器连接件等不应有影响热像仪测量功能的缺陷。热像仪应标有制造商(或商标)、型号、编号等标识。

(2) 显示

热像仪显示效果不应有影响正常使用的缺陷。

(3) 示值误差

在实验室环境条件下进行热像仪示值误差校准。

(4) 测温一致性

热像仪在实验室环境温、湿度条件下进行测温一致性测试。

2. 校准方法

(1) 外观

手动、目视检查,被校热像仪外观应满足要求。

(2) 显示

手动、目视检查,被校热像仪显示器件应满足要求。

(3) 示值误差

校准温度点的选择为量程的上、下限及量程中间值。对于有多个量程的热像仪,在量程重叠的温度区域,应选择在不同量程分别校准。同时也可根据用户要求设定校准温度。

根据热像仪使用说明书要求清洁热像仪光学外露元件。根据用户要求安装附加光学镜头或衰减片等光学元件。根据用户要求或根据热像仪的聚焦范围要求、光学分辨力和黑体辐射源目标直径确定测量距离。调整热像仪位置,使热像仪沿黑体辐射源的轴向方向瞄准被测黑体辐射源目标中心,并且使被测目标清晰成像。根据热像仪使用说明书要求,测量前将热像仪预先开机一定时间(如被校热像仪有要求)。根据热像仪使用说明书要求,输入量程和校准条件数据,如环境温度、环境湿度、测量距离参数。校准时,被校热像仪发射率参数设置为1或等于黑体辐射源发射率。在进行示值误差校准之前,应完成热像仪使用说明书要求的对测量结果有影响的其他操作,如清零等(如被校热像仪有要求)。

参考使用说明书将被校热像仪置于点温度测量模式,测量黑体辐射源目标中心温度。在每一个校准温度点,进行不少于4次测量。测量时,同时记录黑体辐射源参考标准的测量值 $t_{BBi,j}$、被校热像仪示值 $t_{i,j}$ 和被校热像仪当前量程。

计算黑体辐射源辐射温度平均值 t_{BBi}。

$$t_{BBi} = \frac{1}{m_i} \sum_{j=1}^{m_i} t_{BBi,j} \tag{2-103}$$

式中:$t_{BBi,j}$——在第 i 个校准温度点,标准器的第 j 个黑体辐射源温度测量值;

m_i——在第 i 个校准温度点的测量次数,$m_i \geq 4$。

计算被校热像仪示值平均值 t_i。

$$t_i = \frac{1}{m_i} \sum_{j=1}^{m_i} t_{i,j} \tag{2-104}$$

式中:$t_{i,j}$——在第 i 个校准温度点被校热像仪的第 j 个示值;

m_i——在第 i 个校准温度点的测量次数,$m_i \geq 4$。

计算在该量程下,第 i 个校准温度点,被校热像仪示值误差 Δt_i。

$$\Delta t_i = t_i - t_{BBi} (i = 1, 2, \cdots, n) \tag{2-105}$$

（4）测温一致性

根据热像仪实际使用情况或根据用户要求设定黑体辐射源温度,通常为 100 ℃。根据热像仪使用说明书要求清洁热像仪光学外露元件。根据用户要求安装附加光学镜头或衰减片。根据热像仪使用说明书要求,测量前将热像仪预先开机一定时间（如被校热像仪有要求）。根据热像仪使用说明书要求,输入量程和校准条件数据,如环境温度、环境湿度、测量距离等参数。校准时,被测热像仪发射率参数设置为1或等于辐射源发射率。根据用户要求或根据热像仪的聚焦范围要求、光学分辨力和黑体辐射源目标直径确定测试距离。调整热像仪方位,使热像仪光学系统光轴与沿黑体辐射源轴向方向重合（使用面辐射源进行校准时,应使热像仪光学系统光轴与经过面辐射源中心的法线重合）,并且使被测目标清晰成像。在进行测温一致性测试时,不允许使用热像仪的数字变焦功能。

在进行测温一致性校准之前,应完成热像仪使用说明书要求的对测量结果有影响的其他操作,如清零等（如被校热像仪有要求）。

如图 2-33 所示,将被校热像仪显示器画面等分为9个区域,在9个区域的中心点分别标记。如用户要求,可增加标记点。

+1	+2	+3
+4	+5	+6
+7	+8	+9

图 2-33　测温一致性实验测温点分布

在实验条件下，当黑体辐射源的尺寸不能完全覆盖热像仪视场时，采用下列方法一进行测温一致性测试实验；当黑体辐射源的尺寸能够完全覆盖热像仪视场时，采用下列方法二进行测温一致性测试实验。

方法一：使用腔式黑体辐射源进行测温一致性测试

调整热像仪或黑体辐射源位置，使黑体辐射源中心分别成像于标记点，使用热像仪测量黑体辐射源中心温度，记录标记点示值 t_{ri} 和 t_{r5}，测量顺序如下：$5 \rightarrow i \rightarrow 5(i=1,2,\cdots,9,i\neq5)$。

方法二：使用面辐射源进行测温一致性测试。

调整热像仪或黑体辐射源位置，使面辐射源清晰成像，将热像仪发射率参数设置为面辐射源发射率，分别测量并记录标记点温度 t_{ri} 和 t_{r5}，测量顺序如下：$5 \rightarrow i \rightarrow 5(i=1,2,\cdots,9,i\neq5)$。

计算被校热像仪测温一致性的值 ϕ_i：

$$\phi_i = \overline{t_{ri}} - \overline{t_{r5}} \quad (i=1,2,\cdots,9,i\neq5) \tag{2-106}$$

式中：$\overline{t_{ri}}$——在第 i 个标记点，被校热像仪示值的平均值。

四、校准不确定度评定

1. 校准的测量模型

热像仪示值误差的校准采用腔式黑体辐射源进行。

热像仪示值误差校准的测量模型为

$$\Delta t_i = t_i - t_{BBi} \quad (i=1,2,\cdots,n) \tag{2-107}$$

式中：Δt_i——第 i 个校准温度点被校热像仪的示值误差；

t_i——第 i 个校准温度点被校热像仪示值；

t_{BBi}——黑体温度。

2. 校准不确定度评定

对热像仪校准结果不确定度有影响的输入量为被校热像仪示值 t_i 和黑体辐射温度 t_{BBi}。这两个输入量彼此独立，热像仪示值误差合成标准不确定度 u_c 为

$$u_c = \sqrt{u_{t_i}^2 + u_{t_{BBi}}^2} = \sqrt{c_{t_i}^2 \cdot u^2(t_i) + c_{t_{BBi}}^2 \cdot u^2(t_{BBi})} \tag{2-108}$$

式中：u_{t_i}——由输入量 t_i 引入的标准不确定度分量；

$u_{t_{BBi}}$——由输入量 t_{BBi} 引入的标准不确定度分量；

c_{t_i}——由测量模型确定的输入量 t_i 的灵敏系数，根据式（2-107）得

$$c_{t_i} = \frac{\partial(\Delta t_i)}{\partial t_i} = 1 \tag{2-109}$$

$c_{t_{BBi}}$——由测量模型确定的输入量 t_{BBi} 的灵敏系数，根据式（2-107）得

$$c_{t_{BBi}} = \frac{\partial(\Delta t_i)}{\partial t_{BBi}} = -1 \tag{2-110}$$

$u(t_i)$——输入量 t_i 的标准不确定度；

$u(t_{BBi})$——输入量 t_{BBi} 的标准不确定度。

3. 热像仪示值误差校准不确定度各分量来源分析

（1）输入量 t_{BBi} 的标准不确定度 $u(t_{BBi})$：

①黑体辐射源控温不稳定引起；

②黑体辐射源发射率修正引起；

③参考标准传递引入；

④电测设备引入；

⑤辐射源靶面温度与标准器测量点之间温差引起。

（2）输入量 t_i 的标准不确定度 $u(t_i)$；

①热像仪测量重复性引入；

②热像仪示值分辨力引入。

第十八节　辐射测温用黑体辐射源的校准

JJF 1552—2015《辐射测温用 $-10\ ℃\sim200\ ℃$ 黑体辐射源校准规范》适用于辐射测温用黑体辐射源在 $-10\ ℃\sim200\ ℃$ 范围内有效亮度温度校准。

黑体辐射源用于校准辐射温度计、红外热像仪等辐射测温仪器。

等温封闭空腔内的热辐射为黑体辐射。黑体辐射源是具有小孔的等温空腔，其辐射特性近似于绝对黑体。

黑体辐射源为温度已知并可稳定工作的热辐射源。

黑体辐射源通常由黑体空腔、温度测量与控制系统等构成。空腔通常为圆柱圆锥形、双圆锥形、圆柱形或球形等。

黑体辐射源在低于露点温度使用时，应有措施保证空腔内表面无结露和结霜。

黑体辐射源特性参数包括腔口直径、有效发射率、亮度温度、温度均匀性和温度稳定性等。

一、计量性能要求

1. 亮度温度

黑体辐射源亮度温度的不确定度应满足所开展的辐射温度计校准的不确定度要求

2. 温度稳定性

温度稳定性为正常工作状态下，在规定时间间隔内黑体辐射源空腔底部亮度温度变化的最大值。通常时间间隔为 10 min。

3. 温度均匀性

温度均匀性为黑体辐射源有效辐射区域内各点相对于中心点的温差。绝对值应不大于 0.15 ℃ 和 0.15% × 黑体辐射源温度（单位为℃）中的大者。

4. 绝缘电阻

常温下，黑体辐射源的绝缘电阻不小于 0.5 MΩ。

二、校准条件

1. 环境条件

环境温度：$(23\pm5)℃$；相对湿度：20%～85%。

应满足标准及辅助设备、被校准设备的使用环境条件要求。应无影响校准结果的环境辐射和空气对流。

2. 标准及辅助设备

黑体辐射源比较测量设备由标准黑体辐射源、比较用辐射温度计和辅助设备组成。

（1）标准黑体辐射源

标准黑体辐射源应符合表 2－42 的要求，建议使用热管或恒温槽黑体辐射源。

表 2－42　标准黑体辐射源技术要求

性能参数	技术指标
温度范围	满足校准温度范围要求
腔口直径	满足比较用辐射温度计的 2 倍以上视场直径要求，且直径一般不小于 40 mm
有效发射率	≥0.998
温度稳定性	≤0.05 ℃/10 min
温度均匀性	≤0.1 ℃
参考温度计准确度	二等标准铂电阻温度计或不低于同等准确度的其他温度计

（2）比较用辐射温度计

比较用辐射温度计应符合表 2－43 的要求。

表 2－43　比较用辐射温度计技术要求

性能参数	技术指标
温度范围	满足校准温度范围要求
工作波段	8 μm～14 μm 或接近波段，其他波段可选
比较测量结果的噪声等效温差和分辨力	应不劣于校准结果的最小量化值。通常不大于 0.05 ℃
视场	不超过黑体辐射源腔口直径的 1/2
最大允许误差	±（1%×读数）℃或±1.4 ℃

（3）辅助设备

同尺寸光阑 2 个，光阑温度应恒定，且 2 个光阑温度相同（建议使用恒温槽为光阑提供恒温水）。光阑直径应大于比较用辐射温度计视场，建议为辐射温度计视场的 1.5 倍。光阑表面应具备高吸收比。光阑温度的不确定度不大于 1 ℃。

精密移动台或支架，用于测量标准和被校黑体辐射源时比较用辐射温度计的位置切换。

参考温度计配套的电测设备，准确度不低于 0.01 级。

绝缘电阻测试仪，准确度不低于 10 级。

三、校准项目和校准方法

（一）校准项目

校准项目见表 2－44。

表 2-44　校准项目

序号	项目名称
1	绝缘电阻
2	温度稳定性
3	温度均匀性
4	亮度温度

（二）校准方法

1. 校准原理

采用比较法，以标准黑体辐射源为标准，辐射温度计为比较器，校准黑体辐射源亮度温度。校准装置如图 2-34 所示。

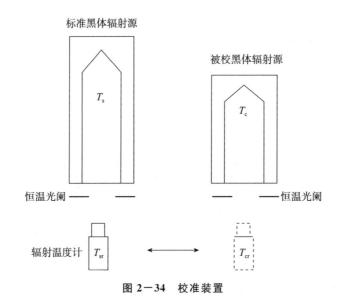

标准黑体辐射源

T_s

被校黑体辐射源

T_c

恒温光阑 —— ——恒温光阑

辐射温度计 T_{sr} ←→ T_{cr}

图 2-34　校准装置

将标准和被校黑体辐射源稳定在相同温度。使用辐射温度计分别测量标准、被校准黑体辐射源亮度温度的示值，根据公式（2-111）计算被校准黑体辐射源的亮度温度。

$$T_c = T_s + T_{cr} - T_{sr} = T_s + \Delta T_r \qquad (2-111)$$

式中：T_c——被校准黑体辐射源的亮度温度，K；

$\quad T_s$——标准黑体辐射源的亮度温度，K；

$\quad T_{cr}$——辐射温度计测量标准黑体辐射源亮度温度示值，K；

$\quad T_{sr}$——辐射温度计测量被校准黑体辐射源亮度温度示值，K；

$\quad \Delta T_r$——T_{cr} 与 T_{sr} 的差，K。

注：在给出结果时温度单位可按习惯使用单位℃。以下公式可相同处理。

标准黑体辐射源辐射温度 T_s 由公式（2-112）计算。

$$\int_{\lambda_1}^{\lambda_2} L(\lambda, T_s) d\lambda = \int_{\lambda_1}^{\lambda_2} \varepsilon_s L(\lambda, T_t) d\lambda + \int_{\lambda_1}^{\lambda_2} (1 - \varepsilon_s) L(\lambda, T_{am}) d\lambda \qquad (2-112)$$

式中：$L(\lambda, T)$——黑体光谱辐射亮度，W/(m³·sr)；

λ_2、λ_1——辐射温度计的工作波段的上、下限，μm；

T_s——标准黑体辐射源的亮度温度，K；

T_t——标准黑体辐射源参考温度计测量的实际温度，K；

T_{am}——标准黑体辐射源所处环境温度（近似采用光阑温度），K；

ε_s——标准黑体辐射源的有效发射率。

2. 绝缘电阻测试

在不连接电源的情况下，将黑体辐射源电源开关打开。对使用接触器（需接通外部电源后才能接通的开关）的黑体辐射源，如可能，应设法使接触器处于接通状态。

使用绝缘电阻测试仪在 500 V 测试电压下，分别测量黑体辐射源电源输入端的相线 L 与地线 G、中线 N 与地线 G、相线 L 与仪器外壳的绝缘电阻。

取所有测量值中的最小值作为绝缘电阻的测量结果。

3. 温度稳定性测试

（1）测试方法

选择温度点，在黑体辐射源温度范围内均匀分布，优先选择 10 ℃点，也可根据用户要求选择。

被校准黑体辐射源温度设定在测试温度点，10 min 的温度控制稳定性不大于 0.1 ℃和 0.1％t 中的大者（t 为校准点温度值）。不使用光阑。调整辐射温度计方位，使得辐射温度计与黑体辐射源同轴。

每个温度点共进行 n 次（通常为 11 次）测量。每次测量时间间隔通常为 1 min。记录辐射温度计测量值。

（2）数据处理

温度稳定性由公式（2—113）计算：

$$\Delta T_{cr} = T_{crMAX} - T_{crMIN} \tag{2—113}$$

式中：ΔT_{cr}——被校准黑体辐射源的温度稳定性，K；

T_{crMAX}——辐射温度计测量被校准黑体辐射源亮度温度示值最大值，K；

T_{crMIN}——辐射温度计测量被校准黑体辐射源亮度温度示值最小值，K。

4. 温度均匀性测试

（1）测试方法

选择温度点，在黑体辐射源温度范围内均匀分布，优先选择 10 ℃点，也可按用户要求选择。

均匀性测试位置可选择黑体辐射源空腔底部的中部、上部、下部、左部和右部五个点，或按用户要求选择。

被校黑体辐射源温度设定在测试温度点，10 min 的温度稳定性不大于 0.1 ℃和 0.1％t 中的大者（t 为校准点温度值）。不使用光阑。调整辐射温度计方位，使得辐射温度计与黑体辐射源同轴。此时辐射温度计瞄准黑体辐射源的中心位置。可按中→上、中→左、中→右、中→下的顺序测量。

每个位置上共进行 n 次（通常为 3 次）测量。

（2）数据处理

温度均匀性为各点温度与中心温度之差，根据公式（2—114）计算：

$$\Delta T_\mathrm{F} = \mathrm{MAX}(|\overline{T_\mathrm{cri}} - \overline{T_\mathrm{crc}}|) \tag{2-114}$$

式中：ΔT_F——各点温度与中心温度之差，K；

$\overline{T_\mathrm{cri}}$——黑体辐射源上部、下部、左部和右部的亮度温度测量平均值（$i=1,2,3,4$），K；

$\overline{T_\mathrm{crc}}$——黑体辐射源中心位置亮度温度的平均值，K。

5. 亮度温度校准

（1）校准前的准备

选择校准温度点，在黑体辐射源温度范围内均匀分布，优先选择整 10 ℃点，也可根据用户要求选择。

电测设备预热。使标准和被校准黑体辐射源温度均处于校准温度点±0.5 ℃之内。标准黑体辐射源的温度波动性满足相应要求，被校准黑体辐射源 10 min 的温度稳定性不大于 0.1 ℃和 0.1%t 的大者（t 为校准点温度值）。将光阑分别放置在标准黑体辐射源和被校准黑体辐射源空腔之前。光阑应保持与辐射源同轴，在不被显著加热和不影响黑体辐射源温度分布与有效发射率的前提下，靠近黑体辐射源，一般距黑体辐射源 5 cm。光阑的温度设定在环境温度附近，温度稳定在 0.2 ℃/10 min 以内，认为达到稳定。

首先调整光阑和黑体辐射源的相对位置，光阑与黑体辐射源同轴。调整辐射温度计方位，使得辐射温度计与光阑同轴。标识或记录辐射温度计的两个位置。

（2）亮度温度比较测量

每组测量可按下列操作顺序进行：瞄准标准黑体辐射源，调整好位置后测量。记录 n 次（通常为 3 次）标准黑体辐射源参考温度计测量值和辐射温度计测量值。瞄准被校准黑体辐射源，调整好位置后测量。记录 n 次辐射温度计测量值。

每个校准温度点共进行 m 组（通常为 3 组）的比较测量。

每组比较测量中，应交替、等时间间隔测量标准和被校准黑体辐射源，通常时间间隔在 1 min以内。

（3）数据处理

计算每次比较测量的标准黑体辐射源辐射温度 T_s 和 ΔT_r。

计算多次比较测量的 T_s、ΔT_r 的平均值。

$$\overline{T_\mathrm{s}} = \frac{\displaystyle\sum_{h=1}^{m}\sum_{k=1}^{n} T_\mathrm{shk}}{mn} \tag{2-115}$$

式中：$\overline{T_\mathrm{s}}$——T_s 的平均值，K；

m——比较测量的组数；

n——每组测量的次数。

$$\overline{\Delta T_\mathrm{r}} = \frac{\displaystyle\sum_{h=1}^{m}\sum_{k=1}^{n} \Delta T_\mathrm{rhk}}{mn} \tag{2-116}$$

式中：$\overline{\Delta T_\mathrm{r}}$——$\Delta T_\mathrm{r}$ 的平均值，K。

计算被校准黑体辐射源的亮度温度 T_c。

$$T_\mathrm{c} = \overline{T_\mathrm{s}} + \overline{\Delta T_\mathrm{r}} \tag{2-117}$$

式中：T_c——被校准黑体辐射源的亮度温度，K；

　　$\overline{T_s}$——标准黑体辐射源的亮度温度平均值，K；

　　$\overline{\Delta T_r}$——ΔT_r的平均值，K。

四、校准不确定度评定

黑体辐射源亮度温度比较法测量模型为：

$$T_c = T_s + \Delta T_r \tag{2-118}$$

式中：T_c——被校准黑体辐射源的亮度温度，K；

　　T_s——标准黑体辐射源的亮度温度，K；

　　ΔT_r——T_{cr}与T_{sr}的差，K。

根据黑体辐射源亮度温度测量模型将影响分量分为三类：

1. 标准黑体辐射源的亮度温度引入的不确定度

①标准铂电阻温度计测量黑体辐射源实际温度引入的不确定度u_1

——标准铂电阻温度计传递引入的不确定度；

——标准铂电阻温度计配套电测仪表准确度引入的不确定度；

——标准铂电阻温度计温度与空腔底参考点温度差引入的不确定度。

②辐射温度计的波段确定引入的不确定度u_2

③黑体辐射源有效发射率引入的不确定度u_3

④环境温度变化引入的不确定度u_4

2. 温差 ΔT_r 引入的不确度分量

①辐射温度计定位重复性引入的不确定度u_5

②辐射温度计的测量特性引入的不确定度u_6

——辐射温度计的测量分辨力引入的不确定度；

——辐射温度计的短期稳定性引入的不确定度；

——辐射温度计比较测量噪声引入的不确定度；

——辐射温度计源尺寸效应（SSE）引入的不确定度；

——环境温度对辐射温度计输出影响引入的不确定度。

3. 被校准黑体辐射源特性引入的不确定度

①被校准黑体辐射源亮度温度稳定性引入的不确定度u_7

②被校准黑体辐射源亮度温度均匀性引入的不确定度u_8

黑体辐射源亮度温度校准的不确定度u_c由标准黑体辐射源的亮度温度引入的不确定度u_b、辐射温度计测出的温差ΔT_r引入的不确定度u_t和被校准黑体辐射源特性引入的不确定度u_{cb}组成。

各不确定度分量相互独立，黑体辐射源亮度温度校准的合成标准不确定度u_c由下式计算：

$$u_c = \sqrt{u_b^2 + u_t^2 + u_{cb}^2} \tag{2-119}$$

第三章 >>>>

热电偶

第一节　热电偶的工作原理

一、热电效应

在由两种导体(或半导体)A、B组成的闭合回路(图3-1)中,如果对接点1加热,使得接点1、2的温度不同,那么回路中就会有电流产生,这一现象称为温差电效应或塞贝克效应。相应的电动势称为温差电势或塞贝克电势,回路中产生的电流,称为热电流。导体(或半导体)A、B称为热电极。实验证明:当热电极材料一定时,热电动势仅与两接点的温度有关。一般称这种由一对不同材料导线构成的、基于塞贝克效应测温的测量元件为热电

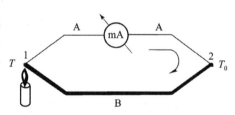

图 3-1　塞贝克效应示意图
1—测量端;2—参考端

偶。测温时,一般将接点1用焊接的方法连在一起,并置于被测温场中,称为测量端(或工作端、热端和感温端)。接点2则恒定在某一温度,称为参考端(或自由端、冷端)。

当两接点温度分别为 T、T_0 时,回路的热电动势为

$$E_{AB}(T,T_0)=\int_{T_0}^{T}\alpha_{AB}\,dT=e_{AB}(T)-e_{AB}(T_0) \tag{3-1}$$

式中:　　α_{AB}——塞贝克系数或热电动势率,其值随热电极材料和两接点的温度而定;

$e_{AB}(T)$、$e_{AB}(T_0)$——接点的分热电动势或分塞贝克电势;

T、T_0——两接点所处的温度;

A、B——两种热电极材料代号。

角标A、B按正电极写在前,负电极写在后的顺序排列。当 $T>T_0$ 时,$e_{AB}(T)$ 与总热电动势(或热电流)的方向一致,$e_{AB}(T_0)$ 与总热电动势的方向相反;当 $T_0>T$ 时,$e_{AB}(T_0)$ 与总热电动势的方向一致,$e_{AB}(T)$ 与总热电动势的方向相反。热电偶回路的总热电动势为上述这两接点分热电动势之差。即热电偶回路的总热电动势仅与热电极材料和两接点的温度有关。

对于已定的热电偶,当其参考端温度 T_0 恒定时,$e_{AB}(T_0)$ 为一常数,则热电动势 $E_{AB}(T,T_0)$ 仅是测量端温度 T 的函数,即

$$E_{AB}(T,T_0)=e_{AB}(T)+常数 \tag{3-2}$$

当 T_0 恒定时,热电偶所产生的热电动势仅随测量端温度而变化,一定的热电动势对应着一定的测量端温度,所以,可以通过测量热电偶所产生的热电动势来确定所测量的温度。

1. 珀耳帖电势和珀耳帖效应

我们已经知道热电偶测温是基于热电转化的原理。进一步分析,可以发现:由热电偶产生的热电动势(塞贝克电势)是由珀耳帖电势和汤姆逊电势所组成。现分别介绍如下:

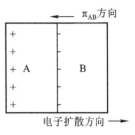

图 3-2 珀耳帖电势

不同导体(或半导体,下同)自由电子的密度是不同的。当两种导体连接在一起,其接触处就会发生电子的扩散,自由电子从密度高的导体流向密度低的导体,电子扩散的速率与自由电子的密度和导体所处的温度成比例。设导体 A、B 的自由电子的密度分别为 n_A、n_B,且 $n_A > n_B$,那么在单位时间内,由导体 A 扩散到导体 B 的电子数要比由导体 B 扩散到金属 A 的电子数多。这时,导体 A 因失去电子而带正电,导体 B 因得到电子而带负电。于是在接触处便形成了电位差,即电动势。这个电动势将阻碍电子由导体 A 向导体 B 做进一步扩散(图 3-2)。当电子扩散的能力与上述电场的阻力平衡时,接触处的自由电子扩散就达到了动平衡。这种由于两种导体自由电子密度不同,而在接触处形成的热电动势称为珀耳帖电势,表示为 Π_{AB}。

根据电子理论,Π_{AB} 可以用下列公式表示:

$$\Pi_{AB}(T) = \frac{kT}{e} \ln \frac{n_A}{n_B} \tag{3-3}$$

式中:k——玻耳兹曼常数,$k = 1.380\ 658 \times 10^{-23}\ \mathrm{J \cdot K^{-1}}$;

$\quad\ T$——接触处的热力学温度,K;

$\quad\ e$——电子电荷量,$e = 1.602\ 177\ 33 \times 10^{-19}\ \mathrm{C}$;

n_A、n_B——分别为导体 A、B 的自由电子密度。

如果在两导体接触处的两边接上一个电池 $E_外$,并使电流 I 的方向与珀耳帖电势 Π_{AB} 方向相反,则由克希荷夫第二定律可得

$$E_外 = IR + \Pi_{AB} \tag{3-4}$$

式(3-4)两边都乘以电流 I,得

$$IE_外 = I^2 R + I\Pi_{AB} \tag{3-5}$$

可见,当电流 I 的方向与 Π_{AB} 方向相反时,电源 $E_外$ 所做的功一部分消耗在导体上,变为焦耳热($I^2 R$)向外界释放,另一部分是为抵抗接触处的珀耳帖电势($I\Pi_{AB}$)而做的功,也转化为热能,由 A、B 的接触处向外界放热。

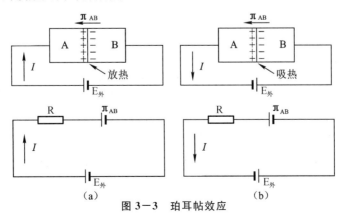

图 3-3 珀耳帖效应

若将电源 $E_{外}$ 反接,如图 3-3(b)所示,使电流 I 的方向与珀耳帖电势 Π_{AB} 相同,则:

$$IE_{外}+I\Pi_{AB}=I^2R \qquad (3-6)$$

这时,珀耳帖电势 Π_{AB} 与电源 $E_{外}$ 一起对导体做功,于是接触处就出现吸热的现象。这种当电流通过两导体的接触处时产生的吸热(或放热)现象,称为珀耳帖效应。

在珀耳帖电势的形成过程中,由于在接触处总伴随着电荷的迁移,而一定有电流通过接触处,且其方向总与珀耳帖电势 Π_{AB} 方向一致,因而这时两导体的接触处将从外界吸热。珀耳帖电势 Π_{AB} 就是由接触处自外界吸收的珀耳帖热转化来的,所以珀耳帖电势是一种热电动势。

对于导体 A、B 组成的闭合回路(见图 3-3),两接点的温度分别为 T、T_0,相应的珀耳帖电势分别为:

$$\Pi_{AB}(T)=\frac{kT}{e}\ln\frac{n_A}{n_B} \qquad (3-7)$$

$$\Pi_{AB}(T_0)=\frac{kT_0}{e}\ln\frac{n_A}{n_B} \qquad (3-8)$$

回路的总珀耳帖电势为:

$$\Pi_{AB}(T)-\Pi_{AB}(T_0)=\frac{kT}{e}\ln\frac{n_A}{n_B}-\frac{kT_0}{e}\ln\frac{n_A}{n_B}=\frac{k}{e}(T-T_0)\ln\frac{n_A}{n_B} \qquad (3-9)$$

式(3-9)表明,热电偶回路的珀耳帖电势只与材料 A、B 的性质和两接点的温度有关。如果两接点温度相同,即 $T=T_0$,那么尽管两接点处都存在珀耳帖电势,但回路的总珀耳帖电势却等于零。

2. 汤姆逊电势和汤姆逊效应

在一根均质的导体上,如果存在温度梯度,那么也会产生电动势,称为汤姆逊电势。汤姆逊电势的形成是因为在导体内,高温处比低温处自由电子扩散的速率大,因此,对于导体的某一个截面元来说,温度较高处因失去电子而带正电,温度较低处因得到电子而带负电,从而形成了电位差。当均质导体两端的温度分别为 T、T_0 时,汤姆逊电势为:

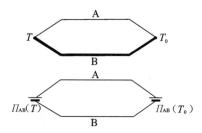

图 3-4 热电偶回路的珀耳帖电势

$$\int_{T_0}^{T}\mu\mathrm{d}T \qquad (3-10)$$

式中:μ——汤姆逊系数,温差为 1 ℃时所产生的电势值。

汤姆逊系数可称为电比热,相应的汤姆逊电势,则称为电储热。μ 的大小与材料性质和均质导体两端的平均温度有关。通常规定:当电流方向与导体温度降低的方向一致时为吸热,汤姆逊系数取正值;当电流方向与导体温度升高的方向一致时为放热,汤姆逊系数加负号。

当电流沿汤姆逊电势的方向通过具有温度梯度的导体时,导体会产生吸热现象,当电流反向流过导体时,则导体会向外放热,这种现象就称为汤姆逊效应。

因此,汤姆逊效应产生了汤姆逊电势,而且汤姆逊电势也是一种热电动势:

$$\int_{T_0}^{T}(\mu_A-\mu_B)\mathrm{d}T \qquad (3-11)$$

式(3—11)表明,热电偶回路的汤姆逊电势只与均质热电极 A、B 的材料和两接点的温度 T、T_0 有关,而与热电极的几何尺寸和沿热电极的温度分布无关。如果两接点温度相同,那么回路中汤姆逊电势就等于 0。

综上所述,对于均质导体 A、B 组成的热电偶回路(见图 3—5),接点温度 $T > T_0$ 时,产生的热电动势为

$$E_{AB}(T, T_0) = \Pi_{AB}(T) - \Pi_{AB}(T_0) + \int_{T_0}^{T} (\mu_A - \mu_B)\mathrm{d}T$$
$$(3—12)$$

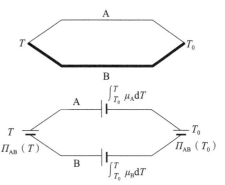

图 3—5　热电偶回路的汤姆逊电势

式(3—12)表明,如果热电偶的两热电极 A、B 材料相同,那么两接点处的珀耳帖电势都等于零,而两热电极的汤姆逊电势大小相等,方向相反,因此这时回路中的总热电动势等于零。如果热电偶两接点温度相同,即 $T = T_0$,那么两热电极的汤姆逊电势等于零,而两接点处的珀耳帖电势大小相等,方向相反,因此这时回路中的总热电动势仍然等于零。由此可见,热电偶产生非零热电动势必须具备以下两个条件为:

(1) 热电偶必须用两种不同材料的热电极构成;

(2) 热电偶的两接点必须具有不同的温度。

若组成热电偶的材料一定,那么热电动势的大小仅是两接点温度 T、T_0 的函数。对于由热电极 A、B 所组成的热电偶回路,当两接点温度分别为 T、T_0 时,整个热电偶回路的热电动势即塞贝克电势 $E_{AB}(T, T_0)$ 等于两珀耳帖分电势与两汤姆逊分电势的代数和,而各接点的分热电动势便等于相应的珀耳帖电势和汤姆逊电势(即电储热)的代数和,即

$$e_{AB}(T) = \Pi_{AB}(T) + \int_0^T (\mu_A - \mu_B)\mathrm{d}T \qquad (3—13)$$

$$e_{AB}(T_0) = \Pi_{AB}(T_0) + \int_0^{T_0} (\mu_A - \mu_B)\mathrm{d}T \qquad (3—14)$$

由以上的分析,我们可以归纳如下:

(1) 从理论上讲,任何两种不同的导体(或半导体)都可以配对成热电偶;

(2) 热电偶能用来测量温度,是基于热电现象。任何两种均质导体(或半导体)组成的热电偶,其热电动势的大小仅与热电极的材料和两接点的温度 T、T_0 有关,而与热电偶的形状及几何尺寸无关;

(3) 热电偶参考端的温度恒定时,其热电动势仅是测量端温度的函数。参考端温度不同,则热电动势与测量端温度的对应关系也不同。目前国际通用热电偶分度表,其参考端温度都规定为 0 ℃。

本章中,将热电偶参考端为 0 ℃,测量端温度为 t 时的热电动势简称为热电偶在温度为 t 时的热电动势。

二、基本定律及应用

在实际测温中,利用热电偶测量温度时,必须在热电偶回路中引入连接导线和测量显示仪表。为了进一步掌握热电偶的测温特性,有必要了解下列四个与热电偶相关的基本定律。

1. 均质导体定律

由一种均质导体（或半导体）组成的闭合回路，不论导体（或半导体）的截面和长度如何以及各处的温度分布如何，都不能产生非零热电动势。

如图 3—6 所示，在均质导体所组成的闭合回路中，我们可以看到：接点 1、2 都是同一均质导体 A，因此不可能产生珀耳帖电势；导体 A 因为处于有温度梯度的温场中（$T > T_0$），能产生汤姆逊电势，但回路上半部和下半部的汤姆逊电势大小相等而方向相反，因此整个回路总的汤姆逊电势等于零。

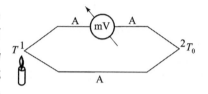

图 3—6　均质导体回路

均质导体定律告诉我们：如果热电偶的两热电极是由两种均质导体组成，那么热电偶的热电动势仅与两接点的温度有关，而与沿热电极的温度分布无关。如果热电偶的热电极为非均质导体，那么它们在不同的温场将产生不同的热电动势值。这时，我们如果仅根据热电动势来判断热电偶测量端温度的高低，就会带来误差。所以，热电极材料的均匀性是衡量热电偶质量的主要指标之一。

均质导体定律在应用方面可归纳为以下两个方面：

（1）用一种均质导体所构成的回路不能产生非零热电动势。热电偶必须由两种不同的热电极所构成。

（2）当由一种热电极组成的闭合回路存在温差时，若有热电动势输出，便说明该热电极是不均匀的。由此，可以检查热电极的不均匀性。

2. 中间导体（中间金属）定律

用热电偶测温时，在测量回路里需要引入显示仪表和连接导线等，而这些导线和热电极材料往往是不同的。中间导体定律告诉我们：在热电偶回路中，只要中间导体两端温度相同，那么接入中间导体后，对热电偶回路的总热电动势没有影响。

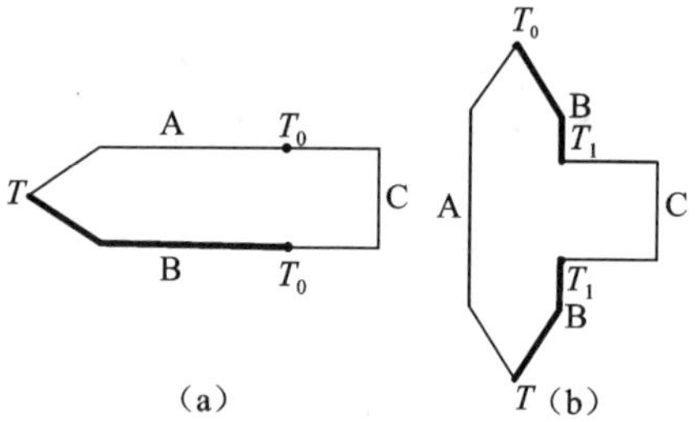

用中间导体 C 接入热电偶回路，有图 3—7 所示的两种形式：

图 3—7　有中间导体的热电偶回路

讨论图 3—7(a) 的情况，热电偶回路的热电动势等于各接点热电动势的代数和，即

$$E_{AB}(T, T_0) = e_{AB}(T) + e_{BC}(T_0) + e_{CA}(T_0) \tag{3—15}$$

当 $T = T_0$ 时，有

$$E_{ABC}(T_0) = e_{AB}(T_0) + e_{BC}(T_0) + e_{CA}(T_0) = 0$$

即

$$e_{BC}(T_0) + e_{CA}(T_0) = -e_{AB}(T_0) \tag{3—16}$$

将式（3—16）代入式（3—15），则

$$E_{ABC}(T, T_0) = e_{AB}(T) - e_{AB}(T_0) \tag{3—17}$$

由式（3—17）可以看出：当中间导体两端温度相同时，将不影响总热电动势。这一结论还可用下述方法来证明。回路的总热电动势为

$$E_{ABC}(T, T_0) = \Pi_{AB}(T) + \Pi_{BC}(T_0) + \Pi_{CA}(T_0) + \int_{T_0}^{T} \mu_A dT - \int_{T_0}^{T} \mu_B dT + \int_{T_0}^{T_0} \mu_C dT$$

其中：

$$\Pi_{\mathrm{BC}}(T_0) + \Pi_{\mathrm{CA}}(T_0) = \frac{kT_0}{e}\ln\frac{n_{\mathrm{B}}}{n_{\mathrm{C}}}\frac{n_{\mathrm{C}}}{n_{\mathrm{A}}} = \frac{kT_0}{e}\ln\frac{n_{\mathrm{B}}}{n_{\mathrm{A}}} = \Pi_{\mathrm{BA}}(T_0) = -\Pi_{\mathrm{AB}}(T_0)$$

$$\int_{T_0}^{T_0}\mu_{\mathrm{C}}\,\mathrm{d}T = 0$$

则

$$E_{\mathrm{ABC}}(T,T_0) = \Pi_{\mathrm{AB}}(T) - \Pi_{\mathrm{AB}}(T_0) + \int_{T_0}^{T}\mu_{\mathrm{A}}\,\mathrm{d}T - \int_{T_0}^{T}\mu_{\mathrm{B}}\,\mathrm{d}T$$

$$= \Pi_{\mathrm{AB}}(T) - \Pi_{\mathrm{AB}}(T_0) + \int_{T_0}^{T}(\mu_{\mathrm{A}} - \mu_{\mathrm{B}})\,\mathrm{d}T$$

$$= E_{\mathrm{AB}}(T,T_0)$$

上述两种证明方法,结论一致。用第二种方法讨论图 3—7(b)的情况:

$$E_{\mathrm{ABC}}(T,T_1,T_0) = \Pi_{\mathrm{AB}}(T) + \Pi_{\mathrm{BC}}(T_1) + \Pi_{\mathrm{CB}}(T_1) + \Pi_{\mathrm{BA}}(T_0)$$

$$+ \int_{T_0}^{T}\mu_{\mathrm{A}}\,\mathrm{d}T - \int_{T_0}^{T}\mu_{\mathrm{B}}\,\mathrm{d}T + \int_{T_0}^{T_0}\mu_{\mathrm{C}}\,\mathrm{d}T$$

$$= \Pi_{\mathrm{AB}}(T) + \Pi_{\mathrm{BA}}(T_0) + \int_{T_0}^{T}\mu_{\mathrm{A}}\,\mathrm{d}T - (\int_{T_1}^{T_0}\mu_{\mathrm{B}}\,\mathrm{d}T + \int_{T_1}^{T}\mu_{\mathrm{B}}\,\mathrm{d}T)$$

$$= \Pi_{\mathrm{AB}}(T) - \Pi_{\mathrm{AB}}(T_0) + \int_{T_0}^{T}\mu_{\mathrm{A}}\,\mathrm{d}T - \int_{T_0}^{T}\mu_{\mathrm{B}}\,\mathrm{d}T$$

$$= \Pi_{\mathrm{AB}}(T) - \Pi_{\mathrm{AB}}(T_0) + \int_{T_0}^{T}(\mu_{\mathrm{A}} - \mu_{\mathrm{B}})\,\mathrm{d}T$$

$$= E_{\mathrm{AB}}(T,T_0)$$

因此,在热电偶回路中,接入中间导体 C 后,只要其两端的温度相等,那么就不会影响回路的总热电动势。对于在回路中接入多种导体后,只要每一种导体两端的温度相同,也可以得到同样的结论。

用热电偶测温时,显示仪表和连接导线都可作为中间导体,根据中间导体定律,只要显示仪表和连接导线两端的温度相同,它们对热电偶产生的热电动势就没有影响。

3. 连接导体定律与中间温度定律

在热电偶回路中,如果热电极 A、B 分别与连接导线 A′、B′ 连接,接点温度分别为 T、T_n、T_0（如图 3—8所示）,那么回路的热电动势将等于热电偶的热电动势 $E_{\mathrm{AB}}(T,T_n)$ 与连接导线 A′、B′ 在温度 T_n、T_0 时热电动势 $E_{\mathrm{AB}}(T_n,T_0)$ 的代数和。

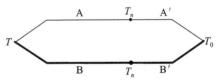

图 3—8　用连接导线的热电偶回路

$$E_{\mathrm{ABB'A'}}(T,T_n,T_0) = E_{\mathrm{AB}}(T,T_n) + E_{\mathrm{A'B'}}(T_n,T_0) \tag{3—18}$$

该定律可证明如下:

$$E_{\mathrm{ABB'A'}}(T,T_n,T_0) = \Pi_{\mathrm{AB}}(T) + \Pi_{\mathrm{BB'}}(T_n) + \Pi_{\mathrm{B'A'}}(T_0) + \Pi_{\mathrm{A'A}}(T_n)$$

$$+ \int_{T_n}^{T}\mu_{\mathrm{A}}\,\mathrm{d}T + \int_{T_0}^{T_n}\mu_{\mathrm{A'}}\,\mathrm{d}T - \int_{T_0}^{T_n}\mu_{\mathrm{B'}}\,\mathrm{d}T - \int_{T_n}^{T}\mu_{\mathrm{B}}\,\mathrm{d}T$$

其中:$\Pi_{\mathrm{BB'}}(T_n) + \Pi_{\mathrm{A'A}}(T_n) = \frac{kT_n}{e}\ln\frac{n_{\mathrm{B}}}{n_{\mathrm{B'}}}\frac{n_{\mathrm{A'}}}{n_{\mathrm{A}}} = \frac{kT_n}{e}(\ln\frac{n_{\mathrm{A'}}}{n_{\mathrm{B'}}} - \ln\frac{n_{\mathrm{A}}}{n_{\mathrm{B}}}) = \Pi_{\mathrm{A'B'}}(T_n) - \Pi_{\mathrm{AB}}(T_n)$

$$\Pi_{\mathrm{B'A'}}(T_0) = -\Pi_{\mathrm{A'B'}}(T_0)$$

所以:

$$E_{ABB'A'}(T, T_n, T_0) = \Pi_{AB}(T) + \Pi_{A'B'}(T_n) - \Pi_{AB}(T_n) - \Pi_{A'B'}(T_0)$$
$$+ \int_{T_n}^{T} \mu_A dT - \int_{T_n}^{T} \mu_B dT + \int_{T_0}^{T_n} \mu_{A'} dT - \int_{T_0}^{T_n} \mu_{B'} dT$$
$$= [\Pi_{AB}(T) - \Pi_{AB}(T_n) + \int_{T_n}^{T} (\mu_A - \mu_B) dT]$$
$$+ [\Pi_{A'B'}(T_n) - \Pi_{A'B'}(T_0) + \int_{T_0}^{T_n} (\mu_{A'} - \mu_{B'}) dT]$$
$$= E_{AB}(T, T_n) + E_{A'B'}(T_n, T_0)$$

连接导体定律是工业测温中应用补偿导线的理论基础。从连接导体定律还可以引出重要的结论：当 A 与 A′、B 与 B′ 材料分别相同且接点温度为 T、T_n、T_0 时，根据连接导体定律，可得该回路的热电动势为：

$$E_{AB}(T, T_n, T_0) = E_{AB}(T, T_n) + E_{AB}(T_n, T_0) \tag{3-19}$$

式(3-19)表明，热电偶在接点温度为 T、T_0 时的热电动势 $E_{AB}(T, T_0)$ 等于热电偶在 (T, T_n)、(T_n, T_0) 时相应的热电动势 $E_{AB}(T, T_n)$ 与 $E_{AB}(T_n, T_0)$ 的代数和，这就是中间温度定律，其中 T_n 称为中间温度。

4. 参考电极定律

参考电极定律指出：如果将热电极 C（一般为纯铂丝）作为参考电极（也称标准电极），并已知参考电极与各种热电极配对时的热电动势。那么在相同接点温度(T, T_0)下，任意两热电极 A、B 配对后的热电动势（回路示意图见图 3-9）可按式(3-20)求得：

$$E_{AB}(T, T_0) = E_{AC}(T, T_0) - E_{BC}(T, T_0) \tag{3-20}$$

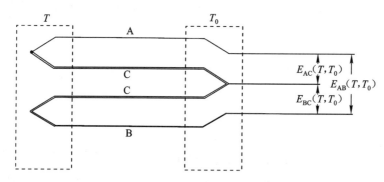

图 3-9　参考电极回路

当已知两导体分别与参考电极组成热电偶的热电动势，就可以根据参考电极定律计算出该两导体组成热电偶时的热电动势。由于纯铂丝的物理、化学性能稳定，熔点较高，易提纯，所以常用纯铂丝作参考电极。参考电极定律大大简化了热电偶的选配工作。只要获得有关热电极与标准铂电极配对的热电动势，那么任何两种热电极配对时的热电动势便可按式(3-20)求得，而不需逐个测定。

第二节 热电偶的材料、类型、特性和使用

一、热电偶的材料

热电偶必须由两种不同材料的热电极组成。虽然理论上说任意两种导体(或半导体)都可以配制成热电偶,但是,作为实用的测温元件,并不是所有的材料都适合制作热电偶。作为热电偶电极的材料应尽可能满足以下条件:

(1) 配制成的热电偶应有较大的热电动势和热电动势率,且热电动势与温度之间呈线性关系或近似线性的单值函数关系。

(2) 能在较宽的温度范围内应用,且物理化学性能与热电特性都较稳定。用于测量高温的热电偶,要求热电极材料有较好的耐热性、抗氧化性、抗还原性和抗腐蚀性,这样才能在高温下可靠地工作。对于应用在核辐照场合中测温的热电偶材料,还要求有较好的抗辐照性能。

(3) 电导率高,电阻温度系数和电阻率小。测量回路的电阻变化会影响仪表的指示值。如果热电极材料的电阻比仪表的内阻小得多,并且热电极电阻随温度变化也小,则在测量回路的电阻变化就会很小,测温时误差就小。

(4) 易于复制,工艺性与互换性要好,便于制定统一的分度表。

(5) 资源丰富,价格低廉。

实际生产中很难找到一种能完全满足上述要求的材料。选择热电极材料时,应根据具体情况,找出主要矛盾加以解决,使配制成的热电偶达到所期望的要求。

二、热电偶的分类

热电偶按照热电极材料来分,则可分为:难熔金属热电偶(如钨铼 5-钨铼 26 热电偶)、贵金属热电偶(如铂铑 30-铂铑 6 热电偶)、廉金属热电偶(镍铬-镍硅热电偶)、非金属热电偶(如石墨－碳化硅热电偶)。

按使用温度范围来分,又可分为:高温热电偶(如铂铑 30-铂铑 6 热电偶)、中温热电偶(如镍铬-镍硅热电偶)、低温热电偶(如铜-铜镍热电偶)。

按热电偶的结构类型可分为:普通热电偶、铠装热电偶、特殊结构热电偶等。

按热电偶的用途又可分为:标准热电偶(用于校准其他热电偶量值的热电偶)和工作用热电偶(直接用于现场测温的热电偶)。

按工业标准化情况来分类,则可分为:标准化热电偶(工艺成熟,互换性好,有分度表的热电偶,目前我国和世界上有 20 种,10 种常用,10 种不太常用)和非标准化热电偶(只在某些特殊场合使用,没有统一的分度表的热电偶)两大类。

三、最常见的两种热电偶型式

最常用的热电偶型式是:普通型热电偶、铠装热电偶和柔性热电偶。下面介绍普通型热电偶和铠装热电偶。

1. 普通型热电偶

普通型热电偶由热电极和保护套组成，一般外形如图3－10所示。根据测量温度范围和环境气氛的不同，选择不同的热电偶和保护套。其安装时的连接型式可分为螺纹连接和法兰连接两种。

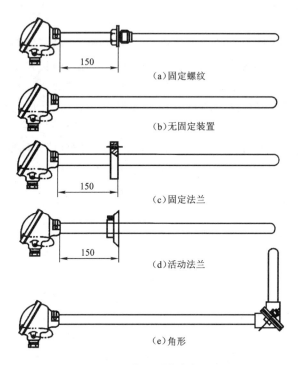

(a)固定螺纹

(b)无固定装置

(c)固定法兰

(d)活动法兰

(e)角形

图3－10　普通型热电偶外形

2. 铠装热电偶

铠装热电偶是一种由热电极、绝缘材料和金属套管三者一次成型加工而成的热电偶。铠装热电偶的热电极被周围致密的氧化物粉末所绝缘，有对称间距。外壳的套管材料和绝缘材料的选择将直接影响铠装热电偶的绝缘电阻和使用寿命。这种热电偶外径、长度和测量端的结构型式是根据测量要求来选定的。

（1）铠装热电偶的型式

铠装热电偶的测量端一般有以下四种型式，如图3－11中所示。

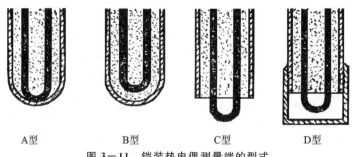

A型　　　　B型　　　　C型　　　　D型

图3－11　铠装热电偶测量端的型式

图中：

A 型——接壳型：热电偶测量端和套管焊在一起，其动态响应比露头型慢，但比绝缘型快；

B 型——绝缘型：测量端封闭在套管内，热电极与套管之间相互绝缘，这是一种最常用的型式；

C 型——露端型：其测量端暴露在外（超出套管端部或缩在套管端之内），优点是动态响应好，缺点是暴露在套管端部之外时非常脆弱，仅在干燥的非腐蚀性的介质中使用；

D 型——帽型：在露端型的测量端套上一个套管材料做的保护帽，用银焊密封起来，现在制造绝缘型的技术已经非常成熟，这种形式的产品已经很少。

接壳型和绝缘型的头部也可根据使用要求加工成其他尺寸和形状。

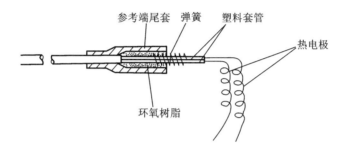

图 3—12 铠装热电偶参考端连接结构

铠装热电偶参考端的连接结构的常用型式如图 3—12 所示。也可以根据特殊使用要求制成其他连接结构。

（2）铠装热电偶的特点

铠装热电偶的主要优点有：

①热响应快。热响应时间常数用 τ_x 来表示，X 表示响应达到的程度，通常取 0.1、0.5、0.9，分别表示达到 10%、50% 和 90% 的响应。套管直径不同，时间常数 τ 不同；测量端型式不同，时间常数也不同。套管的外径和时间常数的关系见表 3—1。

表 3—1 套管的外径和时间常数的关系

套管外径/mm	热响应时间常数 $\tau_{0.5}/s$		
	露端型	接壳型	绝缘型
1.0	0.01	0.3	0.7
1.6	0.06	0.6	1.2
3.2	0.12	1.8	3.6
4.8	0.24	3.0	6.1
6.4	0.36	4.9	12.3
8.0	0.61	6.7	19.6

②测量端热容量小。由于铠装热电偶外径可以做得很细，在热容量较小的被测物体上，也能测得较准确的温度。

③挠性好。套管材料经退火处理后，有良好的柔性。如外套管为不锈钢（1Crl8Ni9Ti）

的铠装热电偶的弯曲半径仅为套管直径的两倍。

④强度高。铠装热电偶结构坚实，机械强度高，耐压、耐强烈震动和冲击，适于多种工况使用。

⑤品种多。铠装热电偶的长度能达100 m以上，套管外径最细能达0.25 mm。除双芯铠装热电偶外，还可以制成单芯或四芯等铠装热电偶。由于铠装热电偶有很多特点，因此已被广泛应用在航空、原子能、电力、冶金、机械和化工等部门。

（3）铠装热电偶的材料

正确选用组合体各部分材料是提高测量准确度和使用寿命的一个关键。金属套管是对热电偶起支撑和保护作用的，因此不仅要考虑使用温度，更重要的是根据使用环境来选择。低温下可用铜作套管；中温范围常用不锈钢（如1Crl8Ni9Ti）和镍基高温合金（如GH3030），可根据测温范围和环境气氛来选用不同牌号的不锈钢；高温下可以用钼、铂、钽、铱和铱合金。

绝缘材料是用来保证热电极之间、热电极与套管之间电气绝缘的。常用的绝缘材料有氧化铝、氧化镁和氧化铍等，其中以氧化镁用得最多。但是这些绝缘材料都有吸潮性，尤其是氧化镁更容易吸潮，严重影响绝缘性能，应采用密封防潮措施。

四、常用热电偶材料的特性

1. 国内外热电偶材料标准

我国热电偶材料标准分为2类：分度表与允差标准、热电偶丝材标准。在称呼热电偶的名称时，国内外都约定：将正极材料放在前面，例如：铂铑10-铂热电偶表明该热电偶的正极材料是铂铑10，负极材料是铂。

（1）分度表与允差标准

GB/T 16839.1—2018《热电偶　第1部分：分度表》、GB/T 16839.2—1997《热电偶　第2部分：允差》。该标准规定了10种有字母代号的工业热电偶的分度公式和允差，附录中给出了由温度查热电动势分度表和由电动势查温度的反函数分度表。这10种热电偶包括：3种贵金属热电偶：R型铂铑13-铂热电偶、S型铂铑10-铂热电偶、B型铂铑30-铂铑6热电偶，5种廉金属热电偶：J型铁-铜镍热电偶、T型铜-铜镍热电偶、E型镍铬-铜镍热电偶、K型镍铬-镍硅热电偶、N型镍铬硅-镍硅热电偶，2种难熔金属热电偶（本书称为"高温热电偶"）：C型钨铼5-钨铼26热电偶、A型钨铼5-钨铼20热电偶。

GB/T 30090—2013《无字母代号热电偶分度表》，该标准修改采用ASTM E1751—2000版（当前版本是2015版）。该标准规定了7种无字母代号热电偶的分度表，这7种热电偶是：钨-钨铼26热电偶、Platinel Ⅱ热电偶、镍铬-金铁0.07热电偶、铂钼5-铂钼0.1热电偶、铂铑40-铂铑20热电偶、镍钼18-镍钴0.8热电偶、铱铑40-铱热电偶。该标准的附录简要介绍了7种热电偶的特性和用途。该标准与ASTM E1751—2015版的差别是：①没有自2009版起ASTM E1751增加的钨铼3-钨铼25热电偶；②由于我国还等同采用了IEC的纯金属组合热电偶分度表标准，因此删除了ASTM E1751中的2种正负极材料均为纯金属的热电偶分度表。

GB/T 30120—2013《纯金属组合热电偶分度表》，该标准等同采用IEC 62460:2008。该标准规定了2种正负极材料均为纯金属热电偶的分度表：金-铂热电偶和铂-钯热电偶，同时给出了分度表的反函数公式。由于纯金属组合热电偶的电极材料均为纯金属，没有合金材料的合金均匀性问题，因此该类热电偶的均匀性、重复性等特性明显好于合金热电偶，虽然该标准没有给出 2 种热电偶的允差，但是人们还是将它们用于比较精密的测温。

上述 3 个标准共给出了 19 种热电偶的分度表，与国际常用标准相比还缺钨铼 3-钨铼 25 一种，基本覆盖了常用情况。IEC 60584-1 给出的 10 种有字母代号热电偶与其他热电偶的区别之一是这 10 种热电偶都规定了明确的允差，其他热电偶没有规定允差。

此外偶然会遇到德国、日本、俄罗斯的个别热电偶分度号与上述 19 种不同，有规定的允差，它们往往是这 19 种热电偶中某些热电偶的变种，基本性能与 19 种之一很接近，但分度表有一些差别。这些热电偶的应用多数在减少中，通常在维修时建议更换为接近的有字母代号的热电偶。

热电偶分度表国际标准有：IEC 60584-1:2013 热电偶第 1 部分：电动势规范和允差，IEC 62460:2008 纯金属组合热电偶分度表。这 2 个标准均被我国国家标准等同采用。

我国标准在采用国际标准时，由于修订周期不完全同步，因此有时存在版本差异。按照我国采用国际标准的政策，在存在版本差异时，可以直接采用原版国际标准，也可以按照协议采用国家标准的版本。

现在全世界大多数发达国家都采用 IEC 的分度表标准，例如欧盟标准为 EN 60584-1，德国标准为 DIN EN 60584-1，英国标准是 BS EN 60584-1 等。美国标准 ASTM E230 给出 9 种热电偶的分度表与允差，与 IEC 60584-1 相比少了 A 型热电偶；这 9 种热电偶在分度表和允差上与 IEC 标准仅有非常细微的差别，通常人们使用时忽略这种差别；ASTM E230 不同于 IEC 60584-1 的地方还在于分别给出了除 C 型热电偶外的热电偶的正负极相对于纯铂金丝（即 R 型和 S 性热电偶的负极）的单极热电动势分度表，这对热电偶制造商是很有用的。GB/T 30090 采用了 ASTM E1751—2015《无字母代号热电偶分度表》。

（2）热电偶丝材标准

我国热电偶丝和补偿导线丝材行业标准有：GB/T 1598—2010《铂铑 10-铂热电偶丝、铂铑 13-铂热电偶丝、铂铑 30-铂铑 6 热电偶丝》、GB/T 2614—2010《镍铬-镍硅热电偶丝》、GB/T 2903—2015《铜-铜镍（康铜）热电偶丝》、GB/T 4993—2010《镍铬-铜镍（康铜）热电偶丝》、GB/T 4994—2015《铁-铜镍（康铜）热电偶丝》、GB/T 17615—2015《镍铬硅-镍硅镁热电偶丝》、GB/T 4990—2010《热电偶用补偿导线合金丝》。

我国的热电偶丝材标准有：JB/T 9497—2002《钨铼热电偶丝及分度表》，JB/T 8205—1999《廉金属铠装热电偶电缆》等。其中 JB/T 9497 非等效采用 ASTM E696。

国外大部分国家没有热电偶丝材标准。美国国际试验与材料协会（ASTM International）的 E20.04（温度技术委员会热电偶分技术委员会）制定了很多相关标准，包括：热电偶分度表标准、热电偶材料和热电偶零部件标准、热电偶标准、热电偶和热电偶材料试验方法等标准，总量超过 23 项。这些标准往往成为 IEC 标准或其他国家标准（包括我国的国家标准和行业标准）的参照依据。其中热电偶丝材和铠装热电偶材料标准有：ASTM E574:2019《由玻璃纤维或石英纤维绝缘的成对廉金属热电偶线规范》，ASTM E585/E585M:2018《廉金属铠装热电偶电缆》，ASTM E696:2007(2018)钨铼热电偶合金丝（被 JB/T 9497 采用），ASTM E1159:2015 铂铑合金与铂热电偶材料，ASTM E2181/E2181M—2019 贵金属铠装热电偶和铠装热电偶电缆规范。ASTM 标准在年代号后用括号再标一个年代的,前一个年代表示制修定颁布的年代,括号内的年代表示经审查确认而未修改的年代。

2. 我国最常用的 8 种热电偶

本节介绍我国最常用的 8 种热电偶：铂铑 10-铂热电偶、铂铑 13-铂热电偶、铂铑 30-铂铑 6 热电偶、镍铬-镍硅热电偶、镍铬硅-镍硅热电偶、镍铬-铜镍热电偶、铁-铜镍热电偶、铜-铜镍热电偶。其物理性能和测量范围、准确度等级及允差如表 3－2 和表3－3 所示。

表 3－2　常用 8 种热电偶材料物理性能

热电偶名称	热电极材料			最高使用温度/℃		测温范围 ℃	100 ℃时热电动势 mV	平均电阻温度系数 $10^{-4} \cdot ℃^{-1}$	20 ℃时电阻率 $\mu\Omega \cdot cm$	熔点 ℃	密度 $g \cdot cm^{-3}$	抗拉强度 MPa
	极性	识别	化学成分	长期	短期							
铂铑 10-铂	P	较硬	Pt90%；Rh10%	1 300	1 600	0～1 600	0.646	14.0	18.9	1 847	20.00	314
	N	柔软	Pt100%					31.0	10.4	1 769	21.46	137
铂铑 13-铂	P	较硬	Pt87%；Rh13%	1 300	1 600	0～1 600	0.647	13.3	19.6	1 860	19.61	344
	N	柔软	Pt100%					31.0	10.4	1 769	21.46	137
铂铑 30-铂铑 6	P	较硬	Pt70%；Rh30%	1 600	1 800	0～1 800	0.033	—	19.0	1 927	17.60	483
	N	稍软	Pt94%；Rh6%					—	17.5	1 826	20.60	276
镍铬-镍硅	P	不亲磁	Ni90%；Cr10%	1 200	1 300	−200～1 300	4.096	29.0	70.6	1 427	8.5	≥490
	N	稍亲磁	Ni97%；Si3%					16.3	29.4	1 399	8.6	≥390
镍铬硅-镍硅	P	不亲磁	Cr13.7%～14.7%；Si1.2%～1.6%；Mg＜0.01%；Ni 余量	1 200	1 300	−200～1 300	2.774	0.78	100.0	1 410	8.5	≥620
	N	稍亲磁	Si4.2%～4.6%；Mg0.5%～1.5%；Cr＜0.02%；Ni 余量					14.9	33.0	1 340	8.6	≥550
镍铬-铜镍	P	暗绿	Ni90%；Cr10%	750	900	−200～900	6.319	2.9	70.6	1 427	8.5	≥490
	N	亮黄	Cu55%；Ni45%					0.5	49.0	1 220	8.8	≥390
铁-铜镍	P	亲磁	Fe100%	600	750	−40～750	5.269	95.0	12.0	1 402	7.8	≥240
	N	不亲磁	Cu55%；Ni45%					0.5	49.0	1 220	8.8	≥390
铜-铜镍	P	红色	Cu100%	300	350	−200～350	4.279	43.0	1.71	1 084.62	8.9	≥196
	N	银白色	Cu55%；Ni45%					0.5	49.0	1 220	8.8	≥390

表 3—3 常用 8 种热电偶的测量范围、准确度等级及允差

序号	热电偶名称	分度号	等级	温度范围/℃	允差/℃
1	铂铑 10-铂热电偶	S	I	0～1 100	±1
				1 100～1 600	$\pm[1+(t-1\ 100)\times0.003]$
2	铂铑 13-铂热电偶	R	II	0～600	±1.5
				600～1 600	±0.25%t
3	铂铑 30-铂铑 6 热电偶	B	II	100～600	±1.5
				700～1 700	±0.25%t
			III	100～600	±4
				700～1 700	±0.5%t
4	镍铬-镍硅(铝)热电偶	K	I	－40～1 100	±1.5 ℃或±0.4%t
5	镍铬硅-镍硅热电偶	N	II	－40～1 300	±2.5 ℃或±0.75%t
6	镍铬-铜镍热电偶	E	I	－40～800	±1.5 ℃或±0.4%t
			II	－40～900	±2.5 ℃或±0.75%t
7	铁-铜镍热电偶	J	I	－40～750	±1.5 ℃或±0.4%t
			II	－40～750	±2.5 ℃或±0.75%t
8	铜-铜镍热电偶	T	I	－40～350	±1.5 ℃或±0.4%t
			II	－40～350	±2.5 ℃或±0.75%t
			III	－200～40	±1 ℃或±1.5%t

注:

1. t 为测量端温度,℃;

2. 允许误差取大者。如:I 级 K 型热电偶测量端温度为 300 ℃时,最大允许误差是±1.5 ℃,而不应为±1.2 ℃(±0.4%t)。

现重点介绍以上 8 种热电偶的主要特性。

(1)铂铑 10-铂热电偶(S 型)

这是一种贵金属热电偶,其热电性能稳定,抗氧化性能好,宜在氧化性、中性气氛中使用。这种热电偶不足之处是价格较贵,机械强度稍差,热电动势较小;此外,热电极在还原性气氛、二氧化碳以及硫、硅、碳和碳化合物所产生的蒸气中易被沾污而变质,不宜使用。

(2)铂铑 13-铂热电偶(R 型)

铂铑 13-铂热电偶性能与铂铑 10-铂热电偶基本类似,只是其稳定性和复现性更好些。

(3)铂铑 30-铂铑 6 热电偶(B 型)

这是一种高温热电偶,在高温测量中得到广泛应用。较铂铑 10-铂热电偶而言,抗沾污能力好和机械强度高,在高温下热电特性也更为稳定,热电动势率较小,使用时也需要配用灵敏度较高的显示仪表。这种热电偶在室温下热电动势极小,在使用时一般不需要进行参考端温度补正。

(4)镍铬-镍铝(硅)热电偶(K 型)

镍铬-镍铝(硅)热电偶是目前使用最多的一种廉金属热电偶。在 500 ℃以下可在还原性、中性和氧化性气氛中可靠地工作,而在 500 ℃以上只能在氧化性或中性气氛中工作。镍铬-镍铝(硅)热电偶的热电动势率约为铂铑 10-铂热电偶的 4 倍多。其不足之处是含镍量高,镍硅极有明显的磁性,由磁性相变引起的回滞特性不利于温度测量控制回路的设计。

IEC 60584 和 GB/T 16839 中 K 型热电偶的负极都称为"镍铝",各国的产品中也有不少采

用"镍硅"材料,我国国产 K 型热电偶几乎都采用"镍硅"负极。由于 K 型热电偶的负极与 N 型热电偶的负极不可共用,为了予以区分,K 型的负极在国际标准中称为"镍铝",N 型热电偶的负极称为"镍硅"。实际应用中"镍铝"与"镍硅"的特性稍有不同,个别应用指定用"镍铝"负极。

（5）镍铬硅-镍硅热电偶（N 型）

镍铬硅-镍硅热电偶是一种新型热电偶,热电性能与 K 型热电偶相似,但抗氧化性能和稳定性优于 K 型热电偶,其耐辐照和耐低温性能好,可能全面取代其他廉金属热电偶。

（6）镍铬-铜镍热电偶（E 型）

镍铬-铜镍热电偶热电动势和热电动势率高（是所有国际标准化热电偶分度表中最高的）,稳定性、均匀性、导热系数好,价格便宜,适宜氧化性气氛中使用,不宜在卤族元素、还原性气氛、以及含硫、碳气氛中使用。

（7）铁-铜镍热电偶（J 型）

这种热电偶的主要优点是可以在氧化性或还原性气氛中使用,因此在石油和化工等部门得到广泛应用。它的热电动势率大（约为 53 mV/℃）,热电极中含镍量少,且价格低廉。其主要缺点是铁极易锈蚀,用发蓝的方法虽然能增加抗锈蚀能力,但还不能从根本上解决问题。

（8）铜-铜镍热电偶（T 型）

由于这种热电偶的铜热电极易氧化,故一般在氧化性气氛中使用不宜超过 300 ℃。其热电动势率较大,且铜和铜镍都容易复制,质地均匀,价格低廉。在（−100～0）℃的温度范围内,其测量误差不超过±0.1 ℃,通常可作为计量核查标准仪器。铜-铜镍热电偶还可以应用到−200 ℃以下的低温测量。热电特性良好,工业上通常用它来测量 300 ℃以下的温度。

E 型、J 型、T 型热电偶的负极在国际标准和我国国家标准中都叫"铜镍","康铜"是某外国公司的"铜镍"材料商品名称。国际标准和国家标准禁止使用商品名称。由于我国过去的检定规程中未明确规定禁止使用商品名称,因此曾使用过"康铜"的叫法,现在全部改为"铜镍"。国际标准中叫同样名称的电极是可以在不同热电偶之间交换的,国外热电偶企业也喜欢单极采购。E 型、J 型、T 型热电偶的负极是相同的,E 型、K 型的正极也是相同的。因此 ASTM E230 提供每一种热电极的单极分度表,方便热电偶企业单极验收。我国热电偶材料企业一般成对供货,不保证热电极的单极热电势统一互换。

五、热电偶的使用

1. 热电偶参考端补偿

热电偶的热电动势大小与热电极材料以及两接点的温度有关。热电偶的分度表和根据分度表显示的温度仪表都是以热电偶参考端温度等于 0 ℃为条件的。所以,在使用时应该遵循这一约定。但用热电偶测温时,要使参考端温度长时间准确地保持在 0 ℃比较困难,为了准确测出实际温度,就必须采取修正或补偿等措施。

首先介绍如何将参考端温度恒定在 0 ℃,然后再介绍参考端温度不在 0 ℃时的补正方法。在一个标准大气压下,冰和水的平衡温度为 0 ℃。通常用清洁的水制成的冰屑和清洁的水相混合放在保温瓶中,使水面略低于冰屑面,这样实现的冰点平衡温度可以认为是 0 ℃（相对于热电偶的测温误差,该平衡温度与 0 ℃的偏离可忽略）,由此构成所谓的冰点器。

将热电偶的两热电极参考端分别插在冰点器中两根玻璃试管的底部,并与底部存有少量清洁的水银相接触［见图 3−13（a）］。水银上面应存放少量变压器油（或蒸馏水）,以防止水银蒸气逸出和实现铜导线与热电极的绝缘(铜导线的绝缘段需要插到变压器油之下),最好再用石蜡封结,以防止热电极与导线在液面外短路。插入水银的参考端分别由铜导线引出接往温度仪表。温度仪表可看作铜导线,而且铜导线与热电偶的热电极相接的两接点温度均在 0 ℃[见图 3—13(a)],根据中间导体定律,可以认为图 3—13(b)与(c)的线路等效。

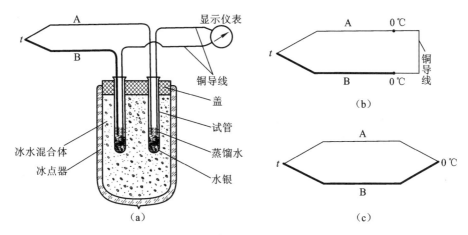

图 3—13　参考端连接示意图

试管应尽可能细,应有足够的插入深度。

(1) 当热电偶参考端温度恒定为 t_n,但不为 0 ℃时,可以采用以下几种补正方法。

①热电动势补正法

根据中间温度定律,有:$E_{AB}(t,t_n,t_0)=E_{AB}(t,t_n)+E_{AB}(t_n,t_0)$

$E_{AB}(t_n,t_0)$ 是参考端为 0 ℃,测量端为 t_n 时的热电动势,当 t_n 恒定不变时,$E_{AB}(t_n,t_0)$ 是一个定值。测得热电动势 $E_{AB}(t,t_n)$ 加上 $E_{AB}(t_n,t_0)$ 就可获得所需的 $E_{AB}(t,t_0)$。在分度表上可直接查出 $E_{AB}(t_n,t_0)$ 值,也可以由实验直接获得。

【例】　用镍铬-镍硅热电偶测量炉温时,参考端的温度为 $t_n=20.6$ ℃,测得的热电动势为 11.504 mV,求炉温。

查镍铬-镍硅热电偶分度表得到:$E(20.6,0)=0.822$ mV

则:$E_{AB}(t,t_0)=E_{AB}(t,t_n)+E_{AB}(t_n,t_0)=11.504+0.822=12.326$ mV

再次由该分度表得到 12.326 mV 相当于 301.2 ℃。若参考端不做补正,则为 11.504 mV,对应的温度为 283.0 ℃,误差为 19.8 ℃。

这种补正方法应用于测量热电偶输出为电势的场合,其准确程度取决于能否准确测得参考端温度 t_n 值。

②温度补正法

对于直读式温度仪表采用温度补正法比较方便。温度补正法计算公式为:

$$t=t_{指}+Kt_n \tag{3—21}$$

K 为补正系数,对于不同材料的热电极和不同测量温度,K 值是不同的。为简便起见,常将各种热电偶的 K 值取为定值。镍铬-镍硅热电偶的近似 K 值为 1,铂铑 10-铂热电偶的近似 K 值为 0.5。由于 K 值的误差使采用温度补正法所带来的误差大于热电动势补正法。

③调仪表起始点法

对动圈式显示仪表,可以在仪表开路情况下,先将仪表起始温度调至 t_n,相当于事先给

仪表加了 $E_{AB}(t_n,t_0)$，测温时热电偶输入电势 $E_{AB}(t,t_n)$ 与 $E_{AB}(t_n,t_0)$ 之和 $E_{AB}(t,t_0)$，即可得到所测的实际温度。这种方法不适合参考端温度急剧变化的场合。

（2）当热电偶参考端温度波动时，可以采用以下几种补正方法。

①补偿导线法

补偿导线是在一定温度范围内（一般在常温附近）具有与所匹配的热电偶的热电动势的标称值相同或非常接近的一对带有绝缘层的导线。热电偶的参考端与补偿导线连接，补偿导线另一端与温度仪表连接，组成测量回路。

常用补偿导线的型号、允差见表3-4。

补偿导线的主要作用为：

a）延伸参考端的位置；

b）用价廉金属材料为价高金属热电偶做补偿导线，降低工程费用；

c）对于线路较长、直径较粗的热电偶，可采用多股导线制成的补偿导线，便于安装和线路敷设；

d）用直径粗和导电系数大的补偿导线来延长热电极，可以减小热电偶回路的电阻，以利于动圈式显示仪表的正常工作和自动控温；

e）远距离敷设补偿导线，可避开测温场合，便于遥测和集中管理。

补偿导线使用时必须注意以下几点：

a）任何一种补偿导线只能与相应型号的热电偶配用；

b）使用补偿导线时，切勿将其极性接反。补偿导线极性接错时，不仅不能起到参考端补偿的作用，相反会产生更大的误差；

c）热电偶和补偿导线连接点的温度不得超过规定使用的温度范围；

d）热电偶和补偿导线两连接点的温度应该相同。

表3-4　补偿导线的型号、线芯材料和允差

补偿导线型号	配用热电偶	补偿导线的线芯材料		使用分类	温度范围/℃	允差/℃		热电偶测量端温度/℃
		正极	负极			精密级	普通级	
SC 或 RC	铂铑 10-铂 铂铑 13-铂	SPC（铜）	SNC（铜镍）	G	0～100	±2.5	±5.0	1 000
				H	0～200	—	±5.0	1 000
KCA（KCB）	镍铬-镍硅	KPC（铜）	KNC（铜镍）	G	0～100	±1.5	±2.5	1 000
				H	0～200	±1.5	±2.5	900
				G	0～100	±1.5	±2.5	900
KX	镍铬-镍硅	KPX（铜镍）	KNX（镍硅）	G	−10～100	±1.5	±2.5	900
				H	−25～200	±1.5	±2.5	900
NX	镍铬硅-镍硅	NPX（铜镍）	NNX（镍硅）	G	−20～100	±1.5	±2.5	900
				H	−25～200	±1.5	±2.5	900
EX	镍铬-铜镍	EPX（镍铬）	ENX（铜镍）	G	−20～100	±1.5	±2.5	500
				H	−25～200	±1.5	±2.5	500
JX	铁-铜镍	JPX（铁）	JNX（铜镍）	G	−20～100	±1.5	±2.5	500
				H	−25～200	±1.5	±2.5	500
TX	铜-铜镍	TPX（铜）	TNX（铜镍）	G	−20～100	±0.5	±1.0	300
				H	−25～200	±0.8	±1.0	300

②恒温器法

将热电偶参考端放入恒温器中,使其恒定于某一温度后,再进行温度补正。

③冷端温度补偿器

所谓冷端温度补偿器实质上就是将一个能产生直流信号的毫伏发生器,串接在热电偶测量线路中,测温时就可以使读数得到自动补偿。冷端温度补偿器的直流信号是随参考端温度的变化而变化,并且在补偿的温度范围内直流信号和温度的关系应与配用的热电偶的热电特性一致。

2. 热电偶的测量线路

在实际测温中,对于不同的测温要求,不仅应根据具体情况恰当地选用热电偶和显示仪表,同时还必须有合适的测量线路。热电偶的测量线路应能满足测温准确,使用、维修方便以及经济性好等要求。

用来测量热电偶热电动势的显示仪表有动圈式仪表、直流电位差计、数字式温度仪表等。这些仪表大致可以分成两大类:一类是用补偿法进行测量的仪表(如自动电子电位差计、直流电位差计等)和高阻抗输入的数字式仪表。测量时,可认为热电偶测量线路中的电流为零。对于这一类仪表,热电偶的电阻、连接导线电阻不影响测量准确度。

另一类是运用被测电流流过仪表动圈所产生的磁场与永久磁场间相互作用的原理进行测量的仪表。测量时,可认为热电偶测量线路有电流,所以热电偶的电阻和连接导线的电阻将影响测量仪表的动态响应(阻尼)和准确度。

下面介绍几种常用的测量线路。

(1)一支热电偶配一台显示仪表的测量线路

如果显示仪表是电子电位差计,则不必考虑测量线路电阻对测温准确度的影响。如果配用的是动圈式仪表,就必须考虑测量线路电阻对测温准确度的影响。见图3－14。

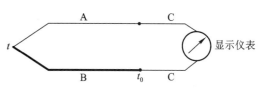

图 3－14　一支热电偶配一台仪表

(2)几支热电偶共用一台显示仪表的测量线路

在需要测量多点温度时,为了节省显示仪表,往往采用多支热电偶共用一台显示仪表的线路。对于热电偶的校准,也可采用这种线路。见图3－15。

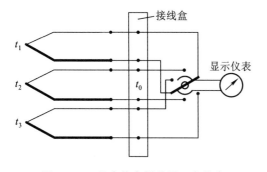

图 3－15　几支热电偶共用一台仪表

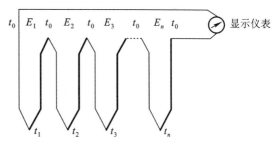

图 3－16　热电偶串联线路

(3)热电偶串联的测量线路

将 n 支相同型号热电偶依次将正负极相连的线路称为串联线路(见图3－16)。串联线路的总热电动势($E_串$)为:$E_串 = E_1 + E_2 + E_3 + \cdots + E_n = nE$。串联线路的主要优点是热电动势大,准确度比单支热电偶高。根据串联原理构成的热电堆,可感受到较小的信号,或者在相同的条件下,它可配用灵敏度较低的仪表。串联线路的主要缺点是只要有一支热电偶发生断路,整个线路就不能用。

(4)热电偶并联的测量线路

将 n 支相同型号热电偶的正极和负极分别连接在一起的线路称为并联线路,见图3—17。如果 n 支热电偶的电阻值均相等,则并联线路的总热电动势等于 n 支热电偶热电动势的平均值。即:

$$E_并 = \frac{E_1 + E_2 + \cdots + E_n}{n}$$

与串联线路相比,并联线路的热电动势小,当部分热电偶发生断路时,不会中断整个并联线路的工作。

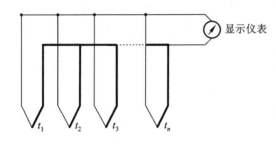

图3—17 热电偶并联线路

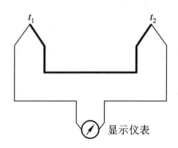

图3—18 热电偶反串测量温差

(5)温差的测量线路

工作中常常需要测量两处的温度差。用热电偶测量温差可有两种方案,一种是用两支热电偶分别测量两处的温度,然后求算温差;另一种是将两支同型号的热电偶反串联接,直接测量温差电势,然后再求算温差,见图3—18。由于前一种方法是先后测量出不同瞬时的温度,因此,其准确度较直接测量的低。对于准确度要求较高的小温差测量,应采用直接测量温差电势的方法。

六、国内外热电偶的规范性文件

前面四、1.介绍了热电偶丝材标准的情况,这里介绍热电偶的各类规范性文件。分3部分介绍:(1)检定规程、校准规范类;(2)国家标准、行业标准类;(3)国际标准和国外先进标准类。

1. 热电偶检定规程和校准规范

现行有效的检定规程有:JJG 75—1995《标准铂铑 10-铂热电偶》,JJG 115—1999《标准铜-铜镍热电偶》,JJG 167—1995《标准铂铑 30-铂铑 6 热电偶》,JJG 833—2007《标准组铂铑10-铂热电偶》,JJG 2003—1987《热电偶》,JJG 141—2013《工作用贵金属热电偶》,JJG 668—1997《工作用铂铑 10-铂、铂铑 13-铂短型热电偶》,JJG 351—1996《工作用廉金属热电偶》,JJG 368—2000《工作用铜-铜镍热电偶》,JJG 344—2005《镍铬-金铁热电偶》,JJG 542—1997《金-铂热电偶》。已经被取消的有:JJG 143—1984《标准镍铬-镍硅热电偶》,JJG 364—1994

《表面温度计》(被 JJF 1409 取代)。

现行有效的校准规范有:JJF 1176—2007《(0~1500)℃钨铼热电偶校准规范》,JJF 1637—2017《廉金属热电偶校准规范》,JJF 1262—2010《铠装热电偶校准规范》,JJF 1409—2013《表面温度计校准规范》。此外还有热电偶校准设备的规范:JJF 1098—2003《热电偶、热电阻自动测量系统校准规范》,JJF 1184—2007《热电偶检定炉温度场测试技术规范》。

2. 热电偶国家标准、行业标准

现行有效的国家标准有:GB/T 30429—2013《工业热电偶》,GB/T 4989—2013《热电偶用补偿导线》。GB/T 18404—2001《铠装热电偶电缆及铠装热电偶》,2017 年正在修订,将等同采用 IEC 61515:2016,该标准分为铠装热电偶电缆材料和铠装热电偶两项内容。

现行有效的行业标准有:JB/T 5582—2014《工业铠装热电偶技术条件》,JB/T 7495—2014《热电偶用补偿电缆》,JB/T 8205—1999《廉金属铠装热电缆》,JB/T 9496—2014《钨铼热电偶用补偿导线》。

之所以有了 GB/T 18404 还要有 JB/T 5582,是因为全世界铠装热电偶产品水平参差不齐,最高水平的 ASTM 标准大部分国家达不到,因此制定 IEC 标准时各方达成妥协,IEC 61515水平明显偏低。我国奉行尽力采用国际标准的原则,因此制定了 GB/T 18404,但是该标准没有全面反映我国产品的水平,因此我们又制定了高于 IEC 标准水平,与 ASTM标准还有一点差距的 JB/T 5582。

3. 国际标准和国外先进标准

热电偶国际标准有:IEC 61515:2016《铠装热电偶电缆及铠装热电偶》,该标准被 GB/T 18404等同采用。IEC 60584-3:2007《热电偶　第 3 部分:延伸和补偿电缆—允差和标识系统》。IEC 的热电偶标准被全世界普遍采用,唯有 IEC 60584-3 没有被包括我国在内的许多国家采用,主要原因是该标准的主要内容之一是补偿电缆的颜色标识,世界各国、各民族对颜色的使用有很多习惯、禁忌等。我国行业标准 JB/T 7495 的附录介绍了 IEC 标准标识体系。

美国 ASTM International 的标准有:ASTM E235/E235M—2019《核设施或其他高可靠设施用的 K 型、N 型铠装热电偶》,ASTM E608/E608M—2013(2019)《廉金属铠装热电偶》。

日本标准有:JIS C1602—2015《热电偶》,JIS C1605—1995《铠装热电偶》。

制定了多部温度仪表标准的 OIML 没有热电偶标准。俄罗斯有热电偶丝材标准和热电偶标准,曾经是我国制定行业标准的主要依据,现在俄罗斯的标准化政策也是大力采用国际标准,但是仍然保留了部分自主的标准,例如 IEC 60584-1:2013 中的 A 型热电偶就是采用了 GOST 标准的分度表。

第三节　热电偶的检定

热电偶的检定是指用以确定热电偶的热电性能以及其他特性是否满足规定要求的一组操作。因此,热电偶检定是一个完整的过程,这个过程通常包括热电偶的清洗、退火、外观及结构检查、安全性能检查、热电动势检查、合格判断和出具证书等。

一、热电偶的清洗、退火

贵金属热电偶在进行热电动势检查前要进行清洗和退火。廉金属热电偶在其表面较脏时，一般用金属丝清除表面污染和氧化皮，当其热电动势不稳定时须进行退火。

清洗可去除热电极表面沾污、有机物和部分氧化物，改善其热电性能和延长使用寿命。清洗可分为：酸洗和四硼酸钠清洗。酸洗可去除热电极表面的有机物和部分氧化物，四硼酸钠清洗能溶解金属氧化物。

退火可消除热电极中的内应力，改善金相组织和提高稳定性。退火方法主要有：通电退火和炉中退火。通电退火沿电极纵向受热均匀，可充分挥发附在电极表面的低熔点的金属；炉内退火热电极径向受热均匀，能消除电极穿绝缘管所造成的内应力。

两种退火方式各有特点，配合运用，可获得较好效果。

1. 贵金属热电偶的清洗和退火

新制的和使用中（非新制的）的贵金属热电偶的清洗和退火方法是不同的。下面介绍几种常用贵金属热电偶的清洗和退火方法。

（1）标准铂铑 10-铂热电偶清洗和退火

新制标准铂铑 10-铂热电偶在成偶之前，其将作为热电极的偶丝应按规定要求进行清洗和退火。偶丝的清洗、退火过程为：将两偶丝各剪成不小于 2.02 m 长的一段，卷成直径不小于 80 mm 的圆圈，浸入约 30%（按容积）化学纯的盐酸或硝酸溶液中，常温下浸渍 1 h 或煮沸 15 min，用蒸馏水清除酸性。清洗后的偶丝挂在通电退火装置（见图 3—19）中进行通电退火。铂铑 10 丝退火温度约为 1 400 ℃（通入电流 11.5 A，亮度温度约为 1 250 ℃），时间为 2 h。铂丝退火温度约为 1 100 ℃（通入电流为 10.5 A，亮度温度约为 1 000 ℃），时间为 3 h。退火通电开始时，应使通入偶丝的电流缓慢地增加到规定电流值，结束时，同样应使通入偶丝的电流缓慢地减小。经焊接，新制成的热电偶应放入退火炉中，使其从测量端起不小于 400 mm 长的一段处在（1 100±20）℃的温场内退火 4 h。然后，测量其在铜点热电动势，再按同样方法在退火炉内退火 4 h。

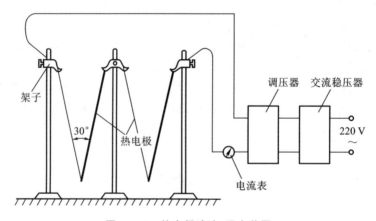

图 3—19　热电偶清洗、退火装置

使用中标准铂铑 10-铂热电偶的清洗和退火过程为：去掉绝缘管后的热电偶，用同新制热电偶(以下简称"新制偶")偶丝清洗的方法清洗,再将热电偶挂在通电退火装置中,通入10.5 A电流,使其加热到约1 100 ℃,用化学纯硼砂(四硼酸纳)接触电极上端,硼砂熔化后顺电极流下,清洗电极上的污垢,重复(2～3)次后,将热电偶盘卷成直径不小于80 mm的圆圈,在蒸馏水中煮沸数次,彻底除净电极上的硼砂。清洗后,将热电偶挂在通电退火装置中,通入10.5 A 电流,使其在约1 100 ℃,退火1 h。同样,退火电流的增减都应缓慢。退火时两电极夹角应尽量小。之后,热电偶套上双孔绝缘管,放入退火炉中,使其从测量端起不小于400 mm长的一段处在(1 100±20)℃的温场下退火2 h。

(2) 标准铂铑30-铂铑6热电偶清洗和退火

新制标准铂铑30-铂铑6热电偶清洗、退火过程同新制标准铂铑10-铂热电偶。不同之处是:铂铑6丝退火温度约为1 250 ℃(通入电流11 A),时间为3 h;退火铂铑30丝温度约为1 450 ℃(通入电流12 A),时间为2 h;热电偶先放入退火炉均匀温场中加热,退火的时间为6 h,然后,在1 500 ℃测量其热电动势,再退火6 h。

使用中标准铂铑30-铂铑6热电偶清洗、退火过程步骤同使用中标准铂铑10-铂热电偶,不同之处是:清洗通电电流为11 A;通电退火温度约1 250 ℃,通入电流为11 A,退火时间2 h。

(3) 工作用贵金属热电偶(工作用铂铑10-铂热电偶、铂铑13-铂热电偶、铂铑30-铂铑6 热电偶)

新制工作用贵金属热电偶清洗、退火步骤与新制标准铂铑10-铂热电偶基本相同,偶丝退火时间、电流有所不同,参数见表3－5;除Ⅰ级铂铑10-铂热电偶、铂铑13-铂热电偶需要进行炉内加热退火外,其他工作用贵金属不需进行炉内退火。

表3－5　新制热电偶清洗、退火电流和时间

热电偶	电极	电流退火		炉内退火		备注
		电流/A	时间/h	温场/℃	时间/h	
标准铂铑10-铂热电偶	铂铑10	11.5	2	1 100±20	4	
	铂	10.5	3			
标准铂铑30-铂铑6 热电偶	铂铑10	12.0	2	1 100±20	6	
	铂铑6	11.0	3			
工作用铂铑10-铂热电偶、铂铑13-铂热电偶	铂铑10 铂铑13	11.5	2	1 100±20	3	仅Ⅰ级偶需炉内退火
	铂	10.5	3			
工作用铂铑30-铂铑6 热电偶	铂铑30	12.0	1.5	—	—	
	铂铑6	11.0	2			

使用中工作用铂铑10-铂热电偶、铂铑13-铂热电偶清洗步骤同使用中标准铂铑10-铂热电偶;工作用铂铑30-铂铑6热电偶清洗步骤同使用中标准铂铑30-铂铑6热电偶,偶丝退火时间、电流有所不同,参数见表3－6。清洗后将偶丝挂在带有铂钩的支架上,通电退火。铂

铑 10-铂热电偶、铂铑 13-铂热电偶通入 10.5 A 电流 1 h,铂铑 30-铂铑 6 热电偶通入 11 A 电流 1 h。退火时电流增减尽量缓慢,两电极夹角尽可能小。Ⅰ级铂铑 10-铂热电偶、铂铑 13-铂热电偶,同样需要进行炉内加热退火。

表 3-6　使用中热电偶清洗、退火电流和时间

热电偶	清洗电流/A	电流退火		炉内退火		备注
		电流/A	时间/h	温场/℃	时间/h	
标准铂铑 10-铂热电偶	10.5	10.5	1	1 100±20	2	
标准铂铑 30-铂铑 6 热电偶	11	11	2	1 100±20	2	
工作用铂铑 10-铂热电偶、铂铑 13-铂热电偶	10.5	10.5	1	1 100±20	3	仅Ⅰ级偶需炉内退火
工作用铂铑 30-铂铑 6 热电偶	11	11	1	—	—	

2. 工作用廉金属热电偶的退火

新制的工作用高温廉金属热电偶(镍铬-镍硅热电偶、镍铬硅-镍硅热电偶、镍铬-铜镍热电偶、铁-铜镍热电偶)在检定时,应先在最高检定温度点核查温度下,退火 2 h,随炉冷却至 250 ℃以下,才可开始升温检定核查(校准)。低温热电偶和使用中的高温热电偶检定时一般不需要退火。

二、热电偶测量端的焊接

新制热电偶经清洗、退火后,须焊接测量端。热电偶的测量端通常都是采用焊接方式形成的,焊接质量直接影响热电偶测温的可靠性,因此要求测量端焊接牢固,具有金属光泽、表面圆滑、无沾污、变质、夹渣和裂纹等,焊点的尺寸应尽量小些,一般为电极直径的 2 倍。

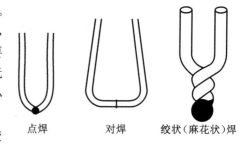

图 3-20　热电偶焊点形式

焊点的型式有多种,常见的有点焊、对焊、绞状(麻花状)点焊,如图 3-20 所示。

注:标准热电偶不应使用绞状(麻花状)点焊。

热电偶测量端的焊接方法很多。常用的焊接方式有:乙炔焊、电弧焊、盐浴焊、盐水焊、水银焊、对焊、氢氧焊等。

标准贵金属热电偶焊接后应按进行酸洗。

三、热电偶的校准

热电偶的校准,就是将热电偶置于若干给定的温度下测定其热电动势,并确定热电动势与温度的对应关系。热电偶的校准方法大致有下列五种。

1. 金属定点法

所谓金属定点法是指某些符合一定要求的金属在熔化或凝固过程中(即由固态变化为液态或者由液态变化为固态时)其熔化或凝固温度不随环境条件而变化,从而形成一个平衡

点。这些平衡点在国际实用温标中已规定了统一的温度数值。金属定点法就是利用这些金属平衡点具有固定不变的温度特性来对热电偶进行校准的。

虽然一般认为金属的凝固点温度等于熔点温度，但是作为温度校准的定义固定点，凝固点温度与熔点温度是有细微差别的，通常都明确指明该定义固定点是凝固点还是熔点。大部分纯金属固定点采用凝固点，而金属碳共晶金属定点一般采用熔点。

根据获得金属平衡点的方法不同，金属定点法又可分为下列三种。

（1）坩埚定点法

坩埚定点法主要用来校准基准和一等标准热电偶。校准前先将某一种符合规定要求的金属置于炉内的坩埚中完全熔化，使其温度恒定在比平衡温度略高 15 ℃～20 ℃，恒温一段时间后，将套有绝缘管的被校准热电偶插入保护管底部。使定点炉内腔温度逐渐降低。当液态金属凝固时，由于纯金属凝固的特性，冷却时会出现非常平稳的坪台温度，用电测装置测量可得到热电偶在该坪台温度时的热电动势。纯金属坩埚定点法校准的操作可以参照 JJF 1178 用于标准铂电阻温度计固定点装置校准规范[41]。

对于金属碳共晶金属定点，是用熔点进行标定，这种类型的熔点没有很长的坪台，取其升温曲线的拐点作为熔点温度。

坩埚定点法是热电偶各种校准方法中准确度最高的一种，操作过程严格，校准装置费用较贵。校准时，一次凝固过程只能校准（1～2）支热电偶，最多不超过 3 支，故只有中国计量科学研究院和某些研究部门才采用这一方法。

（2）熔丝法和熔片法

熔丝法和熔片法就是利用纯金属丝、片在熔化时温度不变的特性，测得热电偶在该平衡温度时的热电动势值。由于纯金属定点定义的是凝固点，而熔丝法溶片法只能做熔点，且只能在动态的过程中获得校准值，因此该方法的校准不确定度要大于坩埚定点法。

熔丝法和熔片法是一种简便、准确和实用的校准方法，通常用来校准高温热电偶，每次只能校准一支热电偶。熔丝法的不足之处是熔化时间很短，只有（1～2）min，故要求操作仔细，否则不易测得准确的热电动势值。熔片法的操作过程和熔丝法相同，其熔化时间比熔丝法稍长，但它所消耗的纯金属和热电极材料要比熔丝法多。熔丝法和熔片法多用于热电偶丝材的检验。

2. 比较法

比较法是利用高一级的标准热电偶和被检热电偶直接比较的一种校准方法，操作时将被检热电偶与标准热电偶的测量端一起置于均匀的温度区域中。用双极法、同名极法或微差法来确定被检热电偶在该温度时的热电动势值。这种校准方法设备简单，操作方便，并且一次能校准多支热电偶，是最常用的一种校准方法。下面分别介绍双极法、同名极法和微差法。

（1）双极法

将被检热电偶和标准热电偶捆扎后，置于检定炉内检定温度点附近的均匀温度下，用电测装置分别测量出被检热电偶和标准热电偶的热电动势值（接线见图 3－21 示意图），通过计算，得到检定温度点下被检热电偶的热电动势值等。

①双极法的优点

a）标准、被检热电偶可以为不同种类的热电偶；

b）方法原理简单，操作方便，直接测量热电偶的电势值；

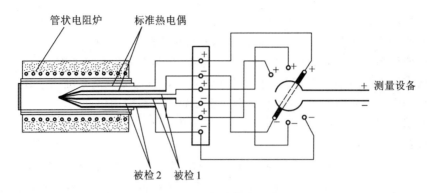

图3—21　双极法接线示意图

c) 测量端只要保持在同一温度下,可以不捆扎;

d) 测量次数少,操作简单,计算方便;

e) 对测量装置要求不高,如果被检热电偶与标准热电偶属同种型号,可以减小电测装置的系统误差。

②双极法的不足之处

a) 对炉温控制要求高。

b) 标准、被测的测量端应为0℃。当被检热电偶的测量端不能处于0℃时,必须通过数据处理等方法把参考端温度修正到0℃。标准热电偶参考端必须处于0℃。

c) 当标准与被检不是同种型号热电偶时,由于热电动势差异较大,若使用电位差计测量时,要防止损坏检流计。

③双极法的计算

被检热电偶在检定温度点温度的热电动势按式(3—22)计算得到:

$$e=\bar{e}_{被}+\frac{e_{标}-\bar{e}_{标}}{S_{标}}S_{被} \tag{3—22}$$

式中:e——被检热电偶在检定温度点温度的热电动势,mV;

$\bar{e}_{被}$——被检热电偶在检定温度点附近温度下,测得的热电动势的平均值,mV;

$e_{标}$——证书上给出的标准热电偶在该检定温度点温度的热电动势值,mV;

$\bar{e}_{标}$——标准热电偶在检定温度点附近温度下,测得的热电动势的平均值,mV;

$S_{标}$——标准热电偶在该检定温度点温度的微分热电动势,mV/℃;

$S_{被}$——被检热电偶在该检定温度点温度的微分热电动势,mV/℃。

当标准热电偶、被检热电偶为同种热电偶时,式(3—22)可表示为:

$$e=\bar{e}_{被}+e_{标}-\bar{e}_{标} \tag{3—23}$$

当被检热电偶的参考端为t,非0℃时,式(3—23)可表示为:

$$e=(\bar{e}_{被}+e_{t分})+\frac{e_{标}-\bar{e}_{标}}{S_{标}}S_{被} \tag{3—24}$$

式中:$e_{t分}$——被检热电偶分度表上查得的测量时参考端温度t所对应的热电动势值,mV。

同样式(3—23)可表示为:

$$e=(\bar{e}_{被}+e_{t分})+e_{标}-\bar{e}_{标} \tag{3—25}$$

被检热电偶在检定温度点温度的误差值按式(3—26)计算得到:

$$\Delta t=(e-e_分)/S_被 \tag{3-26}$$

式中：Δt——被检热电偶在该检定温度点温度的示值误差，℃；

　　　$e_分$——被检热电偶分度表上查得的该检定温度点温度的热电动势值，mV。

【例1】　检定Ⅰ级工作用镍铬-镍硅热电偶，在300 ℃附近测得以下数据：$\bar{e}_被=12.404$ mV，$\bar{e}_标=2.325$ mV，又知：$e_标=2.295$ mV，$e_{被分}=12.209$ mV，$S_标=9.13$ μV/℃，$S_被=41.45$ μV/℃。求被检热电偶在300 ℃时的电势值和误差值。

解：

$$e=\bar{e}_被+\frac{e_标-\bar{e}_标}{S_标}S_被=12.404\text{ mV}+\frac{2.295\text{ mV}-2.325\text{ mV}}{9.13\text{ mV/℃}}\times41.45\text{ mV/℃}$$
$$=12.268\text{ mV}$$

即该热电偶在300 ℃时的电势值为12.268 mV。

$$\Delta t=(e-e_分)/S_被=(12.268\text{ mV}-12.209\text{ mV})/(0.041\ 45\text{ mV/℃})=1.4\text{ ℃}$$

即该热电偶在300 ℃时的误差为1.4 ℃。

【例2】　检定Ⅰ级工作用铂铑10-铂热电偶，在锌点附近测得以下数据：$\bar{e}_被=3.446$ mV，$\bar{e}_标=3.448$ mV，又知：$e_标=3.443$ mV，$e_分=3.447$ mV，$S_被=0.009\ 6$ mV/℃。判断该被检热电偶在锌点是否合格。

解：
$$e=\bar{e}_被+e_标-\bar{e}_标$$
$$=3.446\text{ mV}+3.443\text{ mV}-3.448\text{ mV}=3.441\text{ mV}$$

即该热电偶在锌点的热电动势值为3.441 mV。

$$\Delta t=(e-e_分)/S_被=(3.441\text{ mV}-3.447\text{ mV})/(0.009\ 6\text{ mV/℃})=-0.6\text{ ℃}$$

即该热电偶在锌点的误差为0.6 ℃，合格。

【例3】　若例1中被检热电偶的参考端在20.0 ℃，$\bar{e}_被$测得数据为11.504 mV，求被检热电偶在该检定温度点的热电动势。

解：　由分度表可得：$e_{被20.0\ ℃}=0.798$ mV，则：

$$e=(\bar{e}_被+e_{t分})+\frac{e_标-\bar{e}_标}{S_标}S_被$$

$$=(11.504\text{ mV}+0.798\text{ mV})+\frac{2.295\text{ mV}-2.325\text{ mV}}{9.13\text{ mV/℃}}\times41.45\text{ mV/℃}$$

$$=12.166\text{ mV}$$

即该热电偶在300 ℃时的电势值为12.166 mV。

（2）同名极法

将同型号的标准和被检热电偶的测量端捆扎后，置于电阻炉内，在同一温度下，分别测出标准热电偶正极与被检热电偶正极、标准热电偶负极与被检热电偶负极的微差热电动势，用计算方法计算在检定温度点温度下被检热电偶的热电动势值等。同名极法又称"单极法"，其线路示意图如图3-22所示。

①同名极法的优点

a）对炉温控制要求不高，允许在校准点附近一定温度范围内波动；

b）标准和被检的热电偶参考端只要恒定（可以不在0 ℃），不用补正。

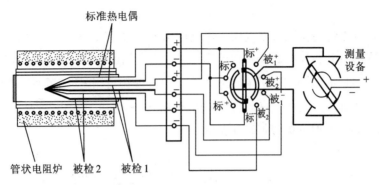

图 3-22　同名极法接线示意图

②同名极法的不足之处

a）标准和被检的热电偶必须是同种型号的热电偶；

b）标准和被检的热电偶测量端必须牢固捆扎；

c）由于测量的是微小电势，所以对电测系统（包括电测装置、转换开关和连结导线）要求高；

d）若采用直流电位差计测量，需要采用正负换向开关，且当从测量炉温转换为测量同名极热电动势时，由较大热电动势值突然变到微小热电动势值，稍不注意，易损坏检流计。

③同名极法的计算

被检热电偶在检定温度点温度的热电动势可按式（3-27）计算得到：

$$E_{被}(t)=E_{标}(t)+[\bar{e}_P(t)-\bar{e}_N(t)] \tag{3-27}$$

式中：$E_{被}(t)$——被检热电偶在检定温度点温度的热电动势，mV；

$E_{标}(t)$——证书中标准热电偶在检定温度点的热电动势，mV；

$\bar{e}_P(t)$——检定时测得的被检热电偶和标准热电偶正极产生的热电动势的平均值，mV；

$\bar{e}_N(t)$——检定时测得的被检热电偶和标准热电偶负极产生的热电动势的平均值，mV。

被检热电偶在检定温度点温度的误差值同样可以按式（3-26）计算得到。

【例 4】　用同名极法校准时，在锌点附近测得热电动势的平均值为：

$\bar{e}_P(Zn)=0.002\ mV,\bar{e}_N(Zn)=-0.002\ mV$。又由标准热电偶证书知 $E_{标}(Zn)=3.455\ mV$，求被检热电偶在锌点的热电动势。

$$\begin{aligned}E_{被}(t)&=E_{标}(t)+[\bar{e}_P(t)-\bar{e}_N(t)]\\&=3.455\ mV+[0.002\ mV-(-0.002\ mV)]\\&=3.459\ mV\end{aligned}$$

即该热电偶在锌点的热电动势值为 3.459 mV。

（3）微差法

将同型号的标准与被检热电偶反向串联，直接测量其热电动势差值，其接线示意图如图 3-23 所示。

①微差法的优点

a）热电偶参考端温度只要恒定（可以不在 0 ℃），不用补正；

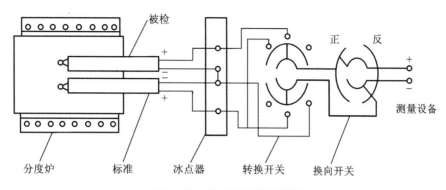

图 3-23 微差法接线示意图

b）校准时对炉温控制要求不高，允许在校准点附近一定温度范围内波动，而不影响校准的准确性；

c）操作简单，计算方便，读数比同名极法少一半。

②微差法的不足之处

a）标准和被检热电偶必须是同一种型号的热电偶；

b）标准与被检热电偶的测量端在同一温度下尽可能靠近，但不能捆扎，互相之间切不可接触；

c）对炉温径向温场要求高；

d）对测量系统（包括电测装置、转换开关和连接导线）要求高。若采用直流电位差计测量，当从测量炉温转为测量微差电势时，由于热电动势突变，易损坏检流计。

③微差法的计算

被检热电偶在检定温度点温度的热电动势可按式（3-28）计算得到：

$$E_{被}(t) = E_{标}(t) + \Delta \overline{e}(t) \tag{3-28}$$

式中：$\Delta \overline{e}(t)$——检定时在测量点附近测得的热电动势的平均值，mV。

【例 5】 用微差法校准时，在铜点附近测得热电动势的平均值为：$\Delta \overline{e}(t_{Cu}) = 0.010$ mV，由标准热电偶证书中查得：$E_{标}(t_{Cu}) = 10.567$ mV。

$$E_{被}(t_{Cu}) = E_{标}(t_{Cu}) + \Delta \overline{e}(t_{Cu}) = 10.567 \text{ mV} + 0.010 \text{ mV} = 10.577 \text{ mV}$$

即该热电偶在铜点的热电动势值为 10.577 mV。

3. 黑体空腔法

在卧式电阻炉最高温区的均匀温场内，放一个黑体空腔，空腔的一端安放被检热电偶，另一端为标准光电高温计的测量窗口。通常使电阻炉恒定在 900 ℃以上某温度点（实际应用中一般都高于 1 200 ℃），用标准光电高温计测量黑体空腔底部的亮度温度，同时测出被检热电偶的热电动势。在几个温度点上分别测量对应的热电动势值。

采用黑体空腔法校准的特点：

（1）校准时可任意选取温度点，常用于高温热电偶校准；

（2）在每一温度点上可同时校准几支热电偶；

（3）校准准确度受黑体空腔的发射率和标准光电高温计准确度影响，计算较复杂。

4. 在恒温槽中校准

在恒温槽中校准实质上也是比较法的一种，所不同的是将被检热电偶放在恒温槽中与标准仪器比较。(0~300)℃范围内,热电偶可在水槽和油槽中与标准水银温度计进行比较。0 ℃以下热电偶在低温酒精槽、液态氮低温槽、固体二氧化碳低温槽中与低温标准液体温度计或标准铜-铜镍热电偶进行比较。

在恒温槽中校准热电偶的特点是:方法简单,可同时校准多支热电偶。

5. 成套校准

将被检热电偶与显示仪表配套连接,作为一个整体,进行校准。用这种方法可确定热电偶测量系统的综合误差,但不能确定各组成部分的单独误差。

四、热电偶的检定系统

在 ITS-90 实施后,标准铂铑 10-铂热电偶不再是温标复现的标准仪器,在(0~961.78)℃温度范围由铂电阻来复现,在 961.78 ℃以上由辐射温度计来复现,因此为了体现温标的溯源性,需重新制定热电偶检定系统表。由于我国原温度计量器具量值传递系统是基于 IPTS-68 的,现在所有检定规程都已经转到 ITS-90 了。虽然我国执行 ITS-90 已经超过 25 年了,但是新的传递系统框图仍在报审过程中,故本书所采用的检定系统表是以热电偶量值传递系统的报审稿为基础的。

1. 标准计量器具

在 419.527 ℃~1 084.62 ℃温度范围,标准组铂铑 10-铂热电偶的校准是采用定点法在铜、铝、锌三个固定点上进行校准。在 1 100 ℃~1 500 ℃温度范围,对于标准组铂铑 30-铂铑 6 热电偶的校准是使用光电高温计在黑体比较炉内进行校准的。

标准组铂铑 10-铂热电偶主要用于检定一等标准铂铑 10-铂热电偶,测温范围为 419.527 ℃~1 084.62 ℃,其在锌、铝、铜三个固定点上的扩展不确定度为 0.3 ℃~0.4 ℃。

一等标准铂铑 10-铂热电偶主要用于检定二等标准铂铑 10-铂热电偶、工作用贵金属热电偶(Ⅰ、Ⅱ级铂铑 10-铂热电偶和铂铑 13-铂热电偶)和Ⅰ级工作用廉金属热电偶(镍铬-镍硅热电偶、镍铬硅-镍硅热电偶、镍铬-铜镍热电偶和铁-铜镍热电偶)等工作计量器具,测温范围为 419.527 ℃~1 084.62 ℃,其在锌、铝、铜三个固定点上的扩展不确定度为0.4 ℃~0.6 ℃。

二等标准铂铑 10-铂热电偶主要用于检定Ⅱ级工作用廉金属热电偶(镍铬-镍硅热电偶、镍铬硅-镍硅热电偶、镍铬-铜镍热电偶和铁-铜镍热电偶)及钨铼热电偶等工作计量器具,测温范围为 419.527 ℃~1 084.62 ℃时,其扩展不确定度为 0.6 ℃~1.0 ℃。

标准组铂铑 30-铂铑 6 热电偶主要用于检定一等标准铂铑 30-铂铑 6 热电偶。在测温范围为 1 100 ℃~1 500 ℃时,其扩展不确定度为 2.1 ℃。

一等标准铂铑 30-铂铑 6 热电偶主要用于检定二等标准铂铑 30-铂铑 6 热电偶和Ⅱ级铂铑 30-铂铑 6 热电偶。在其测温范围为 1 100 ℃~1 500 ℃时,其扩展不确定度为 2.5 ℃。

二等标准铂铑 30-铂铑 6 热电偶主要用于检定Ⅲ级铂铑 30-铂铑 6 热电偶。在测温范围为 1 100 ℃~1 500 ℃时,其扩展不确定度为 3.2 ℃。

2. 工作计量器具

工作用热电偶种类繁多,根据我国热电偶使用情况和国际电工委员会(IEC)的推荐,我国现已采用国际电工委员会公布的热电偶的分度表。其中有 6 种属于本检定系统范围。

由于工作用热电偶覆盖的温区比较广,因此对工作用热电偶的校准应遵循不同的温区采用不同的计量标准器具来实现。如实际使用在 419.527 ℃ 以下温度范围,可使用二等标准水银温度计来校准。

铂铑 10-铂热电偶、铂铑 13-铂热电偶、铂铑 30-铂铑 6 热电偶、镍铬-镍硅热电偶、镍铬硅-镍硅热电偶、镍铬-铜镍热电偶、铁-铜镍热电偶的测量范围、级别、允许示值误差见表 3-3。

金-铂热电偶测温范围 -40 ℃ ~ 1 000 ℃,该种热电偶可用于精密测温。其中 SRJS 型分 I 级和 II 级两个级别,I 级在 961.78 ℃ 的允许示值误差为 ±0.32 ℃,II 级在 961.78 ℃ 的允许示值误差为 ±0.48 ℃。RJS 型在 961.78 ℃ 的允许示值误差为 ±0.60 ℃。

钨铼热电偶(钨铼 3-钨铼 25 热电偶,钨铼 5-钨铼 26 热电偶)测温范围 0 ℃ ~ 2 300 ℃,在 0 ℃ ~ 400 ℃ 的允许示值误差为 ±4 ℃,在 400 ℃ ~ 2 300 ℃ 其允许示值误差为 ±0.01t。

第四节 300 ℃ ~ 1 500 ℃ 温区标准热电偶的检定方法

300 ℃ 以上温区所使用的标准组热电偶(以前也称"工作基准热电偶")检定所依据的是 JJG 833《标准组铂铑 10-铂热电偶》。目前检定工作仅在中国计量科学研究院开展,采用定点法进行。这里,我们仅介绍标准铂铑 10-铂热电偶、标准铂铑 30-铂铑 6 热电偶的检定方法。

标准铂铑 10-铂热电偶、铂铑 30-铂铑 6 热电偶是热电偶系列中准确度较高,物理化学性能良好,在高温下有很好的抗氧化性能,热电动势的稳定性和复现性很好的热电偶,包括一等、二等标准铂铑 10-铂热电偶和一等、二等标准铂铑 30-铂铑 6 热电偶。作为标准计量器具,标准铂铑 10-铂热电偶、标准铂铑 30-铂铑 6 热电偶分别在 419.527 ℃ ~ 1 084.62 ℃ 温区和 1 100 ℃ ~ 1 500 ℃ 温区用于温度量值传递或精密测温。

标准热电偶的检定依据是:JJG 75《标准铂铑 10-铂热电偶》、JJG 167《标准铂铑 30-铂铑 6 热电偶》。

一、检定项目和要求

1. 外观检查

(1)新制标准热电偶的电极直径为 $0.5_{-0.015}$ mm,长度不小于 1 000 mm;使用中的标准热电偶的长度不小于 900 mm;

(2)新制标准热电偶,电极的线径均匀,表面平滑、光洁。测量端的焊接点为圆滑、端正、光亮、直径为 1.1 mm ~ 1.3 mm 的球状;使用中的标准热电偶允许电极稍有弯曲,表面略有暗色,但电极不允许有焊点、裂痕及明显缩径。

2. 热电动势检查

(1)热电动势的范围

标准铂铑 10-铂热电偶在铜点(1084.62 ℃)、铝点(660.323 ℃)或锑点(630.63 ℃)及锌点(419.527 ℃)的热电动势应满足:

$$E(t_{Cu}) = (10.575 \pm 0.015) \text{mV}$$

$$E(t_{Al}) = 5.860 + 0.37[E(t_{Cu}) - 10.575] \pm 0.005 \text{ mV}$$

$$E(t_{Sb}) = 5.553 + 0.37[E(t_{Cu}) - 10.575] \pm 0.005 \text{ mV}$$

$$E(t_{Zn}) = 3.447 + 0.18[E(t_{Cu}) - 10.575] \pm 0.005 \text{ mV}$$

如：测得一标准铂铑 10-铂热电偶在铜点的热电动势为 10.580 mV，符合 $E(t_{Cu}) = (10.575 \pm 0.015)$ mV 的要求，则其在铝点、锑点、锌点的热电动势应满足：

$$E(t_{Al}) = 5.860 + 0.37(10.580 - 10.575) \pm 0.005 = (5.862 \pm 0.005) \text{mV}$$

$$E(t_{Sb}) = 5.553 + 0.37(10.580 - 10.575) \pm 0.005 = (5.555 \pm 0.005) \text{mV}$$

$$E(t_{Zn}) = 3.447 + 0.18(10.580 - 10.575) \pm 0.005 = (3.352 \pm 0.005) \text{mV}$$

标准铂铑 30-铂铑 6 热电偶在 1 100 ℃ 和 1 500 ℃ 的热电动势应满足：

$$E(1\ 100) = (5.780 \pm 0.025) \text{mV}$$

$$E(1\ 500) = (10.099 \pm 0.040) \text{mV}$$

（2）稳定性

标准铂铑 10-铂热电偶的稳定性是由其铜点的热电动势变化来确定的。对一、二等标准热电偶，新制造的分别不大于 3 μV、5 μV，使用中的分别不大于 5 μV、10 μV。

标准铂铑 30-铂铑 6 热电偶的稳定性是由其 1 500 ℃ 的热电动势变化来确定的。对一、二等标准热电偶，新制造的分别不大于 6 μV、8 μV，使用中的分别不大于12 μV、18 μV。

（3）监督性校验

经常使用的标准热电偶应根据使用情况进行必要的监督性校验。监督性校验是以高一等级或不经常使用的同等级热电偶作标准器进行的。标准铂铑 10-铂热电偶合格与否由铜点测得的热电动势与证书中给出的热电动势的差值决定，对一、二等标准热电偶，其值分别不大于 4 μV、7 μV；标准铂铑 30-铂铑 6 热电偶合格与否由 1 500 ℃ 测得的热电动势与证书中给出的热电动势的差值决定，对一、二等标准热电偶，其值分别不大于 7 μV、10 μV。

二、检定仪器、设备和条件

1. 设备

检定标准铂铑 10-铂热电偶、铂铑 30-铂铑 6 热电偶必须配备符合表 3—7 要求的设备。

表 3—7　检定标准铂铑 10-铂热电偶、铂铑 30-铂铑 6 热电偶的设备要求

被检热电偶	铂铑 10-铂热电偶		铂铑 30-铂铑 6 热电偶	
	一等	二等	一等	二等
标准器	标准组铂铑 10-铂热电偶	一等铂铑 10-铂热电偶	标准组铂铑 30-铂铑 6 热电偶	一等铂铑 30-铂铑 6 热电偶
电测设备	准确度不低于 1×10^{-4}，分辨力不低于 0.1 μV	准确度不低于 2×10^{-4}，分辨力不低于 1 μV	准确度不低于 1×10^{-4}，分辨力不低于 0.1 μV	准确度不低于 2×10^{-4}，分辨力不低于 1 μV
检定炉	炉长约 600 mm，炉内最高温度点偏离炉中心不得超过 20 mm，在炉温最高点±20 mm 内，温度梯度≤0.4 ℃/cm			
退火炉	具有温度为(1 100±20)℃的均匀温场，温场的长度不小于 400 mm，温场的一端距炉口不大于 100 mm			
转换开关	寄生势≤0.4 μV			
参考端恒温器	温差≤0.05 ℃		在 0 ℃～20 ℃ 之间温度恒定	
退火装置	使热电偶在通电退火时不受周围气流的影响，所配备的交流电流表，其准确度不低于 0.5 级，量程为 0 A～20 A			

2. 实验室环境条件

满足所用仪器设备的要求。

三、检定

1. 外观检查

用目力、千分尺等进行。

2. 校准前的准备

按第三节中的方法进行清洗、退火、焊接。

3. 新制热电偶的稳定性检查

测量新制标准铂铑 10-铂热电偶在铜点的热电动势后,将热电偶放入退火炉中,使其从测量端起不小于 400 mm 长的一段处在(1 100±20)℃的温场内 4 h,再次测量其在铜点的热电动势,两次热电动势的差值即为该热电偶的稳定性。

测量新制标准铂铑 30-铂铑 6 热电偶在 1 500 ℃的热电动势后,将热电偶放入退火炉中,使其从测量端起不小于 400 mm 长的一段处在(1 100±20)℃的温场内 6 h,再次测量其在 1 500 ℃的热电动势,两次热电动势的差值即为该热电偶的稳定性。

4. 热电动势检查

标准铂铑 10-铂热电偶采用比较法校准。可采用双极法、同名极法和微差法。多采用双极法和同名极法。

(1)捆扎和装炉

标准和被检热电偶用铂丝捆扎成一束,总数不超过 5 支。用 ϕ0.1 mm～0.3 mm 直径的清洁铂丝把热电偶的测量端捆扎在一起(扎 2～3 圈),测量端应处于同一平面且相互间接触良好,测量端之外的电极不互相接触。将捆扎好的热电偶束同轴地置于校准炉内,使测量端置于温度最高处。

(2)热电偶的参考端处置

热电偶的参考端应插在同一冰点恒温器内,插入深度相同,约为 100 mm～150 mm。参考端的引线采用直径为 0.5 mm 的漆包单芯铜导线,前端剥除漆皮约 1 cm,剥除漆皮的部分应全部插入绝缘油之下,以保证铜导线不会在绝缘油之外与热电偶丝有电接触。

(3)校准

①检定温度点

标准铂铑 10-铂热电偶检定温度点有三个:铜点(1 084.62 ℃)、铝点(660.323 ℃)或锑点(630.63 ℃)、锌点(419.527 ℃)。标准铂铑 30-铂铑 6 热电偶检定温度点为 1 100 ℃～1 500 ℃温区的整百度温度点。

检定时,炉温偏离定点不超过±5 ℃。

②双极法校准

双极法校准原理如图 3—22 所示。校准时,把炉温升到预定的校准点,保持数分钟,通过标准热电偶的读数,观察炉温变化情况。校准铂铑 10-铂热电偶,当炉温变化小于 0.1 ℃/min 时,开始测量;校准铂铑 30-铂铑 6 热电偶,当炉温变化小于 0.2 ℃/min 时,开始测量。

校准一等标准热电偶时，读数顺序为：

$$标 1 \longrightarrow 被 1 \longrightarrow 被 2 \longrightarrow 被 3 \longrightarrow 标 2$$

$$标 1 \longleftarrow 被 1 \longleftarrow 被 2 \longleftarrow 被 3 \longleftarrow 标 2$$

校准二等标准热电偶时，读数顺序为：

$$标 1 \longrightarrow 被 1 \longrightarrow 被 2 \longrightarrow 被 3 \longrightarrow 被 4$$

$$标 1 \longleftarrow 被 1 \longleftarrow 被 2 \longleftarrow 被 3 \longleftarrow 被 4$$

每支热电偶的读数不少于 4 次。

③同名极法校准

同名极法校准原理如图 3－23 所示。在整个测量过程中，炉温变化不大于 5 ℃，测量每组电极的热电动势不少于 2 次。

④微差法校准

微差法校准原理如图 3－24 所示。在整个测量过程中，炉温变化不大于 5 ℃，每支热电偶的读数不少于 2 次。

每支被检热电偶至少校准两次。第一次校准后，将热电偶从炉内取出，重新捆扎、装炉，进行第二次校准。

5. 检定结果的处理和检定周期

用比较法校准热电偶，采用第三节的方法进行计算处理。

校准一等标准热电偶时，被检热电偶用 1 号标准热电偶校准得到的热电动势，与同时用 2 号标准热电偶校准得到的热电动势的差值，对于标准铂铑 10-铂热电偶应不大于 3 μV；对于标准铂铑 30-铂铑 6 热电偶应不大于 5 μV，取其平均值作为一次校准结果。

被检热电偶两次校准结果的差值，对一、二等标准铂铑 10-铂热电偶在各校准点上分别不应大于 3 μV、4 μV，对一、二等标准铂铑 30-铂铑 6 热电偶在各校准点上分别不应大于 5 μV、7 μV，以两次校准结果的平均值作为最后校准结果。

一等标准热电偶证书中热电动势给出小数点后四位数，二等标准热电偶证书给出小数点后三位数。检定周期一般为 1 年。

6. 标准铂铑 10-铂热电偶整百度热电动势值的推算

标准铂铑 10-铂热电偶作标准器校准廉金属热电偶时，需要计算标准热电偶在整百度的热电动势值。这里介绍 300 ℃～1 100 ℃温区内标准铂铑 10-铂热电偶热电动势和温度 t 之间关系的计算方法。

标准铂铑 10-铂热电偶用比较法在三个固定点校准后，可借助 S 型热电偶参考函数表（分度表）和一个差值函数，计算出 300 ℃～1 100 ℃温区内标准热电偶的热电动势 $E(t)$ 和温度 t 之间的关系。

$$E(t) = E_r(t) + \Delta e(t) \tag{3－29}$$

式中:$E(t)$——标准热电偶在温度 t 时的热电动势,mV;

$E_r(t)$——标准热电偶分度表中在温度 t 时的热电动势,mV;

$\Delta e(t)$——标准热电偶在温度 t 时的热电动势 $E(t)$ 与标准热电偶分度表中温度 t 时的热电动势的差值。

$$\Delta e(t) = a + bt + ct^2 \qquad (3-30)$$

常数 a,b,c 是由在三个固定点校准后得到的三个差值 $\Delta e(t_{Zn})$,$\Delta e(t_{Al})$ 或 $\Delta e(t_{Sb})$ 和 $\Delta e(t_{Cu})$ 通过计算得出。

如果选择锌、铝和铜三个固定点校准,则:

$a = 4.472\ 01\Delta e(t_{Zn}) - 4.453\ 67\Delta e(t_{Al}) + 0.981\ 667\Delta e(t_{Cu})$

$b = -0.010\ 895\ 6\Delta e(t_{Zn}) + 0.014\ 722\ 1\Delta e(t_{Al}) - 0.003\ 826\ 58\Delta e(t_{Cu})$

$c = 6.244\ 08 \times 10^{-6}\Delta e(t_{Zn}) - 9.787\ 70 \times 10^{-6}\Delta e(t_{Al}) + 3.543\ 62 \times 10^{-6}\Delta e(t_{Cu})$

如果选择锌、锑和铜三个固定点校准,则:

$a = 4.871\ 64\Delta e(t_{Zn}) - 4.747\ 85\Delta e(t_{Sb}) + 0.876\ 205\Delta e(t_{Cu})$

$b = -0.012\ 216\ 6\Delta e(t_{Zn}) + 0.156\ 946\Delta e(t_{Sb}) - 0.003\ 477\ 97\Delta e(t_{Cu})$

$c = 7.122\ 35 \times 10^{-6}\Delta e(t_{Zn}) - 10.434\ 20 \times 10^{-6}\Delta e(t_{Sb}) + 3.311\ 86 \times 10^{-6}\Delta e(t_{Cu})$

第五节 工作用热电偶的检定与校准

工作用热电偶分贵金属热电偶和廉金属热电偶两大类。目前常用的贵金属热电偶主要有:铂铑 10-铂热电偶、铂铑 13-铂热电偶、铂铑 30-铂铑 6 热电偶。近些年,金-铂热电偶也开始被逐渐认识、使用。

常用廉金属热电偶主要包括:镍铬-镍铝(硅)热电偶、镍铬硅-镍硅热电偶、镍铬-铜镍热电偶、铁-铜镍热电偶。专用于测量物体表面温度的表面温度计也被越来越广泛地使用。

常用的贵金属热电偶和廉金属的电极成分、测量范围、示值允许误差见表 3-2 和表 3-3。下面先分别就工作用贵金属热电偶和工作用廉金属热电偶的检定方法做介绍,再介绍金-铂热电偶、表面热电偶的检定方法。

一、工作用贵金属热电偶的检定

本节中的工作用贵金属热电偶指长度不小于 700 mm 的热电偶,长度在 200 mm~700 mm 间的热电偶称为短型热电偶。检定的依据是 JJG 141《工作用贵金属热电偶》和 JJG 668《工作用铂铑 10-铂、铂铑 13-铂短型热电偶》。

1. 检定项目和要求

(1) 外观检查

新制的热电偶电极应平滑、光洁、线径均匀。测量端焊接应牢固、圆滑、无气孔。使用中的热电偶电极允许稍有弯曲,表面允许稍有暗色斑点,经清洗后仍有发黑、腐蚀斑点和明显的粗细不均匀等缺陷,作不合格处理。

(2) 电极直径

电极直径为 0.5 mm,允许偏差为 -0.015 mm。

（3）示值误差

对分度表热电动势的偏离换算成温度应符合表3－3规定的允许误差要求。

2. 检定仪器、设备和条件

（1）设备

检定工作用贵金属热电偶和短型热电偶必须配备符合表3－8要求的设备。

表3－8　工作用贵金属热电偶检定用设备

被检热电偶	短型铂铑10-铂热电偶、铂铑13-铂热电偶		铂铑10-铂热电偶、铂铑13-铂热电偶		铂铑30-铂铑6 热电偶	
	Ⅰ级	Ⅱ级	Ⅰ级	Ⅱ级	Ⅱ级	Ⅲ级
标准器	一等标准铂铑10-铂热电偶	二等标准铂铑10-铂热电偶	一等标准铂铑10-铂热电偶		一等标准铂铑30-铂铑6热电偶	二等标准铂铑30-铂铑6热电偶
电测设备	准确度优于2.5×10^{-4},最小步进优于 0.1 μV	准确度优于5.5×10^{-4},最小步进优于 1 μV	准确度不低于0.01级,分辨力不低于0.1 μV	准确度不低于0.01级,分辨力不低于0.1 μV	准确度不低于0.01级,分辨力不低于0.1 μV	准确度不低于0.01级,分辨力不低于0.1 μV
检定炉	炉长约300 mm,最高均匀温场中心偏离炉子几何尺寸中心不超过10 mm,在偏离轴向几何中心20 mm内,温度梯度不超过0.4 ℃/10 mm		炉长约600 mm,炉管内径约为20 mm,常用温度为1100 ℃,炉内最高温度点偏离炉子几何中心不大于20 mm,温度最高点±20 mm内有温度变化梯度≤0.4 ℃/10 mm的均匀温场		炉长约600 mm,炉管内径约为20 mm,常用温度为1500 ℃,炉内最高温度点偏离炉子几何中心不大于20 mm,温度最高点±20 mm内有温度变化梯度≤0.5 ℃/10 mm的均匀温场	
退火炉	炉长不小于600 mm,具有(1 100±20)℃的均匀温场,均匀温场的长度不小于400 mm,温场的一端距炉口不大于50 mm		炉长不小于1m,应有(1 100±20)℃的均匀温场,均匀温场的长度不小于400 mm,温场的一端距炉口不大于100 mm			
转换开关	寄生电势≤1 μV		各路寄生电势及各路寄生电势之差均应小于0.4 μV			
参考端恒温器	(0±0.1)℃		(0±0.05)℃		在 0 ℃～40 ℃之间,温度恒定	

（2）实验室环境条件

满足所用仪器设备的要求。

3. 检定方法

（1）外观检查

用目力、千分尺等对被检热电偶进行检查。

（2）校准前的准备

按第三节中的方法进行清洗、退火、焊接（必要时）。Ⅰ级短型铂铑10-铂热电偶、铂铑13-铂热电偶炉内退火时间为1 h。

（3）检定

贵金属热电偶采用比较法校准。铂铑10-铂热电偶、铂铑30-铂铑6 热电偶可采用双极法、同名极法校准。铂铑13-铂热电偶只可采用双极法校准。

①捆扎和装炉

捆扎、装炉、热电偶的参考端的处置同第四节热电动势检查。短型铂铑 10-铂热电偶、铂铑 13-铂热电偶的参考端不能直接置入恒温器时,其参考端应用达到一等标准热电偶水平的同型热电偶丝延伸至参考端恒温器,参考端与延长丝平行重叠部分约 10 mm,用直径 0.1 mm～0.3 mm 漆包铜丝扎紧(约 5 圈～6 圈)。

②检定温度点

铂铑 10-铂热电偶和铂铑 13-铂热电偶的检定温度点为:铜点(1 084.62 ℃)、铝点(660.323 ℃)、锌点(419.527 ℃);铂铑 30-铂铑 6 热电偶检定温度点为 1 100 ℃、1 300 ℃、1 500 ℃。检定时,炉温偏离检定温度点不超过±5 ℃。

③双极法校准

双极法校准原理如图 3－21 所示。测量过程同第四节热电势检查双极法校准,只是测量次数和整个测量过程允许炉温变化量不同。校准Ⅰ级铂铑 10-铂、铂铑 13-铂热电偶、Ⅱ级铂铑 30-铂铑 6 热电偶时,每支热电偶测量次数不少于 4 次;校准Ⅱ级铂铑 10-铂、铂铑 13-铂热电偶与Ⅲ级铂铑 30-铂铑 6 热电偶,每支热电偶测量次数不少于 2 次,整个校准过程中炉温变化不得超过 0.5 ℃。

④同名极法校准

同名极法校准原理如图 3－22 所示。测量过程同第四节热电势检查同名极法校准,只是测量次数和整个测量过程允许炉温变化量不同。校准Ⅰ级铂铑 10-铂、铂铑 13-铂热电偶、Ⅱ级铂铑 30-铂铑 6 热电偶时,每组电极的测量次数不少于 4 次;校准Ⅱ级铂铑 10-铂、铂铑 13-铂热电偶与Ⅲ级铂铑 30-铂铑 6 热电偶时,每组电极的测量次数不少于 2 次,整个测量过程中炉温变化不得超过 5 ℃。

Ⅰ级铂铑 10-铂、铂铑 13-铂热电偶、Ⅱ级铂铑 30-铂铑 6 热电偶至少校准两次。第一次校准后,一般待炉温下降至 350 ℃以下,将热电偶从炉内缓慢取出,重新捆扎、装炉,进行第二次校准。

4. 检定结果的处理和检定周期

用比较法校准热电偶,采用第三节的方法进行计算处理。被检热电偶两次校准结果的差值,Ⅰ级铂铑 10-铂、铂铑 13-铂热电偶在各锌点和铝点上不应大于 3.0 μV,在铜点不应大于 5.0 μV,Ⅰ级短型铂铑 10-铂、铂铑 13-铂热电偶在各校准点上不应大于 5 μV,Ⅱ级铂铑 30-铂铑 6 热电偶在各校准点上分别不应大于 8.0 μV。以两次校准结果的平均值作为最后校准结果。

工作用贵金属热电偶在测量时读数保留到小数点后四位(0.1 μV),检定结果应修约保留到小数点后三位。

工作用贵金属热电偶的检定周期一般为半年。

二、工作用廉金属热电偶的校准

工作用廉金属热电偶校准的依据是 JJF1637《廉金属热电偶校准规范》。

1. 校准项目和要求

(1)外观检查

①热电偶的电极不应有严重的腐蚀、明显缩径、粗细不均匀等缺陷。

②热电偶测量端的焊接应牢固、呈球状，表面应圆滑、无气孔、无夹灰。

（2）热电动势和温度示值偏差

对分度表热电动势的偏离换算成温度应符合表3－3规定的允许误差要求。

2. 校准仪器、设备和条件

（1）校准工作用廉金属热电偶必须配备符合表3－9要求的设备。

（2）实验室环境条件满足所用仪器设备的要求。

表3－9　工作用廉金属热电偶检定设备

被检热电偶 测量范围	（－196～419.527）℃		≥300 ℃	
	Ⅰ级	Ⅱ级	Ⅰ级	Ⅱ级
测量标准	二等标准铂电阻温度计或扩展不确定度满足要求的其他测量标准		一等标准铂铑10-铂热电偶	二等标准铂铑10-铂热电偶
电测仪器	准确度不低于0.02级，分辨力不低于0.1 mΩ		准确度不低于0.01级，分辨力不低于0.1 μV	准确度不低于0.02级，分辨力不低于1 μV
恒温设备	油恒温槽，在有效工作区域内温差不大于0.1 ℃		管式炉，有效工作区域轴向30 mm内，任意两点温差不大于0.5 ℃；径向半径不小于14 mm范围内，同一截面任意两点温差不大于0.25 ℃	
多点转换开头	寄生电势不大于0.5 μV			
参考端恒温器	深度不小于200 mm，工作区域温度变化（0±0.1）℃			
补偿导线	温度范围：（室温～70）℃；允许偏差：±0.2 ℃			

3. 校准方法

（1）外观检查

用目测方法对被检热电偶进行检查。

（2）校准前的准备

新制热电偶在检定示值前，应在最高检定温度点温度下，退火2 h，随炉冷却至250 ℃以下。使用中的热电偶不需退火。

（3）校准

采用比较法校准。

校准温度点由热电偶的丝材和热电极直径粗细决定。

①在油恒温槽中校准热电偶

300 ℃以下在油恒温槽中进行。校准时油槽温度变化不超过0.2 ℃。

热电偶的安装：

将剥去绝缘层的铜导线一端与被校热电偶的参考端连接，置入装有酒精或变压器油的玻璃试管内，均匀地插入参考段恒温器内。必要时可用补偿导线。

将热电偶的测量端区套上玻璃保护管，与测量标准置于油恒温槽中，插入深度应不小于200 mm，玻璃管口沿热电偶周围，用脱脂棉堵好。

②在管式炉中检定

在管式炉中廉金属热电偶的检定采用双极法进行。

步骤如下：

将标准热电偶套上保护管，与套上绝缘瓷珠的被校热电偶用细镍铬丝捆扎成一束。捆扎时应尽可能将被校热电偶的测量端围绕高铝保护均匀分布一周，并处于同一平面。将捆扎成束的热电偶插入管式炉内的均温块至底部，热电偶的测量端应处于同一个径向截面上。在管式炉炉口处沿热电偶束周围，用绝缘耐火材料封堵好。

双极法校准原理如图 3—21 所示。读数过程应迅速准确，时间间隔应相近，测量读数不应少于 4 次。测量时管式炉温度变化不大于 0.5 ℃。

4. 数据处理和复校时间间隔

（1）300 ℃ 以下热电偶的数据处理

300 ℃ 以下热电动势误差 Δe_t 用式（3—31）计算：

$$\Delta e_t = \overline{e}_\text{被} + S_\text{被} \times \Delta t_\text{检} - e_\text{分} \tag{3—31}$$

式中：Δe_t——被校热电偶热电动势误差值，mV；

$\overline{e}_\text{被}$——被校热电偶在检定温度点附近温度下，测得的热电动势算术平均值，mV；

$S_\text{被}$——被校热电偶在该检定温度点温度的微分热电动势，mV/℃；

$\Delta t_\text{检}$——校准温度点温度与实际温度的差值，℃；

$e_\text{分}$——被校热电偶分度表上查得的该检定温度点温度的热电动势，mV。

$$\Delta t_\text{检} = t_\text{检} - t_\text{实} \tag{3—32}$$

式中：$t_\text{检}$——校准温度点温度，℃；

$t_\text{实}$——测量时的实际温度（实际温度＝标准器读数平均值＋修正值），℃。

【例 1】 在 200 ℃ 时 E 型热电偶示值误差计算。

在 200 ℃ 校准温度点附近，参考端为 0 ℃，被校 E 型热电偶的热电动势值为 13.452 mV，二等标准水银温度计测得温场的温度为 200.15 ℃，求被校热电偶在 200 ℃ 时示值误差。

$$\Delta t_\text{检} = 200.15\ ℃ - 200\ ℃ = 0.15\ ℃$$

从分度表可得到：在 200 ℃ 时热电偶的热电动势值和微分热电动势分别为：$e_\text{分} = 13.421$ mV；$S_\text{被} = 0.074$ mV/℃。

则：

$$\Delta e_{200} = \overline{e}_\text{被} + S_\text{被} \times \Delta t_\text{检} - e_\text{分}$$
$$= 13.452\ \text{mV} + 0.074\ \text{mV/℃} \times (-0.15\ ℃) - 13.421\ \text{mV/℃} = 0.020\ \text{mV}$$

热电偶在 200 ℃ 时的示值误差为：

$$\Delta t_{200} = \frac{\Delta e_{200}}{S_\text{被}} = \frac{0.020}{0.074} = 0.3(℃)$$

（2）300 ℃ 以上热电偶的数据处理

300 ℃ 以上采用双极法检定热电偶，数据处理方法见第三节双极法的计算。

（3）复校时间间隔

廉金属热电偶的复校时间间隔一般为半年。

三、金-铂热电偶

金-铂热电偶是用高纯金、铂材料制成的，是所有热电偶中热电均匀性最好的一种，测量范围为：－40 ℃～1 000 ℃，可在氧化性、中性介质或真空中使用，不宜在还原气氛（如氢、一氧化碳）、二氧化碳以及硫、磷、硅、碳或碳化物所产生的蒸气中使用。其正极金（Au）和负极铂的纯度均≥99.999％。金-铂热电偶按照其结构的不同，可以分为 SRJS 型和 RJS 型两种。由于金、铂材料的热膨胀系数不同，受热后会引起机械应力，从而引入附加热电动势。为消除这种附加热电动势，在金与铂元件之间焊上一个铂丝线圈——消除应力线圈，这种热电偶结构称为 SRJS 型，结构如图 3－24(a)所示，不焊接消除应力线圈的，称为 RJS 型，结构如图 3－24(b)所示。金-铂热电偶的检定依据是 JJG 542《金-铂热电偶》。

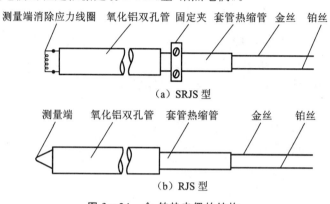

图 3－24　金-铂热电偶的结构

1. 检定项目和要求

（1）新制热电偶长度（不包括消除应力线圈长度）不得小于 1 000 mm，使用中的热电偶长度不得小于 900 mm。

（2）外观

①新制热电偶电极应平整、光洁，丝径均匀，无毛刺、裂纹、分层、凹坑、划痕和折叠等缺陷；使用中的热电偶电极允许稍有弯曲，表面有暗色，不允许丝材中间有焊接点。

②焊头应圆滑、光亮、牢固，整个套管无松动。SRJS 型热电偶的消除应力线圈圈数 3 圈～5 圈，焊点不大于 0.7 mm，固定夹子要夹紧；RJS 型热电偶测量端焊头的直径不大于1.2 mm。

（3）稳定度

新制的 0.5 mm 直径热电偶在银点（961.78 ℃）退火前后测得两次热电动势的差值不大于 3 μV；

使用中的 0.5 mm 直径热电偶在银点（961.78 ℃）退火前后测得两次热电动势的差值不大于 5 μV。

（4）热电偶在 961.78 ℃（银凝固点温度）的热电动势应符合表 3－10 的规定。

表 3－10　金-铂热电偶的热电动势和允许误差

型式	线径/mm	级　别	测量端温度/℃	热电动势及其允许误差/mV
SRJS	ϕ 0.5	I	961.78	16.102±0.008
	ϕ 0.5 ϕ 0.25	II		16.102±0.012
RJS	ϕ 0.5 ϕ 0.25			16.102±0.015

注：JJG 542—1997 规定的银凝固点热电动势是 16.102 mV，但是现行国际标准和我国国家标准规定的热电动势是16.120 mV。

（5）热电偶测量端如重新焊接,则应重新检定和考核热电动势的稳定性。

（6）监督性检查

银点测得的热电动势与检定证书中给出的热电动势的差值应符合(3)、(4)要求。

2. 检定仪器、设备和条件

（1）标准器

①定点炉

金属铟点(156.598 5 ℃)、锡点(231.928 ℃)、锌点(419.527 ℃)、锑点(630.630 ℃)、银点(961.78 ℃)定点炉各一台。定点炉的轴向温场,从坩埚容器中心管底部起 150 mm 范围内任意两点之间的最大温差不应超过 0.8 ℃。在检定Ⅱ级及以下等级金-铂热电偶可用标准油槽以及一等标准铂电阻温度计来代替测量锡点和铟点。

②汞三相点瓶(−38.834 4 ℃)一台,总不确定度为 1 mK。

③1 等标准铂电阻温度计,低温、中温各一支。

（2）主要配套设备

①酒精低温恒温槽,使用温度范围−50 ℃～0 ℃,工作区域水平温差 0.015 ℃,工作区域任意两点温差不大于 0.03 ℃。

②冰点槽,槽深不小于 300 mm。

③电测设备,不低于 0.01 级和 0.02 级的电测设备及配套装置各一套。

④多点转换开关,寄生电势小于 0.4 μV。

⑤电阻温度计专用四点转换开关,杂散热电动势不大于 0.4 μV。

⑥退火炉一台,应有(1100±20)℃的均匀温场,均匀温场的长度应大于 400 mm,均匀温场一端离炉口应小于 100 mm。

3. 检定方法

（1）外观

用钢卷尺等完成外观检查。

（2）稳定性

①新制的热电偶的稳定性检查

将新制的热电偶放入退火炉中,恒定在 450 ℃进行 12 h 炉内退火后,测定银凝固点的热电动势。将热电偶再放入退火炉中在 450 ℃进行 12 h 炉内退火。第二次测量银点热电动势。二次测得的银点热电动势差值应不大于 3 μV。

②使用过的热电偶的清洗、退火、焊接和稳定性检定

卸下固定夹,并剪去热电偶测量端的焊头。

进行清洗和退火:将铂丝放入 30%左右(按容积)化学纯的盐酸或硝酸溶液中浸渍 1 h,取出后用蒸馏水煮沸数次消除酸性,然后将铂丝悬挂在带有铂钩的支架上通电退火,通入电流为 10.5 A,用化学纯的硼砂块(四硼酸纳)接触铂丝上端,使硼砂熔化顺铂丝流下,清洗 2 次～3 次,然后将铂丝放入蒸馏水中煮沸数次,彻底洗净硼砂。将洗净后的铂丝悬挂在支架上,再次通入 10.5 A 电流,退火 1 h。退火后缓慢地减小电流,冷却到室温后取下。将金丝浸入热溶液(由 100 g 水,加 15 g 漂白粉、15 g 碳酸氢钠、5 g 食盐配制成)中 2 h。然后用热水加碳酸氢钠溶液(1 kg 水加 25 g 碳酸氢钠)清洗干净。将金丝放入专用的退火炉内,在

1 000 ℃退火 3 h。

铂丝、金丝焊接成偶。焊接 RJS 型热电偶：将金、铂丝头部用无水酒精棉球擦净，用直流氩弧焊接机直接焊接，焊头直径不能超过 1.2 mm。焊接 SRJS 型热电偶：将经过清洗的 $\phi0.13$ mm 细铂丝，绕成直径为 $\phi0.5$ mm 约 3 圈～5 圈，用水焊接机将金丝、铂丝对焊。

将焊好的热电偶套入标有"＋""－"记号的氧化铝双孔瓷管内，放入退火炉中，在 450 ℃进行 12 h 炉内退火。

按新制热电偶的方法进行稳定性检查。二次测得的银点热电动势差值应不大于 5 μV

（3）热电动势的检查

热电偶使用范围为－40 ℃～1 000 ℃，需测定汞三相点、冰点和 5 个金属定点的热电动势。检定时，热电偶参考端直接与单芯铜导线连接，通常可以用细铜丝捆扎单芯铜导线与热电偶丝。不可使用补偿导线。

①测定五定点的热电动势

在定点炉中当纯金属完全熔化后，使炉温比凝固点高 5 ℃～10 ℃，保持约 10 min，使温度变化不超过 0.2 ℃，将被检热电偶插入定点炉石墨坩埚内，深度不小于 120 mm。参考端与铜导线相连接，插入玻璃管内，玻璃管理人冰水深度大于 150 mm。缓慢地减小电流，使熔金属以 0.2 ℃/min 的速率降温，当被检热电偶热电动势停止下降并回升时，将炉温控制在比凝固点低 2 ℃～3 ℃的范围内，凝固点温度稳定 1 min～2 min 后即可进行测定。

②测定冰点热电动势

将清洁的玻璃试管理入冰点槽中，要求冰水深度不小于 300 mm，将热电偶测量端、参考端分别插入二个玻璃试管中，深度不能小于 200 mm，约 0.5 h 后开始进行测定。

③汞三相点（－38.834 4 ℃）的检定方法

把汞三相点容器放入低温酒精恒温槽内，将标准铂电阻温度计插入汞三相点瓶温度计阱内（阱内要放入导热介质），然后降低酒精槽的温度至最低温度，使容器中的汞自然冷却。当确认汞完全凝固，并出现过冷后，将恒温槽的温度回升到－37 ℃，并控制在此温度附近，使汞缓慢熔化，监测温度计电阻变化。当确认熔化温坪出现后，即可将标准温度计取出，再将被检热电偶插入到阱的底部，待稳定后，即可测量热电偶的热电动势。

也可采用比较法，在酒精低温槽中测量。检定时标准铂电阻温度计的浸没深度不小于 230 mm。被检热电偶的测量端与标准铂电阻温度计的感温元件中部处于同一水平面，槽温稳定到 5 mK/10 min 时方可开始测量。

4. 数据处理和检定周期

将被检热电偶测量得到的每个金属凝固点热电动势（平均值）进行零点修正，然后得到铟、锡、锌、锑、银 5 个金属凝固点的热电动势以及汞三相点热电动势。

按式（3－33）计算被检热电偶与分度表在各温度点上的修正值：

$$\Delta E_t = E_{ref} - E_t \tag{3-33}$$

式中：ΔE_t——在温度 t 时，分度表上金-铂热电偶的热电动势值与被检热电偶的热电动势值的差值，μV；

E_{ref}——分度表上热电偶在温度 t 时的热电动势值，μV；

E_t——被检热电偶在温度 t 时的热电动势值，μV。

关于金-铂热电偶的分度表有必要做特别说明：当前有效的金-铂热电偶检定规程

JJG 542 是1997 年发布的,当时国际上提供金-铂热电偶分度表的文件是 ASTM E1751—1995,但是该检定规程没有采用 ASTM E1751 标准,而是在文中另外发表了一个分度表。后来 IEC 62460:2008 采用 ASTM E1751 的数据,公布金-铂热电偶分度表,该 IEC 标准又被我国 GB/T 30120—2013《纯金属组合热电偶分度表》等同采用。因此现在谈到金-铂热电偶分度表时,就应该是全世界统一的那个分度表,而不再是 JJG 542—1997 的分度表了。JJG 542—1997 的分度表的温度范围是−40 ℃~1 000 ℃,GB/T 30120 分度表的温度范围是 0 ℃~1 000 ℃,两个分度表在 0 ℃和 1 000 ℃的热电动势是相等的,其他温度点的热电动势有差异。例如银点温度(961.78 ℃),JJG 542—1997 规定是 16.102 mV,而 GB/T 30120 规定是 16.120 mV。

将铟、锡、锌、锑、银 5 个金属凝固点以及汞三相点的热电动势 ΔE_t 值,绘制成折线图。在折线图可找出所需温度 t 所对应的 ΔE_t,根据式(3−33)可计算出被检热电偶在该温度的热电动势值。

【例】 某金-铂热电偶在各固定点上的热电动势为:

$E_M(汞) = -203.69\ \mu V, E_M(铟) = 1\ 349.8\ \mu V, E_M(锡) = 2\ 234.0\ \mu V,$
$E_M(锌) = 4\ 940.5\ \mu V, \quad E_M(锑) = 8\ 720.7\ \mu V, E_M(银) = 16\ 109.2\ \mu V。$

分度表上各固定点热电动势值为:

$E_S(汞) = -203.69\ \mu V, E_S(铟) = 1\ 350.4\ \mu V, E_S(锡) = 2\ 233.46\ \mu V,$
$E_S(锌) = 4\ 938.7\ \mu V, \quad E_S(锑) = 8\ 718.21\ \mu V\ E_S(银) = 16\ 101.87\ \mu V。$

由公式(3−33)可求得:

$\Delta E_1 = 0$ $\quad\quad\quad \Delta E_2 = 0.6\ \mu V$ $\quad\quad\quad \Delta E_3 = -0.54\ \mu V$
$\Delta E_4 = -1.8\ \mu V$ $\quad\quad \Delta E_5 = -2.49\ \mu V$ $\quad\quad \Delta E_6 = -7.33\ \mu V$

由 ΔE 可得折线图(见图 3−25)。

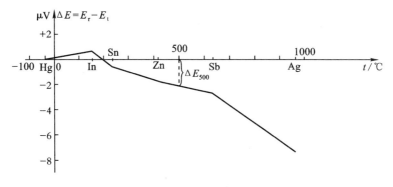

图 3−25 折线图

该热电偶在 $t = 500$ ℃时的热电动势值 E_{500} 可由折线图得出。500 ℃时的修正值 $\Delta E_{500} = -2.1\ \mu V$,查分度表可得 $E_{ref500} = 6\ 292.49\ \mu V$。

所以: $E_{500} = E_{ref500} - \Delta E_{500} = 6\ 292.49\ \mu V - (-2.1\ \mu V) = 6\ 294.59\ \mu V$

也可用铟、锡、锌、锑、银 5 个金属凝固点以及汞三相点的热电动势值,采用相关规程所描述的方法,计算出被检金-铂热电偶的温度-电势对照表。

金-铂热电偶的检定周期一般为 1 年。

四、铠装热电偶的校准

铠装热电偶校准的依据是 JJF 1262《铠装热电偶校准规范》。

1. 校准项目

（1）常温绝缘电阻

绝缘型铠装热电偶的常温绝缘电阻在热电极与套管之间测量。一对以上热电极的铠装热电偶，还应测量每对热电极之间的绝缘电阻。绝缘电阻应符合表 3—11 的要求。

表 3—11 铠装热电偶常温绝缘电阻

实验温度	分度号	长度	最小绝缘电阻要求
（20±15）℃	K,N,E,J,T	不小于 1 m	$R_f \cdot L \geqslant 1\,000\ M\Omega \cdot m$
		小于 1 m	$R_f \geqslant 1\,000\ M\Omega$

（2）示值

对分度表热电动势的偏差换算成温度应符合表 3—3 规定的允许误差要求。

2. 校准仪器、设备和条件

（1）校准工作用廉金属铠装热电偶

应配备符合表 3—12 要求的设备。

（2）实验室环境条件

电测设备工作的环境应符合其相应规范的要求；恒温设备的环境应无影响校准的气流扰动。

3. 校准方法

（1）常温绝缘电阻

根据铠装热电偶的直径，选择绝缘电阻测试仪器。如果套管外径不大于 1.5 mm，测量电压为（75±25）V；套管外径大于 1.5 mm，测量电压为（500±50）V。在环境温度（20±15）℃，相对湿度不大于 80% 下进行。按照表 3—11 的规定将铠装热电偶的热电极与外套管或不同对的热电极，用测量线分别接在绝缘电阻测试仪器上，并施加试验电压，记录 1 min 时的绝缘电阻示值。

（2）示值校准

采用比较法校准。

至少校准三个温度点，通常选取测量范围上限、下限和中间点，也可根据客户要求选择其他校准温度点（例如可参考铠装热电偶的外径选择校准温度点）。

校准铠装热电偶时，热电偶参考端置于冰点恒温器内。如果铠装热电偶带连接插座，参考端无法插入冰点恒温器内，可用补偿导线一端连接热电偶信号输出端，另一端与铜导线连接后，置入装有酒精或变压器油的玻璃试管内，再均匀地插入冰点恒温器中，插入深度不小于 150 mm。

铠装热电偶在油恒温槽中和在管式检定炉中校准与工作用廉金属热电偶的检定相同，可参照第二节中内容。

表 3－12　铠装热电偶校准设备

被校热电偶 测量范围	<300 ℃		≥300 ℃	
	Ⅰ 级	Ⅱ 级	Ⅰ 级	Ⅱ 级
标准器	二等标准水银温度计或二等标准铂电阻温度计或标准铜-铜镍热电偶		一等标准铂铑 10-铂热电偶	二等标准铂铑 10-铂热电偶
电测设备	准确度等级不低于 0.01 级,分辨力不低于 0.1 μV	准确度等级不低于 0.01 级,分辨力不低于 1 μV	准确度等级不低于 0.01 级,分辨力不低于 0.1 μV	准确度等级不低于 0.01 级,分辨力不低于 1 μV
	如果用二等标准铂电阻温度计时,应配备准确度不低于0.01级,最小分辨力不低于0.1 mΩ			
检定炉(槽)	油恒温槽,在有效工作区域内温差小于 0.2 ℃		配置恒温块(包括热管)的恒温设备,温度范围满足校准的要求;热电偶插入均温块的深度与孔径之比大于 10:1;从孔底算起轴向 30 mm 内温差不大于 0.5 ℃;孔底部同一截面任意孔间的温差的绝对值不大于 0.25 ℃	
转换开关	接触电势不大于 0.5 μV			
参考端恒温器	(0±0.1)℃			
补偿导线	经过校准的补偿导线			
绝缘电阻测试仪器	准确度等级不低于 10 级			

4. 校准结果的处理和复校时间间隔

(1) 数据处理

被校铠装热电偶的热电动势误差 Δe_t 用下式计算:

$$\Delta e_t = \overline{e}_{被} + S_{被} \times \Delta t_{校} - e_{分} + e_{补} \qquad (3-34)$$

式中:Δe_t——被校铠装热电偶热电动势误差值,mV;

　　$\overline{e}_{被}$——被校铠装热电偶在校准温度点附近温度下,测得的热电动势算术平均值,mV;

　　$S_{被}$——被校铠装热电偶在该校准温度点温度的微分热电动势,mV/℃;

　　$\Delta t_{校}$——校准温度点温度与实际温度的差值,℃;

　　$e_{分}$——被校铠装热电偶分度表上查得的该校准温度点温度的热电动势,mV;

　　$e_{补}$——补偿导线修正值,mV。

$$\Delta t_{校} = t_{校} - t_{实} \qquad (3-35)$$

式中:$t_{校}$——校准温度点温度,℃;

　　$t_{实}$——测量时的实际温度(实际温度=标准器读数平均值+修正值),℃。

被校铠装热电偶的偏差 $\Delta t_{被}$ 的计算公式:

$$\Delta t_{被} = \frac{\Delta e_t}{S_{被}}$$

(2) 校准周期

铠装热电偶的复校时间间隔一般不超过半年。

第六节　高温热电偶

目前在航空、冶金等领域中，测量 1 800 ℃以上的高温多使用工作用钨铼热电偶，钨铼热电偶的测量范围为 0 ℃～2 300 ℃。常用的钨铼热电偶有钨铼 3-钨铼 25 热电偶和钨铼 5-钨铼 26 热电偶。钨铼 3-钨铼 25 热电偶的正极名义成分为含钨 97％、铼 3％，负极名义成分为含钨 75％、铼 25％，分度号为 D(WRe3-WRe25)；钨铼 5-钨铼 26 热电偶的正极名义成分为含钨 95％、铼 5％，负极名义成分为含钨 74％、铼 26％，分度号为 C(WRe5-WRe26)。检定依据是 JJF 1176《(0～1 500)℃钨铼热电偶校准规范》。由于我国计量系统普遍缺乏 1 600 ℃以上温度的热电偶检测装备，下面着重介绍这两种钨铼热电偶 1 500 ℃以下温度的校准。

一、校准项目、仪器、设备和条件

1. 校准项目

钨铼热电偶热电动势及允差应符合 GB/T 29822—2013《钨铼热电偶丝及分度表》规定。

2. 标准器

(1) 二等标准水银温度计(0 ℃～300 ℃)；

(2) 二等标准铂铑 10-铂热电偶(300 ℃～1 100 ℃)；

(3) 二等标准铂铑 30-铂铑 6 热电偶(1 100 ℃～1 500 ℃)；

3. 主要配套设备

(1) 恒温油槽，有效工作区域任意两点间温差不大于 0.2 ℃；

(2) 中温管式检定炉，长度约 600 mm，常用最高温度为 1 200 ℃，最高温区偏离炉管中心位置不超过 20 mm，在均匀温场长度不小于 60 mm、半径为 14 mm 范围内，任意两点间温差不大于 1 ℃；

(3) 高温管式检定炉，长度约 500 mm，常用温度为 1 500 ℃，最高温区偏离炉管中心位置不超过 20 mm，在均匀温场长度不小于 20 mm 范围内，任意两点间温差不大于 1 ℃；

(4) 冰点恒温器(0±0.1)℃；

(5) 电测设备，准确度 0.02 级、分辨力 1 μV；

(6) 多点转换开关，寄生电势不大于 1 μV；

(7) 补偿导线，延长型补偿导线，应有 20 ℃的修正值。

4. 校准环境条件

校准应在室温为(20±5)℃、相对湿度不大于 80％，并且符合检定使用设备环境要求的条件下进行。

二、校准方法

1. 校准温度点选取

热电偶的示值校准温度点由用户确定，其校准温度点可在表 3—13 中选取。

表 3—13　钨铼热电偶的校准温度点

校准温度范围/℃	0～300	300～1 100	1 100～1 500
校准温度点温度/℃	100,200,250	600,800,1 000	1 100,1 300,1 500

2. 0 ℃～300 ℃的校准

0 ℃～300 ℃的校准在恒温油槽中进行,与二等标准水银温度计进行比较检定。方法同廉金属热电偶在 300 ℃以下的校准。当热电偶的参考端不能插入冰点恒温器时,可用精密水银温度计测量参考端所处的温度,采用室温补偿的方法进行,或采用接延长型补偿导线插入冰点恒温器的方法。

3. 300 ℃～1 100 ℃和 1 100 ℃～1 500 ℃的校准

300 ℃～1 100 ℃的校准在中温管式炉中进行,采用双极比较法,与标准铂铑 10-铂热电偶进行比较校准;1 100 ℃～1 500 ℃的校准在常用温度 1 500 ℃的高温管式炉中进行,同样采用双极比较法,与二等标准铂铑 30-铂铑 6 热电偶进行比较校准;为防止由易氧化的材质做保护管的热电偶在高温下发生氧化,此类被校准热电偶在校准时应处于氩气气氛中。氩气流量以不使保护管发生氧化为宜。

将标准热电偶套上一端密封的刚玉管,然后将被校热电偶捆扎在标准热电偶的周围,使其测量端处于垂直于热电偶束的同一平面上,然后将其置于管式炉的均匀温场中心位置。校准由易氧化的材质做保护管的热电偶时,刚玉管的开口端穿过密封引出炉外,被检热电偶的参考端也分别穿过密封引出。其连接线路如图 3—26 所示。

由低温向高温逐点升温检定。测量时,炉温偏离检定温度点不得超过±5 ℃。读数顺序同廉金属热电偶。每支热电偶的测量时间间隔应相近,测量次数应不少于 2 次。在此测量时间内,管式炉内温度变化不得超过 0.5 ℃。数据处理方法见本章第三节双极法的计算。

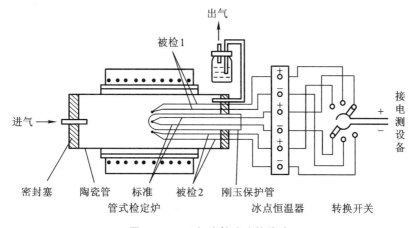

图 3—26　双极比较法连接线路

三、校准数据计算及复校时间间隔

（1）二等标准水银温度计为标准器时，数据处理方法同廉金属热电偶在 300 ℃以下的计算。

（2）标准热电偶为标准器时的数据处理方法见双极法的计算。

钨铼热电偶复校时间间隔一般不超过 1 年。

第七节　低温热电偶的检定

虽然镍铬-镍硅等热电偶也能工作到−200 ℃低温，但其热电动势率随温度降低而迅速下降，较难满足低温测量要求。通常在低温测量中，主要采用铜-铜镍热电偶和镍铬-金铁热电偶。这里介绍该两种低温热电偶的检定方法。

一、铜-铜镍热电偶

铜-铜镍热电偶分为标准铜-铜镍热电偶和工作用铜-铜镍热电偶两种。标准铜-铜镍热电偶在−200 ℃～100 ℃温区用于温度量值传递或精密测温，检定依据是 JJG 115《标准铜-铜镍热电偶》。工作用铜-铜镍热电偶的测量范围为−200 ℃～350 ℃，检定依据是 JJG 368《工作用铜-铜镍热电偶》。

1. 检定项目和要求

（1）外观

① 热电偶测量端焊点应牢固、表面光滑、无气孔，焊点直径约为电极直径的两倍。电极不允许有折叠、扭曲现象。

② 新制热电偶全长不小于 1.2 m。标准热电偶电极直径可为 0.3 mm、0.5 mm 任一种；工作热电偶直径为 0.2 mm～2.0 mm 之间，电极直径不同，使用温度上限不同。

（2）电极均匀性（仅检查新制标准铜-铜镍热电偶）

新制标准铜-铜镍热电偶的两个电极的不均匀性热电动势，应符合表 3−14 的规定。

表 3−14　新制标准铜-铜镍热电偶的两个电极的均匀性

电极	不均匀热电动势/μV	
	−196 ℃	90 ℃
铜	±0.2	±0.3
铜镍	±0.4	±1.0

（3）热电动势

① 标准铜-铜镍热电偶在−196 ℃时的热电动势值为（−5.539±0.048）mV，在 90 ℃时的热电动势值为（3.813±0.031）mV；

② 工作用铜-铜镍热电偶在以下各检定温度点的热电动势值以及对分度表的允许误差应符合表 3−15 要求。

表 3-15　工作用铜-铜镍热电偶在各检定温度点的热电动势及允许误差

等级	检定温度点	铜-铜镍热电偶热电动势及允许误差/mV		
		标称值	允许误差	热电动势范围
Ⅰ	100 ℃	4.279	±0.024	4.255~4.303
	200 ℃	9.288	±0.043	9.245~9.331
	300 ℃	14.862	±0.070	14.792~14.932
Ⅱ	100 ℃	4.279	±0.047	4.232~4.326
	200 ℃	9.288	±0.080	9.208~9.368
	300 ℃	14.862	±0.131	14.731~14.993
Ⅲ	-79 ℃	-2.757	±0.037	-2.794~-2.720
	-196 ℃	-5.539	±0.048	-5.587~-5.491

2. 检定仪器、设备和条件

（1）检定铜-铜镍热电偶必须配备符合表 3-16 要求的设备；

（2）检定环境条件：满足使用设备准确度要求。

表 3-16　铜-铜镍热电偶检定设备

被检铜-铜镍热电偶等级	标准	工作用
标准器	二等标准铂电阻温度计(83.803 3 K~419.527 ℃)	标准铜-铜镍热电偶-200 ℃~0 ℃、二等标准水银温度计-30 ℃~300 ℃或二等标准铂电阻温度计-200 ℃~419.527 ℃
电测设备	准确度不低于 0.01 级，最小步进值 0.1 μV	准确度不低于 0.02 级，最小步进值 1 μV
定点装置	液氮槽(其中悬置一紫铜块，铜块直径 60 mm，长 150 mm，上端面有 4 个孔，孔径为 φ8 mm，深 120 mm)、水三相点瓶和冰点器及保温瓶	液氮槽、干冰槽、冰点槽或冰点器及保温瓶
恒温槽	-80 ℃~0 ℃低温槽、0 ℃~95 ℃恒温槽，工作区域内温差均不超过 0.03 ℃	恒温槽，工作区域内温差均不超过 0.05 ℃
转换开关	寄生电势<0.4 μV	寄生电势<1 μV
其他	0.01 级 10 Ω 标准电阻，0.5 级毫安表和 0.1 级电阻箱，精密水银温度计 0 ℃~50 ℃，校准值为 0.1 ℃或相当的数字温度计	若用标准铂电阻温度计时，应配用 0.02 级 10 Ω 标准电阻和电流换向开关

3. 检定方法

（1）外观

用钢卷尺和目力等进行。

（2）新制的标准铜-铜镍热电偶的均匀性检查

在-196 ℃和 90 ℃温度下，将被检热电偶（单丝）双绕在一根直径为 30 mm~50 mm、长度为 800 mm、壁厚为 2 mm~3 mm 的玻璃筒上，偶丝的间距 15 mm，两端直接接到检流计上电测仪表。把已绕好被检热电偶丝的圆筒从头开始，每隔 50 mm 分别均匀地插入液氮槽和水槽中，放置 5 min，稳定后读出热电动势值，取最大值作为不均匀性热电动势值。

（3）热电动势检查

①使用标准铂电阻温度计检定标准铜-铜镍热电偶

标准铜-铜镍热电偶和工作用铜-铜镍热电偶（具体检定要求见下一部分）都可采用铂电阻温度计为标准器进行检定，方法如下：

先测标准铂电阻温度计在水三相点的电阻值 $R(0.01\ ℃)$。

安装标准铂电阻温度计与被检热电偶；将被检热电偶参考端两电极分别与铜导线连接插入冰点器中，深度不少于200 mm。接线如图3－27所示。

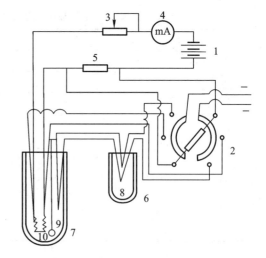

图3－27　用标准铂电阻温度计为标准器检定接线
1—直流电源；2—多点转换开关；3—变阻器；4—毫安表；
5—标准电阻；6—冰点器；7—酒精低温槽；8—热电偶参考端；
9—热电偶测量端；10—标准电阻温度计

30 ℃、60 ℃、90 ℃ 3个点在恒温槽中进行检定。将被检热电偶测量端和标准铂电阻温度计直接插入恒温槽中，插入深度不少于200 mm，标准铂电阻温度计感温元件的中心与被检热电偶的测量端处于同一水平面。

－40 ℃、－79 ℃ 2个点在酒精低温槽内进行检定。铂电阻温度计与被检热电偶分别插入铜块上端面插孔内，其插入深度不得少于200 mm。－79 ℃点也可在固态二氧化碳（干冰）中进行（测量端附近加入少许酒精）。

只使用于0 ℃以上的热电偶，可不在0 ℃以下检定。

标准铂电阻温度计和被检热电偶应在检定温度点附近至少稳定10 min，槽温与检定温度点的偏差不超过±0.5 ℃。分别测出标准电阻和标准铂电阻温度计的电压降，以及被检热电偶的热电动势，每次不得少于两个循环。在读数过程中，槽温变化不得超过±0.1 ℃。

新制的标准铜-铜镍热电偶需进行两次检定，两次检定结果的平均值作为测量结果。对于使用中的标准铜-铜镍热电偶一般只检定一次，当测量结果与上周期的检定结果在－200 ℃～100 ℃范围内超过0.2 ℃时，才检定两次。

②以标准铜-铜镍热电偶、标准水银温度计为标准器检定工作用铜-铜镍热电偶

工作用铜-铜镍热电偶的检定温度点见表3－15。检定时，被检热电偶测量端和参考端插入深度不得小于200 mm。被检热电偶依次在－196 ℃液氮槽、－79 ℃低温槽或干冰槽、100 ℃、200 ℃、300 ℃恒温槽内进行检定。

恒温槽中检定时，槽内温度要控制在检定温度点±0.5 ℃范围内，每个检定温度点测量次数不少于

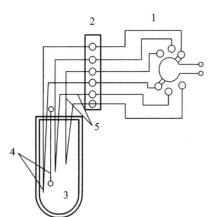

图3－28　采用恒温槽检定接线图
1—多点转换开关；2—冰点器；3—恒温槽；
4—标准温度计或标准热电偶；5—被测热电偶

2 次，整个读数过程槽温变化不大于 0.1 ℃。接线如图 3－28 所示。

4. 数据处理和检定周期

（1）标准铂电阻温度计为标准器时的数据处理

按式（3－36）计算标准铂电阻温度计的电阻值 $R(t)$：

$$R(t)=\frac{U_t}{U_N}R_N \tag{3-36}$$

式中：U_t、U_N——分别为标准铂电阻温度计和标准电阻两端电压降测得的平均值，V；

R_N——经过温度修正后的标准电阻实际值，Ω。

按式（3－37）和式（3－38）求出标准铂电阻温度计的电阻比 W_t 和槽温与检定温度点名义温度之差 Δt：

$$W_t=\frac{R(t)}{R(0.01\ ℃)} \tag{3-37}$$

$$\Delta t=(W_t-W_{t_n})/(dW/dt)_{t_n} \ \text{或} \ \Delta t=t-t_n \tag{3-38}$$

式中： W_t——温度为 t 时的电阻比；

$R(t)$——由式（3－36）求出的标准铂电阻温度计的电阻值，Ω；

$R(0.01\ ℃)$——测得的标准铂电阻温度计在水三相点电阻值，Ω；

t——恒温槽内实际温度值，℃；

t_n——检定温度点名义温度，℃；

W_{t_n}——在名义温度时的电阻比；

$(dW/dt)_{t_n}$——在 t_n 时的微分电阻比。

按式（3－39）将测得的热电动势值，修正到各检定温度点时的热电动势值：

$$e_{t_n}=e_t+(de/dt)_{t_n}\Delta t \tag{3-39}$$

式中： e_{t_n}——检定温度点的热电动势值，μV；

e_t——检定温度点附近测得的热电动势值，μV；

$(de/dt)_{t_n}$——检定温度点热电动势变化率，$\mu V/℃$；

Δt——检定时温度与检定温度点名义温度之差，℃。

由每支被检热电偶所测得的 t_n、e_{t_n} 值列表，按式（3－40）可求出系数 a_i。

$$e_i=\sum_{i=1}^{3}a_it^i \tag{3-40}$$

新制热电偶两次检定结果之差换算成温度值不超过 0.1 ℃，取平均值后代入内插公式（3－41）～（3－46），求出系数 0 ℃以下温区拟合曲线系数 a_1、a_2、a_3，0 ℃以上温区拟合曲线系数 b_1、b_2、b_3：

$$a_1=-0.063\ 625\ 9e_{-40}+0.021\ 749\ 0e_{-79}-0.000\ 883\ 320e_{-196} \tag{3-41}$$

$$a_2=-1.130\ 01\times10^{-3}e_{-40}+6.546\ 90\times10^{-4}e_{-79}-3.326\ 00\times10^{-5}e_{-196} \tag{3-42}$$

$$a_3=-4.109\ 14\times10^{-6}e_{-40}+2.774\ 10\times10^{-6}e_{-79}-2.795\ 33\times10^{-7}e_{-196} \tag{3-43}$$

$$b_1=0.100\ 000\ 0e_{30}-0.050\ 000\ 0e_{60}+0.011\ 111\ 1e_{90} \tag{3-44}$$

$$b_2=-2.777\ 78\times10^{-3}e_{30}+2.222\ 22\times10^{-3}e_{60}-5.555\ 56\times10^{-4}e_{90} \tag{3-45}$$

$$b_3=1.851\ 85\times10^{-5}e_{30}-1.851\ 85\times10^{-5}e_{60}+6.172\ 84\times10^{-6}e_{90} \tag{3-46}$$

使用中标准热电偶检定结果与上次检定证书给出的结果之差，在-200 ℃～100 ℃范围内超过 0.2 ℃,需检定第 2 次,两次差不得超过 0.1 ℃,否则应降级。

为检查标准热电偶计算结果的可靠性,可按 e-t 关系式计算各检定温度点的 e_t 值,所得计算值与测量值差不大于 $\pm 1.5\ \mu\mathrm{V}$。

（2）以二等水银温度计作标准器时的数据处理

用式（3-47）将热电偶的热电动势修正到检定温度点的热电动势值：

$$E_t = E_{t_i} + (\mathrm{d}e/\mathrm{d}t)_{t_n} \Delta t \tag{3-47}$$

式中：　E_t——修正到检定温度点时的热电动势值,$\mu\mathrm{V}$;

　　　　E_{t_i}——检定温度点附近测得的热电动势值,$\mu\mathrm{V}$;

　　$(\mathrm{d}e/\mathrm{d}t)_{t_n}$——检定温度点热电动势变化率,$\mu\mathrm{V}/℃$;

其中：　　　　　　　　　　$\Delta t = t - t_i \tag{3-48}$

式中：t——检定温度点名义温度,℃;

　　　t_i——由标准器测得的实际温度,℃;

　　　Δt——检定温度点温度对实际温度的差值,℃。

（3）当以标准铜-铜镍热电偶作标准检定工作用铜-铜镍热电偶的数据处理

利用式（3-49）将热电偶的热电动势修正到检定温度点的热电动势值：

$$e_{t被} = e'_{t被} + c \tag{3-49}$$

式中：$e_{t被}$——被检热电偶在校准点的热电动势值,$\mu\mathrm{V}$;

　　　$e'_{t被}$——被检热电偶在检定温度点附近测得热电动势的算术平均值,$\mu\mathrm{V}$;

　　　c——标准热电偶证书给出检定温度点的热电动势（$E_{标证}$）与检定温度点附近实测的热电动势（$E_{标读}$）的算术平均值之差,即 $c = E_{标证} - E_{标读}$。

【例】　检定 -196 ℃时,根据测量结果得出下列算术平均值：

$$e'_{t被} = -5.533\ \mathrm{mV} \qquad E_{标读} = -5.495\ \mathrm{mV}$$

由标准热电偶证书给出：$E_{标证} = -5.491\ \mathrm{mV}$

则　　　　　$c = E_{标证} - E_{标读} = -5.491 - (-5.495) = 0.004\ \mathrm{mV}$

　　　　　$e_{t被} = e'_{t被} + c = -5.533 + 0.004 = -5.529\ \mathrm{mV}$

铜-铜镍热电偶的检定周期应根据具体情况确定,最长不超过 1 年。

二、镍铬-金铁热电偶

镍铬-金铁热电偶是一种深低温测量的热电偶,其镍铬合金丝电极按质量比表示为镍 90%、铬 10%,金铁合金丝电极按原子比表示为金+铁原子百分比 0.07%。其测量范围为 4.2 K～273.15 K,分为标准和工作用两个级别,其检定依据是 JJG 344《镍铬-金铁热电偶》。

1. 检定项目和要求

（1）外观

热电偶的偶丝直径为 0.1 mm～0.3 mm,新制的标准镍铬-金铁热电偶,长度不得小于 2 500 mm,使用中热电偶的长度不得小于 2 000 mm。

新制热电偶的偶丝直径应均匀,外表应平滑。使用中的热电偶,在任何部位不得有明显尖形弯角或裂口。

热电偶测量端的焊接点应匀称、圆滑、成球形,不得有砂眼,其直径约为偶丝直径的 (2～3)倍,且表面有光泽。使用中的热电偶测量端如有折裂或脱落,允许重新焊接。

（2）均匀性检查

热电偶在制作前必须对偶丝进行均匀性检查,其不均匀热电动势值不得超过表 3—17 的规定。

表 3—17　镍铬-金铁热电偶偶丝均匀性检查要求

偶丝材料	不均匀热电动势/μV	
	标准热电偶	工作用热电偶
镍铬	1.5	2.5
金铁	1.5	3.0

（3）热电动势

热电偶在 4.22 K 和 77.34 K 时的热电动势值不得超过表 3—18 的规定。

表 3—18　镍铬-金铁热电偶热电动势要求

热电偶类别	允许的热电动势值	
	4.22 K	77.34 K
标准热电偶	（−5.266 6±0.002 0）mV	（−4.043 0±0.002 0）mV
工作用热电偶	（−5.267±0.013）mV	（−4.043±0.017）mV

（4）标准热电偶的年稳定性

标准热电偶的年稳定性不超过表 3—19 的规定。

表 3—19　标准热电偶的年稳定性

温度范围/K	年稳定性/μV
4.22～77.34	±2.0
77.34～273.15	±2.5

2. 检定仪器、设备和条件

（1）设备

检定镍铬-金铁热电偶必须配备符合表 3—20 要求的设备。

表 3—20　镍铬-金铁热电偶检定设备

被检热电偶等级	标准	工作用
标准器	标准铂电阻温度计,13.808 3 K～273.16 K,$U_{99}=0.03$ K	标准镍铬-金铁热电偶,4.2 K～273.15 K,$U_{99}=0.2$ K
	标准铑铁电阻温度计,4.2 K～30 K,$U_{99}=0.03$ K	
	锗电阻温度计,4.2 K～100 K,$U_{99}=0.03$ K	
电测设备	0.01 级、最小步进 0.1 μV,0.002 级、最小步进 0.1 μV 的低电势直流电位差计或数字电压表	0.01 级、最小步进 0.1 μV 的低电势直流电位差计或数字电压表
多点转换开关	寄生热电动势<0.4 μV	寄生热电动势<1 μV
标准电阻	0.01 级,标称阻值:0.1 Ω、1 Ω、10 Ω、100 Ω 和 1 000 Ω,各带温度修正系数	—

表 3－20（续）

被检热电偶等级	标准	工作用
微安表	0.5 级,0 μA～100 μA	—
毫安表	0.5 级,0 mA～10 mA	—
水银温度计	0 ℃～50 ℃,最小分度值 0.1 ℃	—
精密稳压电源	电压稳定度＜10⁻⁵	—
低温恒温器	温度波动度±0.01 K/15 min,铜块工作区最大温差 0.03 K	温度波动度±0.1 K/15 min
精密电阻箱	0.1 级,0 Ω～9 999.9 Ω,最小步进 0.1 Ω	—
水三相瓶	水三相瓶	—
冰点恒温器	—	0±0.1 ℃

（2）检定环境条件

检定时环境条件满足标准器与配套设备的使用要求。

3. 检定方法

（1）外观检查

用目力等方法对被检热电偶进行外观检查。

（2）均匀性检查

将 5 m～30 m 长单丝双绕在一根直径 50 mm、长 1 000 mm、厚 2 mm～3 mm 的玻璃筒或塑料管上,制成探测筒。偶丝不要拉得太紧,以不脱落为宜。偶丝两端与两根同样直径的漆包线扭接,并将其插在冰点恒温器中,然后将两根漆包线接到电测装置上。将探测筒每隔 5 cm 逐段浸入液氮中,浸入后经 5 min 读取不均匀性热电动势,其值应符合表3－20规定。

（3）标准镍铬-金铁热电偶热电动势的检定

①接线图

标准镍铬-金铁热电偶的检定接线如图 3－29 所示。

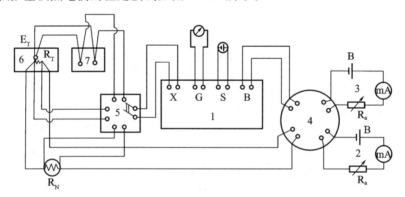

图 3－29　标准镍铬-金铁热电偶检定原理图

1—电位差计;2—电位差计工作回路电源;3—测量回路电源;4—电流换向开关;

5—多点转换开关;6—热电偶测量端;7—热电偶参考端

B—电源;S—标准电池;G—检流计;X—测量端;mA—毫安表;R_a—可调电阻箱;

R_T—低温标准电阻温度计;R_N—标准电阻;E_T—被检热电偶

②热电动势检定前的准备

测量低温标准铂电阻温度计在水三相点的电阻值。

标准温度计与被检热电偶的安装、处置：被测标准热电偶在低温恒温器中安装时，不多于 15 支，其测量端和低温标准电阻温度计与恒温铜块有良好热接触；热电偶的偶丝和低温标准电阻温度计测量引线从低温恒温器中引出之前，应与铜块、热屏和热锚有良好热接触；将被检热电偶参考端与同样直径漆包线扭接后，插入水三相点瓶底部。热电偶安装完之后，将低温恒温器的真空室封好，用真空机组抽空。当真空度达到 10^{-2} Pa 时，用氦气清洗 1 次～2 次，再充入适量的氦气，把低温恒温器放入杜瓦瓶中，输入适量液氦或液氮。

③热电动势的检定

检定顺序：先从最低温度开始，逐渐升温进行。

在 4.2 K～77 K 和 4.2 K～273.15 K 两个范围的检定温度点数，如表 3-21 所示。

表 3-21　标准镍铬-金铁热电偶检定温度点数

温度范围/K	检定温度点数
4.2～15	5
15～20	4
20～35	3
35～40	4
40～77	4
77～273.15	10

各温区所用低温标准电阻温度计的工作电流和匹配使用的标准电阻，应根据不同温度范围按表 3-22 规定使用。

表 3-22　低温标准电阻温度计的工作电流和匹配使用的标准电阻

标准温度计	标称阻值/Ω	适用温区/K	工作电流/mA	标准电阻/Ω
铂电阻	$R_0 \approx 25$	13.8～273.16	5～1	0.1,1,10
铑-铁电阻	$R_0 \approx 50$	4.2～30	0.5～1.0	1,10
锗电阻	$R_{4.2} \approx 1\,000$	4.2～100	0.01～1.0	10,100,1 000

用真空机组将低温恒温器真空室抽至 10^{-3} Pa，首先检定 4.2 K，然后再逐点进行升温检定。

各检定温度点的温度由低温标准电阻温度计监测，当铜块温度达到平衡之后，先由水银温度计读取标准电阻的温度，再按下列顺序测出标准与被检热电偶的电压降和热电动势值，每次不得少于两个循环。

标准电阻——→标准温度计——→被检 1 ——→被检 2 ——→……——→被检 n

↓换向

标准电阻◄——标准温度计◄——被检 1 ◄——被检 2 ◄——……◄——被检 n

测量始末铜块的温度变化不得超过 0.01 K。测量结束后，再读水银温度计示值。

（4）工作用镍铬-金铁热电偶的检定

①工作用镍铬-金铁热电偶的接线如图 3-30 所示。

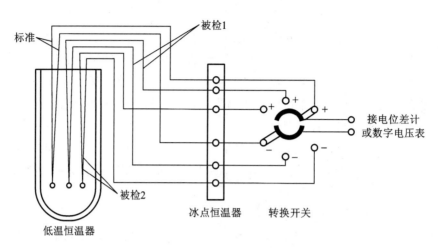

图3-30　工作用镍铬-金铁热电偶检定接线示意图

②热电偶的安装

被检热电偶一般不超过20支,其测量端应围绕2支标准热电偶。用直径0.1 mm漆包线捆扎,涂上真空油脂,再用锡(或铝)箔裹紧,插入预先涂有真空油脂的低温恒温器铜块小孔中。将偶丝在铜块上绕一周,再经与冷却液温度相同的外壳接触(至少10 cm)后引至室温。将热电偶的参考端与同样直径的漆包线连接,套上塑料管,插入盛有纯水或变压器油的试管底部,再将试管插入冰点恒温器中。

③检定温度点

工作用热电偶的检定温度点为4.2 K,20 K或27 K,77 K或90 K和195 K。

④检定时测量顺序

$$标准1 \longrightarrow 被检1 \longrightarrow 被检2 \longrightarrow \cdots \longrightarrow 标准2$$
$$\downarrow 换向$$
$$标准1 \longleftarrow 被检1 \longleftarrow 被检2 \longleftarrow \cdots \longleftarrow 标准2$$

每次测量不得少于两个循环。测量始末铜块温度变化不得超过0.1 K。

⑤检定后热电偶的放置

从低温恒温器中取出热电偶时,注意勿使热电偶有直角弯折,并将热电偶捋成一束,轻松绕在一轴心直径大于50 mm的线轴上。

4. 数据处理和检定周期

测得的全部热电动势值E_T在必要时,应根据电位差计各盘修正值进行修正。若使用同等准确度的数字电压表,可直接读取测得值。

(1)检定标准热电偶的数据处理

取测量前后标准电阻温度(由水银温度计读出)的平均值,然后按式(3-50)求得该温度下标准电阻的实际值:

$$R_N = R_{20}[1 + \alpha(t-20) + \beta(t-20)^2] \qquad (3-50)$$

式中:R_N——温度为t时标准电阻的电阻值,Ω;

R_{20}——标准电阻检定证书给出的20 ℃时的检定值,Ω;

α、β ——所用标准电阻的温度系数；

　　t ——检定时标准电阻的温度,℃。

热电偶测量端的温度(T)通过相应标准温度计证书,经计算求得。

将每支热电偶的 T、E_T 列成表格,并按式(3-51),求出 B_n:

$$E_T = \sum_{n=0}^{L} B_n T^n \tag{3-51}$$

式中:L——最佳拟合阶数。

标准热电偶的检定结果与上次检定证书给出的结果之差不得超过表3-19的规定。

（2）工作用热电偶的数据处理

按标准热电偶检定证书给出的 $E_T \sim T \sim S$ 表算出测量端温度 T。

根据 T 由分度表求得 E_r,再由式(3-52)算出工作用热电偶的误差 ΔT:

$$\Delta T_i = \frac{E_i - E_r}{\dfrac{\mathrm{d}E}{\mathrm{d}T}} \tag{3-52}$$

式中:E_i——被检工作用热电偶当测量端温度为 T 时测得的热电动势值,μV;

　　E_r——由标准热电偶确定的、热电偶测量端温度为 T 时,对应分度表的热电动势
　　　　值,μV;

　　$\dfrac{\mathrm{d}E}{\mathrm{d}T}$——温度为 T 时的微分热电动势,μV/℃。

标准镍铬-金铁热电偶检定结果给出 5 位有效数字;工作用镍铬-金铁热电偶应给出 4 位
有效数字。

（3）标准镍铬-金铁热电偶和工作用镍铬-金铁热电偶的检定周期均为 1 年。

第四章

膨胀式温度计

膨胀式温度计是利用物体热胀冷缩的性质与温度固有的关系来测量温度的。利用这种固有关系所做成的温度计称作膨胀式温度计。

膨胀式温度计是一种测温范围广（−200 ℃～600 ℃）、使用方便、测温精度高、价格便宜、使用面广的常用测温仪表。膨胀式温度计按所选用的物质不同可分为液体膨胀式温度计（玻璃液体温度计、贝克曼温度计）、气体膨胀式温度计（压力式温度计）、固体膨胀式温度计（双金属温度计）；按准确度可分为标准膨胀式温度计和工作用膨胀式温度计。

第一节 标准液体膨胀式温度计

标准液体膨胀式温度计的种类有标准水银温度计和标准体温计。标准水银温度计的测量范围为−60 ℃～300 ℃，标准体温计的测量范围为 35 ℃～45 ℃。

标准水银温度计是检定中温段重要的标准器，主要用于开展工作用玻璃液体温度计和各类工业温度仪表的检定，是量值传递系统中一个重要环节，是全国各大区计量检定机构中使用最广泛的标准器之一。

标准体温计主要用于检定人用体温计、兽用体温计及各种电子体温测试仪。

一、术语

（1）感温液：位于感温泡和毛细管中可随温度变化而热胀冷缩的液体。

（2）感温泡：玻璃液体温度计的感温部分，位于温度计的最下端，可容纳绝大部分感温液体的玻璃泡。

（3）毛细管：具有毛细孔的玻璃管，它熔接在感温泡上面。当温度变化时，感温液柱在毛细管内上下移动。温度计的标度所在部位的毛细管叫作测量毛细管。

（4）感温液柱：进入毛细管中的感温液，简称液柱。

（5）刻度线：印刻在玻璃棒或刻度板上用以指示温度值的刻线。

（6）刻度值：印刻在玻璃棒或刻度板上用以指示温度值的数字。

（7）刻度板：内标式玻璃温度计内印刻刻度线、刻度值和其他符号的平直、有色（如乳白色）的薄片。

（8）主刻度：测量范围部分的刻度。

（9）主刻度线：带有数字的刻度线。

（10）分度值：两相邻刻度线所对应的温度值之差。

（11）辅标刻度：为检查零点示值所设置的刻度线和刻度值。

（12）展刻线：温度计上限和下限以外的刻度线。

（13）露出液柱：温度计在测量过程中，露在被测介质外面的液柱。

（14）中间泡：毛细管内径的扩大部位，其作用是容纳部分感温液，以缩短温度计长度。

（15）安全泡：毛细管顶部的扩大部位，其作用是当被测温度超过温度计上限一定温度时，保护温度计不致损坏，还可以用来连接中断的感温液柱。

（16）零位误差：标准水银计处于 0 ℃时的示值误差，简称零位，用于考核玻璃液体温度计示值稳定性。

（17）零点上升值：温度计随着使用时间的增加，由于玻璃结构中黏性流动的影响，使感温泡容积缩小，温度计的零点示值产生永久上升的现象。其上升的温度值称为零点上升值。

（18）零点低降值：温度计在测量高温以后骤冷至室温时，由于玻璃结构中弹性余效的影响，使感温泡容积不能恢复到使用前状态，造成温度计示值暂时下降的现象。其下降的温度值称为零点低降值。

（19）示值修正值：实际温度值与温度计测量温度值的差值，即

$$示值修正值＝实际温度值－温度计示值$$

（20）温度波动性：恒温时恒温槽工作区域在一定时间间隔内，温度变化的范围。

（21）温度均匀性：恒温时恒温槽工作区域内最高温度与最低温度的差。

二、标准液体膨胀式温度计的工作原理及分类

标准液体膨胀式温度计的测温原理是利用水银（或汞合金）在感温泡和毛细管内的热胀冷缩原理来测量温度的。

1. 标准水银温度计

在我国量值传递体系中，标准水银温度计是传递量值的标准仪器，按结构分为棒式和内标式。

（1）棒式水银温度计

棒式水银温度计有两种规格：透明棒式水银温度计和普通棒式水银温度计。

①透明棒式水银温度计（原一等标准水银温度计）有两种规格：一种规格是由 1 支温度范围为－60 ℃～0 ℃的汞基温度计、9 支温度范围为－30 ℃～300 ℃的水银温度计组成。其中，0 ℃～100 ℃是 25 ℃间隔 1 支，最小分度值为 0.05 ℃，其余是 50 ℃间隔 1 支，最小分度值是 0.1 ℃。另一种规格是由 1 支温度范围为－60 ℃～0 ℃汞基温度计，13 支温度范围为－30 ℃～300 ℃水银温度计组成。其中，1 支－30 ℃～0 ℃的标准水银温度计最小分度值为 0.05 ℃，0 ℃～300 ℃是 25 ℃间隔 1 支，最小分度值是 0.05 ℃。

②普通棒式水银温度计（原二等标准水银温度计）温度范围为－60 ℃～300 ℃，它是由 1 支温度范围为－60 ℃～0 ℃的汞基温度计和 7 支温度范围为－30 ℃～300 ℃的水银温度计组成，50 ℃间隔 1 支，最小分度值是 0.1 ℃。

（2）内标式水银温度计

温度范围为－60 ℃～300 ℃，它是由 1 支温度范围为－60 ℃～0 ℃的汞基温度计和 7 支温度范围为－30 ℃～300 ℃的水银温度计组成，50 ℃间隔 1 支，最小分度值是 0.1 ℃。

2. 标准体温计

标准体温计温度范围为 35 ℃～45 ℃，最小分度值是 0.05 ℃，具有零位刻度。

三、标准水银温度计的结构

1. 棒式水银温度计

透明棒式水银温度计是一个圆形、孔径均匀的玻璃毛细管和感温泡熔接（或由管吹成）在一起，感温泡略小于玻璃棒，在毛细管一面的外表壁上刻有标尺、温度单位符号、商标等（见图 4－1）。透明棒式水银温度计可通过正反两面读数，以消除垂直读数误差。0 ℃～100 ℃ 的透明棒式水银温度计的毛细管内上部是真空，100 ℃ 以上在毛细管内充有中性气体以提高水银沸点而扩大温度计的上限。25 ℃～300 ℃ 的透明棒式水银温度计每支都刻有零点副标，由于透明棒式水银温度计经常使用，其示值发生变化，通过测定该温度计的零位，则该温度计即可按零点位置变动对各温度点的修正值做相应修正，以减小误差。

普通棒式温度计是一个圆形、孔径均匀的玻璃毛细管和感温泡熔接（或由管吹成）在一起，感温泡略小于玻璃棒，在玻璃棒内熔有一根乳白色釉带（见图 4－2）便于读数，在毛细管乳白色釉带对面的外表壁上刻有标尺、温度单位符号、商标等。50 ℃～300 ℃ 的普通棒式水银温度计每支都刻有零点副标，零点副标的作用与透明棒式水银温度计相同。

2. 内标式水银温度计

内标式水银温度计标尺板是用乳白色玻璃做的长方形薄片，标尺板上刻有温度单位符号、商标等，由玻璃毛细管和感温泡熔焊在一起，其玻璃毛细管的直径大大小于感温泡的直径，毛细管和标尺板同时装在与感温泡熔接在一起的薄壁玻璃外壳内（见图 4－3），标尺板放置在毛细管的后面，标尺板的下端靠在外壳的收缩处或专门的玻璃底座处，标尺与玻璃外壳相连，也可以采用毛细管和标尺板用不锈钢细丝系住的方法固定标尺板。

四、检定

按我国温度计量器具检定系统表规定，标准水银温度计属于计量标准器具，可溯源至国家基准，其溯源方式可以是定点法或比较法。检定标准水银温度计应执行 JJG 161—2010《标准水银温度计》。根据国家计量检定规程要求，标准水银温度计除 0 ℃ 以外均可采用比较法检定，0 ℃ 既可采用定点法，又可采用比较法。

(一)标准水银温度计技术指标要求

1. 玻璃

①标准水银温度计玻璃表面应光洁透明，应没有显见的弯曲现象，在刻度范围内应没有影响读数的缺陷。

②标准水银温度计为棒式（含透明棒式）或内标式，非透明棒式温度计背面应熔入一条白色釉带。

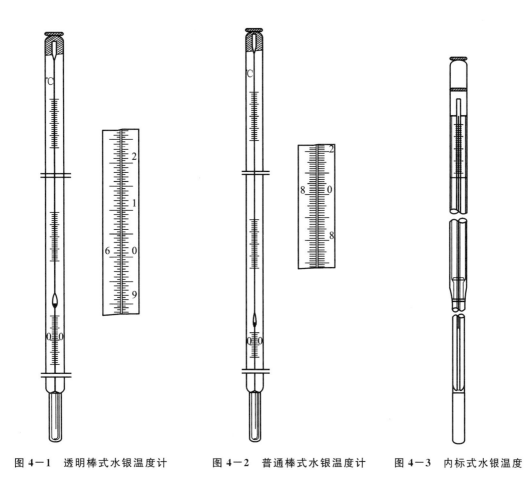

图 4-1 透明棒式水银温度计　　　图 4-2 普通棒式水银温度计　　　图 4-3 内标式水银温度

③毛细管孔径要均匀,毛细管与感温泡、中间泡、安全泡连接处应呈圆滑弧形,应没有颈缩现象。

2. 感温液和感温液柱

①水银和汞基合金液体应纯净,没有显见的杂质。汞基合金在测量范围内应不出现凝固现象。

②标准水银温度计感温液的液柱,应没有不可修复的断节。

③感温液面随温度变化,上升时应没有明显的停滞或跳跃现象;下降后在管壁上应不留有液痕。

3. 刻度与标识

①标准水银温度计刻线应与毛细管的中心线相垂直。正面观察非透明棒式标准水银温度计时全部刻线和温度数字应投影在釉带范围内,内标式标准水银温度计的毛细管应紧固在标尺板的中央位置。

②玻璃棒、玻璃套管和标尺板上的数字、刻线应清晰完整,涂色应无脱落。分度值为 0.05 ℃ 的标准水银温度计应每隔 1 ℃ 标注数字;分度值为 0.1 ℃ 的标准水银温度计应每隔 2 ℃ 标注数字。温度计上、下限以外和零位刻线两侧应有不少于 10 条展刻线。

③标准水银温度计应有以下标识：表示温度单位的符号"℃"、制造厂名或厂标、制造年月、编号等。

④刻线应均匀，刻线宽度应不大于两相邻刻线间距的十分之一。

4. 标准水银温度计的几何尺寸

①标准水银温度计和标准体温计零位刻线与感温泡上端的距离应不小于 40 mm；

②标准水银温度计和标准体温计下限温度刻线与中间泡上端的距离应不小于 50 mm；

③标准水银温度计和标准体温计上限温度刻线与安全泡下端的距离应不小于 30 mm；

④测量下限温度低于 0 ℃的标准水银温度计，其下限温度刻线与感温泡上端的距离应不小于 90 mm；

⑤标准水银温度计全长：−30 ℃～300 ℃范围的每支温度计的长度应不超过 540 mm；−60 ℃～0 ℃范围的温度计的长度应不超过 560 mm；

⑥新制棒式标准水银温度计外径为(7±0.5)mm。感温泡的外径应不大于温度计的棒体。

⑦标准体温计的全长不得超过 320 mm。玻璃棒的直径为 6.5 mm～8 mm。

5. 示值稳定性

首次检定的标准水银温度计应进行示值稳定性的检查。示值稳定性是以零位上升值和零位低降值来测定的。上限温度不低于 100 ℃的标准水银温度计在首次检定时应进行此项检查，具体指标见表 4−1。

表 4−1　示值稳定度　　　　　　　　　　　　　　　　　　　　℃

上限温度	零位上升值应不超过	零位低降值应不超过
100	0.02	0.05
150、200	0.03	0.10
250、300	0.05	0.25

6. 毛细管均匀性和刻线等分均匀性允许误差

首次检定的标准水银温度计应抽检两相邻检定点的中间点，得到示值修正值的结果符合表 4−2 的规定，并且与通过线性内插计算得到的示值修正值之差，应不大于 0.08 ℃。

标准体温计的毛细管均匀性和刻度等分均匀性是以实检的中点示值修正值和内插计算两相邻检定点的中点示值修正值之差来考核，差值不超过 0.025 ℃。

7. 示值修正值和零位

首次检定和后续检定的标准水银温度计示值修正值、零位应符合表 4−2。

表 4−2　标准水银温度计示值修正值及零位允许误差　　　　　　　℃

测量范围	首次检定示值修正值及零位允许范围	后续检定示值修正值及零位允许范围
−60～0	±0.20	±0.25
−30～20	±0.15	±0.20
0～50	±0.15	±0.15
50～100	±0.15	±0.15
100～150	±0.20	±0.25

表 4－2（续）

测量范围	首次检定示值修正值及零位允许范围	后续检定示值修正值及零位允许范围
150～200	±0.20	±0.25
200～250	±0.25	±0.35
250～300	±0.25	±0.35

后续检定的标准水银温度计相邻两周期检定结果修正值之差的绝对值应符合表 4－3。

表 4－3　标准水银温度计相邻两周期检定结果的差值　　　　　　　　　℃

测量范围	相邻两周期检定结果的允许差值的绝对值 （扣除零位变化后的示值修正值）
－60～0	0.08
－30～20	0.06
0～100	0.05
100～200	0.07
200～300	0.10
零位	0.06

标准体温计的示值误差和零位检定结果：新制的不得超过 ±0.100 ℃；使用中的不得超过 ±0.150 ℃，其示值修正值与上一周期的示值修正值之差（扣除零位变化）不得超过 0.030 ℃。

（二）标准水银温度计及标准体温计的检定项目

标准水银温度计应进行外观检查、示值修正值检定和零位检定，对首次检定的标准水银温度计需进行示值稳定性检定和毛细管均匀性及刻度等分均匀性允许误差的检定。其检定项目见表 4－4。

表 4－4　检定项目

检定项目	首次检定	后续检定
示值修正值	＋	＋
零位	＋	＋
示值稳定性	＋	－
毛细管均匀性及刻度等分均匀性	＋	－
玻璃	＋	＋
感温液和感温液柱	＋	＋
刻度与标识	＋	＋
几何尺寸	＋	－

注：表中"＋"表示应检项目，"－"表示不检项目。

标准体温计应检查外观和进行示值允许误差检定,对新制的温度计需进行毛细管均匀性及刻度等分均匀性检定。

(三)标准水银温度计检定方法

1. 外观检查

①对于使用中的标准水银温度计用目测的方法检查温度计的玻璃是否爆裂、感温液柱有否气泡和断节、标识是否完整。

②用钢尺和卡尺测量温度计的几何尺寸。

2. 示值稳定性检定步骤

只对上限温度不低于100 ℃的标准水银温度计在首次检定时进行检查。

①恒温槽升至上限温度时插入标准水银温度计,使温度计下限刻度处于液面位置,30 min后取出自然降至室温,检定零位 Z_1;

②恒温槽升至上限温度时插入标准水银温度计,使温度计下限刻度处于液面位置,24 h后取出自然降至室温,检定零位 Z_2;

③恒温槽升至上限温度时插入标准水银温度计,使温度计下限刻度处于液面位置,10 min后关闭恒温槽的加热电源。当温度计指示降至高于下限温度刻线 2 ℃左右时,将温度计向下插入,使温度计上限刻线处于恒温槽液面,使之随恒温槽自然冷却至室温附近时,取出并检定测定零位 Z_3。

零位 Z_2 减零位 Z_1 之差为零位上升值。

零位 Z_2 减零位 Z_3 之差为零位低降值。

在进行示值稳定性检定时必须注意:在检定步骤②和③的上限处理前和测定零位前,要用放大镜仔细检查上限和零位刻线以上的毛细管和中间泡内是否有水银蒸发的冷凝滴,若有,可用升温的方法连接后再进行检定。经检定步骤①处理后的温度计,如果发现毛细管内或中间泡上部有水银蒸发滴,切勿用升温的方法连接,可用下面的方法连接。

a) 分离滚动法

该法适合于连接冷凝在中间泡上部呈雾状的水银蒸发滴,连接方法如下:用手轻弹振动处在中间泡下端部的水银液面,使其分离出一微小的水银珠。将标准水银温度计倒置,并轻轻振动,使水银珠移到中间泡上部有水银蒸发雾滴处。然后,一只手握住温度计的下部,使中间泡的上部在另一只手的掌心部轻轻敲动,每敲动一次要使温度计旋转一个角度,这样,便使分离出的水银珠在有水银蒸发雾滴处滚动。要随时用放大镜观察,直到全部蒸发雾滴与小水银珠合为一体为止。然后,对感温泡稍加温热,使中间泡下端的液面稍有增大,此时可手握温度计的感温泡轻轻振动,使水银珠下移与主体相连接。

b) 分离热中间泡法

该法适用于连接毛细管内的水银蒸发滴。首先按照上述的方法,分离出一小水银珠,然后手握温度计的头部使其垂直倒立,在桌面上轻轻振动,使小水银珠堵塞在中间泡上顶端的毛细管。此时可用酒精灯烘烤中间泡,使其内充气体膨胀,这样,水银珠被推动,在毛细管内形成小水银柱向上移动,便可与毛细管内的水银蒸发滴连接上。然后将温度计放置在室温下冷却,使水银柱下移到中间泡上端,若不能形成小水银珠,可用冰冷却中间泡;也可用酒精灯烘烤安全泡,这样就可形成小水银珠,经过振动后便可使其与水银主体相连接。

3. 毛细管均匀性和刻度等分均匀性允许误差的检定

首次检定的标准水银温度计,应抽检两相邻规定检定点的中间点,检定方法参见示值修正值检定中的其余各点检定。

首次检定的标准体温计需进行毛细管均匀性和刻度等分均匀性检定,该项检定采用示值误差检定数据,通过两相邻温度点内插计算所得的中间温度修正值与实际检定中间温度的修正值之差,应不大于 0.025 ℃。

4. 检定注意事项

①标准铂电阻温度计插入恒温槽内的深度应不小于 250 mm,通过标准铂电阻温度计的电流应为 1 mA。必须经常测量标准铂电阻温度计在水三相点的电阻值 R_{tp},用新测得的 R_{tp} 计算实际温度,一旦发现标准器的水三相点变化超过 8 mK 时,需要提前送检标准器。

②检定温度点偏离环境温度较大时,标准水银温度计插入恒温槽前需要预热或预冷。

③被检标准水银温度计要按全浸式垂直插入恒温槽内,露出液柱长度不大于 15 个分度值,恒温槽温度稳定 10 min 后方可读数。读数时,应尽量避免在水银温度计刻线处读数,因为温度计刻线宽度会引入一定的读数误差。恒温槽温度偏离检定温度应控制在 0.2 ℃以内(以标准器为准),且测温介质液面应充满至槽盖表面。一个检定点读数完毕,槽温变化应不超过 0.02 ℃。

5. 示值修正值检定

①零位检定可采用定点法或比较法。

零位测定方法:测定前,对于上限温度大于 300 ℃的标准水银温度计,要用放大镜检查中间泡和毛细管内是否有水银蒸发滴,若有,可用前述水银分离滚动法连接。

定点法测量零位:定点法测量零位就是在水三相点瓶使用前应先检查内部冰套是否能自由转动。通常从保温容器中取出水三相点瓶时内部冰套不会转动,这时可用自来水对瓶的外表冲一下,如还不转动可将一根玻璃棒插入温度计插管中并很快取出,以促使冰套内融而松动。使用时,水三相点瓶中心插管内的水应与其冰套等高。温度计应预冷 5 min～10 min 后再插入水三相点瓶中,并保证不带入冰屑。标准水银温度计预冷后,垂直插入插管中并固定,注意使温度计零刻线高于水三相点液面不超过 10 个分度值。如用冰瓶保存水三相点瓶时,可用碎冰包围至水三相点瓶颈,在水银刻线附近开窗口,并放冷光源灯,约 10 min 后在达到热平衡后才能开始测量。

比较法测量零位:比较法测量零位可以在低温槽或冰点器中进行。将恒温槽的温度稳定在 0 ℃附近,把标准铂电阻温度计和被检水银温度计插入恒温槽中,待示值稳定后进行测量。零位的测量也可在冰点器中进行。将经预冷后的标准铂电阻温度计和标准水银温度计垂直插入盛有破碎成雪花状的蒸馏水冰的冰点器中,距离冰点器壁不得小于 20 mm,并注入适量的蒸馏水。标准水银温度计零位刻线高出冰面不超过 10 个分度值,待示值稳定后,轻敲温度计并用读数装置对标准水银温度计进行测量,测量方法同低温槽中的方法。一般蒸馏水冰的温度偏离 0 ℃约±0.001 ℃～0.002 ℃。注意透明棒式温度计需要正反向读数。

②零位检定顺序:不同测量范围标准水银温度计零位检定顺序见表 4—5。

表4-5　不同测量范围标准水银温度计零位检定顺序

测量范围/℃	下限温度检定后	上限温度检定后	备注
25～50	－	＋	上限温度检定后的零位作为该量程各检定点的零位
50～75	－	＋	
75～100	－	＋	
50～100	－	＋	
100～150	＋	＋	
150～200	＋	＋	
200～250	＋	＋	
250～300	＋	＋	

注：表中"＋"表示应检项目，"－"表示不检项目。

③其余各点检定：示值修正值检定采用比较法。

其他各温度点示值修正值检定均采用比较法。以 0 ℃ 为界，分别向上限或下限方向逐点进行检定。分度值为 0.05 ℃ 的标准水银温度计，检定间隔为 5 ℃；分度值为 0.1 ℃ 的标准水银温度计，检定每隔为 10 ℃。标准水银温度计的示值必须用读数装置读取。读数前要调节好它的水平位置，确保视线与温度计刻线垂直。读数时只读取偏离检定点名义温度的温度偏差，偏离一个分度值读数为 10，读数时应估读到分度值的十分之一，高于名义温度读数为正，低于名义温度读数为负，按标准→被检→被检→标准的读数顺序读取两个循环（共四组数据）。也可以读取实际温度值。

标准体温计检定 37 ℃、38 ℃、41 ℃、42 ℃。检定时示值必须用读数望远镜读取，读数前要调节好它的水平位置。读数时只读取偏离检定点名义温度的示值偏差，并估计到分度值的十分之一，也可以读取实际温度值。标准体温计一个检定点读数完毕，槽温变化不得超过 0.05 ℃。

6. 标准水银温度计和标准体温计检定设备

标准水银温度计检定使用标准器与配套设备见表4-6。

表4-6　标准器与配套设备

设备名称		技术指标		用途
标准器		二等标准铂电阻温度计		检定用标准器
电测设备		相对误差≤3×10⁻⁵		标准铂电阻温度计配套测温显示仪器
恒温槽	测量范围/℃	温度均匀性/℃	温度波动性(10 min)	检定用配套设备
	−60～5	0.030	0.025	
	5～95		0.020	
	90～300		0.025	
水三相点瓶		扩展不确定度优于 0.001 ℃(k=2)		检定标准水银温度计零位及测量标准铂电阻温度计水三相点电阻值
读数装置		放大倍数 5 倍以上，可调水平		读标准水银温度计示值
冰点器		—		检定标准水银温度计零位(可选)
制冰、碎冰装置保温容器		—		制作冰点器或水三相点瓶保温

注：允许使用技术指标不低于表4-6要求的其他检定设备。

标准体温计检定使用的标准器为一等标准铂电阻温度计,配套设备与标准水银温度计相同。

(四) 数据计算

1. 标准铂电阻温度计实际温度偏差计算

标准铂电阻温度计在各检定点的电阻比 $W_t = R_t / R_{tp}$,在 $-60\ ℃\sim 300\ ℃$ 范围内,标准铂电阻温度计测量的实际温度的偏差 Δt_s 用式(4—1)表示:

$$\Delta t_s = t_s - t_n = \frac{W_t - W_{t_n}}{\left(\dfrac{\mathrm{d}W}{\mathrm{d}t}\right)_{t_n}} \tag{4—1}$$

式中:W_t——在检定名义温度 t_n 附近的实际温度 t_s 时测得的电阻比 R_t / R_{tp};

$\left(\dfrac{\mathrm{d}W}{\mathrm{d}t}\right)_{t_n}$——由检定证书给出的温度 t_n 对应的电阻比变化率。

2. 标准水银温度计和标准体温计示值修正值计算

被检标准水银温度计和标准体温计检定结果应给出示值修正值。示值修正值 x 按式(4—2)计算:

$$x = \Delta t_s - \Delta t_x \tag{4—2}$$

式中:x——标准水银温度计和标准体温计检定修正值,℃;

Δt_x——被检标准水银温度计和标准体温计检定偏差平均值,℃。

3. 标准水银温度计零位计算

被检标准水银温度计在水三相点检定的零位 a_{01} 按式(4—3)计算:

$$a_{01} = a'_1 d - 0.01 \tag{4—3}$$

a'_1——标准水银温度计在水三相点瓶中的刻线偏差读数,格;

d——标准水银温度计分度值。

被检标准水银温度计在恒温槽或冰点器中检定的零位 a_{02} 按式(4—4)计算:

$$a_{02} = a'_2 d - \Delta t_s \tag{4—4}$$

式中:a'_2——标准水银温度计在 $0\ ℃$ 附近的刻线偏差读数,格。

(五) 检定结果处理

经检定各项指标均符合要求的标准水银温度计和标准体温计为合格,有一项不符合的即为不合格。检定合格的发给检定证书,不合格的发给检定结果通知书,并注明不合格项。

检定证书中应给出被检标准水银温度计和标准体温计检定点的示值修正值及上下限温度后的零位。给出位数修约到分度值的十分之一,末位数位分度值的整数倍。

经检定合格的标准水银温度计和标准体温计发给检定证书。检定周期不超过 2 年。

(六) 检定标准水银温度计和标准体温计的误差来源

标准水银温度计和标准体温计的准确度比较高,如果不注意正确使用,必然会带来较大误差,了解误差来源便于在检定工作中加以注意,使其量值更正确。

1. 零点位移

零点位移是由于玻璃的热后效引起的,玻璃的热后效是影响温度计质量的主要因素。

玻璃温度计在生产过程中由于剧烈加热和迅速冷却,造成玻璃内部组织变化,经过一个长时间后温度计的感温泡体积会出现一些收缩现象,这种收缩称为玻璃的自然老化。温度计自然老化的速度取决于玻璃的成分、玻璃性质以及它的热处理。老化过程一般按衰减曲线进行,由于感温泡的收缩,导致温度计的零位升高,称为零位上升值。当温度计受热后,感温泡又随之膨胀,降温后,膨胀了的感温泡不能立即恢复到原来的体积,因此又造成温度计零位降低,称为零位低降值,零位低降现象需要经过几小时甚至几天才能消除。为了缩短温度计自然老化过程,采用人工老化工艺。人工老化是将玻璃加热到接近软化点温度,然后逐渐冷却,这样反复进行数次,消除玻璃内部组织的应力,使温度计示值较快达到稳定状态,以缩短玻璃温度计自然老化过程。人工老化虽然可以把热后效减小到很小的程度,但难于完全消除,零点位移量的大小与温度计使用的时间长短、使用温度的高低有关。因此,在测温要求较高的场合和标准温度计检定过程中,标准温度计使用后要测定零位。如新测得零位与原证书上零位值有差异时,则应对修正值做相应修改。修改公式是:新的修正值＝原证书修正值＋(原证书上限温度检定后零位－新测得上限温度检定后零位)。

2. 标尺位移

内标式温度计的标尺板与毛细管用不锈钢细丝系住的方法固定,标尺板与毛细管之间有可能产生相对位移,影响示值的准确性。如果相对位移是由于热膨胀而引起的,其影响很小,可以忽略不计。

3. 液柱断裂

由于气泡和其他原因,会使毛细管中液柱发生断裂,如用液柱中断的温度计测量温度,将引起很大误差,因此在检定前或使用前必须先检查温度计有无液柱断裂现象,如有断裂,则应将温度计修复好再检定或使用。不能修复则不能使用。

4. 读数误差

读取温度计示值时必须正确,否则会带来很大误差。为了读数正确,借助于读数望远镜,使视线与温度计刻度面垂直,视线偏高或偏低都会带来较大误差,读数时应读取水银液柱凸出的弯月面。对于透明棒式标准水银温度计则应采取正反两面读数,取读数平均值以消除温度计不垂直带来的读数误差。

5. 刻度非线性误差

玻璃温度计在生产和检定时都是在几个规定的温度点上进行刻度和检定,在这些规定点之间的刻度是根据毛细管孔径均匀这一假设,按线性关系来等分刻度的。但是毛细管不均匀性客观存在,按照线性内插计算中间点的修正值,势必带来误差。所以标准水银温度计和和标准体温计对刻度均匀性有一定的要求。

6. 露出液柱影响

根据玻璃温度计测温原理可知,感温液和玻璃的膨胀与温度高低有关。玻璃温度计的插入深度不同,感温液柱和玻璃棒感受的温度也不同,所以温度计的示值随着插入深度的改变而改变。温度计在生产刻度时有两种情况,一种是全部浸没式,即把温度计液柱全部浸没在被刻度的温度中进行刻度;另一种是局部浸没式,即温度计在刻度时,温度计浸入的长度是固定的,只有部分液柱浸没在刻度的温度中,另一部分液柱则暴露在规定的室温中进行刻度。因此在检定或使用中如果是全浸的温度计,必须尽可能深地将温度计插入被测介质中,读数的液柱不能大于 15 个分度值,否则会带来一定的误差。如确实因条件限制无法全部浸没,则应按式(4-5)对露出液柱的温度进行修正,以减小误差。

$$\Delta t_1 = kn(t' - t_1) \tag{4-5}$$

式中:Δt_1——露出液柱的温度修正值,℃;

　　　k——水银的视膨胀系数 0.000 16 ℃$^{-1}$;

　　　n——露出液柱的温度,℃;

　　　t_1——露出液柱平均温度(辅助温度计放在露出液柱下的 1/3 位置上,并和被检温度计贴紧),℃;

　　　t'——被检或使用温度计所指示的温度,℃。

全浸温度计作局浸检定时按式(4-6)计算被检温度计的修正值:

温度计修正值=实际槽温偏差-(被检温度计示值偏差+Δt_1) (4-6)

式中:Δt_1——按式(4-5)计算的露出液柱温度修正值,℃。

如局浸式温度计使用时的环境温度与规定的露出液柱温度不一致,则应按式(4-7)对露出液柱的温度进行修正,以减小误差。

$$\Delta t_2 = kn(t - t_1) \tag{4-7}$$

式中:t——规定的露出液柱温度,℃;

　　　Δt_2——露出液柱温度修正值,℃。

局浸温度计检定时露出液柱的温度与规定的露出液柱温度不同时,被检温度计的修正值按式(4-8)计算:

温度计修正值=实际槽温偏差-(被检温度计示值偏差+Δt_2) (4-8)

7. 温度计的热惰性

由于玻璃温度计的热惰性,测量以一定速度变化的温度时会带来误差,表现于温度计的示值落后于实际温度变化,当温度升高时其误差为负值,温度下降时温度为正值,因此在检定或使用温度计时一定要稳定 10 min 后再读数。

8. 温度计的机械惯性

用较细毛细管的温度计测量缓慢变化的温度时,由于水银与毛细管的摩擦,当温度下降时,较细毛细管中的水银柱受到阻力而下降不均匀,是跳动式的,因此将会引起示值误差,要消除这种误差必须在温度计缓慢升温过程中读数,读数前用带小橡皮头的木棒轻敲温度计。

第二节　工作用膨胀式温度计

一、工作用液体膨胀式温度计

工作用液体膨胀式温度计的种类有工作用玻璃液体温度计、电接点玻璃水银温度计和玻璃体温计。工作用玻璃液体温度计的测量范围为-100 ℃～600 ℃,电接点玻璃水银温度计的测量范围为-30 ℃～300 ℃,玻璃体温计的测量范围为 36 ℃～42 ℃。

(一)术语

(1)玻璃水银温度计:使用汞作感温液制成的玻璃温度计。

（2）有机液体玻璃温度计：使用有机液体作感温液制成的玻璃温度计。

（3）棒式玻璃温度计：具有毛细孔的玻璃棒与感温泡相熔接，玻璃棒表面上蚀刻或渗透印色标度的玻璃温度计。

（4）内标式玻璃温度计：毛细管和标度板密封在玻璃套管内，毛细管下端与感温泡相熔接的玻璃温度计。

（5）封顶：采用不同形式封闭温度计顶部。

（6）全浸式温度计：当温度计的感温泡和全部感温液柱浸没在被测介质内，且感温液柱上端面与被测介质表面处于同一水平时，才可以正确显示温度示值的玻璃液体温度计。

注：在实际使用时，全浸式温度计的感温液柱上端面可露出被测介质表面 10 mm 以内，以便于读取示值。

（7）局浸式温度计：当温度计的感温泡和感温液柱的规定部分浸没在被测介质内，才可以正确显示温度示值的玻璃液体温度计。

（8）浸没标志：局浸式温度计用以表示浸没位置的标志线或浸没深度。

（9）线性度：玻璃液体温度计相邻两检定点间的任意有刻度值的一个温度点实际检定得到的示值误差与内插计算得到的示值误差的接近程度。玻璃液体温度计的线性度主要由玻璃温度计毛细管均匀性及刻度等分均匀性综合影响。

（二）工作用玻璃液体温度计

1. 工作用玻璃液体温度计的工作原理

工作用玻璃液体温度计的工作原理与标准水银温度计的原理相同，利用透明玻璃感温泡和毛细管内的感温液体（水银、酒精、煤油）随被测介质温度的变化而热胀冷缩的作用来测量温度。

单位温度变化引起的物质体积的相对变化可以用平均体膨胀系数 β 来表示，平均体膨胀系数由下式确定：

$$\beta = \frac{V_{t_2} - V_{t_1}}{V_0(t_2 - t_1)} \tag{4—9}$$

式中：V_{t_1}、V_{t_2}——温度为 t_1 和 t_2 时某物质的体积；

　　　V_0——在 0 ℃时同一物质的体积。

温度计受热时，不仅感温液要膨胀，玻璃感温泡也要膨胀。感温液膨胀沿毛细管上升，感温泡的膨胀则使感温液沿毛细管下降。由于感温液的体膨胀系数大于玻璃的体膨胀系数，所以还能从毛细管中观察到感温液的上升（或下降），感温液在毛细管中上升或下降，实际上是感温液的平均体膨胀系数和玻璃平均体膨胀系数之差即液体视膨胀系数，液体视膨胀系数可由近似式确定：

$$\gamma = \beta - \alpha \tag{4—10}$$

式中：γ——感温液在玻璃内的视膨胀系数；

　　　β——感温液的平均体膨胀系数；

　　　α——玻璃的平均体膨胀系数。

玻璃液体温度计中的感温液是用来感受温度变化的，因此感温液必须满足以下条件：

①有较高的灵敏度，体膨胀系数要大。

②有较宽的温度范围，液体的凝固点温度要低，气化点温度要高。

③感温液要纯净,不粘附于玻璃。

表4-7列出了几种玻璃液体温度计常用感温液的视膨胀系数。

表4-7　常用感温液体在玻璃中的视膨胀系数

平均温度 ℃	$k/(10^{-4}℃^{-1})$						
	硼硅玻璃	其他玻璃					
	水银	水银	汞基合金	戊烷	甲苯	煤油	乙醇
-180				9			
-120				10			
-80				10	9		10.4
-40			1.35	12	10		10.4
0	1.64	1.58		14	10		10.4
20				15	11	9.2	10.4
100	1.64	1.58					
200	1.67	1.59					
300	1.74	1.64					
400	1.82						
500	1.95						

在表4-7中用水银作玻璃温度计感温液的优点是:在一个标准大气压下,水银在-38.8 ℃~356.6 ℃温区范围内保持液态;水银的饱和蒸气压比其他液体低,因此在毛细管中增加较小的压力可以提高温度计的上限;水银易于提纯,凝聚力大,不粘附在毛细管管壁上。所以标准水银温度计和高精密玻璃液体温度计都是用水银做感温液。

由于有机液体的凝固点温度比水银低,所以-30 ℃~-200 ℃温度范围都用有机液体作为感温液,其优点是膨胀系数比水银大,凝固点温度低,可以着色,看起来方便。缺点是:有机液体因为膨胀系数大,所以随温度变化膨胀系数也变化,尤其在高温时的膨胀系数比低温时的膨胀系数显著增大;有机液体不易提纯,因此会有沉淀物出现;有机液体会粘附在毛细管管壁上,而影响温度计的准确度。玻璃温度计的玻璃外壳是直接和测温介质接触的,因此它对温度计的质量有很大影响,因为玻璃液体温度计是根据液体的体积膨胀与玻璃的体积膨胀之差来测温的,所以要求玻璃的性能稳定、热变形要小、加工方便、体膨胀系数要小。

玻璃液体温度计的灵敏度与感温泡的大小与毛细管的粗细有关。由平均体膨胀系数式(4-9)可知:当$V_{t_1}=V_0$ 时,则 $t_1=0$ ℃,如 V_{t_2} 用 V_t 表示,t_2 为 t,则:

$$\beta=\frac{V_t-V_0}{tV_0} \tag{4-11}$$

由式(4-11)可知体膨胀系数就是温度上升1 ℃,物体所增加的体积和它在0 ℃时体积之比,也可从体膨胀公式计算出当温度升高1 ℃时物体所增加的体积占它在0 ℃时体积的几分之几。假设感温液不装在感温泡内,而全部装在毛细管内,并令 L_0 表示0 ℃时液柱的长度,L_{100} 代表100 ℃时液柱的长度,则得:

$$\beta_0^{100}=\frac{L_{100}-L_0}{100L_0}$$

式中:β_0^{100}——液体在玻璃内0 ℃~100 ℃的平均视膨胀系数。

上式可改写为

$$L_0 = \frac{1}{\beta_0^{100}} \frac{L_{100} - L_0}{100}$$

式中，$\frac{L_{100} - L_0}{100}$ 即为温度计上刻度 1 ℃的长度，令其为 L，则得：

$$L_0 = \frac{1}{\beta_0^{100}} L \qquad\qquad (4-12)$$

由上式可知，液体在 0 ℃时的长度 L_0 的大小与温度计上所刻 1 ℃之长成比例。以水银温度计为例，水银对于玻璃液体温度计玻璃的体膨胀系数很小，所以 β_0^{100} 即为 $\beta = 0.000\ 18$ ℃$^{-1}$ 代入式（4-12）得：

$$L_0 = \frac{1}{0.000\ 18\ ℃^{-1}} L = 5\ 556\ L$$

由于温度计示值是水银的体膨胀系数与玻璃的体膨胀系数之差，所以用视膨胀系数 γ 代替 β 值得：

$$L_0 = \frac{1}{0.000\ 16\ ℃^{-1}} L = 6\ 250\ L$$

由此可见每支温度计内所装的所有量，在 0 ℃时约为该温度计的 6 000 ℃左右的体积变化量。换言之，当装在温度计内的水银体积变化量相当于 0 ℃时体积的 1/6 000 时，就代表温度 1 ℃的变化量。

令毛细管的截面为 S，水银在 0℃时的体积为 V_0，则：

$$V_0 = L_0 S \qquad\qquad (4-13)$$

将式（4-13）和式（4-12）合并得：

$$L = \frac{V_0}{S} \beta_0^{100} \qquad\qquad (4-14)$$

由式（4-14）看出，玻璃液体温度计的灵敏度与温度计感温泡的大小成正比，与毛细管的内径成反比。增大感温泡虽然可以提高玻璃温度计的灵敏度，但是感温泡过大，容易变形，且受热时要吸收大量热量而增加玻璃温度计的惰性，尤其是测量小热源时，会因吸热过多而影响测量准确性。另外缩小毛细管的内径也可提高玻璃温度计的灵敏度，但是毛细管过细又会增大液体移动阻力，使玻璃液体温度计的液柱上升时呈现跳动状态，下降时造成停滞现象，同时毛细管过细又会增加玻璃温度计的长度，而使用不方便，所以在制造玻璃温度计时必须注意温度计的灵敏度、热惰性、几何尺寸等因素。

2. 工作用玻璃液体温度计的构造和类型

工作用玻璃液体温度计按感温泡与感温液柱所呈的角度可以分为直型和角型温度计；按结构可分为棒式温度计和内标式温度计两种形式。常见的直型棒式温度计和直型内标式温度计的构造如图 4-4 和图 4-5 所示，角型棒式温度计的构造如图 4-6 所示。

工作用玻璃液体温度计按分度值又可分为高精密温度计和普通温度计两个准确度等级；按用途可分为一般用途玻璃液体温度计、石油产品试验用玻璃液体温度计、焦化产品试验用玻璃液体温度计。

工作用玻璃液体温度计按照分度值及用途的分类见表 4-8。

表 4—8　工作用玻璃液体温度计按分度值及用途的分类

准确度等级	分度值/℃	工作用玻璃液体温度计		
		一般用途玻璃液体温度计	石油产品试验用玻璃液体温度计	焦化产品试验用玻璃液体温度计
高精密温度计	0.01,0.02,0.05	高精密玻璃水银温度计	高精密石油产品用玻璃液体温度计	高精密焦化用玻璃液体温度计
普通温度计	0.1,0.2,0.5,1.0,2.0,5.0	普通玻璃液体温度计	普通石油用玻璃液体温度计	普通焦化用玻璃液体温度计

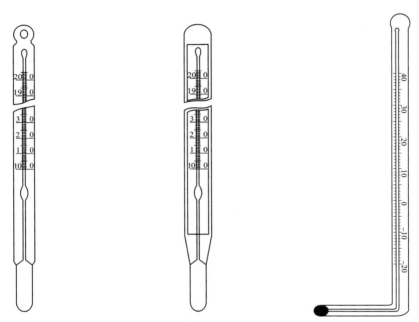

图 4—4　(直型)棒式温度计　　图 4—5　(直型)内标式温度计　　图 4—6　(角型)棒式温度计

3. 工作用玻璃液体温度计的检定

工作用玻璃液体温度计的检定执行 JJG 130—2011《工作用玻璃液体温度计》,检定方法采用比较法。

(1) 工作用玻璃液体温度计的技术指标

①刻度与标志

温度计的刻度线应与毛细管的中心线垂直。刻度线、刻度值和其他标志应清晰,涂色应牢固。不应有脱色、污迹和其他影响读数的现象。

在温度计上、下限温度的刻度线以外,应标有不少于该温度计示值允许误差限的展刻线。有零点辅刻度的温度计,在零点刻度线以上和以下的刻度线应不少于 5 条。

相邻两刻线间的距离应不小于 0.5 mm,刻线的宽度应不超过相邻刻线间距的 1/10。

内标式温度计刻度板的纵向位移应不超过相邻两刻度线间距的 1/3。毛细管应处于刻度板纵轴中央,应没有明显的偏斜,与刻度板的间距应不大于 1 mm。

每隔 10~20 条刻度线应标志出相应的刻度值,温度计的上、下限也应标志相应的刻度值。有零点的温度计应在零点处标志相应的刻度值。

温度计应具有以下标志：表示摄氏度的符号"℃"、制造厂名或商标、制造年月。高精密温度计应有编号。全浸温度计应有"全浸"标志；局浸温度计应有浸没标志。

②玻璃棒和玻璃套管

玻璃棒和玻璃套管应光滑透明，无裂痕、斑点、气泡、气线或应力集中等影响读数和强度的缺陷。玻璃套管内应清洁，无明显可见的杂质，无影响读数的朦胧现象。

玻璃棒和玻璃套管应平直，无明显的弯曲现象。

玻璃棒中的毛细孔和玻璃套管中的毛细管应端正、平直，清洁无杂质，无影响读数的缺陷。正面观察温度计时液柱应具有最大宽度。毛细孔（管）与感温泡、中间泡及安全泡连接处均应呈圆弧形，不得有颈缩现象。

棒式温度计刻度线背面应熔入一条乳白色或其他颜色的釉带。正面观察温度计时，全部刻度线的投影均应在釉带范围内。

③感温泡、中间泡、安全泡

感温泡：棒式温度计感温泡的直径应不大于玻璃棒的直径；内标式温度计感温泡的直径应不大于与其相接玻璃套管的直径。

中间泡：温度计中间泡上端距主刻度线下端第一条刻度线的距离应不少于 30 mm。

安全泡：温度计安全泡呈水滴状，顶部为半球形。上限温度在 300 ℃ 以上的温度计可不设安全泡。无安全泡的温度计，上限刻度线以上的毛细管长度应不小于 20 mm。

④感温液和感温液柱

水银和汞基合金应纯洁、干燥、无气泡。有机液体的液柱应显示清晰、无沉淀。

感温液柱上升时不应有明显的停滞或跳跃现象，下降时不应在管壁上留有液滴或挂色。除留点温度计以外，其他温度计的感温液柱不应中断，不应自流。

⑤示值稳定度

温度上限高于 100 ℃ 且分度值为 0.1 ℃，0.05 ℃，0.02 ℃ 和 0.01 ℃ 的玻璃液体温度计的示值稳定度应符合表 4—9 的要求。

表 4—9　玻璃液体温度计示值稳定度要求　　　　　　　　　　　　℃

分度值	0.1	0.05	0.02	0.01
示值稳定度	0.05	0.05	0.02	0.01

⑥示值误差

一般用途玻璃液体温度计的示值误差应符合表 4—10 的要求。

石油产品试验用玻璃液体温度计的示值误差应符合表 4—11 的要求。

焦化产品试验用玻璃液体温度计的示值误差应符合表 4—12 的要求。

没有石油产品试验用玻璃液体温度计标志或焦化产品试验用玻璃液体温度计标志的玻璃液体温度计按一般用途温度计进行检定；长尾玻璃液体温度计按一般用途温度计局浸方式进行检定；金属套管式玻璃液体温度计应拆去套管按一般用途温度计局浸方式进行检定；当温度计的量程跨越表 4—10 中几个温区范围时，则取其中最大的最大允许误差。

⑦线性度

高精密玻璃温度计的线性度应不大于相应分度值。

普通温度计的线性度应不大于相应最大允许误差要求。

表4-10 一般用途玻璃液体温度计最大允许误差

单位：℃

感温液体	温度计上限或下限所在温度范围	0.01 全浸	0.02 全浸	0.05 全浸	0.1 全浸	0.1 局浸	0.2 全浸	0.2 局浸	0.5 全浸	0.5 局浸	1 全浸	1 局浸	2 全浸	2 局浸	5 全浸	5 局浸
有机液体	−100~<−60	—	—	—	±1.0	—	±1.0	—	±1.5	±2.0	±2.0	±2.5	—	—	—	—
有机液体	−60~<−30	—	—	—	±0.6	—	±0.8	—	±1.0	±1.5	±2.0	±2.5	—	—	—	—
有机液体	−30~100	—	—	—	±0.4	—	±0.5	—	±0.5	±1.0	±1.0	±1.5	—	—	—	—
汞基	−60~<−30	—	—	—	±0.3	—	±0.4	—	±1.0	—	±1.0	—	—	—	—	—
汞基	−30~100	—	—	—	±0.2	—	±0.3	—	±0.5	±1.0	±1.0	±1.5	±2.0	±3.0	—	—
水银	0~50	±0.10	—	—	—	—	—	—	—	—	—	—	—	—	—	—
水银	0~100	—	±0.10	—	—	±1.0	—	—	—	—	—	—	—	—	—	—
水银	0~150	—	—	±0.15	—	±1.0	—	±1.0	—	—	—	—	—	—	—	—
水银	>100~200	—	—	—	±0.4	—	±0.4	—	±1.0	±1.5	±1.5	±2.0	±2.0	±3.0	—	—
水银	>200~300	—	—	—	±0.6	—	±0.6	—	±1.0	±2.0	±1.5	±2.0	±2.0	±3.0	±5.0	±7.5
水银	>300~400	—	—	—	—	—	±1.0	—	±1.5	—	±2.0	—	±4.0	±6.0	±10.0	±12.0
水银	>400~500	—	—	—	—	—	±1.2	—	±2.0	—	±3.0	—	±4.0	±6.0	±10.0	±12.0
水银	>500~600	—	—	—	—	—	—	—	—	—	—	—	±6.0	±8.0	±10.0	±15.0

表 4-11 石油产品用玻璃液体温度计技术规格和检定点

温度计编号	温度范围/℃	分度值/℃	浸没方式或深度/mm	检定点/℃	最大允许误差/℃
GB-1	-30~170	1	55	-20,0,50,100	±1.0
				150	±2.0
GB-2	100~300	1	55	100,150,200	±2.0
				250,300	±3.0
GB-3	0~360	1	45	0,100	±1.0
				200	±2.0
				300	±3.0
GB-4	0~360	1	45	0,100	±1.0
				200	±2.0
				300	±3.0
GB-5	-6~400	2	25	0,100,200	±2.0
				300,370	±4.0
GB-6	0~60	0.5	90	0,20,40,50	±1.0
GB-7	50~110	0.5	90	50,80,100	±1.0
GB-8	19~27	0.1	90	20,25	±0.1
GB-9	98~102	0.1	全浸	100	±0.2
GB-10	78~82	0.1	全浸	80	±0.2
GB-11	48~52	0.1	全浸	50	±0.2
GB-12	38~42	0.1	全浸	40	±0.2
GB-13	18~22	0.1	全浸	20	±0.2
GB-14	-2~2	0.1	全浸	0	±0.2
GB-15	-22~-18	0.1	全浸	-20	±0.2
GB-16	-32~-28	0.1	全浸	-30	±0.2
GB-17	-42~-38	0.1	全浸	-40	±0.4
GB-18	-52~-48	0.1	全浸	-50	±0.4
GB-19	-62~-58	0.1	全浸	-60	±0.5
GB-20	58.6~61.4	0.05	全浸	0,60,61	±0.1
GB-21	133.6~136.4	0.05	全浸	0,135,136	±0.15
GB-22	-45~-35	0.1	全浸	-45,-40,-35	±0.4
GB-23	-35~-25	0.1	全浸	-35,-30,-25	±0.4
GB-24	-25~-15	0.1	全浸	-25,-20,-15	±0.2
GB-25	-15~-5	0.1	全浸	-15,-10,-5	±0.2
GB-26	0~150	1	全浸	0,50,100,150	±1.0
GB-27	100~250	1	全浸	100,150,200	±2.0
				250	±3.0
GB-28	-5~300	1	76	0,50,100,150,200,250,300	±1.0

表 4-11（续）

温度计编号	温度范围/℃	分度值/℃	浸没方式或深度/mm	检定点/℃	最大允许误差/℃
GB-29	-5~400	1	76	0,100,200,300	±1.0
				400	±1.5
GB-30	-30~60	1	150	-20,0,50	±1.0
GB-31	-80~60	1	75	-60	±3.0
				-40,-20,0	±2.0
				50	±1.0
GB-32	-60~60	1	75	-50,-40,-20,0	±1.5
				50	±1.0
GB-33	20~100	0.5	全浸	25,50,75,100	±0.5
GB-34	38~82	0.1	79	40,50,60,70,80	±0.1
GB-35	32~127	0.2	79	40,60,80,100,120	±0.2
GB-36	-80~-20	1	76	-70,-35	±2.0
				0,20	±1.0
GB-37	-38~50	1	108	-35,0,50	±0.5
GB-38	-80~20	0.5	全浸	-75,-60,-40,0	±1.0
GB-39	-37~2	0.2	100	-35,-20,0	±0.2
GB-40	-54~-15	0.2	100	-50,-30,-15	±0.2
GB-41	4~6	0.02	全浸	0,4,5,6	±0.04
GB-42	30~180	0.5	全浸	30,80	±0.5
				120,180	±1.0
GB-43	-38~30	0.5	250	-30	±1.0
				0,30	±0.5
GB-44	0~360	1	全浸	0,50	±1.0
				100,150,200	±2.0
				250,300	±3.0
GB-45	0~360	1	全浸	0,50	±1.0
				100,150,200	±2.0
				250,300	±3.0
GB-46	-2~300	1	全浸	0,50,100,150	±0.5
				200,250,300	±1.0
GB-47	-2~400	1	全浸	0,100,200,300	±1.0
				370	±1.5
GB-48	-20~102	0.2	全浸	-20,-10,0,10,20,30,40,50,60,70	±0.15
GB-49	-20~150	1	76	-20,0,50,100,150	±0.5
GB-50	-50~5	0.2	35	-46,-32,-18,0	±0.2

表 4－11（续）

温度计编号	温度范围/℃	分度值/℃	浸没方式或深度/mm	检定点/℃	最大允许误差/℃
GB－51	95～155	0.2	全浸	0,100,110,130,150	±0.2
GB－52	155～170	0.5	全浸	155,163,170	±0.5
GB－53	100～115	0.5	全浸	100,115	±0.5
GB－54	34～42	0.1	全浸	38,41	±0.1
GB－55	40～70	0.1	全浸	0,40,50,60,70	±0.1
GB－56	－1～105	0.5	全浸	0,50,100	±0.5
GB－57	80～100	0.1	76	80,90,100	±0.1
GB－58	72～126	0.2	100	75,90,105,125	±0.2
GB－59	98～152	0.2	100	100,115,130,150	±0.3
GB－60	95～103	0.1	全浸	99,102	±0.1
GB－61	165～180	0.5	全浸	165,170,180	±0.5
GB－62	145～160	0.5	全浸	145,150,160	±0.5
GB－63	130～145	0.5	全浸	130,135,145	±0.5
GB－64	195～205	0.1	100	195,205	±0.2
GB－65	－5～25	0.1	全浸	0,10,20	±0.1
GB－66	20～45	0.1	全浸	20,30,40	±0.1
GB－67	40～65	0.1	全浸	40,50,60	±0.1
GB－68	－1～38	0.1	全浸	0,10,20,30,35	±0.1
GB－69	－15～45	0.2	全浸	－15,0,15,30,45	±0.2
GB－70	－37～21	0.5	76	－35,－18,0,20	±0.5
GB－71	25～55	0.1	全浸	0,25,35,45,55	±0.1
GB－72	－34～52	0.5	全浸	－30,0,25,45	±0.5
GB－73	－16～82	0.5	全浸	0,25,55,80	±0.5
GB－74	50～240	1	全浸	50,100,200,240	±1.0
GB－75	－38～42	0.2	50	－35,20,0,20,40	±0.2
GB－76	25～105	0.2	50	25,50,75,100	±0.2
GB－77	90～170	0.2	50	100,130,160	±0.4

表 4－12　焦化产品用玻璃液体温度计技术规格和检定点

温度计编号	温度范围/℃	分度值/℃	浸没方式或深度/mm	检定点/℃	最大允许误差/℃
COK1C	4～6	0.02	全浸	0,4,5,6	±0.04
COK2C	0～50	0.1	全浸	每 10 ℃检定	±0.2
COK3C	55～85	0.1	全浸	55,65,75,85	±0.2
COK4C	70～90	0.1	全浸	70,80,90	±0.2
COK5C	100～120	0.1	全浸	100,110,120	±0.2
COK6C	125～150	0.1	全浸	125,135,145	±0.2

表 4−12（续）

温度计编号	温度范围/℃	分度值/℃	浸没方式或深度/mm	检定点/℃	最大允许误差/℃
COK7C	180～230	0.1	全浸	每 10 ℃检定	±0.3
COK8C	250～300	0.1	全浸	每 10 ℃检定	±0.3
COK9C	0～50	0.2	全浸	0,20,30,40,50	±0.3
COK10C	0～100	0.2	95	每 20 ℃检定	±0.4
COK11C	40～150	0.2	95	每 20 ℃检定	±0.4
COK12C	15～45	0.1	100	15,25,35,45	±0.2
COK13C	225～245	0.1	全浸	225,235,245	±0.2
COK14C	28～62	0.2	全浸	30,40,50,60	±0.3
COK20C	0～100	0.5	全浸	每 20 ℃检定	±0.5
COK21C	50～210	0.5	全浸	每 20 ℃检定	±1.0
COK22C	100～250	0.5	全浸	每 20 ℃检定	±1.0
COK23C	0～50	1	全浸	每 10 ℃检定	±1.0
COK24C	0～250	1	全浸	0,50,100,150,200,250	±1.5
COK25C	100～370	1	全浸	100,150,200,250,300,360	±2.0
COK26C	0～100	1	全浸	每 20 ℃检定	±1.0
COK27C	100～150	1	全浸	每 10 ℃检定	±1.0
COK28C	0～360	1	全浸	0,50,100,150,200,250,300	±2.0
COK29C	0～360	1	45	0,50,100,150,200,250,300	±2.0
COK30C	−2～400	1	全浸	0,100,200,300,370	±3.0
COK31C	0～300	2	全浸	0,50,100,150,200,250,300	±3.0

（2）检定项目

工作用玻璃液体温度计的检定项目见表 4−13。

表 4−13　工作用玻璃液体温度计的检定项目

检定项目	首次检定	后续检定	使用中检验
刻度与标志； 玻璃棒和玻璃套管； 感温泡、中间泡、安全泡； 感温液和感温液柱	+	−	−
温度计感温泡和其他部分 有无损坏和裂痕等	−	+	+
示值稳定度	+	−	−
示值误差	+	+	+
线性度	+	−	−

注：

1.只适用温度上限高于 100 ℃且分度值为 0.1 ℃,0.05 ℃,0.02 ℃和 0.01 ℃的玻璃温度计。

2.表中"＋"表示应检定，"－"表示可不检定。

（3）检定方法

①外观检查：首次检定的温度计以目力、放大镜、钢直尺、玻璃偏光应力仪观察温度计刻度与标志；玻璃棒和玻璃套管；感温泡、中间泡、安全泡；感温液和感温液柱。后续检定的温度计应着重检查温度计感温泡和其他部分有无损坏和裂痕等。感温液柱若有断节、气泡或在安全泡、毛细管壁等处上留有液滴或挂色等现象，能修复者，经修复后才能检定。

②示值稳定度的检定：首次检定的温度上限高于 100 ℃且分度值为 0.1 ℃，0.05 ℃，0.02 ℃，0.01 ℃的玻璃液体温度计应进行此项目的抽样检定。

有零点的玻璃液体温度计应浸没在下限温度点刻线处，以局浸方式在上限温度点恒温 15 min 取出，自然冷却至室温后，立即测定第一次零点位置。

再将玻璃液体温度计浸没在下限温度点刻线处，以局浸方式在上限温度点恒温 24 h 取出，自然冷却至室温后，立即测定第二次零点位置。

用第二次零点位置的读数减去第一次零点位置的数值，即为示值稳定度。

无零点的玻璃液体温度计可按上述类似方法测定上限温度的示值变化，即示值稳定度。

③示值误差检定

工作用玻璃液体温度计示值误差的检定结果以修正值形式给出。

一般用途温度计检定点间隔的规定见表 4—14，当按表 4—14 规定所选择的检定点少于三个时，则应选择下限点、上限点和中间有刻度值的点共三个温度点进行检定。石油产品试验用温度计检定点间隔的规定见表 4—11。

应按规定浸没方式将标准温度计和被检温度计垂直插入恒温槽中。标准铂电阻温度计插入深度应为 250 mm 以上；全浸式温度计露出液柱高度应不超过 10 mm；局浸式温度计应按浸没标志要求插入恒温槽中。检定顺序一般以零点为界，分别向上限或下限方向逐点进行。检定高精密温度计开始读数时，恒温槽实际温度（以标准温度计为准）偏离检定点应不超过 0.1 ℃。检定普通温度计开始读数时恒温槽温度偏离检定点应不超过 0.2 ℃。

表 4—14　一般用途温度计检定点间隔　　　　　　　　　　℃

分度值	检定点间隔
0.01	1
0.02	2
0.05	5
0.1	10
0.2	20
0.5	50
1,2,5	100

温度计插入恒温槽中要稳定 10 min 以上才可读数，高精密玻璃液体温度计读数前要轻敲。读数时视线应与玻璃温度计感温液柱上端面保持在同一水平面，读取感温液柱上端面的最高处（水银）或最低处（有机液体）与被检点温度刻线的偏差，并估读到分度值的十分之一。先读取标准温度计示值（或偏差），再读取各被检温度计的偏差，其顺序为标准→被检 1→被检 2→…→被检 n，然后再按相反顺序读数返回到标准。分别计算标准温度计示值（或温度示值偏差）的算术平均值和各被检温度计温度示值偏差的算术平均值。

　　高精密温度计读数四次,普通温度计读数两次。读数要迅速、准确、时间间隔要均匀。检定不同规格的温度计,一个温度点检定完毕,恒温槽温度变化应符合相应温度波动性的要求;检定高精密温度计,一个温度点检定完毕,恒温槽温度变化应符合相应温度波动性的要求。

　　被检温度计零点的示值检定可以在冰点器或恒温槽中用比较法进行。温度计在测量零点前应在冰水中预冷 10 min 左右。

　　标准水银温度计应经常在冻制好的水三相点瓶中或在冰点器中测量其零点位置。如果零点位置发生变化,则应使用下式计算出各温度点新的示值修正值:

　　新的示值修正值＝原证书修正值＋(原证书中上限温度检定后的零点位置－新测得到的上限温度检定后的零点位置)

　　标准铂电阻温度计在每次使用完后,应在冻制好的水三相点瓶中使用同一电测设备测量其水三相点示值。以新测得的水三相点示值,计算实际温度。

　　④局浸式温度计露出液柱的温度修正

　　局浸式温度计应在规定条件下进行检定。如果不符合规定的条件,应对温度计露出液柱的温度进行修正。局浸式温度计露出液柱温度修正条件和公式见表4－15。

表 4－15　局浸式温度计露出液柱的温度修正的条件和公式

温度计名称	规定条件	不符合条件*	示值偏差修正
局浸式 高精密温度计	露出液柱平均温度 为 25 ℃	露出液柱平均温度 不符合规定	$\Delta t = kn(25-t_1)$　(1) $\delta'_t = \bar{\delta}_t + \Delta t$
局浸式普通温度计	环境温度为 25 ℃	环境温度不符合规定	$\Delta t = kn(25-t_2)$　(2) $\delta'_t = \bar{\delta}_t + \Delta t$

　　其中:Δt——露出液柱温度修正值;

　　　　k——温度计中感温液体的视膨胀系数,$℃^{-1}$;

　　　　n——露出液柱的长度在温度计上相对应的温度数值(修约到整数),℃;

　　　　t_1——辅助温度计测出的露出液柱平均温度,℃;

　　　　δ'_t——被检温度计经露出液柱修正后的温度示值偏差,℃;

　　　　$\bar{\delta}_t$——被检温度计温度示值偏差的平均值,℃;

　　　　t_2——露出液柱的环境温度,℃。

　　* 如果温度计标注有其他温度,以标注温度为准。表中式(1)、式(2)中规定的温度也做相应改动。

　　在检定局浸式高精密温度计时,应将辅助温度计与被检温度计捆绑在一起,使辅助温度计感温泡与被检温度计充分接触,将辅助温度计感温泡底部置于被检温度计露出液柱的下部 1/4 处,测量被检温度计露出液柱的平均温度,并按表 4－15 中的式(1)对温度计示值偏差进行修正。

　　在检定局浸式普通温度计时,环境温度计应为 25 ℃。如果环境温度不符合规定,应按表 4－15 中的式(2)对温度计示值偏差进行修正。

　　在检定局浸式温度计时,温度计应远离运转的空调、风扇等,应使用冷光源照明读数,保证环境温度稳定、均匀。

　　⑤线性度的检定

　　首次检定的玻璃液体温度计要对相邻两检定点间的任意有刻度值的一个温度点进行抽

检。高精密温度计被抽检点的实际示值误差与使用两相邻检定点示值误差内插计算出的示值误差之差,应不大于相应分度值;普通温度计被抽检点的实际示值误差应不大于相应最大允许误差的要求。

（4）检定设备

检定工作用玻璃液体温度计的标准器与配套设备见表4-16和表4-17。

表4-16 检定普通温度计的标准器与配套设备

序号	设备名称	技术性能				用途
1	标准水银温度计	测温范围：-60 ℃～300 ℃				标准器
2	二等标准铂电阻温度计及配套电测设备	1）二等标准铂电阻温度计测温范围-100 ℃～0 ℃、0 ℃～419.527 ℃或者0 ℃～660.323 ℃； 2）电测设备最小分辨力相当于0.001 ℃,引用修正值后的相对误差应不大于$3×10^{-5}$； 3）也可使用扩展不确定度不大于被检温度计最大允许误差三分之一的其他设备				标准器
3	恒温槽	温度范围 ℃	温度均匀性/℃		温度波动性 ℃·(10 min)$^{-1}$	热源
			工作区域 水平温差	工作区域 最大温差		
		-100～-30	0.05	0.10	0.10	
		>-30～100	0.02	0.04	0.04	
		>100～+300	0.04	0.08	0.10	
		>300～600	0.10	0.20	0.20	
4	水三相点瓶及保温设备	—				测量水三相点值或零位
5	冰点器	—				测量零位
6	读数装置	放大倍数5倍以上,可调水平				温度计读数
7	钢直尺	—				测量间距

表4-17 检定高精密温度计的标准器和配套设备

序号	设备名称	技术性能				用途
1	二等标准铂电阻温度计及配套电测设备	1）二等标准铂电阻温度计测温范围0 ℃～419.527 ℃； 2）电测设备最小分辨力相当于0.001 ℃,引用修正值后的相对误差应不大于$3×10^{-5}$； 3）也可使用扩展不确定度不大于被检温度计示值允许误差三分之一的其他设备				标准器
2	恒温槽	温度范围 ℃	温度均匀性/℃		温度波动性 ℃·(10 min)$^{-1}$	热源
			工作区域 水平温差	工作区域 最大温差		
		0～100	0.005	0.01	0.01	
		>100～150	0.01	0.02	0.02	

表 4-17（续）

序号	设备名称	技术性能	用途
3	水三相点瓶及保温设备	—	测量水三相点值或零位
4	辅助温度计	测量范围：0 ℃～50 ℃；分度值：1 ℃；感温液体：水银； 尺寸：$A=150$ mm，$B=10$ mm～15 mm，$C=6.0$ mm～65 mm， $D=C$； 辅助温度计检定要求： 浸没方式：全浸；检定点：0 ℃，25 ℃，50 ℃； 最大允许误差：±1 ℃	用于测量露出液柱温度
5	读数望远镜或其他读数装置	放大倍数 5 倍以上，可调水平	读数装置
6	钢直尺	—	测量间距

注：

1. 恒温槽内工作区域是指标准温度计和被检温度计的感温泡所能触及的最大范围。

2. 最大温差是指不同深度任意两点温度间的最大差值。

（5）数据计算

①数据处理方法见表 4-18。

表 4-18　数据处理方法

项目	以标准铂电阻温度计作标准	以标准水银温度计作标准
实际温度偏差	$\delta_{ts}^* = t_s^* - t$	$\delta_{ts}^* = \bar{\delta}_{ts} + \Delta_{ts}$
被检温度计修正值	全浸温度计：$x = \delta_{ts}^* - \bar{\delta}_t$；局浸温度计：$x = \delta_{ts}^* - \delta_t$	

式中：δ_{ts}^*——实际温度值与被检定点标称温度值的偏差，℃；

　　　t_s^*——实际温度值，℃（依据标准铂电阻温度计检定规程计算实际温度，应使用新测得的水三相点值）；

　　　t——被检点标称温度值，℃；

　　　$\bar{\delta}_{ts}$——标准水银温度计示值偏差平均值，℃；

　　　Δ_{ts}——标准水银温度计的示值修正值，℃；

　　　x——被检温度计修正值，应修约到分度值的 1/10 位，℃。

②计算实例

a）用 0 ℃～50 ℃的标准水银温度计检定分度值为 0.1 ℃的 0 ℃～50 ℃的工作用玻璃液体温度计，标准水银温度计在 30 ℃时读数为 29.93 ℃，被检温度计读数为 30.03 ℃，标准水银温度计证书上 30 ℃的修正值是－0.02 ℃，求被检温度计在 30 ℃时的修正值。

$$x = t_s + \Delta t_s - t$$
$$= 29.93 ℃ + (-0.02)℃ - 30.03 ℃$$
$$= -0.12 ℃$$

被检温度计在 30 ℃时的修正值为－0.12 ℃。

b）有一支 45 ℃～50 ℃，分度值为 0.02 ℃的被检全浸式高精密玻璃水银温度计，需检定 50 ℃的温度修正值，温度计浸入恒温槽的刻度为 45 ℃处，由标准铂电阻温度计测得并计算恒温槽的实际温度为 49.986 ℃,被检温度计的读数为 49.934 ℃,用辅助温度计测得露出液柱平均温度为 30.5 ℃,求露出液柱修正和被检温度计的修正值。

$$\Delta t_1 = kn(t'-t_1)$$
$$= 0.000\ 16\ ℃^{-1} \times (50\ ℃ - 45\ ℃) \times (49.934\ ℃ - 30.5\ ℃)$$
$$= 0.016\ ℃$$

温度计修正值 = 实际槽温偏差 - (被检温度计示值偏差 + Δt_1)
$$= -0.014\ ℃ - (-0.066\ ℃ + 0.016\ ℃)$$
$$= 0.036\ ℃$$

c) 有一支 39 ℃～41 ℃分度值为 0.02 ℃的局浸式高精密玻璃水银温度计,检定时环境温度(露出液柱平均温度)为 29.6 ℃,由标准铂电阻温度计测得并计算恒温槽的实际温度为 39.980 ℃,被检温度计的读数为 39.994 ℃,求露出液柱修正和被检温度计的修正值。

$$\Delta t_2 = kn(25 - t_1)$$
$$= 0.000\ 16\ ℃^{-1} \times 41\ ℃ \times (25\ ℃ - 29.6\ ℃)$$
$$= -0.030\ ℃$$

温度计修正值 = 实际槽温偏差 - (被检温度计示值偏差 + Δt_1)
$$= -0.020\ ℃ - (-0.006\ ℃ - 0.030\ ℃)$$
$$= 0.016\ ℃$$

（6）检定结果处理

检定合格的工作用玻璃液体温度计应发给检定证书;检定不合格的工作用玻璃液体温度计发给检定结果通知书,并注明不合格项。工作用玻璃液体温度计的检定周期应根据使用情况确定,一般不超过 1 年。

4. 玻璃温度计的误差来源

标准水银温度计和标准体温计的误差来源见第四章第一节。

5. 工作用玻璃液体温度计在使用时的注意事项

由于工作用玻璃液体温度计的测量上限受玻璃的机械强度、软化变形及工作液体沸点的限制,所以在使用时,被测量温度不应超过温度计的上限值。

工作用玻璃液体温度计应按规定的插入深度使用,如遇特殊情况无法按规定使用,则应进行修正,以减少测量误差。

发现工作用玻璃液体温度计的液柱断节应修复后经检定合格后再使用。

测量过高或过低温度时,应将玻璃温度计预热或预冷,以免温度计爆裂。

工作用玻璃液体温度计插入被测介质中,要稳定一段时间后再读数,读数时不要改变玻璃温度计的插入深度。

读数时,为了消除视差,视线应与温度计标度垂直,并用放大镜进行读数。

6. 冰点(0 ℃)的制作和使用方法

将蒸馏水冰破碎成雪花状,放入冰点槽内(一般可选择具有足够深度的广口保温容器),注入适量的蒸馏水,用干净的金属棒或玻璃棒搅拌,再加入雪花状的碎冰,注入适量的蒸馏水,并进行搅拌,如此反复操作,直至冰面与水面接近,将冰面压紧,稳定 10 min 后即可使用。

玻璃温度计插入冰点槽应不接触底部,温度计感温泡与冰点槽底部至少保持 5 cm 以上的距离。实际温度需要用标准温度计进行修正。

根据环境温度,适时倒出冰点槽内部分融化的水,并及时加入适量的碎冰。稳定 10 min 左右,方可继续使用。

7. 温度计感温液柱修复方法

（1）热接法

将温度计放在热水中或酒精灯附近加热,一直到整体感温液柱与分离部分连接为止。如有气泡存在,需要在安全泡内连接。

（2）冷接法

对测量温度较高的温度计应放入低温环境中,使感温液体收缩,并轻轻弹动温度计,使分离部分在感温泡内与整体连接。

（3）振动法

在工作台上放置橡胶垫等比较有弹性的物品,将温度计沿垂直方向轻轻振动感温泡,使整体感温液柱与分离部分逐渐连接。

(三)电接点玻璃水银温度计

电接点玻璃水银温度计是一种带简单位式控制的控温仪器,它使用方便,价格便宜,广泛用于控温要求不高的场合。

1. 电接点玻璃水银温度计的工作原理

电接点玻璃水银温度计是利用在透明玻璃感温泡和毛细管内的水银随被测温度的变化而热胀冷缩的作用来测量温度的,在温度计内设有两个接点,一个在感温水银柱的上端面,另一个在标度板的任意设定位置。当温度发生变化使感温水银柱上升或下降,导致两个接点接通或断开,通过配套控制装置可以对电器设备进行控制。

2. 电接点玻璃水银温度计的分类

电接点玻璃水银温度计按结构可分为可调式(见图 4－7)和固定式(见图 4－8)。

3. 电接点玻璃水银温度计的检定

电接点玻璃水银温度计的检定执行 JJG 131—2004《电接点玻璃水银温度计》,采用与标准水银温度计比较法进行。

（1）电接点玻璃水银温度计的技术指标

a）感温液和感温液柱、玻璃套管、感温泡、毛细管、标度和标志与内标式工作用玻璃液体温度计相同。

b）调节装置:可调式电接点温度计的指示螺母应在调节磁钢转动时均匀地沿调节螺杆移动,不得停滞或松动。调节磁钢应能可靠固定。金属零件应光洁无锈。盖、接线底座、上体套管之间的固定应牢固、端正。

温度计指示螺母上缘和接点(钨丝)端部分别在上下标度板上的位置应处于相同的示值上,相差不应大于一个分度值。

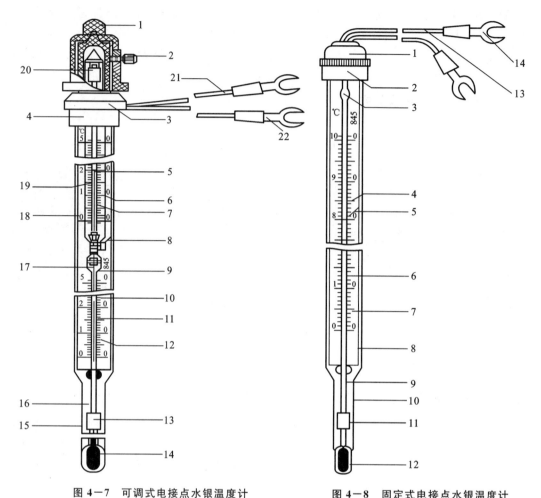

图 4-7　可调式电接点水银温度计

1—调节磁钢；2—磁钢固定螺钉；3—盖；

4—接线底座；5—指示螺母；6—设定标度；

7—调节螺杆；8—接点引出线；9—钨丝；

10—指示标度；11—测量毛细管；12—标度板；

13—毛细管固定塞；14—感温泡；15—下体套管；

16—毛细管；17—安全泡；18—上体套管；19—扁管；

20—扁铁；21—信号线；22—接线端子

图 4-8　固定式电接点水银温度计

1—盖；2—接线底座；3—安全泡；

4—标度线；5—接点引出线；6—测量毛细管；

7—标度板；8—上体套管；9—毛细管；

10—下体套管；11—毛细管固定塞；

12—感温泡；13—信号线；14—接线端子

温度计的接点与引出线之间的连接应可靠。在接点导通时，温度计两个接线端子之间的电阻值应不超过 20 Ω。

c）示值稳定性：温度计经稳定性试验后，其零点位置的上升值应不超过分度值的 1/2。无零点辅标的温度计可以测定上限温度示值。

d）示值误差：温度计的示值允许误差限由温度计的测量范围和分度值确定。可调式电接点温度计的示值误差见表 4-19，固定式电接点温度计的示值误差见表 4-20，当温度计的量程跨越几个温度范围时，则取其中范围最大的示值允许误差。

表 4－19　可调式电接点温度计的示值误差　　　　　　　　　　℃

温度计上限或下限所在温度范围	分度值					
	0.1	0.2	0.5	1	2	5
−30～100	±0.3	±0.5	±1.0	±1.5	—	—
>100～200	—	—	±1.5	±2.0	±3.0	—
>200～300	—	—	—	—	±3.0	±7.5

表 4－20　固定式电接点温度计的示值误差　　　　　　　　　　℃

温度计上限或下限所在温度范围	单接点	多接点
−30～0	±2	±3
>0～100	±1	±2
>100～200	±2	±3
>200～300	±3	±5

　　e) 动作误差:电接点温度计接通和断开时实际温度值(由标准水银温度计确定)与温度计接点温度示值的最大差值,应不超过温度计的示值允许误差限。

　　f) 不灵敏区:电接点温度计接通时的实际温度(由标准水银温度计确定)与断开时的实际温度的差值,首次检定的温度计应不超过示值允许误差限的 1/10,后续检定的温度计应不超过示值允许误差限的 1/5。

　　(2) 检定项目

　　首次检定的电接点温度计检定外观、示值稳定性、示值误差、动作误差和不灵敏区。后续检定的电接点温度计检定外观、示值误差、动作误差和不灵敏区。

　　(3) 检定方法

　　a) 外观检查:首次检定的电接点温度计以目力、放大镜、钢直尺、玻璃偏光应力仪检查电接点温度计的玻璃、标志和刻度线。后续检定的电接点温度计应着重检查电接点温度计感温泡和其他部分有无损坏和裂痕。感温液柱若有断节、气泡或在管壁上留有液滴等现象,能修复则应修复后才能检定,不能修复则作外观不合格处理。

　　b) 示值稳定性检定:将电接点温度计在上限温度保持 15 min,取出自然冷却至室温,测定第一次零点位置。再将温度计在上限温度保持 48 h,取出自然冷却至室温,测定第二次零点位置。第二次零点位置减去第一次零点位置即为零点上升值,零点上升值应不超过分度值的 1/2。无零点指示的温度计按上述方法可直接测定其上限温度的示值,前后两次检定结果之差(上升值)应不超过分度值的 1/2。

　　c) 示值误差检定:电接点温度计的检定点间隔规定见表 4－21。当按表 4－20 规定所选择电接点温度计的检定点少于三个时,则应对下限、上限和中间任意点进行检定。后续检定的电接点温度计也可根据用户的要求进行校准或测试。

表4－21　温度计检定间隔　　　　　　　　　　　　　　　　　　℃

分度值	检定点间隔
0.1	10
0.2	20
0.5	50
1、2、5	100

将标准温度计和被检电接点温度计垂直插入恒温槽中。恒温槽恒定温度偏离规定的检定温度应不超过 0.20 ℃（以标准温度计为准）。温度计在恒定的恒温槽中要稳定 15 min 后方可读数。视线应与温度计垂直，读取温度计弯月面的最高点，读数要估计到分度值的1/10。

分度值为 0.1 ℃ 和 0.2 ℃ 的电接点温度计读数 4 次，其他分度值的可读数 2 次。读数顺序为标准→被检 1→被检 2→…→被检 n，然后再按相反顺序回到标准。标准水银温度计在每次使用完后，应测定其零点位置。当发现所测定的零点位置发生变化时，则应用表 4－15 中的公式计算其各点新的修正值：

新的修正值＝原证书修正值＋（原证书中上限温度检定后的零点位置－

新测得的上限温度检定后的零点位置）

电接点温度计在检定时露出液柱环境温度规定为 25 ℃，在特殊条件下检定应对电接点温度计示值按表 4－15 中的公式进行修正。

$$\Delta t = kn(25 - t)$$

式中：Δt——露出液柱的温度修正值，℃；

k——水银的视膨胀系数，0.000 16 ℃$^{-1}$；

n——露出液柱长度在温度计上相对应的温度数值修约到整度数，℃；

t——露出液柱平均温度（辅助温度计放在露出液柱的下 1/4 位置上，并和被检温度计贴紧），℃。

d）动作误差与不灵敏区的检定

可调式电接点温度计应在标度范围内任意两点上进行此项检定，固定式电接点温度计应在所有工作接点上进行。将标准温度计和被检电接点温度计插入恒温槽中，引出线连接到动作指示装置上。使恒温槽温度缓慢上升，在动作指示装置接通的同时，读取标准温度计的示值，即为接通时的动作温度。然后使恒温槽温度缓慢下降，在动作指示装置断开的同时，读取标准温度计的示值，即为断开时的动作温度。如此反复 4 次（分度值为 0.5 ℃、1 ℃、2 ℃、5 ℃ 的温度计可反复 2 次），记录下每次接通或断开时温度计的示值。恒温槽升降温速度不大于 0.01 ℃/min（0.1 ℃ 和 0.2 ℃ 分度值的温度计）和 0.5 ℃/min（分度值为 0.5 ℃、1 ℃、2 ℃、5 ℃ 的温度计）。

4 次（或 2 次）接通和断开的动作温度与标度板上接点温度的最大差值（动作误差）应不超过温度计的示值允许误差限。

4 次（或 2 次）接通和断开的动作温度的差值（不灵敏区）首次检定的温度计应不超过示值允许误差限的 1/10，后续检定的温度计应不超过示值允许误差限的 1/5。

e）连接电阻的检定

将温度计的接线端子与直流欧姆表两测试端连接，并使接点接通，然后将电接点温度计前、后、左、右摇动，所测量最大电阻应不超过 20 Ω。

（4）数据计算

电接点温度计的示值误差 x 的计算见式（4—15）：

$$x = (t_s + \Delta t_s) - (t + \Delta t) \tag{4—15}$$

式中：x——被检温度计的修正值，℃；

$\quad t_s$——标准温度计的读数平均值，℃；

$\quad \Delta t_s$——标准温度计的修正值，℃；

$\quad t$——被检温度计的读数平均值，℃；

$\quad \Delta t$——露出液柱的温度修正值，℃，由表 4—15 中的公式确定。

（5）检定结果处理

经检定合格的电接点温度计发给检定证书，检定不合格的温度计发给检定结果通知书，并注明不合格项目，如按用户要求对温度计某些温度点进行校准或测试，应发给校准证书或测试报告。电接点玻璃水银温度计的检定周期一般不超过一年。

（6）检定用标准器和设备

检定用标准器和设备见表 4—22。

表 4—22　标准器与配套设备

序号	设备名称	技术性能				用途
1	标准水银温度计	测量范围－30 ℃～300 ℃				标准器
2	恒温槽或恒温装置	温度范围 ℃	工作区域水平温差/℃	工作区域最大温差/℃	温度稳定性 ℃/(10 min)	温源
		－30～100	0.02	0.04	0.05	
		＞100～300	0.04	0.08		
3	冰点器	—				测量零点
4	读数望远镜	—				读数装置
5	玻璃偏光应力仪	—				玻璃应力检查
6	钢直尺	—				测量间距
7	直流欧姆表	示值允许误差限：±1 Ω				测量接触电阻

注：

1.恒温槽内工作区域是指标准温度计和被检温度计的感温泡所能触及的最大范围；

2.最大温差是指不同深度任意两点间温差的最大值。

（四）玻璃体温计

玻璃体温计是一种具有最高留点结构的测量人和动物体温的医用温度计。

1. 常用术语

①自流：玻璃体温计感温液柱在留点结构以上部分自行向感温泡方向退缩的现象。

②难甩：玻璃体温计在一定的外力作用下，感温液柱难以从最低温度标度线以上回缩到最低温度标度线以下的现象。

2. 玻璃体温计的工作原理

玻璃体温计是利用水银或其他金属液体在感温泡与毛细孔（管）内热膨胀作用来测量温

度的,同时在感温泡与毛细孔(管)连接处的特殊(缩喉)结构能在体温计冷却时阻碍感温液柱下降,保持所测体温值。

3. 玻璃体温计的分类

玻璃体温计按用途可分为普通人体用、新生儿用和兽用。按结构可分为内标式体温计、三角型棒式体温计、元宝型棒式体温计。按测量部位可分为口腔式体温计、肛门式体温计和腋下式体温计。

4. 玻璃体温计的结构

玻璃体温计的结构见图4—9和4—10。

玻璃体温计的毛细管为三棱形,目的在于将水银柱放大,便于观察。体温计缩喉结构(见图4—11)是在温度计感温泡上端10 mm处毛细管的内径扩大,并使内径扩大处一面的玻璃向内压入直至对面之壁,水银的通道在此处形成两条细小狭缝,水银柱在此处通过时有相当的阻力。当感温泡受热后,水银膨胀挤过狭缝,温度下降时感温泡内的水银收缩,但狭缝处的水银柱因表面张力的作用而断开,狭缝上部的水银柱仍停留在原来的位置,水银柱上端所指示的温度即原来的最高温度。如手握体温计上端用力甩动,可使水银通过狭缝回到感温泡内。

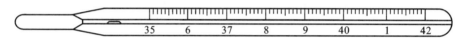

图4—9　棒式体温计

图4—10　内标式体温计

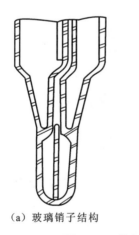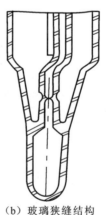

（a）玻璃销子结构　　　　　（b）玻璃狭缝结构

图4—11　体温计缩喉结构

5. 玻璃体温计的检定

玻璃体温计的检定执行JJG 111—2019《玻璃体温计》。玻璃体温计的检定采用比较法。

(1)玻璃体温计的技术指标

a)标度和标志

玻璃体温计的标度线、标度值和标志应清晰,不应有脱色、污迹和其他影响读数的现象。

玻璃体温计的标度线应正直并垂直于毛细孔(管)。正面观察玻璃体温计时,主要标度线应与毛细孔(管)相交。

玻璃体温计的分度值为 0.1 ℃。标度线应分布均匀。两相邻标度线中心的距离不应小于 0.55 mm,新生儿用体温计两相邻标度线中心的距离不应小于 0.50 mm。

普通人体用体温计必须标有"37"和"40",新生儿用体温计必须标有"30""37"和"40",兽用体温计必须标有"38",其余标度值可只用个位数。

玻璃体温计应具有制造厂名或商标,表示国际温标摄氏度的符号"℃",制造年代(以两位数或四位数表示)和强检标志。

b)玻璃棒和玻璃套管

玻璃体温计用的玻璃棒和玻璃套管与工作用玻璃液体温度计相同。

c)感温泡和感温液

玻璃体温计的感温泡和感温液与工作用玻璃液体温度计相同。

d)玻璃体温计的顶端

玻璃体温计的顶端应光滑,防止使用时损伤身体。

e)感温液柱不应有中断、自流、难甩等现象。

f)示值误差

玻璃体温计的示值允许误差限:−0.15 ℃,+0.10 ℃;新生儿棒式体温计的示值允许误差限:±0.15 ℃。

(2)检定项目

玻璃体温计的首次检定项目有标度和标志、玻璃、内标式体温计标度板、体温计顶端、感温泡、感温液、感温液柱中断检查、感温液柱自流检查、感温液柱难甩检查和示值。使用中检查的项目有示值。

(3)检定方法

a)外观检查:以目力、读数显微镜观察检查玻璃体温计的玻璃棒、玻璃管,玻璃体温计的顶端,内标式体温计的标度板,玻璃体温计的感温液和感温泡,玻璃体温计的中断。

b)感温液柱自流的检查

使体温计的感温液柱低于表 4—23 的浸泡温度和要求,将体温计浸泡在恒温水槽中,恒温约 3 min 后,使槽温在 2 min 内均匀下降 1 ℃,取出体温计进行读数。体温计的感温液柱应不低于表 4—23 中规定的检查温度标度线。

表 4—23　感温液检查柱自流的浸泡温度和检查温度　　　　　　　　℃

体温计类型	浸泡温度	检查温度
普通人体用体温计	42.5	42.0
新生儿用体温计	40.5	40.0
兽用体温计	43.5	43.0

c）感温液柱难甩的检查

检查时环境温度不应高于30 ℃,玻璃体温计感温液柱的位置不应低于42 ℃标度线,将玻璃体温计感温泡向外放在离心机中顺甩,离心加速度按表4—24要求。取出玻璃体温计观察感温液柱,应低于35.5标度线（新生儿棒式体温计应低于30.5 ℃标度线）。

表4—24 体温计感温液柱难甩试验离心加速度 m/s²

体温计类型		离心加速度
棒式	人用	430
	兽用	430
内标式	人用	450

d）示值误差检定

检定时的环境温度应在15 ℃~30 ℃,使玻璃体温计的液柱低于检定温度。玻璃体温计的检定温度点见表4—25,必要时也可抽检其他温度点。

表4—25 体温计检定温度点

体温计类型	检定温度
普通人体用体温计	37 ℃,41 ℃
新生儿用体温计	35 ℃,39 ℃
兽用体温计	38 ℃,42 ℃

标准体温计应全浸使用,被检玻璃体温计浸入深度不小于60 mm。恒温槽实际温度偏离检定点不超过0.1 ℃。将被检玻璃体温计放入温度已恒定的恒温槽中,约3 min后将其取出水平放置,1 min后进行读数。用与标准体温计比对的方法进行检查,结果应符合玻璃体温计的示值允许误差限:－0.15 ℃,＋0.10 ℃;新生儿用体温计的示值允许误差限:±0.15 ℃的要求。在每次检定结束后,应立即测定标准体温计的零位。

（4）数据计算

玻璃体温计示值误差按式（4—16）计算:

$$y = t - (T + A - Z) \qquad (4-16)$$

式中:y——玻璃体温计的示值误差,℃;

t——玻璃体温计的示值,℃;

T——标准体温计的示值,℃;

A——标准体温计的修正值,℃;

Z——标准体温计的零位,℃。

（5）检定结果处理

经检定合格的玻璃体温计发给检定证书或加盖检定合格印记;不合格的玻璃体温计发给检定结果通知书,并注明不合格项目。

（6）检定用标准器和设备

检定玻璃体温计用标准器和设备见表4—26。

表 4-26　标准器与设备

序号	设备名称	技术要求	用途
1	标准体温计	1.测量范围:35.0 ℃~45.0 ℃; 2.满足 JJG 881 的要求	标准器
2	标准铂电阻温度计及配套电测设备	1.测量范围:35.0 ℃~45.0 ℃; 2.标准铂电阻符合二等或以上标准; 3.电测仪表准确度等级不低于 0.02 级,分辨力不低于 0.1 mΩ	标准器
3	恒温槽	1.控温范围应覆盖 30.0 ℃~45.0 ℃; 2.工作区域最大温差不超过 0.01 ℃; 3.温度波动性不超过 0.01 ℃/10 min; 4.降温速率可控制在 1 ℃/2 min	恒温设备
4	水三相点瓶	复现性不大于 1 mK	测量标准器零位
5	读数望远镜	放大倍数 5 倍以上,可调水平	读取标准体温计的示值
6	放大镜	放大倍数 5 倍以上	读取体温计的示值
7	读数显微镜	1.分度值 0.01 mm; 2.最大允许误差±0.01 mm	读取两相邻标度线中心距离
8	离心机	工作范围为 430 m/s²~450 m/s²	使感温液退缩到感温泡内

离心机转数按式(4-17)计算:

$$n = 95.5\sqrt{\frac{\alpha \times 10}{R}} \qquad (4-17)$$

式中:n——离心机转速,r/min;

　　　α——离心机加速度,m/s²;

　　　R——离心机半径,体温计中点至离心机转轴中心线垂直距离,mm。

二、双金属温度计

双金属温度计是一种固体膨胀式温度计,它结构简单,坚固耐振,价格便宜,读数方便。如在温度计上安装特殊的接点装置还可以起到控制温度的作用。双金属温度计广泛应用于化工、石化、医药、船舶、食品、轻工、纺织等行业的现场测温,它的测温范围为-80 ℃~500 ℃。

(一) 常用术语

(1)可调角双金属温度计:可以调整指示装置与检测元件轴线之间角度 0°~90°的双金属温度计。

(2)电接点双金属温度计:一种带缓行开关式电气接触装置的双金属温度计。

(二) 双金属温度计的原理

双金属温度计是利用两种不同线膨胀系数的金属片叠焊在一起作为测温元件,当温度变化时,由于两种金属的膨胀系数不同而使金属片弯曲,利用弯曲程度与温度高低成比例的性质来测量温度。

（三）双金属温度计的分类

（1）双金属温度计按功能分为指示型和带电接点型；

（2）双金属温度计按使用条件分为普通型、防爆型、防喷水型和船用型；

（3）双金属温度计按指示装置与检测元件的连接位置分为角型（轴向型）、直型（径向型）、钝角型（见图4—12）和可调角型；

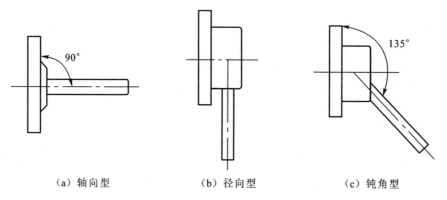

（a）轴向型 （b）径向型 （c）钝角型

图4—12 双金属温度计型式图

（4）双金属温度计按接点装置的原理分为机械接点式、接近开关式和感应式；

（5）双金属温度计按指示装置结构分为无指示调整和带指示调整；

（6）双金属温度计按安装连接方式分为无固定装置、外螺纹接头、内螺纹管接头、固定外螺纹、可调管接头、固定法兰和可动法兰；

（7）双金属温度计按准确度等级分为1.0级、1.5级、2.0级、2.5级、4.0级。

双金属温度计的结构见图4—13。

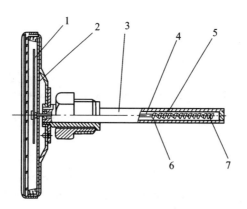

图4—13 双金属温度计结构图

1—指针；2—度盘；3—保护管；4—细轴；
5—感温元件；6—自由端；7—固定端

（四）双金属温度计检定

双金属温度计的检定依据的是JJG 226—2001《双金属温度计》，双金属温度计采用比较法检定。

1. 双金属温度计的技术指标

(1)外观

a)双金属温度计各部件装配要牢固,不得松动,不得有锈蚀,保护管应牢固、均匀和光洁。

b)双金属温度计表头所用的玻璃或其他透明材料应保持透明,不得有妨碍正确读数的缺陷和损伤。

c)双金属温度计度盘上的刻线、数字和其他标志应完整、清晰、正确。

d)双金属温度计指针应遮盖(伸入)最短分度线的 1/4～3/4。指针指示端宽度不应超过最短分度线的宽度。

e)双金属温度计的指针与度盘平面间的距离应不大于 5 mm,但也不应触及度盘。对于可调角双金属温度计,该项检查应在从轴向(或径向)位置到径向(轴向)位置的全过程中进行。

f)双金属温度计的度盘上应标有制造厂名(或商标)、型号、出厂编号、国际温标摄氏度的符号"℃"、准确度等级、制造年月。电接点温度计还应在度盘或外壳上标明接点额定功率、接点最高工作电压(交流或直流)、最大工作电流,接地端子"⏚"的标志。

(2)绝缘电阻

带电接点双金属温度计的绝缘电阻在环境温度为 15 ℃～35 ℃,相对湿度≤85% 条件下,输出端子与接地端子(或外壳)之间以及各输出端子之间的绝缘电阻应不小于表 4－27 的规定值。

表 4－27　试验电压与绝缘电阻

额定电压/V	直流试验电压/V	绝缘电阻/MΩ
24 DC	100	7
220 AC	500	20

(3)准确度等级和最大允许误差

双金属温度计的准确度等级和最大允许误差见表 4－28。

表 4－28　准确度等级和最大允许误差

准确度等级	最大允许误差/(%FS)
1.0	±1.0
1.5	±1.5
2.0	±2.0
2.5	±2.5
4.0	±4.0

(4)角度调整误差

可调角温度计因角度调整引起的示值变化应不超过其量程的 1.0%。

（5）回差

双金属温度计的回差应不大于最大允许误差的绝对值。

（6）重复性

双金属温度计的重复性应不大于最大允许误差绝对值的 1/2。

（7）设定点误差

电接点双金属温度计的设定点误差应不大于最大允许误差的 1.5 倍。

（8）切换差

电接点双金属温度计的切换差应不大于最大允许误差绝对值的 1.5 倍。

（9）切换重复性

电接点双金属温度计的切换重复性应不大于最大允许误差绝对值的 1/2。

（10）热稳定性

首次检定的双金属温度计在测量上限保持表 4－29 规定的时间后其示值误差仍应符合表 4－30 的规定。

表 4－29　热稳定性时间

测量上限/℃	保持时间/h
300	24
400	12
500	4

2. 双金属温度计的检定项目

首次检定的双金属温度计检定项目有外观、示值误差、角度调整误差、回差、重复性、热稳定性，带电接点双金属温度计还应检定设定点误差、切换差、切换重复性、绝缘电阻。

后续检定和使用中的检定项目有外观、示值误差、角度调整误差、回差，带电接点双金属温度计还应检定设定点误差、切换差、绝缘电阻。

3. 检定方法

（1）外观检查

以目力观察双金属温度计的外观。

（2）示值误差检定

a）检定点：首次检定的双金属温度计，检定点应均匀分布在整个测量范围上（包括测量上、下限），不得少于四点，有 0 ℃的温度计应包括 0 ℃点。后续检定使用中的双金属温度计，检定点应均匀分布在整个测量范围上（必须包括测量上、下限），不得少于三点，有 0 ℃的温度计应包括 0 ℃点。

b）双金属温度计的检定应在正、反两个行程上分别向上限或下限方向逐点进行，测量上下限时只进行单行程检定。在读取被检温度计示值时，视线应垂直于度盘。使用放大镜读数时，视线应通过放大镜中心。读数应估计到分度值的 1/10。

c）可调角温度计的示值检定应在其轴向位置上进行。

d）0 ℃点的检定：将被检双金属温度计的检测元件插入盛有冰、水混合物的冰点槽中，待示值稳定后，轻敲温度计外壳后，即可读数。

e) 其他各点的检定：将被检双金属温度计的检测元件与标准水银温度计同时插入恒温槽中，待示值稳定后进行读数。在读数时，槽温偏离检定点温度不得超过±2.0 ℃（以标准水银温度计为准），分别记下标准水银温度计和被检双金属温度计正、反行程的示值。在读数过程中，当槽温不超过 300 ℃时，其槽温变化不应大于 0.1 ℃，槽温超过 300 ℃时，其槽温变化不应大于 0.5 ℃。电接点温度计在进行示值检定时，应将设定指针分别置于上、下限以外的位置上。

（3）角度调整误差

角度调整误差的检定在室温下进行，可调角温度计从轴向（或径向）位置调整到径向（和轴向）位置的过程中所产生的双金属温度计的示值变化量应不超过其量程的 1.0%。

（4）回差

双金属温度计的回差检定与示值误差检定同时进行（检定点除上限值和下限值外），在同一检定点上正、反行程示值的差值应不大于最大允许误差的绝对值。

（5）重复性

双金属温度计在正、反行程示值检定中，在各检定点上分别重复进行多次（至少三次）示值检定，计算出各点同一行程之间的最大差值应不大于最大允许误差绝对值的 1/2。

（6）设定点误差

a) 首次检定的电接点双金属温度计，其设定点温度检定应在量程的 10%，50%，90% 的三个设定点上进行。在每个设定点上，以正、反行程为一个循环，检定至少应进行三个循环。

b) 将被测电接点双金属温度计接到信号电路中，然后缓慢改变恒温槽温度（温度变化应不大于 1 ℃/min）使接点产生闭合或断开的切换动作（信号电路接通或断开）。在切换动作瞬间，读取标准水银温度计的示值，如此进行三个循环。

c) 计算上切换值平均值和下切换值平均值的平均值作为切换中值。

d) 设定点误差是由切换中值与设定点温度值的差值来确定，应不大于最大允许误差的 1.5 倍。

e) 后续检定和使用中检验的电接点双金属温度计设定点误差可以在一个温度点进行，该温度点温度可根据用户要求而定。

f) 后续检定和使用中检验的电接点双金属温度计设定点误差检定时，允许只进行正、反行程一个循环试验，上切换值和下切换值的平均值作为切换中值，设定点误差是由切换中值与设定点温度值的差值来确定。若对检定结果产生疑义需仲裁时，可增加一个循环试验。计算上切换值平均值和下切换值平均值的平均值作为切换中值，并计算设定点误差，应不大于最大允许误差的 1.5 倍。

（7）切换差

a) 首次检定的双金属温度计，其切换差的检定与设定点误差的检定同时进行，在同一设定点上，上切换值平均值和下切换值平均值之差应不大于最大允许误差绝对值的 1.5 倍。

b) 后续检定和使用中检验的电接点双金属温度计，在其设定点上，上切换值和下切换值之差应不大于最大允许误差绝对值的 1.5 倍。

（8）切换重复性

双金属温度计首次检定时，分别计算出在同一设定点上所测得的上切换值之间的最大差值和下切换值之间的最大差值，取其中最大值作为切换重复性，应不大于最大允许误差绝对值的 1/2。

（9）热稳定性

对首次检定的双金属温度计经过示值检定后，将其插入恒温槽中，在上限温度（波动不大于±2 ℃）持续表 4—29 规定的时间后，取出冷却到室温，再做第二次示值检定。计算各点的示值误差，仍应符合表 4—28 规定。

（10）绝缘电阻

用额定直流电压为表 4—27 规定值的绝缘电阻表分别测量输出端子之间、输出端子与接点端子之间的绝缘电阻。

4. 数据计算

（1）用标准水银温度计作标准

恒温槽的实际温度＝标准水银温度计示值＋该标准水银温度计的修正值

被检温度计的示值误差＝被检温度计示值－恒温槽实际温度

（2）用标准铜-铜镍热电偶作标准

被检温度计的示值误差＝被检温度计示值－恒温槽实际温度 t'

恒温槽实际温度 t' 按式（4—18）计算：

$$t'=t+\Delta e/(de/dt)_t \qquad (4-18)$$

式中：　　t——检定点名义温度，℃；

$\Delta e=e_t'-e_t$——实测时测得的相应于温度 t' 时的热电动势（$e_t'/\mu V$）与按证书上给出的热电关系式计算的在检定点名义温度 t 时的热电动势（$e_t/\mu V$）之差，μV；

$(de/dt)_t$——检定点热电动势变化率，$\mu V/℃$。

在 0 ℃以下时：

$$(de/de)_t=a_1+2a_2t+3a_3t^2$$

式中：a_1,a_2,a_3——证书上给出的热电关系式的系数。

在 0 ℃以上时：

$$(de/dt)_t=b_1+2b_2t+3b_3t^2$$

式中：b_1,b_2,b_3——证书上给出的热电关系式的系数。

5. 计算实例

用标准铜-铜镍热电偶作标准对 -80 ℃～60 ℃、1.5 级的双金属温度计进行 -80 ℃温度点的检定，标准铜-铜镍热电偶和双金属温度计在恒温槽中的读数为 $e_{-80℃}'=-2\ 798\ \mu V$，双金属温度计为 -79.8 ℃，已知标准铜-铜镍热电偶的证书值：$a_1=38.996\ 3$，$a_2=4.872\ 211\ 6\times10^{-2}$，$a_3=-2.969\ 4\times10^{-5}$，计算被检双金属温度计在 -80 ℃时的示值误差。

解：$e_{-80℃}=a_1t+a_2t^2+a_3t^3$

$\qquad\qquad=38.996\ 3\times(-80)+4.872\ 216\times10^{-2}\times(-80)^2+(-2.969\ 4\times10^{-5})\times(-80)^3$

$\qquad\qquad=-2\ 792.7\ \mu V$

$\qquad\Delta e=e_{-80℃}'-e_{-80℃}=-2\ 798\ \mu V-(-2\ 792.7\ \mu V)=-5.3\ \mu V$

$\qquad\qquad(de/dt)_{-80℃}=a_1+2a_2t+3a_3t^2=30.6\ \mu V/℃$

恒温槽实际温度 $t'=t+\Delta e/(de/dt)_t=-80$ ℃$+(-5.3\ \mu V)/30.6\ \mu V\cdot℃^{-1}=-80.17$ ℃

被检温度计的示值误差＝被检温度计示值－恒温槽实际温度 t'

$$= -79.8\ ℃ - (-80.17\ ℃) ≈ 0.4\ ℃$$

被检双金属温度计 $-80\ ℃$ 的示值误差为 $0.4\ ℃$。

6. 检定结果处理

检定合格的双金属温度计发给检定证书；检定不合格的双金属温度计发给检定结果通知书，并注明不合格项目。双金属温度计的检定周期不超过一年。

7. 检定用标准器和设备

（1）标准器

根据双金属温度计的测量范围可分别选用标准水银温度计、标准铜-铜镍热电偶和二等标准铂电阻温度计。

（2）配套设备

a）与标准铜-铜镍热电偶和二等标准铂电阻温度计配套使用 0.02 级低电势直流电位差计及配套设备，或同等准确度的其他电测设备；

b）检定双金属温度计用的恒温槽要求见表 4－30；

c）冰点槽；

d）读数望远镜或读数放大镜（5 倍～10 倍）；

e）100 V 或 500 V 的兆欧表。

表 4－30　恒温槽温场要求　　　　　　　　　　　℃

恒温槽名称	使用温度范围	工作区域最大温差	工作区域水平温差
酒精低温槽（1）	－80～室温	0.3	0.15
水恒温槽（2）	室温～95	0.1	0.05
油恒温槽（3）	95～300	0.2	0.1
高温槽	300～500	0.4	0.2

注：（1）、（2）、（3）也可选用技术性能相同的其他恒温槽。

8. 检定和使用双金属温度计的注意事项

①双金属温度计在检定或使用时插入被测介质的深度应大于敏感元件的长度，对于插入长度小于 300 mm 的双金属温度计，其插入深度应大于 70 mm，插入长度大于 300 mm 的双金属温度计，其插入深度应大于 100 mm。

②读取双金属温度计示值时用手指轻敲温度计外壳。

②双金属温度计在安装、维修、使用过程中，应避免使保护管弯曲变形。

三、压力式温度计

压力式温度计应用于工业设备中测温，它具有能远距离测温、使用方便简单、读数清晰等优点。根据充入介质的不同，其测温范围也不同，测温范围为 $-80\ ℃～600\ ℃$。

（一）常用术语

（1）气体压力式温度计：测温系统中充有气体（感温介质）的压力式温度计。

（2）蒸气压力式温度计：测温系统中部分充有蒸发液体（感温介质）的压力式温度计。

（3）液体充灌式温度计：测温系统中充有液体（感温介质）的膨胀式温度计。

（4）测温系统：由温包、毛细管（连接管）、弹簧管组成的内部充有感温介质的封闭系统。

（5）毛细管：测温系统中连接温包和毛细管的导管。

（6）温包：测温系统中感受被测介质温度的元件。

（二）压力式温度计的工作原理

压力式温度计是利用在一个密闭容积内工作介质的体积或压力随温度变化的性质来测量温度的。

（三）压力式温度计的分类

压力式温度计按填充工作物质不同分为气体压力式温度计、蒸气压力式温度计和液体充灌式温度计。压力式温度计的填充物见表4－31。

表4－31　压力式温度计的填充物

性能	测温物质		
	气体	饱和蒸气	液体
测温范围/℃	－80～600	－20～200	－40～200
时间常数/s	80	30	40
填充物	氮气	氯甲烷、氯乙烷、丙酮	二甲苯、水银、甲醇、甘油

压力式温度计按功能分为指示型压力式温度计和带电接点型压力式温度计，按是否有补偿机构分为普通型压力式温度计和带补偿环境温度影响的压力式温度计。

（四）压力式温度计的结构

1．结构组成

压力式温度计的测温系统由温包、毛细管和弹性元件组成（见图4－14），温包内充有工作介质。在测量温度时，将温包插入被测介质中。当温度变化时，温包内工作介质的体积或压力发生变化，经毛细管将此变化传递给弹性元件（弹簧管），弹性元件变形，自由端产生位移，通过传动机构，带动指针在度盘上指示出温度值。

压力式温度计的温包是直接感受温度的敏感元件，它关系到仪表的灵敏度。温包材料的导热系数、温包表面积与其体积之比、温包的壁厚以及毛细管的内径和长度都与压力式温度计的灵敏度有关。所以，要求温包的热惰性要小，如温包的材料导热系数越大，温包表面积与其体积之比越大，温包壁越薄（在强度允许条件下），则压力式温度计的灵敏度越高，反之则灵敏度越低。

压力式温度计的毛细管是传递压力的中间环节，

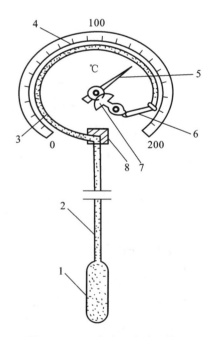

图4－14　压力式温度计结构图
1—温包；2—毛细管；3—弹簧管；4—标尺；
5—指针；6—杠杆；7—齿轮；8—接头

它的直径越小,长度越大,传递压力的滞后现象越严重。反之,如毛细管的直径越大,长度越小,则能测量温度的最大距离也就越小,所以毛细管的直径太细或太粗,对测量温度都不利。一般毛细管的直径为 0.15 mm~0.5 mm,长度为 20 m~60 m。

2. 温度补偿机构

在使用中,压力式温度计的毛细管和弹簧管受环境温度影响,会使温度计示值发生变化。为了减少误差,可在仪表内增加补偿机构,用以补偿环境温度对仪表的影响。常用的补偿机构有以下两种。

(1)金属片环境温度补偿机构

利用双金属片受温度变化时,由于两种金属的线膨胀系数不同而使金属片弯曲,利用弯曲程度与温度高低成比例的性质来补偿温度。图 4-15 是双金属片温度补偿机构的示意图。图中 1 为温包,2 为毛细管,在弹簧管 3 的自由端与指针 5 之间插入双金属片 4。当环境温度升高时,弹簧管自由端上移,并带动指针 5 逆时针偏转一个角度 $\Delta\theta_1$。同时双金属片也感受了同样的环境温度变化而变形,并拖动指针顺时针转动一个角度 $\Delta\theta_2$。只要双金属片设计正确,能使 $\Delta\theta_1=\Delta\theta_2$,就可以起到温度补偿的作用。

从补偿原理可知,这种补偿机构只能补偿弹簧管的温度附加误差,只有在毛细管很短或毛细管虽长但其所处的温度与弹簧管相同时,才能得到较好的补偿效果。

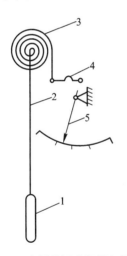

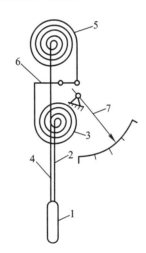

图 4-15 双金属片温度补偿机构示意图   图 4-16 附加弹簧管和毛细管示意图

(2)附加弹簧管和毛细管温度补偿机构

图 4-16 是附加弹簧管和毛细管温度补偿机构的示意图,图中 7 为指针,2 是主毛细管,3 是主弹簧管,它们与温包 1 构成压力式温度计的主体。4 是附加毛细管,5 是附加弹簧管。4、5 单独形成一个密闭容器,其内部填充的介质必须与主体一样。在结构上把 4、5 与 2、3 并置在一起,并通过杠杆 6 连接起来。其补偿原理是当环境温度变化时,由于两套机构感受同样的温度变化,但因弹簧管 3 与弹簧管 5 是相反连接,故对指针位移的影响相互抵消,从而起到温度补偿的目的。这种补偿机构比较复杂,但效果很好,它不仅可以补偿毛细管和弹簧管的温度误差,而且可以补偿大气压力变化造成的误差。

（五）压力式温度计检定

压力式温度计的检定执行 JJG 310—2002《压力式温度计》。

1. 压力式温度计的技术要求

（1）外观

a）压力式温度计各部件装配要牢固，不得松动，不得有锈蚀，保护管应牢固、均匀和光洁。

b）压力式温度计表头所用的玻璃或其他透明材料应保持透明，不得有妨碍正确读数的缺陷和损伤。

c）压力式温度计度盘上的刻线、数字和其他标志应完整、清晰、正确。

d）压力式温度计指针应遮盖（伸入）最短分度线的 1/4～3/4。指针指示端宽度不应超过最短分度线的宽度。

e）压力式温度计的指针与度盘平面间的距离应在 1 mm～3 mm 的范围之内。

f）压力式温度计的度盘上应标有制造厂名（或商标）、型号、出厂编号、国际温标摄氏度的符号"℃"、准确度等级、制造年月。电接点温度计还应在度盘或外壳上标明接点额定功率、接点最高工作电压（交流或直流）、最大工作电流，接地端子"⊥"的标志。

g）压力式温度计应有加盖封印位置。

h）指针移动平稳性是指压力式温度计在检定过程中指针应平稳移动，不得有明显跳动和停滞现象（蒸气压力式温度计在跨越室温部分允许指针有轻微的跳动）。

（2）绝缘电阻

带电接点压力式温度计的绝缘电阻在环境温度为 15 ℃～35 ℃，相对湿度 45％～75％条件下，电接点压力式温度计的输出端子与接地端子（或外壳）之间以及各输出端子之间的绝缘电阻应不小于 20 MΩ。

（3）示值误差

压力式温度计的最大允许误差与准确度等级应符合表 4－32 的规定。

表 4－32　准确度等级与允许误差

准确度等级	最大允许误差/（％FS）
1.0	±1.0
1.5	±1.5
2.5	±2.5
5.0	±5.0

注：蒸气压力式温度计的准确度是指测量范围后 2/3 部分。

（4）回差

压力式温度计的回差应不大于示值最大允许误差的绝对值。

（5）重复性

压力式温度计的重复性应不大于示值最大允许误差绝对值的 1/2。

（6）设定点误差

电接点压力式温度计的设定点误差应不大于示值最大允许误差的 1.5 倍。

（7）切换差

电接点压力式温度计的切换差应不大于示值最大允许误差绝对值的 1.5 倍。

（8）报警设定点误差

完全补偿式液体电接点压力式温度计，其报警设定点误差应不超过示值最大允许误差的 1.5 倍。

2. 压力式温度计的检定项目

首次检定的压力式温度计检定项目有外观、示值误差、回差、重复性，带电接点压力式温度计还应检定设定点误差、切换差、绝缘电阻。

后续检定和使用中的检定项目有外观、示值误差、回差，带电接点压力式温度计还应检定设定点误差、切换差、绝缘电阻。

3. 检定方法

（1）外观检查

以目力观察压力式温度计的外观。

（2）示值误差检定

a）检定前应垂直安装压力式温度计的表头，表头与温包之间的高度差应不大于 1 m。

b）检定时温包必须全部浸没，延长管浸没不得小于管长的 1/3～2/3。

c）首次检定的压力式温度计，检定点应均匀分布在整个测量范围上（包括测量上、下限），不得少于四点，有 0 ℃的温度计应包括 0 ℃点。后续检定或使用中的压力式温度计，检定点应均匀分布在整个测量范围上（必须包括测量上、下限），不得少于三点，有 0 ℃的温度计应包括 0 ℃点。

d）压力式温度计的检定应在正、反两个行程上分别向上限或下限方向逐点进行，测量上、下限时只进行单行程检定。在读取被检温度计示值时，视线应垂直于度盘，使用放大镜读数时，视线应通过放大镜中心。读数应估计到分度值的 1/10。

e）0 ℃点的检定时，将温度计的温包插入盛有冰、水混合物的冰点槽中，待示值稳定后，轻敲温度计外壳后，即可读数。

f）其他各点的检定时，将被检压力式温度计的温包与标准水银温度计同时插入恒温槽中，待示值稳定后进行读数。在读数时，槽温偏离检定点温度不得超过±0.5 ℃（以标准温度计为准），分别记下标准温度计和被检温度计正、反行程的示值。在读数过程中，当槽温不超过 300 ℃时，其槽温变化不应大于 0.1 ℃。槽温超过 300 ℃以上时，其槽温变化不应大于 0.5 ℃。电接点温度计在进行示值检定时，应将设定指针分别置于上、下限以外的位置上。

（3）指针移动平稳性

在进行示值误差检定时，观察压力式温度计的指针移动，应平稳，不得有跳跃与停滞现象。

（4）回差

压力式温度计的回差检定与示值误差检定同时进行（检定点除上限值和下限值外），在同一检定点上正、反行程示值的差值应不大于最大允许误差的绝对值。

（5）重复性

压力式温度计在正、反行程示值检定中，在各检定点上分别重复进行多次（至少三次）示值检定，计算出各点同一行程之间的最大差值的绝对值应不大于最大允许误差绝对值的 1/2。

（6）设定点误差

a）首次检定的电接点压力式温度计设定点温度检定应在测量范围内（除测量上限和下限）至少 3 个设定点上进行，设定点应均匀分布在长标度线上。

b）后续检定和使用中检验的电接点压力式温度计设定点误差允许只在一个温度点进行，该温度点温度可根据用户要求而定。

c）将被测电接点压力式温度计与标准温度计同时插在恒温槽中，并将被测电接点温度计接到信号电路中，然后缓慢改变恒温槽温度（温度变化应不大于 1 ℃/min），使接点产生闭合或断开的切换动作（信号电路接通或断开）。在切换动作瞬间，读取标准温度计的示值。

d）计算上切换值和下切换值的平均值，作为切换中值。

e）设定点误差是由切换中值与设定点温度值的差值来确定，应不大于最大允许误差的 1.5 倍。设定点误差在同一设定点上检定一次接点的闭合和断开。

（7）切换差

压力式温度计的切换差的检定与设定点误差的检定同时进行，在同一设定点上，上切换值平均值和下切换值平均值之差应不大于最大允许误差绝对值的 1.5 倍。切换差在同一设定点上检定一次接点的闭合和断开。

（8）报警设定点误差

电接点完全补偿式压力式温度计可根据用户要求只进行报警设定点误差检定，即只进行接点正行程的上切换值或反行程的下切换值检定。其上切换值或下切换值与被检电接点温度计设定指针指示温度的差值应不超过示值最大允许误差的 1.5 倍。

（9）绝缘电阻检查

用额定直流电压为 500 V 的绝缘电阻表分别测量电接点温度计输出端子之间、输出端子与接地端子之间的绝缘电阻。

4. 数据计算

压力式温度计检定数据的计算与双金属温度计检定数据计算相同。

5. 检定结果处理

经检定合格的压力式温度计出具检定证书；检定不合格的温度计出具检定结果通知书，并注明不合格项目。

压力式温度计的检定周期最长不超过 1 年。

6. 标准器和设备

压力式温度计检定用标准器和配套设备与双金属温度计相同。

7. 压力式温度计的检定和使用注意事项

a）压力式温度计应在室温 5 ℃～60 ℃、相对湿度不大于 80% 的环境中使用。

b）压力式温度计表头应垂直安装在无振动的位置，便于读数和维修。

c）压力式温度计毛细管应引直安装，每相隔 300 mm 距离用轧头固定。毛细管不得受挤压，保持毛细管畅通，毛细管弯曲半径不得小于 50 mm。切勿折角，以便于温包中产生的压力能迅速传递到测量机构。

d）压力式温度计在安装时应将温包全部插入被测介质中，以减少测量误差。

e）被测介质对温包应无腐蚀作用，如测量对铜和铜合金有腐蚀作用的或压力大于温包耐压的介质温度时，温包必须加保护管使用。

f）应注意装置温包管处连接的密封性。

g）在选择压力式温度计测量范围时，应使经常使用的温度位于量程的 3/4 左右，尽量避免使用标尺前 1/3 的位置，这样观察方便，读数可靠。

h）对于液体压力式温度计，应将温包与表头保持在同一水平位置上，以减少液位差引起的附加误差。

四、工作用膨胀式温度计的溯源

工作用膨胀式温度计是工作计量器具，可以溯源至上一级计量标准。检定方法都是采用与标准温度计比较的方法得出被测仪表的误差值。

第三节　贝克曼温度计

贝克曼温度计是一种测量微小温差的高精度水银温度计。由于它的最小分度值为0.01 ℃，标尺刻度为 5 ℃～6 ℃，所以贝克曼温度计有两个贮液囊，通过调节感温泡内的水银量，可以使贝克曼温度计的测量范围扩大至－20 ℃～125 ℃。

一、常用术语

平均分度值：温度计主刻度标尺 1 ℃刻线的距离所代表的实际温度。

二、贝克曼温度计的测温原理

贝克曼温度计是一种移液式玻璃水银温度计，用于测量微小温度变化的场合。

三、贝克曼温度计分类

贝克曼温度计按准确度可分为标准贝克曼温度计和工作用贝克曼温度计。

四、贝克曼温度计的结构

贝克曼温度计（见图 4－17）有两个贮液泡：感温泡和备用泡。感温泡是温度计的感温部分，其水银量在不同的温度间隔内能做增加或减少的调整；备用泡用来贮存或补充感温泡内多余或不足的水银量。

温度计有两个刻度标尺：主刻度尺和备用泡处的副刻度尺。主刻度尺用来测量温差，其示值范围有 0 ℃～5 ℃或 0 ℃～6 ℃，分度值为 0.01 ℃。副刻度尺表示温度计测量温差的测量范围，在调整主刻度尺测量间隔时，以此作参考。副刻度尺的最大测量范

图 4－17　贝克曼温度计

围为-20 ℃～125 ℃，分度值为 2 ℃。

五、贝克曼温度计检定

贝克曼温度计的检定执行 JJG 114—1999《贝克曼温度计》。

1. 贝克曼温度计的技术指标要求

（1）玻璃、水银

贝克曼温度计用我国 360 型玻璃制造。玻璃与水银的要求与内标式高精密水银温度计相同。

（2）刻线

①刻度尺上的刻线和数字应清晰、完整。涂色不得脱落。主刻度尺刻线宽度应均匀一致，不得超过 0.05 mm，各相邻刻线间的距离应相等，并不得小于 0.4 mm。

②主刻度尺上 1 ℃和 0.1 ℃的刻线长约为刻度尺宽度的 9/10；0.05 ℃的刻线长约为刻度尺宽度的 1/2；0.01 ℃的刻线长约为刻度尺宽度的 1/3。副刻度尺上每间隔 20 ℃的刻线约为刻度尺宽度的 9/10；间隔 10 ℃的刻线约为刻度尺宽度的 1/2；间隔 2 ℃的刻线约为刻度尺宽度的 1/3。

③主刻度尺上每隔 0.2 ℃标记一个数字，整度数字的字体必须大于其他数字，整度数字应刻在刻线的左上方，其他数字刻在右上方，主刻度尺始末刻线以外应展刻不少于 0.1 ℃的刻线。副刻度尺上每隔 20 ℃刻记一个数字，十位和百位数字刻在刻线的左上方，个位数字"0"刻在右上方。

（3）标志

贝克曼温度计上的标志与内标式高精密水银温度计相同。

（4）示值允许误差

贝克曼温度计的示值允许误差见表 4-33。

表 4-33　示值允许误差　　　　　　　　　　　℃

项目	允许误差			
	标准贝克曼温度计		工作用贝克曼温度计	
	首次检定	后续检定	首次检定	后续检定
20 ℃～25(26)℃间隔内，整度刻线上的温度修正值、两相邻点的温度修正值之差不得超过/℃	±0.010		±0.020	
温度间隔 30 ℃～35(36)℃[标准贝克曼温度计 50 ℃～55(56)℃]与 20 ℃～25(26)℃的平均分度值之差	0.012	—	0.004±0.001	
抽检两相邻规定检定点任意一个中间点的温度修正值与用内插公式计算出的温度修正值之差的绝对值不得超过/℃	0.005	—	0.008	—

2. 贝克曼温度计检定项目

贝克曼温度计应进行外观和示值误差检定。

3. 贝克曼温度计检定方法

标准贝克曼温度计的检定采用与一等标准铂电阻温度计比较的方法进行,工作用贝克曼温度计的检定采用与标准贝克曼温度计比较的方法进行。

(1) 外观检查

用目力观察贝克曼温度计的水银和水银柱是否纯净,有无气泡。如果分开的水银柱不能连接或连接后又反复断开,则不做示值检定。将温度计倒置(感温泡向上),使备用泡内的水银撞击其上部,观察弯曲部分毛细管内是否有微量的水银。如果没有,则该温度计不能选作标准贝克曼温度计用。让水银通过毛细管连接处,根据水银柱的形状检查毛细管是否圆滑或有无颈缩现象。

(2) 示值误差检定

①贝克曼温度计的检定点见表4-34。

表4-34 检定点

温度计类别	标准贝克曼温度计		工作用贝克曼温度计	
检定温度点间隔/℃	20~25(6)	50~55(6)	20~25(6)	30~35(6)
首次检定	每1℃检,同时抽检任一中间点	只检主刻度始末两点	每1℃检,同时抽检任一中间点	只检主刻度始末两点
后续检定	每1℃检	—	每1℃检	只检主刻度始末两点

②感温泡内水银量的调整方法

a) 当感温泡内的水银量不足时,将温度计倒置(感温泡向上),使水银从感温泡流向备用泡(如水银不能流出,用手握住温度计顶端的保护帽并轻敲桌面,这样在振动和重力作用下,感温泡内的水银便会流出)。两泡水银相接后,再倒转温度计(感温泡向下),水银便从备用泡流入感温泡。当感温泡内的水银达到足够数量时(从副刻度尺上估计),用手轻敲温度计的备用泡处,使水银柱断开。

b) 然后将温度计插入恒温槽内,观察水银面的高低程度。若水银面低于始点刻线时,可倒转温度计,使备用泡内的水银撞击备用泡与毛细管连接处,这样便会有微量的水银冲入备用泡上端的毛细管内,然后倒转温度计使感温泡内的水银柱与此微量水银柱相连接。

c) 当感温泡内的水银量过多时(水银柱超过下限温度点),可将温度计倒转(感温泡向上),让水银从感温泡流向备用泡,使两泡水银相接,待感温泡内的水银减少到所需的数量(从副刻度尺上估计)时,再将温度计倒转(感温泡向下),并用手轻敲温度计的上部备用泡处,使水银柱断开。

d) 当水银面稍高于始点刻线时,可将感温泡内多余部分的水银倒回备用泡内,并轻敲温度计上部备用泡处,使毛细管内的水银与备用泡内的水银分开,再将温度计插入恒温槽内,视其水银面是否处于主刻度尺的始点刻线附近,这样反复进行多次调整,直到水银面处于主刻度尺的始点刻线±0.05 ℃以内。

③检定前,应根据检定的温度间隔调整感温泡内的水银量,使在此间隔的下限温度时,水银面处于主刻度尺的始点刻线附近。

④将恒温槽控制在要检定的下限附近,下限温度用二等标准水银温度计确定。若用标准铂电阻温度计作标准,可在被检温度计中任选一支,调整其感温泡的水银量,使水银面的位置与始点刻线的偏差不得超过±0.10 ℃,其他温度计感温泡内的水银量,可根据此温度计进行调整,两者示值偏差不得超过±0.05 ℃。

⑤若用标准贝克曼温度计作标准,其水银面的位置应调整到与始点刻线的偏差不得超过±0.10 ℃,被检温度计感温泡的水银量应根据标准温度计进行调整,两者示值偏差不得超过±0.05 ℃。

⑥检定时应从主刻度尺的始点温度检至末点温度,贝克曼温度计的示值用读数望远镜读取,读数前调节读数望远镜的水平位置,读数估计到温度计分度值的1/10。

⑦检定时温度计的浸没方式为局浸式,始点刻线高出液面不超过相当于0.1 ℃的距离,标准铂电阻温度计与被检温度计插入恒温槽的深度应一致,并使温度计始终保持垂直。

⑧用标准铂电阻温度计作标准时,被检温度计露出液柱温度应用辅助温度计测量,辅助温度计的感温泡应置于露出液柱的下1/3处,在被检温度计10次读数前后记下辅助温度计的两次读数。

⑨将温度计在检定点温度下保持10 min～15 min后读数,读数前必须用带橡皮头的小木棒轻敲温度计。开始读数时,温度计的示值与检定点刻线的偏差不得超过±0.10 ℃。读数过程中恒温槽温度应恒定或缓慢均匀地上升。读数要迅速、准确,时间间隔要均匀,一个检定点读数完毕,示值升高不得超过0.02 ℃。

⑩读数可从左边开始读至右边,然后从右边读至左边,往返共读10次。

4. 数据计算

（1）用标准铂电阻温度计作标准时

①被检贝克曼温度计平均分度值 γ_t 用式（4－19）计算。

$$\gamma_t = \frac{t_{\text{末}} - t_{\text{始}}}{(\theta_{\text{末}} - \theta_{\text{始}}) + (\theta_{\text{末}} - \theta_{\text{始}}) \times 0.000\ 16(T_{\text{规}} - T_{\text{末}})}$$
$$= \frac{\Delta t_{\text{始}-\text{末}}}{\Delta \theta_{\text{始}-\text{末}} + \Delta \theta_{\text{始}-\text{末}} \times 0.000\ 16(T_n - T_{\text{末}})} \quad (4-19)$$

式中：　$\theta_{\text{始}}$,$\theta_{\text{末}}$——被检温度计主刻度尺的始点与末点附近的实际读数,实际读数 $\theta_{\text{末}} - \theta_{\text{始}} = \Delta \theta_{\text{始}-\text{末}}$,℃;

　　　　$t_{\text{始}}$,$t_{\text{末}}$——由标准温度计确定的相应于 $\theta_{\text{始}}$、$\theta_{\text{末}}$ 的实际温度,实际温度差 $t_{\text{末}} - t_{\text{始}} = \Delta t_{\text{始}-\text{末}}$,℃;

　　0.000 16——采用360型玻璃制造的水银温度计视膨胀系数,℃$^{-1}$;

　　　　$T_{\text{规}}$——规定的露出液柱温度（由表4－35给出）,℃;

　　　　$T_{\text{末}}$——读取 $\theta_{\text{末}}$ 时的露出液柱温度,℃;

　　　　γ_t——任一温度间隔的平均分度值,如20 ℃～25(26)℃间隔的平均分度值用 γ_{20} 表示。

② 被检贝克曼温度计 20 ℃～25(26)℃间隔内的温度修正值 $(X_n)_{20}$ 由式(4—20)计算。

$$(X_n)_{20} = (t_n - t_{始}) - [(\theta_n - \theta_{始}) + (\theta_n - \theta_{始}) \times 0.000\,16(T_{规} - T_n)]$$

$$= \Delta t_{始-n} - [\Delta\theta_{始-n} + \Delta\theta_{始-n} \times 0.000\,16(T_{规} - T_n)] \qquad (4-20)$$

式中：θ_n——在被检温度计主刻度尺上检定点名义刻线 $n(n=1,2,\cdots,5$ 或 $6)$ 附近的实际读数，实际读数差 $\theta_n - \theta_{始} = \Delta\theta_{始-n}$，℃；

T_n——读 θ_n 时的露出液柱平均温度，℃；

t_n——由标准温度计确定的对应于 θ_n 的实际温度，实际温度差 $t_n - t_{始} = \Delta t_{始-n}$，℃。

③ 温度修正值计算步骤

a）计算标准和被检温度计读数的算术平均值；

b）由标准铂电阻温度计用式(4—21)计算恒温槽的实际温度 t。

$$t = t_n + \frac{W(t) - W(t_n)}{\left(\dfrac{\mathrm{d}W}{\mathrm{d}t}\right)_{t_n}} \qquad (4-21)$$

式中：t_n——名义温度，℃；

$W(t)$——由式(4—22)计算得出的电阻比；

$W(t_n)$——在名义温度 t_n 时的电阻比，由查表得；

$\left(\dfrac{\mathrm{d}W}{\mathrm{d}t}\right)_{t_n}$——在 t_n 时的微分电阻比，由查表得。

t_n-$W(t_n)$-$\left(\dfrac{\mathrm{d}W}{\mathrm{d}t}\right)_{t_n}$ 表格由检定标准铂电阻温度计的部门随检定证书提供。

c）标准铂电阻温度计的电阻比 $W(t)$ 由式(4—22)计算。

$$W(t) = \frac{R(t)}{R_{tp}} \qquad (4-22)$$

式中：$R(t)$——在温度 t 时的实测电阻值，Ω；

R_{tp}——标准铂电阻温度计在本单位电测系统上测得的水三相点电阻值，Ω。

d）分别计算标准与被检温度计第 n 点和始点的实际温度差 $\Delta t_{始-n}$ 和 $\Delta\theta_{始-n}$。

e）计算出 $\Delta\theta_{始-n} \times 0.000\,16(T_{规} - T_n)$ 的乘积。

f）按式(4—23)计算每一检定点名义刻线对应的温度修正值。

$$(X_{始})_{20} = 0.000_0$$

$$(X_1)_{20} = \Delta t_{始-1} - [\Delta\theta_{始-1} + \Delta\theta_{始-1} \times 0.000\,16(20 - t_1)] \qquad (4-23)$$

$$(X_5)_{20} = \Delta t_{始-5} - [\Delta\theta_{始-5} + \Delta\theta_{始-5} \times 0.000\,16(20 - t_5)]$$

或 $$(X_6)_{20} = \Delta t_{始-6} - [\Delta\theta_{始-6} + \Delta\theta_{始-6} \times 0.000\,16(20 - t_6)]$$

(2) 用标准贝克曼温度计作标准时

① 被检贝克曼温度计平均分度值 γ_t 用式(4—24)计算：

$$\gamma_t = \frac{t'_{末} + (X'_{末})_t - t'_{始}}{\theta_{末} - \theta_{始}}$$

$$= \frac{\Delta t'_{始-末} + (X'_{末})_t}{\Delta\theta_{始-末}} \qquad (4-24)$$

或 $$\gamma_t = \frac{(t'_{末} - t'_{始})\gamma_t}{\theta_{末} - \theta_{始}}$$

$$= \frac{\Delta t'_{始-末} \gamma'_{,t}}{\Delta \theta_{始-末}}$$

式中：$t'_末$——标准贝克曼温度计主刻度尺末点刻线附近的实际读数，℃；

$t'_始$——标准贝克曼温度计主刻度尺始点刻线附近的实际读数，℃；

$(X'_末)_t$——与 γ_t 值相应温度间隔的末点温度修正值（由检定证书给出）；

γ_t——与 γ_t 值相应温度间隔的平均分度值（由检定证书给出）。

②被检贝克曼温度计 20 ℃～25(26)℃ 间隔内的温度修正值 $(X_n)_{20}$ 由式(4-25)计算：

$$(X_n)_{20} = [\Delta t'_{始-n} + (X'_n)_{20}] - \Delta \theta_{始-n} \tag{4-25}$$

式中：$(X'_n)_{20}$——标准贝克曼温度计检定证书上给出的名义刻线 n 对应的 20 ℃～25(26)℃ 间隔内的温度修正值，℃；

$\Delta t'_{始-n}$——标准贝克曼温度计确定的对应于 θ_n 的实际槽温偏差，℃；

$\Delta \theta_{始-n}$——被检温度计刻度尺上检定的名义刻线 n 附近的实际读数差，℃。

（3）对贝克曼温度计平均分度值的处理

①首次检定的标准贝克曼温度计的 50 ℃～55(56)℃ 与 20 ℃～25(26)℃ 的平均分值之差等于 0.012 ℃ 时，为符合 360 型玻璃的要求，可从表 4-37 中查得适用于该温度计各温度间隔的平均分度值；后续检定的标准贝克曼温度计，可根据 20 ℃～25(26)℃ 的平均分度值，从表 4-37 中查得适用于该温度计各温度间隔的平均分度值。

②工作用贝克曼温度计温度间隔 30 ℃～35 ℃ 与 20 ℃～25(26)℃ 的平均分度值之差等于 0.004 ℃，为符合 360 型玻璃的要求，可从表 4-35 中查得适用于工作用贝克曼温度计各温度间隔的平均分度值，如被检工作用贝克曼温度计在这两个温度间隔的平均分度值之差不等于 0.004 ℃，则不能引用表 4-35 的平均分度值，其他温度间隔的平均分度值，可以通过检定获得。

（4）由贝克曼温度计检定证书上给出值 $(X_n)_{20}$，γ_{20} 和 γ_t 计算 γ_t 值对应温度间隔的温度修正值 $(X_n)_t$：

$$(X_n)_t = (\gamma_t/\gamma_{20}) \cdot (X_n)_{20} + n(\gamma_t/\gamma_{20} - 1.000) \tag{4-26}$$

【例】 主刻度尺为 0 ℃～5 ℃ 的贝克曼温度计，检定证书给出：

$$\gamma_{20} = 1.001, \gamma_{30} = 1.005, (X_5)_{20} = +0.005 \text{ ℃}$$

用式(4-26)换算 30 ℃～35 ℃ 间隔内末点温度修正值 $(X_5)_{30}$，得如下形式：

$$(X_5)_{30} = (\gamma_{30}/\gamma_{20}) \cdot (X_5)_{20} + n(\gamma_{30}/\gamma_{20} - 1.000)$$

式中：$n = 5$ ℃。将已知值代入上式得

$$(X_5)_{30} = (1.005/1.001) \times (+0.005) + 5 \times (1.005/1.001 - 1.000)$$
$$= 1.004 \times (+0.005) + 5 \times (+0.004)$$
$$= +0.025 \text{ ℃}$$

（5）计算实例

①用标准贝克曼温度计检定工作用贝克曼温度计的计算见表 4-36。

②用标准铂电阻温度计检定标准贝克曼温度计的计算见表 4-37。

表 4－35 贝克曼温度计平均分度值表

温度间隔/℃	露出液柱环境温度/℃	采用 360 型玻璃制造的贝克曼温度计平均分度值									
−20～−15	12	0.985	0.984	0.983	0.982	0.981	0.980	0.979	0.978	0.977	0.976
−10～−5	14	0.990	0.989	0.988	0.987	0.986	0.985	0.984	0.983	0.982	0.981
0～5	16	0.995	0.994	0.993	0.992	0.991	0.990	0.989	0.988	0.987	0.986
10～15	18	1.000	0.999	0.998	0.997	0.996	0.995	0.994	0.993	0.992	0.991
20～25	20	1.004	1.003	1.002	1.001	1.000	0.999	0.998	0.997	0.996	0.995
30～35	22	1.008	1.007	1.006	1.005	1.004	1.003	1.002	1.001	1.000	0.999
40～45	24	1.012	1.011	1.010	1.009	1.008	1.007	1.006	1.005	1.004	1.003
50～55	26	1.016	1.015	1.014	1.013	1.012	1.011	1.010	1.009	1.008	1.007
60～65	28	1.019	1.018	1.017	1.016	1.015	1.014	1.013	1.012	1.011	1.010
70～75	30	1.023	1.022	1.021	1.020	1.019	1.018	1.017	1.016	1.015	1.014
80～85	32	1.026	1.025	1.024	1.023	1.022	1.021	1.020	1.019	1.018	1.017
90～95	34	1.029	1.028	1.027	1.026	1.025	1.024	1.023	1.022	1.021	1.020
100～105	36	1.031	1.030	1.029	1.028	1.027	1.026	1.025	1.024	1.023	1.022
110～115	38	1.033	1.032	1.031	1.030	1.029	1.028	1.027	1.026	1.025	1.024
120～125	40	1.036	1.035	1.034	1.033	1.032	1.031	1.030	1.029	1.028	1.027

表 4－36 标准贝克曼温度计检定工作用贝克曼温度计的计算　　　　　　℃

n	标准温度计引用温度修正值$(X'_n)_{20}$计算的实际温度/℃						$(X_n)_{20} = \Delta t' - \Delta\theta_{始-n}$	
	t'_n	$\Delta t'_{始-n}$	(X'_n)	$\Delta t'_{始-n} + (X'_n)_{20} = \Delta t'$	θ_n	$\Delta\theta_{始-n}$	计算值	化整值
5	5.011 5	5.004 5	0.006 1	5.010 6	4.966	5.017 0	−0.006 4	−0.006
4	4.006 5	3.999 5	0.001 2	4.000 7	3.954	4.005 0	−0.004 3	−0.004
3	3.002 0	2.995 0	0.003 0	2.998 0	2.950	3.001 0	−0.003 0	−0.003
2	2.001 5	1.994 5	0.001 1	1.995 6	1.950	2.001 0	−0.005 4	−0.005
1	0.995 5	0.988 5	−0.001 8	0.986 7	0.945	0.996 0	−0.009 3	−0.009
0	0.007 0				−0.051			

$$\gamma_t = \frac{\Delta t'_{始-末} + (X'_n)_{20}}{\Delta\theta_{始-末}}, \gamma_{20} = 0.999$$

5. 检定结果处理

经检定,示值误差符合表 4－33 要求的贝克曼温度计和标准贝克曼温度计的示值检定结果与其上一个检定周期的示值检定结果之差不得超过表 4－38 的要求,检定合格的贝克曼温度计发给检定证书,证书上的检定结论应填写清楚是作标准用还是工作用。证书上应给出平均分度值,20 ℃～25(26)℃间隔整度刻线内的温度修正值,给出值均应化整到小数点后第三位。

对不符合要求的贝克曼温度计发给检定结果通知书；对不符合标准贝克曼温度计要求，而又符合工作用贝克曼温度计要求的温度计，可发给工作用贝克曼温度计的检定证书。标准和工作用贝克曼温度计的检定周期均不超过2年。

表4－37　标准铂电阻温度计检定标准贝克曼温度计的计算　　　　　℃

n	t_n	$\Delta t_{始-n}$	θ_n	$\Delta\theta_{始-n}$	$\Delta T_{始-n}=\Delta\theta_{始-n}\times$ $0.000\ 16\times(20-T_n)$			$\Delta\theta_{始-n}+$ $\Delta T_{始-n}$	$(X_n)_{20}=\Delta t_{始-n}-$ $(\Delta\theta_{始-n}+\Delta T_{始-n})$	
					T_n	$20-T_n$	$\Delta T_{始-n}$		计算值	化整值
0	20.143 3		0.000 5		25	−5			0.000 0	0.000
1	21.143 9	1.000 6	1.000 0	0.999 5	25	−5	−0.000 8	0.008 7	0.001 9	0.005
2	22.171 8	2.028 5	2.026 0	2.025 0	25	−5	−0.001 6	2.023 9	0.004 6	0.001
3	23.155 4	3.012 1	3.015 0	3.014 5	24	−4	−0.001 9	3.012 6	−0.000 5	0.000
4	24.155 0	4.011 7	4.013 5	4.013 0	24	−4	−0.002 6	4.010 4	0.001 3	0.001
5	25.148 2	5.004 9	5.004 5	5.004 5	24	−4	−0.003 2	5.001 3	0.003 5	0.004

$$\gamma_t=\frac{\Delta t_{始-末}}{\Delta\theta_{始-末}+\Delta\theta_{始-末}\times0.000\ 16(T_规-T_末)}=1.000\ 7$$

表4－38　示值检定结果与上一个检定周期的示值检定结果之差

20 ℃～25(26)℃间隔内的温度修正值与上一个检定周期相同间隔的温度修正值之差的绝对值不得超过/℃	0.004
20 ℃～25(26)℃间隔内的平均分度值与上一个检定周期的平均分度值之差的绝对值不得超过/℃	0.001

6. 标准器和设备

检定标准和工作用贝克曼温度计的标准器和设备见表4－39。

表4－39　标准器和设备

序号	设备名称	技术要求		用途
1	标准铂电阻温度计	一等标准		检定标准贝克曼温度计
2	标准贝克曼温度计或标准铂电阻温度计	标准贝克曼二等标准		检定工作用贝克曼温度计
3	恒温水槽	水平温差≤0.005 ℃，温度波动度≤0.01 ℃/15 min		检定用恒温装置
4	精密测温电桥	引用修正值后相对误差不大于	2×10^{-5}	配一等铂电阻温度计用
			5×10^{-5}	配二等铂电阻温度计用
5	光电放大检流计	与电桥匹配		电桥配用
6	电阻温度计专用四点转换开关			接标准铂电阻温度计
7	读数望远镜	放大5倍以上		用于读取数据
8	放大镜	放大5倍以上		检查外观

表 4－39（续）

序号	设备名称	技术要求	用途
9	标准水银温度计	标准 0 ℃～50 ℃ 范围	用于确定检定间隔的下限温度
10	水三相点瓶		测量标准铂电阻温度计的 R_{tp}
11	保温容器		保水三相点瓶
12	辅助温度计	分度值不大于 0.5 ℃	用于测量露出液柱温度

注：

1.其他范围根据需要可选用相应的恒温槽。

2.也可采用技术指标不低于本表要求的其他电测设备。

六、贝克曼温度计检定注意事项

（1）由于贝克曼温度计的毛细管较细，水银液柱在毛细管内上下移动时有阻力，所以在读数时要用小木棒轻敲温度计。

（2）检定前在调节水银量时，应调整在 0 ℃ 刻线上下 5 格之内。

（3）读数前要调节读数望远镜的水平。

第五章

电阻温度计

第一节 概　　述

一、电阻测温的物理基础

一般的金属都具有晶体结构。金属的正离子按一定的方式排列形成各种晶格,从原子中分离出来的电子,可以在晶格间做自由无规则的热运动。这种电子称为自由电子,它在晶格间的运动速度非常快,大约有 10^5 m/s,且它的运动是杂乱无章的。自由电子在运动过程中经常与晶格碰撞,碰撞后沿其合力方向继续运动。

自由电子的热运动速度是变化的,它的速度与温度有着密切的关系,温度越高,其运动速度越快。自由电子在金属中布满了整个金属体,这与密封在容器里的气体分子非常相似,所以把这些自由电子称为"电子气"。它的热运动速度与温度的关系类似理想气体。由理想气体的状态方程可以导出理想气体的压力与温度之间的关系:

$$p = nkT \tag{5-1}$$

式中:n——单位体积内的气体分子的数目;

　　k——玻耳兹曼常数;

　　T——理想气体的热力学温度。

又根据气体压力与气体分子平均动能有以下关系:

$$p = \frac{2}{3} n \left(\frac{1}{2} m \overline{v^2} \right) \tag{5-2}$$

式中:$\frac{1}{2} m \overline{v^2}$——气体分子的平均动能;

　　　m——气体分子的质量;

　　　$\overline{v}$——气体分子热运动平均速度。

由式(5-1)及式(5-2)导出下式:

$$\overline{v} = \sqrt{\frac{3kT}{m}} \tag{5-3}$$

从式(5-3)中可以得出气体分子热运动的速度越快,温度就越高。

同理,自由电子的热运动速度也将随温度的改变而改变,温度越高自由电子的热运动速度越快。

当金属导体中有电场存在时,每个自由电子都将受到电场力的作用。除自由电子的热运动外,自由电子将沿着与场强方向相反的相对于晶格做加速的定向运动。这种定向的加速运动是叠加在自由电子的杂乱无章热运动之上的。每当电子与晶格碰撞时电子的定向运动就被打断,而碰撞后电子的定向运动又重新开始加速,所以每个电子定向运动是间断的。电子两次碰撞之间的距离称为自由程。

电子两次碰撞之间的距离有长有短,它们的平均距离称为平均自由程。

电子在电场作用下的定向加速运动的速度是很慢的,只有 10^{-4} m/s,这与自由电子的热运动速度 10^5 m/s 相差很大。电子在电场作用下的定向加速运动与电流在导体中传导的速度是完全不同的两个概念。

导体中自由电子所受的电场力与电场强度和电子的电量成正比:

$$F = eE \tag{5-4}$$

在这个电场的作用下每个电子的加速度为

$$a = \frac{F}{m} = \frac{eE}{m} \tag{5-5}$$

电子两次碰撞所需要的平均时间 t 与平均自由程 $\bar{\lambda}$ 成正比,与电子热运动的平均速度 $\bar{v}$ 成反比:

$$\bar{t} = \frac{\bar{\lambda}}{\bar{v}} \tag{5-6}$$

电子第二次碰撞前的定向末速度 v_f 为

$$v_f = a\bar{t} = \frac{eE}{m} \cdot \frac{\bar{\lambda}}{\bar{v}} \tag{5-7}$$

电子的平均定向末速度的一半为定向平均速度 $\bar{v}_1$:

$$\bar{v}_1 = \frac{1}{2} v_f = \frac{1}{2} \frac{eE}{m} \cdot \frac{\bar{\lambda}}{\bar{v}} \tag{5-8}$$

电阻率由电场强度 E 与电流密度 J 之比表示:

$$\rho = \frac{E}{J} \tag{5-9}$$

电流密度 J 与自由电子的数量 n、电子的电量 e 及定向平均速度 $\bar{v}_1$ 成正比:

$$J = ne\bar{v}_1 \tag{5-10}$$

将式(5-10)、式(5-8)代入式(5-9)得

$$\rho = \frac{E}{J} = \frac{E}{ne\bar{v}_1} = \frac{E}{ne\frac{1}{2}\frac{e\bar{\lambda}}{m\bar{v}} \cdot E} = \frac{2m\bar{v}}{ne^2\bar{\lambda}} \tag{5-11}$$

将式(5-3)代入式(5-11)得

$$\rho = \frac{2m}{ne^2\bar{\lambda}} \sqrt{\frac{3kT}{m}} \tag{5-12}$$

式(5-12)就是电阻率的理论表达式,它与实验定性地符合。温度升高时,无规则热运动速度 $\bar{v}$ 增加,导致了金属电阻率的增加。所以,金属导体电阻随温度的升高而加大。但式(5-12)的关系仅仅是定性分析,每一种金属,其电阻率与温度又有其各自的关系。

在半导体中除自由电子的热运动速度随温度变化外,单位体积内的电荷载流子数目也随温度而变化,且变化的速率要比 v 的变化大,所以总的表现是电阻率随温度的增加而降低。

目前已经发现许多材料都具有超导电性。当温度降低时,电阻率先是有规律地下降,如同金属一样。到达所谓临界温度时,电阻率突然下降到零。这种现象称为超导现象,将这种导体称为超导体。

导体、半导体、超导体的电阻率与温度的关系近似曲线见图5-1。

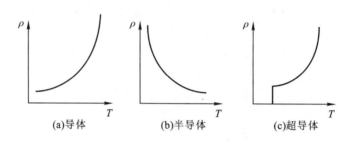

图5-1 三种导体电阻率随温度变化

二、测温原理

因金属材料的电阻会随温度的变化而改变,并呈一定的函数关系,利用这一特性制成温度传感器来进行测温。这种温度传感器长度称为电阻温度计。

电阻温度计是用金属导体或金属氧化物等半导体作测温质,利用随温度而变化的电阻作测温量。温度计的电阻值需通过电桥等电测设备显示出来。

三、种类及适用的温度范围

（一）标准铂电阻温度计

ITS-90 对比值 $W(T_{90})$ 定义为

$$W(T_{90})=R(T_{90})/R(273.16\ K)$$

作为一支标准铂电阻温度计,其感温元件必须用很纯的铂丝来绕制。感温元件的结构必须无应力,温度变化时感温电阻丝应能自由膨胀和收缩。制成的温度计应至少满足下列两个关系式之一:

$$W(29.764\ 6\ ℃)\geqslant1.118\ 07 \tag{5-13}$$
$$W(-38.834\ 4\ ℃)\leqslant0.844\ 235 \tag{5-14}$$

当铂电阻温度计能使用到银点时,则还需满足下一关系式:

$$W(961.78\ ℃)\geqslant4.284\ 4 \tag{5-15}$$

现在常用的标准铂电阻温度计有三种型式:标准套管式铂电阻温度计、标准长杆铂电阻温度计、标准高温铂电阻温度计。

套管式温度计原则上用于低温(直到 13.8 K)。

标准长杆温度计用于 84 K 到约 660 ℃(用云母绝缘的一般不能到 500 ℃以上)。高温温度计是特别为使用到银点而设计的。

温度计都使用"冷拉"铂丝,常用双绕法绕制成感温元件,绕成电阻圈后要进行退火。标准铂电阻温度计的感温元件都有 4 根引线。

1. 标准套管式铂电阻温度计

套管式铂电阻温度计应用在 0 ℃以下直到 13.803 3 K。正温区一般常用到 30 ℃,有时到157 ℃,偶尔用到 232 ℃。铂丝圈的安装方法基本上与长杆温度计的相同,只是装在下端封口的铂套,管中内充氦气,压力一般为 30 kPa。因为在低温条件下对传热的限制极为严格,所以感温元件总长约为 5.0 mm,外套管的直径的典型值为 5 mm,用长约 30 mm～50 mm的四根铂丝作引线,引线穿经玻璃－铂套管的密封接头。图 5－2 给出了在水三相点温度下的电阻值为 25 Ω 的典型的套管式温度计的结构设计图。

2. 标准长杆铂电阻温度计

标准长杆铂电阻温度计可用到氩三相点(约 84 K),有时还用到 54 K。通常,它的设计上限温度为 660 ℃。在水三相点温度下的电阻值为 25 Ω 的长杆铂电阻温度计的感温电阻的典型设计见图 5－3。感温电阻通常装在直径约 7 mm 的石英管中,管中充以干燥惰性气体,室温下的压力约 30 kPa。

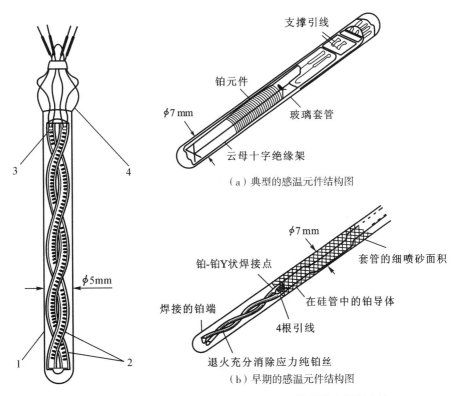

图 5－2 套管式铂电阻温度计

1—直径为 5 mm,长为 5.0 mm 的铂套管;

2—装在两根玻璃管中的直径为 0.07 mm 的铂丝;

3—与铂引线的火焰熔接点;4—玻璃-铂密封

图 5－3 25 Ω 长杆铂电阻温度计

为使电泄漏引入的误差小于 1 mK,温度计的引线之间的绝缘电阻必须大于 200 MΩ。500 ℃以下的温度计,常用云母作为绝缘材料;使用更高温度的温度计,则可用耐热玻璃,熔石英或氧化铝作为绝缘物。在高温下,不能使用云母的主要原因是它的脱水作用,释放出水蒸气会导致绝缘物被击穿,另外云母中的氧化铁杂质遇水蒸气后会还原成自由铁,这会沾污铂。

3. 标准高温铂电阻温度计

它的使用温区上限为银凝固点，961.78 ℃。铂电阻温度计能否用于高温，其关键因素是：减小电泄漏的影响，套管的清洁处理及保持洁净的方法，以及防止受金属的污染。

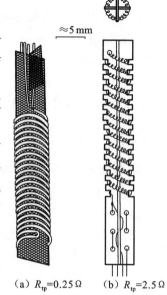

≈5 mm

高温铂电阻温度计的基本设计要求是：感温元件的电阻值要尽可能小，使得高温时的绝缘电阻对它的影响相当小，但是，为了能有合适的测量灵敏度，阻值又不能太小。当前，温度计的 R_{tp}（水三相点电阻）的许可范围为 0.25 Ω～2.5 Ω，图 5-4 (a)和(b)中所示的温度计的阻值分别为下限和上限。最近几年由于测温电桥的发展，即使是低阻温度计也能方便地进行高准确度的测量。因此，为了减小电泄漏引起的误差，尽量使用低阻温度计。

高温铂电阻温度计的骨架为片状结构，它是用人造蓝宝石制成。直径 4 mm 的高纯铂丝绕在骨架上，形成单层的双螺旋式无感结构。

(a) R_{tp}=0.25 Ω (b) R_{tp}=2.5 Ω

图 5-4　高温铂电阻温度计

（二）工业热电阻

1. 工业铂热电阻

工业铂热电阻的温度范围为 -200 ℃～850 ℃。工业热电阻的结构如图 5-5 所示。它主要由接线盒、接线柱、接线座、保护管、内引线、感温元件等部分组成。

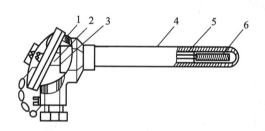

图 5-5　工业热电阻结构图

1—接线盒；2—接线柱；3—接线座；
4—保护管；5—内引线；6—感温元件

工业热电阻主要有两种类型。第一种由铂丝绕成。它的感温元件的结构形成一般分为棒状和膜状两种。棒状的骨架多为玻璃和陶瓷两种材料制成。膜状结构的感温元件多用云母片制成。图 5-6 为工业热电阻感温元件的结构图，其中(a)为棒状玻璃铂热电阻感温元件；(b)为用塑料圆杆作骨架的铜热电阻；(c)为绕在云母板骨架上的铂热电阻感温元件。第二种是膜状热电阻，它是利用网板印刷法或高频溅射法制成。前一种方法制成的热电阻，膜厚约 7 μm，称为厚膜热电阻；后一种方法制成的热电阻，膜厚 2 μm，称为薄膜热电阻。膜状的热电阻的特点是耐冲击，热响应时间小。这种结构的热电阻可大量节省贵金属材料铂，是工业铂热电阻的发展方向。

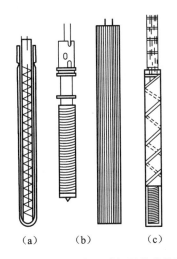

图 5—6 工业热电阻感温元件结构图

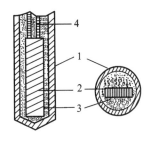

图 5—7 铠装热电阻感温元件结构图

1—金属套管;2—感温元件;

3—绝缘材料粉末;4—带有绝缘套管的引线

还有一种铠装热电阻。其结构如图 5—7 所示。这种热电阻的优点是热容量小、动态响应速度快、机械强度好、能耐震动和冲击。除感温元件外,其他部分可任意弯曲,将它安置在较复杂的装置上。由于是全密封所以使用寿命比较长。铠装热电阻的外径一般为 2 mm～8 mm,特殊需要还可制得更小。

2. 铜热电阻

我国生产的铜热电阻是适用于－50 ℃～150 ℃温度范围。它的结构与感温元件结构如图 5—5 及图 5—6 所示。它的感温元件的特点是制造工艺简单,性能较稳定可靠,但体积一般较大,适用温度范围小。

3. 镍热电阻

镍热电阻感温元件的结构基本上与图 5—6(c)类似。一般用它来测量控制在居里点(约 376 ℃)以下的温度。这种温度计不适于在磁场中使用。

(三) 铑-铁电阻温度计

将约为 5%(原子百分比)的铁加到纯铑中,制成铑-铁电阻温度计,它的结构与套管式铂电阻温度计非常类似。感温元件的结构必须无应力,温度变化时感温电阻丝应能自由膨胀和收缩。它适用于在 0.65 K～27 K 温度范围作标准温度计。它的测量范围为 0.1 K～273 K,是低温领域中十分有用的测温元件。

它的合金电阻不像通常那样出现极小值,在低温时有着正的温度系数。其电阻随温度的变化率要比锗电阻温度计低得多。因此,用它来替换锗电阻温度计在 0.4 K～20 K 范围测量温度。这种温度计所采用的铑-铁合金的电阻-温度关系如图 5—8 所示。

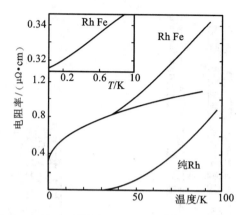

图5-8　铑-0.5％铁合金减去纯铑电阻率后的电阻率

（四）锗电阻温度计

在半导体中加入少量杂质，可以改变它的性能。锗是常见的半导体材料。锗中掺砷补镓，掺砷浓度为 9×10^{16} cm^{-3}～1.5×10^{17} cm^{-3}，补偿 7%～10% 的镓。这种温度计往往可以用到 100 K～10 mK 的温区。锗电阻温度计很少能互换。

一个典型的温度计中的锗元件见图5-9，锗呈桥状，两端为电流接触；两臂为电位接触。锗具有很强的压电性能，所以元件安装必须是无应力的。锗的杂质浓度越高，这一要求就越严格。晶体的4根引线为细金丝，金丝直接与元件相接。锗元件无应力地装在金属套管中，套管中充^{4}He 或 ^{3}He 以改善元件与套管周围的热接触。尽管如此，仍有大量的热交换是通过引线进行的，所以温度测量的正确与否在很大程度上取决于引线的热锚。

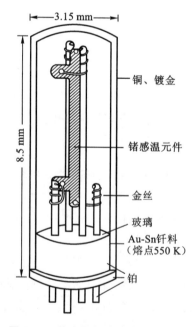

图5-9　锗电阻温度计的 **Ⅱ** 形结构

(五) 热敏电阻

1. 结构与系列

热敏电阻是多晶半导体,它是用两种以上的过渡族金属锰、镍、铜、铁、钴等的氧化物在低于 1 300 ℃的高温烧结而成的。

它能用于高温(500 ℃以上)及很低温度,其应用的主要领域为－80 ℃～250 ℃。低温用热敏电阻的常用温区为:4 K～20 K;20 K～80 K 和 77 K～300 K。

磁场对它的影响很小。它与金属热电阻相比,主要优点是它的电阻温度系数较大,故灵敏度很高。它的电阻很大,体积小,连接导线的电阻可忽略。这种测温元件结构简单,反应速度快,很受使用者欢迎。但它的缺陷是不易制成良好的元件,一般来说复现性不够好,同时也难以互换。

根据实际使用情况,半导体热敏电阻可做成片状和珠状两种,其中珠状又可分为带玻璃保护管的和微型两类,如图 5－10 所示。

图 5－10(a)为带玻璃密封管的热敏电阻,图 5－10(b)为带玻璃包层的微型珠状热敏电阻,图 5－10(c)为带玻璃套管的珠状热敏电阻,图 5－10(d)为带玻璃密封管的片状热敏电阻。

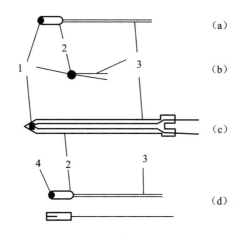

图 5－10 半导体热敏电阻结构图

1—珠状感温元件;2—玻璃套管;
3—引线;4—片状感温元件

图 5－10 中 1 为珠状的感温元件,其直径一般小于 1 mm。2 为玻璃套管,直径约为 2 mm～5 mm,管长约为 10 mm～80 mm。3 为引线,长度为 10 mm～40 mm,多采用杜美丝。4 为片状感温元件,其直径约为 3 mm,厚为 1 mm。

热敏电阻分为:正温度系数(PTC)、负温度系数(NTC)和临界温度三种类型。临界温度型可以用作温度开关,PTC、NTC 型大量用于温度补偿和简易温度测量。其中珠状 NTC 热敏电阻的稳定性好,常用于温度测量。

当前我国生产的半导体热敏电阻尚未制定统一的标准系列。现以某研究所的产品为例做简要介绍(见表 5－1)。

表 5-1　某研究所半导体热敏电阻系列

型号	工作温度/℃	电阻值/kΩ	电阻温度系数/(%/℃)	时间常数/s
G_1	300~700	1(600 ℃)	−1.3(600 ℃)	<10
G_2	600~900	1(800 ℃)	−1.1(800 ℃)	<10
MF 51E MF 52E MF B_1	−80~+200	0.5~2(25 ℃)	−2.5(25 ℃)	<3 <1 <10
MF 51E$_1$ MF 52E$_1$ MF B_2	−80~+200	2~6(25 ℃)	−2.8(25 ℃)	<3 <1 <10
MF 51G MF 52G MF B_3	−80~+200	1~10(25 ℃)	−3.5(25 ℃)	<3 <1 <10
MF 51G$_1$ MF B_4	−80~+250	5~25(25 ℃)	−4.0(25 ℃)	<3 <10
MF 51H MF B_5	−80~+250	10~50(25 ℃)	−4.2(25 ℃)	<3 <10
MF 51H MF 52H MF B_6	−80~+250	20~100(25 ℃)	−4.5(25 ℃)	<3 <1 <10
MF 51I MF B_7	−80~+250	50~300(25 ℃)	−5.0(25 ℃)	<3 <10
MF B_8	−80~+300	200~1 000(25 ℃)	−5.0(25 ℃)	<10
Si−1	−55~+85	1~30(25 ℃)	−6.8(25 ℃)	<20
A_1 A_2	77~+300 K	100~300(77 K)	−12(77 K)	<0.1 (LN$_2$)
A_3	20~+77 K	20~300(20 K)	−45(20 K)	<1 (LN$_2$)

　　−80 ℃~+250 ℃的常温热敏电阻,材料和工艺较成熟,性能也较稳定可靠,年稳定性可达几 mK。由于新材料的研制和新工艺的采用以及采用热敏电阻串联并联等方法,目前国外热敏电阻产品中可互换的热敏电阻已占了优势。片状热敏电阻的互换精度是±0.1 ℃~±0.2 ℃,配对珠状热敏电阻的互换精度是±0.2 ℃~±0.5 ℃,最佳值也可达±0.1 ℃。

　　高温热敏电阻的关键问题还在于稳定性。由于高温热敏电阻比其他类型感温元件灵敏度高,不需要零点补偿,很适于遥测,如此可节约贵金属铂,所以美、日、法等国都有温度范围为 300 ℃~1 000 ℃的产品,它们在最高温度下 1 000 h 的稳定性可达 2 ℃~5 ℃,接近工业热电偶的水平,而价格约为工业热电偶的 1/10,并且可简化二次测量仪表。

　　低温热敏电阻在宽温线性材料的研究上也取得了很大进展,主要是针对深低温和强磁场条件下新型材料的研究及探索新的测温原理。

2. 温度特性

　　热敏电阻是一种对温度变化极为敏感的半导体电阻元件,其阻值和温度的对应关系是非线性的。它可以用经验公式(5—16)表示：

$$R_T = A e^{\frac{B}{T}} \tag{5—16}$$

式中：R_T——温度为 T 时热敏电阻的阻值，Ω；

$\quad\quad T$——温度，K；

$\quad\quad A$——与热敏电阻材料和几何尺寸有关的常数，Ω；

$\quad\quad B$——热敏电阻的材料常数，K。

图 5—1(b)所示为半导体热敏电阻的温度特性曲线，它是一条指数曲线。

热敏电阻的温度系数 α：

$$\alpha = -\frac{B}{T^2} \tag{5—17}$$

从式(5—17)可知，α 不是常数，它与温度平方成反比。常数 B 值可用实验方法确定。

设 T_1 和 T_2 温度下热敏电阻的阻值分别为 R_{T_1} 和 R_{T_2}。利用式(5—16)可分别得

$$R_{T_1} = A e^{\frac{B}{T_1}} \tag{5—18}$$

$$R_{T_2} = A e^{\frac{B}{T_2}} \tag{5—19}$$

将式(5—18)和式(5—19)相除化简后可得式(5—20)：

$$B = \frac{\ln R_{T_2} - \ln R_{T_1}}{\dfrac{1}{T_2} - \dfrac{1}{T_1}} \tag{5—20}$$

常用的热敏电阻的 B 值约在 1 500 K～5 000 K 之间。

第二节　热电阻的材料及类型

一、制造热电阻的材料要求

1. 制造热电阻的丝材

虽然有很多导体的电阻随着温度的变化而变化，但并不是所有的材料都能用来制造测量温度的热电阻。根据实际测量温度的需要，对用来制造热电阻的丝材有如下的要求：

(1) 较大的电阻温度系数

即温度每变化 1 ℃时，相应的电阻值变化要尽量大一些，这样比较容易被测量仪表反映。温度系数一般以 α 表示。

(2) 大的电阻率

人们通过总结大量的实验得出，在一定的温度下，导体的电阻除了和导体的材料有关外，还与导体的长度成正比，与导体的横截面积成反比。它们的关系式如下：

$$R = \rho \frac{l}{S} \tag{5—21}$$

式中：R——导体的电阻，Ω；

$\quad\quad l$——导体的长度，m；

$\quad\quad S$——导体的横截面积，mm^2；

$\quad\quad \rho$——导体的电阻率，$\Omega \cdot mm^2/m$ 或 $\mu\Omega \cdot cm$。

由式(5-21)可知,当热电阻的电阻值 R 一定时,热电阻丝的电阻率 ρ 越大,则可用较短的热电阻丝制成热电阻,从而使热电阻的体积减小。体积小的热电阻,热容量小,其热响应时间也短,因此在测量温度时,对温度的变化反应迅速。

（3）电阻与温度关系特性好

热电阻丝的电阻与温度关系特性包括两个方面:一是要求在整个温度测量范围内,其电阻与温度关系是一条平滑的曲线(最好是呈线性关系),或只需要用一个方程式,并且不允许 $\alpha = 0$ 或改变符号的情况发生,也即电阻与温度的关系是单值函数;二是要求同一种材料,每批应符合它的电阻与温度关系特性的要求,也就是同一种材料,它的复现性或复制性要好。

（4）物理化学性能稳定且容易提纯

在整个温度测量范围内要求其物理化学性能很稳定,不应氧化或与周围介质发生任何其他的作用。因为制造热电阻的丝材非常细,当它的截面稍有缩小时,电阻将明显增大,如此会使所测得的温度偏大,从而带入过大的误差。

（5）测温范围要宽、价格低,膨胀系数与骨架材料有较好的匹配。

2. 制造电阻温度计对骨架的要求

电阻温度计的绝缘骨架是用于缠绕和固定电阻丝的支架。该骨架性能的好坏将直接影响电阻温度计的技术性能。故对绝缘骨架有一定要求。

（1）体膨胀系数小。因为热电阻感温元件是将热电阻丝紧密地绕在骨架上,因此要求该骨架在整个测量温度范围内,它的膨胀系数等于或接近热电阻丝的膨胀系数,或者在温度变化时,该骨架的膨胀或收缩对热电阻丝的影响很小。否则,骨架在温度变化时的膨胀或收缩将会使热电阻丝产生较大的应力,从而影响热电阻的技术性能。

（2）有足够的机械强度。

（3）本身无腐蚀性,即物理化学性能稳定,不污染电阻丝。

（4）耐温和绝缘性能好。电阻温度计的绝缘骨架要求在整个温度测量范围内能经得起温度的剧变。它的电气绝缘性能要好,否则在电阻温度计丝之间将可能产生漏电和分流,从而引起电阻值的变化,造成温度测量误差。

（5）比热容小,热导率大。

二、常用的热电阻丝材料

制造热电阻的丝材一般为纯金属,例如铂、铜、镍、钨、铟等。

1. 铂

用铂丝制成的电阻温度计使用范围广,常用于 $-200\ ℃ \sim 850\ ℃$ 的范围,也可用于从 13 K 到 1 000 ℃。

（1）铂的主要性能

在常温下铂是对各种物质的作用最稳定的金属之一。在氧化介质中,即使在高温下,铂的物理和化学性能也都非常稳定。此外,由于铂丝提纯工艺的发展也保证了它具有非常好的复现性。另外,铂具有高的熔点温度(约 1 772 ℃)和大的电阻率($\rho = 0.1\ \Omega \cdot mm^2/m$),使得它能在很宽的温度范围内使用,且可以把体积做得很小,因此它是被广泛使用的最好的制造热电阻的丝材。

（2）铂丝的品种

一般铂丝可分为 5 种：

a）专门用于制造基准和一等标准铂电阻温度计，其纯度约相当于 99.999％ 以上，称为一号铂丝。电阻比 $W_{Ga} \geqslant 1.118\ 07$ 或 $W_{Hg} \leqslant 0.844\ 235$，若用于银凝固点的还必须满足 $W_{Ag} \geqslant 4.284\ 4$。

b）专门用于制造 A 级允差工业用铂热电阻，其 $\dfrac{R_{100}}{R_0} = 1.385\ 1 \pm 0.000\ 4$。

c）专门用于制造 B 级允差工业用铂热电阻，其 $\dfrac{R_{100}}{R_0} = 1.385\ 1 \pm 0.001\ 0$。

d）专门用于制造标准铂铑-铂热电偶和标准铂电阻温度计，其纯度约相当于 99.999％。

e）用于制造工业用铂热电阻引线和非标准型工业用铂热电阻等，其 $\dfrac{R_{100}}{R_0} = 1.384\ 0 \sim 1.392\ 0$。

2. 铜

用铜丝制成的温度计（称为铜热电阻）价格便宜，而且有较好的互换性。根据铜及其漆包线的物理化学性能，用漆包铜线制成的铜热电阻，通常用于在 150 ℃ 以下且没有腐蚀性的介质中进行温度测量。

3. 镍

镍的电阻率 ρ 和电阻温度系数分别比铜和铂大得多，用它来制成热电阻，能将感温元件的体积做得较小。但由于镍的提纯相当困难，因此用它制成的热电阻的稳定性和复现性较差，这就限制了镍电阻的制造和使用。

镍在常温下的物理化学性能较稳定，但在 300 ℃ 以上它将被严重氧化，并且酸类对它的影响也很大。镍电阻温度计一般的测量温度范围为 −60 ℃ ～180 ℃。

4. 钨

钨具有很大的机械强度，故被广泛地用来制造无骨架的金属丝感温元件，来测量高速气流中的温度。但钨电阻很少用来测量高于 600 ℃ 的温度，一般只用于它的氧化温度 450 ℃ 以下。这是因为钨有两个特性的限制——结晶及再蒸发，当温度高于 600 ℃ 时，这种现象迅速增大。从而引起它的电阻不稳定，导致测量误差。

钨的提纯工艺困难，很难制定统一的分度表，因此限制了它的生产及应用。

5. 铑铁

研究指出，在少于 1％ 原子铁的铑铁合金中，杂质铁使这种合金具有较大的电阻温度系数，在低温下它的电阻既不像正常金属那样趋于常数，也不像其他稀释合金那样出现极小值，而是单调地随温度下降。因此，它可以用来测量从室温 300 K 向下延伸到 0.1 K 的整个范围内的温度。

6. 半导体

由于半导体具有很高的负的电阻温度系数，因此它的灵敏度很高。它的电阻很大，体积很小，连接导线的电阻可以忽略。它的缺点是互换性和稳定性较差。

热敏电阻一般的测量温度为 −80 ℃ ～250 ℃。

锗电阻温度计一般的测量温度为 2 K～20 K。

三、常用的热电阻骨架材料

1. 云母材料

云母材料分天然和人造两种。天然云母又分白云母和金云母。

云母的膨胀系数比铂丝的膨胀系数约小 3 倍，如用它作为感温元件骨架的铂热电阻，经过长期的高温使用和多次的冷热循环后，一般均是 $R(0\ ℃)$ 值增大，$W(100\ ℃)$ 值减少。

云母一般不吸水，但它有很强的吸油性能，各种油类会使云母各层间的结合松懈，因此用它作为骨架的感温元件绝对不能直接插入油类介质中。

2. 玻璃材料

由于玻璃封接时，其中丝材所受的应力不可能完全消除，因此用它作骨架的热电阻，经过长期的高温使用和多次的冷热循环后，一般均是 $R(0\ ℃)$ 值减少，$W(100\ ℃)$ 值增大，正好与云母材料作骨架的热电阻相反。

3. 陶瓷材料

陶瓷的膨胀系数与铂丝的膨胀系数比较接近，且它的高温稳定性能很好（长期允许最高温度为 1 100 ℃以上），在高温下不会分解出对铂丝有害物质而污染铂丝材料，如此可以保证铂热电阻长期在高温下工作的稳定性。

4. 石英材料

石英的膨胀系数与铂丝的膨胀系数较接近，它在高温时稳定性能很好。在一般情况下，铂与石英不发生化学反应，且它有良好的绝缘，所以标准铂电阻温度计基本上都用石英材料作骨架。

5. 有机塑料

在温度要求较低（一般为 −50 ℃～150 ℃）时，可选用有机塑料制作骨架，它的资源丰富、价格便宜、便于加工。

第三节　标准铂电阻温度计

一、电阻-温度关系

温度值是由在该温度点的电阻值 R_T 与水三相点时的电阻 R_{tp}（即 $R_{0.01\ ℃}$）之比来求得的。比值 W_T 为：

$$W_T = R_T / R_{tp} \qquad (5-22)$$

1. 0 ℃～961.78 ℃温度范围

在 ITS-90 中，铂电阻温度计的电阻-温度关系用式（5−23）表示。

$$W(t_{90}) - W_r(t_{90}) = \Delta W(t_{90}) \qquad (5-23)$$

式中：$W(t_{90})$——所要求的在某一温度 t_{90} 时的电阻比；

$W_r(t_{90})$——在这一温度下的参考函数。

在 0 ℃～961.78 ℃温区电阻温度计的参考函数为

$$W_r(t_{90}) = C_0 + \sum_{i=1}^{9} C_i \{(t_{90}/℃ - 481)/481\}^i \tag{5—24}$$

式中：$t_{90}/℃$——以摄氏度为单位，按 ITS-90 计算的温度值。

式(5—24)的逆函数为

$$t/℃ = D_0 + \sum_{i=1}^{9} \{D_i [W_r(t_{90}) - 2.64]/1.64\}^i \tag{5—25}$$

系数 C_0，C_i 和 D_0，D_i 在表 5—2 中列出。

(1) 0 ℃～961.78 ℃温度范围内使用的温度计在下列固定点上分度：水三相点(0.01 ℃)、锡凝固点(231.928 ℃)、锌凝固点(419.527 ℃)、铝凝固点(660.323 ℃)和银凝固点(961.78 ℃)。它的偏差函数为

$$W(t_{90}) - W_r(t_{90}) = a[W(t_{90}) - 1] + b[W(t_{90}) - 1]^2 + c[W(t_{90}) - 1]^3 +$$
$$d[W(t_{90}) - W(660.323 ℃)]^2 \tag{5—26}$$

式中的系数 a，b，c，d 是由温度计在锡、锌、铝和银的测量值与 $W_r(t_{90})$ 的偏差求得，即由 $\Delta W_6(t) = W(t) - W_r(t)$ 计算出。

(2) 0 ℃～660.323 ℃温度范围使用的温度计的差值函数为(为了简便，以下式中的 $W(t_{90})$ 均写为 $W(t)$)，

$$\Delta W_7(t) = a_7[W(t) - 1] + b_7[W(t) - 1]^2 + c_7[W(t) - 1]^3 \tag{5—27}$$

式中系数 a_7，b_7，c_7 是由温度计在锡、锌、铝的测量值与 $W_r(t)$ 的偏差求得，即由 $\Delta W_7(t) = W(t) - W_r(t)$ 计算出。

(3) 0 ℃～419.527 ℃温度范围使用的温度计的差值函数为

$$\Delta W_8(t) = a_8[W(t) - 1] + b_8[W(t) - 1]^2 \tag{5—28}$$

式中系数 a_8 与 b_8 是由温度计在锡凝固点和锌凝固点测得的值与 $W_r(t)$ 的偏差求得，即由 $\Delta W_8(t) = W(t) - W_r(t)$ 计算出。

(4) 0 ℃～231.928 ℃温度范围使用的温度计的差值函数为

$$\Delta W_9(t) = a_9[W(t) - 1] + b_9[W(t) - 1]^2 \tag{5—29}$$

式中系数 a_9 与 b_9 是由温度计在铟凝固点和锡凝固点测得的值与 $W_r(t)$ 的偏差求得，即由 $\Delta W_9(t) = W(t) - W_r(t)$ 计算出。

(5) 0 ℃～156.598 5 ℃温度范围使用的温度计的差值函数为

$$\Delta W_{10}(t) = a_{10}[W(t) - 1] \tag{5—30}$$

式中系数 a_{10} 是由温度计在铟凝固点测得的值与 $W_r(t)$ 的偏差求得，即由 $\Delta W_{10}(t) = W(t) - W_r(t)$ 计算出。

(6) 0 ℃～29.764 6 ℃温度范围使用的温度计的差值函数为

$$\Delta W_{11}(t) = a_{11}[W(t) - 1] \tag{5—31}$$

式中系数 a_{11} 是由温度计在镓熔点测得的值与 $W_r(t)$ 的偏差求得，即由 $\Delta W_{11}(t) = W(t) - W_r(t)$ 计算出。

(7) -38.834 4 ℃～29.764 6 ℃温度范围使用的温度计的差值函数为

$$\Delta W_5(t) = a_5[W(t) - 1] + b_5[W(t) - 1]^2 \tag{5—32}$$

式中系数 a_5 与 b_5 是由温度计在镓熔点和汞三相点测得的值与 $W_r(t)$ 的偏差求得，即由 $\Delta W_5(t) = W(t) - W_r(t)$ 计算出。应特别注意，这里的汞三相点的 $W_r(t)$ 值不能由式（5—24）计算，而应按式（5—33）计算。

2. 13.803 3 K～273.16 K 温度范围

参考函数定义为

$$\ln[W_r(T_{90})] = A_0 + \sum_{i=1}^{12} A_i \{[\ln(T_{90}/273.16 \text{ K}) + 1.5]/1.5\}^i \tag{5—33}$$

式（5—33）的逆函数为

$$T_{90}/273.16 \text{ K} = B_0 + \sum_{i=1}^{15} B_i \left\{ \frac{W_r(T_{90})^{\frac{1}{6}} - 0.65}{0.35} \right\}^i \tag{5—34}$$

系数 A_0，A_i 和 B_0，B_i 在表 5—2 中列出。

表 5—2　式（5—24）、（5—25）、（5—33）、（5—34）中各有关参考函数的系数值

系数 A	系数值	系数 B	系数值	系数 C	系数值	系数 D	系数值
A_0	−2.135 347 29	B_0	0.183 324 722	C_0	2.781 572 54	D_0	439.932 854
A_1	3.183 247 20	B_1	0.240 975 303	C_1	1.646 509 16	D_1	472.418 020
A_2	−1.801 435 97	B_2	0.209 108 771	C_2	−0.137 143 90	D_2	37.684 494
A_3	0.717 272 04	B_3	0.190 439 972	C_3	−0.006 497 67	D_3	7.472 018
A_4	0.503 440 27	B_4	0.142 648 498	C_4	−0.002 344 44	D_4	2.920 828
A_5	−0.618 993 95	B_5	0.077 993 465	C_5	0.005 118 68	D_5	0.005 184
A_6	−0.053 323 22	B_6	0.012 475 611	C_6	0.001 879 82	D_6	−0.963 864
A_7	0.280 213 62	B_7	−0.032 267 127	C_7	−0.002 044 72	D_7	−0.188 732
A_8	0.107 152 24	B_8	−0.075 291 522	C_8	−0.000 461 22	D_8	0.191 203
A_9	−0.293 028 65	B_9	−0.056 470 670	C_9	0.000 457 24	D_9	0.049 025
A_{10}	0.044 598 72	B_{10}	0.076 201 285				
A_{11}	0.118 686 32	B_{11}	0.123 893 204				
A_{12}	−0.052 481 34	B_{12}	−0.029 201 193				
		B_{13}	−0.091 173 542				
		B_{14}	0.001 317 696				
		B_{15}	0.026 025 526				

（1）83.805 8 K～273.16 K 温度范围

在这一温区，温度计在下列固定点上分度：氩三相点（83.805 8 K），汞三相点（234.315 6 K）和水三相点（273.16 K）。

偏差函数为

$$\Delta W_4(T) = a_4[W(T) - 1] + b_4[W(T) - 1]\ln W(T) \tag{5—35}$$

系数 a_4 和 b_4 由上述定义固定点上的测量值求得。

（2）13.803 3 K～273.16 K 温度范围

在这一温区温度计在下列固定点上分度：平衡氢三相点（13.803 3 K）、氖三相点（24.556 1 K）、氩三相点（83.805 8 K）、汞三相点（234.315 6 K）和水三相点（273.16 K），再加两个近于 17.0 K 和

20.3 K的温度点。

偏差函数为

$$\Delta W(T) = a[W(T)-1] + b[W(T)-1]^2 + \sum_{i=1}^{5} c_i [\ln W(T)]^{i+n} \qquad (5-36)$$

式中,$n=2$,系数 a、b、c_i 由定义固定点上的测量值求得。

在 $-259.346\ 7\ ℃\sim 961.78\ ℃$ 范围内的固定点见表 $5-3$。

表 5-3 在 $-259.346\ 7\ ℃\sim 961.78\ ℃$ 范围内的固定点

固定点	$t_{90}/℃$	T_{90}/K	$W_r(t_{90})$
平衡氢三相点	$-259.346\ 7$	$13.803\ 3$	$0.001\ 190\ 07$
蒸汽压点 或气体温度计点	≈ -256.15	≈ 17	
蒸汽压点 或气体温度计点	≈ -252.85	≈ 20.3	
氖三相点	$-248.593\ 9$	$24.556\ 1$	$0.008\ 449\ 74$
氧三相点	$-218.796\ 1$	$54.358\ 4$	$0.091\ 718\ 04$
氩三相点	$-189.344\ 2$	$83.805\ 8$	$0.215\ 859\ 75$
汞三相点	$-38.834\ 4$	$234.315\ 6$	$0.844\ 142\ 11$
水三相点	0.01	273.16	$1.000\ 000\ 00$
镓熔点	$29.764\ 6$	$302.914\ 6$	$1.118\ 138\ 89$
铟凝固点	$156.598\ 5$	$429.748\ 5$	$1.609\ 801\ 85$
锡凝固点	231.928	505.078	$1.892\ 797\ 68$
锌凝固点	419.527	692.677	$2.568\ 917\ 30$
铝凝固点	660.323	933.473	$3.376\ 008\ 60$
银凝固点	961.78	$1\ 234.93$	$4.286\ 420\ 53$

二、使用中应注意的问题

1. 应力问题

标准铂电阻温度计是一种精密仪器,冲击、震动或任何其他形式的加速度都可以使支点之间和绕在支架上的丝材变形弯曲而产生应力,从而改变其温度-电阻特性。一般地说,在 $0.01\ ℃$ 以上时铂电阻的应力将使阻值增加而 W 值减小(在 $0.01\ ℃$ 以下时,使 W 值增加)。因此,在温度计使用、运输、存放时应尽可能避免机械冲击。

2. 热处理

电阻温度计的上限温度值由下列各种因素决定:材料的软化点(通常是指外套管);温度计分度前的退火温度;套管和绝缘物中析出水分和其他沾污物;铂丝中的晶粒生长。在过高温度下使用所引起的变化是时间和温度的函数,一般而言,对这种变化只能做出定性的估计。硼硅玻璃做的温度计外套在 $500\ ℃$ 以上会明显地软化,即使在 $500\ ℃$ 以下也只能经受几小时。熔融石英套管可用到 $960\ ℃$。温度计在 $420\ ℃$ 下工作数百小时后,已观察到铂晶粒的生长。

制作时,长杆温度计一般在 600 ℃ 或 660℃退火。如果这种退火不充分,或退火后又受到了机械冲击而产生应力,使用到 600 ℃ 以上时,退火将使电阻值发生变化。如果产生的应力很大,即使在 100 ℃ 时也会发生明显的退火效应。分度前,长杆温度计一般在 600 ℃ 或其上限工作温度,退火 4 h。对于金属杆温度计,则在厂家推荐的温度退火,一支有应力的温度计经退火后,退火前后在固定点上的电阻值会下降,而 W 值通常是上升的(对于 0.01 ℃ 以下的固定点,则 W 值下降)。

高温温度计测量 700 ℃ 以上的温度后,再用于测量较低温度时应先进行退火,特别是在测量 R_{tp} 之前。退火程序如下:在 700 ℃ 下退火 2 h,然后让温度计随炉冷却到 450 ℃ 取出温度计,再快速冷却到室温。温度计用于 450 ℃ 以上、700 ℃ 以下的温区中,应先在最高温度下退火 1 h~2 h,再重复上述退火程序,冷却到450 ℃,最后冷却到室温。

3. 脱玻作用

一支石英或熔凝石英外套的铂电阻温度计测量 100 ℃ 以上的温度前,首先应仔细地用纯酒精洗净,再用干净的纸或布擦干净。这是为了除去手印,否则在高温下将作为脱玻的图形而显示在套管上。脱玻作用是一个不可逆的过程,石英玻璃将转变为乳白色、脆性和透气的物质。一旦发现套管外表面上有脱玻的明显痕迹时,就应用喷砂法(氧化铝粉)除去,以阻止这一过程的发展。

4. 温度计的浸没深度

把温度计插入一个恒温槽中,逐步增加浸没深度直到示值无变化,说明温度计已充分浸没。为了使测量达到温度计自身的固有准确度,需要浸没的深度与被测温度值、温度计的设计有很大的关系。设计温度计时应使它有良好的径向辐射特性,而在纵向上,则用一组辐射阻挡片来阻止纵向热辐射。外界光源通过温度计石英外壳壁多次反射进入温度计感温元件部分,造成被测温度计温度测量结果发生变化,称为光管效应。为了阻止石英外壳的光管效应,石英管内壁要打毛,有时对于那些使用透明套管(玻璃、石英或刚玉)的温度计,还需要把一层表面(通常是外层)涂黑。

在没有光管效应及具备有效的纵向辐射阻挡层的条件下,测量室温以上的温度时,所需的浸没深度随温度的增加而增加,但在 400 ℃ 到 500 ℃ 附近,浸没深度达到极大值,以后由于径向辐射热交换的迅速增加,浸没深度可以稍浅一些。有关各种浸没效应的数据还是十分缺乏的;曾十分有名的 Meyer 型铂电阻温度计(现已不生产,但有些结构已被最近生产的 L&N 温度计所采用)在 0 ℃,230 ℃,420 ℃ 和 630 ℃ 时所需浸没深度分别为 11 cm,14 cm,17 cm,14 cm(对应这些浸没深度的测温精度,则分别等于或优于 0.05 mK,0.1 mK,0.2 mK,0.5 mK)。Tinsley 型温度计在 230 ℃ 时所需浸没深度约为 23 cm,420 ℃ 时,为 27 cm。以前生产的 L&N 型温度计(已长期不生产),在 420 ℃ 时,即使有 32 cm 的浸没深度还不够。

如果只要求精密度为上述数据的 2~3 倍,所需注意的问题大致如下。选择一支具有良好设计的温度计,有合格的浸没特性;一般说,自热效应越大,则时间常数越长。同时,对于同一精度来说,所需的浸没深度越深。在 -50 ℃ ~50 ℃ 时,温度计的浸没深度为 15 cm~20 cm;在 200 ℃ 和 200 ℃ 以上时,为 20 cm~27 cm。

5. 静压效应

熔融金属的静压效应在一定浸没深度所产生的误差见表5—4。这一效应既可用来校验整个测量的灵敏度,同时又可校核浸没深度是否合适。

表5—4 压力对一些定义固定点温度值的影响

物质	固定点温度值 T_{90}/K	相对于压力 p 温度变化率 $(dT/dp)(10^{-3}\ K \cdot Pa^{-1})$ [①]	相对于深度 L 温度变化率 $(dT/dL)/(10^{-3}\ K \cdot m^{-1})$ [②]
氩(tp);Ar(tp)	83.805 8	25	3.3
汞(tp);Hg(tp)	234.315 6	5.4	7.1
水(tp);H$_2$O(tp)	273.16	−7.5	−0.73
镓;Ga	302.914 6	−2.0	−1.2
铟;In	429.748 5	4.9	3.3
锡;Sn	505.078	3.3	2.2
锌;Zn	692.677	4.3	2.7
铝;Al	933.473	7.0	1.6
银;Ag	1 234.93	6.0	5.4
金;Au	1 337.33	6.1	10

①相当于每标准大气压的温度变化(mK)。

②相当于每米液体的温度变化(mK)。

6. 自热效应

在测量铂电阻温度计电阻值时,电流流过电阻要产生焦耳热。自热效应应包括内热效应和外热效应。温度计的内热效应是铂电阻温度计感温元件和保护管外壁之间的温度差,在给定的环境温度下,温度计的内热效应只与温度计结构和通过的电流有关。因此,在分度和测量时的内热效应是相同的。结构相同的温度计,自热效应大小是有起伏的,为$0.2\ mK/mA^2$或更大。如果温度计使用时的电流与分度时相同,则内热效应相同,因此,在与各分度点相同的温度时,套管外壁就有相同的温度。(忽略辐射效应)

在温度计套管外部还存在着外热效应。这是因为产生的焦耳热必须流到外部环境中去。总的自热效应(有内部热效应与外部热效应之和)的测量是简单的,只要将测得的电阻值外推到与零电流相应的电阻值就行了。

在精密测量中,零电流的电阻值由两个电流下所测得的阻值计算得到,这两个电流的比值为$1:\sqrt{2}$(考虑到平方定律的关系)。

零电流电阻的推算法:

若第一次测量时的电流为I_1,第二次测量时的电流为I_2,则

$$\Delta R_1 = R_1 - R_0 = cI_1^2 \qquad (5-37)$$

$$\Delta R_2 = R_2 - R_0 = cI_2^2 \qquad (5-38)$$

式中:c——比例系数;

R_1——通过电流I_1时的电阻值;

R_2——通过电流I_2时的电阻值;

ΔR_1——通过电流 I_1 时的电阻值与零电流电阻值之差；

ΔR_2——通过电流 I_2 时的电阻值与零电流电阻值之差。

令第一次通过的电流为 I_1（1 mA），第二次通过的电流为 I_2（$\sqrt{2}$ mA）。则

$$(I_2/I_1)^2 = n = 2$$

零电流电阻 R_0 可从下式计算得

$$R_0 = (nR_1 - R_2)/(n-1) = 2R_1 - R_2 \tag{5-39}$$

第四节　标准电阻温度计的检定设备

一、定义固定点装置

在第一章中已讲到建立一种温标必须具备以下 3 个条件：(1)固定点；(2)内插仪器；(3)内插函数。也就是说国际温标是以一组固定点温度，以及它们之间规定的内插方法为基础。ITS-90 中已给出了标准铂电阻温度计的电阻-温度关系，即参考函数和偏差函数。偏差函数包含几个温度系数，这几个系数对不同的铂电阻温度计数值是不同的。这些系数的确定要在所定义的固定点中进行，铂电阻温度计的校准和温标的传递就是在固定点中确定温度计的若干个温度系数值。ITS-90 所规定的固定点绝大多数都是纯物质的相变点。

固定点温度——物质不同相之间的可复现的平衡温度。

1. 物质的相变

自然界中的大多物质都是以气态、液态、固态三种聚集态存在的，它们在一定条件下可以平衡存在，也可以相互转换。相是指系统中物理性质均匀的部分，它和其他部分之间由一定分界面隔离开来。相是物质以气态、液态、固态存在的具体形式，所有纯物质在一定温度和压力下以三相中任一相的形式存在。当温度和压力变化时物质能从一相向另一相变化。物质从一相变为另一相称为相变。纯物质在相变过程中从外界吸收热量或放出热量用于增加或减少分子内能，因此在纯物质的相变过程中会有热量的吸收或释放，而相变过程中的温度不变。吸收或释放的热量被称为相变潜热。对于熔解所吸收的潜热被称为熔解热，对于汽化所吸收的潜热被称为汽化热；反之，所释放的热称为凝固热或冷凝热。由液态转变为气态时，体积会增加，但由固态变为液态时，大多数物质熔化时体积会增大，但也有例外，如冰、铋等体积反而缩小。物质熔解时的温度称为熔点，相反，凝固时的温度称为凝固温度，也称为凝固点。对同一物质，它的凝固点就是它的熔点，凝固时它的固态和液态是可以共存的，固态和液体共存的温度称为熔解温度或凝固温度，熔解时，吸收的热量用于使固体物质熔解；在凝固时，液态转变为固态，同时放出热量。

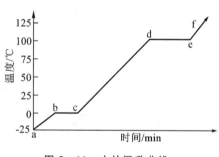

图 5-11　水的温升曲线

当物质的温度高于熔点时，它处于液态；而低于熔点时则处于固态。以水为例，它的温

升曲线见图 5－11。其中 bc 段和 de 段就对应于熔解和汽化,它的温度保持不变,这都是在一个大气压下发生的情况。但是相变也是压力的函数,当压力与温度适当时,相变会直接由固相变为气相,这称为升华。

物质在不同压力下升华温度不同,可以作出一条曲线——升华线。同样可根据不同压力下熔解温度不同作出熔解线以及汽化线。

2. 三相点

三相点——一种物质的三条曲线(熔解线、汽化线、升华线)的相交点称为该物质的三相点。只有这一点上纯物质三相共存,它的压力和温度都是定值。

(1) 水三相点(0.01 ℃)

水三相点是 ITS-90 中一个极为重要的基本固定点。它也是用来定义国际单位制中热力学温度单位——开尔文的基本点。热力学温度开尔文的定义是:水三相点热力学温度的 1/273.16。

水三相点就是水的三相(固、液、汽)共存的温度,水三相点压力是 610.75 Pa(4.581 mmHg),温度为 0.01 ℃(273.16 K),见图 5－12。铂电阻温度计的电阻-温度在计算时使用的电阻比 $W_t = R_t/R_{\text{tp}}$,是该支温度计所在温度 t 时的电阻值与该支温度计在水三相点温度下的电阻值之比。由此可见准确测量水三相点温度下的电阻值对复现温标、传递温标及实际测量温度都是非常重要的。

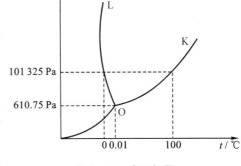

图 5－12 水三相图

水三相点使用一个三相点瓶来复现。瓶中装高纯水,其同位素成分相当于海水(每摩尔 ^{1}H 中约有 0.16 mmol 的 ^{2}H,每摩尔 ^{16}O 中约有 0.4 mmol 的 ^{18}O)。目前大量使用的是玻璃水三相点瓶,见图 5－13。还有一种专供管式的铂电阻温度计用的金属密封容器复现水三相点。

在液、汽面下 h 处,冰和水之间的平衡温度 t_{90} 由下式给出:

$$t_{90} = A + Bh \tag{5-40}$$

式中:$A = 0.01$ ℃;$B = -7.3 \times 10^{-4} \text{ m}^{-1}$℃。在精密测温时,应计入这一项静压误差。

玻璃水三相点瓶冻制可分下面几个步骤:

a) 水三相点瓶冻制前,要先将它放在一个由碎冰和水组成的冰槽中预冷 1～2 h,使其温度降到 0 ℃。

b) 用酒精将温度计插管内部冲洗干净,然后在管内不断加进液氮(或干冰),使插管周围冻成一层大约厚度为 10 mm 的均匀冰套。

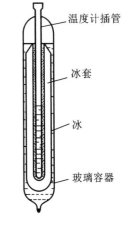

图 5－13 水三相点瓶

c) 在冰套形成后,为使紧贴着插管表面的冰融化一层,形成一个冰水交界面,可将稍高于 0 ℃ 的水倒入插管,使冰套内融可自由地转动为止。

d) 将插管中的水倒干净,换入预冷好的酒精,最后将水三相点瓶保存在冰槽中,冻制即成。

水三相点瓶制备后的头几个小时,由于冰结晶的生长或结晶内应力变化,测得的水三相点温度升得较快,大约经过24 h后就逐渐稳定了,所以水三相点瓶一般在冻制后第二天才开始用。

（2）氩三相点(83.805 8 K)

氩三相点容器由不锈钢制成,容器中充入高纯氩气,充入的氩气液化后体积约为15 cm³。将氩三相点容器通过法兰盘装在金属杜瓦瓶内,杜瓦瓶中注入液氮。低温容器上有真空压力表及恒压器。用恒压器控制杜瓦瓶的压力,从而控制杜瓦瓶内温度。氩三相点容器及低温槽见图5—14。

（3）汞三相点(234.315 6 K)

汞对人体是有毒的,把汞密封在容器内,可避免对人体和环境的污染。化学清洗加三次蒸馏法能获得高纯汞,其总杂质可达1×10^{-9}。如此纯度的汞,无论采用凝固技术或熔化技术,它的三相点的误差均在±0.1 mK。

图5—15所示为硼硅玻璃制成的汞三相点容器。它放在不锈钢的绝热筒中,通过改变不锈钢与容器之间的环状空气气压,来改变热交换程度或使其绝热。一个装有2 kg汞的三相点容器的凝固时间可达14 h。用凝固法实现汞三相点的复现性优于±0.05 mK。

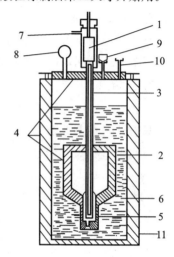

图5—14 氩三相点容器和低温槽

1—长杆铂电阻温度计;2—不锈钢容器;
3—温度计管;4—聚氨基甲酸酯泡沫塑料;
5—固—液氩;6—液氮槽;
7—氩气入口;8—压力计;
9—压力调节阀;10—液氮输入管;
11—低温槽

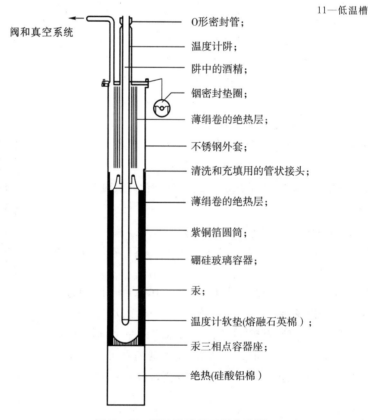

阀和真空系统

O形密封管;
温度计阱;
阱中的酒精;
铟密封垫圈;
薄绢卷的绝热层;
不锈钢外套;
清洗和充填用的管状接头;
薄绢卷的绝热层;
紫铜箔圆筒;
硼硅玻璃容器;
汞;
温度计软垫(熔融石英棉);
汞三相点容器座;
绝热(硅酸铝棉)

图5—15 硼硅玻璃汞三相点容器

3. 金属固定点

凝固点——晶体物质从液相向固相转变时的相变温度。

熔化点——晶体物质从固相向液相转变时的相变温度。

所有金属的固定点,无论是凝固点还是熔化点都有一个共同的特点,即具有一个连续的液-固交界面。它围住待分度的温度计的感温元件。这时,当液态金属不断凝固时,外面的一个交界面以可以控制的速度向前移动。在理想的条件下金属样品的全部外表面将形成厚度完全均匀的固体壳。这层外壳作为第二个交界面的屏蔽,第二个交界面紧靠着插温度计的阱,并且它是固定不变的。温度计所测量的温度,就是这个第二交界面的温度。

在 0 ℃～961.78 ℃ 温度范围的金属固定点有镓熔点(29.764 6 ℃)、铟凝固点(156.598 5 ℃)、锡凝固点(231.928 ℃)、锌凝固点(419.527 ℃)、铝凝固点(660.323 ℃)和银凝固点(961.78 ℃)

(1)坩埚组件

在 0 ℃～961.78 ℃ 温度范围所用的大多数金属凝固点,其金属样品都放在高纯石墨制成的圆形坩埚中,它们的典型尺寸:石墨坩埚外径约 5 cm,长 20 cm(见图 5-16),分度时液态金属的深度一般不应小于 10 cm。

坩埚用一个石墨盖盖住,石墨盖的中心有一个小孔,以便插温度计的阱(派勒克司玻璃、石英玻璃或石墨)同轴地固定在金属锭中。坩埚放在石英玻璃或派勒克司玻璃制的容器中,容器的长度一直延伸到炉口。容器顶部用不锈钢帽密封,以便抽空或充入氩气。

(2)样品的纯度

为了达到最高准确度,所有金属样品的纯度都应为 99.9999%。这种样品的凝固温度和理想样品之差约零点几毫开。纯度为 99.9999% 的锡和锌,通常的分度误差可在 1 mK 以内,主要取决于杂质的含量。

(3)电加热器

a)中温炉(In,Sn,Zn)

一个凝固温度低于 500 ℃ 的适用的金属电炉如图 5-17 所示。盛有坩埚的容器放在一个厚紫铜(或铝)块中。铜块放在一个绝缘良好的金属圆筒的中心,圆筒外面有一层氧化硅纤维,上面绕了一个 A 型镍铬丝加热器,外面再绕一层氧化硅纤维。加热绕组有一个可调电源供电。

b)电阻温度计高温炉(Al,Ag)

图 5-18 是一种高温凝固点炉,它与图 5-17 所示的区别是:金属块和绕丝的圆筒由因康镍合金制成;有几个端部加热器,每个加热器组由独立的可调电源供电;使用石英纤维和套管作为加热电阻丝的电绝缘材料;800 ℃ 以下可使用镍铬合金作为电热材料,高于 800 ℃ 可使用铁铬铝电阻合金;炉顶和炉底的支撑不用水泥石棉板而用因康镍合金;以膨胀氧化硅胶粉末和氧化硅棉代替蛭石和派勒克司玻璃棉。定点炉外壳用水冷却。

镓熔点容器的结构见图 5-19。由于镓在凝固点时体积膨胀较大,约为 3.1%,故采用全塑容器,各部件用高真空树脂粘结和密封。在存储和使用中镓容器应处于纯氩气氛中。由于单层塑料容器仍旧过于单薄,容易破裂,因此制做精良的镓点容器会在塑料容器外层增加一层金属外壳。

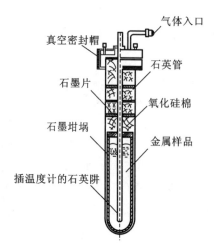

图 5－16　金属凝固点容器

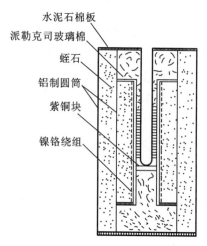

图 5－17　中温金属凝固点定点炉

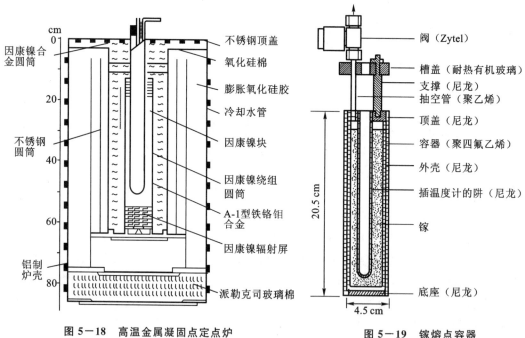

图 5－18　高温金属凝固点定点炉

图 5－19　镓熔点容器

4. 固定点的复现方法

（1）汞三相点（234.315 6 K）

把汞三相点容器放入低温恒温槽内，插入一支监测温度计。降低温槽内温度至－45 ℃，使容器中的汞自然冷却。当确认汞完全凝固后将恒温槽升温至－40 ℃，稳定适当时间后将恒温槽的温度升至－38.79 ℃，并控制在此温度附近，使汞缓慢熔化。监测温度计电阻变化，直至温坪出现。

(2) 氩三相点(83.805 8 K)

将液氮注入杜瓦瓶中,使氩三相点容器全部浸泡在液氮中,以保证氩全部冷凝。插入一支监测温度计,观察温度计的电阻变化,当确认氩全部凝固后,将杜瓦瓶注满液氮。增加液氮的蒸气压(或用脉冲加热法),将温度控制在高于氩三相点 0.3 K～0.5 K 范围内,使固态氩逐渐融化。监测温度计电阻变化,直至温坪出现。

(3) 镓熔点(29.764 6 ℃)

将镓容器放入盛有碎冰的杜瓦瓶中,至少 1 h 后镓才能完全固化。若镓的初态是熔化态,则在将容器置入杜瓦瓶之前,应先把液氮冷却过的铜棒反复插入阱中,使金属中产生结晶核。阱中置有轻油作为导热介质。然后用约 40 ℃ 的油将镓熔化一部分。约 25% 的样品熔化,然后将容器转移到一台恒温油槽中,油槽温度控制在比熔点约高 0.1 K,这时塑料容器应完全浸没在油槽的液体中。

目前已有带自动冻制保存及熔化功能的镓点保存装置,按程序设定自动复现即可。

(4) 铟凝固点(156.598 5 ℃)

铟的过冷量不大于 1 ℃,所以一般不用在恒温器外形成晶核。金属熔化后,炉温稳定在凝固温度以上 1 ℃ 左右。当容器中的温度计的温度值下降到接近凝固点时,将温度计拔出冷却 1 min 后再重新插入到容器中。温度计吸收的热量足以快速生成晶核,在温度计阱的周围形成一簿层固态铟套,很快达到温坪。

(5) 锡凝固点(231.928 ℃)

高纯锡凝固时,过冷量很大。因此为了获得所需的恒定温坪,必须采用双诱导方式:当锡完全熔化后,使炉温比凝固点高 2 ℃～3 ℃,保持 10 min～15 min,在此期间温度变化不应超过 0.2 ℃,然后使熔锡以 0.1 ℃/min 的速率降温。插在坩埚中的铂电阻温度计监视的温度降到锡凝固点以下,观测到温度开始上升时,取出监控温度计,使用两支石英玻璃棒各诱导 1min,再将温度计插入容器内,同时将炉温控制在比凝固点低 0.5 ℃ 的范围内。

(6) 锌凝固点(419.527 ℃)

当锌完全熔化后,使炉温比凝固点高 2 ℃～3 ℃,保持 10 min,在此期间温度变化不应超过 0.2 ℃,然后使熔锌以 0.1 ℃/min 的速率降温。当插在坩埚中的铂电阻温度计监视的电阻停止下降并回升时,取出温度计,插入诱导棒(或被检温度计)1 min,同时将炉温控制在比凝固点低 0.5 ℃ 的范围内。

(7) 铝凝固点(660.323 ℃)

铝的过冷量一般约 0.4 ℃～0.6 ℃。当固定点容器内的金属样品完全保温熔化后,将定点炉的温度控制并保持在比凝固点温度高 1.5 ℃～3 ℃ 的范围内。用一支监视的铂电阻温度计插入固定点容器中,观察其温度变化,若在 10 min 内温度波动小于 0.1 ℃,然后使熔铝以 0.1 ℃/min 的速率降温,当监视温度计的温度数值停止下降并开始回升时,立即取出温度计,插入一支常温的石英管诱导 1 min 后取出。同时将炉温控制并保持在比凝固点温度低约 1 ℃ 的温度上。

（8）银凝固点(961.78 ℃)

银凝固点的操作方法与锌或铝凝固点时所用诱导凝固技术类似。

二、用比较法进行检定的设备

利用定点法分度的温度计虽然能获得较高精度,但是,这种方法实验操作复杂、时间长、代价高、难度大,此法通常用于国家级标准或高精度电阻温度计的分度。对于精度不高或工业用电阻温度计,可用比较法检定。其实验装置与被检温度计的类型和测温范围有关。

1. 检定低温铂电阻温度计用恒温槽

图5-20为用于低温套管铂电阻温度计比较检定的恒温槽。

该恒温器的真空套管用不锈钢制成,实验时将其浸没在盛有冷源的金属（或玻璃）杜瓦容器内。使用的制冷剂由被检温度计测温范围而定,一般用液氢或液氮。使用的铜块具有6个均匀分布的温度计插孔。铜块上端用吊杆连接到辐射屏顶盖上。吊杆表面饶有漆包铜丝,成为控温用的铜电阻温度计。在顶盖表面装有控温用的碳电阻温度计或铑铁电阻温度计。恒温器内所有引线均用直径为0.1 mm的锰铜丝,并通过热锚柱向外引出,以便沿引线从外部传入的热量大部分传入制冷剂。高真空管和引出线管均采用导热性能差的薄壁不锈钢管,以减少热漏。为了调节恒温器温度,通常在辐射屏与铜块表面均绕有加热器,并用控温器自动控制加热电流,使恒温器的温度按检定点的要求由下限逐点升到上限,并能保持稳定的状态。通常这种检定装置铜块温度的稳定度可达1 mK/h。

2. 低温绝热恒温槽

如图5-21所示为用于锗电阻温度计作比较检定和国际比对的低温绝热恒温槽。该装置结构简单、性能优良。中心部位的铜块固定在内辐射屏的底部,铜块上端插孔可安装锗电阻温度计或铂电阻温度计。铜块和内辐射屏组成了恒温槽的主控区,并通过不锈钢管与减压室焊接成一体。外辐射屏与减压室的下端连接在一起,构成次级控温区,以屏蔽来自外部的漏热。恒温槽的外围有真空套,它通过钢丝密封圈同顶板紧密相连。输液管与顶板相接,顶板中部焊有抽高真空的不锈管,管内有防辐射挡板。所有进入恒温槽的电测引线、加热引线（直径为0.1 mm）都应牢牢地绕在三个相互隔离的热锚上,其中第一热锚位于与液氢有良好热接触的紫铜管上;第二个热锚是在液氢减压室表面;第三个热锚是铜块本身。

经过这些隔热措施,能降低导线将室温热量传给恒温槽,保证了铜块温度的稳定。槽内温度的控制和调节方法与所处的温区有关,该恒温槽采用以下三种方法控温:在1.3 K～3 K,通过对储存液氢的减压室连续抽真空,用减压法控温;在3 K～6 K,通过调节减压室内氢蒸气,并用一个压力稳定器来控温;6 K以上,通过抽取氢蒸汽使其保持一定真空度,并调节碳电阻的加热电流来实现。在25 K以上,用阻值为100 Ω的微型铂电阻作为控温用传感器。低于此温度时,用阻值为10 Ω的微型碳电阻作为控温用传感器。控温时,应使铜块温度略比其他部位的温度低。应用上述方法控温时,使槽温在1.1 K～30 K范围内的稳定性保持在 0.1 mK 之内。

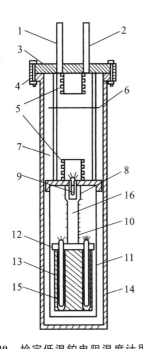

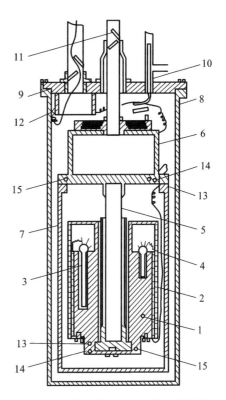

图 5－20　检定低温铂电阻温度计用恒温槽

1—引线出口管;2—高真空泵接口;

3—恒温槽上盖;4—铟密封圈;5—引出线热锚柱;

6—热辐射挡板;7—尼龙吊丝;8—加热器;

9—控温用温度计;10—铜电阻温度计;

11—辐射屏;12—接线环;13—铜块;14—真空套;

15—铂套管电阻温度计;16—吊杆

图 5－21　检定锗电阻温度计用恒温槽

1—铜块;2—内辐射屏;3—锗电阻温度计;

4—铂电阻温度计;5—不锈钢管;6—减压室;

7—外辐射屏;8—真空套;9—密封圈;

10—输液管;11—防辐射挡板;12—紫铜管;

13—碳电阻;14—微型铂电阻;15—控温传感器

3. 检定碳玻璃电阻温度计的低温绝热恒温槽

图 5－22 是用来检定碳玻璃电阻温度计的低温绝热恒温槽。该槽使用温度范围为 1.5 K～300 K,槽内温度稳定程度为 ±3 mK。恒温槽内用来安装温度计的圆柱铜体直径为 50 mm,长为 100 mm,用 96 根直径为 0.1 mm,长为 3 m 的铜丝作为温度计引线。这些引线表面涂有瓷漆。为使温度计与外界的热传导减到最小值,槽内设有 4 个热锚隔离点。槽内的真空度应达到 1.3×10^{-2} Pa 以上。铜圆柱体与外壳之间用内屏蔽筒隔离外界的漏热,屏蔽筒表面绕有加热丝,以调节其温度。整个恒温槽外壳浸注在存放液氮的杜瓦瓶中。槽内使用的标准温度计为铑铁电阻温度计和铂电阻温度计。此恒温槽的最大特点是能同时安装数量众多的被检温度计,并且结构简单,操作方便。控温精度能满足一般低温温度计的检定。

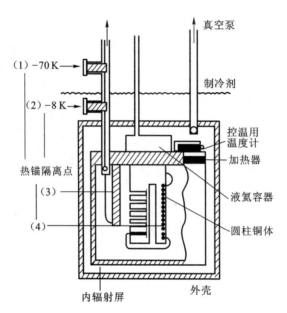

图5-22 检定碳玻璃电阻温度计用低温绝热恒温槽

三、电测量仪器

为了用电阻温度计精确测定温度,必须正确测量电阻温度计的电阻及其变化。电阻的测量方法有以下几种:

1. 电位法

在四引线温度计的电阻测量中,无疑用电桥是比较合适的,特别是在中、高温范围,因为引线的电阻可以做得比较稳。但当引线电阻是变化的,例如低温恒温器中的测量引线;或者引线电阻可与温度计的电阻相比拟,甚至超过后者,那么使用电位差计就比较优越。

电位差计法(又称补偿法)就是用已知电压去平衡温度计敏感元件上通过恒定电流时产生的电压。也就是说电位差计法的原理是确定温度计上的电压 V_x 与通过回路中已知电阻(R_N)上的 V_N 之比,从而间接求出温度计的电阻 R_x。见图5-23。

在一个电流回路中,测定已知电阻和未知电阻上的电压降,算出未知电阻。由

$$I = \frac{V_x}{R_x} = \frac{V_N}{R_N}$$

于是得

$$R_x = \frac{V_x}{V_N} \cdot R_N \qquad (5-41)$$

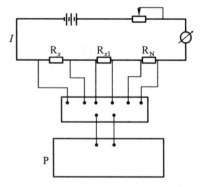

图5-23 电位差计法

R_x——温度计电阻;R_N——已知电阻;
P——电位差计;I——电流

从式(5-41)中可知在测量中电流 I 是常数。因此,回路中的电流要足够稳定,而且寄生电势必须足够小,这是电位差计法的主要缺点。它的优点是:因为电位引线电流为0,可以

消除引线电阻。

2. 电桥法

（1）直流测温电桥

史密斯Ⅲ型电桥和国产的 XQJ－6 型电桥及 QJ－18a 电桥,它们的原理和线路基本相同。它们的特点是,基本原理简单,使用方便,是一种专用的测温电桥。电桥的原理线路见图 5－24。

图中:S——比较臂,固定电阻 1 000 Ω;

　　　R——比较臂,固定电阻 10 Ω;

　　　b——比较臂,固定电阻 990 Ω;

　　　Q——比较臂,可调电阻

　　　（1 000,100,10,1,0.1,0.01）×10 Ω;

　　　a——与 Q 臂联动可调电阻

　　　$a=a_Q+a'=Q+a', a'=10$ Ω(或 40 Ω);

　　　P——铂电阻温度计;

　　　L_1, L_2, L_3, L_4——引线电阻。

因史密斯电桥是双电桥在电桥中增加了跨线 EF（即 L_2）,为了分析原理方便,利用星形变三角形的原理,把双电桥变成单电桥,如图 5－25 所示。

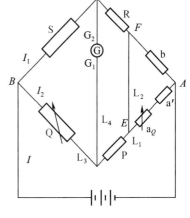

图 5－24　史密斯电桥原理图

根据星形变三角形的原理,图 5－25 中:

$$B=\frac{L_2 b}{L_1+L_2+a+b} \tag{5-42}$$

$$P_1=\frac{L_2(a+L_1)}{L_1+L_2+a+b} \tag{5-43}$$

$$A=\frac{b(a+L_1)}{L_1+L_2+a+b} \tag{5-44}$$

根据单电桥平衡原理如式（5－45）和式（5－46）:

$$S(P+P_1)=(R+B)(Q+L_3) \tag{5-45}$$

$$P=\frac{(R+B)(Q+L_3)}{S}-P_1 \tag{5-46}$$

把 B, P_1 代入式（5－46）得式（5－47）:

$$P=\frac{QR}{S}+\frac{RL_3}{S}+\frac{L_2 b(Q+L_3)}{S(L_1+L_2+a+b)}-\frac{L_2(a+L_1)}{(L_1+L_2+a+b)} \tag{5-47}$$

上式中后二项分母中有 $S(a+b)$ 和 $(a+b)$,故 L_1、L_2 影响很小,引线电阻影响最大的是 L_3。因为在第二项中只有 $\frac{RL_3}{S}$,此桥中 $R=10$ Ω,$S=1\ 000$ Ω,则 $\frac{R}{S}=\frac{1}{100}$,这样就把 L_3 减少到了 1/100。

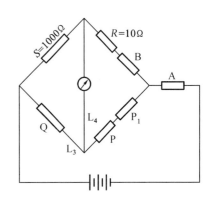

图 5－25　史密斯电桥双桥变单桥原理图

把式(5-46)加减一个 $\dfrac{L_2R}{S}$ 得下式：

$$P = \frac{QR}{S} + \frac{R(L_3-L_2)}{S} + \frac{L_2R}{S} + \frac{[L_2b(Q+L_3)]}{S(L_1+L_2+a+b)}$$
$$- \frac{[L_2(a+L_1)]}{(L_1+L_2+a+b)}$$

因为 L_1、$L_2 \ll a$、b，所以最后二项分母中的 L_1、L_2 可以忽略不计。又因为 $L_3 \ll Q$，$L_1 \ll a$，故 L_3、L_1 又可以忽略，得式(5-48)：

$$P = \frac{QR}{S} + \frac{R(L_3-L_2)}{S} + \left[\frac{L_2}{(a+b)}\right] \times \left[\frac{R(a+b)}{S} + \frac{bQ}{S} - a\right] \quad (5-48)$$

从式(5-48)可见，前二项是被测电阻与电桥中各桥臂的关系式。如果我们令第三项中 $\dfrac{R(a+b)}{S} + \dfrac{bQ}{S} - a = 0$，那么第三项可以消掉，即得式(5-49)：

$$R(a+b) + bQ - aS = 0 \quad (5-49)$$

得式(5-50)：

$$\frac{a}{b} = \frac{R+Q}{S-R} \quad (5-50)$$

式(5-50)是电桥设计的条件，满足此条件第三项就可以消除。其中 Q 是可调臂，在电桥中采用了 a 与 Q 联动的电路，时刻保持 $a = 10 + Q$ 的关系。因此式(5-48)中第三项可以消除。式(5-48)可以写成式(5-51)：

$$P = \frac{Q}{S} \cdot R + \frac{R}{S}(L_3-L_2) \quad (5-51)$$

在实际测量中，采用调换引线的办法来消除第二项，第一次测量如上式，第二次测量把 L_2 与 L_3 对调，那么结果为式(5-52)：

$$2P = 2\frac{Q}{S} \cdot R + \frac{R}{S}(L_3-L_2) + \frac{R}{S}(L_2-L_3) = 2\frac{Q}{S} \cdot R$$
$$P = \frac{Q}{S} \cdot R \quad (5-52)$$

为了减少电阻温度计在测温时铂电阻元件通过电流而产生的热效应（在水三相点瓶中，1 mA 的工作电流可使 R_{tp} 升高相当于 1 mK～3 mK），所以一般在检定或使用中规定通过温度计的电流为 1 mA，而通过温度计的电流只能用指示电桥工作电流的毫安表来观察，如图5-24，总电流 I 在 B 点分为 I_1 流经 S、R 臂，I_2 流经 Q、P 臂，即 $I = I_1 + I_2$；通过电阻温度计的电流为 I_2，就是流经 Q 臂的电流。又知在电桥平衡时检流计指零，即 $I_1S = I_2Q$。

如何知道通过温度计的电流为 1 mA？举例说明如下：当测量水三相点时，若电阻温度计的电阻为 25 Ω，Q 的可调电阻值应为 2500 Ω，$I_2 = 1$ mA，$S = 1\,000$ Ω，则毫安表指示通过的电流应为

$$(I-I_2) \times 1\,000 = I_2 \times 2\,500$$
$$I - I_2 = 2.5 I_2$$
$$I = 2.5\ \text{mA} + 1\ \text{mA} = 3.5\ \text{mA}$$

同理,在锌点电阻温度计的电阻约 64 Ω,则毫安表指示通过的电流应为

$$(I-I_2)\times 1\,000 = I_2 \times 6\,400$$

$$I = 7.4\ \text{mA}$$

(2) 直流比较仪测温电桥

直流比较仪是一种多绕组环形变压器,当绕组中通过直流电流时,在铁芯上形成直流磁通。为了能够检测出铁芯的直流磁通,还需加上调制绕组和检测绕组,并在调制绕组中通以某一特定幅度和频率的方波。使铁芯进入饱和状态,然后用检测绕组检测铁芯中的直流磁通。当主、副比较绕组中的主、副安匝量相等,方向相反时,铁芯中直流磁通为零;如果不相等,则铁芯中就有直流磁通,并在检测绕组中产生 2 倍于调制频率的窄脉冲。于是可用峰值检测器检测出脉冲的幅值和极性。并有安匝平衡指示器指示这种不平衡信号及其量值与极性。见图 5-26。

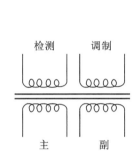

图 5-26 电流比较仪原理图

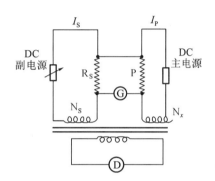

图 5-27 比较仪测温电桥原理图

电流比较仪电桥的原理见图 5-27。图中 R_s 为标准电阻,P 为被测电阻,DC 为稳流源和伺服电源,N_x 和 N_s 为线圈匝数,G 和 D 为检流计,I_s 和 I_P 为通过 R_s 和 P 的电流。

电桥的动作过程如下:先调整副 DC 使 I_s 在 R_s 上产生的电压与 I_P 在 P 上产生的电压相等,那么 G 指零。这时引线中无电流通过。

$$U_X = U_S \qquad I_P P = I_S R_S \qquad \frac{P}{R_S} = \frac{I_S}{I_P}$$

这时电流比等于电阻比。

再调整 N_x 使 I_P 在线圈 N_x 产生的磁通与 I_s 在 N_s 上产生磁通相等。因为 I_s 和 I_P 方向相反,所以在铁芯中产生的磁通也是方向相反,故 D 中无感应电流通过,D 指零。

$$I_P N_x = I_S N_S \qquad \frac{N_x}{N_S} = \frac{I_S}{I_P}$$

电流比等于匝数比,因此 $\dfrac{P}{R_S} = \dfrac{N_x}{N_S}$。则 P 如式(5-53):

$$P = \frac{N_x}{N_S} \cdot R_S \qquad\qquad (5-53)$$

即由匝数比及标准电阻可求出电阻 P,对于中温范围内的温度计($R_{tp} \approx 25\ \Omega$)$R_S$ 可选取为 10 Ω。由于同时调节而达到两种平衡状态是困难的,所以电桥设计为安匝自动平衡,电阻上的电压平衡是手动的。

240 | 计量检测人员培训教材
温度计量（第2版）

这类电桥有上海电表厂生产的 QJ—58 型直流比较仪式测温电桥，加拿大生产的 6010B 自动电阻/温度电桥，9975 电流比较仪式测温电桥。

（3）精密交流测温电桥

该电桥的原理见图 5—28。

电桥采用 400 Hz 的振荡频率作电源，P 为铂电阻温度计的电阻，R_S 为交流标准电阻。测量臂是两个结构相似的 8 位感应分压器，z_0 和 z_5 分别为内、外分压器的输入阻抗，约为 5×10^5 Ω。温度计引线电阻 z_1、z_2 一般小于 0.1 Ω，标准电阻 R_S 的引线电阻 z_3、z_4 小于 0.1 Ω，并设有引线调节电阻。在设计电桥时采取内外臂联

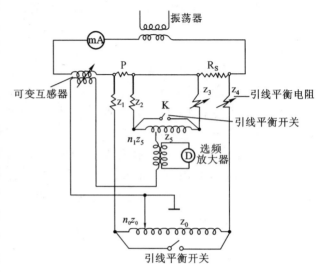

图 5—28　交流双电桥原理图

动方法调节，为调节平衡，设有 ±3 μH 的可变互感器。选频放大器 D 相当于电阻电桥的检流计。测量时，接好线路后将分压器短路开关闭合，调节引线电阻调节器，使电桥平衡，然后打开短路开关，调节感应分压器的转盘使电桥平衡。根据两次平衡可求得平衡方程式的解为式（5—54）：

$$P = P_S \left(\frac{n_0}{1-n_0} \right) \left[1 + \frac{z_1}{n_0 z_0} - \frac{z_4}{(1-n_0) z_0} \right] \tag{5—54}$$

温度计引线电阻 z_1 随测温范围和温度计的浸没深度不同而有所变化，在 −190 ℃～630 ℃ 范围的变化量约为 0.2 Ω～0.6 Ω。这引起的测量误差在 200 ℃ 以下为 0.2 mK，在 630 ℃ 时小于 0.7 mK，可以忽略，则式（5—54）可简化为

$$P = P_S \left(\frac{n_0}{1-n_0} \right)$$

式中：n_0——分压器的读数，当 $n_0 = 0.5$ 时，$P = P_S$。

这类电桥有 tinsley 制造的 5840 型精密电阻温度计电桥，英国 ASL（自动系统实验室）的 F18AC 电桥。

第五节　标准电阻温度计的检定

一、标准铂电阻温度计的检定

标准铂电阻温度计的检定依据是：ITS-90 和 JJG 160—2007《标准铂电阻温度计》和 JJG 985—2004《高温铂电阻温度计工作基准装置》。

符号说明：

R_{tp}——铂电阻温度计在水三相点（0.01 ℃）的电阻值；

W_{Hg}——铂电阻温度计在汞三相点(234.315 6 K)的电阻值 R_{Hg} 与 R_{tp} 的比值；

W_{Ar}——铂电阻温度计在氩三相点(83.805 8 K)的电阻值 R_{Ar} 与 R_{tp} 的比值；

W_{Ga}——铂电阻温度计在镓熔点(29.764 6 ℃)的电阻值 R_{Ga} 与 R_{tp} 的比值；

W_{Sn}——铂电阻温度计在锡凝固点(231.928 ℃)的电阻值 R_{Sn} 与 R_{tp} 的比值；

W_{Zn}——铂电阻温度计在锌凝固点(419.527 ℃)的电阻值 R_{Zn} 与 R_{tp} 的比值；

W_{Al}——铂电阻温度计在铝凝固点(660.323 ℃)的电阻值 R_{Al} 与 R_{tp} 的比值；

W_{Ag}——铂电阻温度计在银凝固点(961.78 ℃)的电阻值 R_{Ag} 与 R_{tp} 的比值。

（一）−189.344 2 ℃～660.323 ℃ 范围标准铂电阻温度计的检定

1. 外观尺寸

（1）温度计应标有制造厂的铭牌标志、出厂编号。温度计及其感温元件的支撑骨架应完整无裂痕，保护管内不应有任何碎片，各部件之间应固定牢固。

（2）使用在 600 ℃ 以上的温度计，其外护管的长度为 510 mm±10 mm，使用在 600 ℃ 以下的温度计，其外护管的长度为 470 mm±10 mm，其外径均小于 6 mm～7.5 mm，管的外壁需进行抑制热辐射的处理。感温元件应位于保护管顶端起 60 mm 范围内（特殊要求的温度允许直径与长度有所改变。）

（3）温度计外套应干净，无油污或其他附着物。

2. 结构

（1）温度计感温元件应采用无应力结构，温度变化时感温元件的铂丝应能自由地膨胀和收缩。

（2）温度计为四端电阻器，即从感温元件两端各引出两根引线，外引线末端应焊接紫铜接线片。

（3）温度计的外护管应密封，管内应充含有氧气的干燥空气。外护管不得有破损、划痕及析晶。

3. 计量性能要求

（1）电阻特性

温度计在水三相点温度(0.01 ℃)时的名义电阻值 R_{tp} 应为(25±1)Ω 或(100±2)Ω。

温度计的感温元件必须满足下列两个条件之一：

$$W_{Ga} \geqslant 1.118\ 07 \tag{5-55}$$

$$W_{Hg} \leqslant 0.844\ 235 \tag{5-56}$$

（2）稳定性

a）首次检定温度计的稳定性要求

首次检定的温度计应先在不同温区要求的上限温度退火，一般使用在 600 ℃ 以上的温度计在 660 ℃ 退火 4 h，而使用在 600 ℃ 以下的温度计在 600 ℃ 退火 4 h 后，测量 R_{tp} 及上限固定点的 R_t，再求出 W_t，然后在 660 ℃ 或 600 ℃ 退火 100 h 后再测量 R_{tp} 及 W_t，退火前后测量值之差的绝对值换算为温度差值，应不超过表 5-5 规定的数值。稳定性考核完成后，进行分温区检定。

表 5-5　首次检定温度计的稳定性要求　　　　　　　　　　　mK

项目	首次检定温度计的稳定性要求		
	工作基准	一等标准	二等标准
R_{tp}	3.0	4.0	8.0
W_{Al}	5.0	10.0	20.0
W_{Zn}	4.0	8.0	16.0

b）温度计在各固定点多次分度及相邻周期检定结果的稳定性要求

不同使用范围及不同结构的温度计在所要求的上限温度退火 2 h 后，在各个固定点温度上连续复现两次，两次复现结果之差的绝对值换算成温度值，应不超过表 5-6 规定的数值。

表 5-6　使用中温度计的稳定性要求　　　　　　　　　　　mK

项目	各固定点分度多次的差值			两相邻周期检定结果的差值		
	工作基准	一等	二等	工作基准	一等	二等
R_{tp}	2.0	2.5	5.0	3.0	5.0	10
W_{Al}	2.0	4.0	6.0	6.0	12	24
W_{Zn}	1.5	2.0	4.0	4.5	9.0	18
W_{Sn}	1.2	1.8	3.6	3.5	7.0	14
W_{In}	1.2	1.8	3.6	3.5	7.0	14
W_{Ga}	1.0	1.5	3.0	2.0	4.0	8.0
W_{Hg}	1.2	1.8	3.0	2.0	5.0	10
W_{Ar}	1.5	3.0	6.0	4.0	8.0	16

温度计在各个固定点的检定结果与上一周期的检定结果之差的绝对值，换算成温度值，应不超过表 5-6 规定的数值。

（3）热电性能

a）自热效应。温度计感温元件通过 1 mA 电流，在水三相点温度时的自热效应，对于工作基准不应超过 2.0 mK，一等标准不应超过 3.0 mK，二等标准不应超过 4.0 mK。

b）热电势。温度计在上限凝固点温度时任意两引线间的热电势，工作基准不应超过 0.6 μV，一等标准应不超过 0.8 μV，二等标准应不超过 1.5 μV。

c）绝缘电阻。温度计在环境温度下手柄的金属外壳和任一引线之间的电阻不应小于 200 MΩ。

4. 计量标准、检定设备和配套设备

（1）计量标准

检定工作基准铂电阻温度计的标准器为温度基准装置。基准装置包括定义固定点装置和国家基准铂电阻温度计，检定一等标准铂电阻温度计的标准器为工作基准装置。工作基准装置包括定义固定点装置、液体比较槽和工作基准温度计 3 支；检定二等标准铂电阻温度计的标准器为一等标准装置。一等标准装置包括定义固定点装置、液体比较槽和一等标准温度计 3 支。

（2）检定设备

a）固定点装置

固定点装置有铝、锌、锡、铟凝固点装置，镓熔点装置，汞、氩、水三相点装置，共 8 个。

b）比较检定装置

比较检定装置有水沸点及液氮比较装置。

（3）配套设备

a）电阻测量仪器

测量温度计的电测设备为测温电桥，检定工作基准的测温电桥要求在引用修正值后测量电阻值的相对误差不大于 0.8×10^{-7}；检定一等标准的测温电桥的相对误差不大于 2×10^{-6}；检定二等标准的测温电桥的相对误差不大于 1×10^{-5}。如需配用标准电阻，其标准电阻的环境温度应满足准确度要求。允许使用技术指标不低于此要求的其他电测设备。

b）退火炉装置

退火炉的使用范围为 200 ℃ ～ 700 ℃。炉温稳定时对名义设定点的偏离及波动应在 ±10 ℃ 以内。在放置感温元件处的 60 mm 范围内，垂直温场最大温差应不超过 1 ℃。

c）四端转换开关，其杂散热电势不应大于 0.4 μV。

d）可测量 0.1 μV 的低电势直流电位差计或数字电压表。

e）500 V 的绝缘电阻表。

5. 铂电阻温度计的检定

（1）测量 W_{Al}

按本章第四节中固定点的复现方法第（7）条进行操作。当温坪到达后，即可进行测量。温度计达到热平衡后，开始读数。工作基准温度计首先读取在规定测量电流的数值，然后测量自热效应，再读取温度计在规定测量电流的数值，前后读数的差值应不大于 0.4 mK，则取其平均值 $\overline{R_{Al}}$ 经静压修正、电桥所配标准电阻的温度修正和气压修正后作为在铝凝固点的电阻值 R_{Al}。一、二等标准铂电阻温度计数个测量值之间的差值应不大于 0.6 mK。

一次温坪可以分度多支温度计，从第 2 支温度计开始，在插入铝凝固点炉前需在 650 ℃ 进行预热。分度完后的温度计要马上插入 650 ℃ 的退火炉进行 1.5 h 的退火处理，退火后的温度计在退火炉中随炉温降到 420 ℃ 以下方可取出。

R_{Al} 测量完毕并退火后的温度计，应测量 R_{tp} 值，W_{Al} 由式（5-57）得到：

$$W_{Al} = R_{Al} / \overline{R_{tpl}} \tag{5-57}$$

式中：$\overline{R_{tpl}}$ ——测量 R_{Al} 前后两次 R_{tp} 的平均值。

由不在同一次温坪得出的两次 W_{Al} 之间的差值的绝对值换算为温度值，不应超过表 5-6 规定的数值，则取其平均值作为最后检定结果。

（2）测量 W_{Zn}、W_{In}

按本章第四节中固定点的复现方法第（6）条和第（4）条进行操作，当温坪到达后，即可进行测量。温度计达到热平衡后，即开始测量其电阻。工作基准温度计先读取温度计通过规定电流的数值，然后测量自热效应，再读取温度计通过规定的电流的数值，前后读数的差值换算为温度值应不大于 0.3 mK，则取其平均值 $\overline{R_{Zn}}$、$\overline{R_{In}}$，经修正后作为在锌凝固点、铟凝固

点的电阻值 R_{Zn}、R_{In}。一、二等标准铂电阻温度计测量的数个读数的差值应不大于 0.5 mK。R_{Zn}、R_{In} 测量完毕后，应立即测定 R_{tp}。W_{Zn}、W_{In} 分别由式（5－58），式（5－59）计算得到。

$$W_{Zn} = R_{Zn}/\overline{R_{tp2}} \tag{5－58}$$

$$W_{In} = R_{In}/\overline{R_{tp3}} \tag{5－59}$$

式中：$\overline{R_{tp2}}$、$\overline{R_{tp3}}$——测量 R_{Zn}、R_{In} 前后两次的 R_{tp} 的平均值。

由不在同一次温坪得出的两次 W_{Zn}、W_{In} 各自间的差值的绝对值换算为温度值应不超过表 5－6 规定的数值。取其平均值作为最后的检定结果。

（3）测量 W_{Sn}

工作基准、一等标准铂电阻温度计必须用锡凝固点检定，二等标准铂电阻温度计可用水沸点代替。

按本章第四节中固定点的复现方法第（5）条进行操作，当温坪到达后，即可进行测量。温度计达到热平衡后，即开始测量其电阻。工作基准温度计先读取在规定测量电流的数值，然后测量自热效应，再读取温度计在规定测量电流的数值，前后读数的差值应不大于 0.3 mK，取其平均值 $\overline{R_{Sn}}$，经修正后作为在锡凝固点的电阻值 R_{Sn}。一、二等标准铂电阻温度计测量的数个读数的差值应不大于 0.4 mK。

R_{Sn} 测量完毕后，应立即测量 R_{tp}，W_{Sn} 由式（5－60）计算得到。

$$W_{Sn} = R_{Sn}/\overline{R_{tp4}} \tag{5－60}$$

式中：$\overline{R_{tp4}}$——测量 R_{Sn} 前后两次的 R_{tp} 的平均值。

由不在同一次温坪得出的两次 W_{Sn} 之间的差值的绝对值换算为温度值，应不超过表 5－6 规定的数值。取其平均值作为 W_{Sn} 的最后检定结果。

（4）测量 100 ℃（仅限二等标准铂电阻温度计）

金属沸点装置的各孔间差值不应大于 1 mK。

水沸点的定义是在一个标准大气压下水的液相和汽相间的平衡温度，其值为 99.976 ℃。当压力变化时，对水沸点值有很大的影响。由克拉贝龙方程式可以计算当 $T = 373.15$ K，压强 p 为一个标准大气压下的 dT/dp。

$$\frac{dT}{dp} = \frac{T(v_1 - v_2)}{\lambda} = \frac{373.15(1673.0 - 1.043\ 46)}{539.14 \times 41.308 \times 760} = 0.037 \text{ K/mmHg} \tag{5－61}$$

式中，水的汽相比容，$v_1 = 1\ 673.0$ cm³/g；水的液相比容 $v_2 = 1.043\ 46$ cm³/g；$\lambda = 539.14$ cal/g，而 1 cal $= 41.308$ cm³ · atm（1 atm $= 101.33$ kPa），可知气压变化 1 mmHg 即 133.322 Pa，即可影响到 0.037 K 的温度变化量。而对金属凝固点如锌点，用克拉贝龙方程式可以计算得到

$$dT/dp = 0.003\ 9 \text{ K/atm}$$

即变化一个大气压，即 101.325 kPa 才影响 0.003 9 K，1 mmHg 即 133.322 Pa 仅影响 0.005 1 mK。温标给出压力影响变化率，锌点为 $dT/dp = 4.3 \times 10^{-3}$ K/Pa，锡点为 $dT/dp = 3.3 \times 10^{-3}$ K/Pa。由于锡和锌凝固点受气压影响很小，所以用锡凝固点取代了水沸点。为了转化到 100 ℃ 时的 $W(100\ ℃)$ 可按式（5－62）计算：

$$W(100\ ℃) = W_t + K[W(100\ ℃)^* - W_t^*] \tag{5－62}$$

式中：$W(100\ ℃)^*$——标准铂电阻温度计检定证书上的 $W(100\ ℃)$；

W_t^*——标准铂电阻温度计在检定温度的电阻比；

K——系数(可在 JJG 160—2007《标准铂电阻温度计》检定规程附录 D 中查到)；

W_t——被检铂电阻温度计在检定温度的电阻比。

由 $W(100\ ℃)$ 可按式(5—63)和式(5—64)计算出锡点及镓点的电阻比的近似值：

$$W_{Sn} = 1.364\ 172\ 25W(100\ ℃) + 0.228\ 192\ 726\ 4W_{Zn} - 0.593\ 392\ 388 \qquad (5-63)$$

$$W_{Ga} = 0.300\ 781\ 742W(100\ ℃) + 0.699\ 218\ 26 \qquad (5-64)$$

(5) 测量 W_{Ga}

W_{Ga} 可以通过 W_{Zn} 和 W_{Sn} 计算得到，也可以直接测量。

直接测量可按本章第四节中固定点的复现方法第(3)条进行操作。当温坪到达后，即可进行测量。温度计达到热平衡后，即开始测量其电阻。工作基准温度计先读取在规定测量电流的数值，然后测量自热效应，再读取温度计在规定测量电流的数值，前后读数的差值应不大于 0.2 mK，取其平均值 $\overline{R_{Ga}}$，经修正后作为在镓熔点的电阻值 R_{Ga}。

R_{Ga} 测量完毕后，应立即测量 R_{tp}，W_{Ga} 由式(5—65)计算得到。

$$W_{Ga} = R_{Ga} / \overline{R_{tp5}} \qquad (5-65)$$

式中：$\overline{R_{tp5}}$——测量 R_{Ga} 前后两次的 R_{tp} 的平均值。

一、二等标准铂电阻温度计测量的数个读数的差值应不大于 0.3 mK。

由不在同一次温坪得出的两次 W_{Ga} 之间的差值的绝对值换算为温度值，应不超过表 5—6 规定的数值。取其平均值作为 W_{Ga} 的最后检定结果。

(6) 测量 R_{tp}

水三相点瓶冻制后应保持 24 h 后再使用。每次使用前应检查冰套是否能自由转动。温度计在水三相点保存装置的预冷管中预冷后，插入水三相点瓶中，达到热平衡后开始测量。由数次测量后经修正的 R_{tp} 平均值作为检定结果。按式(5—66)计算水三相点的电阻值。数次测量的 R_{tp} 之间的差值换算成的温度值应不超过表 5—6 规定的数值。

$$R_{tp} = R'_{tp}(1 + 2.91 \times 10^{-8}\ cm^{-1} \times h) \qquad (5-66)$$

式中：R'_{tp}——温度计在水三相点测量值；

h——温度计感温元件至水三相点瓶内水面的距离，cm。

(7) 测量 W_{Hg}

按本章第四节中固定点的复现方法第(1)条进行操作，当温坪到达后，即可进行测量。温度计达到热平衡后，即开始测量其电阻。工作基准温度计先读取在规定测量电流的数值，然后测量自热效应，再读取温度计在规定测量电流的数值，前后读数的差值应不大于 0.2 mK，取其平均值 $\overline{R_{Hg}}$，经修正后作为在汞三相点的电阻值 R_{Hg}。

R_{Hg} 测量完毕后，应立即测量 R_{tp}，W_{Hg} 由式(5—67)计算得到。

$$W_{Hg} = R_{Hg} / \overline{R_{tp6}} \qquad (5-67)$$

式中：$\overline{R_{tp6}}$——测量 R_{Hg} 前后两次的 R_{tp} 的平均值。

一、二等标准铂电阻温度计测量的数个读数的差值应不大于 0.3 mK。

由不在同一次温坪得出的两次 W_{Hg} 之间的差值的绝对值换算为温度值，应不超过表 5—6 规定的数值。取其平均值作为 W_{Hg} 的最后检定结果。

（8）测量 W_{Ar}

按本章第四节中固定点的复现方法第（2）条进行操作，当温坪到达后，即可进行测量。温度计达到热平衡后，即开始测量其电阻。工作基准温度计先读取在规定测量电流的数值，然后测量自热效应，再读取温度计在规定测量电流的数值，前后读数的差值应不大于 0.2 mK，取其平均值 $\overline{R_{Ar}}$，经修正后作为在汞三相点的电阻值 R_{Ar}。

R_{Ar} 测量完毕后，应立即测量 R_{tp}，W_{Ar} 由式（5－68）计算得到。

$$W_{Ar} = R_{Ar}/\overline{R_{tp7}} \tag{5－68}$$

式中：$\overline{R_{tp7}}$——测量 R_{Ar} 前后两次的 R_{tp} 的平均值。

一、二等标准铂电阻温度计测量的数个读数的差值应不大于 0.3 mK。

由不在同一次温坪得出的两次 W_{Ar} 之间的差值的绝对值换算为温度值，应不超过表 5－6 规定的数值。取其平均值作为 W_{Ar} 的最后检定结果。

（9）氖沸点的比较法测量（一、二等标准铂电阻温度计允许使用比较法）

用比较法检定时，需要有 $-190\ ℃\sim0\ ℃$ 范围的低温恒温槽或液氖比较槽。低温恒温槽的稳定度为：检定一等标准优于 2.5 mK/10 min；检定二等标准优于 5 mK/10 min。等温铜块温度计插孔间的温差为：检定一等标准小于 1 mK；检定二等标准小于 2 mK。如果用液氖比较槽检定，槽中要注满液氖，标准温度计和被检温度计要插入到铜块底部。如果用低温恒温槽检定，则将温度控制在 $-189.344\ 2\ ℃$ 附近，待槽温稳定度达到上述要求后将被检温度计和标准温度计分别插入液氖比较装置中。待温度计达到热平衡后先测量标准温度计，再依次测量各被检温度计，然后以相反顺序进行测量，最后测量标准温度计。要进行两次循环，测出四组数据，分别计算标准温度计和被检温度计的测量平均值 $R_1(t)$ 和 $R_2(t)$。

$R_1(t)$ 和 $R_2(t)$ 测定后，测量温度计的 R_{tp}，按式（5－22）计算出它们各自的 $W_1(t)$ 和 $W_2(t)$。根据标准温度计的 $W_1(t)$ 及它的分度表，确定检定时的温度。

（10）测量自热效应

温度计的自热效应在水三相点瓶中测量。对于工作电流调节开关带有 $\times\sqrt{2}$ 挡的测温电桥，先测量 1 mA 时的电阻，再测量 $\sqrt{2}$ mA 时的电阻，两者之差即为 1 mA 工作电流所引起的自热效应。

对于工作电流不带 $\times\sqrt{2}$ 挡的测温电桥，先测量 1 mA 时的电阻 R_1，再测量 2 mA 时的电阻 R_2，则 1 mA 电流引起的电阻增量 ΔR 可按式（5－69）计算：

$$\Delta R = (R_2 - R_1)/3 \tag{5－69}$$

自热效应 Δt 为式（5－70）：

$$\Delta t = \Delta R/0.003\ 988R_{tp} \tag{5－70}$$

（11）测量热电势

根据温度计上限的要求在铝凝固点或锌凝固点测量温度计的热电势，当温度计达到热平衡后，用可测量 0.1 μV 低电势直流电位差计或分辨力不大于 0.2 μV 的数字电压表直接测量任意两根引线之间的杂散热电势。

自热效应及热电势应不超过表 5－7 的规定。

表 5—7　自热效应及热电势

项目	工作基准	一等标准	二等标准
自热效应/mV	2.0	3.0	4.0
热电势/μV	0.6	0.8	1.5

6. 温度计的有关计算公式及方法

温度计在各凝固点温度的电阻值及水三相点上的电阻值经以上各项修正后求出其各 W 值,然后按以下公式计算偏差函数 $\Delta W(t)$ 并求出其系数。

(1) 0 ℃~660.323 ℃温区内,偏差函数用 $\Delta W_7(t)$ 表示:

$$\Delta W_7(t)=a_7[W(t)-1]+b_7[W(t)-1]^2+c_7[W(t)-1]^3 \tag{5-71}$$

式中 a_7、b_7、c_7 由温度计分别在锡、锌、铝凝固点及水三相点上分度,分度后得的 $W(t)$ 由式(5-72)可求出 $\Delta W_7(t)$,解联立方程组可得 a_7、b_7、c_7。

$$\Delta W_7(t)=W(t)-W_r(t) \tag{5-72}$$

$$a_7=\{\Delta W_{Sn}[(W_{Zn}-1)^2(W_{Al}-1)^3-(W_{Zn}-1)^3(W_{Al}-1)^2]+$$
$$\Delta W_{Zn}[(W_{Sn}-1)^3(W_{Al}-1)^2-(W_{Sn}-1)^2(W_{Al}-1)^3]+$$
$$\Delta W_{Al}[(W_{Sn}-1)^2(W_{Zn}-1)^3-(W_{Sn}-1)^3(W_{Zn}-1)^2]\}/D_A \tag{5-73}$$

$$b_7=\{\Delta W_{Sn}[(W_{Zn}-1)^3(W_{Al}-1)-(W_{Zn}-1)(W_{Al}-1)^3]+$$
$$\Delta W_{Zn}[(W_{Sn}-1)(W_{Al}-1)^3-(W_{Sn}-1)^3(W_{Al}-1)]+$$
$$\Delta W_{Al}[(W_{Sn}-1)^3(W_{Zn}-1)-(W_{Sn}-1)(W_{Zn}-1)^3]\}/D_A \tag{5-74}$$

$$c_7=\{\Delta W_{Sn}[(W_{Zn}-1)(W_{Al}-1)^2-(W_{Zn}-1)^2(W_{Al}-1)]+$$
$$\Delta W_{Zn}[(W_{Sn}-1)^2(W_{Al}-1)-(W_{Sn}-1)(W_{Al}-1)^2]+$$
$$\Delta W_{Al}[(W_{Sn}-1)(W_{Zn}-1)^2-(W_{Sn}-1)^2(W_{Zn}-1)]\}/D_A \tag{5-75}$$

式中:$D_A=(W_{Sn}-1)(W_{Zn}-1)^2(W_{Al}-1)^3+(W_{Sn}-1)^2(W_{Zn}-1)^3(W_{Al}-1)+$
$$(W_{Sn}-1)^3(W_{Zn}-1)(W_{Al}-1)^2-(W_{Sn}-1)(W_{Zn}-1)^3(W_{Al}-1)^2-$$
$$(W_{Sn}-1)^2(W_{Zn}-1)(W_{Al}-1)^3-(W_{Sn}-1)^3(W_{Zn}-1)^2(W_{Al}-1) \tag{5-76}$$

(2) 0 ℃~419.527 ℃温区内,偏差函数为 $\Delta W_8(t)$:

$$\Delta W_8(t)=a_8[W(t)-1]+b_8[W(t)-1]^2 \tag{5-77}$$

式中 a_8、b_8 由温度计分别在锡、锌凝固点及水三相点上分度,分度后得的 $W(t)$ 由式(5-77)可求出 $\Delta W_8(t)$,解联立方程组可得:

$$a_8=[(W_{Zn}-1)^2 \cdot \Delta W_{Sn}-(W_{Sn}-1)^2 \cdot \Delta W_{Zn}]/D_Z \tag{5-78}$$

$$b_8=[(W_{Sn}-1) \cdot \Delta W_{Zn}-(W_{Zn}-1) \cdot \Delta W_{Sn}]/D_Z \tag{5-79}$$

式中: $$D_Z=(W_{Sn}-1)(W_{Zn}-1)^2-(W_{Sn}-1)^2(W_{Zn}-1) \tag{5-80}$$

(3) 0 ℃~231.928 ℃温区内,偏差函数为 $\Delta W_9(t)$:

$$\Delta W_9(t)=a_9[W(t)-1]+b_9[W(t)-1]^2 \tag{5-81}$$

式中 a_9、b_9 由温度计分别在锡、铟凝固点及水三相点上分度,分度后得的 $W(t)$ 由式(5-81)可求出 $\Delta W_9(t)$,解联立方程组可得 a_9、b_9。

(4) 在 0 ℃~156.598 5 ℃温区内,偏差函数为 $\Delta W_{10}(t)$:

$$\Delta W_{10}(t)=a_{10}[W(t)-1] \tag{5-82}$$

式中 a_{10} 由温度计在铟凝固点及水三相点上分度,分度后得的 $W(t)$ 由式(5-82)可求出

$\Delta W_{10}(t)$，经计算求出。

（5）在 0 ℃～29.764 6 ℃温区内，偏差函数为 $\Delta W_{11}(t)$：

$$\Delta W_{11}(t)=a_{11}[W(t)-1] \tag{5-83}$$

式中 a_{11} 由温度计在镓熔点及水三相点上分度，分度后得的 $W(t)$ 由式（5-83）可求出 $\Delta W_{11}(t)$，经计算求出。

（6）在 -38.834 4 ℃～29.764 6 ℃温区内，偏差函数为 $\Delta W_5(t)$

$$\Delta W_5(t)=a_5[W(t)-1]+b_5[W(t)-1]^2 \tag{5-84}$$

式中 a_5、b_5 由温度计分别在镓熔点和汞三相点及水三相点上分度，分度后得的 $W(t)$ 由式（5-84）可求出 $\Delta W_5(t)$，解联立方程组可得。

（7）在 0 ℃～-189.344 2 ℃温区内，偏差函数为 $\Delta W_4(t)$：

$$\Delta W_4(t)=W(T_{90})-W_r(T_{90})=a_4[W(T_{90})-1]+b_4[W(T_{90})-1]\ln W(T_{90}) \tag{5-85}$$

式中 a_4、b_4 由温度计分别在氩三相点和汞三相点及水三相点上分度，分度后得的 $W(t)$ 由式（5-85）可求出 $\Delta W_4(t)$，解联立方程组可得。

定点法解出系数 a_4、b_4 为

$$a_4=\frac{[W(\text{Hg})-W_r(\text{Hg})][W(\text{Ar})-1]\ln W(\text{Ar})-[W(\text{Ar})-W_r(\text{Ar})][W(\text{Hg})-1]\ln W(\text{Hg})}{[W(\text{Hg})-1][W(\text{Ar})-1][\ln W(\text{Ar})-\ln W(\text{Hg})]} \tag{5-86}$$

$$b_4=\frac{[W(\text{Ar})-W_r(\text{Ar})][W(\text{Hg})-1]-[W(\text{Hg})-W_r(\text{Hg})][W(\text{Ar})-1]}{[W(\text{Hg})-1][W(\text{Ar})-1][\ln W(\text{Ar})-\ln W(\text{Hg})]} \tag{5-87}$$

比较法解出系数 a_4、b_4 为

$$a_4=\frac{[W(t_1)-W_r(t_1)][W(t_2)-1]\ln W(t_2)-[W(t_2)-W_r(t_2)][W(t_1)-1]\ln W(t_1)}{[W(t_1)-1][W(t_2)-1][\ln W(t_2)-\ln W(t_1)]} \tag{5-88}$$

$$b_4=\frac{[W(t_2)-W_r(t_2)][W(t_1)-1]-[W(t_1)-W_r(t_1)][W(t_2)-1]}{[W(t_1)-1][W(t_2)-1][\ln W(t_2)-\ln W(t_1)]} \tag{5-89}$$

7. 检定结果的处理和检定周期

经检定符合各项要求的温度计，发给检定证书，检定证书应写明温度计的等级。对于不符合等级要求的温度计，检定证书上应写明不符合项，给予降等或出具检定结果通知书。

检定证书上根据不同的温区给出数据，如：R_{tp}，W_{Al}，W_{Zn}，W_{Sn}，W_{In}，W_{Ga}，$W(100\ ℃)$，W_{Hg}，W_{Ar}，以及在水三相点测量的自热效应及系数 a，b，c（各温区不同系数下标不同）。对首次检定的温度计除给出以上数据外，还应给出稳定性试验前后的 W_t 及 R_{tp}。

检定证书上给出的数据的有效位数如下：工作基准 R_{tp} 给到小数点后第五位，一、二等标准 R_{tp} 给到小数点后第四位；W_{Ar}，W_{Hg}，W_{Ga}，W_{100}，W_{In}，W_{Sn}，W_{Zn}，W_{Al}：对于工作基准，给到小数点后第七位；对于一等标准，给到小数点后第六位；对于二等标准，给到小数点后第五位；系数 a，b，c 对于工作基准分别给到小数点后第八位，对于一等的给到小数点后第七位，对于二等的给到小数点后第六位。

自热效应以 mK 为单位，给到小数点后第一位。

温度计检定周期一般不超过 2 年，如发现温度计在使用中 R_{tp} 的变化换算为温度差值超

过表 5-5 的规定,应提前送检。

(二) 0 ℃～961.78 ℃范围的高温铂电阻温度计检定

1. 外观及结构

(1) 温度计的保护管的长度应为(660±20)mm,外径应为 $\phi(7±0.5)$mm,感温元件应位于保护管顶端起 60 mm 范围内。

(2) 温度计感温元件应采用无应力结构,温度变化时感温铂丝应能自由膨胀和收缩。感温元件应为四端电阻器。外引线的末端应焊接紫铜接线片。

(3) 每支温度计应有生产厂的标志和出厂编号。温度计各部件应完好,温度计感温元件的支撑骨架应完整无裂痕,保护管外表面不应有伤痕,保护管内不得有任何碎片。各部之间应固定牢固。

2. 计量性能要求

检定一等标准高温铂电阻温度计的标准为一组工作基准高温铂电阻温度计,标准组应不少于 3 支温度计。

(1) 电阻特性

高温铂电阻温度计(以下简称温度计)在水三相点(0.01 ℃)时的名义电阻值 R_{tp} 通常为 2.5 Ω 和 0.25 Ω,R_{tp} 分别满足(2.5±0.3)Ω 和(0.25±0.03)Ω 的要求。其他名义值的温度计可参照执行。

温度计必须满足式(5-90)和式(5-91)的两个要求。

$$W_{Ga} \geq 1.118\ 07 \tag{5-90}$$
$$W_{Ag} \geq 4.284\ 4 \tag{5-91}$$

(2) 稳定性

a) 首次检定温度计的稳定性要求

首次检定温度计,应先在 700 ℃退火 4 h 后测量 R_{tp} 及 W_{Ag};然后在 1 010 ℃退火 100 h 后再测量 R_{tp} 及 W_{Ag}。退火前后测量值之差应不超过表 5-8 规定的数值。

b) 后续检定温度计的稳定性要求

温度计在检定过程中,多次测量的 R_{tp} 值间的最大差值的绝对值应不超过表 5-9 规定的数值。

温度计在 700 ℃退火 4 h 后,在各固定点连续测量两次,两次测量结果之差应不超过表 5-9规定的数值。

表 5-8　首次检定温度计的稳定性要求　　　　　　　　　　　　　　　　　　mK

项目	首次检定温度计的稳定性要求
R_{tp}	相当于温度 3.0
W_{Ag}	相当于温度 8.0

温度计在各固定点的检定结果与上一周期的检定结果之差应不超过表 5-9 规定的数值。

表 5-9　后续检定温度计的稳定性要求　　　　　　　　　　　mK

项目	各固定点分度多次的差值	两相邻周期检定结果的差值
R_{tp}	2.0	4.0
W_{Sn}	1.2	3.5
W_{Zn}	1.5	4.5
W_{Al}	2.0	9.0
W_{Ag}	4.5	12.0

（3）热电性能

a）自热效应。温度计在水三相点温度时，R_{tp}名义值为 0.25 Ω 的温度计通过 10 mA 电流引起的自热效应，及 R_{tp}名义值为 2.5 Ω 的温度计通过 3 mA 电流引起的自热效应均不大于 2.0 mK。

b）热电势。温度计在银凝固点时任意两引线间的热电势应不超过 0.6 μV。

c）绝缘电阻。温度计在环境温度下手柄的金属外壳和引线之间的电阻不应小于 200 MΩ。

3. 工作基准装置中定义固定点

定义固定点装置应包括水三相点容器及保温装置、锡凝固点装置、锌凝固点装置、铝凝固点装置和银凝固点装置。

（1）整套凝固点装置包括固定点容器和定点炉。在首次使用以及修理后使用时，需对其垂直温场进行检查。垂直温场应在比凝固点温度高 1.5 ℃～3 ℃ 时的稳定状态下测量。固定点容器中心管底部 180 mm 范围的最大温差应不超过表 5-10 的规定数值。

表 5-10　定点炉最大温差　　　　　　　　　　　　　　　　℃

定点炉	银	铝	锌	锡
最大温差	0.7	0.7	0.5	0.5

（2）固定点凝固温坪的温度变化

应按检定周期对各固定点装置的凝固温坪的温度变化进行检查。在温坪开始到结束的过程中始终用一支温度计测量，记录凝固温坪曲线。当温度计的测量值的变化小于（或大于）0.5 mK/10 min 时可视为温坪开始（或结束），整个温坪的 15%～85% 的温度变化值不超过表 5-11 的规定数值。

表 5-11　凝固点温坪曲线的温度变化要求　　　　　　　　　mK

检定点	凝固点温坪曲线的温度变化
锡凝固点	1.0
锌凝固点	1.0
铝凝固点	1.5
银凝固点	1.5

（3）固定点装置的复现性

整套检定装置在各检定点上的复现性用不少于 6 次不同日期测量的实验标准偏差表

示,不应超过表 5-12 的规定。

表 5-12　固定点的复现性要求　　　　　　　　　　　　　　　mK

固定点	固定点的复现性检查要求
水三相点	0.3
锡凝固点	0.6
锌凝固点	0.8
铝凝固点	2.5
银凝固点	4.5

测量的实验标准偏差（复现性）按式（5-92）计算，其值换算成温度值应不超过表 5-12 的规定。

$$s(x) = \sqrt{\sum (x - \overline{x})^2 / (n-1)} \qquad (5-92)$$

（4）固定点装置所复现固定点温度的检查

工作基准装置所复现的固定点温度应按温度计的检定周期进行检查，也可进行比对。温度计在配套固定点的复现值与其检定结果的差值换算为温度差值应不超过表 5-13 所规定的数值。

表 5-13　温度计在配套固定点的复现值与其检定结果的差值要求　　　　mK

项目	温度计在配套固定点的复现值与其检定结果的差值
R_{tp}	3.0
W_{Sn}	2.5
W_{Zn}	3.5
W_{Al}	7.0
W_{Ag}	17

4. 高温铂电阻温度计的检定

测量温度计的电测设备为测温电桥，测温电桥要求在引用修正值后测量电阻值的相对误差不大于 8×10^{-7}，如需配用标准电阻，其标准电阻的环境温度应满足准确度要求。

其检定装置如水三相点瓶、锡凝固点容器、锌凝固点容器、铝凝固点容器和银凝固点容器等已在前面做了介绍，这里不再赘述。

配套设备中的退火炉的使用范围为 200 ℃～1 050 ℃。炉温对名义设定值的偏离及波动应在 ±5 ℃ 以内。在放置感温元件处的 60 mm 范围内，垂直温场的最大温差不应超过 1 ℃。水平温场（孔差）应不超过 0.5 ℃

（1）测定 W_{Ag} 及 W_{Al}

当温坪达到后，将用无水酒精清洗好的温度计慢慢插入固定点炉中，首先读取温度计在规定测量电流时的数值，然后测量自热效应，再读取温度计在规定测量电流时的数值，两次数值的差值换算为温度差值应不大于 0.4 mK，取其平均值经静压修正后作为温度计在银、铝固定点的电阻值 R_{Ag}、R_{Al}。

静压修正公式如式（5-93）和式（5-94）：

$$R_{Ag} = \overline{R_{Ag}} - \overline{R_{tp}} \times 1.53 \times 10^{-7} \text{ cm}^{-1} \times l_{Ag} \tag{5-93}$$

$$R_{Al} = \overline{R_{Al}} - \overline{R_{tp}} \times 5.13 \times 10^{-8} \text{ cm}^{-1} \times l_{Al} \tag{5-94}$$

式中：$\overline{R_{Ag}}$、$\overline{R_{Al}}$、$\overline{R_{tp}}$——测量的平均值；

l_{Ag}、l_{Al}——固定点内样品液面至温度计感温元件的中部距离，cm。

在检定第二支或第三支温度计时，温度计插入银（或铝）凝固点之前须在 700 ℃（或 650 ℃）进行预热。分度完后的温度计必须马上插入 700 ℃（或 650 ℃）的退火炉中进行 2 h（或 1.5 h）的退火处理，退火后的温度计在退火炉中随炉降温到 420 ℃ 以下方可取出。

R_{Ag}、(R_{Al})测量完毕并进行退火后的温度计，应按第五节一、（一）5.（6）的方法测量 R_{tp}，并按式（5-66）计算 R_{tp}。

$W_{Ag}(W_{Al})$由式（5-95）计算：

$$W_{Ag}(W_{Al}) = R_{Ag}(R_{Al})/\overline{R_{tp}} \tag{5-95}$$

式中：$\overline{R_{tp}}$——测量 $R_{Ag}(R_{Al})$前后两次的 R_{tp} 的平均值。

每支温度计由不在同一天测得的两次 $W_{Ag}(W_{Al})$平均值作为 $W_{Ag}(W_{Al})$的最后测定结果。$W_{Ag}(W_{Al})$之间的偏差，不应超过表 5-9 的规定。

（2）测定 $W_{Zn}(W_{Sn})$

当温坪到达后，即可进行测量。测量时按规定通过温度计的电流。每支温度计由不在同一天测得的两次 $W_{Zn}(W_{Sn})$平均值，作为 $W_{Zn}(W_{Sn})$的最后测定结果。$W_{Zn}(W_{Sn})$之间的偏差，不应超过表 5-9 的规定。

在锌（锡）凝固点炉内测量 $R_{Zn}(R_{Sn})$的同时测量自热效应。方法同测定 W_{Ag}，两次数值的差值换算成温度应不大于 0.3 mK，取其平均值经静压修正后作为温度计在锌固定点（锡固定点）的电阻值 $R_{Zn}(R_{Sn})$。

静压修正公式如下：

$$R_{Zn} = \overline{R_{Zn}} - \overline{R_{tp}} \times 9.44 \times 10^{-8} \text{ cm}^{-1} \times l_{Zn} \tag{5-96}$$

$$R_{Sn} = \overline{R_{Sn}} - \overline{R_{tp}} \times 8.17 \times 10^{-8} \text{ cm}^{-1} \times l_{Sn} \tag{5-97}$$

式中：$\overline{R_{Zn}}$、$\overline{R_{Sn}}$、$\overline{R_{tp}}$——测量的平均值；

l_{Zn}、l_{Sn}——固定点内样品液面至温度计感温元件的中部距离，cm。

$R_{Zn}(R_{Sn})$测量完毕的温度计，应按第五节一、（一）5.（6）条的方法测量 R_{tp}，并按式（5-66）计算 R_{tp}。

$W_{Zn}(W_{Sn})$由式（5-98）计算：

$$W_{Zn}(W_{Sn}) = R_{Zn}(R_{Sn})/\overline{R_{tp}} \tag{5-98}$$

式中：$\overline{R_{tp}}$——测量 $R_{Zn}(R_{Sn})$前后两次的 R_{tp} 的平均值。

（3）测定 W_{Ga}

W_{Ga}值可在温度计在各固定点分度完后通过内插计算得到也可测量得到。

5. 温度计的有关计算公式及方法

$$a_6 = \{\Delta W_{Sn}[(W_{Zn}-1)^2(W_{Al}-1)^3 - (W_{Zn}-1)^3(W_{Al}-1)^2] +$$
$$\Delta W_{Zn}[(W_{Sn}-1)^3(W_{Al}-1)^2 - (W_{Sn}-1)^2(W_{Al}-1)^3] +$$
$$\Delta W_{Al}[(W_{Sn}-1)^2(W_{Zn}-1)^3 - (W_{Sn}-1)^3(W_{Zn}-1)^3]\}/D_A \tag{5-99}$$

$$b_6 = \{\Delta W_{Sn}[(W_{Zn}-1)^3(W_{Al}-1)-(W_{Zn}-1)(W_{Al}-1)^3]+$$
$$\Delta W_{Zn}[(W_{Sn}-1)(W_{Al}-1)^3-(W_{Sn}-1)^3(W_{Al}-1)]+$$
$$\Delta W_{Al}[(W_{Sn}-1)^3(W_{Zn}-1)-(W_{Sn}-1)(W_{Zn}-1)^3]\}/D_A \tag{5-100}$$

$$c_6 = \{\Delta W_{Sn}[(W_{Zn}-1)(W_{Al}-1)^2-(W_{Zn}-1)^2(W_{Al}-1)]+$$
$$\Delta W_{Zn}[(W_{Sn}-1)^2(W_{Al}-1)-(W_{Sn}-1)(W_{Al}-1)^2]+$$
$$\Delta W_{Al}[(W_{Sn}-1)(W_{Zn}-1)^2-(W_{Sn}-1)^2(W_{Zn}-1)]\}/D_A \tag{5-101}$$

式中：$D_A = (W_{Sn}-1)(W_{Zn}-1)^2(W_{Al}-1)^3+(W_{Sn}-1)^2(W_{Zn}-1)^3(W_{Al}-1)+$
$(W_{Sn}-1)^3(W_{Zn}-1)(W_{Al}-1)^2-(W_{Sn}-1)^3(W_{Zn}-1)^2(W_{Al}-1)-$
$(W_{Sn}-1)^2(W_{Zn}-1)(W_{Al}-1)^3-(W_{Sn}-1)^3(W_{Zn}-1)^2(W_{Al}-1)$

系数 d 由式(5-99)、式(5-100)、式(5-101)求得的 a_6、b_6、c_6 和银凝固点求得的 $\Delta W(t)$ 代入式(5-26)计算求出。W_{Ga} 可通过 a_6、b_6、c_6(取 $d=0$)代入式(5-26)中用迭代法计算求出。

6. 检定结果的处理和检定周期

检定证书上给出以下数据：R_{tp}、W_{Ga}、W_{Sn}、W_{Zn}、W_{Al}、W_{Ag}、系数 a_6、b_6、c_6、d 及温度计的自热效应。

检定证书上给出的数据的有效位数如下：

R_{tp} 单位为欧姆(Ω)；R_{tp}、W_{Ga}、W_{Sn}、W_{Zn}、W_{Al}、W_{Ag} 给出 7 位有效数字；系数 a_6、b_6、c_6、d 给到小数点后第 8 位；自热效应以 mK 为单位，给到小数点后第一位。

温度计检定周期最长不超过 2 年。

(三) 13.803 3 K~273.16 K 标准套管铂电阻温度计的检定

标准套管铂电阻温度计应用在 0℃ 以下直到 13.803 3 K。

标准套管铂电阻温度计的检定应依据 JJG 350—1994《标准套管铂电阻温度计》。

1. 外观及结构

(1) 温度计的保护管为铂套管，管壁厚不大于 0.25 mm，外径不大于 5 mm。温度计的长度不大于 60 mm。

(2) 温度计感温元件应采用无应力结构，温度变化时感温铂丝应能自由膨胀和收缩。感温元件应为四端电阻器。

(3) 每支温度计应有编号。

(4) 温度计封头的密封性要好，保护管内要充入干燥的氦气。

2. 计量性能要求

检定标准套管铂电阻温度计的标准器为一组工作基准套管铂电阻温度计，标准组应不少于 3 支温度计。检定时，使用两支作标准。

在 13.803 3 K~24.556 1 K 范围，允许使用经与工作基准套管铂电阻温度计比对，一致性好，准确度相当的标准铑铁电阻温度计作标准。

(1) 电阻特性

温度计在水三相点温度(0.01℃)时的名义电阻值 R_{tp} 应为(25±1.0)Ω。

温度计必须满足下列条件：

$$W(234.315\ 6\ \text{K})\leqslant0.844\ 235 \qquad\qquad (5-102)$$

（2）重复性

温度计在分度前后两次测定的水三相点，相互间的差值换算为温度应不超过 2.5 mK。

（3）稳定度

a）温度计的检定结果与上一周期的检定结果之差，不大于表 5-14 的规定。

表 5-14　相邻两个检定周期检定结果的允许差值　　　　　　　　　　mK

检定点	13.803 3 K	17.035 7 K	20.271 1 K	24.556 1 K	54.358 4 K	83.805 8 K	234.315 6 K	273.16 K
差值	20	15	12	10	6	6	6	5

b）新制造的温度计在经受液氮温度与室温之间 10 次热循环，前后测量水三相点之差换算为温度应不大于 25 mK。

（4）自热效应和绝缘电阻

a）温度计在水三相点时通过 1 mA 电流引起的自热效应不应大于 1.5 mK。

b）在环境温度时，温度计金属外壳与引线之间的绝缘电阻应大于 70 MΩ。

3. 标准套管铂电阻温度计的检定

检定用主要设备：电测仪器用直流比较仪电桥，或相对准确度不低于 2×10^{-6} 的其他电测仪器；准确度不低于 5×10^{-6} 的名义值为 0.1 Ω、1 Ω、10 Ω 标准电阻各一只；水三相点瓶；低温绝热恒温器，温度稳定度应优于 0.5 mK/30 min。

（1）测定水三相点 R（273.16 K）

按第五节一、（一）5.（6）条的方法测量 R_{tp}，并按式（5-66）计算 R_{tp}。

（2）测定自热效应

按第五节一、（一）5.（10）条的方法测量，并按式（5-69）及式（5-70）计算。

（3）温度点的测定

当恒温器的温度下降到液氮温度附近，就可以启动控温仪和抽空系统进行检定。通常从 13.803 3 K 温度点开始，逐点检定至最高温度。

7 个温度点的测定均在低温绝热恒温器中进行比较法检定。要求各个检定点分别控制在 13.803 3 K±0.2 K、17.035 7 K±0.2 K、20.271 1 K±0.2 K、24.556 1 K±0.2 K、54.358 4 K±0.2 K、83.805 8 K±1 K、234.315 6 K±1 K 范围内。

为了保证温度计有足够的灵敏度和避免过大的自热，通常 234.315 6 K 点、80.805 8 K 点、54.358 4 K 点、24.556 1 K 点和水三相点使用 1 mA 的测量电流，随着检定温度的降低，温度计的测量电流可逐渐增大，在 13.803 3 K 可达 5 mA。

为了检查检定的可靠性，通常在规定的检定点之间加入两个抽查检定点。如果被检定的温度计抽查检定点的 $W(T)$ 与分度表中同温度的 $W(T)$ 之差大于 5 mK，则要进行复检。

注意事项：

a）检定前，温度计插入铜块插孔中通常要包裹一层铝箔或在插孔中加入少许真空油脂，使温度计与铜块之间有良好的热接触，还要注意温度计的引线热锚，以避免热传导直接到达温度计的感温元件。检查温度计引线是否焊牢。

b）检查控温仪和抽空系统的工作状态，以及真空室的密封性。

c) 把恒温器装入杜瓦瓶中,经抽空检查符合要求,可注入液氮预冷,让恒温器的温度下降到 80 K 左右,然后,用氮气把杜瓦瓶中的液氮压出。再次抽空,证实杜瓦瓶已保持良好的密封性,才可注入液氦。

d) 83.805 8 K 和 234.315 6 K 温度点也可用液氮作冷源。

4. 温度计的有关计算公式及方法

低温温度点检定完毕,取出标准和被检温度计,测量它们各自的水三相点电阻值 $R(273.16\ K)$,按式(5-103)计算出所有温度计在各个检定点的 $W(T_i)$:

$$W(T_i) = R(T_i)/R(273.16\ K) \tag{5-103}$$

式中:$i = 1, 2, \cdots, 7$;T_i 是 13.803 3 K～273.16 K 的 7 个温度点。

根据标准温度计的 $W(T_i)$ 和它的分度表,确定各个检定点的温度 T_i。

把被检温度计 7 个检定点的 $W(T_i)$ 和对应的 T_i 值代入式(5-36)算出温度计的系数 a、b、c_i,并算出各个固定点的 $W(T_{90})$ 和温度计的 W-T(或 T-W)分度表,这些计算需用计算机完成。

根据使用单位的需要,如果温度计用在某个温区,可用较少的温度点分度。

5. 检定结果的处理和检定周期

(1) 检定证书和检定结果通知书上给出下列数据:$R(273.16\ K)$、$W(234.315\ 6\ K)$、$W(83.805\ 8\ K)$、$W(54.358\ 4\ K)$、$W(24.556\ 1\ K)$、$W(20.271\ 1\ K)$、$W(17.035\ 7K)$、$W(13.803\ 3K)$,温度计的自热效应、检定结果的不确定度及偏差函数的系数。并指出温度计在各个检定点上的工作电流。

(2) 检定证书和检定结果通知书给出固定点和自热效应数据的有效位数如下:

$R_{tp}(273.16K)$ 六位;$W(234.315\ 6\ K)$、$W(83.805\ 8\ K)$ 六位;$W(54.358\ 4\ K)$、$W(24.556\ 1\ K)$、$W(20.271\ 1\ K)$、$W(17.035\ 7\ K)$ 和 $W(13.803\ 3\ K)$ 五位;自热效应(mK)两位。

(3) 13.803 3 K～273.16 K 标准套管铂电阻温度计检定周期最长不超过 2 年。

二、标准铑铁电阻温度计的检定

标准铑铁电阻温度计的温度使用范围为 0.65 K～27 K。

标准铑铁电阻温度计的检定依据是 JJG 858—2013《标准铑铁电阻温度计》。

1. 外观及结构

(1) 温度计的外径≤5 mm,长度≤60 mm。四根铂引线的长度≥20 mm。

(2) 温度计感温元件应采用无应力结构,温度变化时感温铑铁丝应能自由膨胀和收缩。感温元件应为四端电阻器。

(3) 每支温度计应有编号。

2. 计量性能要求

检定标准铑铁电阻温度计的标准器为 3 支标准铑铁电阻温度计,扩展不确定度为 1.0 mK,$p = 0.99$。

(1) 稳定度

温度计本次检定与上一周期的检定结果之差不大于 3 mK。

(2) 自热效应

温度计在 4.2 K 时,通过 0.3 mA 电流引起的自热效应不应大于 0.5 mK。

（3）绝缘电阻

在环境温度时，温度计铂外壳与引线之间的绝缘电阻不应小于 20 MΩ。

3. 标准铑铁电阻温度计的检定

检定用主要设备：测温电桥，量程覆盖 0 Ω～100 Ω，最大允许相对误差 $\pm1\times10^{-6}$；一等标准电阻含恒温装置，标称值 1 Ω，10 Ω，相对扩展不确定度 1.5×10^{-6}；低温恒温器及控温仪，温区 0.65 K～27.1 K，温度波动度应优于 ±0.5 mK/30 min。

在温度 1.2 K 以下通过温度计的电流为 0.1 mA，在温度 1.2 K 以上通过温度计的电流为 0.3 mA。

（1）检定点间隔

0.62 K～1.2 K 范围，检定点温度间隔为 0.1 K；1.2 K～2.2 K 范围，检定点温度间隔为 0.2 K～0.3 K；2.2 K～5.0 K 范围，检定点温度间隔为 0.4 K～0.5 K；5.0 K～8.0 K 范围，检定点温度间隔为 1.0 K；8.0 K～22.0 K 范围，检定点温度间隔为 1.5 K；22.0 K～27.1 K 范围，检定点温度间隔为 1.0 K。

（2）检定时次序：

顺序：　　　　　　　标准→被检 1→被检 2→…→被检 n

$\downarrow$

反序：　　　　　　　标准←被检 1←被检 2←…←被检 n

往返测量 1 次，分别计算各支温度计的测量平均值。

（3）测定自热效应

温度计的自热效应在 4.2 K 的真空条件下测量，先通过 0.3 mA 的工作电流，测量温度计的电阻值 R_1；再通过 $0.3\sqrt{2}$ mA 的工作电流，测量温度计的电阻值 R_2，则 0.3 mA 工作电流引起的自热效应 ΔR：

$$\Delta R = R_2 - R_1$$

如果电测仪器无 $\sqrt{2}$ 挡，则改用 0.6 mA 的工作电流测量温度计的电阻值 R_2。这时，0.3 mA工作电流引起的自热效应 ΔR 为：

$$\Delta R = (R_2 - R_1)/3$$

自热效应 Δt 按式（5－104）计算：

$$\Delta t = \Delta R/(dR/dT) \tag{5-104}$$

式中，dR/dT 是温度计在 4.2 K 时电阻变化率，可在 4.1 K 至 4.3 K 间测定。

4. 温度计的有关计算公式及方法

（1）检定数据的多项式拟合

标准铑铁电阻温度计的检定数据用切比雪夫多项式最小二乘法拟合。根据标准温度计测得的电阻值，得出对应的温度值。把被检温度计的电阻值 R_i 逐一代入式（5－105）：

$$x = (R - R_1) - (R_u - R)/(R_u - R_1) \tag{5-105}$$

式中：R_u——温度计在分度范围内电阻值的上界；

R_1——温度计在分度范围内电阻值的下界；

R——温度计在温度 T(K)时的电阻值。

求出 x_i。这样,T_i-R_i 的对应关系就变换成 T_i-x_i 的对应关系。然后,把 T_i 和 x_i 的值代入式(5－106),用最小二乘法求出多项式的系数 $a_0,a_1,a_2,\cdots,a_n$。切比雪夫多项式取 11 阶为宜。

$$T = \frac{a_0}{2} + \sum_{j=1}^{n} a_j F_j(x) \qquad (5-106)$$

(2)计算温度计的分度表

把温度计在 0.65 K～27 K(或 2 K～27 K)范围内设定步距的电阻值 R 代入式(5－105)求出 x,再代入式(5－106)求出相应的温度 T。

(3)检定数据拟合的标准偏差不大于 0.6 mK。

数据拟合的标准偏差按下式计算:

$$\sigma = \sqrt{\sum_{i=1}^{m} \frac{(T_{C-i} - T_{E-i})^2}{m-n-1}} \qquad (5-107)$$

式中:σ——检定数据拟合的标准偏差,K;

T_{C-i}——检定点数据拟合后得出的温度值,K;

T_{E-i}——检定点实测的温度值,K;

m——参加拟合的检定点数;

n——检定数据拟合的方次。

5. 检定结果的处理和检定周期

检定证书包含温度计检定参数表、检定数据拟合偏差表和 R、T、$\dfrac{\mathrm{d}R}{\mathrm{d}T}$ 分度表三部分。检定结果通知书应给出已测数据,并注明不合格项目。视情况给出数据拟合结果。

标准铑铁电阻温度计的检定周期一般不超过 3 年,首次检定时暂定为 1 年。

第六节 工作用电阻温度计的检定

一、工业铂、铜热电阻的检定

工业铂、铜热电阻的检定依据 JJG 229—2010《工业铂、铜热电阻》进行。工业铂热电阻的电阻－温度关系如下:

对于－200 ℃～0 ℃的温度范围:

$$R(t) = R(0℃)\left[1 + At + Bt^2 + C(t-100℃)t^3\right] \qquad (5-108)$$

对于 0℃～850℃的温度范围:

$$R(t) = R(0 ℃)(1 + At + Bt^2) \qquad (5-109)$$

式中:$R(t)$——温度为 t 时铂热电阻的电阻值,Ω;

t——温度,℃;

$R(0 ℃)$——在温度为 0 ℃时铂热电阻的电阻值,Ω;

A——常数,其值为 $3.908\,3 \times 10^{-3}$,℃$^{-1}$;

B——常数,其值为 -5.775×10^{-7},℃$^{-2}$;

C——常数，其值为 -4.183×10^{-12}，$℃^{-4}$。

铜热电阻的电阻－温度关系如下：

对于 $-50\ ℃\sim150\ ℃$ 的温度范围

$$R(t)=R(0\ ℃)[1+\alpha t+\beta t(t-100\ ℃)+\gamma t^2(t-100\ ℃)] \tag{5-110}$$

式中：α——电阻温度系数，其值为 4.280×10^{-3}，$℃^{-1}$；

β——常数，其值为 -9.31×10^{-8}，$℃^{-2}$；

γ——常数，其值为 1.23×10^{-9}，$℃^{-3}$。

（一）通用技术要求

1. 装配质量和外观要求

（1）热电阻各部分装配正确、可靠、无缺件，外表涂层应牢固，保护管应完整无损，不得有凹痕、划痕和显著锈蚀；

（2）感温元件不得破裂，不得有显著的弯曲现象；

（3）根据测量电路的需要，热电阻可以有两、三或四线制的接线方式，其中 A 级和 AA 级的热电阻必须是三线制或四线制的接线方式；

（4）每支热电阻在其保护套管上或在其所附的标签上至少应有下列内容的标识：

——类型代号；

——标称电阻值 R_0；

——有效温度范围；

——感温元件数；

——允差等级；

——制造商名或商标；

——生产年月。

注：

1.如果用符号来表达这些信息，其标识应便于识别。

2.检定标记应置于热电阻的保护套管上或所附的标签上。

2. 绝缘电阻

感温元件与外壳，各感温元件之间的绝缘电阻应符合如下规定：

a）常温绝缘电阻，热电阻处于温度 $15\ ℃\sim35\ ℃$，相对湿度 $45\%\sim85\%$ 的环境时，绝缘电阻应不小于 $100\ M\Omega$；

b）高温绝缘电阻，热电阻在上限工作温度的绝缘电阻应不小于表 5－15 规定的值。

表 5－15　最小绝缘电阻值

最高工作温度/℃	最小绝缘电阻值/MΩ
100～250	20
251～450	2
451～650	0.5
651～850	0.2

（二）计量性能要求

1. 热电阻的允差值

热电阻实际电阻值对分度表标称电阻值以温度表示的允许偏差 E_t 见表 5-16。

表 5-16 热电阻的允差等级和允差值

热电阻类型	允差等级	线绕元件 有效温度范围/℃	膜式元件 有效温度范围/℃	允差值
PRT	AA	$-50 \sim +250$	$0 \sim +150$	$\pm(0.100\ ℃ + 0.0017|t|)$
	A	$-100 \sim +450$	$-30 \sim +300$	$\pm(0.150\ ℃ + 0.002|t|)$
	B	$-196 \sim +600$	$-50 \sim +500$	$\pm(0.30\ ℃ + 0.005|t|)$
	C	$-196 \sim +600$	$-50 \sim +600$	$\pm(0.6\ ℃ + 0.010|t|)$
CRT	—	$-50 \sim +150$	—	$\pm(0.30\ ℃ + 0.006|t|)$

注:
1. 在 600 ℃到 850 ℃范围的允差应由制造商在技术条件中确定。
2. 对于特定的热电阻,其有效温度范围可小于该表规定的范围,但必须加以注明。
3. $|t|$ 为温度的绝对值,单位为℃。

若特殊的允差等级与表 5-16 给出的允差等级不同,制造商须特别加以注明,包括相应的有效温度范围。铂热电阻推荐的特殊允差等级应是 B 级允差值的分数或倍数（如: $\frac{1}{10}$ B 级、$\frac{1}{5}$ B 级、3B 级等）。

2. 电阻温度系数

电阻温度系数 α 与标称值的偏差应符合表 5-17 中的 $\Delta\alpha$ 的规定。

表 5-17 $\Delta\alpha$ 的允许范围（与 Δt_0 有关）

热电阻类型	α 标称值/℃$^{-1}$	等级（上限温度）	Δt_0/℃	$\Delta\alpha$/10^{-6}℃$^{-1}$
铂热电阻	0.003 851	AA（250 ℃）	$+0.10$	$4.0 \sim -10.0$
			0.00	$7.0 \sim -7.0$
			-0.10	$10.0 \sim -4.0$
			$(-7.0 - 30\Delta t_0) \times 10^{-6}$℃$^{-1} \leqslant \Delta\alpha \leqslant (7.0 - 30\Delta t_0) \times 10^{-6}$℃$^{-1}$ 上限温度为 150 ℃(薄膜铂热电阻),应取: $(-8.5 - 40\Delta t_0) \times 10^{-6}$℃$^{-1} \leqslant \Delta\alpha \leqslant (8.5 - 40\Delta t_0) \times 10^{-6}$℃$^{-1}$			
		A（450 ℃）	$+0.15$	$3.6 \sim -10.4$
			0.00	$7.0 \sim -7.0$
			-0.15	$10.4 \sim -3.6$
			$(-7.0 - 23\Delta t_0) \times 10^{-6}$℃$^{-1} \leqslant \Delta\alpha \leqslant (7.0 - 23\Delta t_0) \times 10^{-6}$℃$^{-1}$		

表 5－17（续）

热电阻类型	α 标称值/℃^{-1}	等级（上限温度）	Δt_0/℃	$\Delta\alpha$/10^{-6}℃^{-1}
铂热电阻	0.003 851	B（600 ℃）	+0.30	8～－20
			0.00	14～－14
			－0.30	20～－8
			$(-14-21\Delta t_0)\times10^{-6}\text{℃}^{-1}\leqslant\Delta\alpha\leqslant(14-21\Delta t_0)\times10^{-6}\text{℃}^{-1}$	
		C（600 ℃）	+0.60	19～－45
			0.00	32～－32
			－0.60	45～－19
			$(-32-21\Delta t_0)\times10^{-6}\text{℃}^{-1}\leqslant\Delta\alpha\leqslant(32-21\Delta t_0)\times10^{-6}\text{℃}^{-1}$	
铜热电阻	0.004 280	－（150 ℃）	+0.30	20～－48
			0.00	34～－34
			－0.30	48～－20
			$(-34-47\Delta t_0)\times10^{-6}\text{℃}^{-1}\leqslant\Delta\alpha\leqslant(34-47\Delta t_0)\times10^{-6}\text{℃}^{-1}$	

注：R'_0 对应的 Δt_0 在上述范围内时，$\Delta\alpha$ 的取值可以按表中的范围函数计算得到，其中 AA 级和 A 级修约至 10^{-7}，B 级、C 级和铜热电阻修约至 10^{-6}。

3. 稳定性

铂热电阻在经历最高工作温度 672 h 后，其 R_0 值的变化换算成温度后不得大于表5－16规定的 0 ℃允差的绝对值。

（三）检定条件

1. 检定设备

检定时所需的标准仪器及配套设备按被检热电阻的类型可从表5－18中参考选择。选用的原则为：检定时用的标准器、电测仪器以及配套设备引入的扩展不确定度（包含概率 $p=95\%$）换算成温度值应不大于被检热电阻允差绝对值的 1/4（AA 级以上的为 1/3）。

表 5－18　标准仪器及配套设备

序号	仪器设备名称	技术要求	用途	备注
1	标准铂电阻温度计	$-196\text{℃}\sim+660\text{℃}$，二等	用比较法检定时的参考标准	亦可用满足不确定度要求的其他标准温度计
2	电测仪器（电桥或可测量电阻的数字多用表）	A 级及以上用 0.005 级及以上等级 B 级及以下用 0.02 级及以上等级 测量范围应与标准铂电阻、被检热电阻的电阻值范围相适应 保证标准器和被检热电阻的分辨力换算成温度后不低于 0.001 ℃ 如测量 Pt100 的分辨力不低于 0.1 mΩ	测量热电阻和标准铂电阻阻值的仪器	电测仪器提供给热电阻的测量电流应保证功耗引起的温升尽可能小，不会对不确定度评定带来显著影响

表 5－18(续)

序号	仪器设备名称	技术要求	用途	备注
3	转换开关	接触电势≤1.0 μV	多支热电阻检定用转换器	
4	冰点槽	$U≤0.04℃,k=2$ 制冰的水和加入冰槽的水必需纯净。冰水混合物必需压紧以消除气泡。水面应低于冰面 10 mm～20 mm	产生 0 ℃的恒温装置	亦可用满足不确定度要求的恒温槽
5	恒温槽	温度范围：－50 ℃～＋300 ℃ 水平场场≤0.01 ℃ 垂直场场≤0.02 ℃ 10 min 变化不大于 0.04 ℃	温度 t 的恒温装置	应有足够的置入深度。保证在允差检定时的热损失可被忽略；同时还必须满足标准温度计插入深度的要求
6	高温炉	温度 t 范围：300 ℃～850 ℃,测量区域温差不大于热电阻上限温度允差的 1/8	高温源,检定 300 ℃以上的上限温度用	可用符合要求的其他高温源
7	水三相点瓶及其保温容器		核查标准铂电阻温度计的 R_{tp} 用	用同一台电测仪器测量 R_{tp} 和 R_{Ga}^*、R_{In}^*,可显著减小测量不确定度
8	液氮杜瓦瓶或液氮比较仪		低温源,检定－196 ℃下限温度用	
9	绝缘电阻表	直流电压 10 V～100 V,10 级	测量热电阻的绝缘电阻	

2. 环境条件

环境温度：15 ℃～35 ℃。电测设备应符合相应的环境要求；
相对湿度：30％～80％。

(四) 检定项目

首次检定、后续检定和使用中检验的检定项目见表 5－19。

表 5－19 检定项目

检定项目		首次检定	后续检定	使用中检验
外观		+	+	+
绝缘电阻	常温	+	+	+
	高温	＊	－	
稳定性		＊	－	
允差	0 ℃点	+	+	+
	允差等级规定的上限(或下限)温度或 100 ℃点(应首选 100 ℃)	+	+	－

注：
1.表中"＋"表示应检定,"－"表示可不检定,"＊"表示当用户要求时应进行检定。
2.在 R_0 和 R_{100} 合格,而电阻温度系数 α 不符合要求时(详见表 5－17),仍应进行允差等级规定的上限温度的检定。

（五）检定方法

1. 外观检查

按本节一、（一）通用技术要求的装配质量和外观要求的（1）～（4）的要求检查热电阻和感温元件的保护套管外部，应无肉眼可见的损伤。同时按（4）的要求检查标识、检定标记等，确定热电阻是否符合管理性的要求。

2. 绝缘电阻的测量

a）常温绝缘电阻的测量。应把热电阻的各接线端短路，并接到一个直流 100 V 的兆欧表的一个接线端，兆欧表的另一接线端应与热电阻的保护管连接，测量感温元件与保护管之间的绝缘电阻；有两个感温元件的热电阻，还应将两热电阻的各接线端分别短路，并接到一个直流 100 V 的兆欧表的两个接线端，测量感温元件之间的绝缘电阻。

b）高温绝缘电阻的测量。测量方法与上述相同，所用的直流电压应不超过 10V，热电阻应在最高工作温度保持 2h 后进行绝缘电阻的测量。

注：若热电阻的保护套管由绝缘材料制成，不需检查保护管与感温元件之间的绝缘电阻。

3. 稳定性试验

先在冰点槽中测量热电阻 0 ℃的电阻值 R_0，然后将热电阻在最高工作温度保持 672 h。此后再次测量 0 ℃的电阻值，热电阻 R_0 的变化应不超过 0 ℃允差的要求。

4. 允差的检定

（1）检定点

a）热电阻是在 0 ℃、100 ℃和必要时在温度 t 检定。

b）当热电阻 α 超差而在 0 ℃、100 ℃的允许偏差均合格时，应增加在热电阻的上限温度检定。

（2）接线方法

a）测量二线制热电阻或感温元件的电阻时，应在热电阻的每个接线柱或感温元件的每根引线末端接出二根导线，然后按四线制进行接线测量。

b）三线制热电阻，由于使用时不包括内引线电阻，因此在测定电阻时，须采用两次测量方法，以消除内引线电阻的影响（每次测量均按四线制进行）。对铠装三线制热电阻检定时按图 5－29（a）和（b）接线，按图 5－29（a）接线测量出 R_1，按图 5－29（b）接线测量出 R_2。

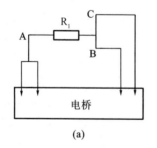
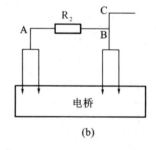

(a)　　　　　　　　　　(b)

图 5－29　接线图

（3）插入深度

热电阻的插入深度一般不少于 300 mm，短型热电阻的插入深度可参考厂家推荐值。

（4）0 ℃电阻值 $R(0\ ℃)$ 的测量

将二等标准铂电阻温度计和被检热电阻插入盛有冰和水混合物的冰点槽内（热电阻周围的冰层厚度不小于 30mm）。30 min 后按下列顺序测出标准铂电阻温度计和被检热电阻的电阻值。

$$标准 \longrightarrow 被检 1 \longrightarrow 被检 2 \longrightarrow \cdots \longrightarrow 被检\ n$$

$$换向\ \downarrow$$

$$标准 \longleftarrow 被检 1 \longleftarrow 被检 2 \longleftarrow \cdots \longleftarrow 被检\ n$$

如此完成一个读数循环，A 级铂热电阻每次测量不得少于三个循环，B 级铂热电阻及铜热电阻每次测量不得少于二个循环，取其平均值进行计算。

（5）100 ℃电阻值 $R(100\ ℃)$ 的测量

将二等标准铂电阻温度计和被检热电阻插入水沸点槽或温度调定在 t_b 的恒温油槽中。待温度稳定后，进行测量。

（6）t 电阻值（R_t）的测量

可在高温炉中进行。

5. 稳定度检定

必要时，应对新制铂热电阻的稳定度进行抽样检定。按如下步骤进行：

（1）测量 0 ℃时铂热电阻的电阻值 $R(0\ ℃)_1$；

（2）经充分预热后，使热电阻在上限温度经受 250 h，然后令其自然冷却至室温；

（3）使热电阻在下限温度经受 250 h（若被检热电阻的下限温度低于氮沸点，则以氮沸点作为试验温度），然后令其自然回升至室温；

（4）测量 0 ℃时铂热电阻的电阻值 $R(0\ ℃)_2$。

（六）检定结果的计算

在采用测温电桥进行检定时：

（1）冰点槽内的温度 t_i 按式（5—111）计算：

$$t_i = \Delta R^* / (dR/dt)^*_{t=0} \tag{5—111}$$

式中：$\Delta R^* = R_i^* - R^*(0\ ℃)$；

R_i^*、$R^*(0\ ℃)$——分别表示标准铂电阻温度计在温度 t_i 和 0 ℃的电阻值，Ω，

$$R^*(0\ ℃) = R_{tp}^* / 1.000\ 039\ 8$$

R_{tp}^*——标准铂电阻温度计在水三相点的电阻值，Ω；

$(dR/dt)^*_{t=0}$——标准铂电阻温度计在 0℃时电阻随温度的变化率，$(\Omega/℃)$，

$$(dR/dt)^*_{t=0} = 0.00\ 399 R_{tp}^*$$

（2）被检热电阻的 $R(0\ ℃)$ 按式（5—112）计算：

$$R(0\ ℃) = R_i - (dR/dt)_{t=0} t_i \tag{5—112}$$

式中：R_i——被检热电阻在温度 t_i 时的电阻值，Ω；

$(\mathrm{d}R/\mathrm{d}t)_{t=0}$——被检热电阻在 0 ℃时电阻随温度的变化率，$(\Omega/℃)$。

对铂热电阻，$(\mathrm{d}R/\mathrm{d}t)_{t=0}=0.003\,91R'(0\ ℃)$

对铜热电阻，$(\mathrm{d}R/\mathrm{d}t)_{t=0}=0.004\,28R'(0\ ℃)$

式中：$R'(0\ ℃)$——被检温度计在 0 ℃的标称电阻值，Ω。

（3）被检热电阻在 0 ℃时的偏差按式（5－113）计算：

$$E_0=[R(0\ ℃)-R'(0\ ℃)]/(\mathrm{d}R/\mathrm{d}t)_{t=0} \qquad (5-113)$$

（4）被检热电阻的 $R(100\ ℃)$ 按式（5－114）计算：

$$R(100\ ℃)=R_b-(\mathrm{d}R/\mathrm{d}t)_{t=100}\Delta t \qquad (5-114)$$

式中：R_b——被检热电阻在水沸点或油恒温槽温度 t_b 的电阻值，Ω；

$(\mathrm{d}R/\mathrm{d}t)_{t=100}$——被检热电阻在 100 ℃时电阻随温度的变化率，$\Omega/℃$。

对铂热电阻：$\qquad(\mathrm{d}R/\mathrm{d}t)_{t=100}=0.003\,79R'(0\ ℃)$

对铜热电阻：$\qquad(\mathrm{d}R/\mathrm{d}t)_{t=100}=0.004\,28R'(0\ ℃)$

$$\Delta t=[R_b^*-R^*(100\ ℃)]/(\mathrm{d}R/\mathrm{d}t)_{t=100}^*$$

式中：R_b^*——标准铂电阻温度计在温度 t_b 的电阻值，Ω；

$R^*(100\ ℃)$——标准铂电阻温度计在 100 ℃的电阻值，Ω，

$$R^*(100\ ℃)=W^*(100)R_{tp}^*$$

$W^*(100\ ℃)$——标准铂电阻温度计证书内给出的电阻比；

$(\mathrm{d}R/\mathrm{d}t)_{t=100}^*$——标准铂电阻温度计在 100 ℃时电阻随温度的变化率，$\Omega/℃$，

$$(\mathrm{d}R/\mathrm{d}t)_{t=100}^*=0.003\,87R_{tp}^*$$

（5）被检热电阻 α 按式（5－115）计算：

$$\alpha=[R(100\ ℃)-R(0\ ℃)]/[100R(0\ ℃)] \qquad (5-115)$$

（6）被检热电阻 $\Delta\alpha$ 按式（5－116）计算：

铂热电阻：$\qquad\Delta\alpha=\alpha-0.003\,851$

铜热电阻：$\qquad\Delta\alpha=\alpha-0.004\,280 \qquad (5-116)$

（7）三线制热电阻在温度 $t℃$ 的电阻值 R_i 按式（5－117）计算：

$$R_i=2R_1-R_2 \qquad (5-117)$$

式中，R_1、R_2 分别表示按图 5－29（a）及（b）测量的值，R_1 表示包括一根内引线电阻，R_2 表示包括两根内引线电阻。

（1）被检热电阻的 $R(t)$ 参照 $R(100\ ℃)$ 方法利用分度表进行计算。

（2）铂热电阻在上、下限温度试验后，0 ℃电阻值的变化量 ξ（用温度来表示）按式（5－118）计算：

$$\xi=[R(0\ ℃)_2-R(0\ ℃)_1]/[0.003\,91R'(0\ ℃)] \qquad (5-118)$$

（七）检定结果处理和检定周期

（1）B 级铂热电阻和铜热电阻的电阻值取到小数点后第 3 位，温度系数取到小数点后第 6 位；A 级铂热电阻的电阻值取到小数点后第 4 位，温度系数取到小数点后第 7 位。

（2）热电阻的检定周期，应根据具体情况确定，最长不超过 1 年。

二、负温度系数低温电阻温度计的校准

负温度系数低温电阻温度计包含 1.2 K～273.16 K 的低温锗电阻温度计、低温氧化物热敏电阻温度计和低温渗碳玻璃电阻温度计,依据 JJF 1170—2007《负温度系数低温电阻温度计校准规范》进行校准。

低温电阻温度计的特点是电阻随温度呈负指数变化,灵敏度高,使用温区宽窄不一,互换性不好,需单支多点校准。

低温锗电阻温度计、低温渗碳玻璃电阻温度计和低温氧化物热敏电阻温度计,一般都做成四引线,分别是正负电流、正负电压引线,封装在金属壳管中,为增强传热效果,套管内多充入少量氦气以减小温度计自热效应的影响。

低温氧化物热敏电阻温度计,也有二引线式、玻璃封装的,校准时用四引线法测量电阻。

(一) 计量特性

1. 稳定性

温度计通常在液氦沸点、液氮沸点或靠近使用温区的高温端测定其稳定性。相邻两个校准间隔在同一温度点的示值差,作为温度计的稳定性。

2. 自热效应

温度计通常按元件输出电压为 3 mV～6 mV 确定测量电流。额定工作条件下,温度计允许最大自热效应为 3 mK。

(二) 校准条件

1. 标准器

校准用标准器在温区 1.2 K～24.56 K 内,使用低温标准铑铁电阻温度计,扩展不确定度 3 mK,$k=2$;在温区 13.803 3 K～273.16 K 内,使用低温标准铂电阻温度计,扩展不确定度 5 mK,$k=2$。

2. 电测设备

(1) 测温电桥,量程:0～100 Ω,允许最大相对误差:$3×10^{-6}$。

(2) 标准电阻:1 Ω,10 Ω,扩展相对不确定度 $U=1.5×10^{-6}$,$k=1.73$。

(3) 标准电阻:100 Ω,1k Ω,10k Ω,允许最大相对误差:$5×10^{-6}$。

(4) 精密数字电压表分辨力:0.01 μV,允许最大相对误差:$50×10^{-6}$。

(5) 精密可调恒流源输出范围:0.01 μA～10 mA,稳定度:$1×10^{-5}$。

(6) 四刀多点转换开关,寄生热电势<0.4 μV。

3. 恒温设备

(1) 低温恒温器,温区 1.2 K～273.16 K,控温波动±0.5 mK/20 min(20 K 及以下),控制波动±2.5 mK/20 min(20 K 以上),比较铜块最大温差小于 1 mK。

(2) 低温控温仪,温区 1.2 K～273.16 K,控温波动±0.5 mK(20 K 及以下),控制波动±2.5 mK(20 K 以上)。

（三）校准项目和校准方法

1. 老化实验

首次校准的温度计应先做 20 次液氮温度至室温的热循环老化，提高温度计的稳定性。对于使用温度下限低于 77 K 的温度计，在液氮温度老化后，至少再做 5 次液氮温度至室温的热循环老化。

2. 外观检查

目视检查温度计外观。室温下用数字电压表检查温度计阻值，温度计阻值应稳定，不得有短路或断路现象。对于金属外壳的温度计，感温体不得与外壳短路。

3. 校准点确定

1.2 K～1.8 K（含）范围，校准点间隔为 0.1 K；1.8 K～2.4 K（含）范围，校准点间隔为 0.2 K；2.4 K～5.0 K（含）范围，校准点间隔为 0.3 K～0.5 K；5 K～10 K（含）范围，校准点间隔为 1 K；10 K～26 K（含）范围，校准点间隔为 2 K；26 K～100 K（含）范围，校准点间隔为 3 K～5 K；100 K～273.16 K（含）范围，校准点间隔为 10 K。

4. 校准过程

标准温度计的示值由电桥给出。被测温度计的测量由精密数字电压表完成，按如下顺序测量：

被测温度计 1 的正向测量电流，被测温度计 1 的零电流或反向测量电流；

被测温度计 2 的正向测量电流，被测温度计 2 的零电流或反向测量电流；

······

被测温度计 n 的正向测量电流，被测温度计 n 的零电流或反向测量电流；

测量一遍后，再按顺序重复测一遍，取两遍读数的平均值作为该温度点的阻值。

5. 自热效应

通常选择液氦沸点、液氮沸点或被校温度计使用温区的较高温度段做温度计自热效应的测定。一般在一二个典型温度点上测量自热效应即可。

自热效应的测量，一般先用常规的测量电流 I_1 测量被校温度计阻值 R_1，接着测量电流 I_2 取原先的 1.5 倍或 2 倍，再测量被校温度计阻值 R_2。待校准完毕之后，依据分度表中的电阻灵敏度，按照式（5−119）计算被校温度计的自热效应 S_H：

$$S_H = \frac{R_2 - R_1}{\left[\left(\frac{I_2}{I_1}\right)^2 - 1\right]\left(\frac{\mathrm{d}R}{\mathrm{d}t}\right)} \qquad (5-119)$$

这里的 $\mathrm{d}R/\mathrm{d}t$ 是这支温度计在这个温度点的电阻灵敏度，从校准数据拟合计算分度表中查出。

通常情况下，数据拟合计算时不用进行自热效应修正，只在不确定度评定和证书中说明即可。

6. 数据处理

校准数据通常采用切比雪夫多项式做最小二乘法拟合，其电阻−温度关系主要有 4 种，通常采取式(5-120)。

$$T = \frac{a_0}{2} + \sum_{i=1}^{n} a_i \cos(i \cos^{-1} x) = \frac{a_0}{2} + \sum_{i=1}^{n} a_i \cos[i \cos^{-1}(A \ln R + B)] \quad (5-120)$$

式中,A、B 是归一化常数,保证对全部校准点 $-1 \leqslant x \leqslant 1$,$a_i$ 是拟合系数。

按式(5-121)、式(5-122)计算归一化常数 A 和 B。

$$A = \frac{2}{\ln R_{max} - \ln R_{min}} \quad (5-121)$$

$$B = 1 - \frac{2 \ln R_{max}}{\ln R_{max} - \ln R_{min}} \quad (5-122)$$

可以在整个被校温度计的使用温区上做数据拟合,当在整个使用温区上拟合偏差较大时,可以将整个使用温区分成两个或三个温区进行拟合。

校准数据拟合的标准偏差按式(5-123)计算:

$$DT_{std} = \sqrt{\sum_{i=1}^{m} \frac{(T_{C-i} - T_{E-i})^2}{m - n - 1}} \quad (5-123)$$

式中:DT_{std}——校准数据拟合的标准偏差,按温度表示;

$\quad T_{C-i}$——校准点数据拟合后得出的温度值;

$\quad T_{E-i}$——校准点实测的温度值;

$\quad m$——参加拟合的校准点数;

$\quad n$——校准数据拟合的方次。

拟合方次按以下两条原则确定:第一,在某一温区做拟合计算时,随着拟合方次的增加,拟合标准偏差明显减小,但拟合方次达到某一方次后再增加拟合方次,拟合标准偏差不再明显减小;第二,一般情况下拟合方次不超过 11 次方,或者不要超过拟合校准点数的一半。

若以上两条原则不能同时满足,就要考虑重新划分拟合温区,或分析校准数据的质量,判断是控温测量的问题,还是温度计本身的问题。

当校准数据分成两个以上温区拟合时,应保证相邻温区有适当的重叠,以保证拟合曲线连续一致。

依据选用的拟合形式和最小二乘法拟合系数,计算出 $R\text{-}T\text{-}\frac{dR}{dt}$ 分度表。

(四) 校准结果表达及校准周期

校准证书应给出校准点数据,给出各温区拟合计算所采用的多项式形式,给出拟合偏差表、拟合系数,各温区相对应的不确定度,分度表一般以 $R\text{-}T\text{-}\frac{dR}{dt}$ 形式给出。

复校时间间隔由用户自主决定,建议最长不超过 2 年。

三、表面铂热电阻的检定

表面铂热电阻的检定应依据 JJG 684—2003《表面铂热电阻》。

表面铂热电阻用于测量范围为 $-60\ ℃\sim 600\ ℃$(或其中部分范围)的接触式表面铂热电阻。表面铂热电阻可以是采用金属丝平绕、薄膜或厚膜技术及其他工艺制成。它是基于铂丝电阻值随温度变化而变化原理来测量固体表面温度的。其典型结构如图 5-30 所示。

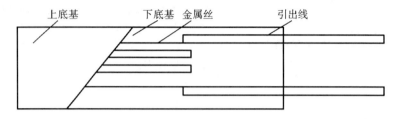

图 5-30 表面铂热电阻的典型结构

其电阻与温度关系式为

$$R_t = R_0[1 + At + Bt^2 + C(t-100)t^3] \tag{5-124}$$

式中：R_0——表面铂电阻在 0 ℃时的电阻值，Ω；

$\quad R_t$——表面铂电阻在 t ℃时的电阻值，Ω；

$\quad A$——常数，其值为 3.9083×10^{-3}，$℃^{-1}$；

$\quad B$——常数，其值为 -5.775×10^{-7}，$℃^{-2}$；

$\quad C$——常数，$t < 0$ ℃，其值为 -4.183×10^{-12}，$℃^{-4}$；$t \geqslant 0$ ℃，其值为 0。

（一）通用技术要求

1. 外观

（1）各部分装配应正确、可靠、无缺损、无缺件、无折痕。

（2）表面铂电阻不应有短路或断路现象、引出线的安装不应松动。

（3）表面铂热电阻应带有产品铭牌，铭牌上应有生产厂名、商标、分度号、测量范围，及出厂编号。

2. 绝缘电阻

在环境温度为 15 ℃～35 ℃，相对湿度不大于 80% 的条件下，表面铂热电阻的绝缘电阻应不小于 20 MΩ。

（二）计量性能要求

1. 最大允许误差

不同温度范围的表面铂电阻的温度最大允许误差应符合表 5-20。

表 5-20 表面铂电阻温度最大允许误差

测量范围	最大允许误差/℃
$t \leqslant 0$ ℃	±6
0 ℃ $< t < 200$ ℃	±4
200 ℃ $\leqslant t \leqslant 600$ ℃	±12

2. 表面铂电阻的 R_0 值

表面铂电阻在 0 ℃时的电阻值规定为 $(100 \pm 1.0)\Omega$。

（三）检定条件

1. 标准器及其他设备

（1）标准水银温度计、工作标准温度计。

（2）其他设备

a）主要检定设备及技术要求见表 5－21。

表 5－21　主要检定设备及技术要求

设备名称	使用温度范围/℃	标准器	表面热源有效工作区域最大温差/℃
表面冰点器	0	标准水银温度计	0.1
制冷恒温槽	－60～30	标准汞基温度计 标准水银温度计	0.4
表面温度检定炉	30～200	工作标准温度计	1.0
表面温度检定炉	200～600	工作标准温度计	2.0

注：30 ℃仲裁检定时应采用标准水银温度计作标准。

b）表面冰点器的制作方法及制冷恒温槽上附加的表面测温杯制作见 JJG 684—2003 的附录 A。

c）表面热管炉及准绝热辐射屏蔽式表面温度检定炉的表面热源材料为紫铜或导热系数优于紫铜的其他材料。检定炉中心位置应有一个 50 mm×30 mm 的有效工作区域,其温度均匀性应满足表 5－21 的规定。

d）检定时应选用准确度为 0.05 级的数字电压表或同等准确度的其他电测设备进行测量。

e）读数望远镜。

f）100 V 兆欧表。

2. 环境条件

（1）温度：15 ℃～35 ℃；

（2）相对湿度：不大于 85％；

（3）检定时表面铂热电阻与表面热源接触良好；

（4）检定时实验室内状态应稳定,无空气流动,无电磁干扰,无振动源。

（四）检定项目和检定方法

1. 外观检查

用目力观测,用万用表检查。

2. 绝缘电阻

用兆欧表进行测量。测量前将被测表面铂热电阻放在一金属板上,用硅橡胶或其他弹性材料压紧,即可进行测量。测量时将表面铂热电阻引出线短路接至兆欧表一个接线端上,兆欧表另一接线端接至金属板上。

3. R(0 ℃)值的检定

$R(0 ℃)$在表面冰点器中进行,制作冰点器的冰应由蒸馏水冻制而成。在盛有冰水混合物的冰点器内放入表面冰点杯,将表面铂热电阻贴在表面冰点杯底部,注意使表面铂热电阻与冰点杯表面接触良好。待温度稳定后即可读数(通过的电流应不大于 1 mA)。

4. 最大允许误差的检定

(1)检定点的间隔

表面铂热电阻的检定点应按使用范围均匀分布,除 0 ℃以外,不得少于 3 个检定点。

(2)表面铂热电阻的安装

表面铂热电阻的安装前应检查热源表面是否平整、光滑、无污物,并用酒精擦试干净后方可使用。检定时将表面铂热电阻贴在热源的等温区域内,并用固定支架将表面铂热电阻压紧。表面铂热电阻和表面测温杯底间及表面铂热电阻和表面热源之间应接触良好,不应有空气层存在。

(3)检定方法

用比较法检定。检定时将表面铂热电阻接至数字电压表上,待炉温稳定后即可读数,读数顺序如下:

顺序:标准———被检 1 ———被检 2 ———……———被检 n

反序:标准←———被检 1 ←———被检 2 ←———……←———被检 n

以上读数为一组,共读取二组数。取其平均值进行计算。

(4)表面铂热电阻可以是四线方式也可以是二线或三线方式,当表面铂热电阻为二线方式时,应在测量结果中减去测量导线的电阻值。

(五) 检定结果的处理和检定周期

1. 被检表面铂热电阻修正的 Δt 的计算值

(1) 采用标准水银温度计或标准汞基温度计作标准时被检表面铂热电阻的温度修正值 Δt 的计算公式如式(5－125)~(5－127)所示:

$$\Delta t = t_s - t_b \tag{5－125}$$

$$t_s = t_1 + t_2 \tag{5－126}$$

$$t_b = t' + (R_b - R_s)/(dR_b/dt) \tag{5－127}$$

式中:Δt——被检表面铂热电阻的温度修正值;

t_s——制冷恒温槽实际温度;

t_1——标准水银温度计示值;

t_2——标准水银温度计检定证书给出的修正值;

t_b——被检表面铂热电阻的温度示值;

t'——标称温度值;

R_b——被检表面铂热电阻在温度 t 时读出的电阻值;

R_s——工业铂热电阻分度表中给出的温度 t 时电阻值;

dR_b/dt——被检表面铂热电阻在温度 t 时电阻随温度的变化率。

（2）采用工作标准温度计作标准时被检表面铂热电阻的温度修正值的 Δt 计算按式（5－128）～（5－130）进行：

$$\Delta t = t_s - t_b \tag{5－128}$$

$$t_s = t' + (R_t/R_{tp} - W_t)/(dW_t/dt) \tag{5－129}$$

$$t_b = t' + (R_b - R_s)/(dR_b/dt) \tag{5－130}$$

式中：Δt——被检表面铂热电阻的温度修正值；

$\quad t_s$——表面源实际温度值；

$\quad t'$——标称温度值；

$\quad R_t$——工作标准温度计在温度 t 时读出的电阻值；

$\quad R_{tp}$——工作标准温度计在水三相点测得的电阻值；

$\quad W_t$——工作标准温度计分度表给出的在温度 t 时电阻比；

dW_t/dt——工作标准温度计分度表给出的在温度 t 时电阻随温度的变化率；

$\quad R_b$——被检表面铂热电阻在温度 t 时读出的电阻值；

$\quad R_s$——工业铂热电阻分度表中给出的温度 t 时电阻值；

dR_b/dt——被检表面铂热电阻在温度 t 时电阻随温度的变化率。

2. 检定周期

铂热电阻一般为一次性使用，若重复使用时，检定周期不得超过 1 年。

第六章

数字温度计

第一节 概　　述

数字温度计采用温度敏感元件,也就是温度传感器(如铂电阻、热电偶、半导体、热敏电阻等)将温度的变化转换成电信号的变化,如电压和电流的变化。温度变化和电信号的变化有一定的关系,如线性关系、一定的曲线关系等。这个电信号可以使用模数转换的电路,即AD 转换电路,将模拟信号转换为数字信号,数字信号再送给处理单元,如单片机或者 PC 机等,处理单元经过内部的软件计算将这个数字信号和温度联系起来,成为可以显示出来的温度数值(如 25.0 ℃),然后通过显示单元(如 LED、LCD 或者电脑屏幕等)显示出来给人观察。这样就完成了数字温度计的基本测温功能。

数字温度计根据使用的传感器的不同,AD 转换电路及处理单元的不同,其精度、稳定性、测温范围等都有区别,这就要根据实际情况选择符合要求的数字温度计。

第二节　数字式量热温度计的检定

数字式量热温度计应依据 JJG 855—1994《数字式量热温度计》进行检定。

该数字式温度计的测量范围为 0 ℃～50 ℃,它的分辨力优于 0.001 ℃,温差测量范围不小于 3 ℃。

数字式量热温度计主要用于发热量测量和其他微小温度变化的精密测量,它们包括直接数字显示式的量热温度计和配有微型计算机进行温差测量、数据处理的量热系统。

一、主要术语及定义

1. 基点温度

数字式量热温度计主要用于温差测量,其基点温度是指其显示值为 0 ℃时所代表的实际温度值。

2. 温差

温差是指在同一基点温度下,数字式量热温度计测量任一间隔温度的变化量。

二、通用技术要求

1. 外观

（1）数字式量热温度计的外形结构应完好，表面不应有明显的变形，表面涂层应均匀，金属部件不应有锈蚀及其他机械损伤。

（2）数字式量热温度计名称、型号、测温范围、表示国际温标"摄氏度"的符号"℃"、工作条件、制造厂、出厂日期、编号应齐全、清晰。

（3）数字式量热温度计各部位开关、操作键灵活可靠，零部件应紧固无松动。

（4）数字式量热温度计传感器引线必须接触良好，传感器外套管应密封平直，不应有明显的弯曲现象，其长度应不小于 150 mm。

2. 通电检查

（1）数字式量热温度计的显示应清晰、无叠字，亮度应均匀，不应有缺笔画现象，小数点和状态显示应正确。具有打印记录功能的温度计，记录应正确，字迹清晰，无叠字现象。

（2）有负值显示的数字式量热温度计，显示负值时，应有"－"符号显示。

（3）超范围时，应有过载指示的符号或状态。

3. 绝缘电阻

在环境温度为 15 ℃～35 ℃、相对湿度为 45％～75％的条件下，数字式量热温度计显示部分各端子之间、传感器引线与其外壳之间的绝缘电阻应不小于表 6－1 的要求。

表 6－1 绝缘电阻的技术要求

序　号	测试点	绝缘电阻/MΩ
1	电源端子-地或机壳	40
2	输入端子-地或机壳	20
3	输入端子-电源端子	20
4	传感器引线-传感器外壳	20

4. 绝缘强度

在环境温度为 15 ℃～35 ℃、相对湿度为 45％～75％的条件下，数字式量热温度计显示部分各端子之间施加表 6－2 的试验电压，历时 1 min 应不击穿，不产生电弧和火花。

表 6－2 绝缘强度试验电压

序号	测试点	试验电压（交流有效值）
1	电源端子-地或机壳	1 000 V
2	输入端子-地或机壳	500 V
3	输入端子-电源端子	1 000 V

注：

1. 对于供电电源的额定电压不是交流 220 V 的温度计，其绝缘强度试验电压按 GB 4793—2008《电子测量仪器安全要求》确定。

2. 对于采用电容接地的温度计，输入端对地或机壳的绝缘电阻使用万用表测量。电源端子对地或机壳不进行绝缘强度试验。

三、计量性能

1. 分辨力

数字式量热温度计显示值的末位一个数字所表示的温度值应不大于 0.001 ℃。当温度计显示变化一个数字时所对应的输入值变化量（换算成相应的温度值）应符合温度计分辨力的要求，其误差应不大于温度计分辨力的 70%，具有负值显示的温度计，在显示零值时的分辨力误差应小于温度计分辨力的 140%。

2. 稳定度

（1）数字式量热温度计在 30 min 内示值波动度应不超过 ±0.001 ℃。

（2）数字式量热温度计相邻两个检定周期的检定结果，每间隔 1 ℃温差测量误差的差值应不超过 ±0.004 ℃。

3. 示值允许误差和温差测量允许误差

示值允许误差和温差测量允许误差见表 6－3。

表 6－3　示值允许误差和温差测量允许误差

序　号	项　目	直接数字显示的温度计和配微型计算机可进行示值修正的温度计	配微型计算机的温度计
1	示值允许误差	±0.200 ℃	
2	测量 1 ℃间隔温差允差	±0.010 ℃	±0.002 ℃
3	测量 1 ℃以上任意间隔（≤3℃）的温差允差	±0.020 ℃	±0.004 ℃
4	线性误差	优于±0.002 ℃	优于±0.002 ℃

4. 时间常数

数字式量热温度计的整机时间常数应不大于 15 s。

四、检定条件

1. 检定数字式量热温度计的标准器和设备

（1）标准器：二等标准铂电阻温度计。

（2）设备：见表 6－4。

表 6－4　检定设备

序号	名称	主要技术指标	备注
1	测温电桥及配套设备	引入修正值后，测量准确度不低于 0.002%，最小步进值不大于 $1×10^{-5}\Omega$	也可采用同准确度等级的其他电测设备
2	恒温水槽	0 ℃～50 ℃范围内，工作区域水平温差 ≤0.005 ℃，最大温差≤0.010 ℃，5 min恒温水槽温度波动优于±0.001 ℃	手动控温或自动控温 5 min 内槽温单方向变化≤0.004 ℃

表 6−4(续)

序号	名称	主要技术指标	备注
3	信号发生器	准确度不低于 0.02 级。最小步进值不大于相当于 0.000 1 ℃的量值	用于代替各类传感器。对于电阻类传感器可采用 JJG 855—1994 附录 2 中的方法
4	秒表	分辨力 0.01 s	
5	二等标准水银温度计	0 ℃～50 ℃	
6	兆欧表	500 VDC 2.5 级	
7	数字万用表	能够测量 20 MΩ 的电阻	
8	高压试验台	高压侧功率≥0.25 kW	
9	水三相点瓶及保温容器		

2. 检定时的条件

(1) 环境温度为 15 ℃～35 ℃，相对湿度不大于 75%。

(2) 数字式量热温度计供电电源：电压变化不超过额定电压的±10%；频率变化不超过额定频率的±1%。

五、检定项目和检定方法

1. 外观检查

目测和用直尺检查。

2. 通电检查

接通电源后进行检查。

3. 分辨力的检定

(1) 检定点：在测量范围内至少任意选取两个温度点。具有负值显示的数字式量热温度计，必须检定在显示零值时的分辨力。

(2) 接线：按图 6−1 的接线方法接线。

图 6−1 接线方法

(3) 分辨力的检定按寻找转换点法进行。增大(上行程)、减小(下行程)显示仪表的输入量，找到 A_1、A_2、A_1'、A_2' 4 个转换点，将 A_1、A_2、A_1'、A_2' 均换算成温度值。同一检定点至少重复检定 3 次。

A_1 为上行程时，显示值刚能稳定在检定点温度时的输入量。

A_2 为上行程时，显示值离开检定点，转换到下一个显示值(一个分辨力值的变化量)时(包括两显示值间的波动)的输入量。

A_1' 为下行程时，显示值刚能稳定在检定点温度时的输入量。

A_2' 为下行程时，显示值离开检定点，转换到下一个显示值（一个分辨力值的变化量）时（包括两显示值间的波动）的输入量。

（4）计算各次检定的 A_1 与 A_2 差值、A_1' 与 A_2' 差值，取其中最大的一个差值计算该检定点的分辨力误差。

（5）特殊类型传感器的数字式量热温度计依照以上的方法进行分辨力检定，也可采用其他方法进行分辨力的检定。

4. 示值误差的检定

（1）检定温度点可按下列方法确定，也可根据数字式量热温度计的实际使用情况确定，但两相邻检定点间隔不得超过 1 ℃。

a）只有一个固定基点温度的数字式量热温度计，以温度计下限温度为起点，每间隔 1 ℃检定一点，检至上限温度。

b）基点温度每间隔 X ℃挡设定的数字式量热温度计，以各基点温度为起点，每间隔 1 ℃检定一点，均检至 $(X+1)$ ℃的温度显示值。

c）基点温度连续可调的数字式量热温度计，以温度计下限温度为第一个基点温度，以后每间隔 5 ℃设定一个基点温度，以各设定的基点温度为起点，每间隔 1 ℃检定一点，均检至 7 ℃的温度显示值。

（2）示值误差的检定采用比较法，检定时温度由低到高。

二等标准铂电阻温度计须在检定前测定 R_{tp} 的值。

a）恒温水槽的温度由二等标准水银温度计确定，温度偏离检定点不得超过 ± 0.1 ℃。

b）数字式量热温度计插入恒温槽的深度不得小于 150 mm。

c）稳定 10 min 后以下列顺序读数：

$$顺序：标准 \longrightarrow 被检 1 \longrightarrow 被检 2 \longrightarrow \cdots \longrightarrow 被检 n$$

$$反序：标准 \longleftarrow 被检 1 \longleftarrow 被检 2 \longleftarrow \cdots \longleftarrow 被检 n$$

以上读数为一组，共读取五组数。取其平均值进行计算。

5. 温差测量误差的检定

该项检定与示值误差同时进行。间隔 1 ℃温差测量误差为相邻两检定点示值误差的差值。其他温度间隔的温差测量误差为该间隔内任意两检定点示值误差差值的最大值。

6. 线性误差的检定

a）检定点的确定

基点温度可调（包括连续可调）的数字式量热温度计，在以各基点温度（包括设定的基点温度）为起点的示值误差检定点中，均选取任意两相邻示值误差检定点的中间点进行检定。

基点温度固定的数字式量热温度计，在负显示值和正显示值区域内，均选取任意两相邻示值误差检定点的中间点进行检定。

b）线性误差的检定在温度计示值误差检定过程中进行，按比较法检定中间点的示值误差。按线性内插法计算该点中间点的示值误差值，该误差值与实际检定的该中间点误差值的差值为线性误差。

7. 示值稳定度的检定

a) 在数字式量热温度计示值误差检定过程中,选取任意一个温度点,按比较法,每间隔 5 min 检定一次该温度点的示值误差值,共检定 30 min。在每一次检定过程中槽温应缓慢均匀上升(或下降),其上升(或下降)幅度不得超过 0.004 ℃。

计算以上检定的最大示值误差与最小示值误差的差值,取该差值绝对值的二分之一为温度计在 30 min 内的示值波动度。

b) 温度计每隔 1 ℃ 的温差测量误差与上一个检定周期的检定结果相比较,应不超过±0.004 ℃。

8. 时间常数的检定

将恒温水槽(或其他恒温容器)温度稳定在数字式量热温度计基点温度(室温附近),基点温度可调的数字式量热温度计可任选一个已设定的基点温度。将数字式量热温度计传感器插入恒温水槽(或其他恒温容器)内,稳定 10 min 后,迅速将数字式量热温度计传感器插入另一个恒温水槽内,用秒表测量数字式量热温度计示值由基点温度上升到两恒温槽差值的 50% 时所需用的时间 $\tau_{0.5}$,如此至少重复测量 3 次,取 3 次测量结果的平均值为温度计的时间常数,每次测量结果对于平均值的偏差应在±10% 以内。

数字式量热温度计传感器离开前一恒温水槽(或恒温容器)到插入后一恒温水槽所需时间不应超过被检数字式量热温度计 $\tau_{0.5}$ 的十分之一。两恒温槽槽温之差不小于 3 ℃。

9. 绝缘电阻的测量

数字式量热温度计电源开关处于接通位置,对于供电电压为 50 V～500 V 范围内的温度计,必须采用额定直流电压为 500 V 的兆欧表。对于供电电压小于 50 V 的数字式量热温度计,采用额定直流电压为 100 V 的兆欧表,按表 6-1 的部位进行测量。测量时,应稳定 5 s,再读取数值。

10. 绝缘强度的测量

数字式量热温度计的电源开关处于接通位置,将各电路本身端钮短路,然后按照表 6-2 规定的部位,在高压试验台上进行测量。

六、检定结果的处理和检定周期

(1) 示值分辨力误差按式(6-1)和式(6-2)计算

$$\Delta A = |A_1 - A_2| \qquad (6-1)$$
$$\Delta A' = |A_1' - A_2'| \qquad (6-2)$$

式中:ΔA——上行程时分辨力,℃;

$\Delta A'$——下行程时分辨力,℃。

示值分辨力的相对误差按式(6-3)计算:

$$\Delta = \frac{|\Delta A_{\max} - F|}{F} \times 100\% \qquad (6-3)$$

式中:Δ——示值分辨力值的相对误差;

$\Delta A_{\max}$——各次检定中的分辨力值的最大值;

F——数字式量热温度计的标称分辨力值。

（2）数字式量热温度计示值误差按式（6-4）计算：

$$\Delta t_{n(i)} = t_{n(i)} - t_{(j)} \tag{6-4}$$

式中：$\Delta t_{n(i)}$——数字式量热温度计基点温度为 n（℃）时，显示温度值为 i（℃）的示值
误差，℃；

$t_{n(i)}$——数字式量热温度计基点温度为 n（℃）时，显示温度值为 i（℃）的5组读数的
平均值，℃；

$t_{(j)}$——二等标准铂电阻温度计在 j（℃）点测量的实际温度值，℃。

其中 $j = n + i$；

$t_{(j)}$ 值按照 ITS-90 中的方法计算。

（3）数字式量热温度计温差测量误差的计算

a）数字式量热温度计每间隔1℃温差测量误差按式（6-5）计算：

$$\Delta t_{n(i, i-1)} = \Delta t_{n(i)} - \Delta t_{n(i-1)} \tag{6-5}$$

式中：$\Delta t_{n(i, i-1)}$——温度计基点温度为 n（℃）时，i（℃）点与$(i-1)$（℃）点间隔1℃的温差测
量误差，℃。

b）基点温度为 n（℃）时，任意温度间隔的温差测量误差按式（6-6）计算：

$$\Delta t_{n(i, h)} = \Delta t_{n(i)} - \Delta t_{n(h)} \tag{6-6}$$

式中：$\Delta t_{n(i, h)}$——温度计基点温度为 n（℃）时，温度间隔为$(i - h)$（℃）点的温差测量
误差，℃；

$\Delta t_{n(h)}$——温度计基点温度为 n（℃）时，显示温度值为 h（℃）时的示值误差，℃。

（4）在检定证书上要给出温度计各基点温度值、各检定点的示值修正值。1℃间隔温差测
量误差值，给出值应按数据修约规则化整到末位数与数字式量热温度计的分辨力位数一致。

数字式量热温度计的示值修正值按式（6-7）计算：

$$X_{n(i)} = -\Delta t_{n(i)} \tag{6-7}$$

式中：$X_{n(i)}$——基点温度为 n（℃）时，数字式量热温度计显示温度值为 i（℃）的示值修
正值，℃。

（5）数字式量热温度计的检定周期可根据具体情况及其示值稳定度来确定，不超过1年。

第三节　表面温度计的校准

表面温度计是用于测量固体表面温度的仪器，由表面温度传感器和数字式温度指示仪
表组成。其测温原理是将温度传感器紧密地压在被测物体的表面上，由指示仪表显示出被
测物体的表面温度。温度传感器为表面热电偶，指示仪表一般具有热电偶参考端温度自动
补偿功能。表面温度计的校准依据 JJF 1409—2013《表面温度计校准规范》进行，该规范适
用于室温至 400 ℃温度范围的校准，其他类型的表面温度计的校准可参照该规范。

一、计量特性

1. 外观

（1）表面温度计的外形结构应完好，不应有影响测量准确度的缺陷。

（2）温度传感器的插件极性应正确，接触应良好，插件的材质应与感温元件的材质相同。

（3）接通表面温度计的电源,指示仪表应显示正常。

2. 示值误差

表面温度计的示值与实际温度的差值为表面温度计的示值误差。

二、校准条件

1. 环境条件

环境温度要求为(23±5)℃,相对湿度不大于85%,或符合校准用仪器设备所规定的环境条件。校准过程中,温度波动不应超过0.5 ℃,校准实验室内不应有影响测量结果的环境因素。

2. 测量标准及其他设备

（1）标准器

通常采用铂电阻温度计,其外径与测温孔的内径之差最大为0.5 mm。

对铂电阻温度计及其配套测量仪表整体校准,其扩展不确定度$U(k=2)$应小于被校温度计最大允差的1/10。

（2）表面温度源

温度源的温度范围应满足校准温度范围。温度源由表面热板、控温装置、测温标准器和与其配套使用的测量仪表组成,提供温度可调节的稳定、均匀温度场。

在表面热板的底部具有外置标准器插孔。标准器测量端与插孔内测温点处接触应良好,标准器测温点应垂直位于表面热板符合均匀性要求的工作区中心下方。

热板表面应平整、光滑,无油垢等物质,不允许有影响测量准确度的表面氧化,以保证被校表面温度计的感温元件与工作区热板接触良好。表面热板材料应具有良好的导热性。工作区直径或边长与感温元件的接触面相应尺寸之比应不小于1.4。可根据感温元件的形状选择相适应的表面热板。

温度源技术要求见表6-5。

表6-5 温度源技术要求

温度范围/℃	技术指标	
	工作区温度均匀性/℃	稳定性/(℃/10 min)
室温≤t≤100	≤0.5	0.4
100<t≤300	≤1.0	0.6
300<t≤400	≤1.5	1.0

三、校准项目和校准方法

1. 校准项目

校准项目为外观、示值误差。

2. 校准方法

（1）外观

用目测的方法进行检查。

（2）示值误差

a）表面温度计的感温元件在校准前应进行清洁处理，去掉影响测温准确度的污物。接通表面温度计的电源，将表面温度计在校准环境中放置不少于 10 min，使其参考端温度与环境温度充分达到热平衡。

b）校准温度点应选择整个测量范围内的整十或整百度点。在测量范围内不得少于 3 个点，其中 1 个点可在表面温度源的测量范围下限温度附近选择，另 1 个点可在表面温度计或表面温度源的上限温度（取小者）附近选择。也可根据用户要求选择校准温度点。

c）将标准器插入表面温度源外置插孔中，标准器测量端与插孔内测温点处应接触良好，插孔出口缝隙用保温材料堵严。

d）接通温度源的电源。

e）调节温度源设定温度，待温度源温度上升且稳定到所需要的校准温度，其偏离不得超过 ±2 ℃。

f）将被校表面温度计的感温元件充分、紧密地压在温度源热板均匀工作区的中心位置上。

g）待标准器测量仪表及表面温度计示值稳定后，记录标准器测量仪表及表面温度计的读数。

h）用 f）~g）方法对表面温度计进行 3 次重复测量。

i）改变温度源设定温度，重复 e）~h）的操作，直到所有的温度点均校准完毕。

j）校准过程中，环境条件应符合相应的规定。

3. 数据处理

被校表面温度计的示值与实际温度的差值为表面温度计的示值误差。在校准过程中，对表面温度计进行 3 次重复测量，取 3 次测量平均值计算示值误差。

表面温度计示值误差按式（6-8）计算：

$$\Delta t = \overline{t_{示}} - \overline{t_{标}} - \Delta t_{修} \tag{6-8}$$

式中：Δt——表面温度计的示值误差，℃；

$\overline{t_{示}}$——表面温度计的示值平均值，℃；

$\overline{t_{标}}$——标准器测量仪表测量的温度平均值，℃；

$\Delta t_{修}$——标准器与其测量仪表整体校准的温度修正值，℃。

4. 数据修约

表面温度计示值误差的末位可修约至与被校表面温度计分辨力相一致。

5. 复校时间间隔

表面温度计的复校时间间隔可根据具体使用情况由用户确定，建议复校时间间隔最长不超过 1 年。

第四节　数字式石英晶体测温仪的检定

数字式石英晶体测温仪依据 JJG 809—1993《数字式石英晶体测温仪》进行检定。

数字式石英晶体测温仪的测量范围为 0 ℃~100 ℃，它的分辨力优于 0.001 ℃。

结构方框图如图6-2所示。

图6-2　石英晶体温度传感器结构方框图

测温仪的工作原理是利用石英晶体压电效应的特性,当被测温度发生变化时,测温晶体和振荡电路构成的温度传感器所产生的振荡频率也随之变化,其频率信号经过一系列电路处理,最终以数字指示出被测量的温度值。

一、通用技术要求

1. 外观

(1)指示仪

a)指示仪应标有名称、厂名(或厂标)、出厂编号、制造年月。

数字指示板末端应标有国际温标摄示度的符号"℃"。

b)指示仪的外露部件(端钮、面板、开关等)不应松动、破损,操作应灵活。

c)指示仪与传感器及电源间各连接线必须牢固,各接插件应接触良好,插件处应有相应的标志。

d)指示仪的数字指示面板应透明,不得有擦痕及影响读数的缺陷。

e)指示仪的数字应清晰明亮,小数点的位置应正确。

f)各开关、端钮应在规定的状态下具有相应的测量功能。

(2)传感器

a)石英晶体金属部分涂层应完整,无凹陷、凸起、锈蚀及污垢,传感器外壳应有良好的接地,外观应平直光洁。

b)传感器的编号必须与指示仪的编号一致,不得任意调换。

c)石英晶体与振荡电路之间用电缆线牢固连接,并用金属套管密封,连接线与接头处应具有良好的防湿、防潮和屏蔽性能。

2. 绝缘电阻

在环境温度为10℃~35℃,相对湿度为45%~75%的条件下,指示仪的电源端子与机壳(机壳接地)之间的绝缘电阻应大于40 MΩ。

3. 绝缘强度

在环境温度为10℃~35℃,相对湿度为45%~75%的条件下,指示仪的电源端子与机壳(机壳接地)之间施加1000 V的试验电压1 min,应不击穿、不产生电弧和火花,测温仪应能正常工作。

二、计量性能

1. 示值误差

测温仪的示值误差应不大于±0.050 ℃。

2. 示值稳定性

（1）短期零点漂移（或起始点温度漂移）1 h 内漂移应不大于 0.01 ℃；

（2）相邻两个检定周期的零点（或起始点）温度示值误差之差值应不大于 ±0.020 ℃。

三、检定条件

1. 标准器

一等标准铂电阻温度计。

2. 检定设备

（1）电测设备

最小步进值不大于 1×10^{-4} Ω 的精密测温电桥，应用更正值后，电桥的相对误差不超过 2×10^{-5}，并配备相应的光电放大检流计，也可用同等级的其他电测设备。

（2）其他设备见表 6-6。

表 6-6　检定用其他设备

序号	设备名称	主要技术指标		备注
1	恒温水槽	测温范围	工作区域水平温场	检定时,测温仪的传感器必须与标准器共处同一水平面
		5 ℃~95 ℃	0.005 ℃	
2	恒温油槽	80 ℃~200 ℃	0.01 ℃	
3	水三相点瓶（或冰点器）			冰点器的实际温度应用标准器测量
4	交流稳压电源	交流电压为 220 V（1±10%）；频率为 50 Hz（1±1.0%）		
5	四点开关	寄生电势小于 0.4 μV		标准器专用
6	绝缘电阻测量仪	输出直流电压为 500 V（2.5 级）		
7	高压试验台	高压侧功率不低于 0.25 kW		

四、检定项目和检定方法

1. 外观检查

用目力观测。

2. 通电检查

接通电源后进行。

3. 示值误差的检定

采用比较法。

（1）预热、调整

将传感器与指示仪连接好，通电预热 30 min，然后将传感器插入水三相点瓶或冰点器中（冰点器的实际温度应用标准器测量），待瓶内稳定 20 min 后，可进行 0 ℃点的温度调整（起始点温度不是 0 ℃的测温仪,也可在恒温槽中按上述方法进行起始点温度调整,调整时槽内的实际温度应用标准器测量)。调整后的测温仪在检定过程中不得进行调整。

（2）检定温度点间隔和顺序

每间隔 10 ℃进行检定。检定时,应从 0 ℃开始(或从起始点温度开始)逐点检定到上限温度,在特殊使用情况下,可根据用户要求选择检定点。

（3）零点检定

将调整好的测温仪传感器插入水三相点瓶或冰点器中,待示值稳定后读数。

每次检定时,均须测定标准铂电阻温度计的水三相点值 R_{tp},然后根据式(6—9)计算出所测的 $W(t)$ 值:

$$W(t) = R(t)/R_{tp} \tag{6—9}$$

式中:$W(t)$——标准铂电阻温度计在温度为 t 时的电阻比;

$\quad\quad R(t)$——标准铂电阻温度计在温度为 t 时的测量值,Ω;

$\quad\quad R_{tp}$——标准铂电阻温度计在水三相点的测量值,Ω。

（4）其他温度点的测定

标准铂电阻温度计插入恒温槽的深度应不小于 250 mm,通过标准铂电阻温度计的电流为 1 mA,传感器插入恒温槽应与标准铂电阻温度计处于同一水平面。待槽温稳定 20 min 后读数。顺序如下:

顺序:　　　　　标准——→被检 1 ——→被检 2 ——→…——→被检 n

反序:　　　　　标准←——被检 1 ←——被检 2 ←——…←——被检 n

以上读数为一组,共读取二组数,取其平均值进行计算。

开始读数时,槽内温度偏离检定点温度应不超过±0.01 ℃。读数过程中,槽温要稳定,读数要迅速,时间间隔要均匀,检定点读数完毕,槽温变化不应超过 0.01 ℃。

4. 测温仪指示值稳定度的检定

（1）测温仪短期零点漂移(或起始点温度漂移)的检定

检定方法:

a）将传感器与指示仪连接好,通电预热 30 min,然后将传感器插入水三相点瓶中,稳定 20 min 后读数,示值记为 t_0,以后每隔 10 min 测量 1 次,测量值为 t_i,历时 1 h,取 t_0 与 t_i 之差的绝对值中最大值作为 1 h 的零点最大漂移值。

计算按式(6—10)进行:

$$\Delta t_0 = |t_0 - t_{i\max}| \tag{6—10}$$

式中:Δt_0——测温仪的零点漂移值,℃;

$\quad\quad t_0$——测温仪在零点的最大指示值,℃;

$\quad\quad t_{i\max}$——1 h 内测温仪在零点最大的指示值,℃。

b）使用冰点器(或恒温槽)测量零点温度(或起始点温度)漂移时,将传感器和标准铂电阻温度计同时插入冰点器(或恒温槽),按照方法 a) 测量。

（2）相邻两个检定周期的零点温度(或起始点温度)示值误差变化值的检定

将测温仪的温度预置拨盘调整到上一个检定周期的数值,在水三相点(冰点器)或起始点温度处测量示值，并计算出测温仪的示值误差，取示值误差与上一周期的示值误差之差值作为相邻两个检定周期的零点温度（或起始点温度）示值误差的变化值。

5. 绝缘电阻和绝缘强度的测定

（1）绝缘电阻的测定

切断外部电源，用导线将指示仪的电源极性端子之间，信号输入极性端子之间各自短接，并使指示仪的电源开关处于接通位置，然后进行测量。测量时，绝缘电阻测量仪的指针应在稳定 5 s 后，读取绝缘电阻值。

（2）绝缘强度的测定

切断外部电源，用导线将指示仪的电源极性端子之间，信号输入极性端子之间各自短接，并使指示仪的电源开关处于接通位置，然后进行测量。测量时，电压应从最小值开始加入，在 5 s～10 s 内平滑、均匀地升压到试验值。历时 1 min，然后平滑均匀地降低电压到零，切断高压试验台电源。

五、检定结果的处理和检定周期

1. 实际温度与示值误差（或修正值）的计算

a）计算标准铂电阻温度计的实际温度 t，可用"表格内插法"或"参考函数法"；

b）示值误差可用下式（6—11）和式（6—12）计算：

$$\delta = A - t \tag{6—11}$$
$$或 \; x = t - A \tag{6—12}$$

式中：δ——被检测温仪的示值误差，℃；

　x——被检测温仪的示值修正值，℃；

　A——被检测温仪的 4 次读数的平均值，℃；

　t——标准铂电阻温度计的实际温度，℃。

2. 示值误差给出值的位数

示值误差（或修正值）的给出值应与分辨力的位数相一致。

3. 检定周期

测温仪的检定周期可根据具体情况而定，一般为 1 年。

第五节　温度巡回检测仪的校准

温度巡回检测仪（以下简称巡检仪）的校准依据 JJF 1171—2007《温度巡回检测仪校准规范》进行。

巡检仪的测温范围为－60 ℃～300 ℃。其测温原理是：多个传感器的输出电参数（电阻、电流或 PN 结电压等）随温度的变化而变化，输出并变换成统一规格的电信号，由多路自动开关（半导体或继电开关）逐路选通，然后进行模拟/数字转换。转换后的数字信号，再经数字电路或微处理机及外围电路处理后，输出驱动显示器和记录机构，周期性地采集被测信号。

一、计量特性

1. 功能性检查

（1）外观

巡检仪的外形结构应完好，说明功能的文字符号、标志、图形、数字和物理量代号等应符合相应的标准，并应清晰、端正。巡检仪表面不应有明显的凹痕、外伤、裂缝和变形等现象，金属件不应有锈蚀及其他机械损伤。巡检仪各部位开关、按键操作应灵活、可靠。巡检仪传感器的金属（或塑料）封装必须密封良好，引线接插件必须接触良好。传感器所使用的保护管及引线应能承受相应的使用温度。

（2）显示功能

巡检仪显示功能的检查，应在电源接通情况下进行，其显示数字及图像应清晰、无叠字。亮度应均匀，不应有缺笔画或无测量单位等现象，小数点和状态显示应正确。

具有负温度测量范围的巡检仪，当显示 0 ℃ 以下温度时，巡检仪应显示"－"的极性符号；当超出测量范围或传感器发生故障时，应显示过载的符号及相应的通道号，如有报警装置，应同时发出报警信号。

（3）巡检周期

巡检仪在各通道满足测量误差要求的前提下，从第一通道巡检到最后一个通道所用的时间为一个巡检周期。巡检周期应符合巡检仪说明书上给出的指标要求。

（4）具有打印功能的巡检仪，不能有错打、漏打或打印不清等现象。

2. 安全性能检查

（1）绝缘电阻

在环境温度为 15 ℃～35 ℃，相对湿度为 45％～75％ 的条件下，巡检仪电源端子-外壳、传感器-电源端子之间的绝缘电阻应符合表 6－7 的要求。

表 6－7　各端子间绝缘电阻技术要求

试验部位	技术要求
电源端子－外壳	≥20 MΩ
传感器－电源端子	

（2）绝缘强度

在环境温度为 15 ℃～35 ℃，湿度为 45％～75％RH 的条件下，电源端子-外壳、传感器-电源之间施加表 6－8 所规定的频率为 50 Hz 的试验电压，历时 1 min，应无击穿、电晕和火花，巡检仪应能正常工作。

表 6－8　试验电压

试验部位	试验电压/V
电源端子－外壳	1500
传感器－电源端子	1000

3. 测量误差

巡检仪各通道的示值与实际温度的差值为巡检仪测量误差。用下列两种形式之一表示。

（1）以与被测量值有关的量程和量化单位表示：

$$\Delta_{\max}=\pm(a\%\mathrm{FS}+bd) \qquad (6-13)$$

式中：$\Delta_{\max}$——最大允许测量误差，℃；

$\quad\quad a$——巡检仪准确度等级；

$\quad\quad$FS——巡检仪的量程，℃；

$\quad\quad b$——在数字化过程中产生的量化误差，一般为1；

$\quad\quad d$——输出信息末位一个字所表示的值，℃。

（2）直接以被测量值表示：

$$\Delta_{\max}=\pm K \qquad (6-14)$$

式中：K——允许的测量误差限，℃。

二、校准条件

1. 校准条件

（1）校准用标准器见表6-9。

表6-9　校准用标准器

序号	标准器名称	测量范围	技术性能	用途	备注
1	标准水银温度计	−30 ℃～300 ℃	二等	标准器	也可以使用准确度等级不低于上述要求的其他标准器
2	标准汞基温度计	−60 ℃～0 ℃	二等		

（2）校准用配套设备，见表6-10。

表6-10　配套设备

序号	配套设施	测量范围	工作区域水平温差/℃	工作区域最大温差/℃	温度波动度	用途
1	恒温油槽	95 ℃～300 ℃	0.04	0.08	±0.05 ℃/10 min	温度源
2	恒温水槽	室温～95 ℃	0.02	0.04	±0.05 ℃/10 min	
3	酒精低温槽	−80 ℃～室温	0.05	0.10	±0.05 ℃/10 min	
4	冰点器	—				测量零点
5	读数望远镜	放大倍数5倍以上				读数装置
6	兆欧表	额定电压为500 V，10.0级				测量绝缘电阻
7	耐电压试验仪	输出电压大于1 500 V，功率不低于0.25 kW				测量绝缘强度
8	秒表	最小分度值不大于0.1 s				测量巡检周期

2. 环境条件

校准时环境条件为(20±5)℃，相对湿度为45%～75%。

电源电压变化不超过额定电压的±1%，电源频率变化不超过额定频率的±1%。

三、校准方法

1. 外观检查

巡检仪的外观用目测法检查。

2. 显示功能的检查

接通巡检仪电源,检查各部位开关,按键操作应灵活、可靠,在规定的状态下应具有相应的功能。将巡检仪传感器由室温直接插入低于零度的恒温槽中,此时应明显地观察到巡检仪示值由室温变化至负温度值,并显示"－"的极性符号及相应的通道号和温度值。再将巡检仪传感器插入超上限温度中,巡检仪应明显地显示出过载的符号及相应通道号。当断开任意一通道传感器时,巡检仪应发出报警信号。此项可在所有通道内任选一通道作单点考核,也可与测量误差同时进行。

3. 巡检周期的检查

巡检仪的巡检周期,可在测量范围内的任意温度下进行。巡检仪在正常的巡回检测状态下,当显示第一通道号及相应的温度值时,同时启动秒表,直到显示最后一通道号及相应的温度值时停止计时。试验重复测量 2 次,取 2 次测量的平均值作为巡检仪的巡检周期。

4. 绝缘电阻的检查

巡检仪的绝缘电阻用额定电压 500 V 的兆欧表检查。检查时,切断外部电源,并将巡检仪电源开关置于接通位置,然后按表 6－7 规定的部位进行测量。

5. 绝缘强度的检查

检查时,将巡检仪与外部电源切断,并将巡检仪电源开关置于接通位置,按表 6－8 规定的部位和试验电压进行测量。测量时耐电压试验仪试验电压由零逐步平稳地上升到规定值,并保持 1 min,最后使试验电压平稳地下降到零。

6. 测量误差校准

(1) 预热、预调

接通巡检仪电源,预热 30 min,具有零点(或下限值)、量程可调的巡检仪,在校准前按说明书要求调整各通道的零点(或下限值)及量程。在校准过程中,不得进行调整。

(2) 校准点选择

巡检仪测量误差的校准点应均匀地分布在整个测量范围的整度点上,包括零点和上、下限值在内,不得少于 5 个点。

在特殊情况下,可根据用户要求选择校准点,但不得少于 3 个校准点。

(3) 校准顺序

先校准零点,再分别向上限值或下限值逐点进行校准。

(4) 零点的校准

零点示值的校准应在冰点器中进行,将巡检仪传感器插入冰点器中,待示值稳定后即可读数。

(5) 其他各温度点的校准

其他各温度点的校准均在恒温槽中进行。将巡检仪传感器放置在玻璃试管中,玻璃试管的内径应与传感器直径和宽度相适应。校准时,将装入传感器的玻璃管插入介质中,插入深度不少于 300 mm。为了消除玻璃试管内空气的对流,需用棉花塞紧管口。将恒温槽温度恒定在被校准点上,温度偏离校准点不超过 ±0.2 ℃(以标准器示值为准),稳定 20 min 后,开始读数，其读数顺序如下：

标准→被校 1→被校 2→…→被校 n→标准

读数时，令巡检仪在所有通道巡回检测两个周期（即测量每个通道的显示值不少于两次），并记录或打印各通道显示的温度值，取各通道两次读数的平均值与实际温度的差值来确定该校准点的测量误差。两次读数的时间间隔要大于或等于被校巡检仪的巡检周期。读数过程中槽温应恒定或缓慢、均匀地上升，整个读数过程中槽温变化不得超过 0.5 ℃（若在读数过程中槽温变化超过 0.5 ℃，则应对该巡检仪在温度点重新进行校准）。用同样的方法依次校准其他温度点。

用恒温水槽或酒精低温槽校准时，对密封良好的传感器可不用玻璃试管，将传感器固定后直接插入槽内校准，插入深度不应少于 300 mm。

（6）实际温度与测量误差的计算

实际温度用下式计算：

$$t_f = \bar{t}_v + x \tag{6-15}$$

式中：t_f——实际温度，℃；

$\bar{t}_v$——标准器 4 次读数的平均值，℃；

x——标准器在校准温度点的修正值，℃。

巡检仪测量误差的计算公式如下：

$$\Delta t_i = t_i - t_f \tag{6-16}$$

式中：Δt_i——被校巡检仪某一通道的测量误差，℃；

t_i——被校巡检仪某一通道的测量平均值，℃。

四、复校时间间隔

巡检仪的复校时间间隔可根据实际使用情况由用户确定，建议复校时间间隔最长不超过 1 年。

第六节　热敏电阻测温仪的校准

测温仪由热敏电阻传感器和显示仪表组成。其工作原理是利用热敏电阻的阻值随温度变化而变化的特性进行温度测量的。其特点是响应速度快，感温元件小，在窄温区内测量准确度高。热敏电阻测温仪应依据 JJF 1379—2012《热敏电阻测温仪校准规范》进行校准，该校准规范适用于测量范围为 −50 ℃～200 ℃，传感器为热敏电阻的测温仪的校准。

一、计量特性

（一）绝缘电阻

在环境温度为 15 ℃～35 ℃、相对湿度为 45％～75％的条件下，测温仪显示仪表各端子之间、传感器引线与其外壳之间的绝缘电阻应不小于表 6−11 的要求。

表 6－11　绝缘电阻技术要求

序号	测试点	绝缘电阻/MΩ
1	电源端子-地或机壳	40
2	输入端子-地或机壳	20
3	输入端子-电源端子	40
4	传感器引线-传感器外壳	20

(二) 示值误差

测温仪示值误差有以下两种表现形式。

(1) 直接以被测量值表示，见式(6－17)：

$$\Delta = \pm K \tag{6－17}$$

式中：Δ——允许示值误差，℃；

K——允许的示值误差限，℃。

(2) 以与被测量值有关的量程和量化单位表示，见式(6－18)：

$$\Delta = \pm (a\%\text{FS} + bd) \tag{6－18}$$

式中：Δ——允许示值误差，℃；

a——测温仪准确度等级；

FS——测温仪的量程，℃；

b——在数字化过程中产生的量化误差，一般为 1；

d——输出信息末位 1 个字所表示的值，℃。

(三) 稳定性

稳定性应符合对被校准测温仪的要求。

二、校准条件

(一) 环境条件

环境温度 15 ℃～35 ℃，相对湿度＜85％。

周围除地磁场外，应无影响其正常工作的外磁场。

(二) 标准器及其他配套设备

1. 标准器

根据被校测温仪允许误差的大小，分别选用标准水银温度计和标准铂电阻温度计作为标准器。

2. 配套设备

标准铂电阻温度计配套设备：测温电桥，引用修正值后相对误差绝对值不大于 1×10^{-5}，四点转换开关(热电势≤0.4 μV)，恒温槽，水三相点瓶及保温装置。

标准水银温度计配套设备：恒温槽、读数望远镜。恒温槽技术指标见表 6－12。

表 6－12　恒温槽技术指标

设备名称	测量范围	技术指标		备注
制冷恒温槽	－60 ℃～室温	最大温差：0.02 ℃ 波动度：0.02 ℃/10 min		根据需要选择其一
		最大温差：0.01 ℃ 波动度：0.01 ℃/10 min		
恒温水槽	室温～95℃	最大温差：0.01 ℃ 波动度：0.01 ℃/10 min		
恒温油槽	90 ℃～300 ℃	最大温差：0.02 ℃ 波动度：0.02 ℃/10 min		

兆欧表：直流 500 V，10 级。

也可根据客户要求和被校测温仪允许误差选用其他技术指标不低于上述要求的计量标准器及配套设备。

三、校准、检查项目及方法

（一）校准、检查项目

校准、检查项目见表 6－13。

表 6－13　校准、检查项目

示值误差	＋
稳定性	*
绝缘电阻	*

注：
1."＋"表示校准项目，"*"表示检查项目。
2.对于采用电池供电的测温仪，其绝缘电阻不进行检查。

（二）校准、检查方法

1. 绝缘电阻的检查

断开测温仪电源，用绝缘电阻表按表 6－11 规定的部位进行测量，测量时应稳定 5 s 后读数。

2. 示值误差的校准

（1）校准点的选择

按量程均匀划分设定，不少于 5 个校准点，包括上限值、下限值和 0 ℃点（如有 0 ℃）。也可根据用户要求选择校准点。

（2）示值误差校准方法

测温仪校准时，通常以 0 ℃为界，高于 0 ℃的量限向上限依次进行校准，小于 0 ℃的量限向下限依次进行校准。

将标准温度计和被校测温仪的传感器按规定浸没深度插入恒温槽中，被校传感器插入深度不小于 7.5cm，并使被校传感器尽可能靠近标准温度计，恒温槽恒定温度偏离校准点不超过 0.2 ℃，以标准温度计为准。待恒温槽温度稳定后，读数 4 次，其顺序为标准→被检 1→

被检 2→…→被检 n，然后再按相反顺序回到标准，取 4 次读数平均值计算测温仪的示值误差。

使用标准铂电阻温度计作标准器时，整个校准过程完成后应测量 R_{tp}。

（3）示值误差计算

当标准器为标准水银温度计时，示值误差计算见式（6－19）：

$$\Delta t = t - (A + X) \qquad (6-19)$$

式中：Δt——测温仪示值误差，℃；

　　　t——测温仪读数平均值，℃；

　　　A——标准水银温度计读数平均值，℃；

　　　X——标准水银温度计修正值，℃。

当标准器为标准铂电阻温度计时，示值误差计算见式（6－20）和式（6－21）：

$$\Delta t = t - t_1 \qquad (6-20)$$

式中：Δt——测温仪示值误差，℃；

　　　t——测温仪读数平均值，℃；

　　　t_1——标准铂电阻温度计测得的实际温度，℃。

$$t_1 = t_2 + \frac{W_1 - W_2}{dW/dt} \qquad (6-21)$$

式中：t_2——名义温度，℃；

　　　W_1——温度为 t_1 时标准铂电阻温度计的电阻比 R_1/R_{tp}；

　　　R_1——温度为 t_1 时标准铂电阻温度计的电阻值，Ω；

　　　R_{tp}——标准铂电阻温度计水三相点电阻值，Ω；

　　　W_2——温度为 t_2 时标准铂电阻温度计的电阻比；

　dW/dt——温度为 t_2 时标准铂电阻温度计电阻比的变化率，$℃^{-1}$。

3. 稳定性的检查

稳定性的检查仅在用户提出需求时进行。

（1）稳定性检查温度点的选择

稳定性检查温度点一般选择上限温度点，也可根据用户要求选择。

（2）稳定性试验时间

稳定性试验时间由用户根据需要确定。

（3）检查用试验设备

试验设备：恒温槽或恒温箱。

技术指标：温度均匀度：2 ℃；

温度波动：2 ℃/30 min。

（4）稳定性检查方法

（a）稳定性试验前示值误差校准

将恒温槽温度控制在测温仪上限温度点或用户指定的温度点，按示值误差校准方法对测温仪进行校准，计算出测温仪的示值误差，记为 Δt_1。

（b）稳定性检查试验

将温场温度控制在测温仪上限温度点或用户指定的温度点，将测温仪传感器插入温场，温场最大变化不超过 2 ℃,时间由用户选定,试验结束后将测温仪温度恢复到室温。

再按(a)的方法对测温仪进行校准,计算出测温仪的示值误差,记为 Δt_2。

(c)稳定性计算

测温仪稳定性计算见式(6-22):

$$t_s = |\Delta t_1 - \Delta t_2| \tag{6-22}$$

式中:t_s——测温仪稳定性,℃;

Δt_1——测温仪稳定性检查试验前示值误差值,℃;

Δt_2——测温仪稳定性检查试验后示值误差值,℃。

四、复校时间间隔

建议测温仪复校时间间隔为 1 年,也可由送校单位按实际情况自主决定复校时间间隔。

第七节 温度指示控制仪的检定

温度指示控制仪依据 JJG 874—2007《温度指示控制仪》进行检定。

规程适用于测温范围为 -50 ℃～300 ℃,采用测温热敏电阻或其他半导体类测温传感器的指针式和数字式温度指示仪、温度指示控制仪和温度控制仪首次检定、后续检定和使用中检验。

一、通用技术要求

1. 外观

(1)温控仪铭牌上应标有产品的名称、型号、测温范围、企业名称、出厂编号、制造年月、表示摄氏度的符号"℃"。

(2)温控仪测量传感器所用封装材料应无裂痕。引线接插件必须接触良好。测温传感器所使用的保护管及封装材料应能承受相应的使用温度。

(3)温控仪外露部件(端钮、面板、开关等)不应松动、破损;数字指示面板不应有影响读数的缺陷。各开关、旋钮在规定的状态时,应具有相应的功能和一定的调节范围。

(4)指针式温控仪指示仪表的起点调整器应能正常调整到指针起始点,指示仪表指针移动应能平稳,无卡针、抖动和迟滞等现象。

(5)指针式温控仪指示仪表指针应深入最短分度线的 1/4～3/4 以内。其指针尖端宽度不得大于主分度线的宽度,并垂直于分度线。

(6)温控仪显示值应清晰,数字式温控仪数码显示应无叠字,亮度应均匀,不应有不亮、缺笔画等现象;小数点和表示正、负温度状态的符号及过载状态的显示应正确。

(7)温控仪的设定旋钮标志,应能设定在标度尺上的任意标度线上并与之重合。

2. 绝缘电阻

在环境温度为 15 ℃～35 ℃,相对湿度小于 80％的条件下,温控仪各端子间的绝缘电阻应符合表 6-14 的要求。

表 6－14　绝缘电阻技术要求

试验部位	技术要求
电源端子与外壳	≥20 MΩ
输入端子与电源端子	
输入端子与外壳	
输出端子与电源端子	
输出端子与外壳	
输入端子与输出端子	

3. 绝缘强度

在环境温度为 15 ℃～35 ℃,湿度小于相对湿度 80％时,温控仪各端子之间施加表 6－15 所规定的频率为 50 Hz 的试验电压,历时 1 min,应不产生击穿和飞弧。泄漏电流设定在 5 mA 时,应无报警现象。

表 6－15　绝缘强度试验电压

仪表端子电压标称值/V	试验电压/V
$0 < U < 60$	500
$60 ≤ U < 130$	1 000
$130 ≤ U < 250$	1 500

二、计量性能要求

1. 示值误差

(1) 用允许的温度误差值表示:

$$y = \pm N \tag{6-23}$$

式中:N——允许的温度误差值,℃。

(2) 指针式温控仪示值误差按表 6－16 规定。

表 6－16　指针式温控仪示值误差

测量范围/℃	10～50	10～100	－50～50	50～200	100～300	20～200	20～300
示值允许误差/℃	±1	±2	±3	±5	±5	±8	±10

(3) 数字式温控仪示值误差应按表 6－17 的规定。

表 6－17　数字式温控仪示值误差

测量范围/℃	－50～50	0～50	0～99.9	0～100	0～200	0～300
示值允许误差/℃	±2	±0.7	±1.0	±3	±5	±10
切换差/℃	0.3	0.2	0.2	0.3	0.5	0.5

凡表格中未列出测量范围温控仪的示值允许误差和切换差，以厂家说明给出的指标为准。

2. 稳定度

数字式温控仪显示值不允许做间隔计数顺序的跳动。

3. 设定点误差

温控仪设定点误差不应超过示值允许误差。

4. 切换差

指针式温控仪的切换差在上限温度≤100 ℃时，应不大于示值允许误差绝对值的1/2。在上限温度大于100 ℃时，应不大于示值允许误差绝对值的1/4。

数字式温控仪的切换差按表6-17规定执行。切换差可调的温控仪，应满足切换差调整范围的要求。

三、检定条件

1. 检定设备

（1）标准器：-60 ℃~300 ℃标准水银温度计一套，或使用准确度等级不低于标准水银温度计的其他标准器。

（2）恒温槽，技术要求见表6-18。

表6-18　恒温槽技术要求

名称	测量范围/℃	工作区域最大温差/℃	工作区域水平温差/℃	控温波动度/[℃·(10 min)$^{-1}$]
酒精低温槽	-60~室温	0.30	0.15	±0.05
水槽	室温~95	0.10	0.05	
油槽	95~300	0.20	0.10	

（3）读数装置。

（4）冰点器。

（5）500 V、10 级绝缘电阻表。

（6）输出电压不低于1 500 V，输出功率为0.25 kW，并具有泄漏电流设定的耐电压试验仪。

2. 环境条件

（1）检定环境温度：15 ℃~35 ℃；相对湿度<80%。

（2）所用标准器和电测设备工作的环境条件应符合其相应规定。

3. 供电条件

电源电压变化不超过额定电压的±1%，电源频率变化不超过额定频率的±1%。

四、检定项目和检定方法

1. 检定项目(见表 6-19)

表 6-19　检定项目

检定项目	首次检定	后续检定	使用中检验
外观	+	+	+
示值误差	+	+	+
设定点误差	+	+	+
切换差	+	+	+
稳定度	+	-	-
绝缘电阻	+	-	-
绝缘强度	+	-	-

注"+"表示应检项目,"-"表示可不检项目。

2. 检定方法

(1) 外观检查

用目力观察温控仪,应符合通用技术要求中对外观的要求。

(2) 通电预热和调整

接通电源后,按生产厂规定的时间预热,没有明确规定的,一般预热 15 min,然后进行检定。对于具有外部"调零"及"调满度"的仪表,允许在预热后进行预调,但在检定过程中不允许再调。

(3) 示值误差的检定

(a) 检定点:温控仪首次检定时,对于指针式温控仪,检定点应均匀分布在整个测量范围主分度线上,数字式温控仪则应均匀分布在整十或整百温度点上(包括测量上、下限),不得少于 5 个检定点(也可根据用户要求增加检定点,但检定点应选择在主分度线刻度上或整十或整百温度点上)。

(b) 检定顺序:先检定零点,再分别向上限值或下限值逐点进行检定。

(c) 读数方法:对于指针式温控仪,将视线垂直于表盘分度线,估读到最小分度值的1/10。使用放大镜读数时,视线应通过放大镜中心,数字式温控仪直接读取,读数次数不得少于两次(对于数字式温控仪最后一位数字,显示不稳定的可将读数增加到 4 次,取平均值)。

(d) 0 ℃点检定:将温控仪的测温传感器插入酒精低温槽或盛有冰水混合物的冰点器中,使用冰点器时,其工作端距冰点器底部、器壁不得少于 20 mm,待示值稳定后进行读数。

(e) 其余温度点的检定:检定时采用比较法进行。将温控仪的测温传感器插入恒温槽中,与标准温度计示值进行比较,待示值稳定后读数。读数过程中,恒温槽温度偏离检定点温度不得超过±0.20 ℃(以标准温度计为准)。槽温变化应符合表 6-18 控温波动度要求。读数从标准开始,读至被检,然后再从被检读至标准。

(f) 实际温度和示值误差分别按式(6-24)和式(6-25)计算:

$$T = A + X \qquad\qquad (6-24)$$

式中：T——恒温槽实际温度，℃；

$\quad\quad A$——标准温度计示值，℃；

$\quad\quad X$——标准温度计在该检定点证书上的修正值，℃。

$$y = t - T \tag{6-25}$$

式中：y——被检点温控仪示值误差，℃；

$\quad\quad t$——被检温控仪示值，℃。

（4）设定点误差和切换差的检定

（a）设定点选择：温控仪首次检定时，设定点应设定在整个测量范围的30％、50％、80％附近的主分度线上，或在整十或整百温度点上进行。

（b）温控仪后续检定或使用中检验时，检定点应设定在整个测量范围内（除测量上限和下限）任意一个主分度线上或整十或整百温度点上，也可根据用户要求增加检定点，但增加的检定点也应选择在主分度线上或整十或整百温度点上。

（c）检定方法：与温控仪的示值检定同时进行。将温控仪的设定旋钮对准与所要检定的温度点相应的标度线上，数字方式设定的数字式温控仪用设定旋钮调整到设定点数值上，将温控仪的测温传感器与标准温度计同时插入恒温槽中，然后控制恒温槽温度缓慢上升。当切换指示灯变换或当温控仪稳定输出状态发生改变时，读取标准温度计的示值，该示值为上切换值，然后再控制恒温槽温度缓慢下降。同样，当切换指示灯变换或当温控仪稳定输出状态发生改变时，再次读取标准温度计的示值，该示值为下切换值。检定时，槽温升降速度应不大于0.1 ℃/10 min。用同样的方法再操作一次。

（d）设定点误差按式（6-26）计算：

$$y_设 = (A_上 + A_下)/2 - A_设 \tag{6-26}$$

式中：$y_设$——设定点误差，℃；

$\quad\quad A_上$——标准温度计上切换点示值平均值，℃；

$\quad\quad A_下$——标准温度计下切换点示值平均值，℃；

$\quad\quad A_设$——设定点温度值，℃。

（e）切换差按式（6-27）计算：

$$y_切 = |A_上 - A_下| \tag{6-27}$$

式中：$y_切$——切换差，℃。

（5）稳定度检定

数字式温控仪稳定度检定与示值误差的检定同时进行，检定时温度点可选在温控仪测量范围内任意点，然后缓慢升温，观察被测温控仪显示器是否按顺序连续跳动显示。

（6）绝缘电阻

温控仪处于切断电源状态，电源开关置于接通位置。用电压为500 V的绝缘电阻表按表6-14规定的部位进行试验，试验时给定的500 V直流电压应保持10 s后读数。

（7）绝缘强度

温控仪处于切断电源状态，电源开关置于接通位置。用耐电压试验仪按表6-14规定的部位进行试验，试验时试验交流电压在5 s～10 s内由零逐步平稳上升至表6-15对应的电压值，泄漏电流设定在5 mA，历时1 min，无击穿、飞弧现象及漏电流报警。然后平稳地下降到零并切断电源。试验后的温控仪应工作正常。

3. 检定周期

温控仪的检定周期,应根据具体使用条件和使用时间来确定,一般不超过1年。

第八节 温度数据采集仪的校准

温度数据采集仪是可直接置于被测环境中进行测量,具有自动采集被测温度信号、数据存储、记录、通讯等功能的温度测量仪表。采集仪主要应用于冷链运输、杀毒灭菌等领域的温度监测以及工业生产工艺过程的温度验证等。

温度数据采集仪的校准应依据 JJF 1366—2012《温度数据采集仪校准规范》。该规范适用于内置传感器,测量范围为 $-50\ ℃\sim150\ ℃$ 以及外置传感器,测量范围为 $-80\ ℃\sim500\ ℃$ 的温度数据采集仪的校准。

一、计量特性

1. 测量误差

采集仪的测量误差包括本地示值误差和远程示值误差,一般为 $\pm0.1\ ℃\sim\pm5.0\ ℃$。

2. 记录间隔

采集仪的数据记录间隔应连续可调。

3. 发送间隔

无线通讯的采集仪向通讯接收端发送数据的时间间隔应可调。

4. 启停方式

采集仪应可设置其启动和停止方式。启动方式固定或诸如立即启动、定时启动、延时启动、手动启动等可选;停止方式固定或诸如存满停止、先进先出、按次数停止、手动停止等可选。

5. 超温报警

具有超温报警功能的采集仪,其超温报警应正常。

6. 外观

(1) 带本地显示的采集仪,其数字显示应清晰,无数字闪烁、叠字、乱错码和缺笔画现象,小数点显示应正确。

(2) 可投入液体使用的采集仪,应密封无破损。

二、测量标准及其他设备

(1) 标准铂电阻温度计:二等及以上。

(2) 电测设备:相对误差不大于 3×10^{-5},也可以使用满足要求的其他测量标准。

(3) 标准水银温度计:测量范围 $-30\ ℃\sim300\ ℃$,不确定度 $U=0.04\ ℃\sim0.06\ ℃$,$k=2$。

(4) 恒温设备:恒温槽,均匀性不超过 $0.01\ ℃$,波动性不超过 $0.02\ ℃/10\ min$;专用恒温箱,温度范围为 $-50\ ℃\sim150\ ℃$,温度均匀度不超过 $0.05\ ℃$,温度波动度不超过 $\pm0.02\ ℃/10\ min$。

（5）计时器：MPE±0.5 s/d。

（6）水三相点瓶：$U=1$mK，$k=2$。

（7）读数望远镜：放大倍数 5 倍以上，可调水平。

（8）金属网兜：放置防水采集仪以浸没并固定于恒温槽液体介质中。

（9）计算机及打印机：安装有操作系统及相应软件，用于设置、读取、存储、记录采集仪数据等。

（10）接口线缆：R232、R485、USB 接口电缆线，用于提供通讯回路。

三、校准项目和校准方法

1. 校准项目

采集仪的校准项目为测量误差。

在校准前可对采集仪的记录间隔、发送间隔、启停方式、超温报警、外观等进行检查。

2. 校准前的检查

（1）记录间隔检查

按照采集仪的操作说明，连接采集仪和 PC 机，安装并运行相应软件，检查采集仪的记录间隔是否能够连续可调。

（2）发送间隔检查

对于无线通讯采集仪，按照采集仪的操作说明，在 PC 机上安装无线数据接收装置以及相应软件、运行软件，检查采集仪的发送间隔是否能够连续可调。

（3）启停方式检查

按照采集仪的操作说明，检查采集仪的启动、停止方式是否符合计量特性第 4 条的要求。

（4）超温报警检查

按照采集仪操作说明，设定超温报警温度，然后将采集仪或其温度传感器置于恒温设备中，使恒温设备的温度高于采集仪设定的上限报警温度或低于下限报警温度，观察采集仪的报警是否符合计量特性第 5 条的要求。

超温报警的检查可与测量误差的校准同时进行。

（5）目测检查采集仪的外观是否符合计量特性第 6 条的要求。

3. 校准方法

（1）参数设置

按照采集仪操作说明书的规定，连接采集仪与 PC 机，设置采集仪的数据记录间隔、无线发送间隔、启动方式、停止方式、超温报警值等采集仪运行的必要参数，通常记录间隔及发送间隔的设置值应不超过 1 min。

（2）时钟调整

a）对于时钟可调的采集仪，调整其时间值，使其与计时器的时间值一致；

b）对于时钟不可调的采集仪，应分别同时记录采集仪和计时器显示的时间值；

c）对于时钟可置零的采集仪，应与计时器同时置零、启动。

（3）供电电压检查

记录供电电压。对供电有特殊要求的应配置稳压电源。对电池供电的采集仪，按其操作说明检查其电池的供电电压是否在正常工作范围内,如低于正常值则应及时更换电池。

（4）采集仪安装

校准时,按以下方式安装采集仪:

a）采集仪的温度传感器外置且传感器线缆或插杆长度足以使温度敏感元件浸没于恒温槽均匀温区内且受环境温度影响可忽略时,应按 JJF 1171—2007 中 6.6.5 的规定,将温度传感器置于恒温槽中,数据采集部分置于恒温槽外。

b）采集仪的温度传感器外置且传感器线缆或插杆长度不足以使温度敏感元件浸没于恒温槽均匀温区内,或虽能足够浸没,但因插杆导热性能优良导致受环境温度的影响不可忽略,或温度传感器内置、数据采集部分不密封时,应将其整体置于恒温箱均匀温区中。

这种情况下,外置传感器采集仪的校准温度范围与内置传感器采集仪相同。

c）整体密封的采集仪,可将其整体放入金属网兜并浸没于距离恒温槽液体介质液面200 mm 以下的均匀温区内,或将其整体置于恒温箱均匀温区中。

（5）通讯连接

无线通讯的采集仪,在完成采集仪安装后,可开启通讯接收端及 PC 机,建立采集仪与通讯接收端和 PC 机的实时通讯连接。

（6）校准点选择

校准点应均匀分布在整个测量范围的整度点上,原则上应包括零点、上限值和下限值在内,不少于 5 个点。

用户有要求时,可按用户要求选择校准点。

（7）测量标准的使用

采用标准水银温度计作测量标准时,应使用读数望远镜读取其示值。采用标准铂电阻温度计作测量标准时,其工作电流应不大于 1 mA,插入深度应不小于 250 mm。

当使用恒温箱作恒定温度源时,标准温度计应垂直插入,同时为降低或消除恒温箱插入孔与外界的热交换,应采用棉花或其他保温材料塞紧标准温度计与插入孔之间的空隙。

（8）校准方法

将恒温设备的温度恒定在各被校温度点上,温度偏离校准点不得超过±0.2 ℃（以测量标准示值为准）。当恒温槽温度恒定 20 min 或恒温箱温度恒定 40 min 以上时,根据设置的采集仪启动方式、记录间隔计算读数时间,在采集仪记录数据的时刻,读取并记录测量标准和计时器的示值,并按照设置的采集仪记录间隔连续读取 4 次。

完成最后一个校准温度点的测量后,取出采集仪或温度传感器,待其温度达到环境温度附近时,按照采集仪操作说明连接 PC 机并读取、打印或通过 PC 机显示采集仪采集、记录的温度测量数据及相应的时间值。

对于无线信号传输的采集仪,在按校准方法第（5）条建立实时通讯连接后,可同时读取测量标准及 PC 机的实时显示值,按"标准—被校—被校—标准"的顺序分别读取测量标准和PC 机的实时显示值。上述顺序为一个读数循环,应进行两个循环的读数。

具有本地显示功能的采集仪,按校准无线信号传输采集仪的读数方法分别读取测量标准和采集仪的本地显示值。

不带传感器的采集仪,按照 JJG 617—1996《数字温度指示调节仪》规定的校准线路,采用输入标称电量值法向采集仪输入每一校准点上对应的模拟电信号,按上述方法读取其测量值。

对于多通道采集仪，应分别对每一通道的测量误差进行校准。

对最大允许误差不超过±0.1 ℃的采集仪，当使用标准铂电阻温度计及电测设备作测量标准时，在最高校准温度点结束后，应立即测量标准铂电阻温度计在水三相点上的电阻值。

（9）数据处理

a）当使用标准水银温度计作测量标准时，采集仪的测量误差按式（6—28）计算：

$$\Delta t = \overline{t_i} - (\overline{t_0} + t_d) \tag{6-28}$$

式中：Δt——在每一校准点上，被校采集仪的测量误差，℃；

$\overline{t_i}$——在每一校准点上，被校采集仪显示值的平均值，℃；

$\overline{t_0}$——在每一校准点上，标准温度计测得值的平均值，℃；

t_d——在每一校准点上，标准温度计显示值的修正值，℃。

b）当使用标准铂电阻温度计和电测设备作测量标准时，采集仪的测量误差按式（6—29）计算：

$$\Delta t = \overline{t_i} - \overline{t_0} \tag{6-29}$$

每次测量时，t_0 的大小按式（6—30）计算：

$$t_0 = t_n + \frac{W_{t_0} - W_{t_n}}{\left(\dfrac{\mathrm{d}W_t}{\mathrm{d}t}\right)_{t_n}} \tag{6-30}$$

式中：　t_n——校准点名义温度，℃；

W_{t_0}——温度 t_0 时的电阻比 $\dfrac{R_{t_0}}{R_{tp}}$，当采集仪最大允许误差不超过±0.1 ℃时，R_{tp} 应为实测值；

W_{t_n}，$\left(\dfrac{\mathrm{d}W_t}{\mathrm{d}t}\right)_{t_n}$——由标准铂电阻温度计分度表给出的温度 t_n 对应的电阻比和电阻比变化率。

c）对于多通道采集仪，应分别计算每一通道的测量误差。

d）按照数据处理的修约原则对数据进行修约。测量结果 Δt 的末位应与其测量不确定度的末位对齐。

4. 复校时间间隔

通常建议复校时间间隔不超过 1 年，送校单位也可根据实际情况自主决定复校时间间隔。

第七章

温度二次仪表

第一节 综 述

一、温度二次仪表的作用和特点

温度二次仪表是一种工业过程测量和控制仪表,在化学、石化和石油工业、电力、食品、纺织和造纸、冶金工业以及环境保护等众多行业得到广泛应用。

之所以称为二次仪表,是因为仪表本身并不能单独测量温度,必须与温度传感器相配、接收其信号才能测量温度。这个信号应是一种公认的、规范性的信号,通常包括符合国际电工委员会(IEC)标准的热电阻、热电偶信号以及标准化(电流、电压)信号和在特定领域内公认的规范化信号。上述信号目前均为模拟信号。随着数字、通讯技术的发展和微处理器在仪表领域的广泛应用,现场总线仪表正由雏形向具有综合功能的智能化仪表发展,相互间的信号传输均以数字形式出现。

二、温度二次仪表的分类

温度二次仪表通常按输出特征分类,可分为模拟仪表和数字仪表两大类。在这两大类仪表中均可按输入信号的类型分为热电偶(电压)输入仪表、热电阻(电阻)输入仪表和标准信号(电流)输入仪表。

模拟仪表包括:动圈式温度指示调节仪,模拟记录仪(自动电位差计、自动平衡电桥和非自动平衡原理的模拟记录仪表),模拟式温度指示调节仪。

数字仪表包括:数字温度指示调节仪,数字记录仪(用于数字记录和指示的混合式记录仪、无纸记录仪)。

温度变送器是一种介于温度传感器和二次仪表之间的仪表。按变送器的定义:输出为标准化信号的一种测量传感器。因此,本质上变送器应归入传感器范畴;从制造和检验的角度去分析,温度变送器的输入信号往往是热电偶和热电阻的信号,输出是标准化信号;从规模生产出发,可以按温度二次仪表的类似方法进行制造和检验。本书将温度变送器归入温度二次仪表中。

三、温度二次仪表的构成

温度二次仪表属非电量电测仪表,无论是模拟仪表还是数字仪表均可以由以下几部分构成:测量电路、信号放大和处理单元、显示单元和供电单元。具有控制作用的仪表还应该有设定、比较单元和控制模式单元。原理框图见图 7-1。

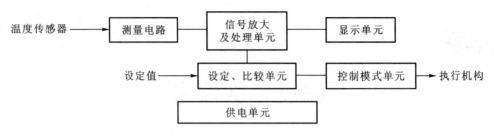

图7-1 温度二次仪表原理框图

测量电路将输入的温度传感器信号转换为电压信号,按显示单元的要求必须将此电压信号进行放大和处理,最后以仪表的显示方式给出被测温度值。用于控制的仪表将温度传感器的输入信号经信号放大处理后在设定比较单元与设定值进行比较,其偏差信号按仪表设置的控制模式输出相应的控制信号提供给执行机构。供电单元提供各类电路的电源。

四、温度二次仪表中的控制模式

温度二次仪表通常都具有控制功能。其控制模式可分为位式控制、时间比例控制和比例积分微分(PID)控制。随着控制理论的发展和微处理器在仪表中的深入应用,温度二次仪表中已逐渐融入了各种控制理论的成果,使仪表具有自整定、自适应等控制性能,提高了控制品质。

(一)位式控制

位式控制是一种最简单的控制模式。以两位控制为例,控制作用是以输出变量为两种状态中任意一种形式出现的。这两种状态分别以继电器触点的接通和断开来体现,或者以高、低电平来体现。如图7-2所示,输入量小于设定值 t_{sp} 时输出为低电平,当输入量增加到 $t_{sw1} \geqslant t_{sp}$ 时,输出为高电平;当输入量减小到 $t_{sw2} \leqslant t_{sp}$ 时,输出为低电平。(t_{sw1}、t_{sw2} 为上、下切换值;t_{sp} 为设定值)

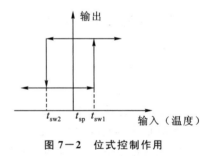

图7-2 位式控制作用

设定点误差为:$\Delta_{sp} = \dfrac{t_{sw2} + t_{sw1}}{2} - t_{sp}$

切换差为:$\Delta_{sw} = |t_{sw1} - t_{sw2}|$

用于上下限报警的仪表,其上、下限报警设定误差分别为:

$$\Delta_{sp} = t_{sw1} - t_{sp} \text{ 和 } \Delta_{sp} = t_{sw2} - t_{sp}$$

(二)时间比例控制

时间比例控制是一种特殊的两位式控制,其输出状态的时间比值(即继电器接通的时间间隔与接通和断开时间之和的比值)与输入偏离设定值的大小有关。如图7-3所示,当输入小于设定值 t_{sp} 时,时间比值 $\rho > 0.5$(相当于加热功率大于50%);输入大于设定值时,$\rho < 0.5$(相当于加热功率小于50%)。对于时间比例作用的仪表,定义 $\rho = 0.5$ 的输出状态为设定期望输出,此时的输入值为 t_h。因此,时间比例作用仪表的设定点误差是以时间比值 ρ

为 0.5 输出时输入值偏离设定值的程度来定义。如图 7-3 中实线的输出特性,在输出的上下限有较强的非线性,常出现在反馈型时间比例作用仪表中。检定时可按 ρ:0.1~0.9 来确定实际比例带。

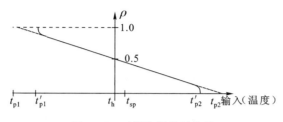

图 7-3 时间比例控制作用

设定点误差为:$\Delta_h = t_h - t_{sp}$

比例带:$P = \dfrac{t_{p2} - t_{p1}}{FS} \times 100\%$ 或 $P = \dfrac{t'_{p2} - t'_{p1}}{FS} \times 100\%$

(其中 FS 为仪表的量程;t_{p1} 为 $\rho = 1$ 的输入值;t_{p2} 为 $\rho = 0$ 的输入值)

在时间比例控制的实际应用中,由于被控对象的特性不同、被控温度有高有低,加热功率不可能都维持在 50%,往往在稳定时仪表的示值与设定值不一致。为此有些仪表增加了手动再调功能,可以人工改变 ρ 值,使仪表在实际使用时达到控制稳定时的示值与设定值保持一致。

(三) 比例积分微分(PID)控制

比例积分微分(PID)控制的输出与输入的倍数有关,与输入信号随时间的积分有关,与输入信号随时间的变化率有关,是这三种因素线性组合的控制作用。输出信号有连续的和断续的。连续的通常以 4 mA~20 mA 的标准直流信号出现;断续的以高低电平或开关信号的时间比值 $\rho = 0 \sim 1$ 出现。

实际体现 PID 作用时的输出量 Y 与输入量 X(指调节器的输入,即输入与设定值的偏差量)之间的关系为:

$$Y = \frac{K_P \left(1 + \dfrac{1}{sT_I}\right)(1 - sT_D)}{1 + \dfrac{sT_D}{\alpha}} \cdot X \qquad (7-1)$$

式中:K_P——比例增益;

$\quad$ T_I——再调时间;

$\quad$ T_D——预调时间;

$\quad$ α——微分增益;

$\quad$ s——复变量。

输入为阶跃信号时的 PID 输出特性,如图 7-4 所示。

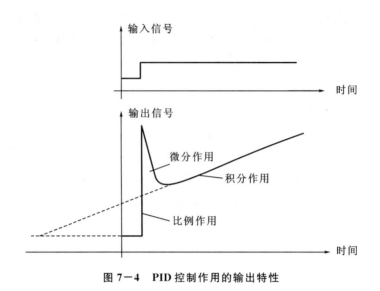

图7—4　PID控制作用的输出特性

五、温度二次仪表的电路知识

温度二次仪表的各组成部分均由相应的电路和器件组合而成。电子元器件的更新换代为仪表的发展开辟了无限广阔的前景。从体积庞大功能又单一的电子管仪表到目前广泛应用的性能优越、功能完善、使用灵活的"智能"型仪表。其中所用的元器件就经历了电子管、晶体管、集成电路、大规模集成电路、微处理器的发展历程。本节讲述温度二次仪表中常用的电路基础知识。

（一）集成运算放大器

集成运算放大器在仪表中得到广泛应用。因其优越的特性可以灵活地实现多种信号变换、函数运算，以至于在信号获取、信号处理、波形发生等方面也被广泛应用。

1. 定义

集成运算放大器是一种采用直接耦合方式的高增益、高输入阻抗、低漂移的直流放大器。有两个输入端（同相输入端和反相输入端），一个输出端。

2. 组成

集成运算放大器是一种集成化的半导体器件，即在一小块硅单晶硅片上制成许多半导体三极管、二极管、电阻、电容等元件，组成能实现一定功能的运算放大器。并由三个基本部分组成：输入级（由晶体管恒流源的双端输入差动放大器组成，输入阻抗高、零漂小），中间级（为电压放大器，有很高的放大倍数）和输出级（为射极输出器或互补对称射极输出电路，具有较大的输出功率和负载能力）。

3. 理想运算放大器的特性

理想运算放大器应满足：两个输入端之间的电位差等于零，输入电流等于零，输出阻抗等于零。随着电子技术的发展，运算放大器已趋于理想化，利用其特性可方便地组成各种反馈电路，实现相关的信号转换、函数运算和状态控制。电路的输入输出特性只与输入及反馈回路的器件参数有关，与放大器无关。

(二) 反馈放大器的几种基本电路

反馈有正反馈、负反馈两种。运算放大器中的负反馈，是将输出的一部分或全部返回到反相输入端的一种连接方式；正反馈，是将输出的一部分或全部返回到同相输入端的一种连接方式。

1. 反相放大器

典型电路如图 7-5 所示，输入、输出关系为：$U_{out}=-\dfrac{R_2}{R_1}U_{in}$。

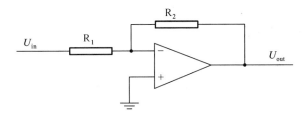

图 7-5　反相放大器

2. 同相放大

典型电路如图 7-6 所示，输入、输出关系为：$U_{out}=\left(1+\dfrac{R_2}{R_1}\right)U_{in}$。

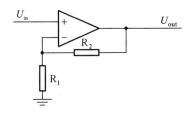

图 7-6　同相放大器

3. 积分放大器

典型电路如图 7-7 所示，输入、输出关系为：$U_{out}=-\dfrac{1}{RC}\displaystyle\int U_{in}dt$。

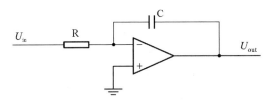

图 7-7　积分放大器

4. 微分放大器

典型电路如图 7－8 所示，输入、输出关系为：$U_{out} = -RC\dfrac{dU_{in}}{dt}$。

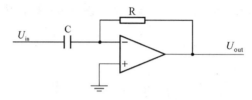

图 7－8　微分放大器

（三）信号转换及控制电路

1. 电压-电压变换器

电压-电压变换器可以由加法运算器和减法运算器来完成。

（1）加法运算器

加法运算器可实现信号按一定比例的叠加。典型电路如图 7－9 所示，输入、输出关系为：$U_{out} = -\left(\dfrac{R_4}{R_1}U_1 + \dfrac{R_4}{R_2}U_2 + \dfrac{R_4}{R_3}U_3\right)$。

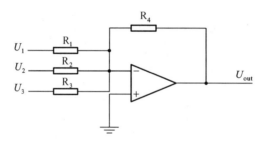

图 7－9　加法运算器

（2）减法运算器

减法运算器是将两个输入信号相减，可以用来实现电平位移（如将 1～5 V 变换成 0～5 V），还可以组成不随负载变化的恒压源等。其典型电路如图 7－10 所示，输入、输出关系为：$U_{out} = \dfrac{R_4 + R_1}{R_2 + R_3} \cdot \dfrac{R_3}{R_1}U_2 - \dfrac{R_4}{R_1}U_1$。当 $R_1 = R_2$ 和 $R_3 = R_4$ 时，$U_{out} = \dfrac{R_4}{R_1}(U_2 - U_1)$。

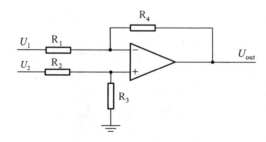

图 7－10　减法运算器

2. 电流-电压变换器

最简便的电流-电压变换可以用电流流过恒定电阻产生电压降来实现。但为了保证输出电压不受后级电路的影响，可以采用运算放大器构成的电流-电压变换器。如将 4 mA～20 mA 变换成 1 V～5 V 等。其典型电路如图 7－11 所示，输入、输出关系为：

$$U_{out} = \left(1 + \frac{R_2}{R_1}\right) R_4 \cdot I_{in} \text{。}$$

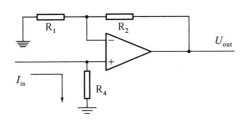

图 7－11　电流-电压变换器

3. 电阻-电压变换器

实现电阻-电压的变换可以有多种方法。利用电桥可以将电阻变换成电压，恒定电流源流过电阻也可以得到相应的电压值。用运算放大器可以组成性能优越的恒流源，完成电阻-电压的变换。典型电路如图 7－12 所示，输入、输出关系为：$U_{out} = \dfrac{E}{R} \cdot R_{in} = I \cdot R_{in}$。

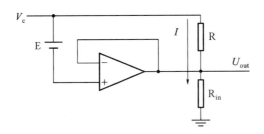

图 7－12　电阻-电压变换器

4. 电压-电流变换器

在模拟量的输出通道中，往往需要将电压信号变换成具有一定负载能力的电流信号，如温度变送器的电流输出。典型电路如图 7－13 所示，其中三极管电路是为了提高负载能力。当 $R_1 = R_2$，$R_3 = R_4$ 时，它们的输入、输出关系为：$I_{out} = \dfrac{R_3}{R_2 \cdot R_5} \cdot U_{in}$。

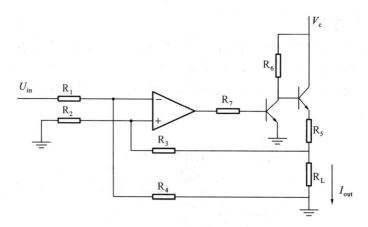

图7-13　电压-电流变换器

5. 比较器

比较器即比较电路，它的功能是完成一个信号（输入信号）与另一个信号（设定值）的比较，并以一定的输出状态来表明比较的结果。典型电路如图7-14所示，图中 U_{out} 右面部分为继电器驱动电路。

当 $U_{in} < U_s$ 时，$U_{out} < 0$，继电器不动作；当 $U_{in} > U_s$ 时，$U_{out} > 0$，继电器动作。

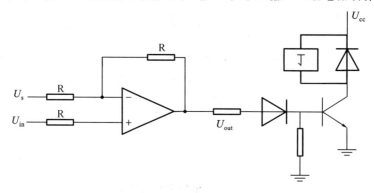

图7-14　比较器

具有"窗口"的滞回型比较器如图7-15所示。

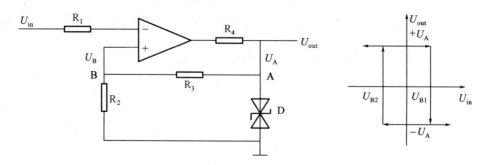

图7-15　滞回型比较器

D 为双向稳压管,A 处的电压有正负两个状态 $\pm U_A$。B 处的电压也有正负两个状态: $U_B=\dfrac{R_2}{R_2+R_3}\cdot U_A$。令 U_A 的电压为正时 $U_B=U_{B1}$,为正;令 U_A 的电压为负时 $U_B=U_{B2}$,为负。

$U_{out}=U_A$ 为正时,当 U_{in} 由负增加到 $U_{in}\geqslant U_{B1}$ 时,U_{out} 则由 $+U_A$ 跳变至 $-U_A$。U_{in} 继续增加时,U_{out} 则仍维持在 $-U_A$。

$U_{out}=U_A$ 为负时,当 U_{in} 由正减小到 $U_{in}\leqslant U_{B2}$ 时,U_{out} 则由 $-U_A$ 跳变至 $+U_A$。U_{in} 继续减小时,U_{out} 则仍维持在 $+U_A$。

此比较器输出的变化与输入不是一一对应关系,与输入的变化方向有关,有滞回效应。回差为 $\dfrac{2R_2}{R_2+R_3}\cdot U_A$

(四) 桥路

1. 电桥的平衡

电路连接成桥路形式称为电桥。电桥在非电量电测方面得到广泛应用。典型线路如图 7-16 所示,它是由电阻构成的电桥。用欧姆定律不难得出:当电桥中的电阻满足 $R_1\cdot R_4=R_2\cdot R_3$ 时,$U_{out}=0$,称为电桥平衡。

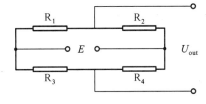

图 7-16　电桥电路

2. 平衡电桥和不平衡电桥

利用平衡电桥和不平衡电桥可以组成温度测量电路,同样也可以组成其他物理量的测量电路。

自动平衡式显示仪表中的自动电位差计和自动平衡电桥是平衡电桥的应用实例。仪表的指示指针停留在测量范围的任意位置时,桥路均处于平衡状态。

配热电阻的动圈式温度指示仪表,其测量电路是应用了不平衡电桥的原理。仪表的指示指针停留在下限值时,电桥处平衡状态;测量范围的其他各点,电桥均不平衡,桥路的输出与热电阻的大小有关。

(五) 整流、稳压电路

整流、稳压电路是仪表的供电单元。将交流电转换为仪表各单元正常工作所需的稳定的直流电源。

1. 整流电路

利用半导体二极管的单向导电特性可以将交流电转变(整流)成直流电。常用的整流电路有三种:半波整流、全波整流和桥式整流,如图 7-17 所示。

半波整流电路中二极管至少能承受 $\sqrt{2}u$ 的反向电压和 I_L 的电流。

全波整流电路中二极管至少能承受 $2\sqrt{2}u$ 的反向电压和 $\dfrac{I_L}{2}$ 的电流。

桥式整流电路中二极管至少能承受 $\sqrt{2}u$ 的反向电压和 $\dfrac{I_L}{2}$ 的电流。

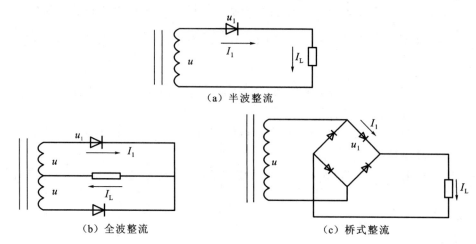

（a）半波整流

（b）全波整流　　　　　　　（c）桥式整流

图 7－17　整流电路

2. 稳压电路

稳压电路的作用是将整流后的直流电压保持稳定，不因负载电流的变化而变化。最简单的稳压电路是由稳压管和限流电阻组成的并联型稳压电源，如图 7－18 所示。它是利用稳压管的反向伏安特性进行稳压的：反向伏安特性见图 7－19，稳压管反接后，当电压达到"击穿电压"后电流急剧变化，$\dfrac{\Delta U}{\Delta I}$ 变得很小，在一定电流范围内，稳压管两端的电压被稳定在"击穿电压"附近。限流电阻在此起到"吸收"电流的作用。

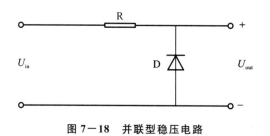

图 7－18　并联型稳压电路

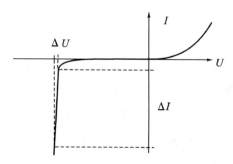

图 7－19　稳压管的反向伏安特性

为了提高稳定度可以用两级稳压。此电路简单，但负载能力有限。由运算放大器组成的稳压电路大大提高稳压性能。集成电路的发展又为我们提供了高性能、小型化、使用方便的稳压电源器件——三端稳压器(输入端、输出端和公共端)。如 W7805 即为输出为＋5 V 的三端稳压器。

(六) 模拟/数字转换器(A/D 转换器)

模拟/数字转换器简称 A/D 转换器,常用的转换方法有:①计数器式 A/D 转换;②逐次逼近型 A/D 转换;③双积分式 A/D 转换;④并行 A/D 转换;⑤串－并行 A/D 转换;⑥V/F 式 A/D 转换;⑦D/A 辅以软件的 A/D 转换;⑧Δ－Σ式 A/D 转换。

温度二次仪表中的 A/D 转换以双积分式和逐次比较型为主。21 世纪前一个较长的时间内,温度二次仪表常采用双积分式 A/D 转换电路。虽然转换速度较慢,但抗干扰能力强,并有相应的专用器件(如 7107,14433,7135 等)。逐次比较型 A/D 转换的特点是转换速度快、精度高,但抗干扰能力相对较低。21 世纪以来,随着微处理器在仪器仪表中的深入应用,有 CPU 支持的 Δ－Σ式 A/D 转换器件陆续投放市场,其特点是借助于微处理器技术综合了两者的优点,为仪表的高性能和高准确度开拓了新的前景。

1. 双积分式 A/D 转换

双积分式 A/D 转换是一种间接比较型的转换方式。转换原理如图 7－20 所示。它们由积分器、检零比较器、控制逻辑电路、时钟脉冲、计数器、编码器、电子开关和门电路组成。

其原理是借助于积分器的两次积分过程,将被测电压 U_X 变换成与其平均值成正比的时间间隔,然后用脉冲发生器和计数器计出在此时间间隔内的时钟脉冲数以表示被测电压值,从而实现 A/D 转换。

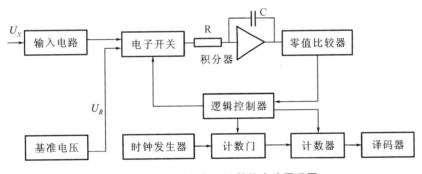

图 7－20 双积分式 A/D 转换电路原理图

工作过程:被测电压 U_X 经输入电路送至电子开关,逻辑控制器控制电子开关的通断,使 U_X 作用到积分器,先对 U_X 积分,此过程为取样阶段。逻辑控制器在取样阶段开始即打开计数门,时钟脉冲进入计数器,进行计数,并给出固定的取样时间 T_1。取样时间结束逻辑控制器控制电子开关,对基准电压 U_R 进行反向积分。当积分器输出为零电平时,零值比较器输出信号到控制器,使计数门关闭。此时计数器所计的时钟脉冲数就是被测电压的数字量。进行积分的过程称为比较阶段,比较阶段时间为 T_2。工作波形如图 7－21 所示。从积分器输出波形可知 U_X 与 T_2 成正比。

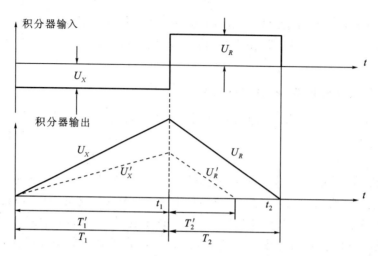

图 7-21　A/D 转换工作波形图

积分器从零电平开始对 U_X 积分，积分器输出为 $U_{O1} = -\dfrac{1}{RC}\displaystyle\int_0^{T_1} U_X \mathrm{d}t = -\dfrac{T_1}{RC}\cdot \bar{U}_X$。

经过一个固定的取样时间 T_1 后，积分器由 U_{O1} 反向积分，直到输出为零时停止。这时积分器输出为 $U_{O2} = U_{O1} + \dfrac{1}{RC}\displaystyle\int_0^{T_2} U_R \mathrm{d}t = 0$。

由于 U_R 为常数，因此 $U_{O1} = -\dfrac{1}{RC}T_2 U_R$。与取样阶段输出的 U_{O1} 比较，经整理后，得 $T_1 \bar{U}_X = T_2 U_R$。因为 T_1 和 U_R 为常数，说明 T_2 与 U_X 成正比。

设时钟脉冲频率为 f_0，则 $T_1 = N_1/f_0$，$T_2 = N_2/f_0$。N_1，N_2 为脉冲数，即只要知道计数器在比较阶段所计脉冲数 N_2，就可以准确地得到被测电压 U_X 的平均值。

2. 逐次逼近型 A/D 转换

逐次逼近式 A/D 转换器也称反馈比较式 A/D 转换器，属直接比较型的转换方式。它是基于电位差计的原理做成的，类似机械天平或具有自动补偿作用的电位差计的工作过程。原理框图如图 7-22 所示。

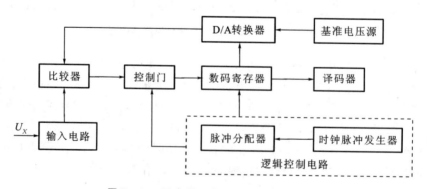

图 7-22　逐次逼近式 A/D 转换原理框图

A/D 转换器中各部分的作用：

（1）比较器

比较器是一个电压幅值比较器，用以比较 U_X 及步进基准电压 U_R，即求它们的差值电压 $\Delta U = U_X - U_R$ 是正，还是负。它的作用类似天平。

比较器输出驱动控制门，再送到数码寄存器。

（2）时钟脉冲发生器

时钟脉冲发生器产生固定频率的脉冲信号。

（3）脉冲分配器

脉冲分配器将来自时钟脉冲发生器的一连串时序脉冲变成按时间分布的节拍脉冲。

（4）数码寄存器

数码寄存器为存储单元，用来暂时存放与被测信号大小相对应的数码。它把每次比较结果（0 或 1）保存下来。

（5）D/A 转换器

D/A 转换器用来产生一系列步进（几何级数阶梯，通常为 2^n）基准电压。此基准电压作为反馈信号，与被测电压 U_X 一起送到比较器中进行比较。基准电压的数值由数码寄存器的工作状态决定。

（6）基准电压源

作为基准电压的机内参考电压源。类似于天平中的砝码，用来衡量被测电压的大小。

在逻辑控制电路的作用下，被测电压与基准电压（"砝码"）由高值到低值逐位加码比较，大者弃，小者留，逐次累积，逐次逼近。最后所留基准电压"砝码"的累计总和近似等于被测电压的大小。

六、与温度二次仪表配用的传感器

与温度二次仪表配用的传感器主要是工作用热电阻和工作用热电偶。为正确使用和熟练检定之需，应了解 IEC 规定的八种热电偶分度号、参考电势和相应的偶丝材料以及四种工作用热电阻的分度号和相应的 R_0 值。具体见本书相关章节。

除此以外与二次仪表配用的还有温度变送器、辐射感温器、霍尔压力传感器、热敏电阻、远传压力表等。

七、温度二次仪表的量值溯源

（一）量值溯源

由于温度二次仪表的检定是采用输入温度传感器对应的模拟信号（电压、电阻和电流），观察仪表的显示值。并以此模拟信号作为真值计算仪表的显示误差。因此，温度二次仪表的量值应溯源到电测仪器的电学国家基准。同时，模拟信号与温度的关系必须遵循国际温标赋予温度传感器的参考函数（分度表）。

（二）标准器

作为模拟信号的电测仪器必须满足检定规程的要求。通常规定检定时，电测仪器及配套设备引入的扩展不确定度 U 应不大于被检仪表允许误差绝对值的 1/3 至 1/5。按温度二次仪表的输入类型，检定用电测仪器（标准器）有标准直流电阻箱，标准直流电压源、电流源和补偿导线。如表7-1所示。

表7-1　检定用标准器

输入类型	标准器	备注
热电阻	直流电阻箱	也适用于电阻输入型的仪表
热电偶	直流低电势电位差计或标准直流电压源	也适用于电压输入型的仪表
	具有修正值的补偿导线和0℃恒温器	具有参考端温度自动补偿的仪表，必须增加此项
标准信号（电流）	标准直流电流源	

（三）补偿导线

检定规程中的补偿导线是标准器与被检仪表之间的连线。补偿导线的一端放入0℃恒温器中，目的是利用热电偶的特性将仪表接线端子的温度延伸至0℃。补偿导线是一种在一定温度范围内与所配热电偶热电特性基本相同的热电偶。因此在使用前必须经过检定，给出修正值，便于在仪表的检定中消除补偿导线带来的系统误差。

由于补偿导线的一端在0℃恒温器中，另一端与被测仪表的输入端连接。因此，只要给出15℃～25℃之间的修正值即可。除非要进行型式评价中的温度影响试验，那时必须将修正值的温度范围扩展到仪表正常工作的温度范围。因此，补偿导线的修正值应按热电偶的检定系统表溯源至国家基准。

（四）温度二次仪表检定中的相关术语

（1）基本误差

在参考条件下确定的仪表本身所具有的误差。

（2）回差（回程误差）

在一个测量循环中，同一检定点因测量行程引起的测得值之差。

（3）分辨力

在数字显示仪表中，变化一个末位有效数字的示值。

（4）设定点误差

具有位式或时间比例控制作用的仪表，输出变量按规定的要求输出时，测得的实际输入值与设定期望值之差。

（5）静差

比例积分微分作用的仪表，输出在稳态时测得的实际输入值与设定期望值之差。

（6）切换值

位式控制仪表上行程（或下行程）中，输出从一种状态变换到另一种状态时所得的输入（电量）值。上行程时测得的为上切换值，下行程时测得的为下切换值。

（7）切换差

上、下行程切换值之差。

（8）时间比值（ρ）

在时间比例作用仪表的输出中，一个周期脉冲的持续时间与持续、间歇时间之和的比值。

（9）零周期

在时间比例作用仪表的输出中，当一个周期脉冲中的持续时间与间歇时间相等时，所测得的持续、间歇时间之和。

（10）手动再调

在时间比例作用仪表的输出中,用改变手动信号的办法使设定点期望输出的时间比值变化,以利于消除或减小静差的调整。

（11）比例带

又称比例范围。由于比例控制作用,使输出产生全范围变化所需的输入变化(以百分数表示)。

（12）再调时间(积分时间)

具有比例积分作用的仪表,当输入变量给定为阶跃变化时,再调时间为输出变量达到阶跃施加后,立即得到的变化值的 2 倍所需的时间。

（13）预调时间(微分时间)

具有比例微分作用的仪表,当输入变量给定为斜坡状(等速)变化时,预调时间为输出变量达到斜坡施加后,立即得到的变化值的 2 倍所需的时间。

（五）温度二次仪表的检定

温度二次仪表的作用是为了完成对温度参数的测量和控制。因此,要判定一台仪表是否合格,从计量性能而言主要应检定它的示值基本误差、回差(模拟仪表)、分辨力(数字仪表),具有控制作用的仪表还应检定它的设定点误差(静差)、切换差、输出误差;从仪表本身和对人身的安全而言,必须检定其绝缘电阻和绝缘强度。

温度二次仪表的技术指标均用引用误差表示。而检定时是按绝对误差进行比较的方式来判断仪表是否合格。因此,检定前应将仪表技术指标中的引用误差转换成绝对误差形式的最大允许误差。

1. 示值基本误差检定

按定义应在检定规程规定的环境条件(主要是指温湿度条件)下进行。进行一至三个测量循环后,在数据处理时是取正、负误差中最大的作为该仪表的基本误差。

温度二次仪表示值基本误差检定均采用比较法——用标准器示值(模拟传感器温度参数)与被检仪表示值进行比较。比较过程可以有两种:1)对准被检仪表示值读取标准器示值,简称示值基准法;2)对准标准器示值读取被检仪表示值,简称输入基准法。第一种方法适用于被检仪表分辨力较低或估读误差较大的情况;第二种方法适用于被检仪表分辨力高或被检仪表估读误差可以忽略不计的场合。

2. 回差的检定

模拟指示的仪表,按回差的定义应是同一检定点一个循环有一个回差,三个循环有三个回差,在数据处理时按 GB/T 18271—2017《过程测量和控制装置 通用性能评定方法和程序》的规定,应取三个回差中最大的。

注:

1.国家标准 GB/T 18271—2017 是等同采用国际电工委员会标准 IEC 61298(2008)《过程测量和控制装置 通用性能评定方法和程序》。

2.2017 年以前审定的规程中,仪表的回差是取同一检定点上行程平均值和下行程平均值之差,与当时的相应标准一致。规程在制修订时应考虑采用最新版本的可能性。

3. 数字仪表的分辨力

按定义我们只要将仪表通电后,观察其显示值末位的最小变化量就可以确定该仪表的分辨力,无需明示。如果我们从另一个角度去观察,当改变输入信号使显示值变化一个分辨力时,输入的改变量是否符合分辨力值的要求? 这是在考核一台数字仪表整体模/数转换的非线性误差。在数字仪表的检定规程中是以实际分辨力是否符合要求来评定的,在GB/T 13639—2008《工业过程测量和控制系统用模拟输入数字式指示仪》中则以死区误差来定义。

4. 具有控制作用仪表的性能指标

具有控制作用的仪表,对温度控制的准确性和稳定性是一个很重要指标。稳定性指标通常在仪表的定型试验中进行评定。准确性则通过设定点误差(和静差)的检定的来评定。

（1）位式作用仪表的设定点误差是以切换中值(上下切换值的平均值)与设定值之差来衡量;用于报警的位式控制仪表,设定点误差是以上或下切换值与设定值之差来衡量;

（2）时间比例作用仪表的设定点误差是以仪表输出的时间比值 $\rho=0.5$ 时的输入值与设定值之差来衡量;

（3）PID 作用仪表的静差是以仪表输出达到稳定时的输入值与设定值之差来衡量。

第二节　动圈式温度指示调节仪

一、概述

动圈式温度仪表,从 20 世纪 50 年代末我国自行设计制造开始至 90 年代初数字温度仪表迅速发展前,是工业过程测量和控制系统中广泛使用的一种简易式模拟仪表。它可以用来测量和控制温度、压力等物理参数。由于它结构简单、紧凑,性能可靠,抗干扰能力强,使用寿命长,价格便宜等优点,因此在我国的温度测量界具有很大的市场占有率和很长的产品寿命。

动圈式温度仪表从测量原理而言,是一种磁电系电测仪表。它通过传感器将非电量转换成电量进行测量。被测对象的温度经传感器变换成电量,经过仪表的测量电路和测量机构,变成仪表指针的角位移,从而指示出被测对象的实际温度。具有控制作用的仪表还可以将测量值和设定值进行比较,产生偏差信号,经仪表的调节部分运算后,输出相应的调节信号去控制执行器。被测对象的温度在执行器的作用下逐渐向设定点温度逼近,直至稳定在设定温度附近。

动圈式仪表用于测量温度时,可与热电偶、热电阻、辐射感温器等多种感温器相连。此外,也可与霍尔变送器、电阻式远传压力表、电感式差压计相连接,用于测量压力、压差等。

我国统一设计、生产的动圈式仪表,其产品的型号命名一般由两节组成:第一节为三个大写的汉语拼音字母组成,第二节为三个阿拉伯数字组成。第一、二节之间用短划分开。具体如表 7-2 所示。

如:XCT-131 型表示为配热电偶、具有时间比例控制作用的动圈式温度指示调节仪表。

动圈式仪表一般由三部分组成:动圈测量机构、测量电路和电子调节电路(单指示的仪表没有电子调节电路)。

表7-2 动圈仪表型号命名方法

第一节						第二节					
第一位		第二位		第三位		第一位		第二位		第三位	
代号	意义	代号	意义	代号	意义	代号	意义	代号	意义	代号	意义
X	显示	C	动圈式磁电系	Z	指示仪	1	单标尺、高频振荡式固定参数	0	对指示仪无意义	1	配热电偶
				T	指示调节仪			0	二位调节	2	配热电阻
								1	三位窄中间带调节	3	毫伏输入
								2	三位宽中间带调节	4	电阻输入
								3	时间比例调节（脉冲式）		
								4	时间比例加二位调节		
								5	时间比例加时间比例		
								6	电流PID加二位调节		
								8	电流比例调节		
								9	电流PID调节		

二、动圈式仪表的测量机构

(一)工作原理

动圈式仪表和其他磁电式仪表一样,是利用通电线圈在磁场中受力矩作用产生角位移这一原理而工作的。

我国统一设计的XC系列动圈式仪表的测量机构如图7-23所示,动圈处于永久磁铁形成的均匀磁场中,当动圈中有电流流过,产生磁场和固定磁场相互作用,在动圈的两个垂直于磁场的两个边上受到大小相等、方向相反两个力的作用。动圈在该力矩的作用下产生偏转,如果没有其他反方向力矩相平衡,动圈必然继续向一个方向转动。不管被测量值的大小,动圈都会偏转到极限位置,直到不能转动为止。这种情况只能说明动圈中有电流通过,而不能确定电流的大小,因而无法指示被测量值的大小。在切断电流,即去掉转动力矩后,动圈不能自动返回起始位置。为了使动圈转动的每一个位置(偏转角度)对应一定电流的大小,必须在动圈上产生一个大小与其偏转角成正比的反作用力矩,以此与动圈的转动力矩相平衡。动圈仪表中产生反作用力矩的元件是游丝或张丝。它能产生与动圈偏转角成正比的反作用力矩。当两力矩相等时线圈停止转动,停留在某一位置。动圈的偏转角 α 的大小,即反映出电流 I 的大小。它们的关系为：

$$\alpha = C \cdot I \tag{7-2}$$

式中：C——表征仪表灵敏度的常数；

　　　I——流过动圈的电流。

仪表的灵敏度常数与动圈的几何尺寸、匝数和永久磁铁的磁感应强度有关。也与反作用力矩有关。当仪表这些结构确定之后,C 为定值。

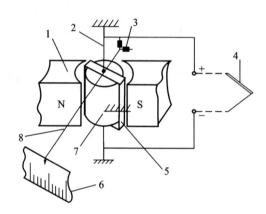

图 7—23　测量机构

1—永久磁铁；2—上、下张丝；3—平衡锤；4—热电偶；
5—动圈；6—刻度面板；7—软铁；8—指针

（二）测量机构的组成

1. 动圈系统

测量机构的可动部分是仪表的核心,可动部分的重要部件是动圈。动圈的几何尺寸、匝数决定转动力矩的大小。同时,动圈还起着产生阻尼力矩的作用。阻尼力矩是一个由于动圈磁场中转动,切割磁力线时感应电流产生的力矩。阻尼力矩与转动力矩方向相反,是一个动态力矩,它的作用是在可动部分运动过程中吸收其动能,使动圈转动后尽快稳定到平衡位置。动圈停止转动后,阻尼力矩也就消失。在磁电式仪表中,通常产生阻尼力矩的方法是用框架短路、短路线圈或动圈本身等几种方法,在动圈仪表中,是采用动圈本身来产生阻尼力矩。

2. 支承系统

动圈的支承方式有两种:旧式仪表采用轴承轴尖支承；新型仪表采用张丝支承方式。

张丝支承的优点是：没有轴承轴尖的摩擦,因而灵敏度和变差小,抗震性能好,寿命长,大大改善了仪表性能。张丝的作用除起支承作用外,还用于产生反作用力矩,动圈转角愈大,张丝的扭转也愈大,产生的反作用力矩也愈大。

两根张丝分别位于仪表动圈的上、下两端,通过弹簧片把动圈上下对称拉紧。电流从上端的张丝进入线圈,再从下端张丝流出。对张丝除要求具有良好的机械性能外,还要求温度系数小,导电性能好。在 XC 系列仪表中张丝的材料为铍青铜。对于量程为 20 mV 以下的仪表,如配用铂铑 10-铂热电偶的仪表,一般采用 M2.0 张丝,其他仪表均采用 M2.9 张丝。

3. 磁路系统

XC 系列动圈仪表采用的磁路系统如图 7－24 所示。

磁路系统由铁芯、极靴、永久磁铁、接铁和磁分路调节片组成。这种磁路系统是圆柱式外磁钢结构,两块弧形永久磁铁和接铁构成串联形式,经过极靴、软铁芯和空气隙闭合磁回路,在极靴和软铁芯的空气隙中,形成径向辐射磁场。使动圈转动时,其有效边导线的运动方向永远和磁力线垂直,并使空气隙中的磁力线密度分布均匀。因而在动圈中流过一定电流时,所产生的转动力矩与其所处位置无关,从而保证了仪表刻度的均匀性。

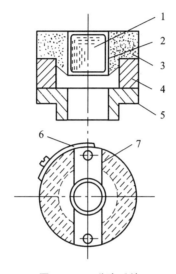

图 7－24　磁路系统

1—软铁芯;2—空气隙;3—极靴铁;4—永久磁铁;5—接铁;6—磁分路调节片;7—压铸铝

三、动圈式仪表的测量线路

动圈式仪表最常用的测量元件是热电偶和热电阻,前者用电势变化,后者用电阻变化反映温度变化。

(一) 配用热电偶仪表的测量电路

配热电偶仪表的测量电路如图 7－25 所示。

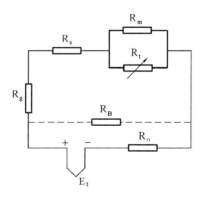

图 7－25　配热电偶仪表的测量电路

1. 动圈电阻 R_g 及其温度补偿电阻 R_m 和 R_t

R_g 为动圈的线圈电阻，由铜线绕制而成。R_m 与 R_t 并联起温度补偿作用。因为仪表测温时，仪表所处的环境发生变化将产生测量误差。这主要是由于环境温度变化时，仪表中的永久磁铁、张丝和动圈性能都随之改变。例如，随着温度升高，永久磁铁的磁性减弱，气隙中的磁感应强度减小，导致示值减小。而张丝的弹性模数随着温度升高而降低，反作用力矩减小，导致示值增大。两者影响相反，一般情况下可以认为互相抵消。实验数据表明，环境温度每升高 10 ℃，磁钢磁感应强度减少引起的负误差为 0.2%，而张丝弹性模数随温度升高而降低，造成 0.3% 的正误差，两者大致抵消。因此，造成温度误差的主要因素是动圈的电阻温度系数。如何消除动圈电阻变化带来的影响，可以在测量回路中串联一个负温度系数的热敏电阻 R_t，由于电阻值随温度升高而降低，且热惯性小，与动圈电阻随温度变化速度一样，可以起到温度补偿作用。但由于它的阻值变化是按指数规律变化的，因此需加一个并联电阻 R_m 使温度特性接近线性，真正达到温度补偿的目的。

2. 附加电阻 R_s

附加电阻 R_s 用锰铜材料绕制，其电阻温度系数很小，环境温度对电阻值的影响可以忽略不计。附加电阻的作用有两个，一是改变仪表量程，在配用不同传感器、不同测量范围时，仅需改变 R_s 值，即可满足不同输入信号的需要。即在不同量限时，保持指针的最大偏转角不变。此外，它还有第二个作用，就是减少了环境温度变化对仪表动圈电阻 R_g 和外电阻变化对仪表示值的影响。环境温度对 R_g 的影响，虽然加了热敏电阻进行补偿，但并不能完全补偿。对于外接电阻，如果连接导线过长，则铜导线电阻受环境温度影响大。热电偶内阻在高温测量时变化较大（特别是对于电阻温度系数大，热电极细的热电偶）。同时，对外接电阻的测量也带入误差。这些电阻的变化和测量带来的误差，都会给仪表示值带来影响。但是，这种影响将随附加电阻 R_s 增大而减小，因为附加电阻增大，线路电阻变化对仪表示值影响就减小。

3. 并联电阻 R_B

仪表的阻尼特性是仪表的一项重要技术指标，它表征了仪表可动部分从运动到静止过程中的动态特性。阻尼时间作为一项技术要求，综合反映了这一特性。

附加电阻 R_s 可以改变仪表量程，当 R_s 阻值改变时，仪表动圈的阻尼特性也会改变。当 R_s 阻值较大时，动圈运动加快、摆幅加大，摆动次数多，不容易稳定下来，此种情况称为欠阻尼（阻尼过小）。并联电阻 R_B 的作用是用来改善动圈的运动特性的。若 R_B 电阻值过小，会使指针运动迟滞，到达平衡位置时间过长，此时阻尼过大，称为过阻尼。在附加电阻 R_s 固定后，适当选择并联电阻 R_B，使指针运动处于最佳阻尼状态。一般 R_B 阻值为 600 Ω，阻尼时间不超过 7 s。

4. 外接电阻 R_0

仪表外接电阻 R_0 包括：热电偶电阻、补偿导线电阻和调整用的锰铜电阻。XC 系列动圈仪表 $R_0 = 15$ Ω，总电阻通过调整锰铜电阻达到此要求。

应当注意的是还要考虑阻值的变化。即使在室温下调好电阻，在实际测温时，其阻值将随着被测温度和环境温度变化而变化。由此可见，由于热电偶阻值变化所引起的测量误差，有时要比仪表本身引起的误差大。特别是用细偶丝热电偶，应当注意热电偶阻值变化对测量结果的影响。在调整外接电阻时，最好在热电偶实际使用温度下进行，或者根据计算获得热电偶在工作温度下的电阻值。

5. 热电偶参考端温度补偿

热电偶的热电势大小与热电极材料及其两接点的温度有关。热电偶的分度表和根据分度表刻度的测温仪表,都是以热电偶参考端等于 0 ℃ 为条件的,所以在热电偶及其仪表使用时必须符合这一条件。如果在热电偶参考端温度不等于 0 ℃,根据热电偶中间温度定律,即 $E_{AB}(t,t_0)=E_{AB}(t,t_n)+E(t_n,t_0)$。尽管被测对象温度 t 恒定不变,热电势 $E(t,t_n)$ 也将随着参考端温度 t_n 的变化而变化:当 $t_n>0$ ℃ 时,热电偶电势减小了 $E(t_n,t_0)$,故测量仪表示值降低。在工业现场实际应用中,为了消除 t_n 和 t_n 变化的影响,热电偶与仪表之间的连接采用补偿导线的方法。补偿导线主要起延长热电极作用,使热电偶参考端转移到离热源较远、环境温度较稳定的地方,但是补偿导线不能消除参考温度不为零的影响。动圈仪表是通过调整 XC 系列仪表的机械零位,使仪表指示指针预先调整到仪表热电偶接线端子处的温度,如此来补偿参考端温度的影响。

6. 断偶保护电路

在高温下工作的热电偶,一旦烧断,输入信号变为零,没有电流流过动圈,指针总是停留在刻度起点位置。也就是说,不管实际温度有多高,调节器总是认为被测温度低于设定值。如果没有断偶保护措施,工作设备会无限制地一直处于升温的工作状态,将会烧毁工件,甚至加热设备。动圈仪表断偶保护电路如图 7-26 所示,由二极管 D_p、电阻 R_p、电容 C_p 和变压器组成。其基本原理是:当热电偶未断时,二极管 D_p 两端并联了热电偶输入回路,电阻很小,R_p 和 C_p 的阻抗又很大,因此热电偶输入回路中只有极微小的交流电压,二极管又是反接在热电偶的测量回路中,不会引起测量误差。当热电偶断开后,二极管 D_p 两端的并联电阻大大增加,而且正反向电阻相差又不一样,导致交流电对电容 C_p 的充放电不平衡,使二极管负端的电压逐渐升高,动圈中就会有一大直流电流通过。使指示指针向标尺上限偏转,由于指针上的铝旗进入控制线圈而切断加热电源。

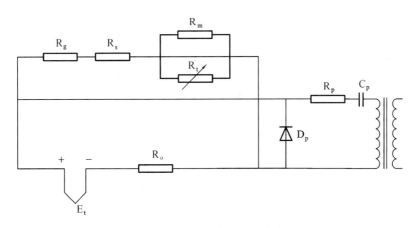

图 7-26 动圈仪表断偶保护电路

(二) 配用热电阻仪表的测量电路

配热电阻的仪表是指配热电阻或其他阻值变化传感器的动圈仪表。测量电路如图 7-27 所示。

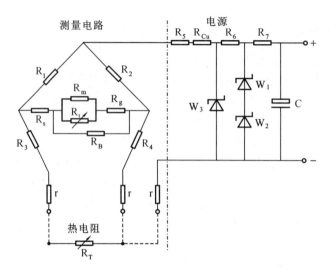

图 7－27　配热电阻的仪表的测量电路

设计不平衡电桥的基本要求是灵敏度高,即在热电阻随温度变化时,桥路输出的不平衡电压要大,而不随热电阻阻值变化而变化,桥路参数采用对称结构,电桥在刻度起点处于平衡状态。

与配热电偶的仪表相比,配热电阻仪表动圈线路两端的不平衡电压较大,而仪表动圈部分为统一设计,受仪表测量上限允许最大电流的限制。必须增加附加电阻 R_s 的电阻值,这样就会造成动圈所在电路等效电阻增大,使可动部分阻尼力矩减小,出现欠阻尼情况。因此必须接入并联电阻 R_B,用以改善仪表的阻尼特性。对于不带调节功能的动圈仪表,为了增加可动部分的灵敏度,也可不接 R_B。

在电桥电路中,不必另外设计热电阻断线保护电路,因为当热电路断路时,相当于温度升高,热电阻阻值骤增,电桥本身会使指针偏向满度值。

热电阻与动圈桥路采用"三线制"接法,这样可以减小连接导线随温度变化引起的阻值变化对仪表示值的影响。由于连接导线电阻分别处于相邻的两个桥臂中,因此两根导线因温度而产生的阻值变化,在电桥处于平衡状态时可以完全补偿,不会引起示值误差,即在刻度起点可以完全补偿。但在刻度其他点,由于电桥处于不平衡状态,流过两根导线的电流不相等,还是会造成一些误差,不过比二线制产生的误差要小得多。所以在实际应用中,多数采用三线制接法。

四、动圈式仪表的电子调节电路

动圈式指示仪表带上不同的调节电路,就构成了具有各种调节规律的调节仪表,XC系列仪表的调节规律有断续输出和连续输出。所有调节电路都以晶体管高频放大器为核心。这种电路结构简单,容易实现。调节部分由偏差检测机构和调节机构组成。在生产中应用十分普遍。

（一）偏差检测机构

如图7－28所示,XC系列仪表的偏差检测机构由指针上附有的铝旗和设定指针上附加的检测线圈构成。铝旗由 0.05 mm 厚的硬铝箔制成,起屏蔽检测线圈之间电磁耦合作用,铝旗随指针移动,指示被测温度的高低。检测线圈由两块边长 12 mm 的正方形印刷线圈组成,两线圈之间有 3 mm 间隙,以便让铝旗自由通过。检测线圈固定于设定指针的转动臂上,设定指针及其检测线圈,可以沿标尺移动,根据所需要控制的温度,设定于某一位置。当温度上升到接近设定值,铝旗逐渐进入检测线圈,就逐渐屏蔽了两个检测线圈之间的电磁耦合,使电感量显著减小。检测线圈本身是高频振荡电路的一部分,从而引起高频振荡器的振荡强度减弱,甚至停振。根据振荡的强弱,就可以检测被测温度与设定值的偏差,从而根据偏差的大小进行调节,实现温度控制。

为了防止铝旗越出检测线圈,在线圈的上限侧装有限位机构,当指针超过给定值的 5%～10% 时,就被限位机构挡住了,防止二次振荡现象产生,保证控制可靠。

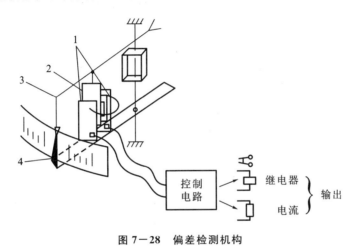

图 7－28 偏差检测机构

1—检测线圈;2—铝旗;3—指示指针;4—设定指针

(二) 二位式调节电路

位式调节的动圈仪表,就是根据被调量的偏差,控制继电器的通、断来实现被控对象的调节,其特点是随着偏差的数值的变化,输出为几个固定值。对于二位式调节,输出只有两个数值,仪表内继电器只有通、断两个位置,不能停留在中间状态。因此,控制方式属于断续调节。例如在温度控制中,当继电器接通时,对象的输入功率为 100%,继电器断开时,输入功率为零。由于加热功率的断续变化,被调温度不能稳定在一个固定值,而是在一个范围内波动。图 7－29 表示一个无延时的被调加热对象的加热功率、温度随时间变化的规律。

动圈仪表的位式控制中还有三位窄中间带和三位宽中间带的控制方式。它们均有两个设定指针,分别确定了上限设定值和下限设定值。在温度控制中,当被控温度大于上限设定值时,加热继电器动作,切断加热电路,温度下降;当温度低于下限设定值时,加热继电器动作恢复动作,接通加热电路。上限设定值与下限设定值之

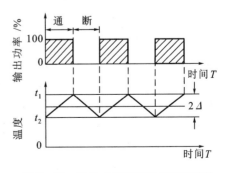

图 7－29 二位式调节的温度控制特性

差相当于控制的切换差,三位窄中间带仪表的切换差不小于标尺弧长的 2%,三位宽中间带仪表的切换差不小于标尺弧长的 5%。

（三）时间比例式调节电路

通断时间与偏差信号成比例的调节特性称为时间比例调节。属于断续调节器的一种。与位式调节的不同之处在于,位式调节的输出只取决于偏差的正负,而与偏差的大小无关。即仪表示值低于设定值,输出为 100%,指示值超过设定值时,输出为零。所以被调参数波动大。而时间比例调节是在继电器通断周期内接通时间随偏差的大小变化,这种调节规律可使被调参数波动减小。

时间比例仪表在比例范围内,继电器一个通断动作周期输出的平均值与被调量偏差大小成正比。设 T_1 为继电器吸合时间,T_2 为继电器断开时间,T 为继电器吸合、断开时间之和,则时间比值 ρ 代表平均输出功率:

$$\rho = T_1/(T_1 + T_2) = T_1/T$$

可见 ρ 值反映了继电器接通时间的长短,ρ 值大表示继电器在一个通断周期内接通时间长,输出平均功率大,ρ 取值范围在 0~1 之间,由偏差大小决定。

时间比例调节电路是在位式调节电路的基础上形成的,电路的基本部分与位式相同,主要差别在于加上了反馈网络和变容二极管,仪表在比例范围内,改变继电器的吸合时间,使其平均输出功率与偏差大小成比例。

（四）比例、积分、微分调节电路

前面讨论的位式调节和时间比例调节都是属于断续调节。位式调节是一种最简单的调节方法,它的调节特性决定了被调参数只能在设定值上、下波动,不能稳定于一个固定值。时间比例调节,波动依然存在,只是波动量小而已,调节品质不高。又由于执行器多为继电器,频繁动作影响它们的使用寿命,还会产生振动、噪声和干扰。

比例、积分、微分(PID)调节。其输出为 0~10 mA,按偏差的大小、存在时间和变化速率进行调节,使偏差尽快消除,是一种广泛使用的调节方式。

PID 调节是比例调节、积分调节、微分调节三种调节复合作用的结果,对这三种调节作用分别了解后,其复合作用就不难理解了。

1. 比例调节

所谓比例调节作用就是输出量的变化与偏差量大小成比例。如图 7-30 所示,当偏差 ε 阶跃变化时,对应的输出电流 I 也按比例阶跃变化。

在电路上很容易实现比例作用,最简单的例子就是电阻分压电路。比例作用的强弱,工业测量中用比例带表示,比例带越小,比例作用越强。例如:偏差是量程的 4% 时,输出量有 100% 的变化,则比例带 $P = 4\%$。

比例调节的优点是反应快,调节作用立即见效,但比例作用只有在偏差存在时才有输出,也就是说,比例调节起作用的前提条件是必须存在偏差。从原理上决定了比

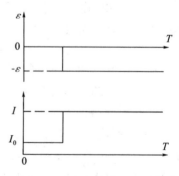

图 7-30　比例调节作用的输入、输出
变化关系

例作用不能消除"静差"。这是它的不足之处。

2. 积分调节

所谓积分作用是指输出量与偏差随时间的累积成正比。

$$I = \frac{1}{T_I} \int \varepsilon \, \mathrm{d}t$$

这就是说,积分调节输出量取决于偏差存在的时间,只要有偏差,输出电流就不断变化,直到偏差消失,积分作用才会停止。所以积分作用是消除"静差"的好办法。如图 7-31 所示。积分作用的强弱,用积分时间来表示,积分时间越短,则积分作用越强。

积分作用的特点是动作慢,所以一般积分总是和比例作用组合,形成 PI 调节特性,如图 7-32 所示,在阶跃偏差信号作用下,输出电流立即有一个按比例的跃变,随后输出电流按积分作用逐步增加。这是一种常用的调节,优点是既有比例作用的反应迅速,又有积分作用消除"静差"。

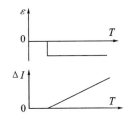

图 7-31　积分调节特性

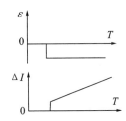

图 7-32　比例积分调节特性

3. 微分调节

微分调节,是按偏差的变化速率进行调节,即输出电流与偏差的变化率成正比:

$$I = -T_D \frac{\mathrm{d}\varepsilon}{\mathrm{d}t}$$

由上式可知,当 T_D 一定时,微分输出仅与偏差的变化率有关,偏差稳定不变,微分输出电流为零,当偏差阶跃变化,则输出最大值。微分作用反映被调参量变化速度,而不能消除偏差,只能作为一种辅助的调节。因此,微分调节不能单独使用,而是和比例联合作用,形成 PI 调节,或者构成 PID 调节器。由于微分作用的超前调节,加快了消除偏差的速度,改善调节品质。实际采用的微分调节特性如图 7-33 所示。

4. PID 调节器

PID 调节器是由比例作用、积分作用和微分作用组合起来的调节作用。利用比例的快速特性作为调节的基础,加上积分作用的消除静差,微分作用的导前动作,三者结合可以获得比较完善的调节效果。PID 调节动作规律如图 7-34 所示。

实现自动调节的基本方法是在调节器内部采用负反馈,由电路理论可知,当放大器的放大倍数足够大时,输出量与输入量的函数关系仅取决于反馈网络。所以在应用负反馈放大器的调节系统中选择不同的反馈网络,就能实现不同的调节规律。带 PID 调节功能的动圈仪表,其反馈网络的传递函数,具有 PID 调节规律。

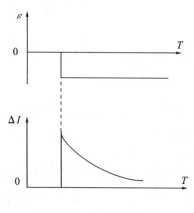

图7-33　微分调节规律

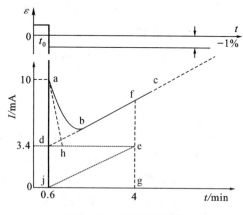

图7-34　PID调节规律

五、动圈式仪表的检定

动圈式仪表检定应按 JJG 186—1997《动圈式温度指示、指示位式调节仪表》、JJG 285—1993《带时间比例、比例积分微分作用的动圈式温度指示调节仪表》进行。

（一）检定条件

1. 检定设备

选用的整套检定设备的误差应不大于被检仪表允许误差的 1/5。

检定配热电偶动圈仪表时，通常可选用 0.05 级以上的直流低电势电位差计，或同等准确度的数字电压表作为标准器；而检定配热电阻动圈仪表时可选用 0.02 级以上的直流电阻箱作为标准器。

注意：直流低电势电位差计在此只能用其测量功能，而不能用其输出功能作为热电偶的模拟信号。这是因为动圈仪表的内阻不够大，只有数百欧姆。当直接用电位差计检定动圈仪表时，电位差计的工作电流将要分一部分给动圈仪表，使电位差计的实际输出电势偏低，造成测量误差。检定时可以用毫伏发生器作为热电偶的模拟信号，而对于具有断偶保护的仪表只能用内阻小于 5 Ω 的毫伏发生器。这是因为断偶保护电路中的二极管是并联在输入端的，当毫伏发生器的内阻较大时，与二极管的正向电阻可比时断偶保护电路的充放电不平衡，将有附加电势产生，造成测量误差。

2. 检定条件

（1）环境条件

温度：20 ℃±5 ℃；相对湿度：45%～75%。

（2）供电电源

额定电压为 220 V，允差±1%；频率 50 Hz，允差±1%。

（3）其他条件

不存在影响仪表正常工作的外磁场；

仪表置于水平工作位置，允许误差±1°。

（二）检定项目和检定方法

检定项目如表 7-3 所示。

表 7-3 检定项目

项目序号	检定项目名称			
	指示部分	位式控制部分	时间比例控制部分	PID 控制部分
1	外观	设定点偏差	设定点偏差	静差
2	指示基本误差	切换差	比例范围	输出电流、输出阶跃响应
3	示值重复性	切换值的重复性	零周期	比例范围、积分时间、微分时间
4	回差	越限		
5	倾斜误差	断偶保护		
6	阻尼时间	各对切换值之间的相互影响		
7	内阻			
8	绝缘电阻			
9	绝缘强度			

检定方法具体见 JJG 186—1997《动圈式温度指示、指示位式调节仪表》和 JJG 285—1993《带时间比例、比例积分微分作用的动圈式温度指示调节仪表》。本节以 XC 系列动圈仪表为例对主要检定项目的检定要点进行阐述。

1. 指示基本误差

（1）技术要求

1.0 级的仪表，指示基本误差应不超过仪表电量程的 ±1.0%；

1.5 级的应不超过仪表电量程的 ±1.5%。

（电量程是指仪表标尺上、下限示值所对应的标称电量值之差。）

允许误差按式（7-3）计算：

$$\Delta A_允 = \pm(A_终 - A_始) \times K\% \tag{7-3}$$

式中：$\Delta A_允$——仪表允许的基本误差，mV 或 Ω；

$A_终$——标尺上限标度示值相应的电量值，mV 或 Ω；

$A_始$——标尺下限标度示值相应的电量值，mV 或 Ω；

K——仪表准确度等级。

动圈仪表在计算基本误差时不用温度量程而规定要按电量程计算。这是由于动圈式仪表是一种磁电式仪表，其测量机构是将输入的直流电信号转换成指示指针的角位移（或弧长），转角的大小与电流呈线性正比关系。仪表的标尺用温度指示时，则标尺标度应为非线性（由传感器特性决定）。工业仪表基本误差的表示方式均采用引用误差的形式，这对于输入输出呈线性关系的仪表是合理的。因此，动圈仪表的基本误差公式中采用电量程。由此，温度二次仪表标度为非线性的基本误差计算均采用电量程。

【例1】 有一台 1.0 级的 XCZ-101 动圈式仪表，分度号为 S，测量范围为 0 ℃～1 600 ℃，（分度表对应的热电势为 0 mV～16.777 mV）计算允许基本误差：

$$\Delta A_允 = \pm(16.777 \text{ mV} - 0 \text{ mV}) \times 1.0\%$$
$$= \pm 0.168 \text{ mV}$$

【例2】 有一台 1.0 级的 XCZ-102 动圈式仪表，分度号为 Pt100，测量范围 0 ℃～200 ℃，计算允许基本误差。

查分度表，铂电阻 Pt100 在 0 ℃时电阻值为 100.00 Ω，200 ℃时电阻值为 175.86 Ω。

$$\Delta A_允 = \pm(175.86\ \Omega - 100.00\ \Omega) \times 1.0\%$$
$$= \pm 0.76\ \Omega$$

（2）检定方法

a）基本误差检定前的准备工作：

——按规程要求将标准器与被检仪表连接。连接中必须串联相应的外接电阻（15 Ω）或外线电阻（3 个 5 Ω）。

——调整仪表的机械零位。调零器应能使指示指针自下限刻度左右自由调节。在以后的检定过程中，不允许重新调零。

——仪器及标准器通电预热。一般预热时间为 5 min，但不得超过 30 min，如生产厂另有规定，则按生产厂规定时间进行。

——检查仪表指示指针的移动平稳性。给被检仪表输入信号，使仪表指针由标尺下限值缓慢上升至上限值，再下降使指针缓慢返回标尺下限刻度线附近，指针在移动中应平稳，不应发生卡针、摇晃和迟滞等现象。

——选择检定点。检定应在主刻度线上进行，检定点应包括上、下限值（或其附近 10%量程以内）在内至少 5 点。

b）检定要点

缓慢增大仪表输入信号，使仪表指针缓慢上升，并对准仪表各个刻度线中心（注意不能过冲），分别读取标准仪器示值，即为上行程中各被检刻度线对应的实际电量值 $A_上$。在读取了上限值刻度线的读数后，减小输入信号，使指针平稳下降，并对准各被检刻度线中心，分别读取标准仪表器示值，即为下行程中各被检刻度线实际电量值 $A_下$（上限值不进行下行程的检定，下限值不进行上行程的检定）。

如果指示基本误差超差或仲裁检定时，必须重复上、下行程至少三个循环的检定，并计算指示基本误差，同时必须考核示值重复性。

c）基本误差的计算

仪表上、下行程指示基本误差 $\Delta A_上$，$\Delta A_下$ 可由式（7—4）及式（7—5）计算。

$$\Delta A_上 = A - A_上 \tag{7—4}$$
$$\Delta A_下 = A - A_下 \tag{7—5}$$

式中：$\Delta A_上$，$\Delta A_下$——仪表上、下行程指示基本误差，mV 或 Ω；

　　　　A——被检刻度线的标称电量值，mV 或 Ω；

　　　　$A_上$、$A_下$——上、下行程中与被检刻度线对应的实际电量值，mV 或 Ω。

【例 3】 一台 1.0 级的 XCT—101 型仪表，分度号为 K，测量范围为 0 ℃～1 100 ℃。在检定 1 000 ℃点时，标准仪器读数分别为 $A_上 = 41.58$ mV，$A_下 = 41.42$ mV，计算这点的上、下行程基本误差，并判断该点是否合格。

查分度表可得 1 000 ℃点标称电量值为 41.28 mV，1 100 ℃点为 45.12 mV。

$$\Delta A_允 = \pm(45.12\ \text{mV} - 0\ \text{mV}) \times 1.0\% = \pm 0.45\ \text{mV}$$

$$\Delta A_上 = 41.28\ \text{mV} - 41.58\ \text{mV} = -0.30\ \text{mV}, \Delta A_下 = 41.28\ \text{mV} - 41.42\ \text{mV} = -0.14\ \text{mV}$$

$\Delta A_上$，$\Delta A_下$ 均未超过 $\Delta A_允$，1 000 ℃点合格。

2. 示值重复性

示值重复性是指在同一工作条件下,对同一被测的量进行多次重复测量读数,其结果的最大差异。

(1) 技术要求

准确度等级为 1.0 级仪表,其示值重复性不超过仪表电量程的 0.25%;1.5 级仪表的示值重复性不超过仪表电量程的 0.4%。

(2) 检定方法

仪表示值重复性与指示基本误差同时进行检定,分别得到各被检刻度线上三次上、下行程读数。取其同方向上的最大差值,即为仪表示值重复性。

3. 回程误差的检定

回程误差的意义是在相同条件下,仪表正、反行程在同一点示值上被测量值之差的绝对值。也称回差、变差等。

(1) 技术要求

仪表回程误差不应超过指示基本误差绝对值的一半。

(2) 检定方法

仪表回程误差与指示基本误差同时进行检定。回程误差按式(7-6)计算:

$$\Delta A_回 = |A_上 - A_下| \tag{7-6}$$

式中:$\Delta A_回$——仪表的回程误差,mV 或 Ω;

$A_上$、$A_下$——如果进行 3 次上、下行程检定时,即为 3 次上、下行程读数的平均值,mV 或 Ω。

4. 倾斜误差

倾斜误差是一种影响量,是指仪表从正常工作位置分别向任何方向倾斜一定角度时仪表示值的变化。由于仪表本身的结构特点,很难做到使可动部分的重心通过转动轴线,当仪表倾斜时,产生附加力矩引起倾斜误差,其特点是误差的大小与倾斜的方向和大小有关,实验表明,前后左右四个方向的倾斜误差并无一定规律。

(1) 技术要求:仪表自正常工作位置向任何方向倾斜规定角度时,仪表的下限值变化及量程变化均不超过仪表指示基本误差的绝对值。

注:动圈仪表规定倾斜角度为 5°。带前转置放大器的动圈仪表规定倾斜角度为 10°。

(2) 检定方法:倾斜误差检定应在上限值、下限值两个刻度线上进行。

注:带前置放大器的仪表可在量程的 10%,90% 附近点上进行。

将仪表按规定的倾斜角度分别向前、后、左、右四个方向倾斜,并按指示基本误差的检定方法检定上、下限值,并与正常工作位置时的检定值进行比较,分别计算出下限值及电量程的变化。

注意:不能将电量程的变化理解为上限值的变化;不能将与正常工作位置时的检定值进行比较误解为与分度表上的值进行比较。

以 XCT-101,K 型,0 ℃~1 100 ℃仪表为例。倾斜误差检定和计算结果如表 7-4 所示。

表7-4 倾斜误差检定和计算结果

正常工作位置		前倾	后倾	左倾	右倾
℃	mV	mV	mV	mV	mV
0	−0.05	−0.07	−0.09	0.03	−0.16
1 100	44.96	44.95	44.95	45.20	44.78
下限值变化/mV		0.02	0.04	0.08	0.11
量程变化/mV		0.01	0.03	0.16	0.07
该仪表倾斜误差的下限值最大变化为 0.11 mV；量程最大变化为 0.16 mV。					

5. 设定点偏差的检定

设定点偏差是切换值与测得的设定值之差。在动圈仪表中设定点偏差是以切换中值与测得的设定值之差来定义的。

切换值是当输入量变化时，使输出量改变时的输入量值。由于切换值在上、下行程的不同，有上切换值和下切换值。

（1）技术要求

1.0 级仪表的设定点偏差不应超过仪表电量程的±1.0%，1.5 级仪表的设定点偏差指标由制造厂规定。

（2）检定方法

检定在相当于标尺弧长的 10%，50%，90%附近的刻度线上进行，也可根据送检单位的要求检定指定刻度线，应在每个被检刻度线上进行上、下行程一个循环的检定。移动设定指针对准被检刻度线中心，增大输入信号，使指示指针平稳地接近设定指针。当继电器动作输出状态发生变化时，标准器上的测量读数为上切换值 A_1。然后继续增大输入信号，使指示指针继续上移 2 mm～3 mm，再减小输入信号，使指针平稳地离开设定指针。当继电器复原动作输出状态发生变化时，标准器上读数值为下切换值 A_2。

根据上切换值、下切换值按式 7-7 计算切换中值 $A_中$：

$$A_中 = (A_1 + A_2)/2 \tag{7-7}$$

式中：$A_中$——切换中值，mV 或 Ω；

A_1，A_2——标准器上读得的上、下切换值，mV 或 Ω。

设定点偏差计算按式（7-8）计算：

$$\Delta A_设 = A_中 - (A_上 + A_下)/2 \tag{7-8}$$

式中：$\Delta A_设$——设定点偏差，mV 或 Ω。

如果设定点偏差超差，或仲裁检定时，必须重复测量，至少进行 3 个循环检定。此时的切换中值，即为 3 次上切换值、下切换值的平均值的中值。同时，必须考核仪表切换值的重复性。

6. 切换差

切换差的定义为上切换值与下切换值之差，对于动圈仪表，还必须是消除指示指针回程误差影响的设定机构真实切换差。

（1）技术要求

1.0 级仪表的切换差应不超过仪表电量程的 0.5%，1.5 级仪表的切换差指标由制造厂规定。

（2）检定方法

仪表切换差的检定与设定点偏差检定同时进行，并按式（7-9）计算：

$$\Delta A_切 = |(A_1 - A_2) - (A_上 - A_下)| \tag{7-9}$$

式中：$\Delta A_切$——切换差，mV 或 Ω；

$(A_上 - A_下)$——实际上是仪表的回程误差。

如果进行上、下行程三个循环的检定时，则 A_1，A_2，$A_上$，$A_下$ 均为三次读数的平均值。

7. 切换值重复性

切换值的重复性，即切换值的变动性，指在同一条件下，输入变量同一方向变化时，连续多次测得的切换值的最大差值。在仪表设定点偏差超差或仲裁检定时，必须考核仪表切换值重复性。

（1）技术要求

1.0 级的仪表，其切换值重复性不应超过仪表电量程的 0.3％。

（2）检定方法

仪表切换值的重复性与设定点偏差同时进行检定。取同方向三次切换值的最大差值，即为切换值的重复性。

8. 越限的检定

动圈仪表位式调节作用是通过指示指针上的铝旗进入控制线圈，改变了电感量，使高频振荡器停振，引起继电器释放。如果指示指针继续前进，就会通过控制线圈，使电感量回升。当电感量回升到一定值时，振荡器重新起振，继电器又吸合，这一现象称为二次振荡。在调节仪表设定指针的转臂上装有防止产生二次振荡的止挡。规定在不产生二次振荡的条件下，指示指针超过设定指针的距离称为越限，越限以弧长表示。

（1）技术要求

越限应大于标尺弧长的 5％。（有前置放大器的仪表除外）

（2）检定方法

将设定指针放置在标尺弧长 5％～95％范围的任一位置，使指示指针接近设定指针。当继电器动作后，继续移动指示指针，直至被止挡挡住。在此过程中继电器不能有二次动作，此时用目力观察指示指针与被设定指针之间的距离。对于标尺弧长为 110 mm 的 XCT 型调节仪表，越限应大于 5.5 mm。

9. 断偶保护

配热电偶的 XCT 型位式调节仪表具有断偶保护电路，目的在于热电偶回路断开时，仪表指示指针上铝旗进入控制线圈，能通过执行器自动切断加热设备的电源。检查此项功能时，当热电偶断路时，指示指针应能超越标尺上限刻度线。

检定的方法是将设定指针移至标尺上限刻度线，输入信号使指示指针停在标尺弧长的 50％处，然后使仪表输入端开路，观察仪表的断偶保护作用。

10. 绝缘电阻

绝缘电阻表征仪表绝缘性能优劣。绝缘电阻太小，轻者带来测量误差，严重时仪表无法使用。同时，它是表征仪表使用安全重要指标，关系到设备安全和操作人员的生命安全。在许多标准和规程中，都有绝缘电阻这项安全要求。国际上对仪表安全十分重视，分别从绝缘电阻、绝缘强度及漏电流等方面规定了相应指标。

（1）技术要求

当环境温度为 15 ℃～35 ℃、相对湿度为 45％～75％时,仪表各端子之间绝缘电阻应符合下列要求：

输入端子-接地端子：≥40 MΩ

其余各端子之间：　　≥20 MΩ

（2）检定方法

断开仪表电源,接通电源开关,将电路本身端子短路,即将输入端子、电源端子、输出端子分别短接,然后用绝缘电阻表(输出 DC500 V)测量上述部位之间的绝缘电阻,稳定 5 s 后读数。

11. 绝缘强度

绝缘强度也是一项有关安全性能的指标,在测量绝缘电阻的基础上,用具有足够功率的试验设备进行试验。

（1）技术要求

当环境温度为 15 ℃～35 ℃、相对湿度为 45％～75％时,仪表各端子之间施加表 7－5 所列试验电压,历时 1 min,不应有击穿或飞弧现象。其中输入端子与外壳之间适合第 1 种情况；电源端子与输入端子及外壳之间适合第 3 种情况。

表 7－5　检定绝缘强度时仪表各端子之间施加的试验电压

	仪表端子标称电压/V	试验电压/V
1	$0<U<60$	500
2	$60\leqslant U<130$	1 000
3	$130\leqslant U<250$	1 500

（2）检定方法

试验时断开电源,将各电路本身端子短路,按技术要求规定部位,在耐电压试验仪上进行测定,试验电压由零逐步平稳地上升至规定值,保持 1 min,不应出现击穿或飞弧。然后使试验电压平稳地下降至零,切断电源。

使用具有报警电流设定的耐压试验仪,设定值可选 5 mA,特殊要求除外。

12. 阻尼时间测定

阻尼时间表示仪表动态性能的重要指标,是指仪表输入一个阶跃变化的信号后,可动部分自开始转动到趋于平衡位置时所需时间。

用动圈仪表进行测量时,要求仪表反应灵敏、响应快,达到稳定的时间要短；对带调节功能的仪表来说,还要考虑动态特性不使指针过冲幅度大而造成控制失误。

（1）技术要求

对于直接作用仪表,而且输入量程小于 20 mV 的仪表,阻尼时间不应超过 10 s,其他量程仪表不大于 7 s。(带前置放大器的动圈仪表,阻尼时间不超过 5 s。)

（2）检定方法

改变输入信号,使指示指针对准标尺弧长 2/3 的某一刻度线,切断输入信号源,使指针返回下限刻度线。然后接通输入信号源,同时启动秒表,当指针在刻度线摆动幅度不超过标尺弧长的 1.5％时停止计时,其值即为阻尼时间。

第三节　工业过程测量记录仪(自动平衡式显示仪表)

一、概述

工业过程测量记录仪是模拟式记录仪和数字式记录仪(包含图形记录)的统称,包括使用了几十年目前仍大量使用的自动电位差计和自动平衡电桥。近年来随着数字技术的发展以及微机在仪表领域的深入应用,用以指示和记录工业测量过程的记录仪在结构原理上有了重大突破,出现了以数字技术为核心的模拟式记录仪、模拟数字混合式记录仪和纯数字式记录仪。因其技术先进、性能优越、功能完善、准确度高,在重要的工业过程测量和控制领域里正在逐渐地取代原来的模拟式记录仪(即自动平衡式显示仪表)。

自动平衡式显示仪表是 20 世纪 60 年代初全国统一设计的仪表,其型号、结构、原理均很规范,并有 IEC 60783《工业过程测量和控制系统用电动和气动模拟记录仪和指示仪　性能评定方法》标准和等效采用 IEC 标准的国家标准 GB/T 3386—1988《工业过程测量和控制系统用电动和气动模拟记录仪和指示仪性能评定方法》和 GB/T 9249—1988《工业过程测量和控制系统用自动平衡式记录仪和指示仪》。本节主要讲述自动平衡式显示仪表。

二、记录仪的用途

记录仪是一种用于指示和记录并以图形显示(存储)温度、压力、真空、流量、物位等工业过程参数的仪表。当传感器或变送器把上述参数转换成仪表可以接收的电量(如电压、电流和电阻量)后,仪表即可通过对电量的测量来间接反映各种参数的量值。同样,仪表也可直接测量和记录电阻、直流电流和电压等参数。它能连续测量并记录被测参量瞬时值,可获得较高的测量准确度。仪表还可配以附加装置,如配调节器即可对被测参量实现自动控制。

三、记录仪的分类

(一) 按结构原理分

按结构原理可分为:自动平衡式(如自动电位差计和自动平衡电桥)和直接驱动式(如线性刻度的记录仪和无纸记录仪)。

(二) 按显示方式分

按显示方式可分为:模拟、数字两种记录仪。模拟显示的有模拟指示和模拟记录。其中模拟指示包括:指针指示和棒柱、光柱指示;模拟记录包括:划线记录和打点记录。数字显示的有数字指示和数字记录。一台记录仪可以是两种方式的混合。

(三) 按记录手段分

按记录手段可分为有纸和无纸两种记录仪。

(四) 按记录通道分

按记录通道可分为单通道(单笔)和多通道(多笔、打点仪表)两种记录仪。

（五）按附带功能分

按附带功能可分为单显示和带位式和其他控制作用的记录仪。

四、记录仪的工作原理

（一）自动平衡式记录仪

原理框图见图7—35。它是一个由测量电路、检零放大器、伺服电机、指示记录机构和滑线电阻组成的闭环控制系统。被测量通过感温元件（如热电偶或热电阻）输出信号，经测量电路变换和比较，其差值电压（不平衡电压）经检零放大器放大，驱动伺服电机旋转，经传动机构带动指示记录机构及测量桥路中的滑线电阻滑动臂，改变桥路的输出，直至检零放大器的输入信号为零，可逆电机停止转动，测量电路处于平衡状态，从指示机构的标尺上即可得到相应的测量值。

具有位式控制作用的记录仪还包括设定机构和比较机构，比较机构将指示值与设定值进行比较，产生位式控制信号或经调节器形成相应的控制信号输出。此类仪表指示和记录标尺，按物理量（如温度，以下同）分度时通常为非线性标尺，其指针的位移量与输入的电信号呈线性关系。

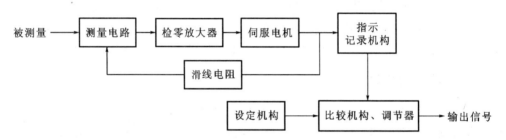

图7—35　自动平衡式记录仪工作原理框图

（二）直接驱动式记录仪

直接驱动式记录仪原理框图见图7—36，是一个借助于微处理器组成的开环控制系统。它通常由测量及电平放大单元、A/D转换及信号处理单元和驱动显示及记录（存储）单元三部分组成。具有位式控制作用的记录仪还包括设定单元、比较单元和输出单元。比较单元将输入信号与设定值进行比较，由输出单元产生位式控制信号。直接驱动式记录仪的 A/D 转换及信号处理单元具有非线性校正的功能。因此指示和记录标尺按温度分度时为线性标尺，其指针的位移量与输入的温度信号呈线性关系。

直接驱动式记录仪借助于微处理器可以方便地实现模拟记录、数字记录和有纸记录、无纸记录。当有纸模拟记录时，记录笔的驱动往往采用步进电机；有纸数字记录时常采用点阵针打记录；无纸模拟和数字记录时目前多用单色或彩色液晶显示，存储单元予以记录。

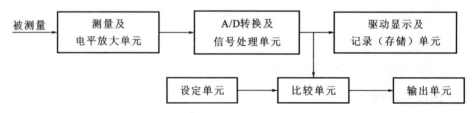

图7—36　直接驱动式记录仪工作原理框图

五、自动平衡式记录仪的分类和型号

在我国自动平衡式记录仪(即自动平衡式显示仪表)是全国统一设计的,按外形、结构和所起作用(如指示、记录、调节等)主要分为 10 个系列:XA,XB,XC,XD,XE,XF,XG,XH,XX,XT。

各系列仪表大致可分为以下几个基本型品种:

(1) 单笔指示或指示及记录;

(2) 双笔记录及指示;

(3) 多点打印记录或多点打印单针指示;

(4) 单针指示或单针指示记录电动调节;

(5) 单针指示或单针指示记录气动调节;

(6) 旋转刻度指示。

每个基型品种中按测量线路的不同又可分为四个主要变型:

(1) 直流电位差计电路;

(2) 直流电桥电路;

(3) 交流电桥电路;

(4) 交流电压平衡电路。

自动平衡式显示仪表的型号命名由三节组成,各节字母表示方法与动圈式仪表型号命名类似,各节各位代号及意义如表 7—6 所示。

表 7—6 自动平衡式显示仪表型号

第一节			第二节	
第一位 代号意义	第二位 代号意义	第三位 代号意义	第一位 代号意义	第二、三位 代号意义
X: 显示仪表	W:直流电位差计 Q:直流平衡电桥 L:交流电压平衡 D:交流平衡电桥 C:电子秤	A:条形指示仪 B:圆图记录仪 C:长图记录仪 D:小型长图记录仪 E:小型圆标尺指示仪 F:中型长图记录仪 G:中型圆图记录仪 H:旋转刻度仪表 X:携带式仪表 T:台式仪表	1.单指针、单笔 2.双指针、双笔 3.多点指示、多点打印记录 4.单指针、单笔、带电动PID调节 5.单指针、单笔、带气动PID调节	表示附加装置 00:无附加装置 01:表面定值电接点 02:表内定值电接点 03:报警器 04:多量程 05:量程扩展 06:辅助记录 07:自动变速 08:程序控制 09:积算装置 10:计数器 11:计算单元 12:模数转换 13:电阻发信装置 14:多点多定值

在自动平衡式显示仪表中,应用最多的为与热电偶和热电阻配合使用的自动电位差计和自动平衡电桥。

六、自动电位差计

(一) 测量桥路的工作原理

热电偶的热电势可以采用电位差计的补偿方法来测量。这种方法实质上是把被测电势与某一电阻上的电压降进行比较,用补偿法测量热电势的原理,如图 7-37 所示。

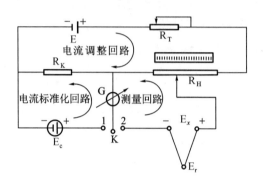

图 7-37 电位差计测量原理

其原理简叙如下:

当开关 K 置于"1"时,接通标准化回路,工作电流在标准电阻 R_K 上的压降和标准电池 E_c 的电势进行比较,当两电势相等时检流计指零。可以通过调节电位器 R_T 来改变工作电流的大小,使 R_K 上的压降和标准电池的电势 E_c 相等。这一过程可以获得准确的工作电流值 $I = \dfrac{E_c}{R_K}$。

当开关 K 置于"2"时,检流计接入测量回路,由于测量电阻 R_H 是有读数的标准电阻器,工作电流 I 通过上一步操作也为已知值,则测量电阻 R_H 上的电压降(称为补偿电压)也可计算得到。如果将此电压降与热电偶的电势 E_T 进行比较,只要调节测量电阻 R_H 上的滑臂使检流计指零,则 R_H 上压降等于热电偶的电势 E_T。测量电阻 R_H 上滑臂的位置与热电势有一一对应关系。这就是电位差计的补偿原理。

在自动平衡式显示仪表中广泛应用着桥式测量电路。最简单的电桥是由四个电阻组成,如图 7-38 所示。图 7-38(a) 中,电源 E 接于对角线 AB 上,检流计接于另一对角线 CD 上,当 $R_1 \times R_3 = R_2 \times R_4$ 时,$U_{CD} = 0$,$G = 0$,这时电桥处于平衡状态。

如在电路中加一个电位器 R_H,如图 7-38(b) 所示,R_H 分别属于相邻桥臂,移动触头的物理位置,即可使 $U_{CD} = 0$,也可以使电桥平衡。如果再移动触头位置,电桥又不平衡了,产生一个不平衡电压 U_{CD},检流计不会指零。如果在检流计回路加入一个大小等于 U_{CD} 而极性相反的电势 E_x,如图 7-38(c),则检流计指针重新指零。这时电桥本身虽不平衡,但整个测量电路是平衡的。自动电位差计就是采用这种桥式电路的。

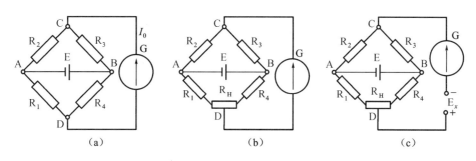

图 7—38　电桥测量原理

桥式电路的优点是采用平衡法测量电势,在读数时要达到电压平衡,这时在被测量回路中没有电流流过,因此该回路中连接导线的电阻变化对测量结果没有影响,对提高测量准确度极为有利。其二是采用桥式电路,适当改变桥臂电阻的阻值,即可适应不同测量范围的需要。最后还有一点是相当重要的,当在一个桥臂上安装随温度变化的电阻时,可以对热电偶的参考端温度波动进行自动补偿。

(二) 测量桥路

自动电位差计配热电偶的测量桥路如图 7—39 所示。当测量桥路处于平衡状态时,放大器输入电压为零,即

$$U_入 = U_{DC} + U_{CB} - U_{AB} - E_t = 0 \tag{7-10}$$

当热电偶的热电势增大,即为 $E_t + \Delta E_t$,测量桥路就不再处于平衡状态,即 $U_入 \neq 0$,在放大器的输入端将有信号产生,可逆电机开始转动,带动触点 D 向右移动到某一位置,达到新的平衡,即

$$U_{DC} + \Delta U_{DC} + U_{CB} - U_{AB} - (E_t + \Delta E_t) = 0 \tag{7-11}$$

在电位计触头移动同时,带动指针指示出增高后的电压值。

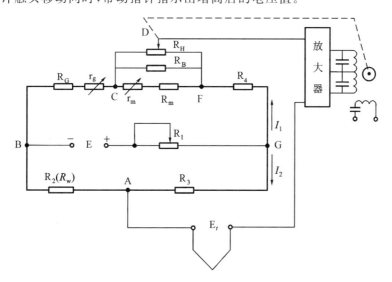

图 7—39　自动电位差计测量桥路

反之，温度降低时，E_t 减小，即为 $E_t - \Delta E_t$，不平衡信号使电机带动触头向左移动，直至到达新的平衡位置。

测量桥路在设计上分成两个平行支路，通称上支路和下支路，一般规定上支路（滑动臂支路）工作电流为 4 mA，下支路为 2 mA。直流电源采用晶体管稳压电源。电路中各元件的作用如下：

1. $R_G + r_g$ 起始电阻（下限电阻）

当仪表指示量程下限时，触头应滑动到最左端（实际上，在仪表中滑线电阻的触头不滑到两端点位置，每端均有 3%～5% 的余量，为简化分析，不考虑这些余量）。这时，$U_{DC} = 0$，方程式（7-10）可写成

$$U_{CB} - U_{AB} - E_1 = 0$$

则有

$$I_1(R_G + r_g) = I_2 R_w + E_1 \tag{7-12}$$

式中：E_1——仪表量程下限值；

I_1——上支路工作电流；

I_2——下支路工作电流。

E_1 是仪表量程下限值。下限值为零的仪表 $E_1 = 0$，有些仪表量程不是从 0 ℃ 开始的。在仪表中 I_1，I_2 为定值，当参考端温度一定时，R_w 也为定值。由式（7-12）可见，$R_G + r_g$ 的大小与起始电势 E_1 有关。适当调节 $R_G + r_g$ 值，可以改变仪表下限刻度值，所以 $R_G + r_g$ 称为起始电阻。其中 r_g 是调整起始点的微调电阻。

2. $R_m + r_m$ 测量范围电阻

当仪表指示下限时，滑线电阻 R_H 上触头 D 位于左端位置。当仪表指示上限时，触头 D 在右端位置。可见，滑线电阻 R_H 两端电压的大小，决定了仪表测量范围电势的大小，即

$$U_{FC} = E_2 + E_1$$

式中：E_2——仪表量程上限值。

由图可见，与滑线电阻 R_H 并联了两个固定电阻，它们是 R_B 和 R_m。这是出于仪表生产工艺方面的原因添加的。由上述电路分析可知，电阻 R_H 可以决定量程，那么仪表量程不同，就要制造不同阻值的滑线电阻。阻值不同结构尺寸却要一样，滑线电阻的技术要求又较高，这在生产工艺上是相当困难的。为了利于成批生产，可以只绕制一种规格的线绕电阻，并允许有一定误差，另外再制作一个固定电阻 R_B，使 R_B 和 R_H 并联成一个电阻部件。其阻值为 90 Ω±0.1 Ω，由于这一组件事实上已成为通用元件，那么，对于不同量程、不同分度号的仪表，只要再并联上不同阻值的 R_m，就可构成不同量程的仪表。这样，在仪表中，测量范围只与 R_m 有关，所以我们把 R_m 称为测量范围电阻。其中，r_m 是供微调量限用的电阻。

3. 上支路限流电阻 R_4

在上支路中，R_H、R_m 和 R_G 都有专门用途，串联 R_4 的主要作用是保证上支路工作电流为 4 mA。

4. 下支路限流电阻 R_2

在下支路中，当 R_w 为定值时，R_2 的主要作用是保证下支路电流为 2 mA。

5. 参考端温度补偿电阻 R_w

在测量桥路中，其他电阻均是用锰铜电阻丝绕制的。只有 R_w 是用漆包铜线绕制的，它在桥路中的作用是自动补偿热电偶参考端温度的变化。

由热电偶测温原理可知：热电偶输出的热电势取决于工作端和参考端的温度。即使被测对象温度没有变化，参考端温度的变化将直接导致仪表示值改变，引起可观的测量误差。而热电偶的参考端又常处于温度波动的环境中。

假设被测温度没有变化，但参考端温度升高了，热电偶输出的热电势必然减小，如果测量桥路没有变化，桥路输出端会出现一个不平衡电压，驱动可逆电机减小示值。为了解决这个问题，把电阻 R_w 制成随温度变化的电阻，一般用铜导线绕制，并安装在热电偶参考端附近。使 R_w 随参考端温度变化引起的热电势变化。

假设参考端温度由 t_0 升高至 t'_0，在此温度区间选择 R_w 值，可按式(7-13)计算。

$$E(t'_0, t_0) = I_2 \cdot \Delta R_w = I_2 \cdot \alpha \cdot \Delta t \cdot R_w \tag{7-13}$$

式中：Δt——参考端温度变化值；

α——铜电阻温度系数。

由于参考端随温度变化和铜电阻的电阻温度系数变化特性并不一致，因此不能在任何温度下都得到完全补偿，这将给仪表设计带来困难，通常是根据仪表经常使用的环境温度来考虑。

还应指出，由于 R_w 的变化，将引起下支路电流的变化，所以在精确计算 R_w 值时，还要进行比较复杂的计算。

当仪表输入端短路时，仪表示值不为零，而且指出 R_w 处的温度值，这就是补偿电阻 R_w 的作用。

(三) 微电机

1. 可逆电机

可逆电机是自动平衡显示仪表的执行机构。当电子电位差计进行测量时，被测参数的变化将引起测量桥路不平衡，输出一个偏差信号，经放大后，驱动可逆电机旋转，带动滑线电阻触头、指针和记录笔移动。直至测量系统达到新的平衡，同时指针指示出被测参数的数值。电机转速的大小由偏差信号大小决定，而电机的旋转方向则由信号的相位决定。

对可逆电机的要求是：对控制电压反应灵敏，起动电压要低，起动力矩要大，并在不同转速下都能很平稳运转。

(1) 可逆电机的结构

ND-D 型可逆电机是一个两相异步电动机，由定子和转子两部分组成，定子用厚度 0.35 mm 硅钢片叠成，嵌在铝合金外壳内，沿其内圆周均匀分布有 8 个定子槽，槽内嵌入高强度漆包线绕制成的激磁绕组 W_B 和控制绕组 W_Y。W_B 和 W_Y 两者交错排队列在槽内，依规定次序排成一个圆，并按一定次序连接。

转子为鼠笼式圆柱体，为了减小损耗，圆柱体由硅钢片叠成，在圆柱体表面内嵌铸单根铜导体，这些导体的两端用短路环连接起来，形成闭合回路，鼠笼转子外圆经过精磨，保证气隙均匀，一般为 0.05 mm～0.20 mm，使定子和转子之间有良好的电磁耦合。

（2）可逆电机工作原理

电机定子的激磁绕组 W_B 和控制绕组 W_Y，在空间上互相垂直。利用分相电容 C_1 使流过两个线圈的电流也形成 $90°$ 的相位差，这样由两个线圈产生的交变脉动磁场不但在空间上相互垂直，而且在时间上也相差 $90°$，因此，两者的合成磁场具有旋转性，线路如图 7-40 所示。

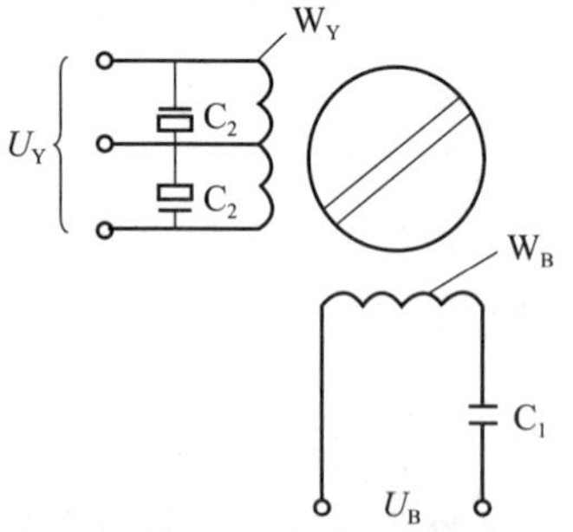

图7-40 可逆电机接线原理图

2. 同步电机

上述的可逆电机是根据输入的控制信号带动平衡机构和指示机构移动，指示出被测参量的数值。而仪表中的走纸机构、转换开关和切换打印架是由同步电机来驱动的。它与可逆电机的区别是：转动方向不变、转速恒定，此外，它还具有起动力矩大和运行可靠等优点。

自动平衡式显示仪表中采用的同步电机一般以单相电源供电，根据定子绕组中旋转磁场的产生方式，可分为电容分相式和罩极式两类。

电容分相式原理与可逆电机相同。罩极式同步电机的原理是利用磁极短路环的作用：在定子磁极上有裂口，将磁极分为两部分，在其中一部分上套上短路铜环，在激磁绕组产生的正弦交变磁通通过时，会在短路环内感应出电流，这个电流将阻止磁通变化，在定子内由短路环的磁极与另一部分磁极合成可产生旋转磁场。

同步电动机的转子具有与定子旋转磁场相同磁极对数的永磁磁极，依靠转子磁极和旋转磁场相互作用，形成同步转矩，使电动机转动。

七、自动平衡电桥

自动平衡电桥是自动平衡式显示仪表的另一个主要类型，是配用热电阻的显示仪表，包括直流电桥和交流电桥两类。由于直流电桥抗干扰性能较好，所以目前使用的大部分是直流电桥。

自动平衡电桥的测量电路是利用电桥的平衡原理工作的。测量时，将电桥产生的不平衡信号电压，经放大后驱动可逆电机带动平衡机构，即改变比较臂电阻滑动触头位置，使电桥达到平衡状态。静止后根据触点位置，指针指示出被测热电阻阻值的大小或直接显示温度值。

由此可见，它与自动电位差计相比较，除了测量电路不同外，其他各部分几乎是完全相同的。整个仪表的外壳、内部结构及大部分零件也是通用的。

（一）自动平衡电桥的工作原理

图 7-41 为自动平衡电桥测量电路的工作原理图。图中 R_M 为锰铜线绕电阻，由它决定仪表量程，故称为量程电阻。R_M 越大，量程也越大。R_P、R_B 二者并联阻值为 $90\ \Omega$，它们与量程电阻的并联值为：$R=\dfrac{90R_M}{90+R_M}$。

R_g 也是锰铜线绕电阻，决定仪表测量范围的起点，称为起始电阻。

R_2，R_3，R_4 为三个锰铜线绕电阻。由于电桥中用 JF-12 型晶体管放大器，其输入阻抗大于 $25\ k\Omega$，设计时不必刻意追求电桥灵敏度。为了制造方便，减少规格，在可能情况下采用 $R_2=R_3=R_4$。这些电阻决定了桥路工作电流。一般桥路电压为 $1\ V$，保证桥路电流不致过大，避免测量电阻发热引起测量误差。

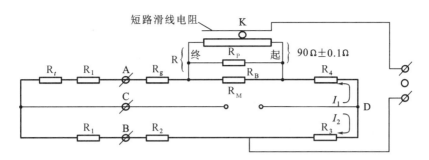

图 7—41　自动平衡电桥测量桥路

它能像自动电位差计一样进行连续自动测量,但电桥直接测量的电量是电阻值,热电阻自身构成电桥一个桥臂,输入信号是热电阻阻值的变化。和自动电位差计的最显著差别是:在被测对象稳定的情况下,自动电位差计指示出某一固定值时,测量桥路是不平衡的,即有不平衡电压输出,用它去平衡被测电势 E_t,只有被测电势 $E_t = 0$ 桥路才能达到真正平衡。所以,自动电位差计的桥路只有一个平衡点,其他情况都有不平衡信号输出。同样,在被测对象稳定的情况下,自动平衡电桥则是桥路本身处于平衡状态,只是在被测对象变化后,在指示指针移动过程中才有不平衡电压输出。

(二) 自动平衡电桥的接线方式

自动平衡电桥除能够自动平衡外,其他工艺方式都和普通单臂电桥一样。在接线方式上完全相同。

从测量原理图可见,平衡电桥的测量元件热电阻只包含在桥臂中。除了热电阻本身电阻值外,还包括了两根引线电阻,它们共处于电桥的一个桥臂上,引线电阻必然给测量结果带来误差,这在精密测量中是不允许的。必须消除引线电阻的影响,故采用三线接法。即用三根导线连接,除两根导线把热电阻连接到桥臂,第三根导线为电源线,直接连接到热电阻元件(三线制的一根引线处)。这样,两根引线的电阻将被分别置于两个相邻桥臂内,消除了它对测量结果的影响。

自动平衡电桥用于现场测温,测量元件热电阻往往离仪表较远,引线电阻较大,采用三线接法是很重要的,否则引线电阻影响将很大。还应注意,要先用直径和长度完全相同的导线。即保证两根导线电阻相等,才能完全消除引线电阻的影响。此外,现场条件变化大,如环境温度增高,如果两引线电阻温度系数不同,还会导入附加误差。为使两根导线不受安装条件的影响,在制造时,分别采用 2.5 Ω 的锰铜线绕电阻代替引线电阻,当仪表安装时,从其中扣除即可。

在某些实际测温时,如果要求测量准确度不高,也可采用两线制接法。

八、过程测量记录仪(自动平衡式显示仪表)的检定

检定应按规程规定的方法和步骤进行,现对检定规程 JJG 74—2005《工业过程测量记录仪》的要点进行介绍。

(一) 检定条件

1. 检定设备

检定时应具有的主要设备:0.05 级及以上的直流低电势电位差计或同等准确度的标准

电压发生器,0.02 级及以上的直流电阻箱。

在检定时,选用的标准器和配套设备引入的扩展不确定度 $U(k=2)$ 应不大于被检仪表最大允许误差绝对值的 1/3。

2. 环境条件

环境温度:(20 ± 2)℃(0.1、0.2 级仪表),(20 ± 5)℃(0.5 级、1.0 级仪表);

相对湿度:45%～75%。

3. 供电电源

电源电压变化不超过额定电压的 ±1%。

注:仪表如需在现场检定,而现场的环境条件和供电条件不符合上述要求时,则必须经不确定度评定。只有在新的条件下,检定时标准器及配套设备引入的扩展不确定度 U 不大于被检仪表允许误差绝对值的 1/3,方可进行现场检定。

(二)检定项目和检定方法

1. 检定项目

首次检定的项目共 12 项。如表 7-7 所示。

表 7-7　检定项目

项目序号	检定项目名称	项目序号	检定项目名称
1	指示基本误差	7	切换差
2	记录基本误差	8	稳定性
3	回差	9	外观
4	重复性	10	记录质量
5	阶跃响应时间(行程时间)	11	绝缘电阻
6	设定点误差	12	绝缘强度

2. 检定方法

通电检定前应做如下准备工作:

——按检定规程中的要求接线。尤其是热电偶输入的仪表,具有参考端温度自动补偿时,应采用补偿导线法进行接线检定。

注:采用补偿导线法进行检定时,补偿导线必须经过检定。按热电偶的检定方法进行,检定点一般取 15 ℃～25 ℃。修正值 e 为检定点温度在分度表中对应的电量值减去实测值。

——通电预热。预热时间按制造厂说明书中的规定进行,一般为 15 min;具有参考端温度自动补偿的仪表为 30 min,并要求在检定期间环境温度变化 30 min 内不大于 0.5 ℃。

——检定点的选择。检定点应包括上、下限值在内不少于 5 个点。数字指示的仪表,检定点应为整百度或整十度;模拟指示的仪表,检定点应在主刻度线上。

——下限值和量程调整。下限值和量程可调的仪表,在检定前应作调整。但检定中不允许再作调整。

——对标尺。有些划线或打点记录仪表,指示标尺与记录标尺的下限值或上限值不一致时,检定前允许调整;指示指针应能越过仪表标尺上、下限值标记到达限位位置。如不符合要求也应予以调整。

——调整灵敏度及阻尼。有些模拟指示、记录仪表检定前可通过调整放大器的灵敏度和阻尼调整器,使仪表的动态特性处在临界状态附近(即不能有拖笔和摆动超过三个"半周期"的现象)。

(1)外观检查

按下列技术要求用目力检查:

——仪表门玻璃不应有影响读数的缺陷。

——仪表内部应整洁,零部件应完整,安装应正确牢固。

——仪表的指示标尺或铭牌上应注明仪表的准确度等级(数字指示和模拟指示的应分开表述)、计量单位符号。用于测量温度的仪表还应注明分度号,多通道、多量程的仪表应有相应的技术说明书。

——仪表应注明制造厂名称或商标、型号、规格、出厂编号、制造年月。

——仪表的标尺、接线端子铭牌上的文字、数字与符号应鲜明、清晰、不应玷污和残缺。数字指示的仪表不应有缺笔画现象。

——新出厂的仪表外部和零部件表面不应有明显的锈蚀和伤痕;后续检定的仪表,其外观不应有影响计量性能的缺陷。

(2)绝缘电阻和绝缘强度的检定

绝缘电阻和绝缘强度的检定与动圈仪表的检定相同。

(3)指示和记录基本误差的检定

①检定方法列于表7-8。

②模拟指示和记录的基本误差计算。

非线性标尺仪表的基本误差按公式(7-14)计算:

$$\Delta_A = A_d - (A_s + e) \tag{7-14}$$

式中:Δ_A——非线性标尺仪表,上(下)行程时的指示或记录基本误差;

A_d——被检点标尺刻线示值对应的电量值;

A_s——上(下)行程时标准器示值,单位为电量值;

e——检定热电偶输入类仪表(具有参考端温度自动补偿)时,所用补偿导线 20 ℃时的修正值。检定其他输入类仪表时 e 取 0;

线性标尺仪表的基本误差按公式(7-15)计算:

$$\Delta_V = V_d - (V_s + e/S_i) \tag{7-15}$$

式中:Δ_V——线性标尺的仪表,上(下)行程时的指示或记录基本误差,单位为仪表标尺的物理量;

V_d——被检点标尺刻线示值,单位为仪表标尺的物理量;

V_s——标准器示值(如为电量值应换算成对应的物理量值),单位为仪表标尺的物理量;

S_i——各检定点电量相对于标尺物理量的变化率,$S_i = \left[\dfrac{dA}{dV}\right]_{V_i}$。

表7-8 检定方法一览表

指示基本误差		记录基本误差	
模拟	数字	模拟	数字
按示值基准法进行检定（上行程时下限值不检，下行程时上限值不检）。后续检定的仪表进行上下行程一个循环的检定。如对检定结果产生疑义或仲裁检定时，须进行上下行程三个循环的测量，取三个测量循环中误差最大的作为该仪表的检定结果。 注意： （1）划线记录仪表指示基本误差的检定应在记录状态下进行。 （2）多指针仪表应逐针进行检定，不检定的指针应处于不影响读数的位置上。 （3）打点记录仪表指示基本误差的检定应在记录机构停止状态下进行。可以任选一通道检定，检定完毕后，还应对其余通道在50%的检定点上进行复检。 （4）混合式仪表中棒柱（或光柱）指示部分可不进行示值误差的检定；单纯棒柱（或光柱）指示和记录的仪表可按JJG 951—2000中6.3.1.1的方法和要求进行检定	按JJG 617—1996中输入被检点标称电量值的方法进行检定。后续检定的仪表可只进行一个循环的检定。如对检定结果产生疑义或仲裁检定时，应按寻找转换点法进行检定	（1）划线记录仪表 检定应在有数字的记录标尺刻线上进行，走纸速度可任意选择，方法同模拟指示基本误差的检定。 多笔仪表应逐笔进行检定，不在检定的记录笔应处于不影响读数的位置上。 （2）打点记录仪表 检定时，走纸速度可任意选择；有多种打印速度的仪表，应在最快和最慢两种打印速度下分别进行检定。按规定接线时，首先将所有输入端的同铭端短接，然后分别输入各被检点的信号，待所有印点打印四个循环后找出偏离被检点最远印点的通道；通过改变输入信号的办法使该通道的印点落在被检刻线上，读取标准器示值。在各检定点上只进行一次检定	按JJG 617—1996中输入被检点标称电量值的方法进行检定。后续检定的仪表可只进行一个循环的检定。如对检定结果产生疑义或仲裁检定时，须进行上下行程三个循环的测量，取三个测量循环中误差最大的作为该仪表的检定结果

多通道、多量程的仪表，可以在同一输入类型通道中任选一个通道进行检定。检定完毕后，还应对其余通道的上限值、下限值进行复检。当通道间的信号转换完全是通过扫描开关完成的，可以将输入同名端分别短接后进行检定，否则不能短接。

（4）回差的检定

模拟指示和记录的仪表在基本误差的检定过程中已包含了回差的检定。回差的计算为：同一测量循环中上、下行程标准器示值之差，用绝对值表示。多测量循环时取其最大值。线性标尺的仪表还须将电量值换算成相应的物理量值。

打点记录仪表不进行回差的检定。

（5）重复性

进行上、下行程三个循环的测量时，以同一测量点相同行程的最大差值计算仪表的重复性。

（6）阶跃响应时间（行程时间）的检定

数字仪表以阶跃响应时间衡量其动态特性；模拟仪表以行程时间衡量其动态特性。检定时，在上、下行程各测量三次，取测量的平均值作为每个方向上的阶跃响应时间（或行程时间）。

检定方法见表7-9。

（7）设定点误差的检定

——检定应在测量范围的10%、50%和90%附近的设定点上进行。设定点应调整在整百度或整十度（数字仪表）和主刻度线上（模拟仪表）。

——划线记录仪表应在记录状态下进行检定；打点记录仪表应在记录机构停止状态下进行检定。

表7-9 阶跃响应时间(行程时间)的检定方法

数字指示和记录仪表的阶跃响应时间	模拟指示和记录仪表的行程时间
检定时不考虑测量范围内的极性改变。将相当于10%FS和90%FS的输入信号交替地阶跃施加到输入端子上。改变交替周期，观察仪表显示(和记录)的阶跃响应的过程，读取响应量不衰减的最小周期。此周期应不大于仪表的阶跃响应时间	1.80%行程的检定 分别输入信号使仪表指针处于标尺10%(上行程时)和标尺90%(下行程时)的初始位置上。然后，阶跃增加(上行程时)和阶跃减少(下行程时)输入量程80%的阶跃信号，同时启动秒表。当仪表指针到达稳定值(其允差为量程的1%)时停止秒表，其间隔时间即为上(下)行程时间。 2.10%行程的检定 额定行程时间不大于1 s的仪表还须进行10%阶跃信号的检定。方法为：使走纸速度不低于10 mm/s，分别输入信号使仪表指针处于标尺5%、45%、85%左右(上行程时)和95%、55%、15%左右(下行程时)的初始位置上。然后，阶跃增加(上行程时)或阶跃减少(下行程时)输入电量程10%的阶跃信号，从运行的记录纸上读出阶跃时间。其值应不大于1/4额定行程时间。 注：如果仪表的走纸速度低于10 mm/s，阶跃信号可以由超低频信号发生器产生。改变发生器的频率，观察仪表指针阶跃响应的过程，读取响应量不衰减的最小周期。此周期应不大于1/4额定行程时间

——从下限值开始逐渐增加输入信号，使指示值接近设定点，当继电器动作、输出状态发生变化，此时测得的输入信号值即为上切换值A_1；继续增加输入信号，使指示值超越设定点，然后逐渐减小输入信号，使指示值接近设定点，当继电器恢复动作、输出状态发生变化时，此时测得的输入信号值即为下切换值A_2。如此进行一个循环的检定。当有疑义时应进行三个循环的检定，按三次读数的平均值计算设定点误差。

——位式控制用于报警作用的仪表，上限报警点只要测得上切换值A_1，下限报警点只要测得下切换值A_2。

——设定点误差按公式(7-16)或(7-17)计算：

$$\Delta A_{sw}=\left(\frac{A_1+A_2}{2}+e\right)-A_{sp} \tag{7-16}$$

$$\Delta V_{sw}=\left(\frac{A_1+A_2}{2}+e-V_{sp}\right)/S_i \tag{7-17}$$

式中：ΔA_{sw}——用电量值表示的设定点误差；

ΔV_{sw}——用仪表标尺的物理量值表示的设定点误差；

A_1、A_2——分别为上、下切换值；

A_{sp}——用电量值表示的设定值；

S_i——各检定点电量相对于标尺物理量的变化率。

注：设定值指示与设定机构无直接联系的仪表不进行设定点误差的检定，只进行切换差的检定。

(8) 切换差的检定

仪表切换差的检定与设定点误差检定同时进行，按公式(7-18)计算切换差。线性刻度的仪表还须将电量值换算成相应的物理量值(除以S_i来完成)。

$$\Delta A_{sd}=|A_1-A_2| \tag{7-18}$$

（9）稳定性的检定和记录质量的检查

记录质量的要求如表7－10所示。

①模拟指示和记录的仪表

将划线记录仪表输入端接到周期为1 h以上的记录仪运行试验仪上，打点记录仪表输入端接到多点信号发生器上。调节上述仪器，使仪表指针在不小于标尺长度的50％范围内运行24 h。试验时仪表的走纸速度一般为20 mm/h。

运行后，按表7－10的要求检查记录质量，并在标尺的上、下限及中点附近刻度线上进行指示基本误差和回差的复检；在中点附近刻度线上进行设定点误差和切换差的复检。

表7－10　记录质量的要求

模拟记录的仪表	数字记录的仪表
运行时记录的曲线应符合下列要求： 　　a)记录纸上线条宽度不大于0.6 mm，圆形印点直径不大于1.0 mm； 　　b)记录纸上打印印点的分散度不应超过标尺长度的0.5％； 　　c)不应有断线、漏打、乱打和打点不清； 　　d)不应有记录纸脱出、歪斜、褶皱或扯破； 　　e)记录纸停止运行时，不应造成记录墨水的渗漏而使记录纸大片玷污； 　　f)输入通道编号与记录纸上打印印点颜色、点型或号码应一致。	运行时记录的数字应符合下列要求： 　　a)数字记录不应有缺笔画现象； 　　b)具有存储功能的仪表，存储的内容(包括时间、量值和计量单位等)应与输入的信息一致

②数字指示和记录的仪表

将仪表各输入端施加50％以上的信号，通电运行24 h。运行后，按表7－10的要求检查记录质量，并在测量范围的上、下限及50％FS附近进行指示基本误差和回差的复检；在50％FS附近上进行设定点误差和切换差的复检。

第四节　数字式温度指示调节仪

一、概述

数字温度指示调节仪是在精密测量技术、数字化测量技术、计算机技术和自动化技术的基础上产生和发展起来的。随着电子技术的发展，数字化测量技术已经普及到各个领域，特别是性能卓越的集成电路价格的降低，使数字技术进入温度测控领域成为现实。自20世纪70年代末期，我国开始开发数字温度指示调节仪。这种数字式的温度仪表一经问世，便显示出明显的优势，开始逐步地取代动圈式仪表，由此步入了测控温仪表数字化的阶段。到80年代末期，由于计算机技术的发展，特别是微处理器的普及，智能化仪表又获得了飞速的发展，出现了带微处理器的数字温度指示调节仪、多路巡回检测仪及可编程控制器等许多智能化测温仪表。

二、数字温度指示调节仪的工作原理

数字仪表是一种能将被测的连续电量自动地变成数字量，然后进行编码，并将被测电量以数字方式显示或输出的电测量仪表。热电偶和热电阻传感器产生的都是与被测温度相应的电量值,这个电量值经过变换、放大、模/数转换、编码,最后显示被测量的温度值或输出相应的数字信号。由此实现了测温仪表的数字化。

(一) 原理框图

数字温度指示调节仪的原理框图如图7-42所示。图中被测量通常为热电偶和热电阻,也适用于以直流电流、电压和电阻作为被测量模拟电信号的数字指示及指示调节仪表。

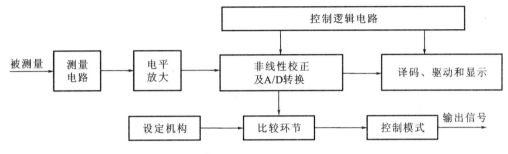

图7-42　数字温度指示调节仪原理框图

实现上述原理可以用运算放大器和中、大规模集成电路来实现;也可以应用微处理器,借助软件来实现和优化、扩展框图中的相关功能。

原理框图实际上是由两大部分电路组成:模拟电路和数字电路。随着数字技术的发展和新颖器件的诞生,部分模拟电路实现的功能将逐渐被数字电路代替。

测量电路、电平放大为模拟电路。A/D转换、译码显示电路和控制逻辑电路为数字电路。简易仪表的非线性校正和控制部分的电路通常以模拟电路实现,目前这些功能有数字化的趋向。

(二) 仪表中的模拟电路

1. 测量电路和电平放大

(1) 配热电阻的数字温度指示调节仪测量电路

配热电阻的数字温度指示调节仪测量电路一般由恒流源电路、前置放大器、三线制接线电路组成。

a) 恒流源电路

用热电阻测温,在要求不太高的情况下可以使用恒压源电桥。这种电桥的优点是电路结构简单、成本低,缺点是这种电桥本身存在非线性误差。在数字温度指示仪中配热电阻测量温度时多采用恒流源电路,这种由运算放大器组成恒流源电路可以完成电阻-电压的转换任务,电路自身并不存在非线性误差。电路的输出电压与热电阻的变化量成正比。通过恒流源电桥就把热电阻感温后引起的阻值变化变换成为电压信号。

b) 前置放大器

A/D转换器输入需要足够大的而且是一定数值的电压。因此,在恒流源电路之后,还需要一个前置放大器,通常由低噪声、高输入阻抗的集成运算放大器把信号放大若干倍。

c) 三线制接线电路

热电阻与数字温度指示仪的连接通常采用三线制接线电路,即用三根导线将热电阻和仪表连接起来。这种接法的优点是:把热电阻的两根引线分别接在电桥的两个支路中,只要热电阻所使用的引线线径和长度相等,引线电阻的阻值就相等。它们在两个支路中形成的电压互相抵消,可以大大减小因引线电阻和引线电阻的变化引入的测量误差。因为这两根引线分别处于相邻的两个支路中,环境温度变化时它们同时变化,因此不会造成明显的测量误差;而另一根引线处于电源回路中,不会造成测量误差。

总之,采用三线连接比二线连接时受环境温度的影响大为减少,提高了测量准确度。

（2）配热电偶的数字温度指示调节仪输入电路

配热电偶的数字温度指示调节仪的输入电路一般由前置放大器、热电偶参考端补偿电路和断偶保护电路3部分组成。

a）前置放大器

前置放大器通常采用低噪声、高输入阻抗的集成运算放大器。

b）参考端补偿电路

使用热电偶测温时,热电偶的测量端通常置于被测温度环境中,参考端则大多置于室温中。当室温高于0℃时所得到的温差电势对应的温度值比测量端实际的温度值要低。如果把这个温差电势再加上参考端所处室温温度值对应的电压值,就能正确地反映测量端的实际温度。这两个值的相加在数字温度指示调节仪中是通过电路来实现的。我们把这个电路叫作参考端补偿电路（也称冷端补偿电路）。

而参考端补偿电路更重要的作用是自动补偿参考端温度的变化对温度测量的影响。根据热电偶测温原理可知,热电偶回路中热电势的大小不仅与测量端温度有关,而且与参考端温度有关,因此必须使参考端温度恒定。通常规定参考端温度为0℃。然而,在实际测量中,参考端温度随所处的环境温度而变化,很难保持恒定,保持在0℃就更困难。因此,必须采取措施,消除参考端温度变化所产生的误差。参考端补偿电路可自动补偿参考端温度的变化对温度测量的影响。

参考端补偿电路有许多种,所使用的热敏补偿元件也有好几种。在前置放大器之前补偿的方法与传统的补偿方法相同。

c）断偶保护电路

当使用中的热电偶被烧断后,应及时提醒操作人员。若是带有调节功能的仪表则需同时对被调节对象实施自动保护,使其停止加热,以免失控造成事故。

2. 非线性校正电路

所有热电偶的热电势和温度之间都是非线性关系。铂电阻的阻值和温度之间也是非线性关系。A/D转换器的输入和显示之间则是线性关系。因此就需要对感温元件的非线性进行修正。非线性修正方法可分为软件修正和硬件修正两种。对于带微处理器的仪表,它是把电势一温度对照表或拟合曲线存入微处理器,通过自动查表或结合运算实现非线性修正。对于不带微处理器的仪表,均利用运算放大器的各种反馈电路进行分段折线修正或正负反馈相结合的方法进行非线性修正。

（三）仪表中的数字电路

1. 模/数(A/D)转换电路

所谓模/数转换,就是把模拟量转换为一定编码的数字量的过程。简易型的数字仪表在很长一段时间大都采用双积分 A/D 转换器。转换过程一般分四个阶段进行：取样、保持、量化、编码。

取样，即按一定的时间间隔（如 2.5 次/秒），采集缓慢变化的模拟信号。

保持，即把上一次采集得到的信号保持到下一次取样之前，使之满足量化编码过程的时间需求。

量化，即以一个或一些基准量与采样所得的信号进行比较的过程，它是数字化的基本过程。

编码，即是将量化的内容变换成对应的二进制码（或其他码制）的过程。这样得到的数码与取样所得的模拟信号的大小有关。

测量是一种比较过程，量化也是一种比较过程。A/D 转换可以有多种多样，按量化来区别，只有两大类，即直接比较型和间接比较型。按转换技术本身分类，可以分为积分型和非积分型。很长一段时间数字指示调节仪中几乎都使用双积分式。主要原因是双积分式适合缓慢变化的信号转换，并具有很强的抗干扰能力和比较低的成本。21 世纪以来随着数字技术的发展，具有转换精度高、抗干扰能力强，并伴有 CPU 支持的 $\Delta-\Sigma$ 型 A/D 转换器已在仪表的设计中得到应用。

2. 逻辑控制电路

在数字电路的工作中，逻辑控制电路严格地控制着模拟电路及数字电路的各种工作程序，同时以这两部分工作状态的反馈信号为依据。保证正确无误地实现双积分 A/D 转换的三个工作期（包括自动稳零期、信号积分期、反积分期），并周而复始地进行下去。同时也保证了与显示相关的电路能正常地工作下去。

3. 译码器

A/D 转换电路的输出为二进制码，通常以 BCD 码的形式出现。BCD 码也称 2－10 进制码，即四位二进制码代表一位十进制码的编码方式。译码器的作用是将 2－10 进制码转换成十进制码。

常用的有七段译码器，它是将 2－10 进制码转换成可以点亮七段显示器的七段码。

4. 显示器

十进制码从 0～9 每一个数码通常可以用如图 7－43 所示的 LED 发光数码管或 LCD 液晶数码管来实现。数码管由七段显示单元组成。点亮发光元件需要一定的功率，因此还应有相应的驱动电路。

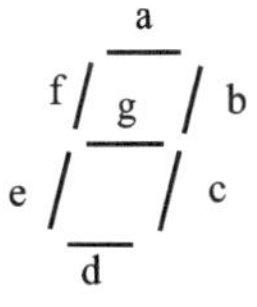

图 7－43 中 a～g 为数码管的 7 个发光元件代号。如：需要显示十进制的 5，只要将 a，c，d，f，g 五个发光元件点亮即可。

图 7－43 七段显示的数码管

注：仪表的显示器中除了数码显示以外，还有光柱显示和状态显示等。

三、数字温度指示调节仪的检定

检定的依据是 JJG 617—1996《数字温度指示调节仪》。型式评价和首次检定的数字温度指示调节仪必须对规程中规定的所有检定项目进行检定。使用中的仪表在进行周期检定时，分辨力、连续运行、绝缘强度、比例带、零周期、再调时间、预调时间几项可以不检定。该规程也适用于输入信号为直流电流、电压和电阻，显示其他物理量的数字指示及指示调节仪的检定。

检定是由法定计量技术机构确定并证实测量器具是否完全满足规定要求而做的全部工作。检定结果要对测量器具做出合格或不合格的结论。

（一）检定条件

1. 检定标准仪器及设备

检定仪表时所需的标准仪器及设备见表7—11。

表 7—11 检定时所需的标准仪器及设备

序号及仪器设备名称	技术要求	用途	备注
1.标准直流电压源或直流低电势电位差计	1.U 应小于被检仪表允差的 1/5，分辨力小于被检仪表分辨力的 1/10。 2.直流低电势电位差计作信号源使用时，其输出阻抗不能大于 100 Ω	配热电偶的仪表及电压、电流输入型仪表检定用标准器	1.检定具有参考端温度自动补偿的仪表时，标准设备应包括补偿导线的冰槽的不确定度。 2.直流低电势电位差计不推荐作信号源使用
2.直流标准电流源 3.数字电压表 4.直流毫伏发生器	1.能连续输出 0～80 mV； 2.稳定度和交流纹波应尽可能小，不足以使分辨力高于一个数量级的标准仪表末位数产生波动		
5.直流电阻箱	U 小于被检仪表允差的 1/5，分辨力小于被检仪表分辨力的 1/10	配热电阻仪表及电阻输入型仪表检定用标准器	
6.补偿导线及 0 ℃恒温器	补偿导线应有 20 ℃的修正值	具有参考端温度自动补偿仪表检定用连接导线	
7.三根连接导线	阻值按说明书中确定，三根连接导线阻值之差不能超过仪表允许误差的 1/10（其大小按量程中 dR/dt 最小的进行换算）	配三线制热电阻仪表检定用连接导线	阻值无明确规定时每根连接导线应在 0～5 Ω 之间选配
8.频率周期多功能测试分析仪（ρ 值测量仪）	ρ 值测量范围：0.005～0.995 允许误差：±0.001	检定时间比例仪表及断续 PID 控制仪表的设定点误差、阶跃响应、静差用	
9.秒表	最小分度不大于 0.1 s		
10.自动电位差计（长图）	测量范围：DC0～10 mA 或 0～20 mA 准确度：0.5 级 走纸速度：不低于 20 mm/min	测量输出电流和记录阶跃响应曲线	不记录时可用 0.5 级相应测量范围的直流电流表
11.绝缘电阻表	输出电压：DC500V 或 100 V 准确度：10 级	检定绝缘电阻	
12.耐电压试验仪	输出电压：0～1500 V 频率：45 Hz～55 Hz 输出功率：不低于 0.25 kW	检定绝缘强度	
13.交流稳压源	输出电压：220 V 输出功率：不低于 1 kW 电压稳定度：1%	仪表供电电源	

选用的标准器,包括整个检定设备的扩展不确定度U应小于被检仪表允许误差的$1/5$,对于0.1级的被检仪表应小于其允许误差的$1/3$。

2. 环境条件与动力条件

1)环境温度:$(20\pm2)℃$。0.5级、1.0级的仪表环境温度为$(20\pm5)℃$。标准器和电测设备工作的环境温度应符合其相应技术条件的要求。

2)相对湿度:$45\%\sim75\%$。

3)仪表的供电电源:电压变化不超过额定值的$\pm1\%$;频率变化不超过额定值的$\pm1\%$。

4)除地磁场外,无影响仪表正常检定的外磁场。

(二)检定项目和检定方法

检定项目见表$7-12$。

表$7-12$ 检定项目

项目序号	检定项目名称			
	指示部分	位式控制部分	时间比例控制部分	PID控制部分
1	外观	设定点误差	设定点误差	静差
2	指示基本误差	切换差	比例范围	输出及其输出阶跃响应
3	分辨力		零周期	比例范围
4	稳定度		手动再调	再调时间
5	连续运行			预调时间
6	绝缘电阻			
7	绝缘强度			

1. 外观

(1)技术要求

a)仪表的名称、型号、规格、测量范围、分度号、制造厂名(或商标)、出厂编号、制造年月等均应有明确的标记。

b)仪表的外露部件(端纽、面板、开关)不应有松动、破损。数字显示面板不应有影响读数的缺陷。

c)仪表倾斜时内部不应有零件松动的响声。

d)各开关、旋钮在规定的状态时,应具有相应的功能和一定的调节范围。

e)仪表指示值应清晰、无叠字,亮度应均匀,不应有不亮、缺笔画等现象;小数点和极性、过载的状态指示应正确。

(2)检定方法

a)查看仪表的外表面,仪表的外形结构应完好无损,仪表的名称、型号、规格、测量范围、分度号、制造厂名(或商标)、出厂编号、制造年月等是否齐全。

b)查看仪表的前后面板,检查端纽及开关。

c)将仪表倾斜时听仪表内部是否有零件松动的响声。

d)仪表通电以后,按照仪表的使用说明书,将仪表的各开关、旋钮放在规定的状态时,要求仪表具有相应的测量功能和调节范围。

e）给仪表送信号，仪表指示数字应连续。无叠字，亮度应均匀，不应有不亮或缺笔画等现象，小数点位置应正确无误。对于测量 0 ℃以下温度范围的仪表，输入 0 ℃以下温度的相应电量值，应出现"－"极性显示。超范围输入时（超出量程的 10％），应出现指示过载的符号或状态。

2. 绝缘电阻

绝缘电阻反映仪表的绝缘性能。绝缘电阻太小、绝缘不良，将产生测量误差。同时，也不安全。采用兆欧表测量绝缘电阻。

（1）技术要求

当环境温度为 15 ℃～35 ℃，相对湿度 45％～75％的条件下，仪表各端子之间的绝缘电阻不应低于 20 MΩ（输入端子与输出端子之间不隔离的除外）。

（2）检定方法

测量前必须切断被测设备的电源，决不允许用兆欧表去测量带电设备的绝缘电阻。并检查兆欧表本身是否正常，即在未接被测设备之前摇动兆欧表手柄到额定转速，看指针是否在"∞"处。再将"接地""线路"两接线柱短路，缓慢转动兆欧表手柄，看指针是否指"0"位。

测量时，用兆欧表的"线"接线柱（L）与被测电路相接，"地"接线柱（E）与被测设备的外壳或其他导体部分相接。一般测量时，只用这两个接线柱。转动手柄的速度应保持在规定的范围内，一般为 120 r/min。待指针稳定 5 s 后再读数。

仪表电源开关处于接通位置，将各电路本身端子短路，对于供电电压为 50 V～500 V 范围内的仪表，必须采用额定直流电压为 500 V 的兆欧表。（供电电压小于 50 V 的仪表采用额定直流电压为 100 V 的兆欧表）按规定的部位进行测量，读取绝缘电阻值。

3. 绝缘强度

（1）技术要求

当环境温度为 15 ℃～35 ℃，相对湿度 45％～75％的条件下，对于供电电源的额定电压为交流 220 V 的仪表，仪表各端子之间施加表 7－13 所示试验电压，历时 1 min，应不击穿，不产生电弧和火花。

表 7－13　试验电压　　　　　　　　　　　　　　单位：V

仪表端子电压公称值	试验电压
$0<U<60$	500
$60 \leqslant U<130$	1 000
$130 \leqslant U<250$	1 500

（2）检定方法

仪表电源开关处于接通位置，将各电路本身端钮短路，在规定部位按表 7－13 中的要求，在高压试验台上进行测量。测量时试验电压应从零开始增加，在 5 s～10 s 内平滑均匀地升压到试验值，试验电压的误差小于或等于±10％。保持 1 min，然后平滑均匀地降低电压至零，切断试验电源。

4. 指示基本误差

仪表的指示基本误差是衡量仪表性能的主要指标，是仪表在标准工作条件下所具有的指示误差。

（1）技术要求

仪表的指示基本误差应不超过其最大允许误差。

仪表的最大允许误差由制造厂的技术指标所确定。一般有以下三种表述方式：

a）用含有准确度等级的表示方式

$$\Delta = \pm a\% \text{FS} \qquad (7-19)$$

式中：Δ——允许基本误差，℃（应化整到末位数与分辨力相一致）；

　a——准确度等级，选取数为 0.1,0.2,(0.3),0.5,1.0；

FS——仪表的量程，即测量范围上、下限之差，℃。

b）用与仪表量程及分辨力有关的表示方式

$$\Delta = \pm(a'\% \text{FS}+b) \qquad (7-20)$$

式中：b——仪表指示的额定分辨力，是仪表指示值在末位上变化一个计数顺序所对应的温度值，℃；

　a'——除量化误差以外的最大综合误差系数，选取数与 a 相同。只有当 b 不大于 $0.1a'\%\text{FS}$ 时，a' 才可以作为准确度等级。

注：用此表示方式的仪表，其准确度等级应以 $\left(a+\dfrac{100b}{\text{FS}}\right)$ 表示，并在 0.1,0.2,0.5,1.0 中选取。当仪表的量化误差与其他因素引起的综合误差相比可略去时（一般取 $a\%\text{FS} \geqslant 10b$），可简化为 a 表示。

c）用允许的温度误差值表示方式

$$\Delta = \pm N \qquad (7-21)$$

式中：N——仪表的允许温度误差值，℃。

检定时，仪表的允许指示基本误差应按制造厂使用说明书中给出的公式进行计算。如只表明准确度等级，则按式(7-19)进行计算，否则按式(7-20)计算。

（2）检定方法

① 通电检定前应做如下准备工作

按检定规程中的要求接线。尤其是热电偶输入的仪表，具有参考端温度自动补偿时，应采用补偿导线法进行接线检定。

通电预热。预热时间按制造厂说明书中的规定进行，一般为 15 min；具有参考端温度自动补偿的仪表为 30 min，并要求在检定期间环境温度变化 30 min 内不大于 0.5 ℃。

检定点的选择。检定点应包括上、下限值在内不少于 5 个点。检定点原则上应是均分的整百度或整十度。

② 检定方法

a）寻找转换点法（示值基准法）

所谓寻找转换点法，就是从下限开始增大输入信号（上行程时），找出各被检点附近转换点的值，直至上限；然后减小输入信号（下行程时），找出各被检点附近转换点的值，直至下限。用同样的方法重复测量一次。取二次测量中误差最大的作为该仪表的最大指示基本误差。

转换点的寻找方法：

如图7—44所示，上行程时，增大输入信号，当指示值接近被检点时应缓慢改变输入量，依次找到 A_1，A_2；下行程时，减小输入信号，当指示值接近被检点时应缓慢改变输入量，依次找至 A'_1，A'_2。

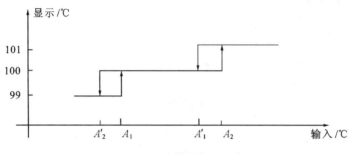

图7—44 寻找转换点法示意图

A_1 为上行程时，指示值刚能稳定在被检点温度值的标准器输入信号值；A'_1 为下行程时，指示值刚能稳定在被检点温度值的标准器输入信号值；A_2 为上行程时，离开被检点转换到下一值时（包括两位间的波动）的标准器输入信号值；A'_2 为下行程时，离开被检点转换到下一值时（包括两值间的波动）的标准器输入信号值。

图7—44中 A_1，A'_1，A_2，A'_2 就是仪表在被检点的转换点，如果将这些值换算成温度值后分别为 99.7，99.1，100.8，100.4，则被检点 100 ℃时的指示基本误差应取其中误差最大的值：100.0 ℃—99.1 ℃＝0.9 ℃。

注意：检定时，下限值只进行 A_2 和 A'_1 的寻找；上限值只进行 A_1 和 A'_2 的寻找。

b）输入被检点标称电量值法（输入基准法）

标称电量值为热电偶（或热电阻）分度表中各温度点所对应的热电势（或电阻）值。若仪表的分辨力小于其允许指示基本误差的 1/5 时，允许采用此方法；使用中的仪表也可采用此方法。但对检定结果产生疑义时及在仲裁检定时，仍应采用寻找转换点法进行检定。

方法：从下限开始增大输入信号（上行程时），分别给仪表输入各被检点温度所对应的标称电量值，读取仪表相应的指示值，直至上限；然后减小输入信号（下行程时），分别给仪表输入各被检点温度所对应的标称电量值，读取仪表相应的指示值，直至下限。下限值只进行下行程的检定，上限值只进行上行程的检定。

用同样的方法重复测量一次，取二次测量中误差最大的作为该仪表的最大指示基本误差。

采用此方法进行检定的仪表可不进行分辨力的检定。

指示基本误差的计算专题叙述，见（三）指示基本误差及分辨力的计算。

5. 分辨力的检定

被检仪表读数在末位上变化一个计数顺序所对应的输入变化值（电压值或电阻值换算成相应的温度值）就是仪表的实际分辨力。

（1）技术要求

被检仪表的分辨力，应符合下列要求：

a）当 $b>0.2a\%$FS 时，应不超过 $|1\pm0.3|b$；下限值小于 0 ℃的仪表，则 0 ℃点上应不超过 $|2\pm0.6|b$。

b）当 $0.1a\%$FS$<b\leqslant0.2a\%$FS 时，应不超过 $|1\pm0.5|b$；下限值小于 0 ℃

点上应不超过$|2\pm1.0|b$。

c) $b\leq0.1a\%$FS 的仪表,可不进行该项目的检定。

（2）检定方法

仪表分辨力的检定与指示基本误差的检定（寻找转换点法）同时进行。计算上行程时转换点 A_1,与 A_2 点对应的输入电量值之差及下行程时转换点 A'_1 与 A'_2 点对应的输入电量值之差。并换算成相应的温度值,即为各检定点的实际分辨力。

实际分辨力的计算专题叙述,见（三）指示基本误差及分辨力的计算。

6. 稳定度

稳定度是仪表在规定的工作条件下,保持其测量特性恒定不变的能力。

（1）技术要求

a）显示值的波动

要求数字式温度仪表不允许做间隔计数顺序的跳动。例如仪表是以 1 为单位计数顺序的,则只允许 $1-2-3$ 或 $3-2-1$ 波动,不允许 $1-3$ 或 $3-1$ 波动。以 2 为单位计数顺序的,只允许 $0-2-4$ 或 $4-2-0$ 波动,不允许 $0-4$ 或 $4-0$ 波动。

显示值的波动量不能大于其分辨力,对于分辨力很高的仪表（$b<0.1a\%$FS）,波动量不能大于两个分辨力值,波动量以波动偏离波动中值的大小来衡量。

波动中值为仪表指示值波动上、下限的平均值。例如仪表以 1,2,3 和 3,2,1 的形式来回波动时,其波动中值为 2,波动量为 1。

b）短时间示值漂移

漂移是仪表的计量特性随时间的慢变化。短时间示值漂移是仪表在 1 h 内示值的漂移,不能大于允许指示基本误差的 1/4。

（2）检定方法

a）显示值的波动

仪表经预热后,输入信号使仪表显示值稳定在量程的 80% 处,在 10 min 内显示值不允许有间隔单位计数顺序的跳动,读取波动范围 δ_t,以 $\delta_t/2$ 作为仪表的波动量。

b）短时间示值漂移

仪表预热后输入 50% 量程所对应的电量值,读取此值 t_0,以后每隔 10 min 读取一次（t_i 为 1 min 之内 5 次仪表读数的平均值）,历时 1 h,取 t_i 与 t_0 之差绝对值最大的值作为该仪表短时间示值漂移量。

7. 连续运行

（1）技术要求

要求仪表在 24 h 连续工作后,其指示基本误差仍应符合规程对仪表指示基本误差的要求。

（2）检定方法

给仪表输入一个量程的 80% 的信号,连续运行 24 h 后按指示基本误差的检定方法,在仪表量程的 20% 和 80% 附近测量指示基本误差。

8. 位式控制的设定点误差

设定点误差是输出变量按规定的要求输出时,测得的输入信号所对应的温度值与设定值之差值。

（1）技术要求

a）模拟方式设定的仪表，其设定点误差应不超过 $\Delta_1 = \pm a_1 \%\mathrm{FS}$。

典型的此类仪表为带刻度盘电位器设定的调节仪表，其设定值在刻度盘上是连续的。

b）数字方式设定的仪表，其设定点误差应不超过 $\Delta_1 = \pm(a_1\%\mathrm{FS}+b)$。

典型的此类仪表为采用数字键盘或拨盘来设定温度点的调节仪表，其设定值是以数字方式给出的。

另一种数字方式设定的仪表，其设定值是可测量的。典型的此类仪表为显示值和设定值共用一个显示屏，具有测量/设定转换开关。其设定值是通过转换开关置"设定"时由设定电位器调节。此类仪表可以用设定点偏差来表征仪表控制点的偏离程度，其允许值的表示不变。

设定点偏差是输出变量按规定的要求输出时，测得的输入信号所对应的温度值与指示相应设定值时的输入信号所对应的温度值之差值，即不包括仪表在该检定点的示值误差。

（2）检定方法及数据处理

a）检定应在仪表量程的 $10\%,50\%,90\%$ 附近的设定点上进行。切换差可调的仪表将切换差设在中间位置。

b）增大输入信号，使显示值缓慢接近设定值，当输出状态改变时，读取仪表示值，或输入电量值。然后缓慢减小输入信号，当输出状态改变时，读取仪表的示值或输入电量值。一般只进行一个上下循环的检定。如果有疑义或仲裁时，必须进行上述 3 个循环的检定。数字方式设定的仪表，其设定值能够测量的，当检定结果产生疑义须仲裁时，应将设定的输入信号调整在设定值的转换点上进行。

c）多位控制作用的仪表，应对每位的检定点按上述两位控制作用的检定方法分别进行检定。

d）位式控制作报警作用的仪表，上限报警点只要测得上切换值，下限报警点只要测得下切换值。

e）设定点误差按式（7-22）计算：

$$\Delta_{\mathrm{sw}} = \left(\frac{\overline{A}_{\mathrm{sw1}} + \overline{A}_{\mathrm{sw2}}}{2} + e - A_{\mathrm{sp}}\right) \Big/ \left(\frac{\mathrm{d}A}{\mathrm{d}t}\right)_{t_i} \tag{7-22}$$

式中：Δ_{sw}——位式控制的设定点误差，℃；

$\overline{A}_{\mathrm{sw1}},\overline{A}_{\mathrm{sw2}}$——分别为上、下行程输出状态改变时读得的输入电量值的平均值，mV 或 Ω；

A_{SP}——设定点温度对应的标称电量值，mV 或 Ω。

$\left(\frac{\mathrm{d}A}{\mathrm{d}t}\right)_{t_i}$——被检点 t_i 的电量值随温度的变化率，mV/℃ 或 Ω/℃；

e——对具有参考端温度自动补偿的仪表，e 表示补偿导线 20 ℃时的修正值，mV；对不具有参考端自动补偿的仪表，$e=0$。

f）可以用设定点偏差表示的仪表，设定点偏差按式（7-23）计算：

$$\Delta'_{\mathrm{sw}} = \frac{t_{\mathrm{d1}} + t_{\mathrm{d2}}}{2} - t_{\mathrm{SP}} \tag{7-23}$$

式中：Δ'_{sw}——位式控制的设定点偏差，℃；

$t_{\mathrm{d1}},t_{\mathrm{d2}}$——分别为上、下行程输出状态改变时读得仪表示值的平均值，℃；

t_{SP}——设定点温度值,℃。

g)报警设定点误差(偏差)的计算只要将式(7—22)和式(7—23)中切换中值换成上(或下)切换时的输入电量值(或仪表显示值)即可。

9.切换差

(1)技术要求

a)切换差一般应不大于 $a_1\%FS$;量程大于1 000 ℃的仪表,应不大于 $0.5a_1\%FS$。

b)切换差可调的仪表,应满足切换差调整范围的要求;有切换差设定标度值的仪表,除制造厂另有规定外,其设定值的允差一般不超过切换差设定值的 $\pm25\%$。

(2)检定方法及数据处理

a)切换差的检定可与设定点误差检定同时进行。

b)切换差可调的仪表应在仪表量程50%的设定点上进行最大、最小切换差的检定。计算切换差可调范围或切换差设定值的误差。(同时,还需按式(7—22)或式(7—23)计算不同切换差时的设定点误差或设定点偏差。)

c)切换差 Δ_{sd} 按式(7—24)、式(7—25)计算:

$$\Delta_{sd}=|\bar{A}_{SW1}-\bar{A}_{SW2}|/\left(\frac{dA}{dt}\right)_{t_i} \tag{7—24}$$

$$\Delta_{sd}=|t_{d1}-t_{d2}| \tag{7—25}$$

10.时间比例控制的设定点误差

(1)技术要求

与位式控制仪表设定点误差的要求相同。

(2)检定方法及数据处理

a)检定应在仪表量程的10%,50%,90%附近的设定点上进行。

b)比例带可调的仪表将比例带设在最大位置;零周期可调的仪表将零周期设在最小位置。如制造厂另有规定,则按规定设置。

c)将仪表的输出端(通断型输出的常开触点两端)接到 ρ 值测量仪的输入端。输入信号使显示值缓慢接近设定值,当时间比值 ρ 稳定在 $0.5\pm\Delta\rho$(允差值 $\Delta\rho$ 见表7—14)时读取仪表示值或输入电量值。

表7—14 $\Delta\rho$ 的取值

比例带 $P/\%$	$\Delta\rho$		
	$a_2\%=0.5\%$	$a_2\%=1.0\%$	$a_2\%=1.5\%$
3	0.027	0.054	0.081
4	0.020	0.040	0.060
5	0.016	0.032	0.048
6	0.013	0.026	0.039
8	0.010	0.020	0.030
10	0.008	0.016	0.024
15	0.005	0.011	0.016
20	0.004	0.008	0.012

d) 数字方式设定的仪表，其设定值能够测量的，当检定结果产生疑义需仲裁时，应将设定点的输入信号调整在设定值的转换点上进行。

e) 设定点误差按式(7－26)计算：

$$\Delta_{st} = (A_h + e - A_{SP}) / \left(\frac{dA}{dt}\right)_{t_i} \tag{7－26}$$

式中：Δ_{st}——时间比例控制的设定点误差，℃；

A_h——$\rho = 0.5$ 时输入的电量值，mV 或 Ω。

f) 可以用设定点偏差表示的仪表，设定点偏差按式(7－27)计算：

$$\Delta'_{st} = t_{dh} - t_{sp} \tag{7－27}$$

式中：Δ'_{st}——设定点偏差，℃；

t_{dh}——$\rho = 0.5$ 时仪表的显示值，℃。

11. 时间比例控制的比例带

（1）技术要求

a) 比例带是固定值的仪表。其额定值通常有 4％，10％，20％。实际比例带应在 $(1 \pm 0.25)P$ 范围内；小于 10％的实际比例带应在 $(1 \pm 0.5)P$ 范围内（P 为额定比例带）。具有比例带范围值的仪表，实际比例带应在该范围之内。

b) 比例带可调的仪表，实际比例带的上、下限应能覆盖可调范围，具有比例带设定标度值的仪表，实际比例带与比例带设定值的偏差，一般不超过设定值的 1/4；小于 10％的比例带，最多不超过设定值的 1/2。

（2）检定方法及数据处理

a) 将设定点置于量程的 50％检定点上，周期可调的仪表，将周期处于中间位置。

b) 输入信号使时间比值 ρ 为 1，对于非等周期的仪表需保持一段时间（一般取大于 5 倍的零周期时间）；然后增大输入信号，当开始有循环周期脉冲输出时（一般取 ρ 大于 0.9），读取输入电量值；接着增大输入信号，使时间比值 ρ 为 0。对于非等周期的仪表保持上述同样的时间后，减小输入信号，当开始有循环周期脉冲输出时（一般取 ρ 小于 0.1），读取输入电量值。a_2 为 0.2 和 0.5 的仪表，可用读取仪表示值来代替。有疑义及仲裁时，必须读取输入电量值并折算成温度值后计算实际的比例带。

c) 仪表的实际比例带可以按式(7－28)计算：

$$P_{ac} = (t_{p2} - t_{p1}) / FS \tag{7－28}$$

式中：P_{ac}——实际比例带；

t_{p2}, t_{p1}——分别为输入信号增加、减小后刚出现循环周期脉冲时的输入电量值所对应的温度值（或仪表示值），℃；

FS——仪表的量程，℃。

12. 零周期

（1）技术要求

a) 零周期是固定值的仪表。其额定值通常有 2.5 s，5 s，10 s，20 s，30 s，40 s，50 s，60 s 8 种。小于 10 s（含 10 s）的实际零周期应在 $(1 \pm 0.5)T_0$ 范围内；大于 20 s（含 20 s）的实际零周期应在 $(1 \pm 0.25)T_0$ 范围内（T_0 为额定零周期）。具有零周期范围值的仪表，实际零周期应在该范围之内。

b）零周期可调的仪表。实际零周期的上、下限应能覆盖可调范围。具有零周期设定标度值的仪表,实际零周期与零周期设定值的偏差(除制造厂另有规定外)一般不超过设定值的 1/4;小于 10 s 的零周期,最多不超过设定值的 1/2。

（2）检定方法

a）零周期的检定可与设定点误差检定同时进行。读取 $\rho = 0.5 \pm \Delta\rho$ 时的周期值。

b）零周期可调的仪表还应在仪表量程 50% 的设定点上进行可调范围或周期设定误差的检定。检定时将周期设置在最大和最小位置上,读取 ρ 为 0.5 时的周期值。以此确定仪表实际的可调范围或周期设定值误差。

13. 手动再调

（1）技术要求

具有手动再调的仪表,当偏差为零时,只改变手动再调信号,输出的时间比值 ρ 应能在 $0 \sim 1$ 之间变化。

有手动再调功能的仪表,可不进行设定点误差的检定。

（2）检定方法

a）检定时将仪表的设定点置于量程的 50% 上。周期可调的仪表,将周期处于最小位置。比例带可调的仪表,分别将比例带处于最大和最小位置。

b）输入信号使仪表显示值与设定值相等。然后调节手动再调信号至最大、最小和中间值。测量输出 ρ 值的实际范围。

14. 静差

（1）技术要求

a）模拟方式设定的仪表的静差应不超过 $\Delta_3 = \pm a_3\%\mathrm{FS}$。

b）数字方式设定的仪表的静差应不超过 $\Delta_3 = \pm(a_3\%\mathrm{FS}+b)$。

c）设定点的最大综合误差系数 a_3,通常与 a, a' 相等。

（2）检定方法及数据处理

a）仪表的输出端接上制造厂规定负载电阻的最大值(0～10 mA 的仪表一般为 1 kΩ,4 mA～20 mA 的仪表一般为 500 Ω),并在回路中串联电流输入的自动电位差计(或直流电流表)。对于断续控制的仪表,输出端接上频率周期多功能测试分析仪。(串联自动电位差计的目的在于方便计算输出的稳定程度)

b）检定应在仪表量程的 10%,50%,90% 附近的设定点上进行。使用中的仪表可只选 1 至 2 个常用的设定点检定。

c）PID 参数可调的仪表。将比例带置于 5%～10% 左右;再调时间和预调时间均置最小,周期可调时也应置于最小处。(目的在于尽可能快地找到输出稳定的输入值)

d）输入一个与设定值相应的电量值,并做适当调整使输出分别稳定在输出量程的 10% 及 90% 附近,使用中的仪表可稳定在量程的 50% 附近处检定。要求在 $10T_1$ 时间内,输出单方向变化不大于输出量程的 $2a_3\%/P$ 时,读取输入电量值 A_{OF}。

注:

1.做适当调整使输出稳定,应掌握以下规律:PID 作用的仪表输出是可以稳定在任何点上的;对于反作用控制的仪表(绝大多数如此),当输入值大于设定值时输出将减小,反之则增大;因为有积分作用,因此只要有偏差,这些趋势将是持续的;因为有微分作用,因此阶跃量又不能过大。掌握这些规律即可将输出稳定在期望的点上。

2.输出稳定的操作举例:仪表的输出为 4 mA~20 mA,允许静差为 0.5%,再调时间 $T_1=10$ s,实际比例带 $P=5\%$。因此,输出稳定的判据为 100 s 时间内输出单方向变化应不大于 $\dfrac{2\times0.5\%}{5\%}\times(20-4)=3.2$ mA。

e) 数字方式设定的仪表,其设定值能够测量的。当检定结果产生疑义须仲裁时,应将设定点的输入信号调整在设定值的转换点上进行。

f) 仪表的静差按式 7−29 计算:

$$\Delta_{OF}=(A_{OF}+e-A_{SP})/\left(\dfrac{\mathrm{d}A}{\mathrm{d}t}\right)_{t_i} \tag{7−29}$$

式中: Δ_{OF} ——仪表的静差,℃;

A_{OF} ——输出稳定时输入的电量值,mV 或 Ω。

15. 输出及其输出阶跃响应

（1）技术要求

a) PID 连续控制的仪表在输出负载为 1 kΩ(输出为 0~10 mA 的仪表)或 500 Ω(输出为 4 mA~20 mA 的仪表)时,其输出电流为 0~10 mA,或 4 mA~20 mA。上限值、下限值的误差均不超过输出量程的 ±1%。

注:JJG 951—2000 模拟式温度指示调节仪的规程中规定,上限值的误差不超过输出量程的−1%~3%,下限值的误差不超过输出量程的−3%~+1%。这一点是比较合理的,因为限制上限值的下限和下限值的上限,不易造成执行机构的误判。

b) PID 断续控制的仪表,输出端通、断(或高、低电平)的时间比值 ρ 为 0~1。

c) 仪表在开环情况下,输出的阶跃响应具有正常的比例、积分、微分输出特性。

（2）检定方法

仪表与检定设备的连接同静差检定。将设定点设置在量程的 50% 处,PID 参数可调的仪表,将比例带设在 5%~10% 左右,再调时间设在 2 min 处,预调时间设在 1 min 处。断续输出的仪表,周期可调的应将周期置最短(1 s~10 s)。输入信号,使输出为最小(和最大),并记录其大小;然后输入一个上升(和下降)的阶跃信号,阶跃信号的大小约为比例范围的 1/5,在直流电流表上观察输出的变化,或在记录仪上观察输出特性曲线。

断续 PID 控制的仪表在 ρ 值测量仪上观察 ρ 的变化。

16. PID 调节的比例带

（1）技术要求

a) 比例带是固定值的仪表,实际比例带应在 $(1\pm0.25)P$ 范围内;比例带小于等于 10% 的应在 $(1\pm0.5)P$ 范围内,或指定的范围内。断续 PID 的仪表的允差可比连续 PID 的仪表扩大 1 倍。

b) 比例带可调的仪表,实际比例带的上、下限应能覆盖可调范围。有比例带设定标度值的仪表,实际比例带与比例带设定值的偏差,除制造厂另有规定外,一般不超过设定值的 50%(P 为 5%~10% 处);断续 PID 的仪表一般不超过设定值的 80%。

（2）检定方法

采用比例带、再调时间、预调时间整体检定的方法。

17. 再调时间(积分时间)T_I

(1) 技术要求

a) 再调时间固定的仪表,实际再调时间应在$(1\pm0.5)T_I$范围内,或指定的范围内。

b) 再调时间可调的仪表,实际再调时间的上、下限应能覆盖可调范围。有再调时间设定标度值的仪表,实际再调时间与再调时间设定值的偏差,除制造厂另有规定外,一般不超过设定值的 0.5 倍(T_I 为 2 min 时);断续 PID 控制的仪表一般不超过设定值的 0.8 倍。

(2) 检定方法

采用比例带、再调时间、预调时间整体检定的方法。

18. 预调时间(微分时间)T_D

(1) 技术要求

a) 预调时间固定的仪表,实际预调时间应在$(1\pm0.5)T_D$范围内,或指定的范围内。

b) 预调时间可调的仪表,实际预调时间的上、下限应能覆盖可调范围。有预调时间设定标度值的仪表,实际预调时间与预调时间设定值的偏差,除制造厂另有规定外,一般不超过设定值的 0.5 倍(T_D 为 1 min 时)。

c) 断续 PID 控制的仪表不进行该项目的检定。

(2) 检定方法

采用比例带、再调时间、预调时间整体检定的方法。

a) 整体检定的图解法

检定是在输出阶跃响应检定的基础上进行,并可在正向 PID 输出特性曲线上作图得到实际的比例带、再调时间和预调时间。由记录仪测得的正向 PID 输出特性曲线如图 7—45 所示。

b) 在 PID 输出特性曲线上作图

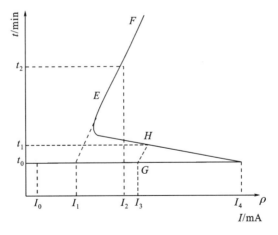

图 7—45 PID 输出特性曲线

① 作积分作用直线 EF 的反向延长线与 $t=t_0$ 坐标轴相交,得到输出电流 I_1,实际比例带 P_{ac}可按式(7—30)计算:

$$P_{ac} = \frac{\Delta t_j}{I_1 - I_0} \cdot \frac{FS'}{FS} \tag{7—30}$$

式中:Δt_j——阶跃输入前后电量值之差,折算成温度值,℃;

FS——仪表指示量程,℃;

FS′——仪表输出量程,mA;

I_0——阶跃信号输入前的输出电流值,mA,一般为略大于输出下限值。

② 令 $I_2-I_1=I_1-I_0$,在输出轴上找到 I_2,并在积分作用直线 EF 上找到与输出电流 I_2 对应的时间 t_2。再调时间按式(7—31)计算:

$$T_1=t_2-t_0 \tag{7—31}$$

③ 在输出轴上,按式(7—32)计算找到 I_3:

$$I_3-I_1=(I_4-I_1)36.8\% \tag{7—32}$$

过 $G(t=t_0$ 与 $I=I_3$ 的交点)作 EF 的平行线交 PID 曲线于 H。t_1 为 H 点在时间轴上的对应时间。预调时间可按式(7—33)计算:

$$T_D=\frac{I_4-I_0}{I_1-I_0}\cdot(t_1-t_0) \tag{7—33}$$

PID 参数可调的仪表,分别改变其参数,用上述方法测量并计算实测结果,判定参数的覆盖面。

(三) 指示基本误差及分辨力的计算

1. 指示基本误差的计算

(1) 寻找转换点法检定时,仪表的示值误差按式(7—34)和式(7—35)计算:

$$\Delta_A=A_d-(A_s+e) \tag{7—34}$$

$$\Delta_t=\Delta_A/\left(\frac{dA}{dt}\right)_{t_i} \tag{7—35}$$

式中:Δ_A——用电量程表示的指示基本误差,mV 或 Ω;

Δ_t——换算成温度值的指示基本误差,℃;

A_d——被检点温度所对应的标称电量值,mV 或 Ω;

A_s——检定时标准器的示值,mV 或 Ω。

(2) 输入被检点标称电量值法检定时,按式 7—36 计算:

$$\Delta=t_d-\left[t_s+e/\left(\frac{dA}{dt}\right)_{t_i}\right]\pm b \tag{7—36}$$

式中:t_d——仪表指示的温度值,℃;

t_s——标准器输入的电量值所对应的被检温度值,℃;

$\pm b$——b 为仪表的额定分辨力。＋、－符号应与前两项的计算结果的符号相一致,℃。

注:＋、－符号应与前两项计算结果的符号相一致的处理方法,是因为此检定方法的方法误差最大是 $\pm b$。在误差公式中叠加了仪表分辨力,虽然并不是仪表的实际误差,但有利于提高检定效率,减小使用者在合格评定中的风险,同时也有利于提高制造厂合格品的合格率。

由电量值换算成温度值时,指示误差 Δ_t 的最后结果应按数据修约规则化整到末位数与仪表的分辨力相一致。在读取电量值及相应的误差计算中,小数点后应保留的位数以舍入误差小于仪表允许误差的 1/10~1/20 为限。判断仪表是否合格应以化整后的数据为准。

2. 分辨力的计算

仪表的分辨力按式(7—37)和(7—38)计算:

$$\Delta t = |A_1 - A_2| / \left(\frac{\mathrm{d}A}{\mathrm{d}t}\right)_{t_i} \tag{7-37}$$

$$\Delta' t = |A'_1 - A'_2| / \left(\frac{\mathrm{d}A}{\mathrm{d}t}\right)_{t_i} \tag{7-38}$$

式中：Δt——上行程时,仪表指示改变一个分辨力值所对应的实际值,℃;

$\quad\quad \Delta' t$——下行程时,仪表指示改变一个分辨力值所对应的实际值,℃。

仪表的实际分辨力 Δt,$\Delta' t$ 应化整到比仪表分辨力精确一位。

3. 数据处理示例

一台分度号为 K,测量范围为 0 ℃～400 ℃ 的数字温度指示调节仪,最大允许误差 $\Delta = \pm(0.5\%\mathrm{FS} + b)$,分辨力 $b = 1$ ℃,补偿导线的修正值 $e = -0.008$ mV,在 100 ℃点的标称电量值为 4.096 mV,$\left(\frac{\mathrm{d}A}{\mathrm{d}t}\right)_{100\ ℃} = 0.041\ 5$ mV/℃,采用寻找转换点法进行一次测量的数据如下:$A_1 = 4.083$ mV,$A'_1 = 4.111$ mV,$A_2 = 4.129$ mV,$A'_2 = 4.058$ mV。

根据一次测量的数据,计算仪表在 100 ℃点的指示基本误差和分辨力是否合格。

解:

首先计算允许指示基本误差 $\Delta = \pm[0.5\% \times (400\ ℃ - 0\ ℃) + 1\ ℃] = \pm 3$ ℃

再根据式(7-34)、式(7-35)计算指示基本误差:

对 A_1 点:$\Delta_A = A_\mathrm{d} - (A_\mathrm{s} + e) = 4.096$ mV $- (4.083 - 0.008)$ mV $= 0.021$ mV

$\quad\quad\quad \Delta_t = \Delta_A / (\mathrm{d}A/\mathrm{d}t) = 0.5$ ℃

对 A_2 点:$\Delta_A = A_\mathrm{d} - (A_\mathrm{s} + e) = 4.096$ mV $- (4.129 - 0.008)$ mV $= -0.025$ mV

$\quad\quad\quad \Delta_t = \Delta_A / (\mathrm{d}A/\mathrm{d}t) = 0.6$ ℃

对 A'_1 点:$\Delta_A = A_\mathrm{d} - (A_\mathrm{s} + e) = 4.096$ mV $- (4.111 - 0.008)$ mV $= -0.007$ mV

$\quad\quad\quad \Delta_t = \Delta_A / (\mathrm{d}A/\mathrm{d}t) = 0.2$ ℃

对 A'_2 点:$\Delta_A = A_\mathrm{d} - (A_\mathrm{s} + e) = 4.096$ mV $- (4.058 - 0.008)$ mV $= 0.044$ mV

$\quad\quad\quad \Delta_t = \Delta_A / (\mathrm{d}A/\mathrm{d}t) = 1.0$ ℃

从计算所得的 4 个基本误差中选出绝对值最大的一个作为本次测量的最大指示基本误差,即 $\Delta_t = 1.0$ ℃,化整后为 1 ℃而该仪表的允许指示基本误差为 ± 3 ℃,最大指示基本误差未超过允许指示基本误差,所以在 100 ℃点本次测量的指示基本误差合格。

根据式(7-37)、式(7-38)计算分辨力得:$\Delta t = 1.1$ ℃,$\Delta' t = 1.3$ ℃。

在本例中 $b = 1$ ℃,而 $0.2a\%\mathrm{FS} = 0.2 \times 0.5\% \times (400\ ℃ - 0\ ℃) = 0.4$ ℃,符合 $b > 0.2a\%$ FS 的条件,所以分辨力应不超过 $|1 \pm 0.3| b$,即 0.7 ℃～1.3 ℃。根据实际测量得到的实际分辨力为 1.1 ℃～1.3 ℃,未超过规定的范围,所以该仪表在 100 ℃点本次测量的分辨力合格。

第五节　模拟式温度指示调节仪

一、概述

模拟式温度指示调节仪是一种量大面广的工业过程测量和控制用仪表。在数字温度指示调节仪被广泛使用前,模拟式温度指示调节仪已大量应用在各种温度测量和控制领域,弥补了动圈式仪表的缺点。随着数字测量技术和电子器件的发展,光柱的应用为此类仪表又增添了新的内容。

二、模拟式温度指示调节仪的工作原理

模拟式温度指示调节仪的原理框图如图7-46所示。图中被测量通常为热电偶和热电阻,以及以直流电流、电压和电阻作为被测量模拟电信号的模拟指示及指示调节仪表的量值。

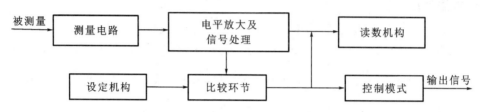

图7-46　模拟式温度指示调节仪原理框图

仪表接收输入信号后,经测量电路转换为电压值,再经电平放大转换成读数机构可以接收的信号,有些仪表还具有线性化处理功能,以满足读数机构线性标度的要求。读数机构用以指示被测量温度,有全量程指示和偏差指示两种方式,并可以通过指针、色带和光柱等来实现。偏差指示的仪表是指示被测温度与设定值之间的偏差,具有控制功能的仪表,其偏差信号经控制模式输出相应的控制信号。控制信号分断续的(继电器触点的开关信号或高低电平信号)和连续的(直流标准电流、电压信号)两种;信号的规律(即调节规律)主要分位式、实际比例、比例积分微分(PID)3种。设定机构有模拟设定和数字设定之分。模拟设定由带标度的电位器组成,数字设定由多位数字拨盘组成。

实现上述原理可以用分立元件加运算放大器组成简易型仪表,也可以用运算放大器和中、大规模集成电路来实现。光柱指示的仪表的读数机构的工作原理与数字仪表的A/D转换、译码、驱动、显示是类似的,只是显示方式不是数码管而是n段(通常为10～201段)的光柱。因此,从外部的表现形式为阶梯形的,归入模拟式。

由于模拟式温度指示调节仪不是全国统一设计,因此没有统一的电路图。测量电路和电平放大部分以及控制部分与数字温度指示调节仪是类似的;读数机构的指示部分与动圈仪表类似,只是动圈的支承机构为强力矩的轴尖轴承游丝型。本节不再一一具体叙述。

三、模拟式温度指示调节仪的检定

检定的依据是JJG 951—2000《模拟式温度指示调节仪》。首次检定和新产品型式评价的模拟式温度指示调节仪必须对规程中规定的所有检定项目进行检定。后续检定的仪表在进行周期检定时,稳定性、绝缘强度、比例带、零周期、再调时间、预调时间几项可以不检定。该规程不适用于动圈式温度指示调节仪和过程测量记录仪。

(一)检定条件

1. 检定用标准仪器及设备

检定仪表时所需的标准仪器及设备与检定数字温度指示调节仪的类似。选用的标准

器,包括整个检定设备的扩展不确定度应小于被检仪表允许误差的1/5。其中要求直流低电势电位差计只能作测量用,不能作信号源使用。

2.环境条件与动力条件

环境温度:(20 ± 5)℃。

相对湿度:$45\%\sim75\%$。

仪表的供电电源:电压变化不超过额定值的$\pm1\%$;频率变化不超过额定值的$\pm1\%$。

除地磁场外,无影响仪表正常检定的外磁场。

(二)检定项目和检定方法

检定项目见表7-15。

表 7-15 检定项目

项目序号	检定项目名称			
	指示部分	位式控制部分	时间比例控制部分	PID控制部分
1	外观	设定点误差	设定点误差	静差
2	指示基本误差	切换差	比例范围	输出及其 输出阶跃响应
3	回差		零周期	比例范围
4	稳定性		手动再调	再调时间
5	绝缘电阻			预调时间
6	绝缘强度			

1. 外观

(1)技术要求

a)仪表的正面应标明制造厂名称或商标、产品名称及计量单位符号;

b)仪表铭牌上应注明:型号规格、准确度等级、测量元件分度号、出厂编号、制造年月,铭牌的信息应不易丢失;

c)仪表的标尺及接线端子铭牌上的文字、数字与符号应正确、鲜明、清晰、不应玷污和残缺;

d)指示指针不应歪斜,在移动中应平稳,无卡针、迟滞等现象;光柱的亮度应均匀,不应有缺段现象;设定机构的旋钮、按钮、数码拨盘应操作灵活;

e)输入为热电偶信号并具有控制作用的仪表,应具有断偶保护功能。

(2)检定方法

a)技术要求的前3条可以用目力观察检查。

b)第四条要求可以在示值误差的检定中予以观察。

c)第五条要求可以在仪表通电时进行。

2. 绝缘电阻和绝缘强度

技术要求和检定方法分别与数字温度指示调节仪相同。

3. 指示基本误差

（1）技术要求

仪表的准确度等级有以下几种：0.5，1.0，1.5，2.0，2.5，4.0。相应的示值最大误差应不超过（电）量程的±0.5％，±1.0％，±1.5％，±2.0％，±2.5％，±4.0％。

注：仪表标尺标度为非线性的，引用误差中的约定值应为输入的电量值；偏差指示的仪表引用误差中的约定值应为仪表的测量量程，而不应该是指示表头的测量量程。

（2）检定方法

（a）检定前的准备工作

按检定规程中的要求接线。尤其是热电偶输入的仪表，具有参考端温度自动补偿时，应采用补偿导线法进行接线检定。

机械调零和通电预热。仪表置于规定的水平位置（允差±1°），在通电前将指示指针的零点调准；然后接通电源，按制造厂说明书中的规定时间预热，一般为15 min；具有参考端温度自动补偿的仪表为30 min。

注：通电预热期间可以对热电偶输入，并带有报警控制功能的仪表进行断偶保护功能的检查：断开输入信号，仪表指示应趋向最大。

选择检定点。全量程指示的仪表，检定点应在主刻度线（有标度值的标尺标度）上选择，包括上、下限值在内至少5个点。偏差指示的仪表，检定点只选择偏差表的上、下限值和零点，但必须是设定值分别置于量程的10％（或附近）、50％、90％（或附近）处进行检定。因此，实际检定9个点。

（b）检定方法

a）全量程指示的仪表

检定方法与动圈仪表指示基本误差的检定相同。对于光柱指示的仪表，对准被检点刻度的方法为：上行程时以光段点亮或光段最亮时为准，读取标准器示值 A_1；下行程时以前一光段刚刚熄灭为准，此时也是被检点光段最亮时，读取标准器示值 A_2。

仪表的指示基本误差按公式（7-39）和（7-40）计算：

$$\Delta_1 = A - (A_1 + e) \tag{7-39}$$

$$\Delta_2 = A - (A_2 + e) \tag{7-40}$$

式中：Δ_1、Δ_2——分别表示上、下行程的示值基本误差；

A——被检点温度值或对应的标称电量值；

A_1、A_2——分别表示上、下行程时被检点的实际温度值或对应的电量值；

e——修正值：对具有参考端温度自动补偿的仪表，e 表示补偿导线20 ℃时的修正值；不具有参考端温度自动补偿的仪表，$e=0$。

对于全量程指示的仪表标度是线性的以及偏差指示的仪表，应将 Δ_1 和 Δ_2 的电量值换算成温度值。换算办法：将电量值除以被检温度点的电量值随温度的变化率。

b）偏差指示的仪表

将设定值分别置于量程的10％，50％，90％。输入小于设定值的信号，并开始缓慢增大输入信号，使指针分别对准零点和上限值标度线中心，读取标准器示值 A_1；缓慢减小输入信号，使指针分别对准零点和下限值标度线中心，读取标准器示值 A_2。（当偏差表的指示范围超过仪表量程的±10％时，设定值为量程的10％和90％应做适当调整，以避免检定点超出

测量范围)

仪表的指示基本误差按公式(7-39)和(7-40)计算。式中的 A 应是设定值与偏差指示值的代数和。偏差指示仪表的误差计算均以温度单位进行。

4. 回差

(1) 技术要求

应不超过仪表指示基本误差绝对值的 1/2。

(2) 检定方法

回差的检定与指示基本误差的检定同时进行,回差 ΔA 按公式(7-41)计算。

$$\Delta A = |A_1 - A_2| \tag{7-41}$$

5. 设定点误差、静差、切换差、零周期、比例带、手动再调、再调时间、预调时间

上述与控制有关的技术要求及检定方法与数字温度指示调节仪的相关内容一致。

6. 输出及其输出阶跃响应

(1) 技术要求

a) PID 连续控制的仪表在输出负载为 1 kΩ(输出为 0~10 mA 的仪表)或 500 Ω(输出为 4 mA~20 mA 的仪表)时,其输出电流为 0~10 mA,或 4 mA~20 mA。上限值的误差不超过输出量程的 $-1\% \sim 3\%$,下限值的误差不超过输出量程的 $-3\% \sim +1\%$。

b) PID 断续控制的仪表,输出端通、断(或高、低电平)的时间比值 ρ 为 0~1。

c) 仪表在开环情况下,输出的阶跃响应具有正常的比例、积分、微分输出特性。

(2) 检定方法

检定方法与数字温度指示调节仪的相关内容一致。

7. 稳定性

(1) 技术要求

要求仪表在 24 h 连续工作后,其指示基本误差、设定点误差、静差仍应符合规程对仪表的要求。

(2) 检定方法

给仪表输入一个量程的 80% 的信号,连续运行 24 h 后按指示基本误差的检定方法,在仪表量程的 20% 和 80% 附近测量指示基本误差;在量程的 50% 附近测量设定点误差和静差。

(三) 指示基本误差的计算举例

1. 偏差指示仪表的检定

一台电位器设定的偏差指示仪表,测量范围 0 ℃~400 ℃,分度号 K,准确度 1.5 级,偏差表的指示范围为 ±50 ℃。检定时补偿导线的修正值 $e = 0.041$ mV。检定结果和数据处理列于表 7-16。

表 7－16　偏差指示仪表的检定记录

被检刻度线			标准器示值/mV		基本误差		回程误差
设定值/℃	偏差值/℃	标称电量值/mV	上行程	下行程	mV	℃	℃
60	−50	0.394	—	0.365*	−0.012**	−0.3	—
				0.346			
				0.345			
	0	2.436	2.292	2.289	0.132	3.2	0.8(0.033 mV)
			2.305	2.301			
			2.296	2.263*			
	+50	4.508	4.308	—	0.171	4.2	—
			4.296*				
			4.298				
200	−50	6.137	—	6.136	−0.070	−1.7	—
				6.166*			
				6.150			
	0	8.137	8.054	8.048	0.055	1.4	0.3(0.013 mV)
			8.054	8.041*			
			8.067	8.061			
	+50	10.151	9.973*	—	0.137	3.4	—
			9.984				
			9.985				
340	−50	11.793	—	11.899*	−0.147	−3.6	—
				11.860			
				11.862			
	0	13.874	13.799	13.787*	0.046	1.1	0.5(0.019 mV)
			13.800	13.787			
			13.815	13.796			
	+50	15.974	15.793	—	0.169	4.0	—
			15.764*				
			13.797				

* 示值误差：允许±6 ℃，实际最大 4.2 ℃；回程误差：允许 3 ℃，实际最大 0.8 ℃。

* * $\Delta=0.394-(0.365+0.041)=-0.012$ mV。

2. 全量程指示仪表的检定

一台 101 线光柱指示的仪表，测量范围 0 ℃～100 ℃，准确度 2.0 级，输入信号为 0 mA～10 mA。检定结果和数据处理列于表 7－17。

表 7-17 全量程指示仪表的检定记录

被检刻度线		标准器示值/mA		基本误差		回程误差/℃
刻度值/℃	标称电量值/mA	上行程	下行程	mA	℃	
0	0.000	—	0.044	−0.043	−0.43	—
			0.046			
			0.043*			
20	2.000	1.967*	1.974	0.033 mA	0.29	0.9
		1.971	1.977			
		1.970	1.979			
40	4.000	3.976	3.972	0.029 mA	0.29	0.8
		3.979	3.971*			
		3.975	3.971			
60	6.000	5.955	5.949	0.055 mA	0.55	0.6
		5.950	5.945*			
		5.956	5.950			
80	8.000	7.946	7.938*	0.062 mA	0.66	0.8
		7.942	7.934			
		7.944	7.936			
100	10.000	9.913	—	0.087 mA	0.87	—
		9.915				
		9.915				

注:示值误差:允许±2 ℃,实际最大 0.9 ℃;回差:允许 1 ℃,实际最大 0.9 ℃。

第六节 温度变送器

一、概述

温度变送器是一种将温度变量转换为可传送的标准化输出信号的仪表,而且其输出信号与温度变量之间有一给定的连续函数关系(通常为线性函数)。温度变送器主要用于工业过程温度的测量和控制。

变送器是实现工业生产自动化的产物,目的是将工业现场的各种参数通过传感器转换为统一的直流电信号,传输到中央控制系统中。控制系统在接收各种信号后经计算处理,按生产工艺要求产生各种统一信号的控制指令给执行机构,完成整个生产过程的闭环控制。在石油、化工、冶金、轻工、粮油、食品、储运、航天、航空、航海等领域广泛使用各种类型的变送器。高精度、高稳定度的温度变送器常用于重要的测量系统中。

温度变送器有电动温度变送器和气动温度变送器两大类。电动温度变送器的标准化输出信号主要为 0 mA～10 mA 和 4 mA～20 mA(或 1 V～5 V)的直流电信号。气动温度变送器的标准化输出信号主要为 20 kPa～100 kPa 的气体压力。（不排除具有特殊规定的其他标准化输出信号，如：0～50 mV 等。）

气动温度变送器主要用于防爆场合和极端潮湿的场合。由于电子技术的发展和微处理器的应用，电动温度变送器的准确性、稳定性和防爆性能均有了很大的提高，在需要防爆的场合逐渐取代了气动温度变送器。

电动温度变送器有一个产生和发展的过程。随着电子测量技术和控制技术的发展，变送器也在发展和提高。由 DDZ-Ⅱ、DDZ-Ⅲ、DDZ-S 系列发展到小型模块化和智能型的变送器。输出（传输）方式由单一的标准（电）信号 0～10 mA、4 mA～20 mA 向辅以现场总线方向发展，以适应数字化的接收和控制。随着数字控制技术和通信技术的发展和普及，变送器的输出方式将向数字化迈进。

电动温度变送器有二线制接线和四线制接线之分。二线制变送器的电源与信号是在同一回路中的，四线制变送器的电源与信号回路是分开的。电动温度变送器各系列的外部特性如下：

DDZ－Ⅱ系列温度变送器：四线制接线，输出 0～10 mA，负载电阻 0～1.5 kΩ；

DDZ－Ⅲ系列温度变送器：四线制接线，输出 1 V～5 V，负载电阻 0～50 Ω；二线制接线，输出 4 mA～20 mA，250 Ω～350 Ω；

DDZ－S 系列温度变送器：二线制接线，输出 4 mA～20 mA，负载电阻 250 Ω～350 Ω 或 0～600 Ω。

小型模块化和智能型温度变送器：二线制接线，输出 4 mA～20 mA，0～600 Ω。

二、温度变送器的工作原理

(一) 温度变送器的工作原理框图

温度变送器的工作原理框图如图 7－47 所示。

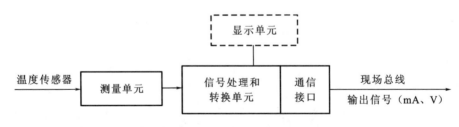

图 7－47　温度变送器原理框图

温度变送器通常由两部分组成：测量单元、信号处理和转换单元。有些变送器增加了显示单元，有些还具有现场总线功能。

输入信号主要来自热电阻和热电偶温度传感器的电阻信号和 mV 级的电压信号，在测量单元中通过相应的转换电路变换为电压信号，然后经信号处理（包括非线性校正）和转换单元变换成可传送的直流电信号。

具有现场总线的变送器的信号处理和转换单元中包括了仪器放大器、模拟/数字转换器、微处理器、存储器和操作键。输出是通过与微处理器耦合的专用接口按约定的现场总线协议实现的。

目前具有现场总线的变送器，较典型的是采用 HART 协议。HART（Highway Addressable Remote Transducer）即高速可寻址远程变送协议，是一种工业标准，它定义了智能现场设备在兼容传统的 4 mA～20 mA 模拟信号时的通讯协议。信息是通过高频 2.2 kHz（为 1）和低频 1.2 kHz（为 0）信号载波在 4 mA～20 mA 连线上进行通讯的。

具有 HART 协议的仪器，必须是以数字技术为基础，微处理器作为支撑的智能型仪器。这种仪器具有额外的功能和补偿能力，能支持多种类型的传感器或者多种变量。和常规的模拟式仪器相比，这些仪器通常都能提供更好的准确度、长期稳定性和可靠性。

（二）HART 变送器的工作原理

如图 7－48 所示，可以将 HART 变送器分为三个部分：输入部分、变换部分和输出部分。每一个部分都可以单独进行测试和调节。

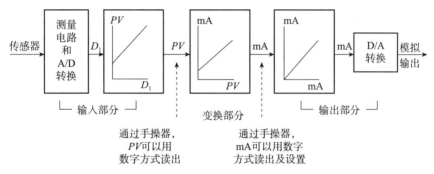

图 7－48　HART 变送器的原理框图

1. 输入部分

传感器按测量原理可能是将过程量（温度、压力等）变换成毫伏电压、电容、阻抗、电感、频率等电学量。但是，变送器内的微处理器在接收这些量之前必须由模拟/数字变换器把它们变成相应的数字量 D_1。

在第二个方框中微处理器按某种形式的方程式或数据表，把电学测量的原始数字量 D_1 和我们面对的实际过程量 PV（如温度、压力或流量等）联系起来。这种联系由制造厂完成，使用者也可以用手操器通过命令对其进行现场调节。这一工作称为传感器调节，其输出 PV 就是过程量的数字表示。

2. 变换部分

在第三个方框中，实际上是一种严格的数学变换，它把过程量 PV 变成等效的电流。使用仪器的量程值和传递函数（如：$I = I_0 + \dfrac{I_m}{T_m} \cdot T$）一起来计算这个值。传递函数通常为线性的，但也可以是非线性的（如平方根关系的）。这一部分的输出是我们希望仪器电流表（以 mA 表示）输出的数字表示。

（三）输出部分

在第四、五个方框中，是进行输出调节（即电流回路调节）。由微处理器依赖某些内部的校正因子把第三个方框中的 mA 输出值变换为在第五个方框中（数字/模拟转换器）可以接收的数字值,最终完成实际的模拟电信号输出。

三、温度变送器的校准

校准的依据是 JJF 1183—2007《温度变送器校准规范》。适用于传感器为热电偶或热电阻的温度变送器。变送器包括带温度传感器的和不带温度传感器的。

(一) 校准条件

1. 校准用标准仪器及设备

校准仪表时所需的标准仪器及设备见表7—18。选用的标准器,包括整个校准设备的扩展不确定度 U 应尽可能小于被检仪表允许误差的绝对值。其中要求直流低电势电位差计只能作测量用,不能作信号源使用。

2. 环境条件与动力条件

环境温度:(20±5)℃;[0.2级及以上的变送器为(20±2)℃]

相对湿度:45%~75%。

仪表的供电电源:交流电压220 V,变化不超过额定值的±1%;频率变化不超过额定值的±1%。直流电压24 V,变化不超过额定值的±1%。

除地磁场外,无影响仪表正常检定的外磁场。

表 7—18　校准时所需的标准仪器及设备

序号及仪器设备名称	技术要求	用途	备注
1.直流低电势电位差计或标准直流电压源	0.02级、0.05级	校准热电偶输入的变送器(不带传感器)	输出阻抗不大于100 Ω
2.直流电阻箱	0.01级、0.02级	校准热电阻输入的变送器(不带传感器)	
3.补偿导线及0℃恒温器	补偿导线应与输入热电偶分度号相配,经检定具有10℃~30℃的修正值 0℃恒温器的温度偏差不超过±0.1℃	具有参考端温度自动补偿变送器(不带传感器)校准用的专用连线	0℃恒温器可用冰点槽代替
4.专用连接导线	其阻值应符合制造厂说明书的要求。三线连接时,线间电阻值之差应尽可能小,在阻值无明确规定时,可在同一根铜导线上等长度(不超过1m)截取三段导线组成	直流电阻箱与变送器输入端之间的连接导线	
5.直流电流表	0 mA~30 mA 0.01级~0.05级	变送器输出信号的测量标准	
6.直流电压表	0 V~5 V、0 V~50 V 0.01级~0.05级	直流电压表单独可以作为变送器电压输出信号的测量标准;与标准电阻组合取代直流电流表作为变送器电流输出信号的测量标准	
7.标准电阻	100 Ω(250 Ω) 不低于0.05级		

表 7－18（续）

序号及仪器设备名称	技术要求	用途	备注
8.交流稳压源	220 V,50 Hz,稳定性 1%,功率不低于 1 kW	变送器的交流供电电源	
9.直流稳压源	12 V～48 V,允差±1%	变送器的直流供电电源	
10.二等铂电阻标准装置或二等水银温度计标准装置	符合相应规程中对标准器及配套设备的要求	带热电阻温度变送器校准用的输入标准	
11.一、二等标准铂铑10－铂热电偶标准装置	符合相应规程中对标准器及配套设备的要求	带热电偶温度变送器校准用的输入标准	
12.绝缘电阻表	直流电压 100 V,500 V10 级	测量变送器的绝缘电阻	带传感器的变送器用 100 V
13.耐电压试验仪	输出电压:交流 0 V～1 500 V 输出功率:不低于 0.25 kW	测量变送器的绝缘强度	

（二）校准项目和校准方法

温度变送器的校准项目如表 7－19 所示。

表 7－19 校准项目

项目序号	检定项目	通常校准	新制造不带传感器
1	测量误差	＋	＋
2	绝缘电阻	＋	＋
3	绝缘强度	－	＋
4	负载特性	＊	＊
5	电源影响	＊	＊
6	输出交流分量	＊	＊

注:表中"＋"表示应校准,"＊"表示 DDZ 系列变送器可校准,"－"表示可不校准。

1. 绝缘电阻

（1）技术要求

绝缘电阻应不小于表 7－20 的规定。

表 7－20 绝缘电阻的技术要求   MΩ

试验部位	技术要求	说明
输入、输出端子短接-外壳	20	适用于二线制变送器
电源端子-外壳	50	适用于四线制变送器
输入、输出端子短接-电源端子	50	
输入端子-输出端子	20	只适用于输入、输出隔离的变送器

（2）校准方法

断开变送器电源，用绝缘电阻表按表7－20的部位进行测量，测量时应稳定5 s后读数。

2. 绝缘强度

（1）技术要求

变送器应能承受频率50 Hz，电压有效值符合表7－21规定的交流试验电压，历时1 min的试验，应无击穿和飞弧现象。绝缘强度应不小于表7－21的规定。带传感器的变送器不进行此项试验。

表7－21　绝缘强度的技术要求　　　　　　　　　　　　　　　　　　　V

试验部位	试验电压			说明
	12 V～24 V供电	110 V供电	220 V供电	
输入、输出端子短接-外壳	500	500	500	适用于二线制变送器
电源端子-外壳	500	1 000	1 500	适用于四线制变送器
输入、输出端子短接-电源端子	500	1 000	1 500	
输入端子-输出端子	500	500	500	只适用于输入、输出隔离的变送器

（2）校准方法

断开变送器电源，按表7－21的规定将各对接线端子依次接入耐压试验仪两极上，缓慢平稳地升至规定的电压值，保持1 min，观察是否有击穿和飞弧现象。然后，将电压缓慢平稳地降至零。

3. 测量误差

（1）技术要求

不带传感器的仪表的准确度等级有以下几种：0.1，0.2，0.5，1.0，1.5，2.5。相应的最大误差应不超过输出量程的±0.1％，±0.2％，±0.5％，±1.0％，±1.5％，±2.5％。

带传感器的仪表最大允许误差由两部分组成：热电阻或热电偶允差和信号转换器允差，是两者绝对值之和。

（2）校准方法

a）校准前的准备工作

设备配置与连接。尤其是热电偶输入的变送器，具有参考端温度自动补偿时，应采用补偿导线法进行接线检定，如图7－49所示；热电阻输入的变送器，应采用三线制连接，如图7－50所示；输出部分的连接，二线制与四线制是不一样的，如图7－51、图7－52所示。

通电预热。预热时间按制造厂说明书中的规定进行，一般为15 min；具有参考端温度自动补偿的仪表为30 min。

校准前的调整。通电预热后，在检定前应对零点和量程进行调整。校准过程中不允许调整。

注：一般变送器的调整比较简单，按说明书的要求进行即可，而HART变送器的调整不能如法炮制。根据HART变送器的工作原理，调整步骤取决于变送器应用的具体目的（只要求获得温度的数字显示和数字量的输出，还是要求获得某温度范围内所对应的4 mA～20 mA信号输出）。

如果只要求获得温度变量的数字表示和输出来进行监视和控制，那么就必须对传感器的输入部分单独进行测试和调节。注意，此过程变量的读数和毫安输出是完全独立的，并且和零点设置、满量程设置没有关系。输入部分的调节相当于数字温度指示仪的调整:分别输入 2～3 个标准的温度信号,通过手操器测量其读数,并进行调整。对输入部分进行校准后,此时读得的 PV 值即使处在设定的输出范围之外也仍然是准确的。如:一台温度变送器铭牌上的测量范围为 0 ℃～100 ℃～600 ℃,使用时设置在 0 ℃～100 ℃。此时如果输入 600 ℃的温度信号,则变送器的输出就会在刚刚大于 20 mA 时饱和。然而,在手操器上仍可准确地读到温度值。

对于只需要获得被测温度的读数,仅把变送器当作一个数字设备用,那么输入部分的调整就是调整的全部工作。

如果需要获得某温度范围内所对应的 4 mA～20 mA 输出信号,那么还必须对输出部分单独进行测试和校准。注意,此项校准与输入部分的校准是完全独立的。与变换部分的操作(零点设置和满量程设置)也没有关系。输出部分的调整:通过手操器使变送器进入一种固定的电流输出模式。测试的输入值是指令变送器产生的 mA 值(通常为 4 mA 和 20 mA),其输出值是通过标准电流表测量变送器的实际电流值。如果不符合要求,可以按制造厂建议的步骤来调节输出部分。

校准点的选择。校准点应包括上、下限值和量程 50%附近在内不少于 5 个点。校准点原则上应是均分的。

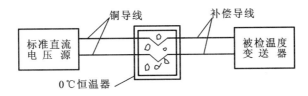

图 7－49　热电偶输入的变送器(有参考端温度自动补偿)输入部分接线

图 7－50　热电阻输入的变送器输入部分接线

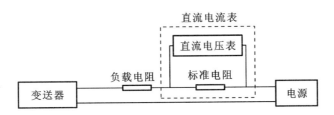

图 7－51　二线制电动温度变送器输出部分的连接

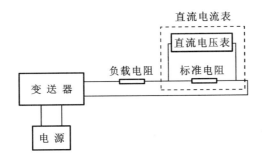

图 7－52　四线制电动温度变送器输出部分的连接

b）校准方法

不带传感器的变送器从下限开始平稳地输入各校准点对应的信号值，读取并记录输出值直至上限；然后反方向平稳改变输入信号依次到个各校准点，读取并记录输出值直至下限，这为一次循环。必须进行3个循环的校准。在校准过程中不允许调整零点和量程，在接近校准点时，输入信号应足够慢，避免过冲现象。

注：热电偶输入的变送器（有参考端温度自动补偿）校准时，各校准点的输入信号应为校准点对应的电量值减去补偿导线修正值。

基本误差按公式（7—42）计算：

$$\Delta_A = A_d - A_s \tag{7-42}$$

式中：Δ_A——变送器各校准点的基本误差；mA 或 V；

A_d——变送器上行程或下行程各校准点的实际输出值；mA 或 V；

A_s——变送器各校准点的理论输出值，mA 或 V。

注意：误差计算过程中数据处理原则：小数点后保留的位数应以舍入误差小于温度变送器最大允许误差的 $\frac{1}{10} \sim \frac{1}{20}$ 为限。判断温度变送器是否合格应以舍入以后的数据为准。

具有显示单元的变送器，其显示部分示值误差的校准应按 JJG 617—1996《数字温度指示调节仪》进行。

带传感器的变送器在校准时测量顺序可以先从测量范围的下限温度开始，然后自下而上依次测量。在每个试验点上，待温度源内温度足够稳定后进行测量（一般不少于 30 min），应轮流对标准温度计和变送器的输出进行反复 6 次读数。

4. 负载特性

（1）技术要求

DDZ 系列电动温度变送器的负载电阻在表 7—22 的范围内变化时，输出下限值及量程的变化不应超过允许基本误差的绝对值。

表 7—22　DDZ 系列变送器负载电阻的变化范围　　Ω

DDZ—Ⅱ系列	0～1500	四线制，0 mA～10 mA 输出
DDZ—Ⅲ系列	0～50	四线制，1 mA～5 V 电压输出
	250～350	二线制，4 mA～20 mA 输出
DDZ—S 系列	250～350	二线制，4 mA～20 mA 输出
	0～600	四线制，4 mA～20 mA 输出
模块式	250～350	二线制，4 mA～20 mA 输出
	0～500	四线制，4 mA～20 mA 输出

（2）校准方法

将负载电阻置于范围的上限值，分别输入测量范围的下限值和上限值，并记录输出的下限值和上限值。然后改变负载电阻至范围的下限值，分别输入测量范围的下限值和上限值，并记录输出的下限值和上限值。计算负载电阻变化引起的输出下限值变化和量程变化。

5. 电源影响

（1）技术要求

DDZ 系列电动温度变送器的电源电压在表 7－23 的范围内变化时，输出下限值及量程的变化不应超过允许基本误差的绝对值。

表 7－23　DDZ 系列变送器电源电压的变化范围

DDZ－Ⅱ系列	187 V～242 V	四线制。交流电压，额定电压 220 V
DDZ－Ⅲ系列	187 V～242 V	四线制。交流电压，额定电压 220 V
	22.8 V～25.2 V	二线制。直流电压，额定电压 24 V
DDZ－S 系列	21.6 V～26.4 V	二线制。直流电压，额定电压 24 V
模块式	21.6 V～26.4 V	二线制。直流电压，额定电压 24 V

（2）校准方法

将电源电压调至额定值，分别输入测量范围的下限值和上限值，并记录输出的下限值和上限值。然后改变电源电压至范围的下限值和上限值，分别输入测量范围的下限值和上限值，并记录输出的下限值和上限值。计算电源电压由额定值变化至下限值和上限值引起的输出下限值变化和量程变化。

6. 输出交流分量

（1）技术要求

DDZ 系列电动温度变送器输出交流分量应不超过表 7－24 的规定。

表 7－24　DDZ 系列变送器输出交流分量允许值

DDZ－Ⅱ系列	20 mV	四线制，电流输出，在 200 Ω 负载电阻上测得
DDZ－Ⅲ系列	40 mV	四线制，电压输出，在输出端子上测得
	150 mV	二线制，电流输出，在 250 Ω 负载电阻上测得
DDZ－S 系列	150 mV	二线制，电流输出，在 250 Ω 负载电阻上测得
模块式	40 mV	电流输出，在 250 Ω 负载电阻上测得

（2）校准方法

在输出量程的 10％，50％，90％处，分别用交流电压表在表 7－24 规定的部位测量交流电压值。

（三）校准实例

一台 0.5 级配热电偶的变送器，具有参考端温度自动补偿，测量范围 $0\sim500$ ℃，输出 4 mA～20 mA。校准时补偿导线的修正值 $e＝0.008$ mV。校准记录和测量误差的计算结果如表 7－25 所示。校准用标准器：2553 标准直流电压电流发生器，最大允许误差为 $\pm(0.02\%$读数＋0.01 mV)，作为输入的标准器；725 多功能现场校准仪作为测量标准，测量范围 $0\sim24$ mA，最大允许误差为 $\pm(0.02\%$读数＋0.001 mA)。检定时，输入的信号为校准点温度所对应的毫伏值减去补偿导线修正值 0.008 mV。

表 7－25　校准记录和数据处理结果

被校点		理论输出值 mA	实际输出值/mA						误差 mA
℃	mV		第一次		第二次		第三次		
			上行程	下行程	上行程	下行程	上行程	下行程	
0.0	0.000	4.000	—	3.987	—	3.990	—	3.989	−0.013
100.0	4.096	7.200	7.189	7.192	7.190	7.193	7.193	7.196	−0.011
200.0	8.138	10.400	10.396	10.398	10.395	10.397	10.398	10.399	−0.005
300.0	12.209	13.600	13.596	13.597	13.597	13.599	13.599	13.600	−0.010
400.0	16.397	16.800	16.798	16.798	16.797	16.799	13.798	13.801	−0.003
500.0	20.644	20.000	19.998	—	19.997	—	19.998	—	−0.003

第八章 >>>>

温度试验装置

第一节 概　　述

　　热学中的温度参数,在电力、化工、石油、冶金、农业和医药等行业中都是重要的参数。在实际工作中,由于被测对象的不同和检测条件的差异,尽管是同一种参数,但其检测方法、设备和系统也不完全一样。同样是温度参数,就可能有物体表面的温度、火焰温度、炉内温度、高速气流温度等不同的检测对象,又有高温、中温和低温等不同的检测范围,还有热电偶测温、热电阻测温、辐射感温器测温等不同的检测方法。另外根据不同准确度要求还有精密检测和一般检测等。所以在实际检测工作中,必须根据不同的情况,具体分析,区别对待。

　　科学技术和工业生产的不断发展,不仅为温度检测技术提供了新的检测理论和检测方法,而且还研究并开发出了各种新的温度检测工具,即各类温度仪器仪表和设备,开拓了新的检测领域,推动了温度检测技术的发展。

　　随着计算机的迅速发展,涌现出了计算机与温度仪表相结合的检测系统或装置,它们可以对温度等参数进行自动检测、自动转换量程、自动采集检测点、自动调节零点、自动校准、自动完成数据计算、自动记录检测结果、自动修正误差,甚至自动监测故障。由微型计算机与温度传感器及检测仪器相结合组成的智能温度检测仪器,不仅能完成上述一系列自动化检测任务,而且还可以进行程序控制、贮存数据,以及分析和处理信息、传送信息,实现热工过程检测和过程控制、生产过程计算机监控管理等。

　　在温度参数的检测过程中,需要一定的检测设备去实现被测量的量与单位标准量比较过程。它输入被测量,输出被测量与单位量的比值。我们把检测过程中单独地或连同辅助设备一起用以进行测量的器具称为检测仪表(仪器)。把测量仪器、测量标准、参考物质、辅助设备以及进行测量所必需的资料总称为检测设备。用于检测温度参数的仪表叫作温度检测仪表,它属于热工仪表的一大类。

　　在温度参数检测中,特别是带传感器的温度仪表在检测校准过程中,需要温度源来提供检测时必需的恒定温度,如恒温槽、干体炉、检定炉。要准确地进行检测,必须对恒温槽、干体炉等辅助设备提出必要的技术要求,如温场(恒温区域)、温度的偏差。有些设备(如箱式电阻炉、高低温箱)虽不直接测试温度,但一些样品或材料需要热处理,需要在一定的温度下存放规定的时间,这就需要这些设备符合一定的技术要求来满足样品或材料的实验需求。

　　我们把提供稳定温度、湿度进行检测的设备称为温度试验装置。除温度校准仪外,温度试验装置一般本身不是计量器具,只提供恒定的温(湿)度,稳定的温场,来保证被测温度仪表(实验样品或材料)在检测过程中能得到准确可靠的数据。

一、作用与特点

温度试验装置的作用就是辅助温度标准器对被测温度仪表(传感器)进行量值传递,确保在量传过程或检测过程中,温度试验装置提供稳定的温度恒定区域,被检仪表在规定的技术条件下按照检定规程和校准规范的要求进行检测。

温度试验装置的特点主要有:

(1) 是温度检测设备的一部分,主要起辅助作用;

(2) 除温度校准仪外,本身不是计量器具,但缺少它温度检测不能进行;

(3) 提供稳定的温度区域,这些区域是保证量值传递或实验正常进行的必要条件;

(4) 温度试验装置都是独立的温度仪器或设备;

(5) 热电偶和热电阻自动测量系统是温度试验装置的一个特例,它对整个测量过程和各个部件以及最后的数据获得都做了规定,只有在此规定下,经系统测量的热电偶和热电阻的最后结果才是有效的。

二、种类

温度试验装置一般分为四种类型:

(1) 作为标准器的辅助设备,如:恒温槽、干体炉、检定炉、固定点装置等;

(2) 作为实验仪器,如箱式电阻炉、温度试验设备、环境试验设备等;

(3) 现场检测设备,即可作为传感器的模拟信号源,又可作为温度显示仪表,如温度校准仪等;

(4) 本身是专门测量热电偶、热电阻的测量设备。

第二节　恒温槽

顾名思义,恒温槽就是能提供恒定温度的槽体,广泛使用于精细化工、生物工程、医药食品、冶金、石油、农业等领域,是研究院、高等院校、工矿企业实验室、质检部门理想的恒温设备。一般可分为恒温空气(通常称作恒温箱)、恒温液体(通常称作恒温槽)。由于恒温的液体温度范围不同,又分为低温恒温槽(一般是−80 ℃～100 ℃)、超级恒温槽(一般是室温～300 ℃)。又因为100 ℃以上的液体介质不能用水而用油,通常又称为油槽。恒温槽的别名也有很多,比如恒温水油槽、恒温水浴锅、恒温水箱、恒温循环器、电热恒温水浴等等,它们一般都是通过电阻丝来加热、压缩机制冷,辅助配以 PID 等控制器,获得一个期望的恒定温度环境从而达到实验目的。

恒温槽要求对槽内液体精确控温(控温精度是 0.1 ℃甚至是 0.01 ℃)。最常用的控温方法是用电阻丝加热、压缩机制冷的方法,辅以 PID 微机自整定精确温度控制方式,将恒温槽的温度稳定在所需要的设定温度上。

恒温槽一般都配备有高稳定的铂电阻 PRT 或其他温度传感器,以分别用来实现对恒温槽的温度控制和自动保护功能。控制器使用特殊的噪声抑制电路,因此能够检测出高稳定性恒温槽所要求的微小的电阻变化。仪器内部使用交流电桥测量温度来减小热电势。定制的、高精度、低温度系数的电阻保证了温度设定点的短期和长期稳定性。

先进的滤波技术克服了电源噪声干扰和杂散的电磁干扰和无线电干扰。采用比例积分控制功能来控制供给恒温槽加热器的功率,精密的工厂调试几乎消除了过冲的影响,使得恒温槽能够在到达温度设定点之后迅速达到其最高的温度稳定性。恒温槽性能卓越的一个关键因素在于热端口技术。它将制冷螺旋管和加热器呈夹层形安装在恒温槽不锈钢筒的侧面,钢筒的底部变成了热交换端口,大部分热量通过这个端口进出恒温槽。钢筒周围良好的绝缘设计最大限度地减少了热量泄漏。

1. 制冷恒温槽

制冷恒温槽用来检定 0 ℃ 以下的温度计,它是将低温槽和恒温水槽合二为一的恒温槽,其工作原理如图 8-1 所示。在搅拌器 4 的推动下,工作介质(5 ℃ 以上用蒸馏水,5 ℃ 以下用酒精)在混合区 2 自上而下流动,先经加热器 3 进行热交换,使工作介质达到某一合适温度,由搅拌器 4 进行强迫搅动,使温度不均匀的介质充分混合,并推动介质从底部流出,再导流向上进入工作区 6。介质在流过工作区时要求介质尽量减少与外界的热交换,并具有一定的流动速度,这样才能保证工作区介质温度均匀,并以利于高精度的温度控制,然后介质再进入混合区,依次做循环流动。控温仪的感温元件 5 置于流体之中,用于测量温度信号,使控温系统根据槽温变化以 PID 调节方式控制加热器工作,自动控制槽温在设定温度下工作。当槽温低于室温工作时,制冷机运行,它通过安装在槽体中的盘管蒸发器 1 冷却工作介质,实现降温。根据恒温槽不同的工作状态,制冷量分两挡可调。在降温时,为使槽温快速下降,可使制冷机在蒸发温度较高,负荷较大的工况下工作;在恒温或下限温度附近工作时,则制冷机在蒸发温度较低、负荷较小的工况下工作,有利于温度稳定。恒温时,冷却和加热两种功能同时作用,制冷机通过蒸发器 1 所产生的冷量应保持恒定不变,它一部分补偿槽体的散热损失和搅拌发热,另一部分则由电加热器产生的热量予以平衡,从而使槽温保持恒定。所以,恒温槽主要是采用调节加热器发热量的大小来实现自动控温,而制冷机产出的冷量主要用于降温,恒温时要求它的大小适度,过大会影响温度波动度和增加能耗。制冷恒温槽主要由槽体、搅拌器、温度控制系统、制冷系统和箱壳等组成。当恒温槽工作温度在 -40 ℃ 时采用一级制冷,制冷剂用 R502。最低温度为 -60 ℃ 或 -80 ℃ 的恒温槽采用二级多叠式制冷系统,第一级为高温级,制冷剂用 R22,第二级为低温级,制冷剂用 R13。系统主要由压缩机、冷凝器、蒸发冷凝器、毛细管膨胀系统和蒸发器等主要部件组成。

制冷恒温槽是将低温槽和水槽合二为一,故在检定 0 ℃ 以上标准温度计时可将槽内酒精换成蒸馏水,这样可以工作到 95 ℃,当低温槽工作到 40 ℃ 时应将制冷系统关闭,否则会损坏制冷系统。制冷恒温槽的结构如图 8-2 所示。

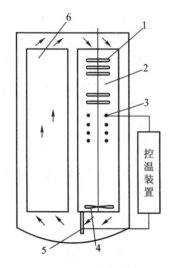

图 8-1 制冷恒温槽原理
1—盘管蒸发器;2—混合区;3—加热器;
4—搅拌器;5—控温仪的感温元件;6—工作区

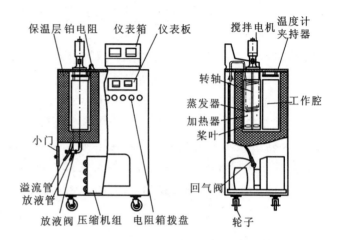

图 8-2 制冷恒温槽结构示意

2. 恒温油槽

恒温油槽的结构如图 8-3 所示。油槽的加热筒内为工作室,在加热圆筒内外都充满油,搅拌器装在加热筒的下部,搅拌叶与磁钢固定在同一轴体上,串激电机装在槽体下部,电机轴的顶端装有磁钢,当电机转动时带动轴上的磁钢随之转动,并靠磁力带动搅拌装置的磁钢转动,从而带动搅拌叶转动。搅拌叶转动时,推动加热筒内的油自下而上流动,流向筒外又自上而下流动,如此循环往复。对筒内受加热丝加热的油进行搅拌,使油的温度均匀。由于油是绝缘介质,因而加热丝可直接裸露在油中用 220 V 加热,加热器采用两组并联,升温时同时加热,恒温时只用一组加热。总的加热功率是 4 kW 时,油槽的绝热层要能保证当油温达到 300 ℃时,油槽外壳的温度不超过 60 ℃～70 ℃,以保证槽内有均匀稳定的温场。

油槽工作室上部是温度计插盘和大理石面板,保温层,溢油管装在上部,工作室中的油加热后液面升高,当升高到超过溢油管时,油从溢油管中流出,注入盛油桶中。槽盖上的接线座用于连接控制槽温的铂热电阻,恒温槽加热丝和恒温槽控制器可把槽内介质加热并控制在 90 ℃～300 ℃范围内任意温度。油槽的工作介质为油,根据温度范围可选择不同的油(见表 8-1)作油槽的工作介质。

表 8-1 各种油介质的使用温度范围

油品名称	使用温度范围/℃	闪点/℃
甲基硅油	20～300	>300
变压器油	20～120	135
HJ-10 机械油	50～150	165
HG-65H 汽缸油	200～300	320
棉籽油	80～200	>300
花生油	80～200	>300

使用新油时要注意缓慢加热,这是由于新油含有水分或其他低闪点杂质,加热到 100 ℃

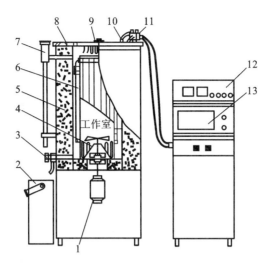

图 8-3 恒温油槽结构示意

1—串激电机;2—盛油桶;3—放油阀;4—搅拌器;5—保温层;6—加热筒;7—溢油管;
8—大理石面板;9—温度计插盘;10—铂热电阻;11—接线座;12—控制台;13—温度控制器

以上温度时油中水分汽化,产生油沫,可以将槽温维持在 110 ℃~120 ℃直到油沫消失为止。油在常温下有一定的黏度,特别是汽缸油黏度较大,故开始升温时不能使用搅拌器,等黏度减小后再使用搅拌器。油槽在高温使用后会有一定量的油从溢油管中排出槽外,重新从较低温度使用时往往油面偏低,有时甚至将加热丝裸露在油外,这时必须将原来使用过的油加入槽内,使加热丝浸入油内,以免因局部温度过高引起燃烧。在选用油槽用的油时,应注意闪点温度(开口闪点)必须高于油槽最高工作温度 20 ℃。

放置油槽的实验室必须有良好的通风装置,以便将油烟尽快排出室外。当遇到油槽着火时,应首先切断电源,停止继续加热和通风,用石棉布将油槽盖住,或用二氧化碳灭火器进行扑灭,切忌用水来扑灭油火。

另外有一种新型的标准油槽,它具有带数字显示控温仪的高精度控温系统。并在油槽上安装了储油箱和油泵循环装置,实现了自动加油和槽温快速冷却等功能,这种油槽性能优良,能提高功效,减轻劳动强度,使油槽周围没有油污。

3. 盐槽、锡槽

300 ℃~500 ℃范围温度计的检定可在盐槽、锡槽或热管槽中进行。

①盐槽的工作温度为 300 ℃~500 ℃,槽中介质一般采用 55％硝酸钾和 45％硝酸钠的混合盐类,其熔化温度约为 218 ℃,使用上限为 550 ℃。为避免盐液对温度计玻璃的腐蚀,每个插孔均装有不锈钢保护管。盐槽应安装在有通风装置的室内,400 ℃~500 ℃时水银温度计感温泡可能偶然损坏,水银蒸气应及时排出室外。使用盐槽应特别小心,避免盐液溅出发生烫伤。盐槽结构如图 8-4 所示。

②锡槽与盐槽的结构大致相同(图 8-5),锡槽的工作介质用金属锡。

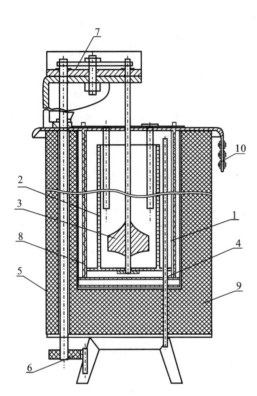

图 8－4 恒温盐槽结构示意

1—外圆筒；2—内圆筒；3—搅拌器；
4—钢管；5—外壳；6,7—齿轮；
8—加热器；9—保温层；10—接线板

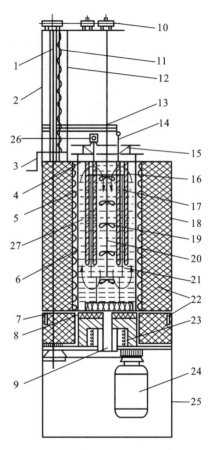

图 8－5 恒温锡槽结构示意

1—搅拌传动轴；2—立柱；3—升降摇柄；4—槽盖；5—上加热器；
6—下加热器；7—底座；8—底加热器；9—放锡口；10—皮带轮；
11—升降杆；12—导柱；13—升降臂；14—水银温度计；15—夹持器；
16—管状加热器；17—温度计保护管；18—上门；19—搅拌叶；
20—搅拌轴；21—内筒（导流筒）；22—保温层；23—放锡加热器；
24—电动机；25—下门；26—控温铂热电阻；27—锡

一、工作原理

恒温槽是以液体为导热介质，通过温度控制系统以及搅拌或射流装置的作用，达到设定温度，并保持其内部工作区域的温度稳定均匀，是检定、校准各类温度计或其他计量器具所需要的恒温设备。恒温槽工作区域见图 8－6。

二、测试方法

测试的依据是 JJF 1030—2010《恒温槽技术性能测试规范》，主要测试项目为恒温槽工

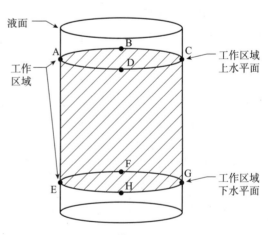

图 8－6 恒温槽工作区域示意图

作区域的稳定性、均匀性,其中均匀性包括上水平面温差、下水平面温差、工作区域最大温差。

(一)测试条件

1. 环境条件

环境温度:15 ℃～35 ℃或满足产品使用说明书中的要求;

环境相对湿度:35%～85%或满足产品使用说明书中的要求。

环境条件还应满足电测仪器的其他使用要求。

2. 测量用标准器及配套设备

测量用标准器及配套设备见表8-2。

表8-2 测量用标准器及配套设备

序号	设备名称	技术要求	数量	用途	备注
1	铂电阻温度计	二等	2支	标准器	使用标准铂电阻温度计测量电桥,也可以使用满足下列要求的其他测量系统:由标准器、电测仪器以及配套设备所引入的扩展不确定度,应符合对被测恒温槽波动性和均匀性的测量要求(即不确定度值不大于波动性和均匀性绝对值的1/3)*
2	测温电桥	准确度0.02级;分辨力相当于1 mK	1台	电测设备	
3	低热电势转换开关	杂散电势<0.4 μV	1个	转换开关	

* 必须使用外套管材质相同的两只铂电阻温度计,使用金属套管铂电阻温度计测量垂直温场时,应考虑温度计自身漏热影响。

(二)测试项目与测试方法

1. 测量项目

稳定性和均匀性,其中均匀性包括上水平面温差、下水平面温差和工作区域最大温差。

2. 测试方法

(1)测试前的准备

测试前必须先开启电测设备电源进行预热,预热时间至少20 min或满足电测设备使用说明书的相应要求。

按照使用说明书的要求使恒温槽处于正常工作状态,并保证工作区域的液面处于规定的位置。

(2)波动性测试

恒温槽波动性的测试,一般选择在恒温槽实际工作温度范围的上限和下限进行。根据用户需求,也可以抽测恒温槽工作温度范围内其他温度点的波动性。

将恒温槽的温度设定在下限温度(或上限温度),将一支温度计插入工作区域内1/2深度位置,待恒温槽第一次达到设定温度后稳定至少10 min或恒温槽使用说明书要求的稳定时间,才可以读数。开始读数时恒温槽实际温度(以标准器为准)与测试点温度偏离应不超过±0.2 ℃。以每分钟至少6次的均匀间隔读取示值,持续10 min或恒温槽使用说明书中规定的时间。取最大值与最小值的差,换算为温度值,即为恒温槽在下限温度(或上限温度)

相应时间间隔内的波动性。

（3）均匀性测试

均匀性测试的温度点一般选择在恒温槽实际工作温度范围的上限和下限进行。测试点位置一般选择在工作区域上、下水平面上均匀分布的典型位置上。见图8-6中位置 A、B、C、D、E、F、G 和 H。

根据用户需求，也可以抽测恒温槽工作温度范围内其他温度点；也可以抽测恒温槽工作区域内的其他位置。

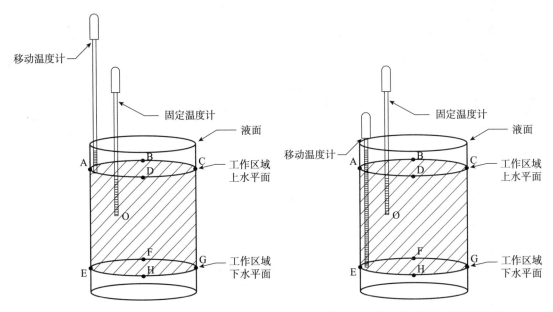

图 8-7　上水平面均匀性测试示意　　　　图 8-8　下水平面均匀性测试示意

a）测试步骤

将恒温槽点温度设定在下限温度（或上限温度），将一支温度计作为固定温度计插入工作区域 1/2 深度，固定在参考位置 O，另一支温度计作为移动温度计插入工作区域中的上水平面位置 A，如图8-7所示。待恒温槽第一次达到设定温度后稳定至少 10 min 或恒温槽使用说明书要求的时间，才可以读数。开始读数时恒温槽实际温度（以标准器为准）与测试点温度偏离应不超过 ± 0.2 ℃。按固定温度计→移动温度计→移动温度计→固定温度计→固定温度计→移动温度计→移动温度计→固定温度计的测量顺序，依次得到示值 R_{A1}^{O}、R_{A1}、R_{A2}、R_{A2}^{O}、R_{A3}^{O}、R_{A3}、R_{A4}、R_{A4}^{O}。计算固定温度计示值：

$$\overline{R_{A}^{O}} = (R_{A1}^{O} + R_{A2}^{O} + R_{A3}^{O} + R_{A4}^{O})/4$$

计算移动温度计示值：

$$\overline{R_{A}} = (R_{A1} + R_{A2} + R_{A3} + R_{A4})/4$$

则此时 A 点相对于 O 点温度示值差为

$$R_{A-O} = \overline{R_{A}} - \overline{R_{A}^{O}}$$

保持固定温度计的原有位置，将移动温度计插入工作区域中的下水平面位置 E，如图8-8所示。待两支温度计示值变化稳定后才可以读数。按固定温度计→移动温度计→

移动温度计→固定温度计→固定温度计→移动温度计→移动温度计→固定温度计的测量顺序，依次得到示值 R_{E1}^O、R_{E1}、R_{E2}、R_{E2}^O、R_{E3}^O、R_{E3}、R_{E4}、R_{E4}^O。计算固定温度计示值：

$$\overline{R_E^O} = (R_{E1}^O + R_{E2}^O + R_{E3}^O + R_{E4}^O)/4$$

计算移动温度计示值：

$$\overline{R_E} = (R_{E1} + R_{E2} + R_{E3} + R_{E4})/4$$

则此时 E 点相对于 O 点点温度示值差为

$$\overline{R_{E-O}} = \overline{R_E} - \overline{R_E^O}$$

依次类推，按照上述方法可以分别得到工作区域内 B、C、D、E、F、G 和 H 点相对于 O 点示值差 R_{B-O}、R_{C-O}、R_{D-O}、R_{E-O}、R_{F-O}、R_{G-O}、R_{H-O}。

b）数值计算

在 R_{A-O}、R_{B-O}、R_{C-O}、R_{D-O} 中找到最大值和最小值，最大值减去最小值换算为温度即为工作区域上水平面的最大温差。

依次类推，通过 R_{E-O}、R_{F-O}、R_{G-O}、R_{H-O} 可以得到工作区域下水平面的最大差值。

在 R_{A-O}、R_{B-O}、R_{C-O}、R_{D-O}、R_{E-O}、R_{F-O}、R_{G-O}、R_{H-O} 中找到最大值和最小值，最大值减去最小值的差换算为温度即为工作区域的最大温差。

具有双通道温差显示功能的标准温度计出现，上述均匀性测试的工作量将明显简化。由于温度计显示的直接是温度单位，省去了电阻值换算成温度值的过程。

以上水平面均匀性测试为例，A、B、C、D 各点相对于 O 点温度示值差直接显示为 Δt_{A-O}、Δt_{B-O}、Δt_{C-O}、Δt_{D-O}，按要求每一点温度示值差是 4 次测量的平均值。取 4 个点中温差最大值和最小值，最大值减去最小值即为工作区域上水平面的最大温差。依次类推，可以方便地得到下水平面的最大温差和工作区域的最大温差。

三、测量不确定度评定

1. 恒温槽温度均匀性测量结果的不确定度评定

（1）测量方法

选择两支二等标准铂电阻温度计，配接高精度数字多用表 HY2003A，进行测量。一支作为固定温度计固定在恒温槽工作区域内的 O 点，另一支作为移动温度计分别固定在工作区域内的 A 点和 B 点，通过"参考位置"法得到 OA 点和 OB 点之间点温差，通过两者点差，得到 A 点与 B 点的温差。选择测试温度为 50 ℃。

（2）测量模型

恒温槽工作区域内 A、B 两点的温度差为

$$\Delta t_{A-B} = (R_{A-O} - R_{B-O})/(dR/dt)_{t=t_i} \tag{8-1}$$

式中：Δt_{A-B}——恒温槽工作区域内 A、B 两点的温度差，℃；

R_{A-O}——A 点相对于 O 点的电阻差值，Ω；

R_{B-O}——B 点相对于 O 点电阻差值，Ω；

$(dR/dt)_{t=t_i}$——标准铂电阻在测试温度点 t_i 点电阻变化率。

将电阻值转化为温度值时，式（8-1）可表示为

$$\Delta t_{A-B} = (\Delta t_{A-O} - \Delta t_{B-O}) \tag{8-2}$$

（3）不确定度来源

a）测量重复性引入的不确定度；

b）Δt_{A-O} 项引入的不确定度；

c）Δt_{B-O} 项引入的不确定度。

（4）标准不确定度分量的计算

a）测量重复性引入的标准不确定度分量 u_1

在 50 ℃时，按照 JJF 1030—2010 的测试方法对 A 和 B 两点的温差测试 10 次，得到 $s=0.001$ ℃，换算成电势为 1 mK，则

$$u_1 = 1 \text{ mK}$$

b）Δt_{A-O} 项引入的标准不确定度分量 u_2

主要包括两支标准铂电阻温度计之间差值的短期稳定性、电测仪表分辨力、两测量孔内温度变化不一致性等（两支铂电阻量程基本一致时，电测仪表短期稳定性引入的不确定度可忽略），属 B 类评定。

①两支标准铂电阻温度计之间短期稳定性引入的标准不确定度 $u_{2,1}$

两支标准铂电阻温度计，在短时间内（一般不超过 10 min）互相之间产生的变化估计为 1 mK，按均匀分布处理，则

$$u_{2,1} = 1 \text{ mK}/\sqrt{3} = 0.58 \text{ mK}$$

②电测仪表分辨力引入的标准不确定度 $u_{2,2}$

HY2003A 数字多用表分辨力为 0.1 mΩ（使用 Pt25 Ω 铂电阻相当于 1 mK），读数区间的半宽度为分辨力的一半，即 $a = 1 \text{ mK}/2 = 0.5 \text{ mK}$，按均匀分布处理，则

$$u_{2,2} = 0.5 \text{ mK}/\sqrt{3} = 0.29 \text{ mK}$$

③两测量孔内温度变化不一致引入的标准不确定度 $u_{2,3}$

两支铂电阻温度计分别插在两个孔内，两个孔内温度变化存在不一致的可能，估计不超过 1 mK，取半宽区间为 0.5 mK，按均匀分布处理，则

$$u_{2,3} = 0.5 \text{ mK}/\sqrt{3} = 0.29 \text{ mK}$$

c）Δt_{B-O} 项引入的标准不确定度分量 u_3

主要包括两支标准铂电阻温度计之间短期稳定性、电测仪表分辨力、两测量孔内温度变化不一致性等（两支铂电阻量程基本一致时，电测仪表短期稳定性引入的不确定性可忽略），属 B 类评定。

①两支标准铂电阻温度计之间短期稳定性引入的标准不确定度 $u_{3,1}$

两支标准铂电阻温度计，在短时间内（一般不超过 10 min）互相之间产生的变化估计为 1 mK，按均匀分布处理，则

$$u_{3,1} = 1 \text{ mK}/\sqrt{3} = 0.58 \text{ mK}$$

②电测仪表分辨力引入的标准不确定度 $u_{3,2}$

HY2003A 数字多用表分辨力为 0.1 mΩ（使用 Pt25 Ω 铂电阻相当于 1 mK），读数区间的半宽度为分辨力的一半，即 $a = 1 \text{ mK}/2 = 0.5 \text{ mK}$，按均匀分布处理，则

$$u_{3,2} = 0.5 \text{ mK}/\sqrt{3} = 0.29 \text{ mK}$$

③两测量孔内温度变化不一致引入的标准不确定度 $u_{3,3}$

两支铂电阻温度计分别插在相距较远的两个孔内,两个孔内温度变化存在不一致的可能,估计不超过 1 mK,取半宽区间为 0.5 mK,按均匀分布处理,则

$$u_{3,3}=0.5 \text{ mK}/\sqrt{3}=0.29 \text{ mK}$$

(5) 合成标准不确定度

$$
\begin{aligned}
u_c^2 &= u_1^2 + u_2^2 + u_3^2 \\
&= u_1^2 + (u_{2,1}^2 + u_{2,2}^2 + u_{2,3}^2) + (u_{3,1}^2 + u_{3,2}^2 + u_{3,3}^2) \\
&= 1^2 + (0.58^2 + 0.29^2 + 0.29^2) + (0.58^2 + 0.29^2 + 0.29^2) \\
&= 2.00 \text{ mK}^2 \\
u_c &= 1.41 \text{ mK}
\end{aligned}
$$

(6) 扩展不确定度

取 $k=2$,则

$$U=ku_c=2\times1.41 \text{ mK}\approx3 \text{ mK}$$

2. 恒温槽温度波动性测量结果的不确定度评定

(1) 测量方法

将恒温槽稳定在 50 ℃,把一支铂电阻温度计插入恒温槽工作区域 1/2 深度处,配接高精度数字多用表 HY2003A,进行测量。每分钟至少测量 6 次,共持续 10 min。将测量结果的最高值减去最低值的差值,换算为温度,即为恒温槽温度变化的范围。

(2) 测量不确定度来源

①测量重复性;

②电测仪表短期稳定性;

③电测仪表分辨力;

④标准铂电阻温度计的短期稳定性等。

(3) 标准不确定度分量的计算

①测量重复性引入的标准不确定度分量 u_1

在 50 ℃时,对同一位置的温度波动性测试 10 次,得到 $s=0.002$ ℃,则

$$u_1=0.002 \text{ ℃}=2 \text{ mK}$$

②电测仪表短期稳定性引入的标准不确定度分量 u_2

HY2003A 数字多用表在短时间内(一般不超过 10 min)稳定性影响估计值为 0.2 mΩ(使用 Pt25 铂电阻相当于 2 mK),按均匀分布处理,则

$$u_2=2 \text{ mK}/\sqrt{3}=1.15 \text{ mK}$$

③电测仪表分辨力引入的标准不确定度分量 u_3

HY 2003A 数字多用表分辨力为 0.1 mΩ(使用 Pt25 铂电阻相当于 1 mK),读数区间的半宽度为分辨力的一半,即 $a=1 \text{ mK}/2=0.5 \text{ mK}$,按均匀分布处理,则

$$u_3=0.5 \text{ mK}/\sqrt{3}=0.29 \text{ mK}$$

④标准铂电阻温度计的短期稳定性引入的标准不确定度分量 u_4

标准铂电阻温度计的短期稳定性(如 10 min)估计不超过 1 mK,取半宽区间为 0.5 mK,按均匀分布处理,则

$$u_4=0.5 \text{ mK}/\sqrt{3}=0.29 \text{ mK}$$

（4）合成标准不确定度

$$u_c^2 = u_1^2 + u_2^2 + u_3^2 + u_4^2$$
$$= 2^2 + 1.15^2 + 0.29^2 + 0.29^2$$
$$= 5.49 \ mK^2$$
$$u_c = 2.34 \ mK$$

（5）扩展不确定度

取 $k = 2$，则

$$U = ku_c = 2 \times 2.34 \ mK \approx 5 \ mK$$

第三节　干体式温度校准器

干体式温度校准器（见图8-9）也称温度干体炉，产生标准温度场（空气介质），用于校准铂电阻、热电偶、水银温度计、双金属温度计等温度测量仪表用。干体炉利用内置均匀温块的均温作用来保证插入均温块的被校准温度计与参考标准温度保持一致。它至少由下面几部分组成：固体均温块、控制均温块温度的调节装置、用于测量均温块的传感器和温度显示器。这些部件可以是一个组合单元，或者是各个部件有明确分工的独立单元。干体炉具有体积小、便于携带、升降温度快的特点，是一种带有温度显示的较为稳定的温度源，能为现场校准提供参考温度。

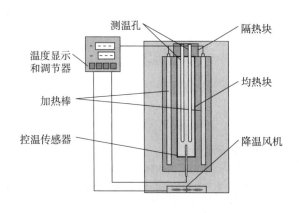

图8-9　干体炉温度校准器原理图及外形图

干体炉为被校温度计提供较为稳定、均匀的温度测量区，测量区应具有至少40 mm长的均匀温区，当前的温度量值可以通过其温度显示器显示，干体炉显示的温度值通常是温度传感器测量的温度值，控温传感器的准确度和放置的位置将影响测量区温度的准确性。

一、工作原理

干体温度校准器主要由控制器、功率调节器、加热炉和精密铂电阻四部分组成。加热炉由恒温腔体与电热丝组成，均温块位于恒温腔体中，为被检温度计与精密铂电阻提供稳定均匀的温度测量区。腔体的升温与降温事实上就是均温块的升温与降温。精密铂电阻是用来测量均温块的温度,并实时与设定值进行比较,控制器根据此偏差值的大小产生控制信号,并将指令传达给功率调节器,功率调节器根据指令调节输出功率的大小,以此调节加热炉的升温速率。

干体式温度校准器主要包括高准确性干井校验器、工业用干井校验器、热电偶校验器等几大类型。目前,市场上有许多成熟的干体式温度校准器产品,温度测试范围从-45 ℃到1 200 ℃;温场准确性一般为±0.1 ℃左右;温场波动度一般为±0.01 ℃左右;温场均匀度一般为±0.05 ℃左右。它们小巧轻便,在现场快速校准工作越来越得到广泛的应用。

干体式温度校准器的各方面性能与恒温槽相比,有着便于携带、升温降温快速的优点,更适合用于现场快速检定或校准的应用。干体式温度校准器与恒温槽性能比较见表8-3。

表 8-3 干体式温度校准器与恒温槽性能比较

内容	序号	干体式温度校准器	恒温槽
特点	1	便于携带	不便于移动
	2	升降温快	升降温慢
	3	易受环境条件影响	不受环境条件影响
	4	易受被校温度计影响	不受被校温度计影响
	5	易受安装方法的影响	不受安装方法的影响
适用范围		现场及少量校准实验室	检定及校准实验室

二、干体炉推荐的使用方法

由于温度检验炉本身的结构特点,使用干体式温度校准器校准温度传感器时,校准结果容易受到被校温度计的数量、形状尺寸、测温孔的选配、校准环境以及干体式温度校准器自身温度特性等因素的影响。在使用干体式温度校准器校准温度传感器时,校准结果的使用上要考虑上述因素的影响。

在校准器使用时下面几点应该考虑。

(1) 对干体炉的校准主要是对均温块的测温孔的温度进行的。被校准的温度计的温度可能偏离这个温度。当被校准的温度计与校准干体炉时使用的温度计为同样类型时,与校准过程具有相同测量条件,则可以认为在校准理想的温度计的测量误差不会大于校准证书给出的测量不确定度。除非校准证书有其他说明,被校准温度计应该保证:

a) 测量感温元件应该处在均匀的温度区中;

b) 用以校准的测温孔的内径(可以是内衬),在-80 ℃至660 ℃应该不超过温度计外径0.5 mm,在660 ℃至1 300 ℃应该不超过温度计外径1.0 mm;

c) 被校准温度计的插入深度至少要为其直径的15倍;被校准温度计的外径 $d \leqslant 6$ mm。

(2) 在使用干体炉时,要特别检查有无热传输物质(如油)。如果有,则只有使用相同热传输物质校准才有效。

(3) 当校准温度计的外径 $d > 6$ mm 时,应考虑由于导热引起的附加误差。如果要进行这样的测量,校准实验室可能帮助测量这样的温度计导热带来的附加误差值。对于导热可能造成的偏差值,可以通过将温度计向上提拉20 mm,看温度计的显示值是否变化而得到。被校准温度计的测量不确定度分量(例如,热电偶的不均匀性),同样也不包含在干体炉的测量不确定度中。

（4）校准证书给出的数据对于本次校准是有效，它不是生产厂家的技术指标。在使用干体炉前，应就校准手段和操作条件与校准实验室进行讨论。

（5）对于测量准确度要求较高时，应另外配备校准温度计，以准确地测量干体炉均热块的温度。

（6）除非校准报告中提到，应保证（独立于生产的技术指标）：

——干体炉应在垂直状态下使用；

——没有使用附加绝热材料；

——环境温度应在 15 ℃～35 ℃。

（7）为了检查干体炉，推荐使用校准温度计进行定期的测量检查。如果没有使用校准温度计进行测量检查，强烈建议每年对干体炉重新进行校准。

三、校准方法

校准的依据是 JJF 1257—2010《干体式温度校准器校准方法》，主要校准项目为温度偏差、温度波动性、孔间温差、轴向温场均匀性以及负载特性。

(一) 校准条件

1. 温度计及配套电测设备

温度计及其配合使用的电测设备引入的扩展不确定度与被校准干体炉的技术指标相比尽可能小。

（1）温度计尺寸的要求

除非客户特殊要求，应该遵循下列测量条件：

a) 标准所用的温度计（含外套保护管）的外径不应大于 6 mm，插入深度至少为其外径的 15 倍。

b) 在−80 ℃至 660 ℃温度范围，用于校准的温度计的外径与测温孔或是衬套的内径的差最大为 0.5 mm；在 660 ℃至 1 300 ℃温度范围，此值最大为 1.0 mm。紧密的尺寸配合和热传导手段有利于良好的传热。

（2）温度计计量性能

在测量温度偏差和负载特性时应使用校准过的参考温度计，且其应溯源到国家温度基准。

在进行干体炉其他温度特性测量时，温度计只用于测量温差，可使用其他已知灵敏度和稳定性好的温度计，其测量值可不必校准，但其稳定性应进行测试。

2. 配合衬套

如果使用配合衬套，应使用生产厂家规定的材料进行制造，干体炉如有一个或多个孔使用配合衬套，它们应符合生产厂家的技术要求。配合衬套的孔应和干体炉上没有衬套的孔用同样的方法进行测量。配合衬套应有明显的标记。

3. 环境条件

温度：15 ℃～35 ℃；

相对湿度：≤85%。

(二) 校准项目

校准项目为温度偏差、温度波动性、孔间温差、轴向温场均匀性以及负载特性。

(三) 校准方法

在对干体炉进行校准时应注意：

a) 如果对用于测量均温块温度的传感器和显示表进行单独校准，应使其满足相应的技术指标；

b) 对设备所做的任何调整应该在校准之前进行；

c) 除了轴向温场测量以外所有的测量，温度计都应放在干体炉的测温孔的底部。

1. 温度偏差

(1) 使用参考标准温度计进行温度偏差的测量。

(2) 校准温度点可根据客户要求进行选取，通常应不少于三个温度点，校准点应该尽可能地选取干体炉温度范围上、下限附近，进行均匀分布。

(3) 测温孔应选中心孔或者特别指定的孔。

(4) 将参考标准温度计插入测温孔，设定校准点温度。待温度稳定后，分别记录干体炉的显示值和参考温度计的测量值，记录时间不少于 10 min，测量速度为每分钟一次。取干体炉显示值与参考温度计测量值的差值的平均值作为一次测量结果。在每一个校准点上进行两次测量：在改变校准点设定时，应在设定温度上升时测量一次，另一次测量应在设定温度下降时进行。

如果此前测量干体炉随时间的稳定性时使用了参考标准温度计，则可以不用重复测量，而直接采用其数据。如果测量点选择在生产厂家给定的温度最高和最低点，则可以不要求在最高或最低点进行上升或下降设定温度的测量，然而需改变设定温度，至少进行两次测量。

(5) 计算

每次测量温度偏差按公式(8-3)计算：

$$\Delta t = \frac{\sum_{i=1}^{n} (t_{ci} - t_{si})}{n} \tag{8-3}$$

式中：Δt——在此校准温度点此次测量的干体炉温度显示值与测量温区温度的差；

t_{ci}——第 i 次测量时，干体炉显示的温度值；

t_{si}——第 i 次测量时，参考温度计测得的温度值；

n——测量记录次数。

将校准点上升测量值 Δt_1 和下降测量值 Δt_2 的平均值作为此校准点的测量结果 Δt_x，按式(8-4)计算：

$$\Delta t_x = \frac{\Delta t_1 + \Delta t_2}{2} \tag{8-4}$$

测量结果应该以数字、图解的方式或表格的形式给出。

2. 温度波动度

将温度计插入干体炉测温孔中，当干体炉温度达到热平衡时（在厂家没有特别规定的条件下，以达到设定点温度后一个半波动周期为平衡判定），记录 30 min 内（每 2 min 测量一次）温度计指示的温度值，取其最大值和最小值的差值的一半，冠以"±"作为干体炉的温度波动度。

测量应选在三个不同的温度点进行，即最高温度点、最低温度点和室温附近。如果最高温度或最低温度点为室温，则第三个温度点应该选择在此温度区间的中间。

3. 孔间温差

测量不同测温孔之间的最大温度差。为了减少温度随时间的漂移的影响，可以在校验时增加一支温度计以消除温度漂移带来的影响。应选相对距离最远的两孔进行孔间的温度差值的测量。

参考方法：将两支温度计 A，B 分别插入两个测量孔 ♯a，♯b 中。温度稳定后，第一次分别读取两支温度计的示值 t_{Aa1} 和 t_{Bb1}。将温度计交换测量孔，即温度计 A 插入 ♯b 孔，温度计 B 插入 ♯a 孔。温度再次稳定后，第二次分别读取两支温度计的示值 t_{Ab2} 和 t_{Ba2}。重复上述测量，共测量 4 次。

孔间温度差值 Δt_{ab} 为

$$\Delta t_{ab} = \left[(t_{Aa1} + t_{Ba2} + t_{Aa3} + t_{Ba4}) - (t_{Bb1} + t_{Ab2} + t_{Bb3} + t_{Ab4}) \right]/4 \qquad (8-5)$$

4. 轴向温场均匀性

（1）在校准结果的测量不确定度中，测温孔内测量区内的温度分布（轴向温场）作为测量不确定度一项来源考虑，其在校准结果测量不确定度中往往起主要作用。以前的有关同类型校准器的温度分布的研究报告可以在不确定度评估中使用。测量使用的某类温度计可能影响轴向温场的测量结果，应与客户进行协商。

（2）测量应该在中心孔进行或是在特别标注的孔进行。

（3）测量温度点应选定在偏离环境温度最大的温度点上进行。对于干体炉测量区可以既加热又制冷，测量应该在最高的和最低的温度点上进行。温度的分布对其他温度点的影响可以通过线性内插得到。[见本节四、测量不确定度评定 3.(2)]

（4）使用小尺寸感温元件进行三点温度测量

使用感温元件最大长度为 5 mm 的温度计，在测量区的底部、中部和顶部进行温度测量。温度计（含外保护管）的外径应不大于 6 mm。在测量温度范围为 −80 ℃ 至 250 ℃ 时，建议使用铂电阻温度计，在 250 ℃ 至 1 300 ℃ 时建议使用热电偶（包括 Pt−Pd 热电偶）。

从底部向上 40 mm 长度测量区的温场测量，应按照下面的过程进行：

a）温度计放到底部；

b）温度计向上提至 20 mm；

c）温度计向上提至 40 mm；

d）温度计放到底部。

（5）其他几种可行的方法见本节六。

5. 负载对测量区温度的影响

对于不确定度要求较高的测量，负载对测量区温度的影响应进行必要的测量。推荐的方法是在某一温度点下,测得装载一支测试温度计和所有孔都装载温度计的测量结果的差值,作为负载对测量温度的影响量。可以使用金属棒和陶瓷棒来模拟装载。测量温度点选取最远离室温的温度点。

四、测量不确定度评定

1. 测量模型

$$\Delta t = t_c - t_s + \delta t_x$$

式中:Δt——干体炉温度偏差;

t_c——干体炉显示温度;

t_s——通过参考温度计获得的测量区温度;

δt_x——测量方法、手段和过程带来的偏差;

在评估测量偏差 δt_x 时,与校准温度计类似。可按测量的过程分析不确定度来源。主要来自所使用的参考温度计校准值、参考温度计测量值、配套电测设备的分辨力、测量时温度上升和下降时的差值(迟滞),以及干体炉其他温度特性在测量过程中引入的不确定度。

2. 干体炉的温度波动度引入的不确定度

测量不确定度分量可以用温度波动度的测量结果来估算,即用温度计指示的温度值,取其最大值和最小值的差值的一半。

3. 干体炉均温块的温度分布引入的不确定度

(1) 不能准确地知道干体炉的温度分布,负载不同,稳定的时间不同,造成干体炉的温度控制表显示的温度与测量区产生出一个温度附加的偏差无法修正。测量不确定度分量用孔间温差和轴向温场均匀性的测量结果来估算。

(2) 在校准点的测量不确定度分量可通过测量值线性内插来得到。在室温范围附近的不确定度的分量可设定为固定值。

例如:校准干体炉,它的温度范围是 $-30\ ℃ < t < 200\ ℃$。校准的环境温度为 $20\ ℃$,在温区的校准点 $t = -30\ ℃$ 时最大温差为 $0.3\ ℃$;$t = 200\ ℃$ 时最大温差为 $0.6\ ℃$。在温度范围 $20\ ℃ \pm 50\ ℃$,即在 $-30\ ℃$ 到 $70\ ℃$ 范围,最大的温差应给定为 $0.3\ ℃$;在温度范围 $70\ ℃$ 至 $200\ ℃$ 范围,对应线性内插 $0.3\ ℃$ 至 $0.6\ ℃$。

4. 干体炉的负载影响引入的不确定度

测量不确定度分量可以用负载影响的测量结果来估算。

5. 由于导热造成的温度偏差的不确定度

在被校准的温度计的外径 $\leqslant 6\ \text{mm}$ 时,由于导热造成的温度偏差的测量不确定度分量可以忽略。如果被校准的温度计的外径 $d > 6\ \text{mm}$ 时,测量不确定度应单独分析。

如果被校准温度计导热造成的温度偏差可以被忽略,则使用这台干体炉在按照其操作手册和校准证书的规定方法去校准温度计的测量不确定度时,应该可以引用干体炉校准证书给出的测量不确定度。

五、测量不确定度计算的实例

以下是对一台带有内置式温度显示的干体炉进行校准的实例,设定温度为 $180\ ℃$。

（1）干体炉温度显示 180 ℃时，使用一支校准过的铂电阻温度计作为参考标准插入干体炉的其中一个孔中。实际温度是通过使用交流电桥测量电阻得到的。

（2）当内置式温度显示为 180 ℃时，孔中温度偏差 Δt 的测量模型：

$$\Delta t = t_c - t_s + \delta t_s + \delta t_D + \delta t_i + \delta t_R + \delta t_H + \delta t_B + \delta t_L + \delta t_V$$

式中，Δt 为温度示值偏差，t_c 为干体炉显示温度，t_s 为干体炉测温孔温度，δt_s、δt_D、δt_i、δt_R、δt_H、δt_B、δt_L、δt_V 为各项偏差。

（3）在校准中，使用的参考电阻温度计的外径 $d \leqslant 6$ mm，由温度计杆导热带来的影响不考虑，以前的研究表明，在这样的测量条件下杆的导热造成的影响应该忽略。

（4）实际温度（t_s）：通过查参考标准电阻温度计的校准证书，得到测量的温度值为 180.10 ℃。测量的扩展不确定度为 $U = 0.03$ ℃（$k = 2$）。

（5）电阻的测量影响量（δt_s）：作为参考标准的电阻温度计测量的温度为 180.10 ℃。由电测设备带来的误差转换成温度的标准不确定度 $u(\delta t_s) = 0.01$ ℃。

（6）参考标准的漂移（δt_D）：从以往的经验估算，作为参考标准的铂电阻温度计随使用的老化而引起的温度变化应该在 ±0.04 ℃之内，均匀分布。

（7）干体炉控温器显示分辨力（δt_i）：温度控制器的温度显示表的分辨力 0.1 ℃，干体炉均温块的温度设定给出的温度分辨力引起的误差为 ±0.05 ℃，均匀分布。

注：如果温度控制器没有按照温度的单位给出，分辨力引起的误差应该通过使用相关的系数计算得到相对应的温度。

（8）孔间温度差（δt_R）：校准器有 6 个孔。在 180 ℃时，测温孔间的温度差最大为 0.14 ℃，得到孔间的温度分布差应该在 ±0.07 ℃范围，均匀分布。

（9）迟滞效应（δt_H）：在温度上升和下降测量循环中，由于迟滞效应带来的温度表显示的偏差估计为 ±0.05 ℃，均匀分布。

（10）温度轴向均匀性（δt_B）：干体炉孔轴向温度不均匀引起的不同插入深度带来的读数差估计在 ±0.25 ℃内，均匀分布。

（11）均温块负载（δt_L）：中心孔的最大负载的影响为 0.05 ℃，均匀分布。

（12）温度的不稳定性（δt_V）：在一个测量循环约 30 min 内由温度不稳定引起的温度变化为 ±0.03 ℃，均匀分布。

（13）相关性：在这个分析中各个输入量都不相关。

（14）测量的重复性：由于控温表的分辨力的限制，没有看到测量数据的分散性。

（15）不确定度汇总见表 8−4。

表 8−4　不确定度汇总

名称 X_i	估计值 x_i/℃	标准不确定度 $u(x_i)$/℃	概率分布	灵敏系数 $|c_i|$	不确定度分量 $u_i(y)$/℃
t_s	180.10	0.015	正态	1.0	0.015
δt_s	0.0	0.01	正态	1.0	0.010
δt_D	0.0	0.023	均匀	1.0	0.023
δt_i	0.0	0.029	均匀	1.0	0.029
δt_R	0.0	0.040	均匀	1.0	0.040

表 8－4（续）

名称 X_i	估计值 $x_i/℃$	标准不确定度 $u(x_i)/℃$	概率 分布	灵敏系数 $|c_i|$	不确定度分量 $u_i(y)/℃$
δt_H	0.0	0.029	均匀	1.0	0.029
δt_B	0.0	0.144	均匀	1.0	0.144
δt_L	0.0	0.029	均匀	1.0	0.029
δt_V	0.0	0.017	均匀	1.0	0.017

（16）合成标准不确定度

$$u_c(\Delta t) = \sqrt{\sum u_i^2(y)} = \sqrt{\sum c_i^2 u_i^2(t_i)} = 0.161 \ ℃$$

（17）扩展不确定度

从不确定度汇总中观察到,不确定度的主要来源是轴向温场均匀性(δt_B),它在合成不确定度中占有主导地位,故认为合成不确定度应该遵从轴向温场均匀性的分布,为保险起见,按照正态分布取。

取包含因子 $k=2$,干体炉测量的扩展不确定度为:

$$U = k u_c(\Delta t) = 2 \times 0.161 \ ℃ = 0.32 \ ℃$$

（18）校准结果

$$\Delta t = t_c - t_s = 180 \ ℃ - 180.10 \ ℃ = -0.10 \ ℃$$

当内置式温度计显示温度为 180 ℃时,测量区的温度偏差为 -0.1 ℃,不确定度为 $U = 0.32$ ℃,$k=2$。

六、轴向温场分布影响因素的测量方法

使用干体炉校准温度计通常具有不同配置,不同长度的温度计感温元件在测量区所处的位置也不同,因此测量区内沿着测温孔轴向温场分布是校准不确定度分量的一个重要分量,这个分量通常在所有不确定度分量中处于主要地位。测量区轴向温场分布的测量是困难的,因为使用的温度计本身会影响温场的分布。这种影响是复杂的,例如温度计插入不同深度产生不同的热导,这仅仅是干体炉外在表现。这就是为什么要尽可能按照客户要求选择轴向温度场分布测量方法的原因。以下是除了上文[三、(三)4轴向温场均匀性]中给出的使用小尺寸感温元件三点测量方法以外的其他方法。

1. 通过差分热电偶直接测量温差

这种方法是通过差分热电偶直接测量测温孔底部向上一个或几个温度点的温度差。为了实现此目的,应使用完全具备条件的热电偶,例如,热电偶的测量点应留出 25 mm 空间。热电偶应在检定槽或在热管中进行等间隔距离的检查,看看温差是否被修正好。

也可以使用两支直径较小的铠装热电偶。将它们同时插入干体炉测温孔中,保持一支热电偶在孔底部,另一支放在需要测量的位置(例如 20 mm 和 40 mm),计算两支热电偶的温差可得到温度分布。如果两支热电偶插入同样深度,可以核查它们的温度差值是否被修正好。

2. 两点测量

如果使用一支具有较长尺寸的感温元件的温度计,通过移动温度计 40 mm 来测得温度

分布,这种方法是不合理的。对于一些干体炉,在两个不同的插入深度(底部,上提至 20 mm)进行测量,能给出足够的有关温度分度对测量不确定度的影响的信息。

3. 用不同长度的感温元件的温度计测量温度

使用干体炉对温度计进行校准时,通过观察不同类型的温度计校准结果,可以直接获得轴向温场分布的影响。为此,对不同的温度计进行测量,如果没有温度计的信息,应选择两个不同种类的温度计进行测量。

请注意上述测量所有使用的温度计都应是被校准或被检定过的。

第四节　温度校准仪

温度校准仪是用于校准(检定)温度显示仪表的一种新型计量标准器,它也可以与热电偶或热电阻配合使用以测量温度。是现代电子技术和微机在仪表制造领域应用的产物,在 20 世纪 90 年代末首先由国外引入,国内有能力的厂商也陆续研制并制造出一系列包括温度校准仪在内的现场校准仪,这些仪器正在逐渐取代原有的实验室测量仪器进入现场校准的标准器行列。

由于目前国内还没有相应的国家标准和行业标准,均按自身制定的企业标准生产,因此产品质量参差不齐。国外产品也有类似情况,因为也没有相应的国际标准去规范产品的生产,直至 2007 年 7 月欧盟才颁布了关于温度校准仪的校准指南 EURAMET/cg-11/v.01 Guidelines on the calibration of temperature indicators and simulators by electrical simulation and measurement。

由于没有统一的技术法规,阻碍了新型计量标准器的量值溯源和进一步发展。2011 年颁布的 JJF 1309—2011《温度校准仪校准规范》为完善温度仪表的量值溯源、促进新型计量标准器的有序发展奠定了基础。

温度校准仪国外产品的命名有多种,美国 FLUKE 公司为 525 产品的命名为"Temperature/Pressure Calibrator"(温度/压力校准仪),为 744 产品的命名为"Documenting Process Calibrators"(记录过程校准仪);欧盟校准指南 EURAMET/cg-11/v.01 的表述中为"Temperature Indicators and Simulators by Electrical Simulation and Measurement"(电刺激和测量温度指示器与模拟器)。认为欧盟的命名用于校准规范较确切。

温度校准仪广泛应用于船舶行业、发电和能源分配部门、化学和石化工业、医药工业、食品工业及其他许多行业,至今为止,温度校准仪已经成为上述所列行业技术人员的标准仪器。同时,以温度校验仪独特的结构,具有测量和输出两种功能,属于温度测量仪表中的多功能计量器具。

——测量和模拟热电阻的类型通常有 Pt100,Pt500,Pt1 000,Cu50,Cu100 等;

——测量和模拟热电偶的类型通常有 B、S、R、K、N、E、J、T 等;

——模拟过程信号输出的直流电流为 4 mA～20 mA 或直流电压为 1 V～5 V 等。

校准仪设置在测量状态时,可以与热电阻或热电偶连接以测量温度,相当于一台数字温度指示仪。校准仪在连接热电偶测量温度时,通常具有内置参考端温度自动补偿功能。

校准仪设置在输出状态时,可以模拟各种热电阻、热电偶和温度变送器输出相应的标准电信号以校准温度二次仪表。通常以数字键盘的形式设定模拟的温度值,也可以用最小步进方式增加或递减温度以适用于模拟式温度二次仪表的校准。通常也具有参考端温度自动补偿功能,使模拟热电偶的输出呈参考端温度为输出端子处温度的电势。

模拟热电阻和热电偶时,温度与电阻的对应关系以及温度与电势的对应关系均遵循 GB/T 16839.1—2018,JB/T 8622—2013,JB/T 8623—2015 标准的要求。

有些温度校准仪还可提供 DC24 V 配电,便于校准温度变送器时提供电源。温度校准仪一般为全数字化操作,大屏幕点阵、液晶显示,可在线充电,既适用于实验室,又方便在现场使用。

一、工作原理

1. 接收温度传感器信号测量温度功能

温度校准仪设置为测量功能时,相当于一台数字温度指示仪。热电偶和热电阻传感器产生与被测温度相对应的电量值,经过变换、放大、模数转换、编码,最后显示被测量的温度值。其测量电路及其原理参考自动平衡式显示仪。温度校准仪在连接热电偶测量温度时,通常具有内置参考温度自动补偿功能,可以不用外接冷端补偿器直接与热电偶连接。有些校准仪能手动切换补偿功能。

2. 模拟热电偶、热电阻信号输出功能

温度校准仪在输出状态时,有模拟热电阻和热电偶输出信号的功能;有输出工业过程信号的直流电压和直流电流的功能,因为校准仪中设计了基于欧姆定律由硬件和软件组成的模拟电阻发生器,该发生器的激励电流来自被测仪表,其大小在一定程度上会影响模拟电阻的准确度;设计了具有一定准确度和较强负载能力的电压源、电流源。因此校准仪设置在输出状态时,可以模拟各种热电阻、热电偶和温度变送器输出的标准电信号以校准温度二次仪表。通常以数字键盘的形式设定模拟的温度值,也可以用最小步进方式增加或递减温度以适用于模拟式温度二次仪表的校准。校准仪在模拟热电偶输出时,通常也具有参考端温度自动补偿功能,使模拟热电偶的输出呈参考端温度为输出端子处温度的电势,有些校准仪能手动切换补偿功能。

二、校准方法

校准的依据是 JJF 1309—2011《温度校准仪校准规范》,主要校准项目为示值误差和输出误差。

(一) 校准条件

1. 标准器及其他设备

校准时所需的标准仪器及配套设备按被校校准仪的类型可从表 8－5 中参考选择。选用的原则为:校准时由标准仪器及配套设备引入的扩展不确定度 $U(k=2)$,相对于被校校准仪的最大允差应尽可能小,以满足校准工作的要求。

表 8－5　标准仪器及配套设备

序号	仪器设备名称	技术要求	用途	备注
1	直流低电势电位差计或标准直流电压源	0.001 级～0.05 级直流电压：0 mV～100 mV	模拟热电偶的输出，为校准仪在测量状态时提供热电偶的输入	输出阻抗不大于 100 Ω
2	电桥	0.001 级及以上	测量模拟热电阻的输出和激励电流范围	
3	直流电阻箱	0.01 级，0.02 级	模拟热电阻的输出，为校准仪在测量状态时提供热电阻的输入	
4	补偿导线	补偿导线应与校准时的热电偶分度号相配，并经校准具有 15 ℃～25 ℃ 的修正值	校准具有热电偶参考端温度自动补偿功能的校准仪时用的专用连线	补偿导线的校准方法见本节四
5	0 ℃ 恒温器	0 ℃ 恒温器的温度偏差不超过±0.05 ℃		0 ℃ 恒温器可用冰点槽代替
6	专用连接导线	三线制连接时，三根导线电阻之差应尽可能小。在阻值无明确规定时，可在同一根铜导线上等长度（通常不超过 1 m）截取三段作为连接导线	校准仪测量状态时，其输入端与直流电阻箱之间的连接导线	
7	数字多用表	0.01 级及以上直流电压：0 mV～100 mV，0 V～10 V 直流电流：0 mA～22 mA 电阻：10 Ω～3 kΩ	测量校准仪的输入和输出	

2. 环境条件

环境温度：15 ℃～25 ℃；

相对湿度：＜85％。

环境条件应同时满足标准器使用的相关要求。

注：如不能满足标准器使用的环境要求，在不确定度评定时应考虑增加标准器不确定度的可能。

3. 电源

校准时的工作电源应满足被校校准仪和标准器正常工作的相关要求。

（二）校准项目

校准项目为示值误差和输出误差。

(三) 校准方法

1. 示值误差

(1) 准备工作

①连接与设置

按说明书要求将校准仪设置为测量状态,选择传感器的类型,按图 8-10~图 8-13 将校准仪与标准器连接。选择热电阻测量温度时,根据委托方的要求选用三线制或四线制进行;选择热电偶测量温度时,具有参考端温度自动补偿功能可选择的校准仪,应设置在有补偿状态,选择匹配的补偿导线,与校准仪输入端的连接应有良好的接触。

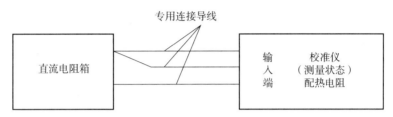

图 8-10 校准仪测量状态时配热电阻(三线制)的校准连接图

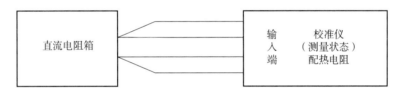

图 8-11 校准仪测量状态时配热电阻(四线制)的校准连接图

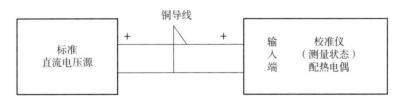

图 8-12 校准仪测量状态时配热电偶(无参考端温度自动补偿)的校准连接图

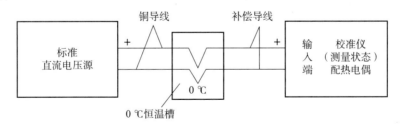

图 8-13 校准仪测量状态时配热电偶(具有参考端温度自动补偿)的校准连接图

②通电预热

预热时间按制造厂说明书中的规定确定,一般不少于 15 min。具有参考端温度自动补偿的校准仪的预热时间不少于 30 min。

③选择校准点

校准点应按测量范围均匀分布，一般包括上限值、下限值和中间点附近在内不少于5个点。允差不超过±0.02%的校准仪一般不少于7个校准点。

④调整零点

通电预热后，具有零点调整功能的校准仪在必要时可进行零点调整，应按校准仪说明书的方法操作。

（2）测量方法

测量方法采用JJG 617—1996中的"输入被检点温度标称电量值法"（又称"输入基准法"）。从下限开始增大输入信号（上行程时），分别给校准仪输入各被校点温度所对应的标称电量值，读取校准仪的示值，直至上限；然后减小输入信号（下行程时），分别给校准仪输入各被校点温度所对应的标称电量值，读取标准仪的示值，直至下限作为一个测量循环。共进行两个循环的测量。

如果校准仪选择在热电偶测量温度时，并设置在参考端温度自动补偿状态，则给校准仪输入的信号应是被校点温度对应的标称电势值减去补偿导线修正值。

每个校准点有4个测量值，取4次测量的平均值与校准点温度之差作为该校准点的示值误差：

$$\Delta_t = \bar{t}_d - t_s \qquad\qquad (8-6)$$

式中：Δ_t——各被校点的示值误差，℃；

$\bar{t}_d$——校准仪示值的平均值，℃；

t_s——被校点温度值，℃。

注：按图8—13连线时，示值误差的计算公式应为 $\Delta_t = \bar{t}_d - \left(t_s + \dfrac{e}{S_i}\right)$。其中 S_i 为各被校点温度的微分电势。由于操作时给校准仪的输入信号为被校点温度对应的标称电势值减去补偿导线修正值，从而得到式（8—6）的示值误差计算公式。

在上述测量过程中对重复性最差的校准点应继续进行三个循环的测量，合计得到10个显示值。按贝塞尔公式计算示值平均值的重复性 $s_i(\bar{t}_d) = \sqrt{\dfrac{\sum\limits_{i=1}^{10}(t_{di} - \bar{t}_d)^2}{4 \times (10-1)}}$，以此评估该校准仪测量重复性带来的不确定度。

注：如已掌握并积累了被校校准仪的测量重复性信息（如 s_p），则可以不进行上述重复性试验。直接取 $s_i(\bar{t}_d) = \dfrac{s_p}{\sqrt{4}}$。

2. 输出误差

（1）准备工作

①连接与设置

按说明书要求将校准仪设置为输出状态，选择传感器的类型，按图8—14～图8—17将校准仪与标准器连接。模拟热电阻时，其输出值应采用四线制测量；模拟热电偶时，具有参考端温度自动补偿功能可选择的校准仪，应设置在有补偿状态，选择匹配的补偿导线，与校准仪输出端的连接应有良好的接触。

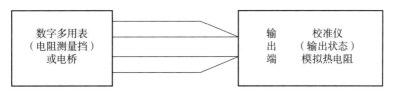

图 8-14 校准仪输出状态时模拟热电阻输出的校准连接图

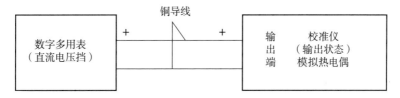

图 8-15 校准仪输出状态时模拟热电偶(无参考端温度自动补偿)的校准连接图

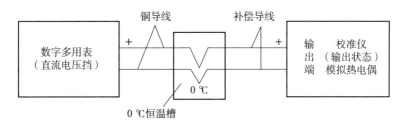

图 8-16 校准仪输出状态时模拟热电偶(具有参考端温度自动补偿)的校准连接图

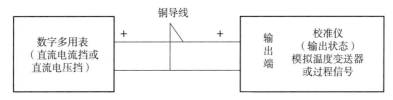

图 8-17 校准仪输出状态时模拟温度变送器或过程信号的校准连接图

②通电预热

与示值误差校准时的要求相同。

③选择校准点

校准点应均布,且不少于 7 个点。

④零点调整

通电预热后,在需要进行零点调整时,应按校准仪说明书的要求进行调整。

(2)测量方法

从下限开始设定温度值,按选择的校准点逐次增加设定温度值(上行程时),在标准器上分别读取校准仪的实际输出值,直至上限;然后按选择的校准点逐次减小设定温度值(下行程时),分别在标准器上读取校准仪的实际输出值,直至下限作为一个测量循环。共进行两个循环的测量。

模拟热电阻输出时,测量用标准器的激励电流应选择 1 mA(Pt100,Cu100,Cu50)或

0.1 mA(Pt1 000)。

具有参考端温度自动补偿的校准仪在模拟热电偶输出时,每一校准点的实际输出值应记录为数字电压表测得值的平均值与补偿导线修正值 $e(t_i)$ 的代数和。

模拟温度变送器输出(过程信号输出)时,应根据校准仪设置的是直流电流输出还是直流电压输出选择相应量程的标准器进行实际输出的测量。

每个校准点有 4 个测量值,取 4 次测量的平均值与校准点温度对应的标称电量值之差作为该校准点的输出误差,如式(8-7),用式(8-8)换算成温度值:

$$\Delta_A = \overline{A}_d - A_s \tag{8-7}$$

$$\Delta_t = \frac{\Delta_A}{S_i} \tag{8-8}$$

式中:Δ_A——各被校点电量值的输出误差,mV、Ω 或 mA、V;

　　Δ_t——各被校点的温度输出误差,℃;

　　$\overline{A}_d$——被校点实际输出的平均值,mV、Ω 或 mA、V;

　　A_s——被校温度点对应的标称电量值,mV、Ω 或 mA、V;

　　S_i——各被校点温度的微分电阻或微分电势,Ω/℃、mV/℃。

在上述两个测量循环中对重复性最差的校准点应继续进行三个循环的测量,合计得到

10 个输出值。按贝塞尔公式计算输出平均值的重复性 $s_i(\overline{A}_d) = \sqrt{\dfrac{\sum\limits_{i-1}^{10}(A_{di} - \overline{A}_d)^2}{4 \times (10-1)}}$,以此评估各校准点输出重复性带来的不确定度。

注:如已掌握并积累了被校校准仪的测量重复性信息(如 s_p),则可以不进行上述重复性试验。直接取 $s_i(\overline{t}_d) = \dfrac{s_p}{\sqrt{4}}$。

（3）模拟热电阻激励电流有效范围的检查

校准仪设置在模拟 Pt100 热电阻的输出状态,将校准仪的输出端按四线制的方法与测量电桥连接,如图 8-14 所示。分别将电桥的激励电流设置为 0.1 mA,1 mA,4 mA,测量输出的下限值、中间值和上限值。如激励电流 0.1 mA 和 4 mA 时校准仪输出超差,则应适当改变激励电流大小直至符合允差要求。

（4）温度输出最小步进值的检查

校准仪设置在输出状态,分别选择 K 型热电偶和 Pt100 铂热电阻,在任意校准点按各自的最小步进值改变输出值,测量并记录实际输出值的变化。

3. 数据处理原则

测量结果和误差计算过程中,小数点后保留的位数应以舍入误差小于校准仪最大允许误差的 $\dfrac{1}{10} \sim \dfrac{1}{20}$ 为限(相当于比最大允许误差多取一位小数)。

在不确定度的计算过程中,为了避免过大的修约误差,可以保留 2～3 位有效数字。但最终的扩展不确定度只能保留 1～2 位有效数字。测量结果是由多次测量的算术平均值给出的,其末位应与扩展不确定度的末位有效数字对齐。

三、测量不确定度评定

1. 温度校准仪示值误差测量结果的不确定度评定

校准仪在测量状态下,以设置热电偶为例进行不确定度评定。

(1) 概述

①被测对象

校准仪在测量状态下,设置为 T 型热电偶,测量范围为 0 ℃～400 ℃,分辨力为 0.1 ℃,最大允许误差为±0.3 ℃。

②测量标准

用标准直流电压源作为测量标准,它的输出允差 MPE＝±(0.003％输出值＋3 μV)。对应于 T 型热电偶各温度点的技术指标见表 8−6。

③测量方法

按本节二、(三)1 的方法进行。校准点分别为 0 ℃,100 ℃,200 ℃,300 ℃,400 ℃。

④测量环境

温度:15 ℃～25 ℃;相对湿度:≤85％。

表 8−6 标准直流电压源主要技术指标

热电偶类型	温度范围 $t/℃$	最大允许误差 $\Delta/℃$
	$0{\leqslant}t{<}50$	±0.08
T	$50{\leqslant}t{<}150$	±0.07
	$150{\leqslant}t{\leqslant}400$	±0.06

补偿导线修正值(20 ℃时)$e=0.001\ 0$ mV,$U=1.1$ μV$(k=2)$。

(2) 测量模型

$$\Delta_t = t_d - \left(t_s + \frac{e}{S_i}\right) \tag{8−9}$$

式中符号的含义同上文。

(3) 输入量的标准不确定度

①输入量 t_d 的标准不确定度 $u(t_d)$ 的评定

输入量 t_d 的不确定度来源主要有两部分:测量重复性和仪表的分辨力。

a) 测量重复性导致的标准不确定度 $u(t_{d1})$

测量中,100 ℃的重复性较差,取此点进行连续 10 次测量,得到显示值测量列(℃):100.3,100.2,100.3,100.3,100.3,100.2,100.2,100.3,100.3,100.3。

平均值:

$$\overline{t}_d = 100.27\ ℃$$

单次实验标准偏差:

$$s = \sqrt{\frac{\sum_{i=1}^{n}(t_{di} - \overline{t}_d)^2}{n-1}} = 0.048\ ℃$$

实际测量情况是在重复性条件下连续测量 4 次，以 4 次测量的平均值作为测量结果，则可以得到：

$$u(t_{d1}) = s/\sqrt{4} = 0.024 \ ℃$$

b) 仪器分辨力导致的标准不确定度 $u(t_{d2})$

$u(t_{d2})$ 可以采用 B 类方法进行评定。由校准仪分辨力 b 导致的示值误差区间半宽为 $a = b/2$，包含因子 $k = \sqrt{3}$。因此：

$$u(t_{d2}) = 0.05 \ ℃/k = 0.029 \ ℃$$

由于重复性与分辨力有一定关联，在分辨力导致的不确定度大于重复性时，只取分辨力的影响，即

$$u(t_d) = 0.029 \ ℃$$

②输入量 t_s 的标准不确定度 $u(t_s)$

输入量 t_s 的不确定度主要来源于标准直流电压源的误差。因环境温度引入的不确定度可以忽略不计。

根据直流电压源输出信号的大小查表 8—6 的 Δ，按均匀分布考虑，则

$$u(t_s) = |\Delta|/\sqrt{3} = (0.06 \sim 0.08)℃/\sqrt{3} = 0.035 \ ℃ \sim 0.046 \ ℃$$

0 ℃～400 ℃各校准点的 $u(t_s)$ 依次为（℃）：0.046，0.040，0.035，0.035，0.035。

③输入量 e 的标准不确定度 $u(e)$

输入量 e 的不确定度来源主要是补偿导线修正值和冰点导致的不确定度。

补偿导线的标准不确定度 $u(e_1)$ 和冰点槽的标准不确定度 $u(e_2)$ 均可以采用 B 类方法进行评定。

a) 补偿导线导致的标准不确定度 $u(e_1)$

补偿导线修正值 e（20 ℃时）的扩展不确定度 $U = 1.1 \ \mu V$，包含因子 $k = 2$。则

$$u(e_1) = 1.1 \ \mu V/2 = 0.55 \ \mu V$$

b) 冰点导致的标准不确定度 $u(e_2)$

冰点槽 0 ℃的最大误差为 $\pm 0.01 \ ℃$，对于 T 型热电偶相当于 $\pm 0.39 \ \mu V$。按均匀分布考虑，$k = \sqrt{3}$。因此：

$$u(e_2) = 0.39 \ \mu V/\sqrt{3} = 0.23 \ \mu V$$

c) 输入量 e 的标准不确定度 $u(e)$ 的计算

由于 e_1 和 e_2 彼此相互独立，因此：

$$u(e) = \sqrt{u^2(e_1) + u^2(e_2)} = 0.60 \ \mu V$$

（4）合成标准不确定度的评定

①灵敏系数

灵敏系数为：

$$
\begin{aligned}
c_1 &= \partial \Delta_t / \partial t_d = 1 \\
c_2 &= \partial \Delta_t / \partial t_s = -1 \\
c_3 &= \partial \Delta_t / \partial e = -1/S_i
\end{aligned}
\tag{8—10}
$$

T 型热电偶各测量点的 S_i 分别为：$S_0 = 39.0 \ \mu V/℃$，$S_{100} = 47.0 \ \mu V/℃$，$S_{200} = 53.0 \ \mu V/℃$，$S_{300} = 58.0 \ \mu V/℃$，$S_{400} = 62.0 \ \mu V/℃$。

②标准不确定度分量汇总

输入量的标准不确定度分量汇总见表8－7。

表8－7 标准不确定度分量汇总

标准不确定度 $u(x_i)$	不确定度来源	标准不确定度值		灵敏系数 c_i	不确定度分量 $\lvert c_i\rvert u(x_i)$	
$u(t_d)$		取 0.029 ℃		1	0.029 ℃	
$u(t_{d1})$	测量重复性	0.024 ℃				
$u(t_{d2})$	校准仪分辨力	0.029 ℃				
$u(t_s)$	标准直流电压源输出误差	0 ℃	0.046 ℃	-1	0 ℃	0.046 ℃
		100 ℃	0.040 ℃		100 ℃	0.040 ℃
		200 ℃	0.035 ℃		200 ℃	0.035 ℃
		300 ℃	0.035 ℃		300 ℃	0.035 ℃
		400 ℃	0.035 ℃		400 ℃	0.035 ℃
$u(e)$		0.60 μV		$-1/S_i$	0 ℃	0.015 ℃
					100 ℃	0.013 ℃
$u(e_1)$	补偿导线	0.55 μV			200 ℃	0.011 ℃
					300 ℃	0.010 ℃
$u(e_2)$	冰点槽	0.23 μV			400 ℃	0.009 ℃

③合成标准不确定度的计算

输入量 t_d、t_s 及 e 相互间彼此独立，所以合成标准不确定度可以按下式得到：

$$u_c(\Delta_t)=\sqrt{[c_1\cdot u(t_d)]^2+[c_2\cdot u(t_s)]^2+[c_3\cdot u(e)]^2} \tag{8－11}$$

各测量点合成标准的不确定度分别为

$u_c(\Delta_0)=0.056$ ℃，$u_c(\Delta_{100})=u_c(\Delta_{200})=0.051$ ℃，$u_c(\Delta_{300})=0.047$ ℃，$u_c(\Delta_{400})=0.046$ ℃

（5）扩展不确定度的评定

取 $k=2$，得到扩展不确定度 $U=2u_c(\Delta_t)$，各校准点的扩展不确定度见表8－8。

表8－8 各校准点的扩展不确定度 $U(k=2)$　　　　　　　℃

校准点	0	100	200	300	400
不确定度 U	0.12	0.11	0.11	0.10	0.10

2. 温度校准仪输出误差测量结果的不确定度评定

校准仪在输出状态下，以设置模拟热电阻为例进行不确定度评定。

（1）概述

①被测对象

校准仪设置为模拟 Pt100 型铂热电阻输出状态，测量范围为－200 ℃～＋800 ℃，最小步进值为 0.01 ℃，输出允许误差为±0.04 ℃～±0.05 ℃。

②测量标准

用 FLUKE 1590 电桥作为测量标准，它的测量允差 MPE＝±0.000 5％读数。激励电流设置为 1 mA。

③测量方法

按本节二、（三）2 的方法进行测量。校准点分别为（℃）：$-200,-100,0,200,400,$
$600,800$。

④测量环境

温度：15 ℃～25 ℃；相对湿度：$\leqslant 85\%$。

（2）测量模型

$$\Delta_A = \overline{A}_d - A_s \tag{8-12}$$

式中符号的含义同上文。

（3）输入量的标准不确定度

①输入量 A_d 的标准不确定度 $u(A_d)$

输入量 A_d 的不确定度来源主要有两部分：即测量重复性和电桥的测量误差。

a）测量重复性导致的标准不确定度 $u(A_{d1})$

测量过程中 400 ℃ 的重复性较差，以此作为重复性测量点进行连续 10 次测量，得到输
出值测量列（Ω）：247.083 8，247.084 1，247.084 0，247.083 9，247.083 7，247.084 0，247.084 3，
247.084 2，247.084 0，247.083 8。

平均值：

$$\overline{A}_d = 247.083\ 98\ \Omega$$

单次实验标准偏差：

$$s = \sqrt{\frac{\sum_{i=1}^{n}(A_{di} - \overline{A}_d)^2}{n-1}} = 0.187\ \text{m}\Omega$$

实际测量情况是在重复性条件下连续测量 4 次，以 4 次测量的平均值作为测量结果，则
可以得到：

$$u(A_{d1}) = s/\sqrt{4} = 0.09\ \text{m}\Omega$$

b）电桥测量误差导致的标准不确定度 $u(A_{d2})$

$u(A_{d2})$ 可采用 B 类方法进行评定。根据测量值的大小计算允差。按均匀分布考虑，则：

$$u(A_{d2}) = |\Delta_A|/\sqrt{3}$$

经计算，各校准点的 $u(A_{d2})$ 分别为（$\text{m}\Omega$）：0.05，0.17，0.29，0.51，0.71，0.91，1.08。

c）输入量 A_d 的标准不确定度 $u(A_d)$ 的计算

上述各分量彼此相互独立，按 $u(A_d) = \sqrt{u^2(A_{d1}) + u^2(A_{d2})}$ 计算，得到各校准点的
$u(A_d)$ 分别为（$\text{m}\Omega$）：0.103，0.192，0.304，0.518，0.767，0.914，1.084。

②输入量 A_s 的标准不确定度 $u(A_s)$

输入量 A_s 的不确定度主要来源于分度值的修约误差。由于校准仪模拟电阻输出的分
辨力为 1 mΩ，因此，校准时采用修约间隔为 1 mΩ 的分度表，则修约最大误差为 ± 0.5 mΩ，
按均匀分布考虑，则

$$u(A_s) = |\Delta A_s|/\sqrt{3} = 0.5\ \text{m}\Omega/\sqrt{3} = 0.29\ \text{m}\Omega$$

注：常用分度表电阻值的修约间隔为 10 mΩ。1 mΩ 修约间隔的，可以从相关标准的热电阻阻值与温度

之间的函数关系中计算得到。

（4）合成标准不确定度的评定

①灵敏系数

灵敏系数为：

$$c_1 = \partial \Delta_A / \partial A_d = 1$$
$$c_2 = \partial \Delta_A / \partial A_s = -1 \tag{8-13}$$

②标准不确定度分量汇总

输入量的标准不确定度分量汇总见表8-9。

表8-9　标准不确定度分量汇总

标准不确定度 $u(x_i)$	不确定度来源	标准不确定度值 mΩ		灵敏系数 c_i	不确定度分量 $|c_i|u(x_i)/$mΩ	
$u(A_d)$		−200 ℃	0.10	1	−200 ℃	0.10
		−100 ℃	0.19		−100 ℃	0.19
		0 ℃	0.30		0 ℃	0.30
		200 ℃	0.52		200 ℃	0.52
		400 ℃	0.77		400 ℃	0.77
		600 ℃	0.91		600 ℃	0.91
		800 ℃	1.08		800 ℃	1.08
$u(A_{d1})$	测量重复性（取最大的）	0.09				
$u(A_{d2})$	电桥测量误差	−200 ℃	0.05			
		−100 ℃	0.17			
		0 ℃	0.29			
		200 ℃	0.51			
		400 ℃	0.71			
		600 ℃	0.91			
		800 ℃	1.08			
$u(A_3)$	分度表修约误差	0.29		−1	0.29	

③合成标准不确定度的计算

输入量 A_d、A_s 相互间彼此独立,所以合成标准不确定度可按下式得到：

$$u_c(\Delta_A) = \sqrt{[c_1 \cdot u(A_d)]^2 + [c_2 \cdot u(A_s)]^2}$$

各测量点的合成标准不确定度分别为

$u_c(\Delta_{-200}) = 0.308$ mΩ, $u_c(\Delta_{-100}) = 0.348$ mΩ, $u_c(\Delta_0) = 0.420$ mΩ, $u_c(\Delta_{200}) = 0.594$ mΩ, $u_c(\Delta_{100}) = 0.820$ mΩ, $u_c(\Delta_{600}) = 0.959$ mΩ, $u_c(\Delta_{800}) = 1.122$ mΩ

（5）扩展不确定度的评定

取 $k=2$,得到扩展不确定度:如果用电阻值单位表示为

$$U = 2u_c(\Delta_A)$$

如果用温度单位表示为

$$U = 2u_c(\Delta_A) \cdot S_i^{-1}$$

各校准点对应的 S_i 分别为：

$S_{-200} = 0.432$ Ω/℃，$S_{-100} = 0.405$ Ω/℃，$S_0 = 0.391$ Ω/℃，$S_{200} = 0.368$ Ω/℃，$S_{400} = 0.345$ Ω/℃，$S_{600} = 0.322$ Ω/℃，$S_{800} = 0.298$ Ω/℃。

各校准点的扩展不确定度见表8-10。

表8-10　各校准点的扩展不确定度 $U(k=2)$

标准点/℃		-200	-100	0	200	400	600	800
不确定度 U	mΩ	0.7	0.7	0.9	1.2	1.7	2.0	2.3
	mK	1.5	1.8	2.2	4	5	6	8

四、补偿导线的校准方法

温度校准仪校准用补偿导线应选择细软的测量用补偿导线。如何得到补偿导线的修正值和它的不确定度，以K型热电偶补偿导线为例进行阐述。

1. 测量方法

（1）测量温度点

测量点应选择在校准仪工作时接线端子处的温度（接近环境温度）。取15 ℃、20 ℃、25 ℃三个试验点（偏离不超过0.2 ℃）。

（2）测量接线图

测量用标准器及接线如图8-18所示。

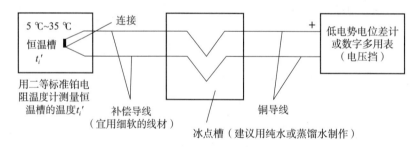

图8-18　补偿导线测量示意图

（3）测量用标准器

数字电压表：MPE=±（0.005%读数+0.1 μV）

二等标准铂电阻温度计（含电测仪器）：$U = 15$ mK $(k=3)$

（4）测量循环

待恒温槽的温度稳定后，以"标准-K-K-标准"的测量顺序作为一个循环，测量三个循环。

（5）补偿导线输出电势的计算

分别取6次测量的平均值，并按标准温度计测量的实际温度 t_i'，换算到整温度点的电势值 $E(t_i)$：

$$E(t_i) = E(t_i') - (t_i' - t_i) \cdot S_i \qquad (8-14)$$

（6）补偿导线修正值 $e(t_i)$ 的计算

$$e(t_i)=E_A(t_i)-E(t_i) \tag{8-15}$$
$$=E_A(t_i)-[E(t_i')-(t_i'-t_i)\cdot S_i]$$

式中：t_i——试验点的温度，℃；

$\quad t_i'$——试验时，恒温槽的实测温度（接近 t_i），℃；

$E_A(t_i)$——参考端温度 t_i 对应的标称电势值，mV；

$\quad E(t_i')$——恒温槽温度为 t_i' 时，补偿导线的输出值，mV；

$\quad S_i$——参考端温度 t_i 的微分电势，mV/℃。

2. 不确定度评定

以 K 型热电偶补偿导线修正值的不确定度评定为例。

（1）测量模型

补偿导线修正值的测量模型：

$$e(t_i)=E_A(t_i)-[E(t_i')-(t_i'-t_i)\cdot S_i]$$

简化表述为：

$$e=E_A-[E_{t'}-(t'-t)\cdot S_i] \tag{8-16}$$

（2）输入量的标准不确定度评定

①输入量 E_A 引入的标准不确定度

分度表热电势值的修约间隔为 1 μV，修约误差最大为 ±0.5 μV，按均匀分布处理，则

$$u(E_A)=\frac{0.5\ \mu V}{\sqrt{3}}=0.29\ \mu V$$

②输入量 $E_{t'}$ 引入的标准不确定度

a）数字电压表的测量误差引入的标准不确定度

取 15 ℃～25 ℃ 测量点中补偿导线的最大输出值，按均匀分布处理，则

$$u(E_{t'1})=\frac{0.005\%E(25\ ℃)+0.1\ \mu V}{\sqrt{3}}=0.10\ \mu V$$

b）测量重复性引入的标准不确定度

取 15 ℃～25 ℃ 测量点 s_i 中的最大值，则

$$u(E_{t'2})=\frac{s_{max}}{\sqrt{6}}=\frac{0.19\ \mu V}{\sqrt{6}}=0.08\ \mu V$$

c）周期稳定性引入的标准不确定度

取校准温度 15 ℃～25 ℃ 中周期稳定性的最大值为 1.8 μV，按均匀分布处理，则

$$u(E_{t'3})=1.04\ \mu V$$

d）冰点槽温度偏离 0 ℃ 引入的标准不确定度

冰点槽用纯水制作，其偏离 0 ℃ 的最大差值不超过 ±0.01 ℃，0 ℃ 时的微分电势 $S_0=39.45\ \mu V/℃$。按均匀分布处理，则

$$u(E_{t'4})=\frac{0.01\ ℃}{\sqrt{3}}\cdot S_0=0.005\ 8\times39.45\ \mu V=0.23\ \mu V$$

e）寄生电势引入的标准不确定度

寄生电势不超过 ±0.4 μV，按均匀分布处理，则

$$u(E_{t'5}) = \frac{0.4 \ \mu V}{\sqrt{3}} = 0.23 \ \mu V$$

f）上述各分量彼此相互独立，则按方差合成：

$$u(E_{t'}) = \sqrt{0.10^2 + 0.08^2 + 1.04^2 + 0.23^2 + 0.23^2} \ \mu V = 1.10 \ \mu V$$

③输入量 t' 引入的标准不确定度

a）二等标准铂电阻温度计（含电测仪器）测量误差引入的标准不确定度

$$u(t'_1) = \frac{15 \ mK}{3} = 5.0 \ mK$$

b）t' 测量重复性引入的标准不确定度

$$u(t'_2) = \frac{s_{max}}{\sqrt{6}} = \frac{0.023 \ mK}{\sqrt{6}} = 0.01 \ mK$$

c）恒温槽温度均匀性引入的标准不确定度

恒温槽的均匀性为 $0.005 \ ℃$，按均匀分布处理，则

$$u(t'_3) = \frac{5 \ mK}{\sqrt{3}} = 2.9 \ mK$$

d）上述各分量彼此相互独立，则按方差合成

$$u(t') = \sqrt{5.0^2 + 0.01^2 + 2.9^2} \ mK = 5.8 \ mK$$

（3）合成标准不确定度

灵敏系数为：

$$c_1 = \frac{\partial e}{\partial E_A} = 1 \quad c_2 = \frac{\partial e}{\partial E_{t'}} = -1 \quad c_3 = \frac{\partial e}{\partial t'} = S_i$$

其中，c_3 取 $15 \ ℃ \sim 25 \ ℃$ 范围内最大的 S_{25} 值，为 $40.52 \ \mu V/℃$。

则不确定度分量：

$$c_3 \cdot u(t') = 0.005 \ 8 \ ℃ \cdot S_{25} = 0.005 \ 8 \times 40.52 \ \mu V = 0.24 \ \mu V$$

由于各不确定度分量互不相关，由方差合成的方法得出合成标准不确定度：

$$u_c(e) = \sqrt{c_1^2 u^2(E_A) + c_2^2 u^2(E_{t'}) + c_3^2 \cdot u^2(t')} = \sqrt{0.29^2 + 1.10^2 + 0.24^2} \ \mu V = 1.16 \ \mu V$$

$$(8-17)$$

不确定度分量汇总见表 8－11。

表 8－11　不确定度分量汇总

标准不确定度 $u(x_i)$	不确定度来源	标准不确定度值	灵敏系数 c_i	不确定度分量 $|c_i|u(x_i)$
$u(E_A)$	分度值修约误差	$0.29 \ \mu V$	1	$0.29 \ \mu V$
$u(E_{t'})$		$1.10 \ \mu V$	-1	$1.10 \ \mu V$
$u(E_{t'1})$	数字多用表测量误差	$0.10 \ \mu V$		
$u(E_{t'2})$	测量重复性	$0.08 \ \mu V$		
$u(E_{t'3})$	周期稳定性*	$1.04 \ \mu V$		
$u(E_{t'4})$	冰点槽偏离 $0 \ ℃$	$0.23 \ \mu V$		
$u(E_{t'5})$	寄生电势	$0.23 \ \mu V$		

表 8－11（续）

标准不确定度 $u(x_i)$	不确定度来源	标准不确定度值	灵敏系数 c_i	不确定度分量 $|c_i|u(x_i)$
$u(t')$		5.8 mK	40.52 μV/℃	0.24 μV
$u(t'_1)$	铂电阻温度计（含电测）	5.0 mK		
$u(t'_2)$	测量重复性	0.01 mK		
$u(t'_3)$	恒温槽温度均匀性	2.9 mK		

注：补偿导线的周期稳定性与选用的补偿导线质量有关，是不确定度的主要来源。应对选择的补偿导线进行稳定性跟踪。

（4）扩展不确定度

取 $k=2$，则

$$U=2\times1.16\ \mu V=2.4\ \mu V$$

补偿导线在 15 ℃～25 ℃修正值的测量结果和不确定度见表 8－12。

表 8－12　补偿导线修正值测量结果汇总

校准温度 ℃	K 型热电偶标称电势 mV	实测电势 E mV	修正值 e mV	不确定度 U $(k=2)$ μV
15	0.597	0.603 2	−0.006 2	
20	0.798	0.804 4	−0.006 4	2.4
25	1.000	1.008 0	−0.008 0	

五、热电阻的微分电阻和热电偶的塞贝克系数

1. 热电阻的微分电阻

热电阻的微分电阻见表 8－13。

表 8－13　热电阻的微分电阻

温度 ℃	微分电阻 $S_i/(\Omega\cdot℃^{-1})$	
	Pt100	Cu100
−200	0.432	—
−150	0.417	—
−100	0.405	—
−50	0.397	0.432
0	0.391	0.429
50	0.385	0.428
100	0.379	0.428
150	0.374	0.431
200	0.368	—
250	0.362	—

表 8—13（续）

温度	微分电阻 $S_i/(\Omega \cdot \text{℃}^{-1})$	
℃	Pt100	Cu100
300	0.356	—
350	0.350	—
400	0.345	—
450	0.339	—
500	0.333	—
600	0.322	—
700	0.310	—
800	0.298	—
850	0.293	—

2. 热电偶的塞贝克系数

热电偶的塞贝克系数见表 8—14。

表 8—14　热电偶的塞贝克系数

温度	热电偶的塞贝克系数 $S_i/(\mu\text{V} \cdot \text{℃}^{-1})$							
℃	S	R	B	K	N	E	J	T
−250	—	—	—	—	—	—	—	6.34
−200	—	—	—	—	—	—	—	15.74
−150	—	—	—	—	—	36.23	33.13	22.32
−100	—	—	—	30.49	20.92	45.17	41.09	28.39
−50	—	—	—	35.80	24.34	52.82	46.62	33.89
0	5.40	5.29	−0.25	39.45	26.16	58.67	50.38	38.75
10	5.65	5.56	−0.13	39.91	26.26	59.57	50.97	39.47
20	5.88	5.82	−0.01	40.33	26.60	60.49	51.50	40.27
30	6.10	6.06	0.10	40.69	26.97	61.41	51.33	41.11
40	6.31	6.30	0.22	41.00	27.34	62.33	52.44	41.96
50	6.50	6.52	0.33	41.25	27.72	63.24	52.85	42.82
100	7.34	7.48	0.90	41.37	29.64	67.52	54.36	46.78
200	8.46	8.84	1.99	39.97	32.99	74.03	55.51	53.15
300	9.13	9.74	3.05	41.45	35.42	77.91	55.35	58.09
400	9.57	10.37	4.06	42.24	37.13	80.06	55.15	61.80
500	9.90	10.89	5.04	42.63	38.27	80.93	55.99	—
600	10.21	11.36	5.96	42.51	38.96	80.66	58.49	—
700	10.53	11.83	6.81	41.90	39.26	79.65	62.15	—
800	10.87	12.31	7.64	41.00	39.29	78.43	64.63	—
900	11.21	12.79	8.41	40.00	39.04	76.83	62.44	—
1 000	11.54	13.23	9.12	38.98	38.61	75.16	59.26	—

表 8－14（续）

温度	热电偶的塞贝克系数 $S_i/(\mu V \cdot ℃^{-1})$							
℃	S	R	B	K	N	E	J	T
1 200	12.03	13.92	10.36	36.49	37.19	—	57.24	—
1 300	12.13	14.08	10.87	34.93	36.01	—	—	—
1 400	12.13	14.13	11.28	—	—	—	—	—
1 600	11.85	13.88	11.69	—	—	—	—	—
1 800	—	—	11.48	—	—	—	—	—

第五节　固体点装置

1990 年国际温标(ITS-90)规定在－189.344 2 ℃～961.78 ℃温区内的温度值由在一组规定的定义固定点分度的铂电阻温度计确定,并使用规定的参考函数和偏差函数内插计算定义固定点的温度值。在这一温区内共有 9 个定义固定点,分别为:银凝固点、铝凝固点、锌凝固点、锡凝固点、铟凝固点 5 个凝固点,水三相点、汞三相点、氩三相点三个三相点以及镓熔点。

三相点是指单组分(一种纯物质)中三个相在平衡共存时的温度。熔点与凝固点均定义为在标准大气压(101.325 kPa)下纯物质的固相与液相两相平衡温度。固定点容器是指装有可实现温标定义固定点温度的高纯物质的容器。固定点中金属的纯度要求不低于 99.999 9％(按质量)。水三相点瓶中的水应采用按 ITS-90 国际温标要求的纯水,而氩三相点采用的氩气不得低于 99.999％(按质量)。

固定点装置包含固定点密封容器、高精度定点炉及数字程序控温仪。有关固定点及其装置的详细介绍参见第五章第四节。

一、工作原理

定义固定点是国际温标中所规定的可复现的平衡温度,定义固定点装置是铂电阻温度计分度的装置。定义固定点装置包括固定点容器、定点炉、恒温槽。

1. 各定义固定点的温度值及 $W_r(t)$ 值

各定义固定点的温度值及 $W_r(t)$ 值见表 8－15。

表 8－15　定义固定点的温度值及 $W_r(t_{90})$ 值

序号	固定点	温　　　度		$W_r(t_{90})$
		$t_{90}/℃$	T_{90}/K	
1	银凝固点	961.78	1 234.93	4.286 420 53
2	铝凝固点	660.323	933.473	3.376 008 60
3	锌凝固点	419.527	692.677	2.568 917 30
4	锡凝固点	231.928	505.078	1.892 797 68
5	铟凝固点	156.598 5	429.914 6	1.609 801 85

表 8－15（续）

序号	固定点	温　　度		$W_r(t_{90})$
		$t_{90}/℃$	T_{90}/K	
6	镓熔点	29.764 6	302.914 6	1.118 138 89
7	水三相点	0.01	273.16	1.000 000 00
8	汞三相点	−38.834 4	234.315 6	0.844 142 11
9	氩三相点	−189.344 2	83.805 8	0.215 859 75

2. 温度值的定义及内插方法

1990 年国际温标(ITS-90)规定在−189.344 2 ℃～961.78 ℃温区内的温度值由在一组规定的定义固定点分度的铂电阻温度计确定。

温度值由式(8－18)确定：

$$W(t) = R(t)/R(0.01 ℃) \tag{8－18}$$

式中，$W(t)$为铂电阻温度计在温度 t 的电阻值与水三相点温度(0.01 ℃)的电阻值的比值。

3. 符号说明

R_{tp}为铂电阻温度计在水三相点(0.01 ℃)的电阻值；

W_{Ag}为铂电阻温度计在银凝固点(961.78 ℃)的电阻值 R_{Ag} 与 R_{tp} 的比值；

W_{Al}为铂电阻温度计在铝凝固点(660.323 ℃)的电阻值 R_{Al} 与 R_{tp} 的比值；

W_{Zn}为铂电阻温度计在锌凝固点(419.527℃)的电阻值 R_{Zn} 与 R_{tp} 的比值；

W_{Sn}为铂电阻温度计在锡凝固点(231.928 ℃)的电阻值 R_{Sn} 与 R_{tp} 的比值；

W_{In}为铂电阻温度计在铟凝固点(156.598 5 ℃)的电阻值 R_{In} 与 R_{tp} 的比值；

$W(100 ℃)$为铂电阻温度计在 100 ℃的电阻值 $R(100 ℃)$ 与 R_{tp} 的比值；

W_{Ga}为铂电阻温度计在镓熔点(29.764 6 ℃)的电阻值 R_{Ga} 与 R_{tp} 的比值；

W_{Hg}为铂电阻温度计在汞三相点(−38.834 4 ℃)的电阻值 R_{Hg} 与 R_{tp} 的比值；

W_{Ar}为铂电阻温度计在氩三相点(−189.344 2 ℃)的电阻值 R_{Ar} 与 R_{tp} 的比值。

二、计量特性

1. 固定点复现装置

各种固定点复现装置包括：水三相点容器及保温装置、镓熔点装置、铟凝固点装置、锡凝固点装置、锌凝固点装置、铝凝固点装置、银凝固点装置、汞三相点装置及氩三相点装置。均应满足复现过程要求。

2. 金属凝固点装置的温场要求

（1）金属凝固点装置包括固定点容器和定点炉。

在首次使用、每使用二年以及修理后使用时，需对其容器内垂直温场进行检查。垂直温场应在比凝固点温度高 1.5 ℃～3 ℃时的稳定状态下测量。从固定点容器中心管底部起 150 mm(用于二等的小固定点炉为 120 mm)范围内最大温差要求小于或等于表 8－16规定。

表 8-16　定点炉容器内最大温差　　　　　　　　　　　℃

定点炉		银	铝	锌	锡	铟
最大温差	工作基准	0.7	0.6	0.5	0.5	0.5
	一等标准	0.9	0.8	0.7	0.6	0.6

（2）镓、水、汞、氩四个定义固定点装置不做温场检查。

（3）定义固定点温坪的要求

应按校准周期对各个固定点装置温坪的温度变化进行检查。在温坪开始到结束的过程中始终用一支铂电阻温度计测量，记录温坪曲线。当铂电阻温度计的测量值的变化小于（或大于）0.5 mK/10 min 时可视为温坪开始（或结束），整个温坪的 15% 至 85% 之间的温度变化值要求小于或等于表 8-17 规定。

表 8-17　固定点温坪曲线的温度变化要求　　　　　　　　mK

固定点	工作基准装置的凝固点温坪曲线的温度变化	一等标准装置的凝固点温坪曲线的温度变化
银凝固点	1.5	2.0
铝凝固点	1.5	2.0
锌凝固点	1.0	1.5
锡凝固点	1.0	1.5
铟凝固点	1.0	1.5
镓熔点	0.8	1.2
汞三相点	1.0	1.5
氩三相点	1.0	1.5

（4）固定点装置的复现性

新建及更换的固定点整套装置应进行复现性试验。每个点用不少于 6 次的复现结果的标准偏差按式（8-19）计算，其值换算成温度要求小于或等于表 8-18 的规定。

表 8-18　固定点的复现性要求　　　　　　　　　　　　mK

固定点	工作基准装置	一等标准装置
银凝固点	6.0	12
铝凝固点	4.5	9.0
锌凝固点	1.5	3.0
锡凝固点	1.3	2.6
铟凝固点	1.0	2.0
镓熔点	0.6	1.2
水三相点	0.5	1.0
汞三相点	1.5	3.0
氩三相点	1.5	3.0

$$s(x) = \sqrt{\sum_{i=1}^{n} (x_i - \overline{x})^2 / (n-1)} \qquad (8-19)$$

式中：x——单次复现结果；

　　$\overline{x}$——多次复现结果的平均值；

　　n——复现次数。

（5）固定点装置复现要求

固定点装置的复现应按铂电阻温度计的检定周期用三支铂电阻温度计每二年进行复现，也可进行比对。作为标准器的铂电阻温度计在固定点的复现值与其上级单位检定结果差值换算为温度差值要求小于或等于表8—19所规定的数值。

表 8—19　温度计在配套固定点的复现值与上级检定结果的差值要求　　　　mK

项目	R_{tp}	W_{Ag}	W_{Al}	W_{Zn}	W_{Sn}	W_{In}	W_{Ga}	W_{Hg}	W_{Ar}
工作基准装置	3.0	7.0	7.0	3.5	3.0	2.5	2.0	1.5	3.0
一等标准装置	4.0	15.0	15.0	7.0	6.0	5.0	4.0	3.0	6.0

三、校准方法

校准的依据是 JJF 1178—2007《用于标准铂电阻温度计的固定点装置校准规范》

（一）校准条件

1. 环境要求

（1）环境条件：环境温度 15℃～25℃，相对湿度 15％～80％。

（2）室内要有冷却水通道及接地电阻小于 0.5 Ω 的屏蔽地线。

2. 标准器

校准各固定点装置所使用的标准器，其指标应符合标准铂电阻温度计的检定规程要求，并为经检定合格的三支铂电阻温度计。

3. 电测设备

测量铂电阻温度计的电测设备为测温电桥，配工作基准装置的测温电桥要求在引用修正值后测量电阻值的相对误差不大于 2×10^{-6}。配一等标准的测温电桥要求不大于 1×10^{-5}。如需配用标准电阻，其标准电阻的环境温度应满足准确度要求。允许使用技术指标不低于此要求的其他电测设备。

（二）校准项目和校准方法

1. 校准项目

应根据所建标的分温区选择固定点，校准项目见表8—20。

表 8-20 校准项目内容

项目	R_{tp}	W_{Ag}	W_{Al}	W_{Zn}	W_{Sn}	W_{In}	W_{Ga}	W_{Hg}	W_{Ar}
工作基准装置	+	+	+	+	+	+	+	+	+
一等标准装置	+	+	+	+	+	+	+	+	+

表中"+"为应校项目。

2. 校准方法

校准顺序为 $R_{tp} \rightarrow R_t \rightarrow R_{tp}$。每个温坪用三支铂电阻温度计,在至少两个温坪上取值,然后取每支铂电阻温度计两个温坪的平均值作为最后的校准结果。

任何固定点的 W_t 值确定均采用 $W_t = R_t / \overline{R_{tp}}$,其中 $\overline{R_{tp}}$ 是固定点 t 前后两次的 R_{tp} 平均值。固定点复现后的数据处理均见 3(2)。

(1) R_{tp} 的复现

a) 水三相点瓶冻制

水三相点瓶冻制前,应放在冰槽中预冷 1 h～2 h,然后用无水乙醇将温度计阱冲洗干净,向阱中不断地加入液氮或干冰,从阱底部开始逐步分层冻制到液面,使阱周围冻结成一层厚度约 10 mm 的均匀冰套,要随时防止液面冻结。将稍高于 0℃的水倒入阱中,使冰套内融可自由转动,将水从阱中完全排出,换入预冷好的水后保持在冰槽中。

b) 水三相点瓶的使用与测量

水三相点瓶冻制后应保持 24 h 再使用,使用时应保持冰套能自由转动,铂电阻温度计应在预冷后再插入水三相点瓶中。当铂电阻温度计达到热平衡后,开始读数。首先读取铂电阻温度计在规定测量电流的数值,然后测量自热效应,再读取铂电阻温度计在规定测量电流的数值。取测自热效应前后两次 R_{tp} 的平均值 $\overline{R_{tp}}$。按 3(2) 修正后作为铂电阻温度计在水三相点的电阻值 R_{tp}。

(2) W_{Ag}、W_{Al} 的复现

W_{Ag}、W_{Al} 的复现可采用如下方法:当固定点容器内的金属熔化后,将炉温控制在比凝固点高 1.5 ℃～3 ℃的范围内。观察监视用的铂电阻温度计在固定点容器中的温度变化,若在 10 min 内温度波动小于 0.1 ℃,即可以 0.10 ℃/min～0.15 ℃/min 的速率降温。当监视铂电阻温度计数值停止下降并开始回升时,立即取出铂电阻温度计,插入一支清洗好常温的石英管诱导 1 min。然后将清洗好的温度计插入固定点炉中,同时将炉温控制在比凝固点约低 1 ℃的温度上。铂电阻温度计达到热平衡后,开始读数。首先读取铂电阻温度计在规定测量电流的数值,然后测量自热效应,再读取铂电阻温度计在规定测量电流的数值,前后读数的差值要求小于或等于 0.4 mK,取其平均值 $\overline{R_{Ag}}$、$\overline{R_{Al}}$。按 3(2) 修正后作为温度计在银凝固点及铝凝固点的电阻值 R_{Ag}、R_{Al}。

第二、第三支复现的铂电阻温度计在插入前须进行 700 ℃(或 650 ℃)预热。分度完后的温度计要立即插回 700 ℃(或 650 ℃)的退火炉中进行 2 h(或 1.5 h)的退火处理,退火后的温度计在退火炉中随炉温降到 420 ℃以下方可取出。

R_{Ag}、R_{Al} 测量完毕并退火后的铂电阻温度计,应立即测量 R_{tp} 值。

(3) W_{Zn}、W_{In} 的复现

W_{Zn}、W_{In} 的复现可采用如下方法:当固定点容器内的金属样品完全熔化后,将定点炉的

炉温控制并保持在比凝固点高 1.5 ℃～3 ℃的范围内。用一支作监视的铂电阻温度计插入固定点容器中观察其温度变化，若在 10 min 内温度波动小于 0.1 ℃，即可以 0.10 ℃/min～0.15 ℃/min 的速率降温。当监视铂电阻温度计的温度数值停止下降并开始回升时，立即取出监视铂电阻温度计，插入一支常温的石英管诱导 1 min 后取出。同时将炉温控制并保持在比凝固点低约1℃的温度上。当插入的铂电阻温度计达到热平衡后，开始读数。首先读取铂电阻温度计通过规定电流的数值，然后测量自热效应，再读取铂电阻温度计通过规定的电流的数值，前后读数的差值换算为温度值要求小于或等于 0.3 mK，取其平均值 $\overline{R_{Zn}}$、$\overline{R_{In}}$。按 3(2)修正后作为在锌凝固点、铟凝固点的电阻 R_{Zn}、R_{In}。

R_{Zn}、R_{In} 测量完毕后的铂电阻温度计，应立即测量 R_{tp} 值。

第二、第三支被复现的铂电阻温度计在插入前须进行 420 ℃（或 156 ℃）预热。

（4）W_{Sn} 的复现

W_{Sn} 的复现可采用如下方法：当固定点容器内的金属锡完全熔化后，将定点炉的温度控制并保持在比凝固点高 1.5 ℃～3 ℃范围内，用一支监视用的铂电阻温度计插入固定点容器中观察其温度变化，若在 10 min 内温度波动小于 0.1 ℃时，即可使熔锡以 0.10 ℃/min～0.15 ℃/min的速率降温。当监视的铂电阻温度计的数值低于锡凝固点数值时，可取出铂电阻温度计，将室温下的不锈钢棒插入容器，并同时接通容器均热块的通气管，吹入惰性气体或干燥空气(压缩空气)使锡迅速冷却。1.5 min 至 2 min 后取出不锈钢棒后再插入监视用的铂电阻温度计。如其电阻值已上升至接近温坪数值，取出铂电阻温度计，将铂电阻温度计插入锡凝固点炉中，同时快速将固定点炉的炉温控制并保持在比凝固点低约 1 ℃的温度上。铂电阻温度计达到热平衡后，开始读数。首先读取温度计在规定测量电流的数值，然后测量自热效应，再读取铂电阻温度计在规定测量电流的数值，前后读数的差值要求小于或等于 0.3 mK，取其平均值 $\overline{R_{Sn}}$。按 3(2)修正后作为温度计在锡凝固点的电阻值 R_{Sn}。

R_{Sn} 测量完毕后的铂电阻温度计应立即测量 R_{tp}。

第二、第三支被复现的铂电阻温度计在插入前须进行 231 ℃预热。

（5）W_{Ga} 的复现

镓熔点容器内的金属在使用前应使其处于固态，使用时将容器放入可控温的复现装置(可以是干体炉或液体槽)中，将其温度控制并保持在比熔化点温度高 1.5 ℃～3 ℃范围内，将铂电阻温度计插入其中，当铂电阻温度计到达温坪并平衡后，首先读取铂电阻温度计在规定测量电流的数值，然后测量自热效应，再读取铂电阻温度计在规定测量电流的数值，前后读数的差值要求小于或等于 0.3 mK，取其平均值 $\overline{R_{Ga}}$。按 3(2)修正后作为铂电阻温度计在镓熔点的电阻值 R_{Ga}。

R_{Ga} 测量完毕后的铂电阻温度计，应立即测量 R_{tp}。

（6）W_{Hg} 的复现

把汞三相点容器放入低温槽内，插入被复现铂电阻温度计。降低温槽内温度至 −46 ℃，使容器中的汞自然冷却。当确认汞完全凝固并出现过冷（约低于汞三相点温度 7 ℃）后，将恒温槽的温度回升至 −37 ℃，并控制在此温度附近，使汞缓慢熔化。监测铂电阻温度计电阻变化。当温坪出现后，即开始测量其电阻。在不小于 10 min 内数个读数的最大差值换算为温度值要求小于或等于 0.2 mK，则取数个读数的平均值 $\overline{R_{Hg}}$。按 3(2)修正后作为铂电阻温度计在汞三相点的电阻值 R_{Hg}。

R_{Hg}测量完毕后的铂电阻温度计,应立测量R_{tp}。

(7)W_{Ar}的复现

将液氮注入杜瓦瓶中,使氩三相点容器逐渐全部浸泡在液氮中,以保证氩全部冷凝。插入被检温度计,观测温度计的电阻变化。当确认氩全部凝固后,将杜瓦瓶注满液氮。增加液氮的蒸汽压(或用脉冲加热法),将温度控制在高于氩三相点 0.3 ℃~0.5 ℃ 范围内,使固态氩逐渐融化,当温坪出现后(10 min 内温度变化小于 0.2 mK)即可进行测量,即开始测量其电阻。在不小于 10 min 内数个读数的最大差值换算为温度值要求小于或等于 0.2 mK,取数个读数的平均值$\overline{R_{Ar}}$。按 3(2)修正后作为铂电阻温度计在氩三相点的电阻值R_{Ar}。

R_{Ar}测量完毕后的铂电阻温度计,应立即测定R_{tp}。

3. 数据处理

(1)温度值

在各固定点测得的W_t值与上级单位检定的三支铂电阻温度计证书上的W_t值相减,再由 dW/dt 求得其温度值。

表 8－21 列出各固定点的 dW/dt 以便使用。

表 8－21　各固定点的 dW/dt 值 　　　　　　　　　　　　mK^{-1}

项目	W_{Ag}	W_{Al}	W_{Zn}	W_{Sn}	W_{In}	W_{Ga}	W_{Hg}	W_{Ar}
$dW/dt(1\times10^{-6})$	2.841	3.205	3.495	3.713	3.801	3.952	4.037	4.342

水三相点的测量结果与上级单位证书给出值的差值由 R_{tp} 求出,一般 R_{tp} 为 25 Ω(此时 dR/dW 约 0.1 Ω/℃)。R_{tp} 为 2.5 Ω 及 R_{tp} 为 0.25 Ω 的 dR/dW 依此类推。

(2)数据修正

铂电阻温度计在各固定点的测量值应进行静压、自热、电桥所配标准电阻的温度修正。如果金属固定点容器在凝固点温度充入的氩气压力与标准大气压差值的绝对值小于 2.0 kPa,对凝固点温度的影响可忽略不计,可不做气压修正,否则需要进气压修正。

(3)静压修正

R_{tp},R_{Ag},R_{Al},R_{Zn},R_{Sn},R_{In},R_{Ga},R_{Hg},R_{Ar}的静压修正后的电阻值:

$$R_{tp} = \overline{R_{tp}} \times (1 + 2.91 \times 10^{-8} \ cm^{-1} \times l_{tp}) \qquad (8-20)$$

$$R_{Ag} = \overline{R_{Ag}} - \overline{R_{tp}} \times 1.53 \times 10^{-8} \ cm^{-1} \times l_{Ag} \qquad (8-21)$$

$$R_{Al} = \overline{R_{Al}} - \overline{R_{tp}} \times 5.13 \times 10^{-8} \ cm^{-1} \times l_{Al} \qquad (8-22)$$

$$R_{Zn} = \overline{R_{Zn}} - \overline{R_{tp}} \times 9.44 \times 10^{-8} \ cm^{-1} \times l_{Zn} \qquad (8-23)$$

$$R_{Sn} = \overline{R_{Sn}} - \overline{R_{tp}} \times 8.17 \times 10^{-8} \ cm^{-1} \times l_{Sn} \qquad (8-24)$$

$$R_{In} = \overline{R_{In}} - \overline{R_{tp}} \times 1.25 \times 10^{-7} \ cm^{-1} \times l_{In} \qquad (8-25)$$

$$R_{Ga} = \overline{R_{Ga}} + \overline{R_{tp}} \times 4.74 \times 10^{-8} \ cm^{-1} \times l_{Ga} \qquad (8-26)$$

$$R_{Hg} = \overline{R_{Hg}} - \overline{R_{tp}} \times 2.87 \times 10^{-7} \ cm^{-1} \times l_{Hg} \qquad (8-27)$$

$$R_{Ar} = \overline{R_{Ar}} - \overline{R_{tp}} \times 1.43 \times 10^{-7} \ cm^{-1} \times l_{Ar} \qquad (8-28)$$

式(8－20)~式(8－28)中的 l_{**} 为各固定点内样品液面至温度计感温元件的中部距离,单位为 cm。

四、基准铝凝固点不确定度评定

1998年我国温度基准参加了国际计量局组织的关键比对，我们根据国际上不确定度统一评定准则，对基准铝凝固点进行了重新评定。

对于铝凝固点的不确定度估算，采用了以前课题的研究及估算。

1. 测量模型

$$\delta t_x = \delta t_1 + \delta t_2 + \delta t_3 + \delta t_4 + \delta t_5$$

当对铝凝固点进行复现时，温度表示为 δt_x，其中：

δt_1 为复现性对铝凝固点温度的影响；

δt_2 为微量杂质引起的凝固温坪的变化；

δt_3 为在铝凝固点温坪时充入氩气对一个标准大气压偏离的影响；

δt_4 为水三相点的影响；

δt_5 为测量中电测设备非线性的影响。

2. 标准不确定度分量

用统计方法求得的不确定度分量为 A 类标准不确定度。

在铝凝固点上，是采用数支温度计进行多次复现。这些复现包含了电测设备的零位漂移、噪声及读数误差等随机性的不确定度。对于铝凝固点，其复现次数为 8 次，其复现性 $u_1 = 0.60$ mK，自由度 $\nu_1 = 7$。

3. 不确定度分量

铝凝固点上的 B 类不确定度分量有：

（1）铝金属中的微量杂质引起的标准不确定度 u_2

微量杂质对于铝凝固温度的变化是其中最大的，也是最重要的一项。选用 99.999 9%（质量分数），其各种杂质的总含量不超过百万分之一。要定量估算这些微量杂质对凝固温度的影响，目前仍然为一个待解决的问题。通常根据化学分析报告给出的杂质含量，以及相的二元系相图中的液相线斜率估算。另一种是测定不同名义纯度样品的液相点之差，并按热分析中杂质含量和液相点降低之间的关系式进行估算。也就是按热分析有关理论将溶化分数的倒数（$1/F$）与液-固相平衡温度之间的曲线，外推至 $1/F = 0$ 的点，由此进行估算。按以上两种方法进行估算的结果均为 0.40 mK。则其微量杂质引起的标准不确定度 $u_2 = 0.40$ mK，认为该结果的不可靠性为 50%，则其自由度 $\nu_2 = 0.5^{-2}/2 = 2$。

（2）由气压偏离大气压引起的标准不确定度 u_3

压力的大小影响固定点两相共存的平衡温度。ITS-90 规定的铝凝固点温度是在一个标准大气压（$p_0 = 101.323$ kPa）下的固液平衡温度。固定点容器中充入的高纯氩气的压力是可调的，其压力用 0.2 级精密真空压力表测量，测量压力的不确定度为 0.2 kPa，实际上要求调节的不确定性不超过 1 kPa。各容器气压的平均值相对于标准大气压应不超过 2 kPa，由此引起的液固相平衡温度变化产生的扩展不确定度如下：

$$dT = (dT/dp) \cdot \Delta p = 7.0 \times 2/100 = 0.14 \text{ mK}$$

服从均匀分布，则其标准不确定度为：

$$u_3 = 0.14 \text{ mK}/\sqrt{3} = 0.08 \text{ mK}$$

由气压表的不确定度的引入误差影响,认为其不确定度的不可靠性为20%,则

$$\nu_3 = 0.20^{-2}/2 = 12.5 \approx 12$$

(3)水三相点引起的标准不确定度 u_4

由水三相点瓶中微量残余气体、水中杂质、水分子中氢与氧同位素成分的影响,静压力修正不准等原因,都会引起实际的温度与理想的水三相点温度的偏离。水三相点的扩展不确定度为0.22 mK,水三相点的不确定度对铝点测量值的影响可计算如下:

$$dt_{Al} = k dt_0 = (3.3760 \times 3.987/3.205) \times 0.22 = 0.92 \text{ mK}$$

服从均匀分布,则标准不确定度 $u_4 = 0.92 \text{ mK}/\sqrt{3} = 0.53 \text{ mK}$,其不可靠性为20%,则自由度为:$\nu_4 = 12$。

(4)电测设备非线性引起的不确定度 u_5

凡是在复现性中已包含的因素,这里不应再重复估算。

这里只考虑测量电阻比 $W(t)$ 的不确定度。根据电桥说明书及多次比对的结果,电阻比的扩展不确定度为 2×10^{-7},服从均匀分布,则在铝凝固点引起的标准不确定度为:

$$u_5 = \frac{W_{Al}}{dW_{Al}/dt} \times 2 \times 10^{-7}/\sqrt{3} = 0.12 \text{ mK},\text{其不可靠性为}20\%,\text{则自由度为}:\nu_5 = 12。$$

由液态金属静压改正量不准及热传导引起的不确定度很小,可忽略不计。

不确定度汇总见表8-22。

4. 合成标准不确定度

由于各标准不确定度分量彼此不相关,其相关系数为零。故合成标准不确定度:

$$u_c = \sqrt{u_1^2 + u_2^2 + u_3^2 + u_4^2 + u_5^2} = 0.91,\text{有效自由度} \nu_{eff} = \frac{u_c^4}{\displaystyle\sum_{i=1}^{5} \frac{u_i^4}{\nu_i}} = 18。$$

表8-22 不确定度汇总表

序号	不确定度分量来源	类别	铝凝固点 u_i/mK	自由度 ν_i
1	复现性	A	0.60	7
2	样品中微量杂质	B	0.40	2
3	气压偏离大气压	B	0.08	12
4	水三相点	B	0.53	12
5	电测设备非线性	B	0.12	12
	合成标准不确定度		0.91	18

5. 扩展不确定度

扩展不确定度 $U = k u_c$,取包含概率99%,包含因子 k 由包含概率与有效自由度决定,查 t 分布表,铝凝固点的包含因子 $k = t_p(\nu_{eff}) = 2.88$,由此可知铝凝固点的扩展不确定度为2.62 mK。

第六节　热电偶、热电阻自动测量系统

热电偶、热电阻自动测量系统主要用于工作用热电偶、工业热电阻等温度传感器的自动

检定/校准。系统由计算机控制多通道低电势扫描器、数字万用表、热电偶检定炉、恒温油（水）槽等设备,实现热电偶、热电阻检定/校准的控温、数据采集、数据处理、报表生成与打印以及数据存储的完全自动化。

一、系统的组成

1. 系统的组成

热电偶、热电阻自动测量系统的种类很多,它可以是一体化的,也可以是由若干部件构成的。典型结构如图 8-19 所示。

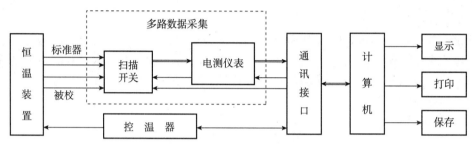

图 8-19　测量系统的典型结构图

2. 系统的用途

（1）标准热电偶自动测量系统（以下简称标准偶系统）,用于校准二等标准铂铑 10-铂热电偶。

（2）工作用热电偶自动测量系统（以下简称工作偶系统）,用于校准工作用贵（或廉）金属热电偶。

（3）工业用热电阻自动测量系统（以下简称工业阻系统）,用于校准工业用铂、铜热电阻。

二、计量特性

1. 系统各主要部件的技术要求

（1）测量系统各部件标志、证书和编号齐全,必须带有系统构成原理图与接线图。各部件连接线和接插件应有明显标志,数量、长度满足实际工作需求,接插安全可靠。

（2）系统各主要部件的技术要求应符合相关检定规程或规范所规定的技术指标要求。

2. 专用测量软件的功能要求

（1）专用测量软件应带有安装程序,有完整的操作使用、维护说明和必要的备份,可以加密。其名称、版本、序列号、生产日期和制作单位等信息应标识清楚。

（2）专用测量软件应具备原始测量数据安全记录保存功能;测量数据的采集计算与检定结果处理及检测报告的出具应符合相关检定规程要求,其原始数据不能进行人工修改。自动测量系统应能正确判定温度稳定,测量采样数据可靠,并能显示、打印、保存和查询其校准记录。

（3）安全性能

①系统各部件绝缘电阻、绝缘强度应符合 GB 4793—2007《测量、控制和实验室用电气设备的安全要求》的规定。系统电源端子和输入端对外壳的绝缘电阻应不小于 20 MΩ。

②在测量过程中由于干扰、断电、部件故障和误操作、病毒及软件冲突等原因引起死机或不能完成本次测量工作时,应保证检定炉或恒温装置不因失控而被损坏,并保留故障前已有的测量数据。

(4) 计量特性

计量特性指标见表8-23。

表8-23 系统的计量特性

校准项目	标准偶系统	工作偶系统	工业阻系统
扫描开关寄生电势	≤0.4 μV	≤0.5 μV	≤0.4 μV
通道间数据采集差值	≤1 μV	≤2 μV	≤2 μV 或 2 mΩ
测量重复性	≤1.5 μV	≤3 μV	12 mΩ
恒温性能	设定点偏差不超过±5 ℃ 恒温≤0.5 ℃/6 min 测量≤0.1 ℃/min	设定点偏差不超过±5 ℃ 恒温≤0.6 ℃/6 min 测量≤0.2 ℃/min	设定点偏差不超过±2 ℃ 恒温≤0.04 ℃/10min 测量≤0.02 ℃/min
测量数据处理结果验证	≤0.5 μV	≤1 μV	A 级:≤0.4 mΩ B 级:≤2 mΩ
电测仪表校准要求	在本系统使用段上应按基本量程做调准校准并对工业阻系统应根据校准的实际使用量程调准校准并符合要求		
校准结果不确定度验证	不确定度验证结果应符合国家计量检定系统表中相应的规定		

三、校准项目与校准方法

校准的依据是 JJF 1098—2003《热电偶、热电阻自动测量系统校准规范》

(一) 校准条件

1. 环境条件

环境温度:18℃~28℃;

相对湿度:≤85%;

其他条件:以不影响对系统的正常校准为限。

2. 校准用标准器及配套设备

系统校准用标准器及配套设备见表8-24。

表8-24 校准用标准器及配套设备

校准用设备	标准偶系统	工作偶系统	工业阻系统
标准器	一等标准铂铑 10-铂热电偶	一等标准铂铑 10-铂热电偶(贵金属) 二等标准铂铑 10-铂热电偶(廉金属)	二等标准铂电阻温度计
试样 (经近期检定的)	一等标准铂铑 10-铂热电偶	二等标准铂铑 10-铂热电偶 经校准的 K 型热电偶	A 级铂热电阻
电测仪表	0.02 级电测仪表或同等准确度的其他电测设备(分辨力为 0.1 μV 或 0.1 mΩ)		
	纳伏表		
绝缘电阻测试仪	500 V 兆欧表,准确度 10%		
标准模拟信号源	准确度不低于 $2×10^{-4}$,分辨力不低于 0.1 μV,稳定度优于被测允差的 1/5		

（二）校准项目

在系统校准前，应对其配置的标准器、电测仪表、恒温装置、参考端恒温器和工业偶系统用的补偿导线等有计量性能要求的各个组成部件，按相应的检定规程或校准规范单独检定或校准。其结果应符合相关要求，并应具有可溯源到国家基标准的有效检定或校准证书，然后再对整套系统进行校准。建议校准项目如表8-25所示。

表8-25　校准项目

校准项目	标准偶系统		工作偶系统		工业阻系统	
	首次	复校	首次	复校	首次	复校
安全性能检查	+	+	+	+	+	+
扫描开关寄生电势	+	+	+	+	+	+
通道间数据采集差值	+	+	+	+	+	+
测量重复性	+	-	+	-	+	-
恒温性能	+	-	+	-	+	-
测量数据处理结果验证	+	+	+	+	+	+
校准结果不确定度验证	+	+	+	+	+	+

注：表中"+"为校准项目，"-"为可不校准项目，具体项目可根据用户要求选择使用。

（三）校准方法

1. 校准前的预处置

校准前应检查系统各主要部件的有效检定或校准证书，应按操作使用维护说明书的要求对系统进行预设置，使其处于正常工作状态。校准过程中不允许对系统进行再调整。

2. 安全性能检查

（1）用500 V兆欧表测量系统短接后的电源输入端子、信号输入端子对系统外壳的绝缘电阻，其结果应不小于20 MΩ。

（2）人为设置故障，使系统死机或中断测量，应保证检定炉或恒温装置不因失控而被损坏，并保留故障前已有的测量数据。

3. 扫描开关寄生电势的测试

扫描开关寄生电势用纳伏表测量。其方法是：

（1）将扫描开关各输入端分别用直径1 mm单芯铜导线短接；

（2）将扫描开关输出端子用相同铜导线短接后分别接至纳伏表输入端；

（3）20 min后，对纳伏表清零，并剪断扫描开关输出端的短路导线；

（4）依次切换扫描开关通道进行测量，在每个通道停留60 s，记录绝对值的最大电势；扫描开关断电5 min后，重复上述检查，如此反复测量3次，取各通道3次测量结果的最大值为该通道的寄生电势值，其结果应符合表8-23的规定。

4. 通道间数据采集差值的测试

通道间数据采集差值的测试可采用0.02级标准信号源输入模拟信号的方法进行。测试点：标准偶系统在铜点（1 084.62 ℃），工作偶系统在整百度点，工业阻系统在100 ℃点附近。其方法是：

（1）将扫描开关的输入同名端分别用直径 1 mm 单芯铜导线短接后与信号源相连；

（2）在纳伏表上分别读取各通道的采样值，反复测量三次，取各通道数据采集结果的平均值为各通道的数据采集值，计算其中的最大差值，即为通道间数据采集差值。其结果应符合表 8－23 的规定。

5. 校准结果不确定度验证

校准结果不确定度验证用系统上配置的标准器作标准，表 8－24 中的试样作被校。校准点：标准偶及工作用贵金属热电偶在锌（419.527 ℃）、铝（660.323 ℃）、铜（1 084.62 ℃）点，工作用廉金属热电偶可在整百度点，工业阻系统在 0 ℃点、100 ℃点附近。其方法是：

（1）将系统控制到被测温度点，当达到表 8－23 恒温性能要求状态时方可进行测量；

（2）按系统采用的检定方法实际检测，得出被校点上的实测值；

（3）将实测值与试样证书上的已知值比较，其差值不大于 $\sqrt{U_1^2+U_2^2}$（U_1 为 $p=95\%$ 时实测值的不确定度，U_2 为 $p=95\%$ 时试样证书上的不确定度），应符合表 8－23 的要求。

（四）重复性测试

重复性测试用系统上配置的标准器作标准器，表 8－24 中的试样作被校，测试点：标准偶系统在铜点（1 084.62 ℃），工业偶系统可在最高温度点，工业阻系统在 100 ℃点附近进行。其方法是：

（1）将系统控制到被测温度点；

（2）按系统正常运行连续测量三次，每次测完后，工作偶系统降温 50 ℃左右，工业阻系统降温 5 ℃左右后重新升温，待恒温后记录数据；

（3）三次测量结果间的最大差值为系统重复性，其结果应符合表 8－23 的规定。

（五）恒温性能的测试

恒温性能的测试包括专用软件的控温功能测试，可与系统校准结果不确定度验证同时进行。测试点：工作偶系统在铜点（1 084.62 ℃），工业阻系统在 100 ℃点附近。其方法是：

（1）将系统预设到被测温度点；

（2）调出测量系统专用软件，设置控制参数，恒温装置逐渐升温并趋于稳定；

（3）记录测量系统数据采集前 6 min 的恒温性能与测量时的温度变化率，其结果应符合表 8－21 的规定。

（六）专用软件的功能检查

（1）专用软件的测量数据记录、保存，测量记录与测量结果的显示、打印和查询功能可采用在数据采集通道输入模拟信号的模拟法进行。其记录打印格式应符合相关规程要求，原始测量数据可以显示记录打印，但不能进行人工修改。

（2）测量数据处理结果验证按本节三、（三）4 模拟信号方式进行，或与三、（三）5 校准结果不确定度验证同时进行。检查点分别是标准或工作用贵金属热电偶系统在锌（419.527 ℃）、铝（660.323 ℃）、铜（1 084.62 ℃）点；工作用廉金属热电偶系统可在整百度点附近，工业阻系统在 0 ℃点、100 ℃点附近。计算结果应符合相关检定规程要求，与确认的人工计算结果比较，其差值应符合表 8－23 的规定。

四、测量不确定度评定

1. 标准热电偶自动测量系统测量结果不确定度评定实例

（1）测量模型

根据规程，被校偶在分度点的热电势值为

$$E_{被(p)} = E_{标准(p)} + \Delta e(t) \tag{8-29}$$

式中：$E_{被(p)}$——被校偶在定义点（铜、铝、锌）上的热电势，mV；

$\quad E_{标准(p)}$——标准器在定义点上证书给出的热电势，mV；

$\quad \Delta e(t)$——炉温为 t 时被校偶与标准偶测得热电势平均值之差，mV。

上式可写为

$$E_{被(p)} = E_{标准(p)} + \bar{e}_{被(t)} - \bar{e}_{标(t)} \tag{8-30}$$

式（8-30）即为本分析的测量模型。

（2）方差与灵敏度系数

对式（8-30）全微分，得

$$dE_{被(p)} = dE_{标准(p)} + d\bar{e}_{被(t)} - d\bar{e}_{标(t)} \tag{8-31}$$

上式各微小变量代之以误差源的不确定度合成，则可得

$$u_c^2 = u_{E_{标准(p)}}^2 + u_{\bar{e}_{被(t)}}^2 + u_{\bar{e}_{标(t)}}^2$$

式（8-31）为本分析的方差公式。

如计算各不确定度分量均以微伏计入，则各项误差源的系数均为 1，即灵敏系数 $c_1 = 1$，$c_2 = 1$，$c_3 = -1$。

（3）计算标准不确定度分量（以铜点为例）

① $E_{标准(p)}$ 项分量为固定点上标准器证书给出值的检定结果不确定度

根据检定系统表，一等 S 型偶在定义点上的扩展不确定度为 0.6 ℃，$p = 0.99$，属正态分布。即包含因子为 2.58，故

$$u_1 = \frac{11 \ \mu V/℃ \times 0.6 \ ℃}{2.58} = 2.5 \ \mu V$$

② $\bar{e}_{被(t)}$ 项分量

a）炉温为 t 时被校测得热电势的不确定度来源

被校偶热电势，由电测仪器测量时所带入的不确定度分量。

系统采用 7 位数字电压表如 K2010，HP34420 等，在使用范围 100 mV 挡，其测量误差为

$$37 \times 10^{-6} \times 读数 + 9 \times 10^{-6} \times 量程$$

该测量误差服从均匀分布，即

$$u_{2.1} = \frac{10.575 \ mV \times 37 \times 10^{-6} + 100 \ mV \times 9 \times 10^{-6}}{\sqrt{3}} = 0.74 \ \mu V$$

b）炉温波动的影响

根据系统的设计，对炉温的控制即恒温特性指标为 0.1 ℃/min，保持 6 min 以上。而自动校准时系统采数迅速，一般 4 min 内完全可以测毕。以炉温单向变化为极端情况，采集完两循环每支偶 4 个数后炉温变化 0.4 ℃，则标准与最末支被校可能有 0.2 ℃的影响（即 0.2 ℃为半区间），并按反正弦分布估计，则

$$u_{2,2} = \frac{11 \ \mu V/℃ \times 0.2 \ ℃}{\sqrt{2}} = 1.56 \ \mu V$$

c) 参考端温度带入的标准不确定度分量

测量时采用 0 ℃参考端,各偶实际参考端的温度偏差按极端估计会有 0.2 ℃的对 0 ℃偏离。半区间则为 0.1 ℃,即有 1 μV 的差,按均匀分布处理,有

$$u_{2,3} = \frac{1 \ \mu V}{\sqrt{3}} = 0.58 \ \mu V$$

d) 转换开关触点寄生热电势带入被测数据的分量

每个触点热电势不大于 0.4 μV,以半区间计入,均匀分布,故

$$u_{2,4} = \frac{0.2 \ \mu V}{\sqrt{3}} = 0.115 \ \mu V$$

e) 校准时应做 2 次重新捆扎复检,其差不大于 4 μV。取平均作校准结果(反映炉温场影响),均匀分布,区间半宽为 2 μV,则有

$$u_{2,5} = \frac{2 \ \mu V}{\sqrt{3}} = 1.15 \ \mu V$$

③ $\overline{e}_{标(t)}$ 项分量

该项分量包括有:

a) 电测仪表在测量标准器时由于其热电势值与被校 S 偶为同一量级,根据对电测仪表测量结果不确定度的分析,在短时间内环境温度没有明显大变化时,四、1(3)②a)所述的前项可视为得以抵消,只剩后项($9 \times 10^{-6} \times$量程),作为与被校的数值不同时非线性在起作用。其分布、自由度皆与四、1(3)②a)项相同,即:

$$u_{3,1} = \frac{100 \ mV \times 9 \times 10^{-6}}{\sqrt{3}} = 0.5 \ \mu V$$

b) 炉温温场不均匀引起的不确定度,已在被校中分析计入,故此处不重复。

参考端对标准器的影响与被校的情况相同,故

$$u_{3,3} = u_{2,3} = 0.58 \ \mu V$$

c) 转换开关热电势对标准器的影响也与被校的情况相同,故

$$u_{3,4} = u_{2,4} = 0.115 \ \mu V$$

d) 整套系统的重复性,以一稳定的被校试样在系统中做数次测量,结果用极差法来分析。

系统校准重复性只对标准通道及一个被检通道得出代表数据(不大于 1.5 μV)。规定一模拟值供并联的各通道采集数据,对通道间偏差做出检验(不大于 1 μV)。因此重复性指标应将通道间偏差指标也计入内(同向叠加),这是考虑到各通道的重复性都应包含在测得结果中,以极差法计算实验标准差,即

$$u_{3,5} = s_{单} = \frac{1 + 1.5}{1.69} = 1.5 \ \mu V$$

(4)标准不确定度分量一览表(见表 8-26)

(5)合成标准不确定度

$$u_c^2 = 2.5^2 + 0.74^2 + 1.56^2 + 0.58^2 + 0.115^2 + 1.15^2 + 0.5^2 + 0.58^2 + 0.115^2 + 1.5^2 = 13.753 \ \mu V^2$$

$$u_c = 3.7 \ \mu V$$

表 8－26　标准不确定度分量一览表

序号		来源	类别	灵敏系数	标准不确定度 μV	分布
1	u_1	标准器不确定度	B	1	2.5	正态
2	$u_{2.1}$	被校电测仪表	B		0.74	均匀
3	$u_{2.2}$	温度波动变化	B		1.56	反正弦
4	$u_{2.3}$	参考端影响被检	B	1	0.58	均匀
5	$u_{2.4}$	转换开关影响	B		0.115	均匀
6	$u_{2.5}$	二次捆扎差	B		1.15	均匀
7	$u_{3.1}$	标准器电测仪表	B		0.5	均匀
8	$u_{3.3}$	参考端影响	B	-1	0.58	均匀
9	$u_{3.4}$	转换开关影响	B		0.115	均匀
10	$u_{3.5}=s_{\text{单}}$	系统重复性	A		1.5	t

（6）本系统对二等 S 型偶的检定结果扩展不确定度

取 $k=2$，在铜点 $U=2\times3.7=7.4\ \mu V$，铜点热电势变化率为 11 $\mu V/℃$，即

$$U=0.68\ ℃$$

（7）根据检定系统表，二等标准 S 型热电偶的不确定度为 1 ℃，校准符合要求的系统使用时测量结果扩展不确定度满足要求，故可用作二等标准 S 型热电偶的检定。

（8）对于工业偶自动测量系统校准结果不确定度评定可参照本实例进行。

2. 工业热电阻自动测量系统测量结果不确定度评定实例

用于检定工业热电阻的自动测量系统，根据 JJG 229—2010《工业铂、铜热电阻》对不确定度分析时可以在 0 ℃点、100 ℃点进行。现以 A 级铂热电阻的测量为例。

（1）冰点（0 ℃）

①测量模型，方差与灵敏系数

根据规程，被检的 $R(0\ ℃)$ 值计算公式为

$$
\begin{aligned}
R(0\ ℃)&=R_i-\left(\frac{\mathrm{d}R}{\mathrm{d}t}\right)_{t=0}t_i=R_i-\left(\frac{\mathrm{d}R}{\mathrm{d}t}\right)_{t=0}\frac{R_i{}^*-R^*(0\ ℃)}{\left(\frac{\mathrm{d}R}{\mathrm{d}t}\right)^*_{t=0}}\\
&=R_i-0.003\,91R^*(0\ ℃)\times\frac{R_i{}^*-R^*(0\ ℃)}{0.003\,99R^*(0\ ℃)}\qquad(8-32)\\
&=R_i-0.391\times\frac{R_i{}^*-R^*(0\ ℃)}{0.1}\\
&=R_i-3.91[R_i{}^*-R^*(0\ ℃)]
\end{aligned}
$$

式中：$R(0\ ℃)$——被检热电阻在 0 ℃的电阻值，Ω；

　　　　R_i——被检热电阻在 0 ℃附近的测得值，Ω；

　　$R^*(0\ ℃)$——标准器在 0 ℃的电阻值，通常从实测的水三相点值计得，Ω；

　　　　$R_i{}^*$——标准器在 0 ℃附近测得值，Ω。

上式两边除以被检热电阻在 0 ℃的变化率并求全微分，变为

$$\mathrm{d}t_{R_0}=\mathrm{d}(R_i/0.391)+\mathrm{d}\left(\frac{R_0^*-R_i^*}{0.003\,99\times25}\right)$$

$$= dt_{R_i} + dt_{R_0^*} + dt_{R_i^*}$$

将微小变量用不确定度来代替,合成后可得方差

$$u_{t_{R0}}^2 = u_{t_{R_i}}^2 + u_{t_{R_0^*}}^2 + u_{t_{R_i^*}}^2 \qquad (8-33)$$

此时灵敏系数 $c_1 = 1, c_2 = 1, c_3 = -1$。

②标准不确定度分量的分析计算

1)分量 $u_{t_{R_i}}$

该项分量是被检热电阻在 0 ℃点温度 t_i 上测量值的不确定度。包括有:

a)冰点器温场均匀性,不应大于 0.01 ℃,则半区间为 0.005 ℃。均匀分布,故

$$u_{1,1} = \frac{0.005 \ ℃}{\sqrt{3}} = 0.003 \ ℃$$

其估计的相对不确定度为 20%,即自由度 $\nu_{1,1} = 12$,属 B 类分量。

b)由电测仪表测量被检热电阻所带入的分量。

本系统配用电测仪表多为 6 位数字表(如 K2000,HP34401 等),在对 100 Ω 左右测量时仍用 100 Ω 挡,此时数字表准确度为

$$100 \times 10^{-6} \times 读数 + 40 \times 10^{-6} \times 量程$$

对工业铂热电阻 Pt100 来说,电测仪表带入的误差限(半宽)为

$$\delta_被 = \pm(100 \times 100 \times 10^{-6} + 100 \times 40 \times 10^{-6}) = \pm 0.014 \ Ω$$

转化为温度:

$$\frac{\pm 0.014}{0.391} = \pm 0.036 \ ℃$$

该输入量服从均匀分布,故

$$u_{1,2} = \frac{0.036 \ ℃}{\sqrt{3}} = 0.021 \ ℃$$

估计其相对不确定度为 10%,即 $\nu_{1,2} = 50$,属 B 类分量。

c)对被检做多次检定时的重复性

在检定自动测量系统时以一稳定的 A 级被检铂电阻作试样检 3 次,用极差法考核其重复性,经实验最大差为 4 mΩ 以内。通道间偏差以阻值计时应不大于 2 mΩ,故连同通道间差异同向叠计在内时,重复性为 6 mΩ,约 0.015 ℃,则

$$u_{1,3} = \frac{0.015 \ ℃}{1.69} = 0.009 \ ℃$$

$\nu_{1,3} = 1.8$,属 A 类分量。

d)被检热电阻自热效应的影响

以半区间估计为 2 mΩ 计,约 5 mK。这种影响普遍存在,可视为两点分布。故

$$u_{1,4} = 5 \ mK \div 1 = 5 \ mK$$

估计其相对不确定度为 30%,即 $\nu_{1,4} = 5$,属 B 类分量。

2)分量 $u_{t_{R_0^*}}$

标准器以实测的 R_{tp}^* 值进行计算,故该误差分量以二等铂电阻温度计检定规程中规定在检定过程中 R_{tp} 的允许变化不超过 5 mK 来计入。半区间为 2.5 mK,呈正态分布,即

$$u_2 = \frac{2.5 \ mK}{2.58} = 0.97 \ mK$$

自由度 $\nu_2 = \infty$,属 B 类分量。

3）分量 $u_{t_{R_i}*}$

该分量是使用标准器时测量过程中引入的，包括：

a）电测仪表测量标准器 $R_{标i}*$ 时引入

标准铂电阻与被检热电阻用同一电测仪表，使用的是 $100\ \Omega$ 挡，此时数字表的准确度为

$$100\times10^{-6}\times读数+40\times10^{-6}\times量程$$

而标准器为了排除不同电测仪表带入的系统误差和标准器因应力等引起 R_{tp} 值的变化，要求用同一电测仪表测量其 R_{tp} 值和 R_t 值，以比值 $W_t=R_t/R_{tp}$ 来计算实际温度，此时如以电测仪器的准确度分别计算对 R_t、R_{tp} 项的贡献是不对的，这两项值相关。推导如下：

对 $W_t=R_t/R_{tp}$ 全微分，得

$$\mathrm{d}W_t=\frac{1}{R_{tp}}\mathrm{d}R_t-\frac{R_t}{R_{tp}^2}\mathrm{d}R_{tp} \qquad (8-34)$$

对微小变量 $\mathrm{d}R_t$、$\mathrm{d}R_{tp}$ 的计算，可以电测仪器的指标及 R_t、R_{tp} 值计入，式（8-34）变为

$$\delta_{w_t}=\frac{1}{R_{tp}}(R_t\times100\times10^{-6}+100\times40\times10^{-6})-\frac{W_t}{R_{tp}}(R_{tp}\times100\times10^{-6}+100\times40\times10^{-6})$$

$$=W_t\times100\times10^{-6}+\frac{1}{R_{tp}}\times100\times40\times10^{-6}-W_t\times100\times10^{-6}-\frac{W_t}{R_{tp}}\times100\times40\times10^{-6}$$

$$=(1-W_t)/R_{tp}\times100\times40\times10^{-6}$$

$$(8-35)$$

所以用比值 W 计算时，电测仪器对标准铂电阻测值引入的极差（以标准铂电阻温度计的典型值计，也可套用某支具体标准铂电阻温度计值）为

$$\delta_{w(0\ ℃)}=(1-0.999\ 960\ 1)/25\times100\times40\times10^{-6}$$

$$=6.38\times10^{-9}$$

换算成温度为 $\delta_t=\dfrac{6.38\times10^{-9}}{3.989\times10^{-3}}=1.6\times10^{-6}℃$。此值为半区间，服从均匀分布，即

$$u_{3,1}=\frac{1.6\times10^{-6}℃}{\sqrt{3}}=0.001\ \mathrm{mK}$$

估计其相对不确定度为 10%，即 $\nu_{3,1}=50$，属 B 类分量。

b）标准铂电阻温度计的自热影响

按二等标准铂电阻温度计检定规程，它的自热允许值不应大于 $4\ \mathrm{mK}$。按均匀分布，以半区间计入，即

$$u_{3,2}=\frac{4\ \mathrm{mK}}{2\times\sqrt{3}}=1.2\ \mathrm{mK}$$

估计其相对不确定度为 20%，即 $\nu_{3,2}=12$，属 B 类分量。

c）标准铂电阻温度计计算温度的计算误差

根据 ITS-90，其内插公式的非唯一性为 $1\ \mathrm{mK}$，可按两点分布对待且可靠程度很高，故

$$u_{3,3}=1/2\times1=0.5\ \mathrm{mK}$$

$\nu_{3,3}=\infty$，属 B 类分量。

③冰点的标准不确定度分量一览表

冰点的标准不确定度分量见表 8-27。

表 8－27　冰点的标准不确定度分量一览表

序号		来　源	类别	灵敏系数	标准不确定度 mK	分布	自由度
1	$u_{1.1}$	温场均匀性	B		3	均匀	12
2	$u_{1.2}$	电测测被检引入	B	1	21	均匀	50
3	$u_{1.3}=s_{单}$	检定重复性	A		9	t	1.8
4	$u_{1.4}$	被检自热影响	B		5	两点	5
5	u_2	标准器不确定度	B	1	0.97	正态	∞
6	$u_{3.1}$	电测仪表测标准引入	B		0.001	均匀	50
7	$u_{3.2}$	标准器自热	B	-1	1.2	均匀	12
8	$u_{3.3}$	公式计算	B		0.5	两点	∞

④冰点的合成标准不确定度、有效自由度与包含因子

$$u_{c冰}^2 = 3^2 + 21^2 + 9^2 + 5^2 + 0.97^2 + 0.001^2 + 1.2^2 + 0.5^2$$
$$= 558.6 \text{ mK}^2$$

$$u_{c冰} = 23.6 \text{ mK}$$

$$\nu_{eff} = \cfrac{23.6^4}{\cfrac{3^4}{12} + \cfrac{21^4}{50} + \cfrac{9^4}{1.8} + \cfrac{5^4}{5} + \cfrac{0.001^4}{50} + \cfrac{1.2^4}{12}}$$
$$= 40.46$$

取 $\nu_{eff} = 40$，$t_{0.95}(40) = 2.02$。

⑤冰点的检定结果扩展不确定度

$$U_{95} = 2.02 \times 23.6 = 47.7 \text{ mK}，取 0.05 ℃$$

（2）100 ℃点

①测量模型、方差与灵敏系数

根据规程，被检工业铂电阻 R_{100} 的计算公式为

$$R(100 ℃) = R_b - 0.379 \times \frac{(R_b^* - R_{100}^*)}{(dR/dt)_{100}^*}$$
$$= R_b - 0.379 \times \frac{(R_b^* - W_{100}^* R_{tp}^*)}{(dR/dt)_{100}^*} \tag{8-36}$$

式中：$R(100 ℃)$——被检热电阻在 100 ℃点的测得值，Ω；

R_b——被检热电阻在 100 ℃点附近的测得值，Ω；

R_b^*——标准器的测得值，Ω；

W_{100}^*——标准器证书上的 W_{100} 比值；

R_{tp}^*——检定时用系统所配电测仪器实测得标准器的水三相点值，Ω。

实际上，标准器全为用比值计算温度，分度表也只有比值的变化率 $(dW/dt)^*$，式 (8-36) 还需变形，因为 $(dR/dt)^* = (dW/dt)^* R_{tp}^*$，所以

$$R(100 ℃) = R_b - 0.379 \times \left[\frac{R_b^*}{(dR/dt)_{100}^*} - \frac{W_{100}^* R_{tp}^*}{(dR/dt)_{100}^*} \right]$$
$$= R_b - 0.379 \times \left(\frac{R_b^*}{0.003\,87 \times R_{tp}^*} - \frac{W_{100}^* R_{tp}^*}{0.003\,87 \times R_{tp}^*} \right)$$

$$= R_b - 0.379 \times \left(\frac{W_b^*}{0.003\,87} - \frac{W_{100}^*}{0.003\,87} \right)$$

$$= R_b - 97.93W_b^* + 97.93W_{100}^* \tag{8-37}$$

式中，W_b^* 为标准器在 t_b 点测得的阻值 R_b^* 与同一电测实测得的水三相点值与 R_{tp} 之比；其余符号的含义同式(8-36)。

式(8-37)为本分析的测量模型。对式(8-37)进行全微分得

$$dR_{100} = dR_b - 97.93dW_b^* + 97.93dW_{100}^*$$

将变量以分量不确定度代之并合成可得方差计算公式，即

$$u_c^2(100\ ℃) = u_{R_b}^2 + (-97.93u_{W_b^*})^2 + (97.93u_{W_{100}^*})^2 \tag{8-38}$$

故灵敏系数 $c_1 = 1$，$c_2 = -97.93$，$c_3 = 97.93$。

②标准不确定度分量的分析计算

1）R_b 项

本项为检定时该系统测量被检热电阻所引入的不确定度来源。它包括有：

a) 温场均匀性影响

恒温水槽水平均匀性为 0.01 ℃。以标准器所在孔位为基点，以半区间等概率分布计入，则有

$$u_{1,1} = \frac{0.01\ ℃}{2 \times \sqrt{3}} = 0.003\ ℃$$

其相对不确定度为 20%，故 $\nu_{1,1} = 12$，属 B 类分量。

b) 温场的变化波动影响

热电阻自校系统的恒温特性为 0.04 ℃/10 min，以测量时间为 5 min 变化计为 0.02 ℃，以标准器值为基点在被检项上有半区间、均匀分布的不确定度，即

$$u_{1,2} = \frac{0.01\ ℃}{\sqrt{3}} = 0.006\ ℃$$

其相对不确定度 20%，故 $\nu_{1,2} = 12$，属 B 类分量。

c) 电测仪器测被检电阻所带入的分量

在 100 ℃ 附近被检工业铂热电阻 Pt100 的阻值约为 138.51 Ω 左右。电测仪表用 1 kΩ 挡带入的极限误差为

$$\delta_b = \pm(138.51 \times 100 \times 10^{-6} + 1\,000 \times 10 \times 10^{-6}) = \pm 0.023\,85\ Ω$$

即约 $\pm 0.023\,85/0.379 = \pm 0.063\ ℃$，呈均匀分布，以半区间计入为

$$u_{1,3} = \frac{0.063\ ℃}{\sqrt{3}} = 0.036\ ℃$$

其相对不确定度 20%，即 $\nu_{1,3} = 50$，属 B 类分量。

d) 测量的重复性

系统的重复性实验以三次等精度重复测量结果的最大差不大于 12 mΩ（单一通道），而各通道间偏差允许不大于 2 mΩ，按同向叠加即使用任一通道的重复性为 14 mΩ，即 0.037 ℃。根据 JJF 1059.1—2012，使用三次间极差法计算单次实验标准差时极差系数为 1.64，自由度为 1.8，服从 t 分布，即

$$u_{1,4} = s_{\text{单}} = \frac{0.037\ ℃}{1.69} = 0.022\ ℃$$

$\nu_{1,4} = 1.8$，属 A 类分量。

e）被检铂热电阻的自热影响

在沸点由于温度较高，根据实验观察，外部热效应影响较少，但被检的阻值较大，内部热效应有一定程度的增大，故仍可按 0 ℃点的估算。

$u_{1,5} = 5\ \text{mK}$，$\nu_{1,5} = 5$，两点分布，属 B 类分量。

2）W_b^* 项

该项是检定时对标准器在检定点 t_b 上的测量所包含的各不确定度来源。它包括：

a）电测仪器测标准器值时带进的。对标准器测量仍为 100 Ω 挡，由此分析式（8−35），得

$$\delta_{W_t} = \pm\left(\frac{1-W_t}{R_{\text{tp}}} \times 4 \times 10^{-3}\right)$$

$$= \pm\left(\frac{1-1.392\ 65}{25} \times 4 \times 10^{-3}\right)\ ℃$$

$$= \pm 6.28 \times 10^{-5}\ ℃$$

以半区间计入，均匀分布处理，即

$$u_{2,1} = \frac{6.28 \times 10^{-5}\ ℃}{\sqrt{3}} = 3.627 \times 10^{-5}\ ℃$$

其相对不确定度为 10%，故 $\nu_{2,1} = 50$，属 B 类分量。

b）标准器 R_{tp}^* 变化所带入的标准器在热过程中 R_{tp} 值会发生变化。检定工业铂热电阻过程并不要求每次测量完后即检水三相点值。所以该变化的影响将直接带入计算结果中。该变化量以合格的标准器在检定过程中 R_{tp} 的允许变化量 5 mK 计，换算成 W 值即 1.995×10^{-5}，以半区间计入，并认为属均匀分布，则

$$u_{2,2} = \frac{1.995 \times 10^{-5}\ ℃}{2 \times \sqrt{3}} = 5.757\ 6 \times 10^{-6}\ ℃$$

估计其相对不确定度为 20%，即 $\nu_{2,2} = 12$，属 B 类分量。

c）标准器的自热影响在 t_b 点外部温度较高，且直接插于强迫对流的介质中时可忽略不计。

d）标准器的计算公式不确定度同 0 ℃的，但按 100 ℃附近的 dW/dt 换算成比值，即

$u_{2,3} = 3.868 \times 10^{-3} \times 0.5 \times 10^{-3} = 1.934 \times 10^{-6}$，$\nu_{2,3} = \infty$，两点分布，属 B 类分量。

3）W_{100}^* 项

该项分量为标准器在 100 ℃的检定结果不确定度。根据我国中温量传系统颁布数据，二等标准器 W_{100} 的扩展不确定度为 6 mK（$p = 0.99$），正态分布，换算成比值 W_{100} 时，即 2.321×10^{-5}，得

$$u_3 = \frac{2.321 \times 10^{-5}}{2.58} = 8.995 \times 10^{-6}$$，$\nu_3 = \infty$，属 B 类分量。

③100 ℃点的标准不确定度分量一览表

100 ℃点的标准不确定度分量见表 8−28。

表 8-28 100 ℃ 点的标准不确定度分量一览表

序号		来 源	类别	灵敏系数	标准不确定度 ℃	分布	自由度
1	$u_{1.1}$	温场均匀性	B		0.003	均匀	12
2	$u_{1.2}$	电测变化波动	B		0.006	均匀	12
3	$u_{1.3}$	电测仪器测被检	B	1	0.036	均匀	50
4	$u_{1.3}=s_{单}$	重复性	A		0.022	t	1.8
5	$u_{1.5}$	被检自热影响	B		0.005	两点	5
6	$u_{2.1}$	电测仪器测标准	B		3.627×10^{-5}	均匀	50
7	$u_{2.2}$	标准器 R_{tp} 变化	B	-97.93	5.758×10^{-6}	均匀	12
8	$u_{2.3}$	温标内插公式	B		1.934×10^{-6}	两点	∞
9	u_3	标准器不确定度	B	97.93	8.995×10^{-6}	正态	∞

④合成不确定度,有效自由度与包含因子

$$u_c^2(100\ ℃)=0.003^2+0.006^2+0.036^2+0.022^2+0.005^2+97.93^2\times[(3.627\times10^{-5})^2$$
$$+(5.758\times10^{-6})^2+(1.934\times10^{-6})^2+(8.995\times10^{-6})^2]$$
$$=1.909\times10^{-3}(℃^2)$$

$$u_c(100\ ℃)=0.044\ ℃$$

$$\nu_{eff}=\cfrac{0.044^4}{\dfrac{0.003^4}{12}+\dfrac{0.006^4}{12}+\dfrac{0.036^4}{50}+\dfrac{0.022^4}{1.8}+\dfrac{0.005^4}{5}+\dfrac{(97.93\times3.627\times10^{-5})^4}{50}+\dfrac{(97.93\times5.758\times10^{-6})^4}{12}}$$
$$=24.07$$

取 20,$t_{95}(20)=2.09$。

⑤100 ℃ 点结果扩展不确定度

$$u_{95}=2.09\times0.044\ ℃=0.092\ ℃$$

（3）结论

系统在 0 ℃ 点的检定结果扩展不确定度为 $U_{95}=0.05\ ℃$。工业铂电阻（A级）的允差在 0 ℃ 点为 $0.15\ ℃$,$E_n=\dfrac{0.05}{0.15}=\dfrac{1}{3}$,能满足开展检定工业热电阻对 0 ℃ 点的要求。

在 100 ℃ 点的检定结果扩展不确定度为 $U_{95}=0.09\ ℃$,A级在 100 ℃ 点的允差为 $0.32\ ℃$,$E_n=\dfrac{0.09}{0.32}=\dfrac{1}{3.5}$,满足开展检定的要求。

第七节　检定炉

热电偶检定炉是热电偶计量检定中重要的配套设备,在热电偶检定过程中提供恒温温场。它主要由热电偶检定炉体和与其配套的精密温度控制装置组成。

检定炉是一种为热电偶检定提供热源的电加热设备,它主要由炉腔、加热元件、保温层、外壳等部分组成。检定炉按结构形式分为立式炉和卧式炉;按外观形状分为短型炉和长型炉;按使用温度范围分为中温炉和高温炉;按用途分为贵金属偶炉（S型标准偶炉,B型标准偶炉,S型工作偶炉,S型工作偶短炉）和廉金属偶炉。贵金属偶检定炉和廉金属偶检定炉的技术要求见表 8-29。

表 8-29 贵金属偶检定炉和廉金属偶检定炉的技术要求

测试项目	检定炉名称					
	S 型标准偶炉	B 型标准偶炉	S 型工作偶炉	B 型工作偶炉	S 型工作偶短炉	廉金属偶炉
轴向温度场	最高温度点偏离炉几何中心距离≤20 mm;均匀温度场长度为 40 mm;温度梯度≤0.4 ℃/10 mm	最高温度点偏离炉几何中心距离≤20 mm;均匀温度场长度为 40 mm;温度梯度≤0.5 ℃/10 mm	最高均匀温度场中心与炉几何中心沿轴线偏离≤20 mm;均匀温度场长度为 20 mm;均匀温度场±1 ℃	最高均匀温度场中心与炉几何中心沿轴线偏离≤20 mm;均匀温度场长度为 20 mm;均匀温度场±1 ℃	最高温度点偏离炉几何中心距离≤10 mm;均匀温度场长度为 40 mm;轴向温度梯度≤0.4 ℃/10 mm	最高均匀温度场中心与炉几何中心沿轴线偏离≤10 mm;均匀温度场长度为 60 mm;任意两点间温差≤1 ℃
径向温度场	—	—	—	—	—	半径 R≤14 mm;任意两点间温差≤1 ℃

注:"—"为不测试项目。

一、测试项目与测试方法

测试依据是 JJF 1184—2007《热电偶检定炉温度场测试技术规范》。

(一) 测试条件

1. 环境条件

环境温度:(23±5)℃;

相对湿度:≤80%;

其他条件应满足所用仪器设备的各项要求。

2. 标准器及配套设备

标准器及配套设备技术要求见表 8-30。

表 8-30 测试标准及配套设备技术要求

测试设备	名称					
	S 型标准偶炉	B 型标准偶炉	S 型工作偶炉	B 型工作偶炉	S 型工作偶短炉	廉金属偶炉
标准器	标准铂铑 10-铂热电偶	标准铂铑 30-铂铑 6 热电偶	标准铂铑 10-铂热电偶	标准铂铑 30-铂铑 6 热电偶	标准铂铑 10-铂热电偶	标准铂铑 10-铂热电偶
转换开关寄生电势	≤0.4 μV					
电测仪器	0.02 级电测仪器或相同准确度等级的其他电测设备(分辨力 0.1 μV)					
绝缘电阻测试仪	500 V 兆欧表,准确度 10%					
测时仪器	秒表					
测长仪器	直尺或卷尺					

3. 定位装置

贵金属偶炉的定位装置由测试定位管、支架组成，廉金属偶炉的定位装置由测试定位管、定位块组成。

B 型偶炉的测试定位管用刚玉管或高铝管，其他类型检定炉的测试定位管用石英管。

测试定位管长度应大于检定炉的长度，露出检定炉两端口的长度应相等，且不大于 100 mm；测试定位管壁厚(1±0.5)mm，外径(6～8)mm，内径(4～6)mm；热电偶放入测试定位管后的间隙应不大于 2 mm。

支架采用金属材料制成，也可以采用满足要求的其他材料制成，支架应牢固、可靠。

定位块由耐火材料压制成型，定位块上的测试孔径应不大于测试定位管的直径，一般不大于 8 mm，中心孔与径向孔的中心间距为 14 mm。

（二）测试项目

一般测试项目包括轴向温度场测试和径向温度场测试。

（三）测试方法

1. 测试前的准备工作

（1）测试前应采用目测法检查检定炉炉膛内管，不应有裂缝和明显变形。

（2）用 500 V 兆欧表测量检定炉电源输入对炉外壳的绝缘电阻应不小于 200 MΩ。

（3）检定炉在接上电源之前，用数字多用表测量加热丝在常温下的电阻值，一般在零点几到几十欧姆，具体可参照使用说明书或铭牌上的有关参数。

（4）对新购置或长期放置未使用的检定炉，必要时应提前进行烘炉处理，处理程序按生产厂家的使用说明书进行。

（5）石英管、刚玉管、定位块等应保持清洁干净、无污染。在廉金属偶炉中使用过的石英管和耐火材料，严禁在贵金属偶炉中使用。定位块应选用对人体无毒无害、对环境无污染的耐火材料。

（6）用直尺或卷尺测量检定炉两端口的距离，计算检定炉中心点，在标准偶绝缘管上从工作端起测量出中心点，并用陶瓷铅笔标记为"0"点，从此点向工作端和参考端每隔 10 mm 做一记号，标出 −5～＋5 坐标位置，如图 8−20 所示。

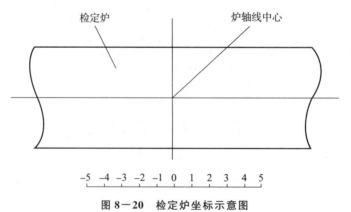

图 8−20　检定炉坐标示意图

（7）检定炉定位装置的安装

①贵金属偶炉

贵金属偶炉的温度场测试,应在检定炉炉膛内同轴装有一支清洁管(瓷管或刚玉管)的状态下进行。

a) 对于只能在清洁管中插入一支测试定位管的检定炉,将固定标准偶测量端捆绑在测试定位管外轴向中点处,整体插入检定炉中,使测试定位管的几何中心尽量接近检定炉的几何中心,测试定位管敞开的一端,根据移动标准偶在测试定位管中的间隙,用软质的保温材料封堵约 10 mm 厚,并保持相同的间隙。检定炉两端口不应封堵,如图 8－21 所示。

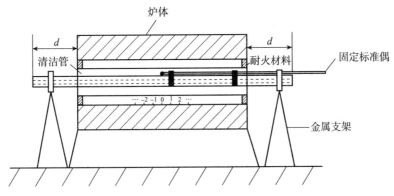

图 8－21　贵金属偶炉定位装置安装示意图

b) 对于能在清洁管中放置两支测试定位管的检定炉,将两支测试定位管用纯铂丝或铂铑丝捆绑在一起或直接插入清洁管中,固定标准偶插入一支测试定位管中,并使固定标准偶测量端处于测试定位管轴向中点处,移动标准偶插入另一支测试定位管中,其具体安装和封堵,可参考①a)进行。

②廉金属偶炉

将定位块装入检定炉两端,使其紧贴炉端面,穿好测试定位管,如图 8－22 所示。固定标准偶测量端插入径向测试定位管轴向中点处,移动标准偶插入中心测试定位管,测试定位管封堵情况同①。

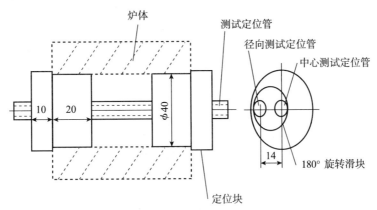

图 8－22　廉金属偶炉定位装置安装示意图(单位:mm)

（8）参考端的处理

S 型热电偶的参考端应插入同一冰点恒温器的玻璃试管中,插入深度应保持一致,约为 100 mm～150 mm,并用脱脂棉堵好玻璃试管口,防止参考端被拉出试管,恒温器同一水平面上任意两参考端间的最大温差≤0.05 ℃;B 型热电偶的参考端可置于 0 ℃～40 ℃ 的同一恒温器内。

2. 测试温度点的选择

测试温度点见表 8－31。

表 8－31　测试温度点

检定炉类型	测试温度点/℃
S 型偶	1 000
廉金属偶	1 000
B 型偶	1 300

3. 恒温时间

（1）测量前

将炉温控制在测试温度点附近,炉温偏离测试温度点不超过±5 ℃,一般情况下 S 型偶、B 型偶检定炉恒温时间应不低于 30 min,廉金属偶检定炉恒温时间应不低于 40 min。当达到炉温变化不超过 0.2 ℃/ min 的稳定性要求后,即可开始测量。

（2）移动位置后

将移动标准偶从一位置移动另一位置后的恒温时间应不小于 2 min。

4. 温度场的测试

温度场的测试采用微差法(其他能满足规定要求的方法也可使用),温度场的测试接线图如图 8－23 所示。测量时把移动标准偶和固定标准偶的负极在参考端短接,并与一根单芯铜导线连接,移动标准偶正极接测量仪器"＋",固定标准偶正极接测量仪器"－",转换开关转向 1 通道,监测炉温变化,转换开关转向 2 通道,用于温度场的测试。测量时读数应不少于 2 次。

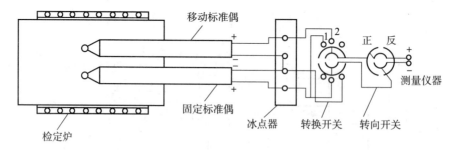

图 8－23　温度场测试接线示意图

（1）轴向温度场的测试

将转换开关调至 2 通道,极性转向开关调至"正",进行轴向温度场的测试。

不同类型的检定炉,按照一、(三)1.(7)中的规定,将固定标准偶测量端固定于检定炉轴向"0"点不动,移动标准偶插入中心测试定位管中,在−5～+5各点移动。当炉温设定在测试温度点,待炉温稳定性满足规定要求下,测量两支标准偶(移动标准偶和固定标准偶)在−5～+5各点的热电动势差值 $\Delta E_{(t)i}$ 和"0"点的热电动势差值 $\Delta E_{(t)0}$,测量顺序为−5,−4,−3,−2,−1,0,1,2,3,4,5,依次类推,往返一个循环。反之亦可。

将移动标准偶与固定标准偶在任一点测得两次热电动势差值的算术平均值 $\Delta\bar{E}_{(t)i}$ 减去在"0"点测得的两次热电动势差值的算术平均值 $\Delta\bar{E}_{(t)i0}$,得到移动标准偶在任一点相对于"0"点的差值 $\Delta E_{(t)i0}$,换算成温度,即为轴向温度场分布。轴向温度场测试示意图如图8−24所示。

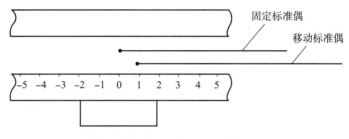

图8−24 轴向温度场测试示意图

(2) 径向温度场的测试

廉金属偶炉轴向温度场测试完毕后,将极性换向开关调至"反",进行径向温度场的测试。用中心测试定位管中的标准偶作为固定标准偶,径向测试定位管中标准偶作为移动标准偶,两标准偶的测量端均处于检定炉轴向中心横截面上,此时固定标准偶置于检定炉轴线上不动,分别将移动标准偶转至中心截面的上、右下、左位置上,测得热电动势差值 $\Delta E_{(t)i}$。

转动选择滑块180°,交换两标准偶的位置即中心测试定位管中的固定标准偶转至径向位置,径向测试定位管中的移动标准偶转至中心位置,以中心位置为"0"点,同理可得到"0"点热电动势差值 $\Delta E_{(t)0}$,测量顺序为上、右、下、左、0,以此类推,往返一个循环。反之亦可。

将移动标准偶与固定标准偶在任一点测得两次热电动势差值的算术平均值 $\Delta\bar{E}_{(t)i}$ 减去在"0"点测得的两次热电动势差值的算术平均值 $\Delta\bar{E}_{(t)0}$,得到移动标准偶在上、右、下、左任一点相对于"0"点的热电动势差值 $\Delta E_{(t)i0}$,换算成温度,即为该截面的径向温度场分布。径向温度场测试位置示意图如图8−25所示。

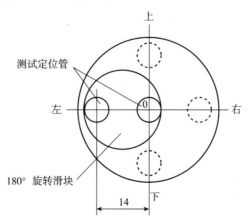

图8−25 径向温度场测试位置示意图(单位:mm)

5. 数据处理

移动标准偶在任一点相对于"0"点的温度差值,用式(8－39)计算:

$$\Delta t_{(t)0}=\Delta E_{(t)0}/S_{(t)} \tag{8－39}$$

式中:$\Delta t_{(t)0}$——移动标准偶在任一点相对"0"点的温度差值,℃;

    $S_{(t)}$——标准偶在测试点的微分热电动势值(标准铂铑10－铂热电偶在1 000 ℃的微分热电动势为11.54 $\mu V/℃$;标准铂铑30－铂铑6热电偶在1 300 ℃的微分热电动势为10.87 $\mu V/℃$)。

$$\Delta E_{(t)i0}=\Delta \overline{E}_{(t)i}-\Delta \overline{E}_{(t)0} \tag{8－40}$$

式中:$\Delta E_{(t)i0}$——移动标准偶在任一点相对于"0"点的热电动势值差值,μV;

    $\Delta \overline{E}_{(t)i}$——移动标准偶与固定标准偶在任一点的热电动势差值的算术平均值,μV;

    $\Delta \overline{E}_{(t)0}$——移动标准偶与固定标准偶在"0"点的热电动势差值的算术平均值,μV。

二、测量不确定度评定示例

1. 测量方法

选用两支二等标准铂铑10－铂热电偶,一支作移动标准偶,在检定炉轴向或径向规定位置移动,另一支作固定标准偶(参考标准偶),固定于轴向或径向规定位置不动,用微差法测量移动标准偶在任一点相对于固定"0"点位置的温度差值。

2. 测量模型

移动标准偶在任一点相对于"0"点的温度差值为

$$\Delta t_{(t)i0}=[\Delta \overline{E}_{(t)i}-\Delta \overline{E}_{(t)0}]/S_{(t)} \tag{8－41}$$

式中:$\Delta t_{(t)i0}$——移动标准偶在任一点相对于"0"点的温度差值,℃;

    $\Delta \overline{E}_{(t)i}$——移动标准偶与固定标准偶在任一点的热电动势差值的算术平均值,μV;

    $\Delta \overline{E}_{(t)0}$——移动标准偶与固定标准偶在"0"点的热电动势差值的算术平均值,μV;

    $S_{(t)}$——标准偶在测试点的微分热电动势值(标准铂铑10－铂热电偶在1 000 ℃的微分热电动势为11.54 $\mu V/℃$)。

将电势值转化成温度值,上式可写为

$$\Delta t_{(t)i0}=\Delta t_{(t)i}-\Delta t_{(t)0} \tag{8－42}$$

式中:$\Delta t_{(t)i}$——移动标准偶与固定标准偶在任一位置点的温度差值,℃;

    $\Delta t_{(t)0}$——移动标准偶与固定标准偶在"0"点的温度差值,℃。

式(8－42)为本次分析的测量模型。

3. 方差和灵敏系数

对式(8－42)求全微分,则得

$$d[\Delta t_{(t)i0}]=d[\Delta t_{(t)i}]-d[\Delta t_{(t)0}] \tag{8－43}$$

式(8－43)中的各微小量代之以误差源的不确定度合成,可得方差公式为

$$u_c^2=u_1^2+u_2^2 \tag{8－44}$$

对式(8−42)各量求偏导数,得 $c_1=1, c_2=-1$。

4. 输入量标准不确定度的评定

(1) 输入量 $\Delta t_{(t)i}$(任一位置)的标准不确定度 u_1

a) 标准偶重复性引入的标准不确定度

测量时,由于热电偶的短期不稳定性引起的测量结果具有分散性,选用一支二等标准铂铑 10-铂热电偶,在 1 000 ℃等精度测量 10 次,用下式计算:

$$s_{\text{单}} = \sqrt{\sum_{i=1}^{n}(x_i - \overline{x})^2/(n-1)} = 0.015 \text{ ℃}$$

由于测量结果取两次测量的平均值,故 $m=2$,则

$$u_{1.1} = s_{\text{单}}/\sqrt{2} = 0.015 \text{ ℃}/\sqrt{2} = 0.011 \text{ ℃}$$

其自由度 $\nu_{1.1}=9$,属 A 类分量。

b) 电测设备测量标准偶引入的标准不确定度

由于是同一台数字电压表测量两支标准偶的差值,在极短的时间内,其主要影响来自数字电压表的短期稳定性。选用分辨力为 $0.1 \text{ }\mu\text{V}$,K2000 型 $6\frac{1}{2}$ 数字电压表,其短期稳定性影响估计值为 $0.3 \text{ }\mu\text{V}$,按均匀分布处理,则

$$u_{1.2} = 0.3 \text{ }\mu\text{V}/(11.54 \text{ }\mu\text{V}/\text{℃} \times 1.732) = 0.015 \text{ ℃}$$

其相对不确定度为 10%,即自由度 $\nu_{1.2}=50$,属 B 类分量。

c) 参考端温度影响引入的标准不确定度

标准热电偶参考端置于同一冰点器中,各接点之间最大温差不大于 0.05 ℃,取半宽区间为 0.025 ℃,按均匀分布处理,则

$$u_{1.3} = 0.025 \text{ ℃}/1.732 = 0.014 \text{ ℃}$$

其相对不确定度为 50%,即自由度 $\nu_{1.3}=2$,属 B 类分量。

d) 转换开关寄生电势引入的标准不确定度

测量时,转换开关寄生电势 $\leqslant 0.4 \text{ }\mu\text{V}$,按均匀分布处理,则

$$u_{1.4} = 0.4 \text{ }\mu\text{V}/(11.54 \text{ }\mu\text{V}/\text{℃} \times 1.732) = 0.020 \text{ ℃}$$

其相对不确定度为 25%,即自由度 $\nu_{1.4}=8$,属 B 类分量。

e) 两次测量位置的一致性引入的标准不确定度

移动偶来回移动测量,第 1 次和第 2 次测量时位置的不一致会引起两次测量结果有差异,最大差值估计值不大于 2 μV,取半宽区间为 1 μV,按均匀分布处理,则

$$u_{1.5} = 1 \text{ }\mu\text{V}/(11.54 \text{ }\mu\text{V}/\text{℃} \times 1.732) = 0.050 \text{ ℃}$$

其相对不确定度为 10%,即自由度 $\nu_{1.5}=50$,属 B 类分量。

f) 热电偶电极不均匀性引入的标准不确定度

由于热电偶测量时处于有温度梯度的温场中,电极不均匀会产生一很小的附加电势,其值估计为 1 μV,按均匀分布处理,则

$$u_{1.6} = 1 \text{ }\mu\text{V}/(11.54 \text{ }\mu\text{V}/\text{℃} \times 1.732) = 0.050 \text{ ℃}$$

其相对不确定度为 30%,即自由度 $\nu_{1.6}=6$,属 B 类分量。

g) 炉温波动引入的标准不确定

S型标准热电偶检定炉规程规定，炉温变化不大于0.1 ℃/min，以炉温单向变化为极端情况，每支4个读数后对测量结果可能有0.05 ℃的影响，取半宽区间为0.025 ℃，按反正弦分布处理，即

$$u_{1.7}=0.025 \text{ ℃}/1.414=0.018 \text{ ℃}$$

其相对不确定度为50%，即自由度$\nu_{1.7}=2$，属B类分量。

(2) 输入量$\Delta t_{(t)0}$（固定"0"点位置）的标准不确定度u_2

a) 电测设备测量标准偶引入的标准不确定度

电测设备测量两标准偶的影响与4.(1)b)情况相同，则

$$u_{2.1}=u_{1.2}=0.015 \text{ ℃}$$

$$\nu_{2.1}=\nu_{1.2}=50，属B类分量。$$

b) 参考端温度影响引入的标准不确定度

参考端温度影响与4.(1)c)情况相同，则

$$u_{2.2}=u_{1.3}=0.014 \text{ ℃}$$

$$\nu_{2.2}=\nu_{1.3}=2，属B类分量。$$

c) 转换开关寄生电势引入的标准不确定度

转换开关寄生电势影响与4.(1)d)情况相同，故

$$u_{2.3}=u_{1.4}=0.020 \text{ ℃}$$

$$\nu_{2.3}=\nu_{1.4}=8，属B类分量。$$

d) 两次测量位置的一致性引入的标准不确定度

两次测量位置的一致性影响与4.(1)e)情况相同，故

$$u_{2.4}=u_{1.5}=0.050 \text{ ℃}$$

$$\nu_{2.4}=\nu_{1.5}=50，属B类分量。$$

e) 热电偶电极不均匀性引入的标准不确定度

热电偶电极不均匀性影响与4.(1)f)情况相同，故

$$u_{2.5}=u_{1.6}=0.050 \text{ ℃}$$

$$\nu_{2.5}=\nu_{1.6}=6，属B类分量。$$

f) 炉温波动引入的标准不确定度

炉温波动与4.(1)g)情况相同，故

$$u_{2.6}=u_{1.7}=0.018 \text{ ℃}$$

$$\nu_{2.6}=\nu_{1.7}=2，属B类分量。$$

5. 标准不确定度分量一览表

标准不确定度分量见表8—32。

表 8-32 标准不确定度分量一览表

标准不确定度分量		标准不确定度来源	标准不确定度值/℃	灵敏系数 c_i	类别	分布	自由度
1	$u_{1.1}$	重复性	0.011		A	t	9
2	$u_{1.2}$	电测设备影响	0.015		B	均匀	50
3	$u_{1.3}$	参考端温度影响	0.014		B	均匀	2
4	$u_{1.4}$	转换开关影响	0.020	1	B	均匀	8
5	$u_{1.5}$	测量位置影响	0.050		B	均匀	50
6	$u_{1.6}$	热电偶不均匀性	0.050		B	均匀	6
7	$u_{1.7}$	炉温波动	0.018		B	反正弦	2
8	$u_{2.1}$	电测设备影响	0.015		B	均匀	50
9	$u_{2.2}$	参考端温度影响	0.014		B	均匀	2
10	$u_{2.3}$	转换开关影响	0.020	-1	B	均匀	8
11	$u_{2.4}$	测量位置影响	0.050		B	均匀	50
12	$u_{2.5}$	热电偶不均匀性	0.050		B	均匀	6
13	$u_{2.6}$	炉温波动	0.018		B	反正弦	2

6. 合成标准不确定度

输入量 $\Delta t_{(t)i}$、$\Delta t_{(t)0}$ 互不相关、彼此独立,则

$$u_c = u_1^2 + u_2^2$$
$$= (u_{1.1}^2 + u_{1.2}^2 + u_{1.3}^2 + u_{1.4}^2 + u_{1.5}^2 + u_{1.6}^2 + u_{1.7}^2) + (u_{2.1}^2 + u_{2.2}^2 + u_{2.3}^2 + u_{2.4}^2 + u_{2.5}^2 + u_{2.6}^2)$$
$$= (0.011^2 + 0.015^2 + 0.014^2 + 0.020^2 + 0.050^2 + 0.050^2 + 0.018^2) + (0.015^2 + 0.014^2 + 0.020^2 + 0.050^2 + 0.050^2 + 0.018^2)$$
$$= 0.012\,4(℃^2)$$
$$u_c = 0.111\ ℃$$

7. 有效自由度

根据韦尔奇萨特思韦特公式:$\nu_{eff} = \dfrac{u_c^4}{\displaystyle\sum_{i=1}^{13} \dfrac{u_i^4}{\nu_i}}$,可得

$$\nu_{eff} = 0.111^4 / (0.011^4/9 + 0.015^4/50 + 0.014^4/2 + 0.020^4/8 + 0.050^4/50 + 0.050^4/6 + 0.018^4/2 + 0.015^4/50 + 0.014^4/2 + 0.020^4/8 + 0.050^4/50 + 0.050^4/6 + 0.018^4/2)$$
$$\nu_{eff} = 60.3 \approx 60$$

8. 标准铂铑 10-铂热电偶检定炉温度场测量结果的扩展不确定度

当有效自由度 $\nu_{eff} = 50$ 时,取包含概率为 $p = 95\%$,查 t 分布表,得到包含因子 k 为2.01,为了简化,取 $k = 2$,则

$$U_{95} = 2 \times 0.111\ ℃ = 0.23\ ℃$$

第八节　箱式电阻炉

　　箱式电阻炉额定温度在 600 ℃～1 700 ℃,适用于各大专院校及科研院所进行金属材料、陶瓷材料的烧结,某些单晶体的热处理,耐火材料的高温重烧收缩的检测和研究。

　　顾名思义,箱式电阻炉的形状好像一个矩形箱体,如图 8-26 所示。

　　箱式电阻炉主要由炉体和控制箱两大部分组成。箱式电阻炉一般工作在自然条件下,多为内加热工作方式,采用耐火材料和保温材料作炉衬,用于对工件进行正火、退火、淬火等热处理及其他加热用途。按照加热温度的不同一般分为三种类型,温度高于 1 000 ℃ 称为高温箱式电阻炉,温度在 600 ℃～1 000 ℃ 之间称为中温箱式电阻炉,温度低于 600 ℃ 称为低温箱式电阻炉,以满足不同热处理温度的需要。

图 8-26　箱式电阻炉

1—炉门;2—电热元件;3—炉壳;4—控制箱;5—炉衬

一、工作原理

　　箱式炉是以电为能源,在某一规定的时间内,电流通过加热元件产生热量,其传热方式为辐射、传导、对流等。主要由炉体和控制器组成,两者既可独立,也可组合为一体。炉体一般为台式,由加热元件、炉衬(包括耐火层和保温层)以及炉壳等组成。箱式炉是使炉料间接地得到加热的设备。

二、校准方法

　　校准的依据是 JJF 1376—2012《箱式电阻炉校准规范》,主要校准项目为炉温均匀性、炉温稳定度、炉温偏差,炉内最大温差。表 8-33 是箱式电阻炉炉温均匀度和炉温稳定度的计量要求。炉温偏差、炉内最大温差由用户根据实验要求自行决定。

表 8-33　炉温均匀度和炉温稳定度　　　　　　　　　　℃

工作温度	A 级		B 级		C 级	
	炉温均匀度	炉温稳定度	炉温均匀度	炉温稳定度	炉温均匀度	炉温稳定度
300～750	±10		±7		±4	
750～1 200	±15	±10	±10	±4	±6	±1
1 150～1 300	±18		±13		±8	

　　注:以上所有指标不是用于合格性判别,仅供参考。

（一）校准条件

1. 环境条件

环境温度：15 ℃～35 ℃；

相对湿度：不大于85％。

无影响箱式炉正常校准的外磁场、周围无强烈振动、无强烈气流直接吹到炉体上、无高浓度粉尘及腐蚀性物质。

如果校准用仪器设备规定了正常使用的环境条件，应符合其规定。

2. 测量标准及其他设备

测量标准及其他设备见表8－34。

表8－34　温度校准装置

序号	名称	测量范围	技术要求	备注
1	测温仪器	0 ℃～1 300 ℃	不低于0.02级	
2	热电偶	0 ℃～1 300 ℃	廉金属热电偶不低于1级	也可使用准确度或扩展不确定度不大于技术要求的其他测量系统
			贵金属热电偶不低于2级	
3	转换开关	—	寄生电势不大于1 μV	

（二）校准项目与校准方法

1. 校准项目

校准项目：外观检查、炉温均匀度、炉温稳定度、炉温偏差及炉内最大温差。

2. 外观检查

箱式炉的外形结构应完好，标牌内容（名称、规格型号、使用温度范围、制造厂及出厂编号）应齐全，所配温控器的外形结构应完好，说明功能的文字符号、数字和物理量代号等应符合相应的标准，控温系统应工作正常。

用目测的方法进行检查。接通电源，检查箱式炉各部分的运行情况是否正常。

3. 校准方法

炉温均匀度、炉温稳定度、炉温偏差和炉内最大温差可以同时进行校准。

（1）标称温度的选择

根据客户要求选择实际的常用温度，也可以选择箱式炉的最低工作温度和最高工作温度。

（2）测温区的选择

a）如果箱式炉以"工作区尺寸"作为设计参数，测温区即为生产厂或客户提供的工作区尺寸；

b）如果箱式炉以"炉膛尺寸"作为设计参数，测温区可参照图8－28（实线部分）所示长方体。

（3）测温点的布置

a）容积不大于0.15 m³箱式炉测温点的布置

根据箱式炉测温区的尺寸，设计测温架（可用耐高温合金材料）的大小和形状，确定5个测温点。将5个测温点分别置于测温区的中心点(作为监控点)和前下左、前上右及后上左、后下右四个端角上(如图8-27中1、2、3、4、5点)。

> 注:中心点是指测温区的几何中心。

b) 容积大于0.15 m³箱式炉测温点的布置

根据箱式炉测温区的尺寸,设计测温架的大小和形状,确定9个测温点。将8个测温点分别置于测温区的八个端角上(如图8-28中1、2、3、4、5、6、7、8点),另一个测温点(作为监控点)置于距控温热电偶测量端延伸方向不超过150 mm处的测温区内(如图8-28中9点)。

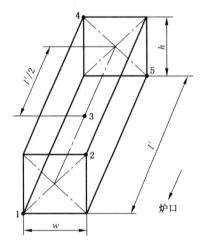

图8-27　箱式炉测温区和测温点位置示意图

w—工作区宽度;h—工作区高度;l'—工作区长度

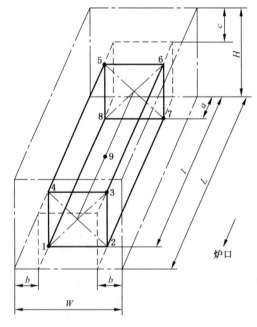

图8-28　箱式炉的炉膛尺寸、测温区和测温点位置示意图

$a=5\%L+20$ mm;$b=5\%W+20$ mm;$c=5\%H+20$ mm;$l=90\%L-30$ mm

L—炉膛长度;W—炉膛宽度;H—炉膛高度

（4）校准步骤

校准通常在空载状态下进行。校准前将检测热电偶测量端固定在测温架的各个测温点位置上，做好标记。然后，将测温架装入炉内，热电偶参考端引出炉外，依标记序号分别通过转换开关与测量仪器连接。关闭炉门，通过升温，将箱式炉的控温仪表按需要设定温度值。

当炉温达到校准温度，并处于热稳定状态后开始读数。在 60 min 内，每隔 3 min 记录各个测温点的温度 1 次，至少测量 20 次。每一次记录各个测温点的温度应在 1 min 内完成。

（三）数据处理

1. 炉温均匀度

按照（二）3.（4）的操作过程，按式（8－45）计算，求得测温仪器在测温区规定的各个测温点上测得的最高、最低实际温度和中心（监控）点实际温度，按式（8－46）、式（8－47）计算，求得炉温均匀度。

$$t_{pn} = \frac{1}{m} \sum_{i=1}^{m} t_{ij} + t_{xj} \tag{8-45}$$

$$\Delta\theta_+ = t_{pmax} - t_p \tag{8-46}$$

$$\Delta\theta_- = t_{pmin} - t_p \tag{8-47}$$

式中：$\Delta\theta_+$，$\Delta\theta_-$——炉火均匀度，℃；

$\quad t_{pn}$——测温仪器测得各个测温点的实际温度（实际温度＝测温仪器读数平均值＋修正值），℃；

$\quad m$——测量次数；

$\quad t_{ij}$——第 j 个测温点的瞬时温度值，℃；

$\quad t_{xj}$——温度校准装置第 j 个测温点的修正值，℃；

$\quad t_{pmax}$——式（8－45）求得的各测温点实际温度的最大值，℃；

$\quad t_{pmin}$——式（8－45）求得的各测温点实际温度的最小值，℃；

$\quad t_p$——式（8－45）求得的中心（监控）点的实际温度，℃。

2. 炉温稳定度

按照（二）3.（4）的操作过程，经校准取测温仪器在中心（监控）点上测得温度的最大、最小值和平均值，按式（8－48）、式（8－49）计算，求炉温稳定度。

$$\delta_+ = t_h - t_p' \tag{8-48}$$

$$\delta_- = t_l - t_p' \tag{8-49}$$

式中：δ_+，δ_-——炉火稳定度，℃；

$\quad t_p'$——中心（监控）点温度读数的算术平均值，℃；

$\quad t_h$——中心（监控）点测得的大于 t_p' 的最大值，℃；

$\quad t_l$——中心（监控）点测得的小于 t_p' 的最小值，℃。

3. 炉温偏差

按照（二）3.（4）操作过程，经校准取测温仪器在测温区规定的各个测温点上，测得的最高、最低实际温度和标称温度，按式（8－50）、式（8－51）计算，求炉温偏差。

$$\Delta t_+ = t_{pmax} - t_b \tag{8-50}$$

$$\Delta t_- = t_{pmin} - t_b \tag{8-51}$$

式中：Δt_+，Δt_-——炉温上、下偏差，℃；

$\quad\quad t_b$——标称温度，℃。

4. 炉内最大温差

按照（二）3.（4）的操作过程，经校准取测温仪器在每个测量周期内，各测温点测得的最大、最小值，按公式（8－52）计算，取其最大的差值为炉内最大温差。

$$\Delta t_s = \max\{(t_{smax} - t_{smin})_i\} \quad i = (1, 2, 3, \cdots, 20) \quad\quad (8-52)$$

式中：Δt_s——炉内最大温差，℃；

$\quad\quad t_{smax}$——在每个测量周期内，各测温点测得的最大值（读数＋修正值），℃；

$\quad\quad t_{smin}$——在每个测量周期内，各测温点测得的最小值（读数＋修正值），℃。

（四）校准实例（箱式电阻炉的计算示例）

校准温度为 800 ℃，在被校箱式炉温区内各测温点测得的最高实际温度（t_{pmax}）为 805.57 ℃，最低的实际温度（t_{pmin}）为 799.42 ℃。中心点的实际温度（t_p）为 802.82 ℃，中心点温度读数的算术平均值（t'_p）为 802.50 ℃，中心点测得的大于 t'_p 的最大值（t_h）为 803.53 ℃，小于 t'_p 的最小值（t_1）为 801.45 ℃。从温差最大的校准周期中，取测温点测得的最大值（读数＋修正值）$t_{smax}=807.56$ ℃，最小值（读数＋修正值）$t_{smin}=801.72$ ℃。标称温度为 800 ℃。

1. 炉温均匀度的计算公式［见（三）1 的内容］

在 800 ℃时，箱式炉的炉温均匀度为：

$$\Delta\theta_+ = t_{pmax} - t_p$$
$$= (805.57 - 802.82)℃ \approx 2.8 ℃$$
$$\Delta\theta_- = t_{pmin} - t_p$$
$$= (799.42 - 802.82)℃ \approx -3.4 ℃$$

2. 炉温稳定度的计算公式［见（三）2 的内容］

在 800 ℃时，箱式炉的炉温稳定度为：

$$\delta_+ = t_h - t'_p$$
$$= (803.53 - 802.50)℃ \approx 1.0 ℃$$
$$\delta_- = t_1 - t'_p$$
$$= (801.45 - 802.50)℃ \approx -1.0 ℃$$

3. 炉温偏差的计算公式［见（三）3 的内容］

在 800 ℃时，箱式炉的炉温偏差为：

$$\Delta t_+ = t_{pmax} - t_b$$
$$= (805.57 - 800)℃ \approx 5.6 ℃$$
$$\Delta t_- = t_{pmin} - t_b$$
$$= (799.42 - 800)℃ \approx -0.6 ℃$$

4. 炉内最大温差的计算公式［见（三）4 的内容］

$$\Delta t_s = t_{smax} - t_{smin}$$
$$= (807.56 - 801.72)℃ \approx 5.8 ℃$$

三、箱式电阻炉炉温均匀度的测量不确定度评定示例

1. 校准方法

以容积不大于 $0.15\ m^3$ 的箱式炉为例。将温度校准装置中热电偶的测量端按照图 8—27 捆扎在金属测温架上。然后,将金属测温架放置到炉内测温区内,升温测量。炉温均匀度是在各测温点上测得的最高、最低实际温度分别与中心点实际温度之差,下面对炉温均匀度测量结果分别进行不确定度评定。

2. 测量模型

$$\Delta\theta_+ = t_{pmax} - t_p \tag{8—53}$$
$$\Delta\theta_- = t_{pmin} - t_p \tag{8—54}$$

式中:$\Delta\theta_+$,$\Delta\theta_-$——炉温均匀度,℃;

$\quad t_{pmax}$——式(8—45)求得的各测温点实际温度的最大值,℃;

$\quad t_{pmin}$——式(8—45)求得的各测温点实际温度的最小值,℃;

$\quad t_p$——式(8—45)求得的中心点的实际温度,℃。

3. 合成方差和灵敏系数

$$u_c^2 = [c_1 u(t_{pmax})]^2 + [c_2 u(t_p)]^2 \tag{8—55}$$
$$u_c^2 = [c_1 u(t_{pmin})]^2 + [c_2 u(t_p)]^2 \tag{8—56}$$

在式(8—55)、式(8—56)中 t_{pmax}、t_p、t_{pmin} 互相独立,因而得:

$$c_1 = \frac{\partial\Delta\theta_+}{\partial t_{pmax}} = \frac{\partial\Delta\theta_-}{\partial t_{pmin}} = 1, c_2 = \frac{\partial\Delta\theta_+}{\partial t_p} = \frac{\partial\Delta\theta_-}{\partial t_p} = -1$$

故:

$$u_c^2 = u^2(t_{pmax}) + u^2(t_p) \tag{8—57}$$
$$u_c^2 = u^2(t_{pmin}) + u^2(t_p) \tag{8—58}$$

4. 计算在各测温点测得的最高实际温度与中心点实际温度之差的不确定度

(1)输入量 t_{pmax} 引入的不确定度 $u(t_{pmax})$

a)输入量 t_{pmax} 重复测量引入的不确定度 $u(t_{pmax1})$

在箱式炉校准温度为 800 ℃时,测温仪器在得到最高平均值的测温点读取温度值,共计 20 次。分别为 t_{pm1},t_{pm2},$\cdots$,t_{pm20},其平均值记为 $\bar{t}_{pm}$。测量值及计算结果见表 8—35,属 A 类不确定度分量,服从正态分布。

表 8—35　测量值及计算结果　　　　　　　℃

组数	1	2	3	4	5	6	7	8	9	10
测量值	803.62	803.99	804.14	804.42	804.74	804.98	805.16	805.40	805.72	806.01
组数	11	12	13	14	15	16	17	18	19	20
测量值	806.28	806.51	806.70	806.90	807.19	807.00	806.71	806.27	805.93	805.51

$$\bar{t}_{pm} = 805.66\ ℃$$

$$s(\bar{t}_{pm}) = \sqrt{\frac{\sum_{i=1}^{n}(t_{pmi} - \bar{t}_{pm})^2}{n-1}} = 1.08\ ℃$$

平均值的标准不确定度：

$$u(t_{pmax1}) = s(\bar{t}_{pm}) \div \sqrt{20} = 0.24 \ ℃$$

b）温度校准装置修正值引入的不确定度 $u(t_{x1})$

校准证书中可知，温度校准装置修正值的扩展不确定度 0.84 ℃（$k=2$），标准不确定度为：

$$u(t_{x1}) = 0.42 \ ℃$$

输入量 t_{pmax} 的合成不确定度 $u(t_{pmax})$ 为：

$$u(t_{pmax}) = \sqrt{u^2(t_{pmax1}) + u^2(t_{x1})}$$
$$= 0.48 \ ℃$$

（2）输入量 t_p 引入的不确定度 $u(t_p)$

a）输入量 t_p 的重复测量引入的不确定度 $u(t_{pk})$

在箱式炉校准温度为 800 ℃时，从中心点读取温度值，共计 20 次，分别为 t_{pk1}，t_{pk2}，…，t_{pk20}，其平均值记为 $\bar{t}_{pk}$。测量值及计算结果见表 8－36，属 A 类不确定度分量，服从正态分布。平均值的标准不确定度：

$$u(t_{pk}) = s(\bar{t}_{pk}) \div \sqrt{20} = 0.14 \ ℃$$

b）温度校准装置修正值引入的不确定度 $u(t_{pd})$

校准证书中可知，温度校准装置修正值的扩展不确定度 0.84 ℃（$k=2$），标准不确定度为：

$$u(t_{pd}) = 0.42 \ ℃$$

输入量 t_p 的合成不确定度 $u(t_p)$ 为：

$$u(t_p) = \sqrt{u^2(t_{pk}) + u^2(t_{pd})}$$
$$= 0.44 \ ℃$$

表 8－36　测量值及计算结果　　　　　　　　　　　　℃

组数	1	2	3	4	5	6	7	8	9	10
测量值	802.65	802.77	802.81	802.90	803.08	803.24	803.40	803.61	803.70	803.91
组数	11	12	13	14	15	16	17	18	19	20
测量值	804.18	804.38	804.55	804.60	804.45	804.22	804.10	803.70	803.41	803.13

$$\bar{t}_{pk} = 803.64 \ ℃$$

$$s(\bar{t}_{pk}) = \sqrt{\frac{\sum_{i=1}^{n}(t_{pki} - \bar{t}_{pk})^2}{n-1}} = 0.64 \ ℃$$

（3）合成标准不确定度

$$u_c = \sqrt{u^2(t_{pmax}) + u^2(t_p)}$$
$$= \sqrt{0.48^2 + 0.44^2} \ ℃$$
$$\approx 0.65 \ ℃$$

（4）炉温均匀度（$\Delta\theta_+$）测量结果的扩展不确定度

取 $k=2$，则

$$U = k u_c$$
$$= 2 \times 0.65 \ ℃ = 1.3 \ ℃$$

（5）标准不确定度分量汇总表

箱式炉校准温度 800 ℃，标准不确定度分量汇总见表 8-37。

表 8-37　标准不确定度分量汇总表

序号	不确定度的来源		类别	标准不确定度/℃	灵敏系数 c_i
1	$u(t_{pmax})$	输入量 t_{pmax} 引入的不确定度 $u(t_{pmax})$		0.48	
1.1	$u(t_{pmax1})$	输入量 t_{pmax} 重复测量引入的不确定度	A	0.24	1
1.2	$u(t_{x1})$	温度校准装置修正值引入的不确定度	B	0.42	
2	$u(t_p)$	输入量 t_p 引入的不确定度 $u(t_p)$		0.44	
1.1	$u(t_{pk})$	输入量 t_p 引入的不确定度	A	0.14	-1
1.2	$u(t_{pd})$	温度校准装置修正值引入的不确定度	B	0.42	

5. 计算在各测温点测得的最低实际温度与中心点实际温度之差的不确定度

（1）输入量 t_{pmin} 引入的不确定度 $u(t_{pmin})$

a）输入量 t_{pmin} 重复测量引入的不确定度 $u(t_{pmin1})$

在箱式炉校准温度为 800 ℃ 时，测温仪器在得到最小平均值的测温点上读取温度值，共计 20 次，分别为 t'_{pm1}，t'_{pm2}，$\cdots$，t'_{pm20}，其平均值记为 $\overline{t}'_{pm}$。测量值及计算结果见表 8-38，属 A 类不确定度分量，服从正态分布。

表 8-38　测量值及计算结果　　　　　　　　　　　　　℃

组数	1	2	3	4	5	6	7	8	9	10
测量值	797.42	798.00	798.40	798.83	799.32	799.71	800.04	800.16	800.79	801.68
组数	11	12	13	14	15	16	17	18	19	20
测量值	801.93	802.32	802.51	802.02	801.51	801.11	799.82	798.91	797.82	797.11

$$\overline{t}'_{pm} = 799.97 \ ℃$$

$$s(\overline{t}'_{pm}) = \sqrt{\frac{\sum_{i=1}^{n}(t'_{pmi} - \overline{t}'_{pm})^2}{n-1}} = 1.72 \ ℃$$

平均值的标准不确定度：

$$u(t_{pmin1}) = s(\overline{t}'_{pm}) \div \sqrt{20} = 0.38 \ ℃$$

b）温度校准装置修正值引入的不确定度 $u(t_{x2})$

校准证书中可知，温度校准装置修正值的扩展不确定度为 0.84 ℃（$k=2$），标准不确定为：

$$u(t_{x2}) = 0.42 \ ℃$$

输入量 t_{pmin} 的合成不确定度 $u(t_{pmin})$ 为：

$$u(t_{pmin}) = \sqrt{u^2(t_{pmin1}) + u^2(t_{x2})}$$
$$= 0.57 \ ℃$$

（2）输入量 t_p 引入的不确定度 $u(t_p)$

输入量 t_p 引入的不确定度 $u(t_p)$ 与 4.（2）的相同：

$$u(t_p) = 0.44 \ ℃$$

（3）合成标准不确定度

$$u_c = \sqrt{u^2(t_{pmin}) + u^2(t_p)}$$
$$= \sqrt{0.57^2 + 0.44^2}$$
$$\approx 0.72 \ ℃$$

（4）炉温均匀度（$\Delta\theta_-$）测量结果的扩展不确定度

取 $k = 2$，则

$$U = ku_c$$
$$= 2 \times 0.72 \ ℃ \approx 1.5 \ ℃$$

（5）标准不确定度分量汇总表

箱式炉校准温度 800 ℃，标准不确定度分量汇总见表 8－39。

表 8－39　标准不确定度分量汇总表

序号	不确定度的来源		类别	标准不确定度/℃	灵敏系数 c_i
1	$u(t_{pmin})$	输入量 t_{pmin} 引入的不确定度		0.57	
1.1	$u(t_{pmin1})$	输入量 t_{pmin} 重复测量引入的不确定度	A	0.38	1
1.2	$u(t_{x2})$	温度校准装置修正值引入的不确定度	B	0.42	
2	$u(t_p)$	输入量 t_p 引入的不确定度 $u(t_p)$		0.44	－1

第九节　环境试验设备

　　随着科学技术、经济贸易的迅猛发展，自然资源、海洋宇宙开发与利用，各种产品在贮存、运输和使用过程中遇到的环境越来越复杂，越来越严酷。从热带到寒带，从平原到高原，从海洋到太空等，这就使得用户和生产者双方都关心产品在上述环境中的性能、可靠性和安全性，以保证产品能满意地工作，这就必须进行环境试验。环境试验是为了保证产品在规定的寿命期间，在预期的使用、运输或贮存的所有环境下，保持功能可靠性而进行的活动，是将产品暴露在自然的或人工的环境条件下经受其作用，以评价产品在实际使用、运输和贮存的环境条件下的性能，并分析研究环境因素的影响程度及其作用机理。

　　环境试验设备是模拟各类环境气候，在运输、搬运、振动等条件下，保持产品或材料的性能和可靠性的一种手段，是企业或机构为验证原材料、半成品、成品质量的一种方法。目的是通过使用各种环境试验设备做试验，来验证材料和产品是否达到在研发、设计、制造中预期的质量目标。其广泛用于大专院校，航空、航天、军事、造船、电工、电子、医疗、仪器仪表、石油仪表、石油化工、医疗、汽摩等领域。

　　本节讨论的环境试验设备中涉及温度和湿度，如高温试验、低温试验、热冲击试验、湿热试验、交变湿热试验等。

一、计量特性

　　环境试验设备的温度偏差、温度均匀度、温度波动度、相对湿度偏差、相对湿度均匀度、相对湿度波动度技术要求见表8－40。

表8－40 环境试验设备的技术要求

参数名称		温度		湿度	
范围		−80 ℃～200℃	200 ℃～300 ℃	10 ℃～85 ℃ ＞75％RH	10 ℃～85 ℃ ≤75％RH
偏差	温度	±2.0℃	±3.0℃	±2.0℃	＋2.0℃
	湿度	—	—	±3.0％RH	±5.0％RH
均匀度	温度	2.0℃	3.0℃	2.0℃	2.0℃
	湿度	—	—	5.0％RH	7.0％RH
波动度	温度	±0.5℃	±1.0℃	±0.5℃	±1.0℃
	湿度	—	—	±3.0％RH	±3.0％RH

注:

1.对计量特性另有要求的温度、湿度试验设备,按有关技术文件规定的要求进行校准。

2.以上指标要求不用于合格性判断,仅供参考。

二、校准方法

校准的依据是 JJF 1101—2019《环境试验设备温度、湿度参数校准规范》。

(一)校准条件

1. 环境条件

（1）温、湿度,气压

温度:15℃～35℃;

相对湿度:不大于85％;

气压:80 kPa～106 kPa。

（2）负载条件

一般在空载条件下校准,根据用户需要可以在负载条件下进行校准,但应说明负载的情况。

（3）其他条件

设备周围应无强烈振动及腐蚀性气体存在,应避免其他冷、热源影响。

2. 标准器及其他设备

（1）温度测量标准

温度测量标准一般应选用多通道温度显示仪表或多路温度测量装置,传感器宜选用四线制铂热电阻温度计,通常传感器数量不少于9个,且能满足校准工作需求。

（2）湿度测量标准

湿度测量标准一般应选用多通道温湿度显示仪表或多路温湿度测量装置,通道传感器数量不少于3个,并能满足校准工作需求。

也可使用下列仪器:

a）数字通风干湿表和气压表（通风速度应大于2.5 m/s）;

b）数字湿度计（仅在湿度场不发生交变的情况下使用）；

c）干、湿球温度计（在风速均匀情况下，适用于相对湿度均匀度的测量）。

（3）技术要求

测量标准温度、湿度传感器的数量应满足校准布点要求，各通道应采用同种型号规格的温度、湿度传感器。

a）温度测量标准，测量范围为 $-80℃\sim300℃$，分辨力不低于 $0.01℃$，最大允许误差为 $\pm(0.15℃+0.02|t|)$；

b）湿度测量标准，测量范围为 10% RH～100% RH，分辨力不低于 0.1% RH，最大允许误差为 $\pm2.0\%$ RH；

c）标准器温度、湿度测量范围为一般要求，使用中以能覆盖被校环境实验设备实际校准范围为准；

d）测量标准技术指标为包含传感器和采集设备的整体指标，各通道的测量结果应包含修正值。

(二)校准项目和校准方法

1. 校准项目

校准项目见表 8—41。

表 8—41　校准项目

校准项目	温度参数	湿度参数
温度偏差	＋	＋
湿度偏差	－	＋
温度均匀度	＋	＋
湿度均匀度	－	＋
温度波动度	＋	＋
湿度波动度	－	＋

注："＋"表示应校准，"－"表示不校准。

2. 校准方法

（1）温度、湿度校准点的选择

温度、湿度校准点一般根据用户需要选择实际常用的温度、湿度点进行，或选择设备使用范围的下限、上限及中间点。

（2）测试量的位置

测量点布放位置为设备校准时的测量点，应布置在设备工作空间的三个不同层面上，简称上、中、下三层，中层为通过工作空间几何中心的平行于底面的校准工作面，各布点位置与设备内壁的距离不小于各边长的 1/10，遇风道时，此距离可加大，但不应超过 500 mm。如果设备带有样品架或样品车时，下层测试点可布放在样品架或样品车上方 10 mm 处。传感器测量点可布放位置也可根据用户实际需求进行布置。

（3）测试点的数量

温度测量点用 1，2，3，…表示，湿度测试点用 A，B，C，…表示。

a）当设备容积小于 2m³ 时，温度测试点为 9 个，湿度测试点为 3 个，温度点 5、湿度点 O 位于设备工作空间中层几何中心处，如图 8−29 所示。

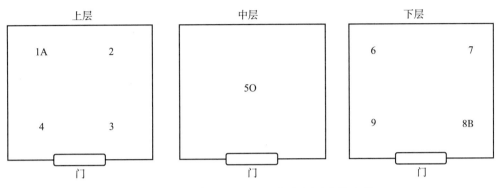

图 8−29　设备容积小于 2 m³ 时，测试点的布放

b）当容积大于 2 m³ 时，温度测试点为 15 个，湿度测试点为 4 个，温度点 5、15、10 和湿度点 O 分别位于设备工作空间上、中、下层的几何中心，如图 8−30 所示。

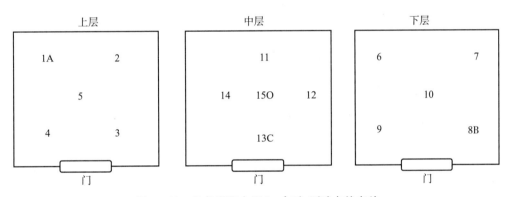

图 8−30　设备容积大于 2 m³ 时，测试点的布放

c）当工作容积小于 0.05 m³ 大于 50 m³ 时，可根据实际需要或用户需求减少或增加测量点。

（4）温度的校准

按 2.（2），2.（3）条规定布放温度传感器，将试验设备设定到校准温度，开启运行。试验设备达到稳定状态后开始记录各测量点温度，记录时间间隔为 2 min，在 30 min 内共记录 16 组数据，或根据设备运行状况和用户校准需求时间间隔和数据记录次数，并在原始记录和校准证书进行说明。

温度稳定时间以说明书为依据，如果说明书中没有给出温度稳定时间，一般温度达到设定值 30 min 后可以记录数据，如温度仍未稳定，可按实际情况延长 30 min，但等待时间不超过 60 min。如果在规定的稳定时间之前能够确定箱内温度已经达到稳定，也可提前记录。只有在环境设备达到稳定状态才能开始进行校准工作。

（5）温湿度的校准

按 2.（2），2.（3）条规定布放温湿度传感器，将试验设备设定到校准温度、湿度，开启运行。试验设备达到稳定状态后开始记录各测量点温度、湿度，记录时间间隔为 2 min，在 30 min内共记录 16 组数据，或根据设备运行状况和用户校准需求时间间隔和数据记录次数，并在原始记录和校准证书进行说明。

温湿度稳定时间以说明书为依据，如果说明书没有给出，一般温湿度达到设定值 30 min 后可以记录数据，如温湿度仍未稳定，可按实际情况延长 30 min，但等待时间不超过60 min。如果在规定的稳定时间之前能够确定箱内温湿度已经达到稳定，也可提前记录。只有在环境设备达到稳定状态才能开始进行校准工作。

（6）交变能力检查

交变能力的检查按 GB/T 2423.4—2008 中 7.2，7.3 方法进行。

3. 数据处理

（1）温度偏差计算

$$\Delta t_{max} = t_{max} - t_S \tag{8-59}$$

$$\Delta t_{min} = t_{min} - t_S \tag{8-60}$$

式中：Δt_{max}——温度上偏差，℃；

Δt_{min}——温度下偏差，℃；

t_{max}——各测量点规定时间内测量的最高温度，℃；

t_{min}——各测量点规定时间内测量的最低温度，℃；

t_S——设备设定温度，℃。

（2）温度均匀度计算

环境试验设备在稳定状态下，工作空间各测量点在 30 min 内（每 2 min 测试一次）每次测量中实测最高温度与最低温度之差的算术平均值：

$$\Delta t_u = \sum_{i=1}^{n} (t_{i max} - t_{i min})/n \tag{8-61}$$

式中：Δt_u——温度均匀度，℃；

$t_{i max}$——各校准点在第 i 次测得的最高温度，℃；

$t_{i min}$——各校准点在第 i 次测得的最低温度，℃；

n——测量次数。

（3）温度波动度计算

环境试验设备在稳定状态下，工作空间各测量点在 30 min 内（每 2 min 测试一次）实测最高温度与最低温度之差的一半，冠以"±"号，取全部测量点中变化量最大值作为温度波动度校准结果。

$$\Delta t_f = \pm \max[(t_{j max} - t_{j min})/2] \tag{8-62}$$

式中：Δt_f——温度波动度，℃；

$t_{j max}$——中心点 n 次测量中的最高温度，℃；

$t_{j min}$——中心点 n 次测量中的最低温度，℃。

（4）相对湿度偏差计算

$$\Delta h_{max} = h_{max} - h_S \tag{8-63}$$

$$\Delta h_{min} = h_{min} - h_S \tag{8-64}$$

式中：Δh_{max}——相对湿度上偏差，%；

　　Δh_{min}——相对湿度下偏差，%；

　　h_{max}——各测量点规定时间内测量的最高相对湿度，%；

　　h_{min}——各测量点规定时间内测量的最低相对湿度，%；

　　h_S——设备设定相对湿度，%。

（5）相对湿度均匀度计算

相对湿度均匀度为环境试验设备在稳定状态下，工作空间各测量点在 30 min 内（每 2 min 测试一次）每次测试中实测最高相对湿度与最低相对湿度之差的算术平均值：

$$\Delta h_u = \sum_{i=1}^{n} (h_{imax} - h_{imin})/n \tag{8-65}$$

式中：Δh_u——相对湿度的均匀度，%；

　　h_{imax}——各校准点在第 i 次中测量的最高相对湿度，%；

　　h_{imin}——各校准点在第 i 次中测量的最低相对湿度，%；

　　n——测量次数。

用干、湿球法校准相对湿度均匀度时，按 GB 6999—2010 查相对湿度表。具体方法见四。

（6）相对湿度波动度计算

环境试验设备在稳定状态下，工作空间各测量点在 30 min 内（每 2 min 测试一次）实测最高相对湿度与最低相对湿度之差的一半，冠以"±"号，取全部测量点中变化量最大值作为相对湿度波动度校准结果：

$$\Delta h_f = \pm \max[(h_{jmax} - h_{jmin})/2] \tag{8-66}$$

式中：Δh_f——相对湿度的波动度，%；

　　h_{jmax}——测量点 j 在第 n 次测量中的最高相对湿度，%；

　　h_{jmin}——测量点 j 在第 n 次测量中的最低相对湿度，%。

三、测量不确定度评定

1. 环境试验设备温度偏差校准结果不确定度分析

（1）概述

温度测量设备由温度传感器和数字温度显示仪表组成，该套设备具有温度修正值。温度偏差是指各测量点规定时间内测量的最高温度（或最低温度）与设备设定温度之差。

（2）测量模型

$$\Delta t_d = t_d - t_S \tag{8-67}$$

式中：Δt_d——温度误差，℃；

　　t_d——测量设备在各测量点规定时间内测量的最高（或最低）的温度显示值，℃；

　　t_S——设备设定的温度显示值，℃。

（3）方差与灵敏系数

式（8-67）中 t_S，t_d 互相独立，因而得

$$c_1 = \frac{\partial \Delta t_d}{\partial t_d} = 1, \quad c_2 = \frac{\partial \Delta t_d}{\partial t_S} = -1 \tag{8-68}$$

故
$$u_c^2 = u^2(t_d) + u^2(t_S) \tag{8-69}$$

（4）不确定度来源及分析

①由 t_d 引入的不确定度

a）温度偏差测量重复性引入的不确定度分量 u_1

环境试验设备温度偏差从定义上来看，是所有测量点中最高（或最低）的温度测量值与被校设备的设定温度值之差，也就是说，每一次测量，最高（或最低）温度测量值在各测量点中是不确定的。因此在温度偏差校准结果不确定度分析中，把温度所有的测量点作为一个整体来理解，其最高（或最低）温度值的校准不确定度是同一标准器在某一校准点的多次测量的重复性引入的。

在设备设定温度 60 ℃时，对环境试验设备做 10 次独立重复测量，从测量设备显示仪上读取各测量点 10 次最高（或最低）温度的显示值，其测量值如表 8-42 所示。

表 8-42　温度测量结果

i（次数）	t_{di}/℃	i（次数）	t_{di}/℃
1	58.93	6	59.13
2	59.04	7	59.23
3	59.16	8	59.18
4	59.08	9	59.24
5	59.24	10	59.31

根据公式

$$s(\overline{t_d}) = \sqrt{\frac{\sum_{i=1}^{n}(t_{di} - \overline{t_d})^2}{n(n-1)}}$$

计算得算术平均值 $\overline{t_d}$ 的实验标准差 $s(\overline{t_d}) = 0.04$ ℃。则由 10 次独立重复测量引入的标准不确定度分量 $u_1 = s(\overline{t_d}) = 0.04$ ℃。

b）标准器温度分辨力引入的标准不确定度分量 u_2

标准器温度分辨力为 0.01 ℃，不确定度区间半宽为 0.005 ℃，服从均匀分布，则分辨力引入的标准不确定度分量：

$$u_2 = \frac{0.005\ ℃}{\sqrt{3}} \approx 0.003\ ℃$$

c）标准器温度修正值引入的标准不确定度分量 u_3

标准器温度修正值的不确定度 $U = 0.08$ ℃，$k = 2$，则标准器温度修正值引入的标准不确定度分量：

$$u_3 = U/k = 0.08\ ℃/2 = 0.04\ ℃。$$

d）标准器温度稳定性引入的标准不确定度分量 u_4

本标准器相邻两次校准温度修正值最大变化为 0.15 ℃，按均匀分布，由此引入的标准不确定度分量：

$$u_4 = \frac{0.15\ ℃}{\sqrt{3}} = 0.08\ ℃$$

②由 t_S 引入的不确定度

环境试验设备设定温度是固定的,不存在重复性误差,即不引入不确定度。

环境试验设备温度显示分辨力为 0.1 ℃,不确定度区间半宽 0.05 ℃,服从均匀分布,则分辨力引入的标准不确定度分量:

$$u_5 = \frac{0.05 \text{ ℃}}{\sqrt{3}} \approx 0.03 \text{ ℃}$$

(5)不确定度分量一览表

不确定度分量如表 8-43 所示。

表 8-43 不确定度分量一览表

序号	来源	符号	不确定度分量/℃
1	温度偏差测量重复性	u_1	0.04
2	标准器温度分辨力	u_2	0.003
3	标准器温度修正值	u_3	0.04
4	标准器温度稳定性	u_4	0.08
5	环境试验设备设定温度显示分辨力	u_5	0.03

(6)合成标准不确定度

$$u_c = \sqrt{u_1^2 + u_2^2 + u_3^2 + u_4^2 + u_5^2} = 0.10 \text{ ℃}$$

(7)扩展不确定度

5 个不确定度分量相互独立,取包含因子 $k=2$,故得

$$U = k u_c = 0.20 \text{ ℃}$$

2. 环境试验设备相对湿度偏差校准结果不确定度分析

(1)概述

湿度测量设备由湿度传感器和湿度温度显示仪表组成,该套设备具有湿度修正值。相对湿度偏差是指各测量点规定时间内测量的最高相对湿度(或最低相对湿度)与设备设定相对湿度之差。

(2)测量模型

$$\Delta h_d = h_d - h_S \tag{8-70}$$

式中:Δh_d——相对湿度偏差,%;

$\quad h_d$——测量设备在各测量点规定时间内测量的最高(或最低)相对湿度显示值,%;

$\quad h_S$——设备设定的相对湿度显示值,%。

(3)方差与灵敏系数

式(8-20)中 h_d,h_S 互相独立,因而得

$$c_1 = \frac{\partial \Delta h_d}{\partial h_d} = 1, \quad c_2 = \frac{\partial \Delta h_d}{\partial h_S} = -1$$

从而得出

$$u_c^2 = u^2(h_d) + u^2(h_S)$$

(4)不确定度来源及分析

①由 h_d 引入的不确定度

a) 相对湿度偏差测量重复性引入的不确定度分量 u_1

环境试验设备相对湿度偏差从定义上来看，是所有测量点中最高（或最低）的相对湿度测量值与被校设备的设定相对湿度值之差，也就是说，每一次测量，最高（或最低）相对湿度测量值在各测量点中是不确定的。因此在相对湿度偏差校准结果不确定度分析中，把相对湿度所有的测量点作为一个整体来理解，其最高（或最低）相对湿度值的校准不确定度是同一标准器在某一校准点的多次测量的重复性引入的。

在温度为 60 ℃，相对湿度为 70% 时，对环境试验设备做 10 次独立重复测量，从测量设备显示仪上读取各测量点 10 次最高（或最低）相对湿度的显示值，其测量值如表 8－44 所示。

表 8－44　相对湿度测量结果

i（次数）	h_{d_i} /%	i（次数）	h_{d_i} /%
1	68.9	6	68.2
2	68.7	7	68.4
3	68.4	8	68.6
4	68.3	9	68.8
5	68.3	10	68.9

根据公式

$$s(\overline{h_d}) = \sqrt{\dfrac{\sum\limits_{i=1}^{n}(h_{di} - \overline{h_d})^2}{n(n-1)}}$$

计算得算术平均值 $\overline{t_d}$ 的实验标准差 $s(\overline{h_d}) = 0.3\%$ RH。则由 10 次独立重复测量引入的标准不确定度分量 $u_1 = s(\overline{h_d}) = 0.3\%$ RH。

b) 标准器相对湿度分辨力引入的标准不确定度分量 u_2

标准器湿度分辨力为 0.1%，不确定度区间半宽为 0.05%，服从均匀分布，则分辨力引入的标准不确定度分量：

$$u_2 = \frac{0.05\%}{\sqrt{3}} \approx 0.03\%$$

c) 标准器相对湿度修正值引入的标准不确定度分量 u_3

标准器相对湿度修正值的不确定度 $U = 1.0\%$，$k = 2$，则标准器相对湿度修正值引入的标准不确定度分量：

$$u_3 = \frac{1.0\%}{2} = 0.5\%$$

d) 标准器相对湿度稳定性引入的标准不确定度分量 u_4

本标准器相邻两次校准相对湿度修正值最大变化为 0.6%，按均匀分布，由此引入的标准不确定度分量：

$$u_4 = \frac{0.6\%}{\sqrt{3}} \approx 0.3\%$$

② 由 h_s 引入的不确定度

环境试验设备设定相对湿度是固定的,不存在重复性误差,即不引入不确定度。

标准器相对湿度分辨力为 0.1%,不确定度区间半宽为 0.05%,服从均匀分布,则分辨力引入的标准不确定度分量:

$$u_5 = \frac{0.05\%}{\sqrt{3}} \approx 0.03\%$$

(5)不确定度分量一览表

不确定度分量如表 8−45 所示。

表 8−45　不确定度分量一览表

序号	来源	符号	不确定度分量/%
1	湿度偏差测量重复性	u_1	0.3
2	标准器湿度分辨力	u_2	0.03
3	标准器湿度修正值	u_3	0.5
4	标准器湿度稳定性	u_4	0.3
5	环境试验设备设定相对湿度显示分辨力	u_5	0.03

(6)合成标准不确定度

$$u_c = \sqrt{u_1^2 + u_2^2 + u_3^2 + u_4^2 + u_5^2} = 0.7\%$$

(7)扩展不确定度

5 个不确定度分量相互独立,取包含因子 $k=2$,故得

$$U = ku_c = 1.4\% \text{ RH}$$

四、有关湿度的基本知识

湿度的表示方法基本有三种:绝对湿度、相对湿度、露点温度。

绝对湿度——单位体积空气中所含水蒸气的质量,g/m^3。也可以用空气里所含水汽的压强(露点温度的饱和蒸汽压)来表示,Pa 或 mmHg。

相对湿度——空气中实际所含水蒸气密度(分压力)和同温度下饱和水蒸气密度(分压力)的百分比值,% RH。

露点温度——使空气里原来所含的未饱和水蒸气变成饱和时的温度,叫作露点,也可以理解为饱和水蒸气分压力所对应的温度,℃。

露点温度与空气中的含湿量有关,含湿量愈大露点也愈高,反之露点愈低。人们常常通过测定露点,来确定空气的绝对湿度和相对湿度,所以露点也是空气湿度的一种表示方式。

例如,当测得了在某一气压下空气的温度是 20 ℃,露点是 12 ℃,那么就可从表中查得 20 ℃时的饱和蒸汽压为 17.54 mmHg,12 ℃时的饱和蒸汽压为 10.52 mmHg。则此时空气的绝对湿度为 $p = 10.52$ mmHg,空气的相对湿度为 $\varphi = (10.52/17.54) \times 100\% = 60\%$。

五、相对湿度的测量

相对湿度的定义为:

$$\varphi = \frac{p_q(t)}{p_{bq}(t)} \times 100\%$$

式中：$p_{bq}(t)$——饱和水蒸气分压力；

  $p_q(t)$——空气中水蒸气的分压力。

饱和空气是在一定温度下含有最大限度水蒸气量的湿空气（其中多余的水蒸气会从湿空气中凝结出来）。它的水蒸气分压力称为饱和水蒸气分压力 $p_{bq}(t)$，与空气温度有关，如表 8－46。

表 8－46　饱和水蒸气分压力与空气温度的关系

空气温度 $t/℃$	饱和水蒸气分压力 $p_{bq}(t)/Pa$
10	1 225
20	2 331
30	4 232

1. 干、湿球温度计

干、湿球温度计测量温、湿度的原理见图 8－31。

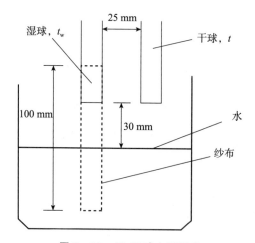

图 8－31　干、湿球布置要求

湿球温度的得到——纱布中的水分蒸发，汽化热带走了水的热量，使水温下降，当空气温度高于水温时，空气又会向水传热。在达到动态平衡时湿球温度就稳定为 t_w。

空气中相对湿度小，纱布中水的蒸发速度加快，蒸发量大，湿球温度就低；反之，湿度大，蒸发量就小，湿球温度下降也小。因此，$\Delta t = t - t_w$ 反映了相对湿度的大小。

下面根据热平衡原理分析 Δt 与 φ 的关系。由于空气的传热量与蒸发耗热量平衡，有

$$\alpha(t - t_w)F = W \cdot r$$

式中：α——空气与湿球表面的热交换系数，$W/m^2℃$；

  F——湿球表面面积，m^2；

  W——湿球水分蒸发量，kg/s；

  r——汽化潜热，J/kg。

水的蒸发过程属于空气与水的湿交换过程。湿交换量为：

$$W = \beta \cdot [p_{bq}(t_w) - p_q(t)]F \cdot \frac{101\ 325}{p_0} kg/s \quad (\beta\ 为湿交换系数，kg/m^2 s\ Pa)$$

则蒸发的耗热量为：

$$Wr = \beta \cdot r \cdot [p_{bq}(t_w) - p_q(t)]F \cdot \frac{101\,325}{p_0}$$

因此热平衡式为：

$$\alpha(t - t_w)F = \beta \cdot r \cdot [p_{bq}(t_w) - p_q(t)]F \cdot \frac{101\,325}{p_0}$$

整理后得到：

$$p_q(t) = p_{bq}(t_w) - A(t - t_w) \cdot P_0$$

其中 $A = \dfrac{\alpha}{r \cdot \beta \cdot 101\,325}$ 由实验确定，称干湿表系数。α、β 均与空气流过湿球的速度 v 有关，有 A 的经验公式：

湿球为柱状时，$A = (63.7 + \dfrac{8.4}{v^{0.82}}) \times 10^{-5}\,℃^{-1}$；

湿球为球状时，$A = (59.2 + \dfrac{15.8}{v^{0.65}}) \times 10^{-5}\,℃^{-1}$。

风速为 2.5 m/s 时以上两者的 A 接近，而且变化微小；

2.5 m/s～4.0 m/s，两者的 A 分别为 $A = (6.77～6.64) \times 10^{-4}\,℃^{-1}$；$A = (6.79～6.56) \times 10^{-4}\,℃^{-1}$；

小风速，风速为 0.5 m/s 左右，柱状和球状的 A 差别较大，达 $0.5 \times 10^{-4}\,℃^{-1}$，约 7.5%。

注：空气流速很小热交换不充分，将会出现较大的测量误差。实践证明，空气流速大于等于 2.5 m/s～4.0 m/s 时热、湿交换过程的影响已不显著，湿球温度趋于稳定。因此，为准确反映空气的相对湿度，应使湿球周围的空气流速保持在 2.5 m/s 以上。

引入干湿表系数后，相对湿度可表示为：

$$\varphi = \frac{p_q(t)}{p_{bq}(t)} = \frac{p_{bq}(t_w) - Ap_0(t - t_w)}{p_{bq}(t)}$$

干湿球测湿法采用间接测量方法，通过测量干球、湿球的温度经过计算得到湿度值，相对湿度与干湿球的温度有关，与空气压力有关，与空气的流速有关。因此，对使用温度没有严格限制，在高温环境下测湿不会对传感器造成损坏。

GB/T 6999—2010《环境试验用相对湿度查算表》是按上述原理编制的相对湿度查算表，便于使用。该标准的查算范围：干、湿温差最大为 16 ℃；大气压（80 kPa～110 kPa）范围内取四个典型值；3 个风速（0.4,0.8,2.5 m/s）；4 个干湿表系数 A 值。

该标准的适用范围有限：温差大于 16 ℃，高温低湿（如 80 ℃，45% RH 以下）查不到；风速小于 0.4 m/s，大于 2.5 m/s 查不到。特殊情况下可查阅《环境试验与环境试验设备用湿度查算手册》（陈云生著，中国标准出版社 2007 年出版）一书，它扩展了 GB/T 6999—2010 的使用范围，解决了环境试验设备涉及的一些状态参数问题。

干湿球测湿法的维护相当简单，在实际使用中，只需定期给湿球加水及更换湿球纱布即可。与电子式湿度传感器相比，干湿球测湿法不会产生老化、精度下降等问题。所以干湿球测湿方法更适合于在高温及恶劣环境的场合使用。干湿球湿度计的准确度只有 5%～7%。

在干湿球测湿法局限的情况下，如高温低湿的状态，需要有更高的准确度时可以使用湿度传感器。

2. 湿度传感器

电子式湿度传感器是近几十年,特别是近 20 年才迅速发展起来的。湿度传感器生产厂在产品出厂前都要采用标准湿度发生器来逐支标定,电子式湿度传感器的准确度可以达到 2% RH～3% RH。但在实际使用中,由于尘土、油污及有害气体的影响,使用时间一长,会产生老化,精度下降,湿度传感器年漂移量一般都在 ±2% 左右,甚至更高。一般情况下,有效使用时间为 1 年或 2 年,到期需重新标定。

湿度传感器由湿敏元件制成。湿敏元件主要分电阻式和电容式两大类。

（1）湿敏电阻

湿敏电阻的特点是在基片上覆盖一层用感湿材料制成的膜,其测湿原理是基于空气中的水蒸气吸附在感湿膜上时,元件的电阻率和电阻值都发生变化。湿敏电阻的优点是灵敏度高,主要缺点是线性度和产品的互换性差。

（2）湿敏电容

湿敏电容一般是用高分子薄膜电容制成的,常用的高分子材料有聚苯乙烯、聚酰亚胺、醋酸纤维等。当环境湿度发生改变时,湿敏电容的介电常数发生变化,使其电容量也发生变化,其电容变化量与相对湿度成正比。湿敏电容的主要优点是灵敏度高、产品互换性好、响应速度快、湿度的滞后量小、便于制造、容易实现小型化和集成化,其准确度一般比湿敏电阻要低一些。

（3）集成湿度传感器

集成湿度传感器由集成化的湿敏元件组成。有:

——线性电压输出式:具有响应速度快,重复性好,抗污染能力强的优点。

——线性频率输出式:具有线性度好、抗干扰能力强、便于配数字电路或单片机、价格低等优点。

六、干、湿球法测量相对湿度举例

（1）选用两支型号相同、特性基本一致的温度计,两支温度计传感器的轴心线应平行,温度计之间的距离约 25 mm。

（2）湿球纱布采用 120 号气象纱布或专用纱布,长约 100 mm。湿球用水是蒸馏水或去离子水。

（3）水杯最好带盖并盛满蒸馏水,水杯中水面到湿球底部的距离约为 30 mm。

（4）包扎湿球纱布时,应把手洗净,再用清洁水将湿球洗净,然后用纱布上的线把纱布服贴无皱折地包围在湿球上,重叠部分不应超过圆周长的 1/4,不要扎得过紧,以免影响吸水,并剪掉多余的纱线。

（5）湿球应保持清洁、柔软和湿润。

（6）分别读出干、湿球温度计的示值,算出干、湿球温度差值。根据 GB/T 6999—2010 查出该温度下的相对湿度值。

【例 1】 用柱状干、湿球温度计(风速为 0.5 m/s)测得干球温度 $t = 55.00$ ℃,湿球温度 $t_w = 53.40$ ℃,大气压力 $p = 101$ kPa,查相对湿度 h。

在 GB/T 6999—2010 的表 1 中,根据风速查出 $A = 0.815 \times 10^{-3}/℃$。按 $A = 0.815 \times$

$10^{-3}/℃$，$p=100$ kPa(个位数四舍五入)，$t-t_w=1.60$ ℃，在 GB/T 6999—2010 中查表得 $h=91.8\%$。

【例 2】　用柱状干、湿球温度计(风速为 2.4 m/s)测得干球温度 $t=40.60$ ℃，湿球温度 $t_w=38.40$ ℃，大气压力 $p=98$ kPa，查 h。

在 GB/T 6999—2010 中，查出 $A=0.662\times10^{-3}/℃$。按 $A=0.662\times10^{-3}/℃$，$p=100$ kPa(个位数四舍五入)，$t-t_w=2.20$ ℃，在 GB/T 6999—2010 中查表 3c，得 $h=87.1\%$。

附录

本书中涉及的主要标准和规范目录

[1] GB/T 18271—2017　过程测量和控制装置　通用性能评定方法和程序
[2] GB/T 1598—2010　铂铑 10-铂热电偶丝、铂铑 13-铂热电偶丝、铂铑 30-铂铑 6 热电偶丝
[3] GB/T 2614—2010　镍铬-镍硅热电偶丝
[4] GB/T 2903—2015　铜-铜镍热电偶丝
[5] GB/T 3386—1988　工业过程测量和控制系统用电动和气动模拟记录仪和指示仪性能
　　评定方法
[6] GB/T 3387—1992　工业过程测量和控制系统用动圈式指示仪性能评定方法
[7] GB/T 4989—2013　热电偶用补偿导线
[8] GB/T 4990—2010　热电偶用补偿导线合金丝
[9] GB/T 4993—2010　镍铬-铜镍热电偶丝
[10] GB/T 4994—2015　铁-铜镍热电偶丝
[11] GB/T 9249—1988　工业过程测量和控制系统用自动平衡式记录仪和指示仪
[12] GB/T 13639—2008　工业过程测量和控制系统用模拟输入数字式指示仪性能评定
　　方法
[13] GB/T 16839.1—1997　热电偶　第 1 部分:分度表
[14] GB/T 16839.2—1997　热电偶　第 2 部分:允差
[15] GB/T 17212—1998　工业过程测量和控制　术语和定义
[16] GB/T 17614.1—1998　工业过程测量系统用变送器　第 1 部分:性能评定方法
[17] GB/T 17615—2015　镍铬硅-镍硅镁热电偶丝
[18] GB/T 18404—2001　铠装热电偶电缆及铠装热电偶
[19] GB/T 29822—2013　钨铼热电偶丝及分度表
[20] GB/T 30090—2013　无字母代号热电偶分度表
[21] GB/T 30120—2013　纯金属组合热电偶分度表
[22] GB/T 30429—2013　工业热电偶
[23] JJG 74—2005　工业过程测量记录仪
[24] JJG 75—1995　标准铂铑 10-铂热电偶
[25] JJG 111—2019　玻璃体温计
[26] JJG 114—1999　贝克曼温度计
[27] JJG 115—1999　标准铜-铜镍热电偶
[28] JJG 130—2011　工作用玻璃液体温度计
[29] JJG 131—2004　电接点玻璃水银温度计
[30] JJG 141—2013　工作用贵金属热电偶
[31] JJG 160—2007　标准铂电阻温度计
[32] JJG 161—2010　标准水银温度计

[33] JJG 167—1995　标准铂铑 30-铂铑 6 热电偶

[34] JJG 186—1997　动圈式温度指示、指示位式调节仪表

[35] JJG 226—2001　双金属温度计

[36] JJG 229—2010　工业铂、铜热电阻

[37] JJG 285—1993　带时间比例、比例积分微分作用动圈式温度指示调节仪表

[38] JJG 310—2002　压力式温度计

[39] JJG 344—2005　镍铬-金铁热电偶

[40] JJG 350—1994　标准套管铂电阻温度计

[41] JJG 368—2000　工作用铜-铜镍热电偶

[42] JJG 542—1997　金-铂热电偶

[43] JJG 617—1996　数字温度指示调节仪

[44] JJG 668—1997　工作用铂铑 10-铂、铂铑 13-铂短型热电偶

[45] JJG 684—2003　表面铂热电阻

[46] JJG 809—1993　数字式石英晶体管测温仪

[47] JJG 833—2007　标准组铂铑 10-铂热电偶

[48] JJG 855—1994　数字式量热温度计

[49] JJG 858—2013　标准铑铁电阻温度计

[50] JJG 874—2007　温度指示控制仪

[51] JJG 881—1994　标准体温计

[52] JJG 951—2000　模拟式温度指示调节仪

[53] JJG 985—2004　高温铂电阻温度计工作基准装置

[54] JJG 2003—1987　热电偶检定系统表

[55] JJF 1098—2003　热电偶、热电阻自动测量系统校准规范

[56] JJF 1170—2007　负温度系数低温电阻温度计校准规范

[57] JJF 1171—2007　温度巡回检测仪校准规范

[58] JJF 1176—2007　(0～1 500)℃钨铼热电偶校准规范

[59] JJF 1178—2007　用于标准铂电阻温度计固定点装置校准规范

[60] JJF 1183—2007　温度变送器校准规范

[61] JJF 1184—2007　热电偶检定炉温度场测试技术规范

[62] JJF 1262—2010　铠装热电偶校准规范

[63] JJF 1379—2012　热敏电阻测温仪校准规范

[64] JJF 1409—2013　表面温度计校准规范

[65] JJF 1637—2017　廉金属热电偶校准规范

[66] JB/T 5582—2014　工业铠装热电偶技术条件

[67] JB/T 7495—2014　热电偶用补偿电缆

[68] JB/T 8205—1999　廉金属铠装热电偶电缆

[69] JB/T 8212—1999　工业过程测量和控制系统用动圈式指示调节仪性能评定方法

[70] JB/T 8213—1999　工业过程测量和控制系统用 XCT 型动圈式指示调节仪

[71] JB/T 9496—2014　钨铼热电偶用补偿导线

参 考 文 献

[1] 三〇四所主编.热电偶[M].北京:国防工业出版社,1978.

[2] 国防科工委科技与质量司组织编写.热学计量[M].北京:原子能出版社,2002.

[3] 上海市计量测试技术研究院.常用测量不确定度评定方法及应用实例[M].北京:中国计量出版社,2001.

[4] 李吉林等.温度计量[M].北京:中国计量出版社,1999.

[5] 刘常满.温度测量与仪表维修问答[M].北京:中国计量出版社,2000.

[6] 王竹溪.热力学简程[M].北京:人民教育出版社,1964.

[7] 国家技术监督局编.1990年国际温标宣贯手册[M].北京:中国计量出版社,1990.

[8] 国际温度咨询委员会编.1990年国际温标补充资料[M].北京:中国计量出版社,1992.

[9] 国防科工委科技与质量司.热学计量[M].北京:原子能出版社,2002.

[10] 韩启纲.智能化仪表原理与使用维修[M].北京:中国计量出版社,2002.

[11] 章百里等.温度测量用显示仪表[M].北京:中国计量出版社,1988.

[12] 李培国等.动圈仪表及其检定[M].北京:中国计量出版社,1994.

[13] 蒋兴忠.数显温度仪表原理及调校技术[M].上海:同济大学出版社,1991.

[14] 左全生等.电路与模拟电子技术教程[M].北京:电子工业出版社,2000.

[15] 冯占岭.数字电压表及数字多用表检测技术[M].北京:中国计量出版社,2003.